AF591118

OUVRAGES DU MÊME AUTEUR

HISTOIRE NATURELLE DES COLÉOPTÈRES DE FRANCE.

- — PALPICORNES. *Paris*, 1844. 1 vol. in-8.
- — SULCICOLLES. — SÉCURIPALPES. *Paris*, 1856. 1 vol. in-8.
- — LATIGÈNES. *Paris*, 1854. 1 vol. in-8. (HÉTÉROMÈRES)
- — PECTINIPÈDES. *Paris*, 1855. 1 vol. in-8. (HÉTÉROMÈRES)
- — BARBIPALPES. — LONGIPÈDES. — LATIPENNES. *Paris*, 1856. 1 vol in-8. (HÉTÉROMÈRES)
- — VÉSICANTS. *Paris*, 1857. 1 vol. in-8. (HÉTÉROMÈRES)
- — ANGUSTIPENNES. *Paris*, 1858. 1 vol. in-8. (HÉTÉROMÈRES)
- — ROSTRIFÈRES. *Paris*, 1859. 1 vol. in-8. (HÉTÉROMÈRES)
- — ALTISIDES, par C. Foudras. *Paris*, 1859-60. 1 vol. in-8.
- — MOLLIPENNES. *Paris*, 1862. 1 vol. in-8.
- — LONGICORNES. 2e édit. *Paris*, 1862-63. 1 vol. in-8.
- — ANGUSTICOLLES. — DIVERSPALPES. 1 vol. in-8, avec REY.
- — TÉRÉDILES 1864. 1 vol. in-8, avec REY.
- — FOSSIPÈDES et BRÉVICOLLES. 1865. In-8, avec REY.
- — SCUTICOLLES. 1867. In-8, avec REY.
- — VÉSICULIFÈRES. 1867. 1 vol. in-8, avec REY.
- — FLORICOLES. 1868. In-8, avec REY.
- — GIBBICOLLES. 1868. In-8, avec REY.
- — PILLULIFORMES. 1869. In-8, avec REY.
- — LAMELLICORNES. — PECTINICORNES. 1871. In-8, avec REY.
- — BRÉVIPENNES (ALÉOCHARIENS), 1871. In-8, avec Rey.
- — IMPROSTERNÉS, UNCIFÈRES, DIVERSICORNES, SPINIPÈDES. 1872. In-8, avec REY.
- — BRÉVIPENNES. 1873 et années suivantes. In-8, avec REY.

SPÉCIÈS DES COLÉOPTÈRES TRIMÈRES SÉCURIPALPES. *Lyon* et *Paris*, 1850-51. 1 vol. en deux parties, grand in-8.

MONOGRAPHIE DES COCCINELLIDES. 1866. In-8.

OPUSCULES ENTOMOLOGIQUES, grand in-8.

- — 1er cahier. 1852. Mémoires divers.
- — 2me cahier. 1853. Id.
- — 3me cahier. 1853. Coccinellides.
- — 4me cahier. 1853. Parvilabres.
- — 5me cahier. 1854. Id.
- — 6me cahier. 1855. Mémoires divers.
- — 7me cahier. 1856. Id.
- — 8me cahier. 1858. Id.

OPUSCULES ENTOMOLOGIQUES, grand in-8.

- — 9me cahier. 1859. Parvilabres, etc.
- — 10me cahier. 1859. Parvilabres.
- — 11me cahier. 1859-60 Mémoires divers
- — 12me cahier. 1861. Id.
- — 13me cahier. 1863. Id.
- — 14me cahier. 1870. Id.
- — 15me cahier. 1873. Id.
- — 16me cahier. 1875. Id.

COURS D'HISTOIRE NATURELLE. *Paris*, 1869, 3e édit. (Zoologie). — 1869, 3e édi. (Physiologie). — 1860. (Géologie).

SOUVENIRS D'UN VOYAGE EN ALLEMAGNE. *Paris*, 1861. In-8.

HIST. NATURELLE DES PUNAISES DE FRANCE. — SCUTELLÉRIDES. 1865. In-8.
— — PENTATOMIDES. 1866. In-8.
— — CORÉIDES. 1870 In-8.
— — RÉDUVIDES-ÉMÉSIDES. 1873 In-8.

LETTRES A JULIE SUR L'ORNITHOLOGIE. *Paris*, 1868. Grand in-8. Fig. col.

LETTRES A JULIE SUR L'ENTOMOLOGIE, 2 vol. in-8.

SOUVENIRS DU MONT PILAT. 1870. 2 vol. in-18.

SOUS PRESSE : BRÉVIPENNES. (Suite)

LARVES

DE

COLÉOPTÈRES

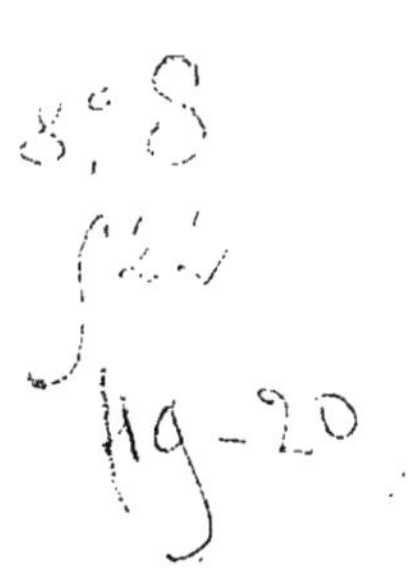

Extrait des *Annales de la Société Linneenne de Lyon*, t. XXII. (1876).

LYON — IMPRIMERIE PITRAT AINÉ, [illegible]

LARVES

DE

COLÉOPTÈRES

PAR

M. ÉDOUARD PERRIS

VICE-PRÉSIDENT DU CONSEIL DE PRÉFECTURE DES LANDES
CHEVALIER DE LA LÉGION-D'HONNEUR
MEMBRE DE PLUSIEURS SOCIÉTÉS SAVANTES

PARIS
DEYROLLE, NATURALISTE
RUE DE LA MONNAIE, 23

1877

À

M. MULSANT

CORRESPONDANT DE L'INSTITUT,
CONSERVATEUR
DE LA BIBLIOTHÈQUE DE LA VILLE DE LYON

Mon cher ami,

Après l'illustre Léon Dufour, notre ami commun et dont tous les deux nous chérissons la mémoire, vous avez été mon premier correspondant et mon maître. Travailleur infatigable dans le domaine de la science, à laquelle vous avez rendu tant de services et qui a illustré votre nom, acceptez l'hommage de cette œuvre qui m'a coûté du temps et des labeurs. Je vous la dédie en revanche de vos *Longipèdes* que vous me dédiâtes il y a vingt ans, en témoignage de ma profonde estime pour vous et du prix que j'attache à des relations qui n'ont tant duré que pour devenir de plus en plus affectueuses.

EDOUARD PERRIS.

Cet ouvrage n'était pas entièrement imprimé lorsque Édouard Perris a rendu son âme à Dieu. La science entomologique perd un grand maître, tous ceux qui l'ont connu, un ami dévoué. Édouard Perris revivra dans ses travaux qui sont immortels.

J'étais son élève et son ami ; je resterai son admirateur, je lui adresse ici un dernier adieu.

Dr Gobert.

INTRODUCTION

CE QU'IL Y A DANS UN ÉCHALAS DE CHATAIGNIER! Tel devait être le titre d'un travail entomologique dont l'idée m'était venue des résultats de mes recherches de plusieurs années sur les échalas de mes vignes. j'entendais donner non pas seulement la liste, mais l'histoire aussi complète que possible des insectes qui vivent aux dépens ou à l'occasion de ces échalas, depuis la première année de leur coupe et de leur installation dans les vignes, quand ils reçoivent les pontes des *Callidium*, des ***Exocentrus***, des ***Leiopus***, jusqu'au moment où, minés par les insectes de diverses sortes, altérés ou décomposés par les agents atmosphériques, ils servent de berceau aux larves de Mordellides et d'Œdemérides, après avoir nourri successivement, suivant leur état de dépérissement progressif, celles du *Valgus hemipterus*, de l'*Acmæops collaris*, de Cucujides, d'Anobides, de Ptinides, d'Anthribides et d'autres, ainsi que de leurs parasites.

Puis, je me dis que, puisqu'il s'agissait du Châtaignier, j'aurais mauvaise grâce à m'en tenir aux produits des taillis, laissant de côté l'arbre lui-même dont la faune entomologique ne peut se trouver tout entière dans des pieux de sept à huit ans. Je me résolus donc à faire l'histoire des insectes du Châtaignier, comme j'ai fait celle des insectes du Pin maritime et d'après le même plan, c'est-à-dire en ajoutant aux espèces qui dépendent de l'arbre lui-même celles qu'une fourmilière installée dans une cavité, ou un champignon développé sur une souche peuvent attirer accidentellement.

Je me mis donc à l'œuvre sur ces bases, et le premier insecte dont j'eus à m'occuper, en suivant l'ordre du dernier catalogue de M. de Marseul, fut la *Soronia grisea* avant laquelle sont venues plus tard se placer deux autres espèces. L'article terminé, il me parut convenable et utile, tant pour rendre hommage à mes devanciers que pour faciliter les recherches de mes successeurs, auxquels ne suffit plus le catalogue, excellent pourtant, de MM. Chapuis et Candèze, de donner la liste de toutes les larves de Nitidulides décrites ou signalées, à ma connaissance du moins. J'entendais agir de même pour toutes les autres familles dont un représentant, tiré du Châtaignier, figurerait dans mon travail.

Je voulus ensuite aller plus loin ; il me sembla bon de faire suivre chaque famille de quelques généralités, tant sur la conformation des larves que sur leur manière de vivre, mais je m'aperçus bientôt que, lorsque le Châtaignier ne me fournissait qu'un spécimen du groupe, ces généralités se trouvaient bien peu justifiées. De là l'idée d'ajouter aux larves du Châtaignier celles des mêmes familles venues d'ailleurs.

C'est ainsi que, de proche en proche, j'ai été conduit à donner à mon travail une extension qui n'était pas d'abord dans mes projets. On ne m'en fera pas sans doute un grief, car la science n'a qu'à gagner à la connaissance des faits. Plus on lui en apporte, plus on lui est utile, puisque c'est sur la multiplicité des faits, convenablement étudiés, bien coordonnés, sainement appréciés et comparés, cela va sans dire, que se fondent les règles, les principes, les idées générales.

Avant d'entrer en matière, disons, au point de vue qui nous occupe, quelque chose du Châtaignier, *Castanea vulgaris* Lam., *Castanea vesca* Gœrtn. *Fagus castanea* L. Comme on le voit, Linné l'avait associé au Hêtre, mais on l'en a détaché avec raison, pour en faire un genre spécial, et les botanistes le placent généralement entre le Hêtre et le Chêne. Ces trois sortes d'arbres ont en effet de grandes affinités organiques, et ces affinités nous sont aussi révélées par les insectes dont les indications ont, comme on sait, une assez grande valeur. Beaucoup d'insectes, en effet, sont communs à ces trois essences, mais comme le Hêtre est rare dans les Landes, tandis que le Chêne y est fort répandu, c'est surtout avec ce dernier que j'ai pu établir une comparaison, et j'ai constaté que presque tous les Coléoptères vivant aux dépens du Châtaignier se trouvent aussi sur le Chêne. La réciproque n'est pas complète, le Chêne est plus riche que son voisin, et en outre certaines particularités tracent, entre les trois arbres que je viens de citer, une ligne de démarcation assez tranchée.

1° Le Chêne est un arbre fertile en galles de plusieurs sortes et d'une diversité de formes très-remarquable; elles se constituent aux dépens des fleurs mâles, des ovaires, des glands même développés, des nervures des feuilles, des bourgeons, des racines, pour donner naissance à un grand nombre d'espèces d'hyménoptères des genres *Cynips*, *Neuroterus*, *Biorhiza*, *Aphilothrix*, *Andricus*, *Spathegaster*, *Dryocosmus*, *Dryophanta*, *Dryoteras*, *Sinophrus*, *Sinergus* avec leurs parasites plus nombreux encore, et même à quelques espèces de diptères du genre *Cecidomyia*.

Je ne puis citer pour le Hêtre que la galle produite sur les feuilles par la *Cecidomyia fagi* et depuis longtemps décrite par Réaumur, Quant au Châtaignier, je ne lui connais ni par ouï-dire, ni par moi-même, de galle d'aucune sorte.

2° Sur les feuilles du Chêne se rencontrent bien des chenilles de Microlépidoptères, la plupart rouleuses, plieuses ou mineuses, des genres *Bucculatrix*, *Coleophora*, *Teras*, *Cheimatophila*, *Hyponomeuta*, *Gelechia*, *Psoricoptera*, *Coriscium*, *Grapholita*, *Gracillaria*, *Nepticula*, *Nemophora*, *Cerostoma*, *Ornix*, *Lithocolletis*, *Tischeria*, d'après le calendrier de M. Jourdeuilhe, et mon ami M. Lafaury, l'habile observateur et éducateur de micros aux environs de Dax, qui admet la liste précédente sauf le genre *Hyponomeuta* dont je doute aussi, a constaté que ces feuilles nourrissent aussi les chenilles de *Myelois dulcella*, *Acrobasis consociella*, *Eudemis botrana*, *Tortrix politana*, *Diurnea fagella*, *Phibalocera quercana*. A part quelques espèces polyphages, on n'en signale sur le Hêtre que des six derniers genres mentionnés plus haut, et c'est à peine si, en parcourant la longue liste du calendrier précité, j'ai pu trouver la *Tischeria dodonæa* comme appartenant au Châtaignier. J'ajoute que mes recherches confirment, sous ce rapport, la pauvreté relative de ce dernier. Je lui attribue seulement, indépendamment de l'espèce dont je viens de parler, la *Tische-*

ria complanella si commune sur le Chêne, et M. Lafaury une *Nepticula*, une *Lithocolletis* et un *Botys?* Le Châtaignier paraît privé aussi de presque toutes les chenilles de Bombycide communes au Chêne et au Hêtre, et celui-ci manque de la chenille la plus caractéristique du précédent, celle du *Cnethocampa processionea*. Mais M. Lafaury me signale celle de *Dasychyra pudibunda* qu'on rencontre assez souvent sur le Châtaignier, celle du *Liparis dispar* et celle de l'*Eupithecia pumilata*, qui vit aussi bien sur les fleurs mâles de cet arbre que sur celles de l'*Ulex* et du *Sarothamnus*.

Quant au *Cossus ligniperda*, il envahit les trois essences.

Une autre particularité, c'est que les feuilles du Hêtre nourrissent la larve mineuse de l'*Orchestes fagi*, et les feuilles du Chêne celles de plusieurs autres espèces, *quercûs*, *rufus*, *ilicis*, *irroratus*, *sparsus*, *pubescens*, *erythropus*, *tricolor*, *cinereus*, *avellanæ*, en y comprenant le Chêne-liége, tandis qu'aucun insecte de ce genre ne paraît s attaquer au Châtaignier.

3° Il est à remarquer que, des trois sortes d'arbres dont il s'agit, le Chêne est le seul qui possède une espèce du genre *Scolytus*, l'*intricatus* Ratz., qu'au Hêtre seul appartient une espèce du genre *Cryphalus*, le *fagi*. Le *Xyleborus saxesenii*, un des scolytides les plus polyphages, est commun aux trois, le *monographus* au Châtaignier et au Chêne, mais ce dernier aurait seul le *Dryographus*. Celui-ci et le Châtaignier se partagent les *Dryocœtes villosus* et *capronatus*, qui préfèrent pourtant le Chêne, et pour le *Dryocœtes bicolor*, le seul rival de l'Aulne est le Hêtre.

4° En ce qui concerne leurs fruits, chacun de ces arbres nourrit une *Carpocapsa*, mais je ne connais de larve de *Balaninus* que pour le gland et la châtaigne.

Je pourrais terminer ici mon préambule et peut-être ferais-je bien de renvoyer à la fin de mon long travail les considérations qu'il serait aisé d'en déduire au point de vue de la science appliquée, c'est-à-dire du bien-être et de la conservation des forêts. Un motif sérieux me porte à les reproduire, car on connaît mon opinion sur ce principe que les arbres ne sont attaqués par les insectes xylophages que lorsqu'ils sont malades. Cette opinion a été maintes fois citée, plus d'un s'en est prévalu, mais plus d'une fois aussi on lui a donné une extension qui n'était pas dans ma pensée et un caractère trop absolu. C'est pour cela que je crois, une fois de plus, et ce sera probablement la dernière, devoir dire quelles sont à cet égard mes idées, en leur donnant assez de précision pour qu'elles échappent à une interprétation erronée.

Sous l'influence de l'autorité de Ratzeburg et des faits mal observés et mal appréciés, selon moi, sur lesquels il appuyait son opinion, les écoles forestières et bien des entomologistes d'Allemagne et même de France avaient admis que les insectes lignivores attaquaient les arbres sains et que, dans certaines conditions, par exemple lorsque des éclosions innombrables produisaient l'invasion par essaims, ces arbres périssaient et quelquefois en si grand nombre, qu'on citait, à ce sujet, de véritables désastres.

Dans mon travail sur les insectes du Pin maritime *(Soc. ent.* 1852, p. 511 ; 1856, p. 232) je combattis cette manière de voir, appuyé, je le sais, des sympathies et de l'adhésion de quelques amis dont le premier fut Aubé, le second, Guérin Méneville, et quoique les idées générales sur ce point se fussent sensiblement modifiées et s'accordassent de plus en plus avec les miennes, j'y revins dans le préambule des Diptères du Pin *(Soc. ent.* 1870, p. 137). Si j'y reviens aujourd'hui encore, c'est toujours pour dire la même chose, toujours pour affirmer que les insectes xylophages qui attaquent ordinairement en grand nombre et comme de concert et qui, par conséquent, sont les plus dangereux, ne s'adressent qu'aux arbres affaiblis et malades, et que si, par une impérieuse nécessité plutôt que par mégarde, car je n'admets guère qu'ils se trompent, ils envahissent des arbres sains, ceux-ci, sans autre secours que l'abondance de leur séve, découragent leurs attaques ou en triomphent. Cette règle, car c'en est une, s'applique sans exception, que je sache, aux insectes dont les larves passent leur vie entière ou une partie de leur existence sous les écorces, c'est-à-dire à ceux qui sont les plus nombreux et les plus dangereux. C'est que, dans les couches inférieures de l'écorce des arbres sains, la circulation de la séve, naturellement très-active, serait surexcitée encore par la présence des larves, et celles-ci seraient étouffées, comme j'en ai vu des exemples. Les insectes savent parfaitement discerner ces conditions et apprécier ces dangers, ils ne s'y exposent pas de gaieté de cœur, ils meurent sans avoir pondu, plutôt que de les affronter, ou s'ils pondent c'est en pure perte.

S'il en était autrement, on aurait eu, à coup sûr, plus d'une occasion de le constater. Plus d'une fois, en effet, des arbres abattus, même en grand nombre, sont restés sur le sol de la forêt assez longtemps pour que les innombrables insectes dont ils étaient devenus le berceau aient pu prendre leur essor; tout cependant est resté intact autour d'eux. J'ai parlé ailleurs d'établissements industriels existant en assez grand nombre dans les Landes et s'approvisionnant, pour leurs fourneaux, de telles quantités de bois, qu'il en sort chaque année, et depuis bien des années, des essaims d'insectes xylophages, principalement de *Pissodes*, de *Bostrichus* et de *Blastophagus*; or, quoiqu'il y ait habituellement des forêts de Pins tout autour, aucun arbre n'en souffre, si ce n'est dans les brindilles terminales qu'attaquent et font périr les *Blastophagus piniperda* et *minor*. Le nombre de ces brindilles desséchées est quelquefois tel, et certains arbres sont à ce point maltraités, qu'on pourrait les croire malades et exposés à être envahis par les mangeurs d'écorces ; il n'en est rien cependant et pas un de ces arbres ne périt. Leur mort d'ailleurs ne serait qu'une confirmation de mon principe, puisqu'elle aurait été précédée d'une maladie.

Je puis citer des faits encore plus concluants. Nous avons eu dans les Landes des incendies qui ont détruitdes forêts de Pins par milliers d'hectares. Les insectes ne dédaignent pas les arbres dont les couches corticales extérieures et les menues branches ont seules été carbonisées, mais il était permis de se demander s'il y aurait assez de bourreaux pour tant de victimes. Durant deux années, leur affluence de toutes les contrées voisines a été si empressée et leur multiplication a été telle, que tous les arbres dont on a retardé l'exploitation, et Dieu sait s'il y en avait, ont été atteints. De ces arbres sont nés par millions, par milliards peut-être, des *Melanophila cyanea* et *appendiculata*, des *Anthaxia sepulchralis* et *praticola*, des *Pissodes notatus*, des *Bostrichus* divers, des *Monohammus gallo-provincialis*, des *Astynomus ædilis* et *griseus*, des *Magdalinus memnonius*, que sais-je encore? Puis tout à coup ces insectes en nombre incalculable, qui pullulaient partout où se trouvaient des restes de ces forêts incendiées, se sont trouvés dans l'alternative ou de ne pondre que sur les branches malades que présentent parfois les sujets vigoureux, ce qui était insignifiant pour tant de concurrents, ou de s'adresser aux arbres sains des forêts du voisinage épargnées par le feu. Si la thèse qu'a soutenue Ratzeburg était vraie, nous en aurions vu assurément l'application dans de pareilles circonstances, et jamais nos forêts n'auraient couru un aussi grand danger. Or, qu'est-il arrivé? Que pas un arbre n'a été attaqué, du moins avec succès, car pas un n'est mort, de sorte que cet ouragan d'insectes, si je puis ainsi dire, a passé inoffensif.

Après un fait aussi concluant, une démonstration aussi péremptoire, j'ai, ce me semble, plus que jamais le droit d'affirmer que les insectes xylophages n'attaquent que les arbres malades.

Il ne faudrait pourtant pas donner à cette affirmation une extension illimitée, une signification trop absolue. On verra, en effet, dans la suite de ce travail, que l'*Anærea carcharias* et la *Compsidia populnea* confient leurs larves, la première, comme certaines Sésies, aux troncs, la seconde aux branches des Peupliers vivants et bien portants, l'*Oberea oculata* et l'*Aromia moschata* aux Saules; mais en énonçant mon principe, j'ai toujours ajouté, connaissant les mœurs de certains insectes, que si des arbres sains sont chargés de nourrir des larves, si même ils souffrent un instant de leurs atteintes, ils ne tardent pas à se remettre et ils n'en meurent que dans des circonstances tout à fait exceptionnelles. Ces insectes, en très-petit nombre d'ailleurs, ne pondent pas indifféremment sur les arbres morts, mourants ou vigoureux, ils n'en veulent, sauf pourtant l'*Aromia*, qu'à ces derniers, ils constituent une exception non variable et capricieuse, mais permanente, et dès lors ils ne contredisent en rien la règle que j'ai établie. Ils ne sont pas non plus une cause immédiate et nécessaire de ruine pour les arbres, c'est tout au plus si, sur quelques points insignifiants, leur bois se ressent de leurs atteintes. Si les larves n'ont pas à souffrir de la circulation et des extravasations de la séve, c'est que, d'une part, le liquide séveux est moins abondant dans le bois que sous l'écorce, et que, d'autre part, la séve surabondante s'écoule, pour les unes, par une ouverture qu'elles ont le soin de laisser béante, et que, pour les autres, elle s'emploie à développer une sorte de galle.

On verra aussi qu'il y a des Buprestes dont les larves vivent habituellement sous les écorces et plongent dans le bois d'arbres malades ou tout récemment abattus, et qui, lorsqu'ils ne trouvent pas ces conditions normales pour eux, pondent sur des sujets vivants et sains, à écorce épaisse, et que leurs larves se développent dans les couches extérieures ou moyennes de ces écorces, sans attaquer les couches inférieures où circule la séve, et par conséquent sans qu'il en résulte du danger pour ces larves et du malaise, du moins apparent, pour les arbres ainsi attaqués.

Je ne dis rien des insectes qui confient leurs œufs aux tiges vigoureuses des plantes herbacées, car ici le dommage est nul ou à peu près, puisque ces tiges sont destinées à périr après avoir accompli leur végétation que la présence des larves ne contrarie guère ou même pas du tout. Il en survient seulement parfois une diminution dans la production du fruit.

Je ne dis rien non plus des insectes qui vivent des feuilles comme tant de chenilles et autres et de ceux qui se nourrissent de la séve comme les Pucerons, les *Phylloxera*, les Coccides et tant d'autres Hémiptères. Je suis convaincu que les premiers exigent des feuilles bien constituées et que les seconds, s'ils envahissent des végétaux que des circonstances météorologiques ou autres ont affaiblis, s'attaquent aussi à ceux qui sont dans de meilleures conditions; si bien qu'en tenant compte des analogies ainsi que des faits observés, je demeure persuadé que le *Phylloxera* est la cause et non un effet de la maladie de la vigne. Mais comme ces divers insectes ne sont pas des xylophages, ce que j'ai dit de ces derniers ne les regarde pas. Aucun d'eux d'ailleurs, à part le *Phylloxera* de la vigne, n'entraînerait peut-être la mort d'une plante.

J'ai déclaré tout à l'heure que les larves qui s'établissent dans un arbre sain ne sont pas pour lui une cause nécessaire et immédiate de ruine. Je dois cependant, pour tout dire, reconnaître que leur présence n'est pas sans inconvénient et que, dans certains cas, elle peut présenter des dangers sérieux. Ce dernier point s'applique plutôt à des chenilles de Lépidoptères qu'à des larves de Coléoptères; mais comme, relativement aux insectes xylophages, je n'ai pas fait d'exception, il faut bien que je me préoccupe aussi des Lépidoptères xylophages. Or il arrive souvent qu'un arbre fruitier ou autre, bien portant ou paraissant l'être, car mes observations m'ont laissé souvent des doutes à cet égard, est attaqué par une chenille de *Zeuzera æsculi*, par exemple, qui, après avoir fait à l'arbre, sous l'écorce, une plaie le plus souvent incicatrisable, plonge dans le bois et y creuse une longue galerie longitudinale. Les ravages creusés par cette chenille sont une cause d'affaiblissement qui, si on n'y veille, peut provoquer des pontes de *Sesia* et même de *Cossus*. Le mal alors fait des progrès rapides, la maladie s'aggrave, le *Pæcilonota decipiens*, les *Scolytus destructor* et *multistriatus*, les *Hylesinus vittatus* et *Kraatzi* arrivent, s'il s'agit d'un Orme, le *Scolytus rugulosus* si c'est un arbre fruitier, et alors la mort est certaine. Le *Cossus* seul peut aussi provoquer les mêmes effets.

On voit donc dans quelles limites et sous quelles réserves j'ai affirmé le principe rappelé plus haut. Je me persuade qu'ainsi expliqué il ne provoquera pas d'objection sérieuse et que la science forestière trouvera dès lors rationnel le conseil que j'ai donné autrefois et que je renouvelle aujourd'hui de songer avant tout à planter et à semer dans les conditions de climat et de sol les plus favorables, puisque les arbres vigoureux bravent leurs ennemis, ou bien à planter des essences qui, comme le Platane, n'ont pas chez nous des parasites, et qui, dès lors, s'ils deviennent malades, ont le temps de se remettre. A ce conseil j'en ajoute un autre qui m'est inspiré par la *Zeuzera* et le *Cossus*, c'est celui de veiller sur les arbres auxquels on a des raisons de tenir plus particulièrement, afin de les délivrer, dès qu'on peut s'en apercevoir, de l'ennemi qui compromet leur bien-être.

Et maintenant j'entre en matière.

LARVES DE COLÉOPTÈRES

SCAPHIDIDES

Scaphisoma (silpha) agaricinum, L.

Fig. 1-8.

LARVE

Long. 3 millim. hexapode, charnue, assez délicate, un peu déprimée, ovale oblongue, presque linéaire, blanche en dessous, roussâtre en dessus, avec le bord des segments blanchâtre, hérissée de poils fins, assez raides et peu serrés.

Tête un peu plus que semi-discoïdale, roussâtre avec la lisière antérieure à peine plus foncée, subconvexe, lisse ; épistome très-peu distinct, presque soudé avec le front; labre transversal, semi-elliptique.

Mandibules testacées, peu saillantes, assez larges, pointues à l'extrémité, avec une dent assez forte un peu en arrière, sur la tranche interne.

Mâchoires droites, descendant jusqu'à la base de la tête, leur lobe long, cylindrique, cilié; palpes maxillaires longs, débordant la tête, de trois articles, le premier assez court, le second beaucoup plus long, le troisième plus long encore et effilé.

Lèvre inférieure prolongée au milieu en une languette triangulaire; palpes labiaux grêles, de deux articles dont le second m'a paru le plus long.

Antennes de quatre articles, les deux premiers courts, le troisième bien plus long que ceux-ci réunis, en massue, un peu plus renflé en dehors, muni de deux soies, portant tout près de son extrémité interne un article supplémentaire grêle, cylindrique, inséré un peu en dessous; quatrième article ovale, hérissé d'un verticille de soies et terminé par deux ou trois cils très-courts. Sur chaque joue, un peu en arrière des antennes, cinq ocelles noirs, obliquement elliptiques, disposés sur deux lignes un peu obliques, trois devant dont deux presque contigus et deux plus petits derrière, comme l'indique la figure que j'en donne.

Prothorax plus long et plus large que la tête, s'élargissant un peu d'avant en arrière, subarrondi sur les côtés, roussâtre avec la ligne médiane et le bord postérieur blanchâtres.

Mésothorax et *métathorax* égaux entre eux, plus courts que le prothorax, mais plus grands que les segments abdominaux, colorés absolument comme le prothorax.

Abdomen de neuf segments, à côtés parallèles jusqu'au cinquième inclusivement, puis se rétrécissant graduellement, ces segments roussâtres avec la lisière blanchâtre, sauf les deux derniers qui sont entièrement roussâtres. Neuvième segment assez court, incliné vers le plan de position, muni à ses angles postérieurs d'une petite papille terminée par un poil.

Mamelon anal assez développé, assez épais, servant de pseudopode. Vu par derrière il paraît tronqué, et vu de profil il se montre comme fendu en travers.

Sur la tête et sur tout le corps se dressent des poils fins et blanchâtres clair-semés, mais symétriquement disposés.

Stigmates au nombre de neuf paires, la première au bord antérieur du mésothorax, les autres vers le tiers antérieur des huit premiers segments abdominaux.

Pattes longues, assez grêles, de cinq pièces, ongle compris ; cuisses ayant deux soies en dessous et une en dessus, près de l'extrémité ; tibias un peu sinueux en dessus, munis vers le milieu d'un verticille de soies assez courtes.

Cette larve a mis ma persévérance à une assez longue épreuve. Le nom spécifique de l'insecte parfait et, mieux encore, sa présence sur certaines productions fongueuses, principalement celles qui se développent sous les écorces soulevées, sous les pièces ou fragments de bois couchés sur le sol, me disaient que c'était là qu'était son berceau, là que je m'initierais à ses premiers états ; mais j'avais beau explorer tous les champignons, vainement je soulevais toutes les planches, je roulais tous les troncs, je détachais toutes les écorces, je n'arrivais à rien. Je me livrais habituellement à ces recherches au printemps et à l'automne, saisons favorables au développement des mycelium, des champignons et des moisissures ; mon insuccès tenait-il à cette circonstance? Je serais tenté de le croire et voici pourquoi.

Au commencement du mois d'août 1871, quelques pluies étant survenues, des champignons naquirent, et dans une excursion je rencontrai, sur une souche de Châtaignier, un Agaric sessile en voie de formation et d'une consistance d'abord tendre, mais qui devient ensuite assez coriace. D'assez nombreux *Scaphisoma* se promenaient sur les feuillets, et je me persuadai qu'ils étaient là pour pondre. Je m'abstins de les déranger, et huit jours après, malgré une distance de 8 kilomètres, je revins sur les lieux. Je détachai une portion de champignon et j'y trouvai plusieurs très-petites larves ayant quelques rapports avec des larves de Staphylinides, mais que je soupçonnais appartenir au *Scaphisoma;* je les emportai chez moi, et craignant que la dessiccation du champignon ne nuisît à mon éducation, je laissai le reste en place. Dix jours plus tard je refaisais la course, et j'emportais tout, heureux d'avoir constaté la présence d'un certain nombre de larves en bonne voie de développement, ou même presque adultes et qui promettaient de bien tourner. J'observai chez moi leur manière de vivre; elles ne pénétraient pas dans la partie charnue, mais coriace de l'Agaric, elles se tenaient entre les feuillets, qui étaient assez serrés, et c'était le tissu des feuillets qu'elles mangeaient. Leurs érosions n'étaient que superficielles et constituaient une sorte de gravure irrégulière. Elles étaient peu actives, et si je les détachais, elles commençaient par se courber en arc, puis elles fuyaient d'une démarche beaucoup moins vive que celles des larves de Staphylinides. Après trois ou quatre jours d'une patience assez difficile à supporter, je n'y tins plus, et au risque de tout détraquer, je voulus voir s'il n'y aurait pas quelque nymphe; je déchirai donc prudemment le champignon, et j'en trouvai plusieurs au fond des feuillets. Elles étaient fixées au plan de position par le mamelon anal de la larve et par la dépouille chiffonnée de celle-ci dans laquelle s'emboîtait la partie postérieure de leur corps. Leur forme me dit tout de suite qu'elles appartenaient au *Scaphisoma,* et les dépouilles prouvèrent très-péremptoirement que les larves observées étaient bien celles d'où provenaient les nymphes. Quelques jours après des *Scaphisoma* bien alertes vinrent m'apporter leur irrécusable témoignage.

Il semblerait résulter de ce fait que c'est vers la fin de l'été que ce fongivore effectue sa ponte et que toutes ses évolutions s'accomplissent avant l'automne, ou au commencement de cette saison. Faut-il en conclure qu'il s'en tient là et qu'il passe, sans songer à se reproduire, indépendamment de l'automne et de l'hiver, ce qui ne serait pas étonnant, le printemps et une partie de l'été? Quand on sait qu'il y a des insectes, même à premiers états très-peu durables, comme certains *Anthonomus,* par exemple, qui ne se montrent qu'une fois l'an, on ne voit rien d'extraordinaire à ce qu'il en soit de même du *Scaphisoma;* mais cet insecte apparaissant à plusieurs époques de l'année et n'étant pas, comme les *Anthonomus* et bien d'autres phytophages, inféodé à des productions qui ne sont à leur disposition qu'une fois par an, pouvant au contraire trouver presque continuellement les substances dont vit sa larve, je suis disposé à admettre qu'il ne fréquente pas au printemps les champignons uniquement pour se promener ou pour manger, et qu'il a une génération printanière.

NYMPHE

Ses diverses parties sont emmaillotées comme à l'ordinaire, et elle se fait remarquer par des soies blanches, très-courtes et raides sur le front, sur le pourtour du prothorax, sur le mésothorax et le métathorax, sur toute la face dorsale et sur les côtés de l'abdomen; ces dernières et celles des segments thoraciques sont un peu moins courtes. Le dernier segment est terminé par quatre appendices charnus, deux aux angles postérieurs, épais à leur base, puis subulés, arqués en dedans, roussâtres et subcornés, et deux intermédiaires, ellipsoïdaux et terminés par une soie excessivement courte.

HISTÉRIDES

Abræus globosus, Hoffm.

Fig. 9-12.

LARVE

Long. 4 1/2 millim., subdéprimée surtout antérieurement, charnue, grêle, linéaire, mais un peu atténuée en avant et en arrière.

Tête plate, ferrugineuse, cornée, luisante, en parallélogramme plus long que large; concave antérieurement, marquée dans cette concavité de deux sillons longitudinaux dont l'intervalle convexe représente une carène; marquée aussi d'une fossette vis-à-vis chaque mandibule et munie latéralement de quelques poils. Bord antérieur un peu avancé au milieu et dentelé.

Épistome et labre nuls ou se confondant avec le bord antérieur. Dessous de la tête de même couleur que le dessus, marqué de deux sillons longitudinaux.

Mandibules ferrugineuses, longues, susceptibles de se croiser entièrement, étroites, acérées, arquées en faucille, munies en dedans, vers le milieu de leur longueur, d'une dent bien saillante, un peu arrondie sur sa tranche antérieure, pourvues en dehors de quelques soies.

Mâchoires très-longues, subcylindriques, de deux articles, le premier trois fois aussi long que l'autre, un peu convexe en dehors, sinueux en dedans, le second plus étroit à la base qu'à l'extrémité, portant intérieurement un lobe papilliforme terminé par un poil et extérieurement un petit poil.

Palpes maxillaires droits, de quatre articles dont les trois premiers vont progressivement en s'allongeant, mais en se rétrécissant, et le dernier, le plus court de tous, grêle et surmonté d'un tout petit poil. On voit aussi un petit poil au sommet externe du troisième article.

Lèvre inférieure soudée au menton, longue, atteignant l'extrémité du premier article des mâchoires, un peu arrondie au bord antérieur, plus large à la base, à côtés un peu sinueux, surmontée de deux palpes labiaux droits, un peu divergents et de trois articles, le premier un peu plus court que les autres qui sont égaux, le dernier terminé par un très-petit poil.

Antennes de quatre articles, le premier très-court et rétractile, le second de trois à quatre fois plus long, subarrondi au sommet, un peu convexe en dedans, et plus encore en dehors et portant vers le sommet de la convexité externe deux articles supplémentaires, le postérieur de moitié plus court que l'autre, et sur le sommet interne un poil. Quatrième article étroit, cylindrique, incliné en dehors, beaucoup plus court que le précédent avec lequel il fait un coude, subtronqué à l'extrémité qui porte trois ou quatre soies dont la centrale plus longue. Tous ces organes sont subcornés, ou du moins coriaces et roux avec l'extrémité des articles plus claire.

Ocelles nuls ou non apparents.

Prothorax bien plus long que la tête, de sa largeur antérieurement, s'élargissant singulièrement d'avant en arrière, ferrugineux et subcorné en dessus, moins le bord antérieur et les angles postérieurs ; mésothorax et métathorax plus courts que le précédent, égaux entre eux et convexes sur les côtés, le premier un peu roussâtre sur le dos ; ces trois segments plats et blancs en dessous et munis sur les côtés d'un ou deux poils assez courts.

Abdomen d'un blanc un peu jaunâtre, de neuf segments à peu près égaux en longueur et un peu plus longs, du moins ceux du milieu, que le métathorax ; les huit premiers ayant quelques poils de diverses longueurs sur les côtés, en dessus et en dessous, à bords latéraux sinueux par suite de la dilatation de certaines parties, et marqués sur leurs deux faces de trois plis transversaux déterminant aussi des dilatations qui ont pour but de seconder les mouvements de la larve, favorisés en outre par de petits poils courts et raides qui paraissent correspondre aux intervalles des plis. Neuvième segment velu, déclive postérieurement, ayant à la naissance de la déclivité deux appendices charnus subconiques, très-divergents, hérissés de longs poils et formés de deux articles dont le premier épais, beaucoup plus long que le second qui est court et arrondi au sommet. En dessous une ampoule anale rétractile, servant à la progression.

Neuf paires de *stigmates*, une près du bord antérieur du mésothorax, les autres au tiers antérieur des huit premiers segments abdominaux.

Pattes assez courtes, grêles, munies de quelques poils et composées de cinq articles, ongle compris.

J'ai trouvé cette larve dans une souche de Châtaignier, avec la *Formica fuliginosa*. Je ne puis avoir aucun doute sur son authenticité, quoique, parmi de nombreux *Abræus*, se soit trouvé un *Paromalus flavicornis*, car la larve de ce *Paromalus*, qui figure dans mon *Histoire des insectes du pin maritime*, Ann. Soc. ent. 1854, p. 91, ressemble à celle du *Platysoma oblongum* et a, comme celle-ci, les appendices du dernier segment longs et nullement coniques, les palpes maxillaires de trois articles et les labiaux de deux. La larve de l'*Abræus* a au contraire les plus grands rapports avec celle du *Plegaderus discisus* que j'ai publiée aussi, *loc. cit.*, p. 92 ; elle a comme elle les palpes maxillaires de quatre articles, les labiaux de trois, les appendices terminaux courts, subconiques et divergents ; mais elle est un peu plus atténuée antérieurement, le prothorax est coloré sur une plus grande étendue et le mésothorax est un peu roussâtre sur le dos au lieu d'être blanc.

De quoi vit cette larve? Organisée comme elle l'est et ayant toutes les apparences d'une larve carnassière, dévore-t-elle les larves des fourmis? Cela n'est pas impossible, mais il peut se faire aussi qu'à l'exemple d'autres larves analogues, elle se nourrisse de matières excrémentielles. Les lois du parasitisme imposent, il est vrai, au plus grand nombre des espèces et peut-être à toutes des ennemis chargés de prévenir leur excessive multiplication, mais il est à remarquer que ces ennemis n'attaquent ordinairement leurs victimes que lorsque la mère n'est plus là pour protéger ses petits. A l'égard des insectes sociaux, la situation n'est pas la même et les choses dès lors sembleraient devoir se passer autrement. Il n'en est pourtant pas ainsi, et bien des étrangers s'introduisent dans ces sociétés si chatouilleuses à l'endroit de leurs nourrissons et si bien armées pour les défendre. Ils y séjournent même en paix et je crois pouvoir en dire la raison.

Si la chenille de la *Galleria cereella* attaque une ruche, c'est que les Abeilles se trouvent dans un tel état d'épuisement et de désarroi qu'elles sont complétement indifférentes au bien-être de leur petit royaume. Si le *Vespa crabro* vit en bonne intelligence avec le *Quedius dilatatus*, le *Cryptophagus scanicus* et leurs larves ; d'autres Guêpes avec le *Cryptophagus pubescens* et des *Anthomyia;* les Bombus avec les *Antherophagus* et des *Cryptophagus ;* si ces insectes, toujours prêts à attaquer même les plus grands animaux assez mal avisés pour troubler leur repos ou inquiéter leur sollicitude, respectent les êtres chétifs qui ont l'air de les braver, ils doivent y avoir un intérêt. Cet intérêt je le trouve dans la nécessité, pour des colonies aussi populeuses que les guêpiers, où se produisent tant d'immondices, d'avoir des agents qui les débarrassent de ces causes de malpropreté et d'infection. Il leur faut des vidangeurs et je les vois dans ces larves la plupart carnassières au fond, mais toutes disposées, ainsi que j'en ai signalé de nombreux exemples dans mon *Histoire des insectes du Pin* et ailleurs, à vivre exclusivement de déjections. Elles consomment donc, elles détruisent ce qui est une gêne, une incommodité, ce qui serait un danger pour la salubrité publique, et voilà pourquoi elles vivent en parfaite tranquillité dans ces milieux où l'activité est si grande, la vigilance si clairvoyante, la sollicitude si susceptible et où de redoutables colères s'allument si facilement.

Ce que je dis pour les Guêpes je puis, à plus forte raison, l'appliquer aux fourmis. Chez celles-ci, en effet, les insectes que l'on pourrait considérer comme des intrus sont nombreux et variés (1) ; mais les uns, comme les Pucerons, les *Claviger*, les *Lomechusa* et peut-être d'autres, sont chargés de satisfaire leur gourmandise ; les autres, tels que certains Staphyli-

(1) M. Ernest André, dans sa brochure intitulée : *Manuel descriptif des Fourmis d'Europe*, a donné de ces insectes une très-longue liste qui dépasse assurément de beaucoup les limites de la réalité, ainsi qu'il le reconnaît lui-même, mais qui est néanmoins fort appréciable à cause des recherches qu'elle a coûtées et des renseignements qu'on peut y puiser.

nides, divers Psélaphides et Scydménides, les *Abræus*, les *Catopsimorphus*, les *Merophysia*, les *Colovocera*, etc., plusieurs petits Diptères, *Scathopse*, *Phyllomyza*, *Phora*, des Cloportes, des Podures, des Psoques et certainement aussi les larves de Cétoines que l'on y trouve fréquemment et celles des Clythres, sont des vidangeurs, et voilà pourquoi on choye les premiers, on respecte les seconds.

Mais à côté des insectes que je viens de citer, et qui sont pour leurs hôtes des locataires ou des serviteurs utiles, il en est d'autres qui leur sont incommodes et nuisibles. Le *Rhipiphorus paradoxus* et les Volucelles maltraitent plus ou moins les familles des Guêpes, le *Cryptus vesparum* se joint à eux, et il est probable que les *Pachylomma* et l'*Elasmosoma Berolinense* qu'on voit voltiger autour des Fourmis et les Arachnides du genre *Enyo* qui vivent avec elles, ne sont pas tout à fait inoffensifs. Mais ces antagonismes sont la conséquence de ces lois du parasitisme que j'ai signalées plus haut et qui sont des lois d'équilibre et d'harmonie générale. Les insectes sociaux, contraints de s'y soumettre, s'aveuglent sur le rôle que jouent ces ennemis faits pour eux, ou subissent fatalement leur inévitable intervention.

Paykull, dans sa *Monographie des Histérides*, a décrit et figuré une larve qu'il attribue à la *Hololepta quadridentata* Fab. Leach, Latreille et Erichson ont jugé que cette larve était d'un Diptère, et dans l'*Histoire des insectes du Pin* j'ai démontré qu'elle appartenait à un *Sargus*, ou à un Diptère voisin.

Les larves connues d'Histérides sont les suivantes :

Hister merdarius Ent. Hefte., Paykull, *Monogr*. p. 22, Audouin et Brullé, *Hist. natur. des Ins.*, t. II, p. 416 et Westwood, Introd., t. II, p. 182. Ces derniers auteurs n'ont fait que reproduire Paykull, mais M. de Marseul, dans sa *Monographie des Histérides*, Soc. Ent. 1854, p. 167, a donné de cette larve une description et des figures plus complètes et plus exactes.

H. cadaverinus Payk. Latreille, *Nouv. Dict. d'Hist. natur.*, t. X, p. 429. M. de Marseul, *loc. cit.* dit connaître la larve du *H. unicolor* L. qui ne différerait de celle du *H. merdarius* que par la dent des mandibules plus obtuse. Cette larve du *H. unicolor* a été décrite et figurée par M. Schiödte, *de Metamorphosi Eleutheratorum Observationes*, 1862-64, p. 62, pl. 1, avec cette précision de style, cette vérité, ce luxe et cette admirable perfection de détails iconographiques qui caractérisent l'éminent auteur.

Platysoma oblongum F., Perris, Soc. Ent. 1853, p. 275. — *P. depressum* F., Schiodte, *loc. cit.*, p. 63, pl. 2.

Paromalus flavicornis Herbst., Perris, Soc. Ent. 1854, p. 91.
Teretrius parasita Mars., Leprieur, Soc. Ent. 1861, p. 457.
Plegaderus discisus Er., Perris, Soc. Ent. 1854, p. 92.
Voici le signalement de quatre autres larves.

Hister duodecim-striatus, Schrk.

LARVE

Je donne la description détaillée de cette larve pour faire ressortir certains caractères importants omis par M. de Marseul dans sa description excellente, du reste, de la larve du *H. merdarius*.

Long., 10 millim. Hexapode, subcylindrique, d'un blanc roussâtre et charnue.

Tête aplatie, cornée, ferrugineuse, luisante, plus large que longue, un peu arrondie sur les côtés. Bord antérieur droit au milieu, avec trois dentelures triangulaires, au lieu de quatre indiquées pour la larve du *H. merdarius*, puis largement et obliquement échancré vis-à-vis les mandibules.

Épistome et *labre* nuls, celui-ci remplacé, sans doute, par les trois dentelures. Front creusé de quatre sillons, comme dans la larve du *H. merdarius*, ces sillons marqués de quelques petites fossettes.

Mandibules assez robustes, longues, arquées, pointues, munies vers le milieu de leur tranche interne d'une dent petite mais très-visible, un peu inclinée en arrière. Dessous de la tête formé, comme le dessus, d'une plaque cornée et luisante, marquée aussi de quatre sillons dont les deux médians sont convergents. Les pièces basilaires des mâchoires et du menton sont donc soudées et indistinctes ; ce qui reste libre de ces organes est implanté au bord antérieur de la plaque et se trouve, par conséquent, bien en saillie.

Mâchoires cylindriques, hérissées de quelques longues soies, de deux articles dont le second, bien plus court que le premier, porte en dedans un lobe papilliforme terminé par une longue soie.

Palpes maxillaires assez grêles, de trois articles, le dernier le plus long. A la base des mâchoires surgit une touffe, un pinceau de soies jaunâtres d'inégale longueur et paraissant rameuses au microscope.

Menton à peine visible; *lèvre inférieure* cordiforme, sans languette, surmontée de deux *palpes labiaux* de deux articles, dont le dernier, le plus long, est terminé par de très- petites soies.

Antennes de quatre articles, le premier court et rétractile; le second, le plus long de tous, un peu en massue; le troisième s'élargissant de la base à l'extrémité qui est obliquement tronquée, muni en dehors de deux sortes d'articles supplémentaires inégaux, entre lesquels on voit quelquefois une soie, et de une ou deux soies très-courtes au sommet interne.

Ocelles nuls.

Prothorax un peu plus large et au moins aussi long que la tête, de la même couleur et presque de la même consistance, sauf le bord antérieur qui est blanchâtre et submembraneux; marqué de cinq sillons dont deux latéraux arqués, avec quelques rares poils de même que la tête.

Mésothorax et *métathorax* très-courts, plus larges que le prothorax, charnus avec un bourrelet latéral et quelques poils plus longs que ceux du premier segment.

Abdomen de neuf segments, le premier un peu plus court que les autres qui sont aussi longs que le prothorax; les huit premiers munis de quelques poils sur les côtés, en dessus et en dessous, d'une fossette de chaque côté, dessinant un bourrelet latéral et sur le dos de trois plis transversaux favorisant certaines dilatations qui ont pour but de seconder les mouvements de la larve. Dans les plis une forte loupe montre de petites granulations qui, sous le microscope, deviennent des soies spinuliformes la plupart arquées en avant. Sur le bord antérieur de ces segments se trouvent quelques petites plaques luisantes du centre desquelles sort un poil, et le bord postérieur est un peu tuméfié. Sur la face ventrale ces mêmes segments portent un ou deux plis transversaux ou obliques et arqués, très-fins, sans spinules, et un certain nombre de plaques luisantes. Antérieurement on voit une ou deux séries transversales de très-petites soies spinuliformes. Dernier segment assez velu, arrondi sur les côtés, échancré postérieurement, terminé par deux longs appendices bi-articulés dont chaque article est terminé par deux longs poils. Le premier de ces articles est renflé à l'extrémité.

Mamelon anal assez peu saillant, rétractile, marqué d'un pli transversal où se trouve l'anus.

Pattes courtes, très-grêles, deux ou trois soies assez fortes à la hanche, deux extrêmement courtes à l'extrémité de la cuisse; ongle représenté par une soie subulée, plus longue que le tibia, à la base de laquelle on en voit deux ou trois autres beaucoup plus courtes.

Stigmates comme dans la larve d'*Abræus*.

J'ai reçu quelques individus de cette larve, ainsi que deux nymphes, de

M. Tournier, de Genève; il les a trouvées les unes dans des bouses, les autres dans un compost formé de terre et de fumier. Les larves y avaient vécu, sans doute, d'autres larves, probablement de Diptères, qui se développent en si grand nombre et si rapidement dans ces milieux.

NYMPHE

Elle présente les caractères suivants : d'un blanc roussâtre; deux soies roussâtres sur le devant du front, quatre sur le vertex, d'autres tout autour du prothorax sauf le bord antérieur, deux sur l'écusson, huit, dont deux latérales, près du bord postérieur de chaque arceau dorsal de l'abdomen ; celui-ci un peu arqué en dessous. Dernier segment petit, mameloniforme, portant verticalement sur le dos une pièce constituée presque entièrement par deux crochets larges et membraneux à la base, acérés et un peu convergents au sommet. Les stigmates abdominaux sont très-visibles ; le dessous du corps est dépourvu de toute soie; les stries des élytres sont indiquées.

Hister quadrimaculatus L.

Vers la fin de juin j'ai trouvé dans une bouse déjà sèche deux larves de cette espèce dont l'une m'a donné en juillet l'insecte parfait sans que j'aie pu étudier la nymphe. Cette larve ressemble tellement à la précédente que je n'ai pu y voir d'autres différences que les suivantes : taille, 17 millim., dent interne des mandibules peu ou point inclinée en arrière, appendices du dernier segment relativement un peu plus courts.

Saprinus rotundatus Ill.

LARVE

Long., 8 millim. Sa comparaison avec les deux larves précédentes fait ressortir, indépendamment de la taille, les différences ci-après :

La *Tête* n'est pas longitudinalement sillonnée, elle présente seulement deux fossettes antérieures. En dessous cependant on voit un sillon médian longitudinal. Le bord antérieur m'a paru avoir quatre dents au lieu de trois. Le troisième article des antennes porte près du sommet extérieur deux articles supplémentaires bien visibles au microscope et presque égaux.

L'abdomen, dépourvu de plaques luisantes, est beaucoup moins plissé sur le *dos*, et sur la face ventrale les plis sont droits et transversaux.

Tout le corps, sauf la face dorsale du *prothorax* (et ce caractère est le plus saillant de tous), paraît, à une forte loupe, couvert d'aspérités ponctiformes très-petites, très-serrées et roussâtres; au microscope, ces aspérités sont des spinules très-pointues, la plupart verticales, d'autres un peu inclinées en avant ou en arrière. On en voit aussi quelques-unes, mais bien plus petites, sur le mamelon anal.

Enfin les articles des *pattes* portent à leur extrémité des soies plus longues et l'ongle, au lieu de se présenter sous la forme d'une soie plus longue que le tibia, a la forme normale et est à peine aussi long que la moitié du tibia.

Les métamorphoses des *Saprinus* sont, je crois, inconnues. M. de Marseul se borne à dire que leur larve, si les individus qu'il présume être des *Saprinus* le sont réellement, diffère très-peu de celles des *Hister*. Je ne puis, quant à moi, affirmer absolument que celle dont je viens de parler appartient à ce genre, mais comme elle est très-positivement de Histéride, que je l'ai rencontrée dans un poulailler au milieu des fientes de volaille et seulement avec des *Saprinus rotundatus*, je crois pouvoir, sinon avec certitude, du moins avec grande probabilité, l'attribuer à cette espèce. Les caractères différentiels qu'elle présente justifient le genre *Saprinus*; reste à savoir si, par la comparaison avec d'autres larves de ce genre, ils justifieraient aussi le genre *Gnathoncus* créé par J. Duval et non admis par M. de Marseul.

La nymphe m'est inconnue.

J'ai également pris plusieurs fois l'insecte parfait sur les murs intérieurs de lieux d'aisance.

Teretrius picipes F.

LARVE

Ainsi que je l'ai dit plus haut, mon ami M. Leprieur a décrit la larve du *Teretrius parasita*. Cette larve m'est inconnue, mais j'ai reçu de Corse, de mon obligeant ami, M. Revelière, celle d'un Histéride qui, vu les circonstances où elle a été trouvée, ne peut appartenir qu'au *Teretrius picipes* qui habite, du reste, aussi la Corse. Elle a d'ailleurs ce caractère des mandibules complétement inermes que jusqu'ici présentent seules les larves de *Teretrius*, mais en la comparant à celle du *T. parasita* dont elle a la forme générale et la couleur, on trouve les différences suivantes :

La *tête* n'est pas précisément lisse, sa surface est ruguleuse et striolée, et sur le front on voit deux ou trois petites inégalités. La face inférieure est subconvexe, unie, avec un faible sillon médian et de très-fines strioles. Le bord antérieur a des dentelures peu apparentes.

Les *palpes maxillaires* sont bien de quatre articles et les labiaux de trois, mais le dernier article est très-petit et à peine visible au microscope, soit qu'il existe naturellement ainsi, soit qu'il se trouvât accidentellement rentré dans le précédent.

Les *antennes* n'ont pas la forme que leur donnent la description et la figure de la larve de M. Leprieur; elles sont conformées comme celles des autres Histérides, et notamment celles de la larve du *Plegaderus discisus ;* le troisième article est sensiblement élargi d'arrière en avant, et près du sommet extérieur il porte comme trois articles supplémentaires, l'antérieur bien saillant, les deux autres de grandeur décroissante.

Les *pattes* ne sont ni de longueur moyenne, ni robustes, ni très-épineuses, elles sont assez courtes, grêles, et pour ainsi dire inermes, car c'est au microscope seulement que l'on aperçoit de très-petites soies sur les hanches et deux très-petits poils à l'extrémité des cuisses. L'ongle n'est pas muni en dessous de deux ou trois denticules aigus, il est inerme avec la base un peu dilatée. Sa longueur excède la moitié du tibia.

J'ajoute, pour mentionner un caractère important qui ne se trouve pas dans la description de M. Leprieur, qu'en dessus les huit premiers segments de l'abdomen ont un ou deux plis transversaux près du bord postérieur qui est un peu tuméfié, et que, près du bord antérieur, ils sont pourvus d'une ampoule ambulatoire qui, lorsqu'elle se dilate, ressemble assez à celles de certaines larves de longicornes. Cette ampoule est alors un peu déprimée au milieu, et à droite et à gauche de la ligne médiane on aperçoit, principalement sur les segments postérieurs, deux ou trois tubercules calleux. Sur la face ventrale ces segments m'ont paru n'avoir qu'un pli médian transversal qui disparaît lorsque la larve les dilate pour marcher. Le corps, muni de poils comme à l'ordinaire, est dépourvu de toute spinule.

M. Revelière a trouvé cette larve dans des sarments de vigne avec le *Synoxylon sexdentatum* dont elle est assurément parasite.

Je ne connais pas la nymphe.

Toutes les larves connues de Histérides se font remarquer par le bord antérieur de la tête qui est pourvu de dents, sans épistome et labre distincts, par les mandibules falciformes, les mâchoires biarticulées avec un lobe relativement très-petit et par les appendices biarticulés du dernier segment; elles se rapprochent ainsi en partie des larves de certains Carabiques et de certains Staphylinides, dont elles se distinguent, du reste, à première vue, par la lenteur extrême de leur démarche ainsi que par la petitesse relative et l'écartement de leurs pattes étalées. Elles sont dépourvues d'ocelles. Leur corps est blanc et charnu avec la tête plate, parfois même un peu concave antérieurement, ferrugineuse et cornée, et le prothorax partiellement de la même couleur et presque de la même consistance. Elles ont entre elles de très-grandes ressemblances, mais elles présentent pourtant des caractères différentiels assez remarquables, et qui deviendront probablement plus nombreux et plus saillants à mesure qu'on découvrira les larves de certains genres, surtout des exotiques. Ainsi, les larves de *Hister* sont moins déprimées que celles de *Platysoma*, de *Paromalus* et de *Plegaderus* qui, vivant sous les écorces, devaient être moins cylindriques, et elles ont aussi la dent interne des mandibules beaucoup moins saillante. Mais ces différences ont bien moins d'importance que celles qu'offrent les larves de *Plegaderus*, lesquelles ont les palpes maxillaires de quatre articles au lieu de trois, les palpes labiaux de trois articles au lieu de deux, les appendices du dernier segment raccourcis, épais et coniques, au lieu d'être longs et effilés, et le mamelon anal plus développé. Ces caractères semblent, jusqu'ici, propres au groupe que M. de Marseul a nommé Abréens, car on les retrouve, comme on a pu le voir, dans la larve de l'*Abræus globosus*, et ils existent aussi dans celle du *Teretrius parasita*, sauf pourtant celui qui concerne les appendices du dernier segment qui sont semblables à ceux des larves des autres groupes de Histérides. Cependant on pourrait conclure de ce que j'ai dit de la larve du *Teretrius picipes*, que, dans cette larve, le caractère tiré des palpes semble perdre de son importance, puisque le dernier article de ces organes est très-petit. Ce serait là une larve de transition. Je dois rappeler aussi que les larves de *Teretrius* sont jusqu'ici les seules dont les mandibules soient inermes à leur tranche interne.

J'essaye provisoirement, et jusqu'à ce que d'autres genres soient connus, un tableau synoptique des larves de cette famille.

A Palpes maxillaires de trois articles, labiaux de deux.

a Larve cylindrique, épaisse ; tête sillonnée en dessus et en dessous, son bord antérieur tridenté ; segments de l'abdomen avec des plaques luisantes ; ongles remplacés par une longue soie. *Hister.*

Tête avec deux fossettes seulement en dessus et un sillon médian en dessous ; segments de l'abdomen sans plaques luisantes ; ongles normaux. *Saprinus (Gnathoncus)* ?

aa Larve subdéprimée, allongée, bord antérieur de la tête multidenté, ces dents bien apparentes ; appendices biarticulés du dernier segment longs, ongles normaux. *Platysoma.*

Dents du bord antérieur de la tête peu apparentes, appendices du dernier segment courts. *Paromalus.*

AA Palpes maxillaires de quatre articles, labiaux de trois.

b Mandibules munies d'une forte dent interne ; appendices biarticulés du dernier segment très-courts, épais et coniques.

Larve peu atténuée antérieurement ; sillons du dessus de la tête atteignant la moitié de celle-ci ; prothorax blanc sur son tiers postérieur, mésothorax blanc, une plaque luisante visible sur le milieu des premiers segments de l'abdomen. *Plegaderus.*

Larve sensiblement atténuée antérieurement ; sillons du dessous de la tête extrêmement courts ; prothorax presque entièrement ferrugineux ; mésothorax avec une bande roussâtre ; plaques luisantes nulles ou peu visibles. *Abræus.*

bb Mandibules sans dent interne, appendices biarticulés du dernier segment assez longs, linéaires. *Teretrius.*

L'étude des larves des Histérides se recommande à l'intérêt des entomologistes. La plupart, en effet, de celles qui sont connues sont des agents de cette loi du parasitisme qui joue un rôle si important dans l'harmonie et l'équilibre des productions de la nature. Elles sont probablement toutes carnassières, et si beaucoup d'entre elles, comme celles des *Phelister*, des *Omalodes*, des *Hister*, des *Saprinus*, des *Onthophilus*, des *Bacanius*, des *Abræus*, des *Acritus*, vivent aux dépens des larves et des animalcules quels qu'ils soient qui se multiplient dans les déjections des grands animaux, les cadavres et les champignons en putréfaction, les détritus végétaux, les plaies purulentes des arbres, il en est un grand nombre, comme celles des *Hololepta*, des *Leionota*, des *Macrosternus*, des *Platysoma*, des *Epierus*, des *Carcinops*, des *Teretrius*, des *Paromalus*, des *Trypanæus*, des *Plegaderus* qui, se développant sous les écorces, ont pour mission de mettre un frein à la multiplication des insectes xylophages.

Il y a même ceci de particulier, et les observations ultérieures ajouteront des faits nombreux et probablement très-intéressants à ceux que j'ai le premier constatés, que les larves parasites des Xylophages paraissent affectées à des espèces déterminées. Ainsi, le *Platysoma oblongum* et le *Paromalus flavicornis* sont parasites, dans les Landes du moins, du *Bostrichus stenographus*, le *Plegaderus discisus* du *Crypturgus pusillus*, le *Teretrius parasita* de l'*Apate xyloperthoides*, le *Teretrius picipes* du *Synoxylon sexdentatum* et probablement aussi du *Xylopertha sinuata*. D'autres appartenant aux genres *Hetoerius*, *Eretmotes*, *Dendrophilus*, *Myrmetes*, *Bacanius*, *Abrœus*, habitent les fourmilières où je crois qu'elles rendent des services au lieu d'y faire des victimes. J'ai constaté, en effet, en étudiant les larves subcorticales, que, lorsque les proies vivantes leur manquent, elles complètent leur développement en consommant les matières excrémentitielles des larves xylophages, à moins qu'elles ne trouvent dans ces substances des animalcules qui échappent à nos regards. C'est ce qui m'a fait dire que certaines larves myrmécophiles, susceptibles probablement de vivre des déjections des fourmis et de remplir dans leurs habitations le rôle de vidangeurs, s'attachent encore plus, peut-être, à les débarrasser d'hôtes incommodes.

Quant aux insectes parfaits sur lesquels on n'a aussi que trop peu d'observations, ils paraissent être généralement carnassiers. J'ai publié, d'après M. Revelière, le fait curieux du *Hister pustulosus* faisant la chasse à des chenilles d'*Agrotis*, et le même savant a trouvé en grand nombre, en Corse, le *Hister helluo* occupé à dévorer, sur les feuilles de l'aulne, des larves de l'*Agelastica alni*. Évidemment les Histérides doivent être classés dans la catégorie des insectes utiles.

NITIDULIDES

Soronia (silpha) grisea L.

LARVE

Dans mon travail sur les *Insectes du Pin* et à propos de la larve de l'*Epurœa obsoleta*, j'ai mentionné celle de la *Soronia grisea*, dont M. Westwood a dit quelques mots et donné la figure, et dont la description, due à Erichson, a été reproduite dans le catalogue de mes amis, MM. Chapuis et Candèze. J'ai cru devoir critiquer quelques points de cette description et élever des doutes sur quelques autres. Je ne connaissais pas alors cette larve, mais je l'ai rencontrée depuis sur un écoulement de séve purulente provenant d'un ulcère d'un Châtaignier, et j'ai pu me convaincre que mes critiques étaient justes et mes hypothèses fondées.

Ainsi les *antennes* ont bien non pas seulement deux articles mais quatre, le premier gros et court, le second plus long, le troisième aussi long que les deux autres ensemble, le quatrième grêle, de la longueur du second, accompagné d'un article supplémentaire très-court, placé en dessous.

Les *palpes maxillaires* (dans la traduction de la description, il y a *labiaux*, sans doute par distraction) sont de trois articles et non de quatre;

La *lèvre inférieure*, qu'Erichson n'a pas vue, est petite, transversale, et logée, presque cachée, ainsi que les deux *palpes labiaux* très-courts et de deux articles, dans l'arceau formé par les deux lobes maxillaires.

Les *Mandibules* sont conformées comme le dit cet auteur ; mais examinées de face, elles m'ont paru très-étroitement échancrées à l'extrémité.

Les *ocelles*, sur lesquels il est exprimé un doute, sont bien au nombre de trois de chaque côté, deux près de la base de l'antenne, assez rapprochés, et le troisième un peu obliquement en arrière ; ils ont bien l'air d'ocelles, car ils sont convexes.

Le *prothorax* est couvert d'une large bande d'un ferrugineux sale, n'atteignant pas les bords antérieur et postérieur, et interrompue au milieu par une ligne blanchâtre.

Quant aux *segments abdominaux*, chaque arceau dorsal, dit la description que je contrôle, présente une série transversale de points cornés bruns, et sur les côtés, un petit prolongement charnu, subconique, terminé par une soie blanche. Ce dernier caractère est exact, mais les points cornés bruns sont des aspérités qui ne forment série que sur la déclivité des segments et qui, à droite et à gauche de la ligne médiane, sont groupés presque en cercle. Ces aspérités, qui existent aussi sur le mésothorax et le métathorax, et qu'on voit d'autant plus saillantes qu'on s'approche plus de l'extrémité postérieure du corps, sont toutes surmontées d'une très-courte soie épaisse et spatulée, bien visible au microscope. Le dernier segment porte quatre cornes, deux à l'extrémité, assez longues, ayant quatre ou cinq petits tubercules piligères, et deux un peu plus courtes en avant sur le disque. La figure de M. Westwood les représente assez exactement. Tout le corps est couvert de cils spinuliformes extrêmements courts et serrés, mais bien visibles au microscope.

En ce qui concerne les *stigmates*, Erichson se borne à dire qu'ils sont au nombre de neuf paires, la première située inférieurement dans le pli qui sépare le prothorax du mésothorax, les autres placées sur les huit premiers segments abdominaux, un peu en avant des prolongements latéraux. Cela est exact, mais comme je le soupçonnais en tenant compte du milieu dans lequel vit la larve, ces stigmates ne sont pas sessiles, ils sont tubuleux et saillants comme dans les larves d'*Epuræa*.

Voilà donc réglés, je crois, les caractères de cette intéressante et curieuse larve qui mériterait d'exercer le talent d'un habile iconographe.

Rhizophagus (lyctus) nitidulus F.

Fig. 13-16.

LARVE

Long., 5 millim. Hexapode, blanche avec des bandes roussâtres peu sensibles, coriace, linéaire, sauf qu'elle est un peu atténuée vers les deux extrémités ; terminée par deux appendices cornés, trilobés.

Tête transversale, s'élargissant en s'arrondissant d'avant en arrière, roussâtre, marquée de deux impressions arquées et pourvue de quelques poils roussâtres.

Épistome soudé au front, labre à suture presque indistincte, semi-discoïdal, et ne paraissant pas cilié.

Mandibules peu épaisses, testacées avec la partie antérieure ferrugineuse, acérées si on les examine en dessus, et échancrées au sommet si on les examine de face.

Mâchoires grandes, assez épaisses, descendant un peu au delà de la moitié de la tête, libres, leur lobe assez long, arqué en dedans et surmonté de quelques petites soies extrêmement courtes.

Palpes maxillaires pouvant déborder la tête, de trois articles, dont le troisième un peu plus long que chacun des deux autres et terminé par de petits cils.

Lèvre inférieure transversale, un peu prolongée au milieu en une languette arrondie.

Palpes labiaux très-courts, de deux articles.

Antennes de quatre articles, plus un article supplémentaire de moitié au moins plus court que le quatrième.

Sur chaque joue deux points noirs représentant deux *ocelles*, un près de la base de l'antenne et un, beaucoup plus petit, obliquement un peu en arrière,

Prothorax plus grand que chacun des autres segments, antérieurement pas beaucoup plus large que la tête, mais s'élargissant un peu d'avant en arrière, lavé de roussâtre avec la lisière postérieure blanche et trois ou quatre poils roussâtres de chaque côté; *mésothorax* et *métathorax* ayant deux ou trois poils de chaque côté et une bande d'un roussâtre pâle très-près du bord antérieur; sur la ligne antérieure de cette bande règne une sorte de crête fine et peu saillante, et la ligne postérieure est occupée par un pli.

Abdomen de neuf segments, les huit premiers ayant la bande d'un roussâtre pâle, la crête, le pli et les poils que l'on voit sur le métathorax. Dernier segment entièrement teint de roussâtre, muni sur le dos de deux tubercules cornés, en cône tronqué, et sur chaque bord latéral de deux tubercules dentiformes surmontés d'un poil; divisé postérieurement en deux lobes séparés par une échancrure profonde et arrondie, et chacun d'eux terminé par trois dents cornées, disposées en triangle, dont les deux supérieures sont échancrées et portent un poil assez long et l'inférieure est conique avec un poil beaucoup plus court.

Mamelon anal placé au milieu de la face inférieure de ce segment, rétractile, mais susceptible de devenir très-saillant, un peu en cône tronqué, sa face inférieure montrant de petits mamelons au centre desquels est l'anus.

Le corps, vu au microscope, est dépourvu de ces cils spinuliformes que j'ai signalés dans la larve précédente.

Stigmates au nombre de neuf paires, la première très-près du bord antérieur du *mésothorax*, les autres vers le tiers antérieur des huit premiers segments abdominaux.

Pattes de médiocre longueur, pouvant un peu déborder le corps, de cinq pièces, ongle compris, hérissées de quelques courtes soies.

Dans mon *Histoire des Insectes du Pin maritime*, j'ai publié les métamorphoses du *Rhizophagus depressus*, dont la larve vit sous l'écorce du pin avec celles des *Blastophagus piniperda* et *minor*. Cette larve ressemble tellement à celle du *R. nitidulus* que je ne vois entre elles qu'une seule différence. Dans cette dernière, les deux dents supérieures des lobes postérieurs sont échancrées, tandis qu'elles sont entières et coniques dans celles du *R. depressus*.

J'ai trouvé au mois de mai la larve que je viens de décrire sous l'écorce d'un Châtaignier abattu depuis quatre ou cinq mois, en compagnie des larves du *Dryocœtes capronatus*. Elle n'épargne pas celles qu'elle rencontre et elle vit aussi de leurs déjections. Comme sa congénère du Pin, elle s'enfonce dans la terre pour se transformer.

NYMPHE

Des soies blanches et bulbeuses à la base sur le front, sur le bord et sur le dos du prothorax et non du vertex, comme je l'ai dit par distraction dans la description de la nymphe du *R. depressus;* d'autres soies près du bord postérieur des segments abdominaux et deux sur chaque genou. Dernier segment divisé en deux lobes tronqués, dont chacun est terminé par une papille conique et deux longues soies.

Les larves de Nitidulides (catal. de Marseul) déjà connues sont les suivantes :

Brachypterus linariæ, Cornelius, Ent. Zeit. dem Ent. Ver. zu Stett. 1863.

Carpophilus 6 pustulatus F., Perris, Soc. Ent. 1853, p. 593.

Epuræa obsoleta F., Bouché, Naturg. p. 188, et Perris, Soc. Ent. 1862, p. 186.

Soronia grisea L., Curtis, Linn. trans. vol. 1, Westwood, Introd. t. I, p. 141. — Audouin et Brullé, Hist. nat. des ins. t. V, p. 397, et Erichson, Naturg. der. ins. Deutsch. p. 163.

Amphicrossus discolor Er., Candèze, Hist. des métam. de quelques Coléop. exotiques, p. 13 (de Ceylan).

Lordites glabricula Murray, Candèze, *loc. cit.* p. 16 (de Ceylan).

Meligethes æneus F., Heeger, Sitzber. Wien. Acad. Wiss. 1854. — *M. Symphiti* Heer, Cornelius, *loc. cit.*

Pocadius ferrugineus F., Bouché, Naturg. p. 188, Westwood, d'après Bouché, Introd. t. I, p. 142, et Letzner, Berlin. Ent. Zeitschr. 1859.

Ips 4 pustulata, F., Frisch, Beschreib. von all. Ins. p. 165, et Herbst, Naturg. all. bek. ins. t. IV, p. 165, d'après Frisch. — *I. ferruginea* L., Perris, Soc. Ent. 1853, p. 596, et Letzner, Berlin, Ent. Zeit. 1859, p. 304 (1).

Rhizophagus depressus F., Erichson, Naturg. der. ins. Deutsch. t. III, p. 227, et Perris, Soc. Ent. 1853, p. 599.

En voici quelques autres.

(1) Ce que j'ai appelé *Ips ferruginea* est l'espèce que M. Abeille de Perrin en a détachée sous le nom d'*I. lævior*. Le *ferruginea* paraît propre aux zones moins méridionales, et il est probable que la larve publiée par M. Letzner appartient à ce dernier.

Pria (nitidula) dulcamaræ, Ill.

Fig. 17-22.

LARVE

Long., 2 1/2 millim. Hexapode, blanche, charnue, mais un peu ferme, presque glabre, légèrement elliptique, déprimée, avec le dos un peu convexe, subéchancrée postérieurement.

Tête aplatie, subcornée, faiblement roussâtre, transversale, s'élargissant en s'arrondissant d'avant en arrière, transversalement fovéolée sur le front. Épistome soudé au front, ou à suture non apparente; labre petit, transversal, peu distinct de l'épistome.

Mandibules ferrugineuses avec la pointe plus foncée, arquées, acérées, simples, c'est-à-dire non dentées, se croisant au repos.

Mâchoires assez larges, mais peu épaisses et courtes, ne descendant pas même jusqu'à la moitié de la tête, leur lobe long, un peu arqué en dedans et paraissant, même au microscope, dépourvu de cils.

Palpes maxillaires assez longs, débordant la tête, à peine arqués en dedans, de trois articles dont les deux premiers égaux et le troisième un peu plus long, surmonté de très-petits cils.

Lèvre inférieure cordiforme, enfermée dans l'espèce d'arceau que forme la convergence des lobes maxillaires, portant les deux *palpes labiaux* de deux articles très-courts.

Antennes assez longues, de quatre articles, le premier large et court, le second un peu plus long, le troisième visiblement plus allongé que le précédent, un petit peu en massue, le quatrième un peu plus court que le troisième, grêle, terminé par un poil un peu long et deux ou trois très-courts, et accompagné d'un article supplémentaire encore plus grêle, presque aussi long et visible seulement quand on regarde la larve de profil, parce qu'il est inséré sur l'extrémité inférieure du troisième article.

Sur chaque joue, près de la base de l'antenne, deux points noirs qui sont des *ocelles* ou qui les simulent. En y regardant très-attentivement on est plus que tenté de croire qu'il y en a un troisième un peu en arrière.

Prothorax lavé de roussâtre, beaucoup plus large que la tête, une fois et demie aussi long que chacun des deux autres segments thoraciques, un peu ridé longitudinalement sur son disque; *mésothorax* et *métathorax* égaux, un peu plus courts que les segments abdominaux.

Abdomen de neuf segments dont les quatre ou cinq premiers sont égaux et les autres un peu plus longs, les huit premiers munis d'un bourrelet latéral et ayant en outre, ainsi que les deux derniers segments thoraciques, de chaque côté de la ligne médiane, une dépression un peu plissée, occupée au centre par une sorte d'aréole circulaire. Ces impressions sont les indices d'ampoules ambulatoires rétractiles et ordinairement affaissées, mais susceptibles de se dilater, de se tuméfier pour faciliter les mouvements de la larve. Dernier segment sensiblement plus étroit que le précédent, se rétrécissant beaucoup en s'arrondissant d'avant en arrière, lavé de roussâtre à l'extrémité qui est échancrée avec les angles de l'échancrure en forme de petit tubercule dont la consistance est un peu subcornée. Dessous du corps lisse.

Mamelon anal situé sous le dernier segment, gros, charnu, susceptible de déborder postérieurement, servant de pseudopode.

Cette larve, presque glabre comme je l'ai dit plus haut, ne montre, vue perpendiculairement, que deux ou trois petits poils de chaque côté de la tête, deux sur le prothorax, autant sur chacun des autres segments, sauf le dernier qui en a plusieurs tout autour; mais si on l'observe en long, on voit qu'elle porte d'autres petits poils dressés tant en dessus qu'en dessous de chaque segment; ils m'ont paru disposés deux à deux de chaque côté de la ligne médiane, mais à une certaine distance d'elle. Si on la soumet au microscope, on constate l'existence de quelques autres poils raides, d'une petitesse et d'une finesse extrêmes, et l'on s'aperçoit en outre que le corps est couvert, du moins sur les bourrelets latéraux et sur la face ventrale, de petites aspérités ciliformes très-serrées, inclinées en arrière et à peine perceptibles.

Stigmates sessiles au nombre de neuf paires, la première, un peu plus grande et à peine plus inférieure que les autres, très-près du bord antérieur du mésothorax, les autres vers le tiers antérieur des huit premiers segments abdominaux.

Pattes assez courtes, débordant peu les côtés du thorax, de cinq pièces y compris un ongle roussâtre et subulé; hanche, cuisse et tibia munis de soies rares et très-courtes. A la base inférieure de l'ongle s'implante une sorte d'ampoule ou de pelotte membraneuse, lagéniforme, dépassant l'ongle de beaucoup et s'appuyant, quand la larve marche, sur le plan de position.

Si on tourmente cette larve, elle se courbe en cercle, la tête appuyée contre l'anus.

La *Pria dulcamaræ* vit, comme l'on sait, sur le *Solanum dulcamara*, où elle est ici fort commune (1). La larve semblait donc devoir y vivre aussi, il ne s'agissait que de la trouver. Je l'ai cherchée assez longtemps sur les feuilles, dans les fruits, dans les tiges, dans les racines, et j'ai fini par où j'aurais pu commencer, par les fleurs.

On sait que les étamines de la douce-amère ont des anthères très-développées, formant un faisceau jaune et conique au centre duquel se trouve le pistil. Ce faisceau se détache assez facilement et tout d'une pièce de la corolle, et c'est là, uniquement là, qu'il faut chercher la larve. Du reste, il est ordinairement assez facile de savoir s'il y en a une. Si, en effet, après avoir détaché le faisceau d'étamines, on examine sa base à la loupe, on y aperçoit, lorsqu'il recèle une larve, de petites granulations jaunâtres qui ne sont que des excréments de celle-ci, et qui manquent lorsque le faisceau n'est pas habité, à moins pourtant, ce qui est rare, que la larve ne soit tellement jeune qu'elle n'ait pu encore révéler ainsi sa présence. Lors donc qu'on voit ces granulations, on peut avec confiance disséquer le faisceau, et presque toujours on y trouvera une larve. Je dis presque toujours, car il peut se faire que la larve, devenue adulte, ait déjà quitté son berceau pour aller subir sa métamorphose. Dans tous les cas, on constatera qu'elle s'est nourrie du pistil et des parties internes des anthères, respectant scrupuleusement leur surface externe afin de ne pas trahir sa présence et de n'ouvrir à aucun ennemi l'accès de sa demeure.

Ma découverte fut suivie d'une réflexion bien naturelle. Après l'épanouissement d'une fleur, les anthères ont une durée très-limitée, et il était difficile de croire que cette durée fût suffisante pour l'éclosion de l'œuf et le développement de la larve. Il était plus naturel de penser que l'œuf était pondu, que la larve était née dans le bouton, et que, lors de l'anthèse, celle-ci avait déjà pris un certain accroissement. Les recherches auxquelles je me livrai ne tardèrent pas à confirmer cette supposition, et je reconnus que, dans les boutons à divers degrés d'avancement, existaient des larves plus ou moins jeunes. C'est donc dans les boutons que la femelle pond ses œufs, que les larves naissent et prennent leurs premiers développements, de sorte qu'il leur reste peu à acquérir lorsque la fleur s'épanouissant, les étamines sont mises au jour et n'ont plus que peu de temps à vivre.

Il est des larves, comme celles de quelques *Anthonomus* et de certains

(1) Je l'ai trouvée aussi sur le *Solanum nigrum*.

Apion, qui se développent et subissent leurs métamorphoses dans les boutons à fleur d'arbres ou arbrisseaux de la famille des Rosacées et d'arbustes de la famille des Cistinées ; mais ces boutons ne s'ouvrent jamais et ils servent ainsi de protection permanente à la larve ainsi qu'à la nymphe, qui, si la corolle s'ouvrait, ne seraient pas en sûreté et se maintiendraient même bien difficilement au milieu des étamines libres et étalées. Les choses ne se passent pas ainsi pour la larve de la *Pria dulcamaræ ;* le bouton à fleur qui la recèle s'ouvre comme les autres, la protection du calice et de la corolle lui fait défaut; mais heureusement les étamines, soudées en faisceau, forment un corps dans lequel elle peut se loger et où elle trouve un sûr abri. Cet abri n'est, il est vrai, que momentané, car les étamines ne sont pas de longue durée comme les boutons fermés où vivent les larves déjà citées; mais aussi ce n'est pas dans ce berceau éphémère, mis à découvert, qu'elle aura longtemps à vivre. Son développement est déjà bien avancé lorsque la fleur s'épanouit, et deux, trois, quatre jours après, ce développement étant complet, elle perce sa fragile prison et se laisse tomber à terre. A chaque pas on rencontre les témoignages de la merveilleuse sollicitude, de l'infinie variété des ressources de la nature qui a donné aux animaux grands et petits, et à ces derniers surtout, l'intelligence, les moyens, l'industrie, les habitudes les plus propres à la conservation des espèces. Dans l'histoire des insectes ces sujets d'étonnement et d'admiration pullulent, on n'a que l'embarras du choix.

Je viens de dire que la larve de la *Pria* quitte la fleur pour subir ses métamorphoses dans la terre; elle s'y enfonce, en effet, le plus tôt possible après qu'elle est devenue libre, et en s'aidant de la tête comme d'une bêche, de ses pieds comme de pioches et de rateaux, des poils, des spinules, des ampoules dont elle est pourvue, elle pénètre à une profondeur plus ou moins grande, se façonne, par les mouvements de son corps, une cellule, et après être restée trois ou quatre jours immobile et courbée en arc, elle se transforme en nymphe.

NYMPHE

Nue, blanche d'abord et bientôt après les yeux noirs. Quatre soies sur le front, deux de chaque côté. Prothorax bordé de huit soies blanches assez longues, portées sur de petits tubercules coniques; des soies semblables le long des côtés de l'abdomen, lequel est terminé par deux papilles longues et effilées ; de tout petits poils aux genoux.

Brachypterus vestitus, Kiesw. — **B. cinereus**, Heer. et **B. linariæ**, Cornelius.

Fig. 23-26.

LARVES

Je réunis ces trois larves en un même article parce qu'elles appartiennent au même genre et qu'il m'a été impossible de trouver entre elles aucune différence, car je ne tiens pas compte de celle de la taille qui est de 5 millim. pour la première et de 4 millim. pour les deux autres.

Forme de la larve de la *Pria dulcamarœ*, mais moins déprimée.

Tête d'un testacé pâle, subcornée, transversale, s'élargissant un peu, en s'arrondissant, d'avant en arrière; front obsolètement marqué de trois fossettes disposées en triangle; épistome soudé, labre très-petit, incliné, paraissant glabre.

Mandibules, *mâchoires* et leur lobe, *lèvre inférieure* et *palpes* comme dans la larve de *Pria*.

Antennes plus courtes, de quatre articles, le second et le troisième égaux en longueur, le quatrième beaucoup plus court, surmonté d'un petit poil et accompagné d'un article aussi long et presque aussi épais que lui, mais dépourvu de poil.

Sur chaque joue quatre *ocelles* ou pseudo-ocelles noirs, deux elliptiques et contigus près de la base de l'antenne et deux un peu en arrière, très-écartés, beaucoup plus petits, ponctiformes.

Prothorax marqué sur ses deux tiers antérieurs d'une bande rousse à bord postérieur sinueux et interrompue au milieu par une ligne longitudinale blanchâtre; les deux autres segments thoraciques et les huit premiers segments abdominaux égaux, ces derniers munis d'un bourrelet latéral et au-dessus de ce bourrelet, sur chaque déclivité dorsale, de deux fossettes obsolètes, l'interne plus grande, indiquant des points où s'accomplissent des dilatations propres à favoriser les mouvements de progression.

Dernier segment sensiblement plus étroit que le précédent, se rétrécissant un peu sinueusement d'avant en arrière, tronqué postérieurement, parfaitement lisse, c'est-à-dire dépourvu de tout crochet, pointe ou tubercule quelconque, ayant seulement six poils fins et roussâtres, écartés, rangés en ligne transversale.

Mamelon anal situé non sous le dernier segment, mais à la suite, comme s'il constituait un treizième segment, se rétrécissant d'avant en arrière, incliné vers le plan de position et terminé par trois lobes papilliformes.

Corps susceptible de se courber en arc, parsemé de petits poils symétriquement disposés comme dans la larve de *Pria* et couvert de cils spinuliformes très-petits et très-serrés, inclinés en arrière, visibles seulement au microscope; ceux du dos plus apparents. A une forte loupe la surface du corps a l'air d'être imperceptiblement chagrinée.

Stigmates comme dans la larve de *Pria*.

Pattes de même, avec cette différence que la pelotte ou ventouse est plus courte et que le tibia est glabre sauf quelques soies très-courtes et très-fines à l'extrémité, et dessous, en arrière de la ventouse, une soie spatulée assez épaisse.

La larve du *B. vestitus* vit ici dans les fleurs de l'*Antirrhinum majus*, celle du *B. cinereus* dans les fleurs des *Linaria striata, spartea, vulgaris, supina, Pyrenaica*, et celle du *B. linariæ* dans les fleurs de la *Linaria striata*. M. Cornelius, qui a décrit cette espèce (l'*Abeille*, 1867, p. 133), a observé sa larve dans les corolles de la *Linaria vulgaris* où elle se nourrit du pollen de la fleur. C'est en effet des organes floraux que vivent ces larves inféodées à deux genres de la famille des Scrophulariacées. On les trouve dès le mois de juin sur les espèces les plus précoces et jusqu'au mois d'août sur celles qui sont plus tardives. Leur croissance est assez rapide, et lorsque le moment de la métamorphose est venu elles percent la corolle ou se glissent entre ses deux lèvres et se laissent tomber à terre pour s'y enfoncer. Là, dans une loge dépourvue de tout apprêt, elles se transforment en nymphe au bout de cinq ou six jours.

NYMPHES

Des poils blanchâtres et mous assez nombreux sur le front et le vertex, d'autres près du bord antérieur et sur les déclivités latérales du prothorax, sur les genoux, sur les faces dorsale et ventrale et à l'extrémité de l'abdomen. Deux soies longues, spiniformes et roussâtres au tiers antérieur du prothorax et deux près du bord postérieur; les premières verticales, les secondes un peu arquées en avant; deux sur le mésothorax et deux sur le métathorax, arquées de même; deux sur chacun des sept premiers segments de l'abdomen, plus petites et très-inclinées en arrière, mais grandissant progressivement; enfin deux à l'extrémité du dernier segment, droites, mais un peu relevées.

Brachypterus (Dermestes) urticæ F.

LARVE

Long. 2 1/2 millim. Cette larve reproduit les caractères des trois larves précédentes; elle se distingue comme elles de la larve de *Pria* par le quatrième article des antennes sensiblement plus court et par les quatre ocelles noirs, dont deux antérieurs contigus et deux postérieurs écartés et bien plus petits. Comme elles aussi, elle a le mamelon anal saillant en arrière et sur le prothorax une large bande transversale d'un brun roussâtre et interrompue au milieu par une ligne blanchâtre, mais cette bande est peu apparente. Elle présente cependant, relativement à ses congénères, les différences suivantes : le dernier segment est arrondi postérieurement plutôt que tronqué ; le mamelon anal est pourvu postérieurement et à son bord inférieur de deux petites papilles rétractiles ; le corps qui, à la loupe, paraît pointillé et comme chagriné, est, vu au microscope, couvert non de cils, mais de très-petites granulations bien moins serrées que les cils spinuliformes qui revêtent les larves des *Brachypterus* déjà cités ; ces granulations sont bien plus petites et moins denses sur la face pectorale et ventrale; les pattes, au lieu d'être terminées par une ampoule plus courte que l'ongle et précédée d'une soie spatulée, sont conformées comme celles de la *Pria*, c'est-à-dire avec une ampoule grande, débordant l'ongle, sans soie spatulée. Enfin, l'antépénultième segment porte sur le dos deux très-petits points brunâtres, écartés, un de chaque côté de la ligne médiane ; le pénultième a aussi deux points brunâtres beaucoup plus grands, et le dernier une bande transversale de même couleur.

Cette larve, susceptible de se courber en arc comme ses congénères, vit en juillet dans les fleurs des *Urtica urens* et *dioica* qui fournissent abondamment l'insecte parfait. Elles s'y développent assez rapidement, et à la fin du dit mois ou au commencement d'août, elles se laissent tomber à terre pour s'y enfoncer et y subir en peu de jours leurs métamorphoses.

NYMPHE

Elle ressemble à celle des autres *Brachypterus*.

Cercus rufilabris, Latr.

Fig. 27.

LARVE

Long., près de 3 millim. Hexapode, jaunâtre, avec deux séries de traits noirs sur le dos, charnue mais un peu ferme, presque glabre, légèrement elliptique, déprimée, avec le dos un peu convexe, arrondie ou à peine subéchancrée postérieurement.

La *tête*, pour la forme, la consistance et la couleur, ressemble entièrement à celle de la larve de *Pria*. Tous les organes céphaliques sont également comme chez cette dernière, avec cette seule différence qu'au lieu de deux ocelles de chaque côté, je n'ai pu en voir qu'un seul assez gros et noir.

Prothorax beaucoup plus large que la tête, très-arrondi sur les côtés, près de deux fois aussi long que chacun des deux autres segments thoraciques, marqué d'une bande transversale brune qui n'atteint aucun des bords et qui est interrompue au milieu. *Mésothorax* et *métathorax* égaux entre eux.

Premier segment de l'abdomen un peu plus long, les suivants s'allongeant progressivement jusqu'au sixième; septième et huitième égaux au précédent ; tous ces segments ornés de deux taches noires ou brunes en parallélogramme transversal, n'atteignant pas les côtés et séparées par un intervalle presque égal à leur largeur. L'aire de ces taches est marquée de très-faibles dépressions ou plis indiquant qu'il se produit là des dilatations destinées à faciliter les mouvements de progression. Dernier segment un peu plus large que long, presque plan en dessus, avec deux fossettes longitudinales écartées; brun avec la base jaunâtre, arrondi latéralement, très-légèrement échancré au bord postérieur; muni en dessous d'un mamelon ambulatoire rétractile, très-faiblement bilobé.

Poils comme dans la larve de *Pria;* ceux de la tête et du dernier segment, qui en a six, sont subulés, les autres sont obtus au bout, et quelques-uns même un petit peu renflés. La région ventrale présente, comme le dos, des plis ambulatoires, et tout le corps est couvert d'aspérités ciliformes très-petites, très-serrées, inclinées en arrière et visibles seulement au microscope. A une forte loupe elles font paraître le corps comme très-finement chagriné.

Stigmates comme dans la larve de *Pria.*

Pattes de même avec ces seules différences qu'elles débordent davantage le corps et que l'ampoule ou pelotte membraneuse est double ou très-profondément bilobée et qu'elle n'atteint pas la longueur de l'ongle.

Cette larve qui, comme celle de *Pria* et les suivantes, est peu agile et se courbe en arc lorsqu'on l'inquiète, vit dans les fleurs du *Juncus obtusiflorus* Ehrh., *articulatus* D. C. La ponte a lieu au mois de juin, la larve naissante s'introduit sous l'enveloppe florale et se nourrit des organes qu'elle recouvre. Son développement complet paraît n'exiger que quelques jours, et lorsqu'elle veut se transformer en nymphe, elle se laisse tomber à terre où elle s'enfonce.

Meligethes (nitidula) viridescens, Fab.

Fig. 28.

LARVE

Long., 3 millim. Elle ressemble tellement à celle de la *Pria dulcamaræ,* qu'après la description détaillée que j'ai donnée de celle-ci je ne pourrais que me répéter sur presque tous les points. Forme générale, épistome et labre soudés, mandibules, mâchoires et leur lobe, lèvre inférieure, palpes, antennes, tout est la même chose. Les ocelles m'ont paru plus clairement au nombre de trois, sous forme de trois petits tubercules disposés en triangle, les deux antérieurs noirs ou pupillés de noir, ce qui me porte de plus en plus à croire qu'il y en a trois dans celle de la *Pria.* Les pattes sont conformées comme dans cette dernière, c'est-à-dire avec la pelotte lagéniforme insérée sous la base de l'ongle. Les caractères différentiels sont seulement les suivants :

Tête plus foncée, prothorax marqué sur plus de sa moitié antérieure d'une tache transversale rousse, n'atteignant pas les côtés, et interrompue au milieu par une ligne blanchâtre ; fossettes ambulatoires des deux derniers segments thoraciques et des huit premiers segments abdominaux ayant l'aréole centrale rousse ; une autre petite tache rousse moins apparente, surtout antérieurement, sur le milieu dorsal des dix segments précités ; dernier segment ayant trois taches de cette couleur, de sorte que le dessus du corps, à partir du mésothorax inclusivement, est orné de trois séries longitudinales de taches rousses, les médianes plus petites ; dernier segment non échancré, arrondi au contraire, mais ayant à la naissance de la déclivité postérieure deux très-petits mamelons ou tubercules rapprochés et calleux ; poils comme dans la larve de *Pria*, mais aspérités ciliformes plus apparentes au microscope.

J'ai trouvé cette larve dans les boutons à fleur et dans les fleurs ouvertes du navet et du radis. Malgré l'épanouissement de la fleur, le calice en quelque sorte tubuleux et les onglets des pétales de ces Crucifères lui servent d'abri et de protection jusqu'à son complet développement. Ce moment venu, elle se laisse tomber à terre et s'y enfonce pour se transformer en nymphe.

NYMPHE

Absolument comme celle de la *Pria dulcamaræ*.

Meligethes (nitidula) æneus, Fab.

J'ai reçu cette larve de Jacquelin Duval qui l'avait recueillie dans les fleurs du colza. Elle est, ainsi que la nymphe, à tel point l'image de celles du *M. viridescens*, que je ne puis en rien dire de particulier.

Meligethes coracinus, Steph.

J'en dirai autant de cette larve que j'ai recueillie dans les fleurs de la moutarde, *Sinapis nigra*, au mois de juin, mais dont je n'ai pas observé la nymphe.

Meligethes marrubii, Ch. Bris.

Comparée aux précédentes, elle présente les caractères différentiels suivants : elle est sensiblement plus velue et ses poils sont plus longs ; la bande transversale du prothorax et les trois séries de taches dorsales sont de couleur noire et par conséquent plus tranchées.

La nymphe a sur la tête et sur le bord du prothorax des poils très-courts et excessivement fins, et je n'en aperçois pas sur les côtés de l'abdomen ; les papilles terminales sont très-courtes.

Cette larve vit dans les fleurs du *Marrubium vulgare*, confondue avec celle du *M. villosus*. Le calice tubuleux de cette labiée la protége très-efficacement, et comme ce calice est persistant et qu'après la chute de la fleur les poils raides et convergents qui le ferment peuvent défendre l'accès de sa demeure et lui servir de rempart, elle y reste assez souvent pour subir toutes ses métamorphoses. Ne dirait-on pas qu'il y a dans ces petites bêtes la notion, l'appréciation raisonnée des conditions dans lesquelles elles vivent, des chances qu'elles courent, de la nécessité ou de l'inutilité des précautions à prendre pour leur avenir ?

Meligethes flavipes, Sturm. — **M. obscurus**, Er. ♀ ; **palmatus**, Er. ♂. **M. erythropus**, Gyll. — **M. egenus**. Er. ; **menthæ**, Bris.

Je pourrais décrire aussi les larves de ces quatre espèces qui vivent dans les fleurs, la première de la *Ballota fœtida*, la seconde du *Teucrium scorodonia*, la troisième du *Lotus corniculatus*, la quatrième de la *Mentha rotundifolia*, mais il est sans utilité que je m'y arrête, parce qu'elles ressemblent entièrement à la précédente, sauf que les séries dorsales des points sont plus ou moins apparentes. Je me borne donc à les mentionner.

Cet article était rédigé, lorsque j'ai eu connaissance, grâce à l'obligeance de M. E. Deyrolle, du mémoire publié par M. Eleanor Ormerod sur les mœurs des *Meligethes*, et inséré dans *The Entom. month. Magaz.*, juillet 1874, p. 46. M. Ormerod a trouvé la larve du *M. rufipes* dans les fleurs de l'aubépine, et celles des *M. æneus* et *viridescens*, souvent plusieurs ensemble, dans les fleurs des turneps et des choux. Il en a vu aussi sur les siliques. Il a observé qu'elles mangent le pollen, mais qu'elles n'attaquent ni la surface des siliques, ni les filets des étamines, quoique, installées sur ces parties de la plante, elles paraissent faire agir leurs mandibules. Elles se laissent tomber à terre pour se transformer et, comme moi, il a remarqué que c'est dans la nuit qu'elles quittent les fleurs, ce qui, du reste, est habituel aux larves ayant des mœurs analogues.

La description de M. Ormerod est faite sur une larve extrêmement jeune ; il ne mentionne ni l'article supplémentaire des antennes, ni les ocelles, ni les pelottes des pattes.

Nitidula 4 pustulata F.

LARVE

Long., 4-4 1/2 millim. Cette larve ressemble assez à celle de la *Pria dulcamarœ* pour que je me borne à faire ressortir les différences, assez tranchées du reste, qui les séparent. Comme dans celles-ci l'épistome est soudé et la suture du labre est très-peu distincte ou nulle; les mâchoires et leur lobe, la lèvre inférieure, les palpes, les mandibules et les antennes sont conformés de même, mais l'article supplémentaire de celles-ci est bien plus court, les mâchoires semblent être encore plus plates et subcornées, les palpes maxillaires sont moins saillants, le dernier article des antennes n'a pas à l'extrémité un poil un peu long, mais des poils très-courts. La tête, dans son ensemble, a une forme un peu différente, elle est au moins aussi longue que large et à peu près triangulaire : les ocelles sont noirs, visibles en dessus et au nombre de deux, un antérieur transversal qui semble parfois double et un plus en arrière, très-petit, ponctiforme.

Le corps, qui se courbe en arc et presque en cercle lorsque la larve est inquiétée, est moins elliptique, presque linéaire, entièrement d'un blanc un peu jaunâtre, avec deux taches roussâtres sur le devant du prothorax. Les dépressions dilatables, si prononcées sur le dos des larves précédentes, sont ici à peine sensibles; mais le bourrelet latéral existe. Le dernier segment est terminé non par deux tubercules à peine calleux, mais par deux épines relevées, coniques, cornées et testacées, précédées de deux aspérités de même consistance et de même couleur, situées sur le milieu du segment et portant un petit poil. Le mamelon anal est moins saillant. La villosité, presque nulle, est comme dans la larve de la *Pria*, mais, au microscope même, le corps paraît lisse et on n'y voit pas ces aspérités ciliformes que présentent les larves précédentes. Enfin, les pattes sont privées de cette pelotte ou ventouse dont ces mêmes larves sont pourvues.

On voit que, malgré un air de famille très-évident, la larve de la *Nitidula 4 pustulata* offre des caractères différentiels bien tranchés; mais aussi son genre de vie est bien différent, car, au lieu de se nourrir de fleurs, elle vit de charognes. Je l'ai trouvée abondamment, au mois d'avril, dans le cadavre à moitié desséché d'un hérisson. Ayant placé celui-ci dans une caisse avec de la terre, je vis les larves l'abandonner successivement pour s'enfoncer dans la terre. Au commencement de juillet, après une absence, je trouvai les *Nitidula* écloses, mais j'avais perdu l'occasion d'observer la nymphe.

Ips quadripunctata, Oliv.

Fig. 29-32.

LARVE

Long., 8-9 millim. Hexapode, presque linéaire, un peu atténuée aux deux extrémités, déprimée, d'un blanc jaunâtre, assez coriace, presque glabre, terminée par deux crochets cornés.

Tête très-transversale, s'élargissant beaucoup d'avant en arrière en s'arrondissant, déprimée, ferrugineuse, cornée, lisse, luisante, marquée sur le front de deux sillons arqués réunis postérieurement par un sillon transversal, ayant de chaque côté trois poils fins et courts.

Épistome grand, soudé au front, ou à suture imperceptible, profondément fovéolé au milieu ; *labre* transversal à suture presque nulle, très-peu arrondi ou même un tout petit peu échancré antérieurement, bordé de cils dorés touffus, mais extrêmement courts.

Mandibules d'un noir ferrugineux, crochues, acérées à l'extrémité.

Dessous de la tête lisse, luisant, ferrugineux, corné. *Mâchoires* et *menton* de même consistance et de même couleur, soudés mais séparés par des sutures et distincts aussi par leur convexité propre ; tout le système enfermé dans un espace presque circulaire limité par des sillons assez profonds et laissant libre une grande partie latérale de la tête. Lobes maxillaires courts, arrondis, bordés d'une frange très-touffue de poils très-fins, courts et dorés ; *palpes maxillaires* assez courts, un peu saillants, de trois articles égaux, le dernier surmonté de très-petits cils.

Lèvre inférieure petite et cordiforme, *palpes labiaux* très-courts et de deux articles, le tout enfermé dans l'arceau constitué par les deux lobes maxillaires.

Antennes de quatre articles, le premier court, épais et rétractile, les deux suivants sensiblement plus longs et égaux en longueur, le quatrième aussi long, mais trois fois plus grêle que le précédent, terminé par un poil un peu long et quelques-uns très-courts, et accompagné d'un article supplémentaire de plus de moitié plus court, inséré à l'extrémité inférieure du troisième article, et visible seulement quand on regarde la larve de profil.

Ocelles complétement nuls.

Prothorax un peu plus large que la tête, transversal, une fois et demie au moins aussi long que chacun des deux autres segments thoraciques, d'un testacé ferrugineux, avec les lisières antérieure et postérieure et la ligne médiane d'un blanc jaunâtre, marqué sur la bande ferrugineuse de deux dépressions obsolètes et muni latéralement de deux ou trois poils fins et courts. *Mésothorax* et *métathorax* égaux entre eux, d'un blanc jaunâtre avec un petit poil de chaque côté.

Abdomen de neuf segments dont les huit premiers sont d'un blanc jaunâtre, le premier un peu plus grand que le métathorax et plus court que chacun des sept suivants, tous munis de chaque côté de deux poils très-fins et courts et en outre d'un bourrelet, sur le dos de huit poils et sur la face ventrale de quatre ou de six, ces divers poils formant un verticille. Neuvième segment sensiblement plus étroit que les précédents, arrondi postérieurement, convexe, testacé ferrugineux et subcorné en dessus, terminé par deux crochets plus foncés, assez robustes, cornés, relevés, arqués en haut, munis au bord interne et un peu en dessous d'une petite dent cornée et noire portant un poil. En avant des crochets deux tubercules cornés, ferrugineux, à la base desquels on voit deux ou trois petits poils. D'autres poils rares, très-fins et courts s'observent autour de ce segment. Dessous du corps uniformément d'un blanc jaunâtre.

Mamelon anal situé au centre du dernier segment, se montrant, quand il est contracté, sous la forme d'un anneau enfermant quatre petits mamelons.

Tout le corps, vu à une forte loupe, paraît couvert d'une pruinosité dorée ; avec un grossissement plus fort on constate que cette pruinosité est un duvet tomenteux très-fin et couché en arrière, et en effet, au microscope, on voit tout le corps revêtu de poils très-serrés, très-fins et très-courts.

Stigmates au nombre de neuf paires, roussâtres, comme subcornés et saillants. La première paire, un peu plus grande et à peine plus inférieure que les autres, située aussi près que possible du bord antérieur du mésothorax, les suivantes sur les huit premiers segments abdominaux, mais pas à la même distance du bord antérieur. La première est vers le tiers, a seconde vers les deux cinquièmes, les quatre suivantes vers la moitié, l'avant-dernière paire vers les deux tiers et la dernière près de l'extrémité. Ces stigmates ont la forme de tubercules luisants, d'autant plus saillants qu'on va plus en arrière ; la dernière paire est même visiblement mais brièvement tubuleuse.

Pattes de médiocre longueur, susceptibles de déborder un peu le corps, de cinq pièces, ongle compris, munies de quelques petits poils, sans pelotte ou ventouse.

Quoique, dans l'*Histoire des Insectes du Pin maritime*, j'ai fait connaître la larve de l'*Ips ferruginea*, j'ai cru devoir donner une description détaillée de celle de l'*I. 4 punctata*, parce que j'ai des rectifications et des additions à faire à la précédente.

En donnant aux mâchoires l'épithète de *longues* je me suis trompé, car elles sont courtes et la figure que j'en ai donnée est un peu fautive. Il faut pour ces organes, ainsi que pour la lèvre inférieure, se reporter à ce que j'ai dit et figuré relativement à l'espèce comprise dans ce travail, car sous ce rapport comme pour l'épistome, le labre et presque tout le reste, il n'y a pas de différence entre elles. En parlant des antennes, je n'ai rien dit de l'article supplémentaire, or, il existe dans la larve de l'*I. ferruginea* comme dans celle de l'*I. 4 punctata*. Les stigmates sont également sub-cornés, tuberculiformes, saillants, mais peut-être un peu moins, et disposés de la même manière. Enfin le corps est couvert du même duvet doré et couché.

J'ai trouvé la larve de l'*I. 4 punctata*, avec l'insecte parfait, au mois de juin 1854, dans les montagnes de Guadarrama en Espagne, sous l'écorce d'une souche de Pin sylvestre assez récemment abattu, et où vivaient aussi les larves du *Hylurgus ligniperda* dont elle est peut-être l'ennemie.

Je ne connais pas la nymphe.

Carpophilus (Dermestes) hemipterus L.

Fig. 33-34.

LARVE

Long., 4–5 millim. Elle est plus petite que celle de l'*I. 4 punctata*, mais elle lui ressemble assez pour que je m'abstienne de la décrire et que je me borne à signaler ce qui l'en distingue. Sa physionomie générale est la même, la tête a la même consistance, la même couleur, les mêmes fossettes, l'épistome est soudé, la suture du labre est peu apparente, les mâchoires, la lèvre inférieure, les antennes ont la même forme, il en est de même des pattes. Elle diffère par les caractères suivants :

Elle se courbe plus en arc lorsqu'elle est inquiétée. Le lobe des mâchoires m'a paru glabre, et dans les palpes maxillaires le second article est un petit peu plus long que les autres ; sur chaque joue il existe quatre ocelles ou semblants d'ocelles représentés par quatre points noirs, deux près de la base de l'antenne, elliptiques, adossés et quelquefois tellement unis qu'ils semblent n'en faire qu'un, et deux autres un peu en arrière écartés, beaucoup plus petits, ponctiformes. Le dernier segment de l'abdomen, roussâtre en dessus, se rétrécit subsinueusement d'avant en arrière, et est terminé par deux pointes coniques, subcornées, non relevées, droites ou à peine arquées. A la base externe de chacune de ces pointes on voit une dent surmontée d'un poil, et sur la face dorsale surgissent deux tubercules coniques, bien saillants, dirigés en arrière. Les stigmates ne sont pas proéminents et leur position est plus normale ; la première paire s'ouvre très-près du bord antérieur du mésothorax et les autres au tiers antérieur, ou à peu près, des huit premiers segments abdominaux. Les trois ou quatre paires postérieures sont un peu plus en arrière que les autres. Les poils sont aussi rares et aussi courts que dans la larve précédente, mais le corps paraît dépourvu de tout duvet ; toutefois, à une très-forte loupe, la surface dorsale et ventrale de chaque segment, sauf le dernier, semble très-finement alutacée, et au microscope cette surface est couverte de cils très-fins et très-serrés, inclinés en arrière.

La larve du *C. hemipterus* a les plus grands rapports avec celle du *C. sexpustulatus* qui figure dans mon *Histoire des insectes du Pin maritime*. Celle-ci n'en diffère que par une taille plus petite et par l'absence de la dent à la base externe des deux pointes terminales. Je l'ai trouvée abondamment, ainsi que la nymphe et l'insecte parfait, au mois d'octobre, dans du marc de vendange, déposé en plein air et échauffé par la fermentation. De quoi s'y nourrit-elle ? Est-ce de la substance même du raisin, ou des mucédinées que la fermentation développe dans la masse, ou des larves de *Drosophila cellaris* et autres qui y vivent en quantités innombrables ? C'est ce que je n'ai pu décider ; ce que je sais c'est que, grâce à l'abondance des matières alimentaires, à leurs propriétés nutritives et à la température, le développement est rapide. Quinze jours paraissent y suffire, et c'est dans la masse elle-même, dans une cavité quelconque, que s'opère la métamorphose en nymphe.

NYMPHE

Elle est assez ferme et présente les particularités suivantes : six soies roussâtres, assez épaisses et spiniformes près du bord antérieur du prothorax, dont quatre plus longues ; quatre courtes près du bord postérieur ; une sur chaque genou ; une de chaque côté des premiers segments de l'abdomen et deux de chaque côté des autres ; dernier segment terminé par deux soies droites, plus longues et plus épaisses que toutes les autres. A une forte loupe tout le corps semble très-finement chagriné ; le microscope le montre couvert de cils très-fins, très-courts et très-serrés, et révèle en outre l'existence de quelques poils d'une finesse extrême.

Rhizophagus (Lyctus) dispar, PAYK.

Fig. 35.

LARVE

Je me dispense d'en donner la description, parce que celle de la larve du *R. nitidulus* s'y rapporte dans tous ses détails, sauf un seul. Cette unique différence consiste en ce que les trois lobes dentiformes des prolongements terminaux sont tous coniques et qu'aucun d'eux n'est échancré, ce qui la rapproche de la larve du *R. depressus* ; mais elle se distingue de celle-ci en ce que la dent supérieure externe est sensiblement plus longue que les autres.

J'ai trouvé assez abondamment cette larve, au mois de septembre, dans les Pyrénées, sous l'écorce de souches de sapin habitées par les larves du *Pissodes piceæ*, et dont elle paraissait consommer les déjections. Je présume que, comme ses congénères, elle s'enfonce dans la terre pour se transformer, mais je dois dire pourtant que j'ai trouvé une nymphe au milieu des détritus. Le fait n'est peut-être qu'accidentel.

NYMPHE

Elle ressemble entièrement à celles des autres *Rhizophagus*.

Les larves des Nitidulides n'ont pas toutes le même air de famille comme celles de plusieurs autres groupes. Les unes, telles que celles des *Epuræa* et des *Soronia*, appelées à vivre dans les matières purulentes qui découlent des plaies et des ulcères des arbres, sont hérissées de soies, de pointes, de tubercules et multidentées à l'extrémité, avec les stigmates pédonculés ou tubuleux dont les dernières paires sont plus reculées qu'à l'ordinaire; leur corps est terne et plus ou moins souillé. D'autres, passant leur vie sous les écorces ou dans certaines substances fermentescibles, ont le corps assez déprimé, en apparence lisse et terminé par deux pointes ou crochets, caractère qui, joint à leur forme et à leur couleur, les rapproche des Trogositides. D'autres, qui ont leur berceau dans les corolles des fleurs, sont dépourvues de pointes ou de crochets terminaux ou ont à leur place deux tout petits tubercules, mais elles ont sur le dos deux séries ordinairement bien marquées de fossettes dilatables et leurs pattes ont sous l'ongle une pelotte ou ventouse d'apparence vésiculaire qui manque à toutes les autres, mais qu'on retrouve dans les larves anthophages des *Olibrus*. Elles ont aussi, et ce caractère leur est commun avec les larves de la catégorie précédente, le corps couvert de petits cils pileux ou spinuliformes, visibles seulement au microscope et extrêmement serrés. Certaines d'entre elles sont ornées de trois rangées de taches ou de points roux ou noirs, caractère qui, jusqu'ici, semble exclusivement propre aux larves de *Meligethes*, ou de deux rangées de taches transversales, comme on a pu le voir pour la larve du *Cercus rufilabris*. Il en est qui vivent dans les cadavres, et celles-ci, s'il faut s'en rapporter à la larve de la *Nitidula 4 pustulata*, ressembleraient aux larves des fleurs, mais sans les pelottes des pattes et sans les cils spinuliformes. Enfin le nombre des ocelles varie de un à quatre de chaque côté et quelques-unes en sont complétement privées. Ces ocelles qu'il serait, je crois, impossible de voir s'ils n'étaient colorés en noir, ne sont peut-être que des vestiges d'organes de la vision, car ordinairement ils ne sont pas saillants.

Au milieu de ces différences qui sont loin de constituer des disparates comme on en rencontre quelquefois dans une même famille, on trouve des caractères importants qui établissent des affinités entre ces diverses larves et permettent de les considérer comme appartenant au même groupe. Ces caractères résident dans les organes de la tête. On a pu voir, en effet, par les descriptions qui précèdent, que, dans toutes, l'épistome est soudé au front, que le labre est également presque soudé, que les mâchoires sont courtes, avancées, et forment, avec la lèvre inférieure peu développée, un ensemble presque soudé aussi et occupant un espace plus circonscrit qu'à l'ordinaire; les palpes maxillaires, quoique assez courts, débordent la tête,

à chaque angle postérieur ; une soie assez longue sur chaque côté des six premiers segments abdominaux et deux sur leur face dorsale ; une autre sur chaque genou. Dernier segment comme quadrilobé, chaque petit lobe portant une soie, les deux extérieures longues, épaisses, un peu arquées en dedans, les deux intérieures très-courtes, beaucoup plus grêles et droites. Quelquefois entre les deux lobes intermédiaires on en observe un autre dépourvu de soie, c'est probablement une affaire de sexe. Sur la face ventrale l'abdomen est dépourvu de toute soie. Les soies sont toutes roussâtres et bulbeuses à la base ; les plus longues sont sensiblement plus épaisses, plus foncées et plus fortement bulbeuses.

L'insecte parfait naît en mai.

Silvanus (Lyctus) unidentatus F.

La larve de cet insecte, que l'on observe sous l'écorce de presque tous les arbres morts, se rencontre aussi sous celle du Châtaignier ; mais comme elle figure, avec tous les détails nécessaires, dans l'*Histoire des insectes du Pin*, je ne reproduirai pas sa description et je me bornerai à dire : 1° que je viens de voir sur certains individus, et sur une troncature oblique de l'extrémité du troisième article des antennes, mais en dessous, un petit article supplémentaire grêle, conique et pointu, presque sétiforme, dont je n'avais pas parlé ; 2° que j'ai constaté l'existence d'ocelles au sujet desquels je n'avais rien dit. Ils sont représentés par deux points noirs saillants et un peu écartés, situés un peu en arrière de la base des antennes, sur une ligne transversale. Les ocelles se réduiraient donc à deux de chaque côté ; mais sur plusieurs individus j'ai vu un des points noirs divisé en deux parties.

Silvanus advena Waltl.

LARVE

Long. 2-2 1/2 millim., hexapode, d'un blanc un peu jaunâtre, linéaire, étroite, un peu atténuée postérieurement, très-déprimée, presque glabre, à dernier segment mutique.

Tête déprimée, transversale, marquée de deux fossettes arquées l'une vers l'autre, pourvue de quelques poils ourts et très-fins.

Épistome soudé au front; *labre* transversa, semi-elliptique, avec quelques très-petits cils écartés.

Mandibules peu robustes, assez arquées, rousses avec l'extrémité plus foncée et bifide.

Mâchoires libres descendant jusqu'à la base de la tête, un peu coudées et par conséquent convergentes antérieurement; leur lobe long, conique, arqué en dedans, dépassant le second article des palpes maxillaires, terminé par un faisceau de soies d'inégale longueur.

Palpes maxillaires longs débordant la tête, sensiblement arqués en dedans, de trois articles, le premier court, le second environ deux fois aussi long, muni d'un poil extérieurement, le troisième aussi long que les deux premiers ensemble, ayant un petit poil en dehors et de très-petits cils au sommet.

Menton large, *lèvre inférieure* petite, *palpes labiaux* très-courts, de deux articles égaux.

Antennes longues, non rétractiles, de quatre articles, le premier court et épais, le second deux fois aussi long que le précédent, cylindrique, avec un très-léger renflement vers le sommet, hérissé de quelques soies très-courtes; le troisième en ellipsoïde très-allongé, plus de deux fois aussi long que les deux premiers ensemble, hérissé de soies espacées, celles du sommet bien plus longues que les autres; quatrième article très-court, épais, presque hémisphérique, un peu inégal au sommet qui porte quelques soies de différentes longueurs; contre cet article, un tout petit article supplémentaire, grêle, subconique et visible seulement de côté.

Sur chaque joue, un peu en arrière de l'antenne, deux *ocelles* noirs, écartés, en ligne transversale, le supérieur plus grand que l'autre et paraissant ordinairement double. Il en est quelquefois de même du plus petit.

Prothorax transversal, un peu plus grand que chacun des deux autres segments thoraciques qui sont égaux.

Abdomen de neuf segments assez bien détachés parce qu'ils sont un peu arrondis latéralement; le premier plus court que le métathorax, les suivants grandissant jusqu'au sixième; le septième et le huitième aussi longs que le précédent, mais progressivement plus étroits; le neuvième en cône renversé et tronqué, s'inclinant un peu pendant la marche pour appuyer contre le plan de position le mamelon anal qui est rétractile, mais qui, lorsqu'il fait saillie, paraît obsolètement multilobé. Les huit premiers segments ont, comme les segments thoraciques, un ou deux poils fins de chaque côté, et le dernier segment est parsemé de poils semblables. De très-petits poils raides, servant sans doute à la progression, s'observent tant sur le dos que sur la face ventrale.

Stigmates au nombre de neuf paires, la première très-près du bord antérieur du mésothorax, les autres aux deux cinquièmes antérieurs des huit premiers segments abdominaux.

Pattes longues, débordant de beaucoup le corps, de cinq pièces y compris un ongle long et peu arqué; trochanters courts, cuisses et tibias d'égale longueur, hérissés de soies courtes, raides, ciliformes.

Le *Silvanus advena* ayant une physionomie différente de celle des autres *Silvanus*, j'étais depuis longtemps désireux de voir s'il en était de même de la larve. Mon excellent ami M. Abeille de Perrin, dont j'ai eu le plaisir de recevoir la visite, m'ayant dit qu'il obtenait abondamment cet insecte d'un fruit chinois très-sucré et nommé *Let-chi*, je l'ai prié de m'en procurer et il a mis le plus grand empressement à satisfaire à mon désir. J'ai donc pu, grâce à son obligeance dont je le remercie, observer la larve qui piquait ma curiosité, mais on a pu voir, par la description qui précède, qu'il serait bien facile de la confondre avec celle du *S. unidentatus*. Je ne trouve, pour les distinguer, que trois caractères assez peu tranchés : le troisième article des antennes est plus renflé, plus ellipsoïdal, non oblique en dedans vers l'extrémité, le quatrième est plus court et les palpes maxillaires sont plus longs et ont leurs articles plus inégaux. A cela près, je ne vois pas d'autre différence qu'une taille un peu plus petite et peut-être un peu moins d'agilité.

La larve de l'*Advena* vit à la surface des fruits précités, ou entre leur pulpe et le noyau, en compagnie de la larve du *Silvanus frumentarius* qui est plus grande, plus semblable encore à celle de l'*unidentatus* et fasciée de brunâtre, et en compagnie aussi d'une chenille qui m'a donné la *Tinea granella*. Les fruits qui ont été attaqués par cette chenille et qui recèlent ses déjections, ont habituellement des larves de *Silvanus*, mais j'ai trouvé aussi de ces dernières dans des fruits qui n'avaient pas eu des chenilles. Ils présentaient, il est vrai, des excréments souvent en abondance, mais d'une autre nature, beaucoup plus petits, comme de petits grains elliptiques et qui semblaient provenir des larves de *Silvanus*. Je persiste néanmoins à considérer comme la plus probable l'opinion que j'ai exprimée dans l'*Histoire des Insectes du Pin*, c'est-à-dire que ces larves vivent des déjections d'autres larves.

La métamorphose s'opère aux lieux mêmes où a vécu la larve.

NYMPHE

Elle ressemble entièrement à celle du S. *unidentatus* que j'ai décrite.

Telmatophilus brevicollis Aubé.

Fig. 54-58.

LARVE

Long. 3 1/2 millim. Hexapode, blanche, ou d'un blanc légèrement jaunâtre, presque glabre, assez ferme, cylindrique, un peu incurvée antérieurement lorsqu'elle est libre, terminée par deux crochets relevés.

Tête assez bien détachée, elliptique, lisse, luisante, roussâtre, subcornée, assez convexe, munie de quelques très-petits poils et marquée sur le devant du front de deux fossettes écartées.

Épistome transversal, aussi long que le labre, ayant ordinairement un point noir à ses angles postérieurs. *Labre* semi-discoïdal, cilié de roussâtre.

Mandibules d'un testacé jaunâtre avec la pointe noire, larges quand on les examine en dessus, et, vues de côté, triangulaires, pointues et simples à l'extrémité.

Mâchoires libres, convexes, assez robustes, leur lobe assez grêle, subcylindrique, ne dépassant guère le deuxième article des palpes maxillaires; ceux-ci courts, de trois articles égaux.

Menton carré; *lèvre inférieure* courte, transversale, prolongée au milieu en une toute petite languette et surmontée de deux *palpes labiaux* courts, de deux articles, ne dépassant pas les lobes maxillaires.

Antennes assez épaisses, courtes, ne paraissant rétractiles qu'à leur base, de quatre articles dont le troisième à peine plus long que le précédent, le quatrième plus court, grêle, surmonté d'un poil court et de deux ou trois autres à peine visibles et accompagné d'un article supplémentaire moins long que lui, pointu et visible seulement quand on observe la larve de côté, parce qu'il est placé en dessous.

Sur chaque joue, en arrière de la base des antennes, un *ocelle* noir, luisant, convexe, en ellipse transversale et bien apparent.

Prothorax plus grand que les deux autres segments thoraciques, lesquels le sont un peu plus que les segments abdominaux; *mésothorax* et surtout *métathorax* ayant sur le dos les vestiges de deux ampoules dilatables et sur les côtés un bourrelet obsolète.

Abdomen de neuf segments, les huit premiers ayant sur les flancs un bourrelet formé d'une double série de mamelons, sur le dos un pli médian transversal peu apparent, avec les vestiges d'un ampoule dilatable près du bourrelet, et en dessous deux plis longitudinaux. Dernier segment d'abord horizontal, puis brusquement déclive et muni, au sommet de la déclivité, de deux crochets cornés, blancs à la base, puis ferrugineux, arqués en haut, relevés, presque verticaux. Au bas de la déclivité se trouve le mamelon anal qui termine le segment et s'appuie sur le plan de position.

Le microscope montre quelques rares poils courts, raides et d'autres très-petits tant sur les côtés que sur le dos et sur la région ventrale, ainsi qu'à la face postérieure du dernier segment. Il permet en outre de constater que la surface dorsale est couverte, du moins en grande partie, d'aspérités très-fines et très-serrées, dirigées en arrière ; mais la face ventrale paraît entièrement lisse.

Stigmates au nombre de neuf paires : la première, un peu plus grande et un peu plus inférieure que les autres, située près du bord antérieur du mésothorax, les suivantes vers le tiers antérieur des huit premiers segments abdominaux.

Pattes robustes, mais très-courtes ; trochanters à peine visibles ; cuisses sensiblement plus longues que les tibias, ayant deux longues soies en dessous, près de l'extrémité, et sur le reste de leur surface quelques soies courtes et fines ; tibias munis de soies semblables, sauf deux inférieures plus fortes et spinuliformes ; ongle petit, assez crochu.

Cette larve se développe dans les graines du *Sparganium ramosum* qui sont, comme on le sait, réunies et serrées l'une contre l'autre en un capitule sphérique. Elle en consomme la substance et elle est, dès lors, franchement phytophage ou plutôt carpophage. Une seule graine ne lui suffit pas, et la nécessité où elle est de passer dans une graine voisine fait qu'on la découvre assez facilement, du moins en juillet. En égrenant le capitule avec précaution, on aperçoit des graines percées d'un trou rond et très-net ; elles sont quelquefois vides, mais alors on remarque que celle qui lui était adossée est percée d'un trou semblable, et si on l'ouvre, on y trouve presque toujours une larve ; souvent même on constate que la partie postérieure de la larve est engagée dans une graine et la partie antérieure dans sa voisine. C'est aussi dans l'intérieur d'une graine que s'opère la métamorphose en nymphe ; mais cette graine est ordinairement percée d'outre en outre, afin de faciliter la sortie de l'insecte parfait.

NYMPHE

La nymphe présente les caractères suivants : antennes épineuses; de tout petits tubercules sétigères près du bord antérieur du prothorax, sur les côtés, au milieu, près du bord postérieur, et un à chaque angle postérieur, avec un autre voisin ; un sur chaque genou, un autre un peu plus saillant sur les deux côtés de chaque segment abdominal, et une série transversale sur le dos de chacun de ces segments ; le dernier terminé par deux crochets subcornés et roussâtres, arqués en haut, relevés, presque verticaux, semblables à ceux de la larve, mais moins foncés.

Les larves des genres compris dans le dernier catalogue de M. de Marseul, sous le nom de *Cucujidæ*, présentent des dissemblances telles qu'il serait bien difficile, pour ne pas dire impossible, de les grouper, avec des caractères communs, dans une même famille. Nulle part ailleurs on ne trouve, que je sache, des larves aussi déprimées que celles du *Prostomis*, des *Cucujus*, des *Pediacus*, des *Dendrophagus*, des *Brontes*, si bien faites pour ramper sous les écorces ; or, ces larves, sous les apparences d'une parenté très-rapprochée, cachent, sauf les deux dernières, des divergences assez sensibles. La première, qui a de commun avec celles des *Læmophlæus* la soudure intime des supports des mâchoires et du menton, s'éloigne de toutes par l'étrange dilatation de la tête, l'absence d'ocelles, le rétrécissement de la partie thoracique, la brièveté des antennes et des pattes, l'échancrure et les granulations du dernier segment ; les secondes s'isolent par la petitesse du quatrième article des antennes, par l'exiguïté du pénultième segment et les grandes dimensions du dernier, et peut-être par d'autres caractères que je ne puis apprécier, ne connaissant pas ces sortes de larves ; les troisièmes se font remarquer, au contraire, par la longueur insolite de l'avant-dernier segment et la forme du dernier ; les deux autres, tellement voisines qu'elles semblent appartenir au même genre, présentent deux caractères dont je ne connais pas d'autre exemple, c'est-à-dire des stigmates abdominaux débouchant près des angles postérieurs des segments, ou à ses angles mêmes, et neuvième segment abdominal rudimentaire portant des appendices qui ont l'air de se trouver sur le huitième, de sorte que ces larves paraissent n'avoir que onze segments sans la tête, au lieu de douze.

Si nous poursuivons cette comparaison, nous trouvons celles des *Læmo-*

phlœus qui, par les dimensions relatives des deux derniers segments, se rapprochent de celles des *Pediacus*, mais qui s'en éloignent par leur corps moins déprimé et moins linéaire, par leurs antennes et leurs pattes plus courtes et surtout par la soudure des mâchoires et du menton. Viennent ensuite les larves des *Silvanus* que la forme, l'aplatissement du corps et l'agilité, la longueur des antennes et des pattes et leurs mâchoires libres et coudées associent à celles des *Brontes*, et qui s'en écartent par des caractères à proprement parler génériques, tels que la petitesse du dernier article des antennes, un nombre moindre d'ocelles, la position des stigmates et l'absence de tout appendice au huitième segment abdominal.

La larve du *Lathropus* me semble un peu dépaysée au milieu des précédentes. La forme de son corps et les deux crochets qui le terminent, les organes de la bouche, les antennes, les ocelles me porteraient à la rapprocher de celles des *Cryptophagus*.

Quant à la larve du *Telmatophilus*, elle n'a fait que justifier mon étonnement de voir ce genre associé au Cucujides. J'aimerais mieux assurément, et sa larve serait loin de s'y opposer, qu'on le réunît aux Cryptophagides ; mais je n'ai pas d'objection à faire au parti qu'a pris J. Duval de constituer la famille des Telmatophilides, placée entre les Cryptophagides et les Mycétophagides et comprenant les genres *Psammœcus*, *Telmatophilus*, *Byturus*, *Diplocœlus* et *Biphyllus*.

En résumé, si j'étais chargé de grouper les larves qui précèdent, je formerais une division spéciale pour celle du *Prostomis*, imitant en cela J. Duval, qui a élevé au rang de famille les Passandrides, lesquels, d'après Erichson, ne constituaient qu'un groupe des Cucujides ; je réunirais celles des *Dendrophagus*, des *Brontes*, des *Pediacus*, des *Silvanus* (1), toutes également déprimées, agiles, à mâchoires libres, à longues pattes et longues antennes, et sans me prononcer, pour le moment, sur les larves de *Cucujus*, je ferais une coupe à part pour celles des *Læmophlœus*, assez peu déprimées, un peu elliptiques à l'abdomen, à antennes et pattes courtes, à mâchoires soudées, et de plus très-lourdes et presque inertes ; je chercherais une autre place pour la larve du *Lathropus*, et j'adopterais pour celles du *Telmatophilus* l'idée de J. Duval.

A l'occasion des larves de la famille des Cucujides dont j'ai parlé dans l'*Histoire des Insectes du Pin*, j'ai dit mon opinion, justifiée, du reste, par des observations directes, sur leur genre de vie parfaitement en opposi-

(1) Je m'étonne que J. Duval ait mis ces derniers dans les Cryptophagides.

tion avec les noms de *Dendrophagus* et de *Lœmophlœus*, et j'ai affirmé qu'elles se développent ou aux dépens d'autres larves, ou en tirant part de leurs résidus. Celles des *Lœmophlœus*, en particulier, comme tant d'autres dont j'ai le premier signalé les habitudes, semblent inféodées à certaines espèces xylophages. Ainsi, la larve du *L. Dufourii* vit avec celles des *Crypturgus pusillus* et *cinereus;* celles des *L. testaceus* et *bimaculatus* avec celles de divers *Dryocœtes (villosus, capronatus);* celle du *L. ater* avec celles du *Phlœophthorus spartii* et du *Dryocœtes coryli;* celle du *L. hypobori* avec celles de l'*Hypoborus ficus*, qui attirent aussi les *L. testaceus* et *ater;* celle du *L. clematidis* avec celles du *Bostrichus bispinus*.

Les larves des *Silvanus* sont moins exclusives ; celle du *S. unidentatus* comme celle du *Brontes*, se trouvent sous presque toutes les écorces où existent des détritus ; celle du *S. bidentatus* vit sous l'écorce du chêne, et l'on a observé celle du *S. frumentarius* dans le blé, le riz, les farines, les figues sèches et probablement ailleurs. Elles y profitent, à mon avis, des déjections et des dépouilles laissées par d'autres larves carpophages, et attaquent peut-être ces larves elles-mêmes, ou bien des Acarus, des Podures, des Psoques qui infestent tant de substances mal conservées. Il reste encore bien des faits à recueillir sur les autres *Lœmophlœus* et *Silvanus*, sur les *Æraphilus*, etc.; mais je présume qu'ils confirmeront ceux qui ont été observés déjà.

Quant aux larves de *Telmatophilus*, je les crois exclusivement carpophages, et j'oserais affirmer que celles des espèces connues se nourrissent des graines des *Sparganium* et des *Typha*, plantes aquatiques sur lesquelles on les trouve.

CRYPTOPHAGIDES

Cryptophagus dentatus HERBST.

J'ai trouvé plus d'une fois la larve de cette espèce sous l'écorce du Châtaignier avec celles du *Dryocœtus villosus* dont elle consomme les déjections. Je n'en donnerai pas ici le signalement, parce que je l'ai décrite dans les *Annales de la Société entomologique*, 1862, p. 192, en l'attribuant par erreur à l'*acutangulus*. Je renvoie seulement, pour quelques additions et rectifications, aux indications qui suivent la description de la larve ci-après.

Antherophagus (Cryptophagus) silaceus HERBST.

LARVE

Long., 6-7 millim. Hexapode, blanche, charnue, mais un peu ferme, subdéprimée, presque linéaire, plus atténuée en arrière qu'en avant, et terminée par deux crochets.

Tête transversale, arrondie sur les côtés, marquée sur le front de deux fossettes arquées.

Épistome et *labre* soudés avec le front ou ne s'en distinguant pas nettement par des sutures transversales; ce dernier cilié de quelques petites soies.

Mandibules ferrugineuses avec l'extrémité noire, crochues, acérées, montrant une dent sur la tranche interne en arrière du sommet.

Mâchoires ne descendant guère au delà de la moitié de la tête, coudées presque à angle droit avec leur support, leur lobe assez grand, un peu arqué en dedans, terminé par de petites soies spinuliformes qui constituent une sorte de petit bec. *Palpes maxillaires* ne débordant guère la tête, un peu arquées en dedans, de trois articles, le second plus court que chacun des deux autres et muni extérieurement d'un poil, le troisième ayant un poil en dedans et terminé par de très-petits cils.

Menton assez grand, subtransversal; *lèvre inférieure* courte, portant deux *palpes labiaux* courts, grêles et de deux articles égaux, et s'avançant un petit peu entre ces palpes en une languette arrondie.

Antennes de quatre articles, le premier épais, semblable à un gros mamelon qui ferait partie de la tête; le second bien plus étroit et un peu plus long que le précédent dans lequel il est un peu rétractile; le troisième subelliptique, presque aussi long que les deux autres ensemble, ayant en dedans deux petits poils; le quatrième beaucoup plus grêle, sensiblement plus court, terminé par une soie courte et par trois ou quatre autres très-petites. A son extrémité inférieure le troisième article est tronqué un peu obliquement, et sur cette troncature on aperçoit, en regardant de profil, un tout petit article supplémentaire à peine saillant.

Une très-forte loupe montre parfois sur chaque joue, tout près de la base de l'antenne, un tubercule lisse très-peu ou point convexe, de la couleur du reste de la tête et simulant un *ocelle*.

Prothorax plus large et plus long que la tête et plus grand aussi que chacun des autres segments, plus étroit antérieurement qu'à la base, assez arrondi sur les côtés, marqué sur le milieu d'un sillon très-fin ; *méso-thorax* et *métathorax* d'un tiers au moins plus courts que le précédent, plus arrondis latéralement.

Abdomen de neuf segments, les quatre premiers un peu plus courts que le métathorax, les quatre suivants s'allongeant progressivement, ces huit segments ayant en dessus, près des côtés, une fossette transversale, sur les flancs un bourrelet et en dessous des plis dessinant symétriquement des saillies luisantes qui servent à la progression. Neuvième ou dernier segment déclive, terminé par deux crochets coniques, relevés, à peine arqués, contigus à la base où ils sont à peine séparés par une fine rainure, puis divergents, presque de la couleur du corps sauf l'extrémité qui est d'un brun ferrugineux et paraît seule cornée.

Dessous de ce segment occupé dans sa moitié postérieure par un mamelon pseudopode susceptible de devenir très-saillant et terminé par deux petits lobes charnus entre lesquels est l'anus.

Le corps de cette larve paraît presque glabre ; la loupe cependant y montre quelques poils, mais au microscope on voit antérieurement des poils assez courts dirigés en avant, sur les côtés des poils assez longs mais inégaux, deux ou trois par segment, sur le dos des poils courts et raides en série transversale au tiers postérieur des segments, sur la face ventrale au moins deux longs poils dressés par chaque segment et parfois d'autres beaucoup plus courts et inclinés en arrière ; les poils du dernier segment sont peu nombreux et longs. Les poils dont je viens de parler, à l'exception des plus longs, de ceux du devant de la tête et de ceux de la région ventrale, sont un peu spatulés.

Le derme de cette larve paraît, à une très-forte loupe, comme chagriné ; on constate au microscope que, sur les flancs et en dessous, il est tout couvert de très-petites spinules excessivement serrées et inclinées en arrière.

Stigmates au nombre de neuf paires, la première, pas plus grande mais plus inférieure que les autres, très-près du bord antérieur du méso-thorax, les autres au tiers ou à la moitié des huit premiers segments abdominaux.

Pattes médiocrement robustes, susceptibles de déborder un peu le corps, hérissées de quelques soies et formées de cinq pièces, une hanche, un trochanter, une cuisse et un tibia, ces deux derniers d'égale longueur ou à peu près, et un tarse représenté par un ongle long, médiocrement crochu, muni de deux soies à sa base inférieure. Ces pattes sont de la couleur du corps, sauf l'ongle dont la moitié apicale est cornée et ferrugineuse.

Dans le numéro 3 des Nouvelles et faits divers de l'*Abeille*, novembre 1869, j'ai signalé la capture, dans les Pyrénées, d'un *Antherophagus nigricornis* accroché à une des antennes d'un *Bombus montanus*, et j'exprimais le soupçon que ce Coléoptère, destiné sans doute à pondre dans le nid de l'Hyménoptère, s'y faisait transporter par celui-ci. Dans le numéro 7, février 1870, j'ai publié une lettre de M. Édouard Bugnion, m'apprenant que les découvertes déjà faites et mentionnées par MM. Redtenbacher, Carus et Gerstoecher, confirmaient la présomption du développement des larves d'*Antherophagus* dans les nids des Bourdons. Je soupirais depuis lors après une de ces larves, mais les Bourdons me tenaient rigueur, et je comptais peu sur eux d'ailleurs, n'ayant jamais pris ici un seul *Antherophagus*. Pourtant le *silaceus* trouvé à Sos par Bauduer, me donnait un peu d'espoir. Enfin, le 23 août 1875, l'ami Gobert m'arriva porteur d'un volumineux nid de *Bombus sylvarum*, formé d'une masse de fines herbes et de mousses au milieu desquelles étaient des larves et beaucoup de coques contenant des nymphes de ce Mellifère. Nous secouâmes cette masse, et nous ne tardâmes pas à voir s'en dégager quelques *Antherophagus silaceus* et un certain nombre de larves agiles et toutes frétillantes, appartenant certainement à cette espèce, ce que je n'hésite pas à affirmer, d'après leur taille et leur forme.

Un mois après je découvrais moi-même et je déterrais un beau nid de *Bombus lapidarius;* mais ici pas un brin d'herbe ou de mousse, et je ne trouvai, même, en fouillant le sol, d'autre étranger que des chenilles de *Galleria colonella*.

La larve de l'*Antherophagus silaceus* a les plus grands rapports avec celles des *Cryptophagus;* mais, pour les faire mieux ressortir, je dois rectifier et compléter les descriptions que j'ai données de trois de ces dernières larves : 1° (*Soc. ent.*, 1852, p. 578) du *Cryptophagus dentatus* qui est l'*immixtus* Pand., inédit ; 2e (*loc. cit.*, 1853, p. 633) du *Paramecosoma abietis*, qui est le *Cryptoph. Perrisi* Pand. inédit; 3e (*loc. cit.*, 1862, p. 192) du *Cryptoph. acutangulus* qui, d'après M. Pandellé, est le *dentatus*. Dans ces descriptions j'ai considéré comme bien détachés l'épistome et le labre, or, de même que dans la larve de l'*Antherophagus*, ils sont à limites indécises et unis au front. J'ai de plus omis de signaler le petit article supplémentaire des antennes, et pourtant il existe très-évidemment, à la condition de regarder la larve de profil ; il est deux fois à peu près moins épais et trois fois environ plus court que le quatrième article et il est placé sous celui-ci sur une troncature oblique du troisième article. J'ai parlé également d'une tache noirâtre placée sur chaque joue près de la base de l'antenne et couvrant un groupe d'ocelles ; or, tout bien considéré, il n'y a pas un groupe d'ocelles, mais un ocelle unique bien dessiné. Enfin, j'ai placé la première paire de stigmates près du bord postérieur du prothorax, tandis qu'un examen plus attentif ou mieux favorisé me l'a montrée près du bord antérieur du mésothorax.

Ces rectifications faites, la larve de l'*Antherophagus* n'est guère autre chose qu'une grande larve de *Cryptophagus*. Les différences consistent, en dehors de la taille, dans la petitesse extrême de l'article supplémentaire des antennes, dans l'absence sur les joues de la tache noire ocelligère et peut-être même de tout ocelle, car le petit tubercule ou plutôt espace lisse dont j'ai parlé est, comme ocelle, bien problématique ; dans l'existence de poils spatulés, ces poils étant effilés dans les larves de *Cryptophagus* ; enfin dans les allures de cette larve qui est bien plus agile et, comme je l'ai dit, frétillante. Quant aux cils spinuliformes qui couvrent certaines parties du corps, ils existent aussi dans la plupart des larves de *Cryptophagus* quoique je n'en aie pas parlé. Je dis la plupart, car je n'ai pu en voir dans la larve du *Cryptophagus lycoperdi* qui, du reste, a quelques autres caractères distinctifs purement spécifiques.

Les larves des *Antherophagus* doivent remplir dans les nids de Bourdons le rôle que celles des *Cryptophagus pubescens* et *scanicus* jouent dans les nids des Guêpes. Je ne crois pas qu'elles mangent le miel approvisionné par ces Hyménoptères, ou qu'elles s'attaquent à leurs larves dont pas une seule ne m'a paru blessée ; je suis convaincu qu'elles vivent des déjections des habitants et qu'elles sont, à proprement parler et uniquement, vidangeuses.

LATHRIDIIDES

Langelandia anophthalma Aubé.

Fig. 59-61.

LARVE

Long. 2 1/2-3 1/2 millim., hexapode, d'un blanc roussâtre, avec la tête un peu plus foncée, étroite, linéaire, très-faiblement coriace, assez peu convexe en dessus, moins en dessous, très-peu velue, terminée par deux crochets médiocrement développés.

Tête peu enchâssée dans le prothorax et aussi large que lui, plus large que longue, subconvexe, marquée de deux sillons formant une ellipse et munie de quelques poils sur les côtés.

Épistome soudé avec le front; *labre* en demi-ellipse transversale, cilié de quatre soies assez longues.

Mandibules peu robustes, assez étroites, de longueur moyenne, ferrugineuses à la base, noires ensuite jusqu'au sommet qui, du moins dans l'une d'elles, est bifide.

Mâchoires longues, très-peu coudées, descendant jusqu'à la base de la tête; leur lobe subcylindrique, atteignant presque le niveau apical du second article des palpes maxillaires et surmonté de quelques soies assez longues. *Palpes maxillaires* assez longs, débordant la tête, un peu arqués en dedans, de trois articles, les deux premiers égaux, le troisième d'un tiers plus long et terminé par des cils extrêmement courts; un petit poil à l'extrémité externe du second article.

Menton étroit, *lèvre inférieure* petite, dépourvue de languette apparente, surmontée des deux *palpes labiaux* courts et de deux articles égaux ne dépassant pas les lobes des mâchoires.

Antennes assez longues et non rétractiles, de quatre articles, le premier épais, sensiblement plus long que le second, le troisième deux fois environ aussi long que celui-ci, moins large à la base qu'au sommet où il porte deux poils, surmonté, quand on l'examine latéralement, de deux articles bien séparés, à peu près de la longueur du second, mais beaucoup plus étroits, le supérieur, quatrième article ordinaire, muni à l'extrémité d'un long poil et de deux ou trois très-courts, l'inférieur, ou article supplémentaire, un peu plus grêle et glabre.

Ocelles complétement nuls.

Prothorax transversal, un peu arrondi sur les côtés, aussi long que les deux autres segments thoraciques réunis et comme eux ayant la bordure postérieure un peu plus pâle que le fond.

Abdomen de neuf segments, le premier de la grandeur du métathorax, les suivants grandissant progressivement jusqu'au sixième, puis égaux; les huit premiers pourvus d'un petit bourrelet latéral et marqués de chaque côté de la ligne médiane, tant au dessus qu'en dessous et sur un espace fort limité, de plis à peine apparents indiquant les points où s'opèrent les dilatations propres à favoriser les mouvements; mésothorax ou métathorax paraissant susceptibles de dilatations semblables sur leur face dorsale seulement. Dernier segment se rétrécissant, en s'arrondissant, d'avant en arrière, échancré postérieurement, terminé par deux crochets de médiocre longueur, un peu relevés, modérément arqués en haut, à extrémité ferrugineuse et cornée.

Mamelon anal situé sous le dernier segment et au milieu, non saillant postérieurement et très-visiblement bilobé.

Corps très-peu velu, deux ou trois poils de chaque côté du prothorax, deux de chaque côté des autres segments, sauf le dernier qui en a un plus grand nombre; sur le dos six séries longitudinales de poils courts et raides; sur la face ventrale quelques longs poils et un beaucoup plus grand nombre de très-petits poils raides et inclinés en arrière; ils servent évidemment à faciliter les mouvements.

Stigmates au nombre de neuf paires, la première très-près du bord antérieur du mésothorax, les autres au tiers antérieur des huit premiers segments abdominaux.

Pattes peu robustes mais assez longues, débordant sensiblement le corps, de cinq articles, ongle compris, munies de quelques soies; tibias un peu plus courts que les cuisses.

Je dois cette larve à l'obligeance de mon ami et habile chasseur M. Bauduer. En arrachant des pieux plantés dans son jardin et en observant la partie enfoncée dans la terre, il avait déjà capturé, à plusieurs reprises, de nombreux individus de la *Langelandia*. Convaincu que ces pieux avaient été le berceau de ces insectes, ou que ceux-ci allaient y pondre, je le priai de se livrer à des recherches qui le conduiraient probablement à la découverte de sa larve. Grâce au dévouement de M. Bauduer, cet espoir s'est réalisé, car au mois d'avril **1873**, en fouillant dans les couches superficielles du bois presque pourri des pieux, il trouva quelques larves, et au mois de mai suivant une autre larve et une nymphe.

C'est donc dans l'intérieur des bois enfouis sous terre et ramollis, en partie décomposés par l'humidité, que vit la larve de la *Langelandia*, larve très-peu agile et aveugle comme l'insecte dont elle est le premier état. Mais est-ce du bois qu'elle se nourrit? Je n'oserais pas l'affirmer et je suis plutôt porté à croire qu'elle consomme les déjections laissées là par des larves lignivores qui l'ont précédée. On sait, en effet, que la portion enfouie des pieux devient bientôt le séjour de larves de diverses sortes, de *Valgus*, de Mordelles, de Longicornes, etc. Les pieux de M. Bauduer, que j'ai vus à Sos, ne paraissaient guère vermoulus, mais l'un d'eux dont j'ai emporté la partie utile sur laquelle j'avais pris des *Langelandia*, m'a présenté des galeries, œuvre d'habitants antérieurs et encombrées de détritus. Je crois donc, sous toutes réserves, que la larve de cette espèce s'approprie les déjections d'autres larves xylophages, qu'à l'occasion elle serait carnassière, qu'elle l'est même souvent peut-être, car de très-petites Podures du genre *Achorutes* fourmillent au même lieu, à moins pourtant qu'elle ne vive des Cryptogames qui se développent dans ce milieu si favorable à leur production. C'est dans le bois même et dans une cellule creusée par la larve que s'opère la métamorphose.

NYMPHE

Sa grosse tête plate, couchée sur la poitrine, lui donne une physionomie assez singulière. Les divers parties de son corps sont, du reste, disposées comme à l'ordinaire, et je n'ai à signaler que les caractères qui lui sont propres. Le front porte quatre soies insérées sur des tubercules coniques bien saillants; le prothorax est frangé de huit longues soies semblables, quatre de chaque côté, et on voit une soie de même genre de chaque côté et d'autres sur le dos des segments de l'abdomen, lequel se termine par deux longs appendices coniques et membraneux, cachés habituellement par la dépouille de la larve. Des soies existent aussi sur les genoux, mais celles-ci ne surmontent pas des tubercules. Les carènes du prothorax sont très-visibles.

Corticaria gibbosa HERBST.

Fig. 62-64.

J'ai publié, avec figures, dans les *Annales de la Société entomologique*, 1852, p. 581, les métamorphoses du *Lathridius minutus*, et en donnant la description de la larve, j'ai fait ressortir deux caractères fort étranges qu'elle présente et qui consistent dans l'absence, du moins probable, de palpes labiaux, car il m'avait été impossible de les voir, et dans le remplacement des mandibules par deux organes occupant la même place qu'elles et fonctionnant comme elles, mais charnus et nullement cornés, à peu près triangulaires, munis extérieurement de trois poils assez longs et à l'extrémité de deux petites dents presque droites et cornées. La larve de la *Corticaria pubescens*, dont j'ai parlé aussi *(loc. cit.* p. 585), m'avait paru présenter les mêmes particularités.

A l'occasion de la larve de la *Corticaria gibbosa*, que j'ai trouvée assez abondamment dans une tête d'artichaut dont on avait laissé mûrir les graines, j'ai voulu étudier de nouveau la question des palpes labiaux dont l'absence constituait une anomalie, et celle des mandibules. Pour ces dernières, en soumettant plusieurs larves au microscope, je les ai toujours vues représentées par deux corps charnus armés à l'extrémité intérieure de deux spinules. Quant aux palpes labiaux, j'ai été longtemps sans les voir, et une forte loupe ne me montrait, entre les deux mâchoires, qu'une plaque presque carrée qu'on pouvait considérer comme formée du menton et de la lèvre soudés ensemble, avec une fine strie transversale près du bord antérieur. Le meilleur moyen de voir dans les petites larves les organes de la bouche, c'est de les observer vivantes entre deux plaques de verre, parce que la gêne qu'elles éprouvent, les efforts qu'elles font pour se dégager les obligent à mettre en mouvement et en relief ces organes. Les palpes labiaux demeuraient néanmoins invisibles, mais en introduisant de l'eau entre les plaques de verre, j'observais quelquefois, par transparence, comme un tubercule à chaque angle antérieur du menton. Enfin, des larves étant mortes sous le microscope, l'une d'elles, renversée sur le dos et la tête un peu inclinée en arrière, me montra, débordant le labre, deux très-petits palpes biarticulés et terminés par une petite soie. Il n'y avait pas moyen de méconnaître dans ces organes des palpes labiaux, car les palpes maxillaires, les antennes, tout ce qui aurait pu faire prendre le change était aussi les palpes labiaux sont très-petits et les antennes ont toujours sous le quatrième article un article supplémentaire ordinairement presque aussi long que lui. Il est de plus à remarquer que ces larves sont presque glabres, que les quelques poils qu'elles portent sont généralement fins, courts et disposés symétriquement sur les divers segments du corps, et qu'elles ont la faculté de se courber en arc.

Le genre de vie des larves des Nitidulides est assez varié et il nous reste encore beaucoup à apprendre sur leur compte. Les unes, celles de certaines *Epuræa*, des *Soronia* et probablement des *Cryptarcha*, vivent dans les écoulements sanieux des ulcères ou des plaies des arbres et elles ont en conséquence reçu, comme je l'ai dit, des stigmates tubuleux pouvant émerger de ces substances dont le corps est habituellement couvert. J'ai observé cependant des larves d'*Epuræa* sur des Mucédinées développées à la face interne d'écorces détachées d'un Peuplier abattu en séve et déposées sur le sol. D'autres, comme celles des *Ips*, naissent sous l'écorce d'arbres récemment abattus et pleins de séve, soit pour se nourrir de cette substance, soit pour en vivre quelques jours et remplacer ensuite cette nourriture par des aliments plus substantiels, c'est-à-dire par d'autres larves ou par leurs déjections. Celles-ci également, exposées à être baignées par la séve, ont des stigmates tubuleux, mais sensiblement moins que ceux des précédentes. Quelques-unes, celles de certaines *Nitidula* et *Omosita*, contribuent à la destruction des cadavres. Il en est qui, comme celle du *Carpophilus hemipterus*, se plaisent dans les substances en fermentation. Celle de l'*Amphotis marginata* vit probablement dans les fourmilières. Un grand nombre, plus recherchées dans leur alimentation, comme celles des *Pria* et des *Meligethes*, s'abreuvent du nectar des fleurs et savourent leurs organes les plus délicats, et leurs pattes sont munies d'une pelotte ou ampoule vésiculeuse qui leur permet sans doute de se fixer plus solidement sur les corps si mobiles et sujets à tant de secousses où elles ont le vivre et le couvert. Certaines enfin, celles des *Pocadius* et des *Cychramus* et probablement celles des *Cyllodes*, sont fongivores.

Remarquons la rapidité du développement des larves anthérophages, comparé à celui des larves subcorticales. Quelques jours leur suffisent pour arriver à l'état adulte, ce qui prouve que la substance pollinique dont elles s'alimentent est très-nutritive comme je l'ai fait observer ailleurs pour les larves d'*Anthonomus* et d'*Apion* qui vivent dans les boutons de diverses fleurs, et que la nature, conséquente avec elle-même, a tenu compte de la fragilité et du peu de durée des organes qui servent de nourriture à ces diverses larves.

Disons enfin, pour signaler un caractère non insignifiant que nous ne retrouvons guère dans les familles suivantes des Trogositides, des Colydiides, des Cucujides et bien d'autres, que ces larves en général et peut-être toutes, s'enfoncent dans la terre pour se transformer. Si nous avons vu celle du *Carpophilus hemipterus* s'installer, au dernier moment, dans une des mille cavités que lui offrait le marc de raisin, cela tient probablement à ce qu'elle trouvait là des conditions analogues à celles que la terre lui aurait offertes, et je suis disposé à penser que si elle avait été à portée de cette dernière, elle lui aurait donné la préférence. Je saisirai la première occasion pour le vérifier.

Trogosita (Tenebrio) Mauritanica L.

J'ai trouvé plusieurs fois cette larve sous l'écorce ou dans la vermoulure des Châtaigniers et des Chênes, mais je n'en donnerai pas la description parce que plusieurs auteurs, l'abbé Rosier, dans son *Cours d'agriculture*, Dorthes, dans les *Mém. de la Soc. d'Agricult. de Paris*, 1787, Herbst, Latreille, Sturm, Hammerschmidt, Westwood et Erichson s'en sont occupés. La description détaillée de ce dernier savant se trouve reproduite dans le Catalogue de MM. Chapuis et Candèze, p. 76, et elle sera bien suffisante lorsqu'elle aura subi les rectifications ci-après :

Les antennes, qu'Erichson a observées sans doute sur une larve morte, et qu'il dit composées de deux articles, en ont réellement quatre, dont les deux basilaires plus pâles et rétractiles. Il existe aussi un article supplémentaire très-grêle et rétractile, placé au-dessous du quatrième et visible seulement quand on observe la larve de profil.

Les palpes maxillaires sont de trois articles et non de quatre.

Cette larve ressemble beaucoup, à part la taille, à celle du *Temnochila cærulea* que j'ai décrite, *Soc. ent.*, 1853, p. 604; mais elle est dépourvue d'ocelles, tandis que celle-ci en a deux très-petits de chaque côté.

Quant à la nymphe, dont je ne sais si quelqu'un a déjà parlé, elle reproduit, dans les moindres détails, celle du *Temnochila*, dont j'ai donné la description dans les *Ann. de la Soc. ent.*, 1862, p. 189.

J'ai déjà exprimé (*loc. cit.*, p. 608) mon opinion sur le genre de vie de la larve du *Trogosita* que beaucoup de personnes considèrent comme très-nuisible au blé, dans lequel on ne la trouve selon moi que parce qu'elle y est attirée par les chenilles de teigne ou d'alucite, ou les larves de *Sitophilus*, de sorte qu'au lieu d'être nuisible elle serait utile, et qu'elle aurait le droit de réclamer contre l'injustice de sa dénomination générique. Sous les écorces elle fait la chasse aux larves lignivores, ou se nourrit de leurs déjections et de leurs dépouilles.

Les larves connues des Trogositides de M. de Marseul, autres que celles du *Trogosita* et du *Temnochila*, sont les suivantes :

Nemosoma elongatum L., Westwood, Introd. t. I, p. 146, Erichson, Naturg. der insect. Deutschl. 1845, et Chapuis et Candèze, Catal. des larves, p. 74.

Peltis grossa L., Ent. zeit. zu Stettin, 1852, pl. III. Figures de la larve et de la nymphe, sans description.

Thymalus limbatus F., Chapuis et Candèze, *loc. cit.* p. 77.

La forme de ces deux dernières larves me semblerait bien justifier une famille spéciale sous le nom de Peltides.

COLYDIIDES

Endophlœus (Eledona) spinosulus, Latr.

Fig. 36-40.

LARVE

Long., 9 millim. Hexapode, d'un blanc un peu jaunâtre, légèrement coriace, linéaire, presque plane en dessous, peu convexe en dessus; dernier segment marqué de points symétriques et terminé par deux crochets.

Tête libre, déprimée, subcornée et roussâtre, marquée en dessus de deux sillons formant une ellipse et vers le milieu de chacun de ces sillons d'un point enfoncé; deux fossettes un peu transversales près du bord antérieur qui est striolé en travers ainsi que l'épistome. Celui-ci soudé avec le front, ou du moins à suture indistincte; labre semi-elliptique et longuement cilié.

Mandibules ferrugineuses avec l'extrémité noire et bifide.

Mâchoires peu inclinées, non coudées, assez courtes, ne descendant que jusqu'aux deux tiers de la tête, leur lobe dépassant un peu le premier article des palpes maxillaires, frangé au sommet de soies assez longues.

Palpes maxillaires légèrement arqués en dedans et de trois articles, le second muni en dehors d'un petit poil.

Lèvre inférieure aussi longue que large, se rétrécissant un peu d'avant en arrière, prolongée en une petite languette et portant les deux *palpes labiaux* de deux articles.

Antennes subconiques, de quatre articles, le second un peu plus court que le premier et le troisième qui sont égaux en longueur, le quatrième presque aussi long que le précédent, grêle, surmonté d'un long poil et de deux ou trois très-courts, et accompagné d'un article supplémentaire de moitié moins long que lui, inséré à l'extrémité inférieure du troisième article et visible seulement lorsqu'on regarde la larve de profil.

Sur chaque joue, près de la base de l'antenne, cinq *ocelles* noirs très-petits en deux séries transversales, l'antérieure de trois également espacés, l'autre de deux, placés vis à vis les deux plus inférieurs de la série précédente.

Prothorax une fois et demie aussi long que chacun des deux autres segments thoraciques et que le premier segment abdominal, sensiblement déprimé et s'élargissant en s'arrondissant d'avant en arrière.

Abdomen de neuf segments dont les huit premiers, de plus en plus longs, sont pourvus d'un léger bourrelet latéral et munis, ainsi que le métathorax, sur le dos et, sauf ce dernier, sur la face ventrale, de deux ampoules dilatables peu prononcées, mais pourtant bien apparentes. Neuvième ou dernier segment roussâtre en dessus, se rétrécissant d'avant en arrière, profondément échancré postérieurement, terminé par deux crochets recourbés en haut et dont la moitié apicale est cornée et ferrugineuse; orné sur le dos de quatorze petites taches ou points de couleur marron et disposés symétriquement de la manière suivante : six en série arquée assez près du bord antérieur, les deux extérieurs plus petits que les quatre intermédiaires, deux un peu en arrière, ordinairement les plus petits de tous, quatre un peu en arrière de ceux-ci, en série légèrement arquée et enfin deux près du bord postérieur. Au fond de l'échancrure se trouve une cavité très-apparente, arrondie, en forme de cloaque, analogue à celle que présentent les larves d'*Aulonium*.

Mamelon anal situé au centre de la face inférieure du dernier segment, plissé et pourvu de deux petits lobes ou mamelons rétractiles qui servent de pseudopodes.

Stigmates au nombre de neuf paires, la première, un peu plus grande et à peine plus inférieure que les autres, très-près du bord antérieur du mésothorax, les suivantes au tiers antérieur des huit premiers segments abdominaux.

Pattes peu robustes, de médiocre longueur, à peine susceptibles de déborderle corps, de cinq pièces, ongle compris ; quelques fines soies sur la hanche, deux ou trois sous le trochanter, autant sous la cuisse, une sur le dos du tibia, une très-courte à la base inférieure de l'ongle.

Le corps de cette larve est presque glabre ; on voit deux ou trois poils fins et à peine roussâtres de chaque côté de la tête, trois de chaque côté du prothorax et deux sur la face dorsale, deux ou trois de chaque côté des dix segments suivants et deux aussi sur le dos, plusieurs enfin d'inégale longueur autour du dernier segment ; mais en dessous les poils sont un peu plus nombreux et plus entremêlés que sur le dos de poils beaucoup plus courts et raides qui, de concert avec les pattes, les bourrelets et les ampoules ambulatoires, doivent aider à la progression.

J'ai trouvé plusieurs fois la larve de l'*Endophlœus*, et de loin en loin, dans l'arrière-saison, avec l'insecte parfait, sous l'écorce de vieux chênes morts ; elle vit des déjections laissées par les larves, principalement de Longicornes, qui se sont nourries de ces écorces. Je ne l'ai pas rencontrée en compagnie de ces larves lignivores et consommant, comme d'autres, leurs déjections encore fraîches, et jusqu'à présent je suis porté à croire que la ponte de l'*Endophlœus* n'a lieu qu'au printemps de la seconde année des larves des Longicornes.

Je ne connais pas la nymphe, mais comme la larve adulte ne se rencontre guère que vers le milieu de l'été, je dois penser que la métamorphose s'opère à la fin de cette saison. Ce qui me porte à le croire, et ce qui justifie aussi mon opinion sur l'époque de la ponte, c'est que les insectes parfaits hivernent dans les mousses et les lichens des arbres et principalement sous les écorces où il m'est arrivé d'en trouver des groupes de trente, quarante et même plus, serrés les uns contre les autres et dans une immobilité absolue. On les prendrait d'abord pour des détritus du bois dont ils ont la couleur, puis pour des cadavres, car on a beau les exciter, c'est à peine si, dans le nombre, on en remarque quelqu'un qui donne signe de vie.

Colobicus emarginatus Latr.

Fig. 41-42.

LARVE

Long., environ 7 millim. Cette larve ressemble tellement à celle de l'*Endophlœus* qu'il faut y regarder de très-près pour l'en distinguer. Forme générale, consistance, couleur, soudure du front et de l'épistome, mandibules, mâchoires et palpes, antennes, ampoules ambulatoires, échancrure, crochets et cloaque du dernier segment, mamelon anal, poils, pattes, stigmates, tout est de même. Une observation attentive permet cependant de constater que l'article supplémentaire des antennes est sensiblement plus court et que les ocelles, aussi au nombre de cinq, sont disposés de telle sorte que les deux du second rang, au lieu de se trouver vis à vis les deux inférieurs du premier rang, alternent avec eux. Mais ce qui permet de distinguer tout de suite, la loupe à l'œil, cette larve de celle de l'*Endophlœus*, ce sont les caractères que présentent les deux derniers segments. Nous avons vu que, dans cette dernière larve, l'avant-dernier segment ressemble aux précédents et que le dernier est marqué de petites taches rousses, ponctiformes, disposées symétriquement. Dans la larve du *Colobicus* le pénultième segment et la base du dernier sont ornés de taches rousses, longitudinalement elliptiques, limitées par des traits blanchâtres qui dessinent une réticulation élégante. Le dessin que j'en donne est exact, mais il faut se figurer que les traits noirs qui dessinent les taches elliptiques sont blanchâtres et que les ellipses elles-mêmes sont rousses. En arrière de ces taches et en regard des crochets qui semblent un peu plus relevés à l'extrémité que dans la larve de l'*Endophœlus*, une forte loupe montre un groupe de très-petits tubercules subcornés dont quelques-uns sont surmontés d'un petit poil.

Je n'ai pas suivi les métamorphoses de cette larve, mais les circonstances dans lesquelles je l'ai trouvée me permettent d'affirmer qu'elle appartient à l'insecte auquel je l'attribue.

Dans le courant du mois de mai, sous l'écorce de bûches de Chêne tauzin empilées depuis un an et demi et qui avaient déjà donné naissance à une génération de *Callidium sanguineum* et de *Callidium variabile* dont elles recelaient quelques cadavres, je rencontrai quelques *Colobicus*, et avec ces insectes de toutes petites larves vivant évidemment des déjections des larves des Longicornes, et qu'après minutieux examen je ne pus rapporter qu'à l'*Endophlœus spinosulus*, mais que, vu la présence du *Colobicus*, je soupçonnai aussi appartenir à ce genre très-voisin du précédent. Je me réservai d'éclaircir le fait, et vers la mi-juin je retournai sur les lieux. Je trouvai mes larves bien grandies, et avec elles d'autres plus petites comme celles que j'avais observées la première fois et trois *Colobicus*. J'examinai à la loupe les larves les plus développées et je ne tardai pas à constater ces aréoles rousses et elliptiques dessinées par une réticulation blanchâtre sur les deux derniers segments et que je voyais pour la première fois. Il ne m'était plus permis, dès lors, de penser à l'*Endophlœus*, et je n'hésitai pas à me prononcer pour le *Colobicus*. Restait à trouver la nymphe, et après avoir recueilli quelques larves pour les étudier, je me retirai avec le projet de revenir. Au commencement de juillet je réalisai ce projet, mais j'eus beau détacher et mettre en pièces des écorces et fouiller les détritus qu'elles couvraient, je ne pus voir une seule nymphe ; je remarquai même que les larves étaient plus rares et que les adultes avaient disparu. N'ayant pas ce qu'il fallait pour emporter des larves chez moi afin de les y élever, je m'en tins à l'espoir que des observations nouvelles me donneraient de meilleurs résultats.

Le 20 juillet je fis à mes bûches une dernière visite, mais ma déception fut complète ; il ne restait plus une seule larve de *Colobicus*, et deux heures de recherches inutiles, plus de cinquante bûches écorcées en vain me prouvèrent suffisamment que je ne devais pas compter sur une nymphe.

En réfléchissant à ce fait, je me sens porté à croire que les larves de *Colobicus*, comme celles des *Rhizophagus* et de bien des Nitidulaires (et il doit en être de même de celle de l'*Endophlœus*) quittent, pour se transformer, les lieux où elles se sont développées et qu'elles accomplissent leurs métamorphoses dans la terre. Leurs évolutions doivent être terminées au plus tard à l'automne, car le *Colobicus* hiverne, comme l'*Endophlœus*, sous les écorces, mais plus encore dans les mousses et les lichens des arbres.

Ces deux insectes ont donc tout à fait les mêmes mœurs.

Ils appartiennent l'un et l'autre à la famille des Colydiides.

Les larves connues de ce groupe sont les suivantes :

Bitoma crenata F., Perris, Ins. du Pin, Soc. Ent. 1853, p. 614.

Synchita juglandis HELW., NORDLINGER, Ent. Zeit. zu Stett. 1848, p. 256, quelques mots seulement.

Aulonium sulcatum OLIV., WESTWOOD, Introd. t. I, p. 147, fig. 12. — *Bicolor* HERBST, PERRIS, Ins. du Pin, Soc. Ent. 1853, p. 610.

Colydium castaneum HERBST (exot.), MAC LEAY, Annulosa javan. n° 92 — *C. elongatum* F., Ratzeburg, Die Forstins. t. I, p. 188, pl. 14, fig. 34, 35 ; STURM, Deutschl. Insect. 1849, t. XX, p. 50, pl. 368. — *C. Filiforme* F., ERICHSON, Naturg. der Ins. Deutschl. 1845, p. 280.

Cerylon histeroides F., PERRIS, Ins. du Pin, Soc. Ent. 1853, p. 616.

Ces larves, sauf celle de *Cerylon* qui serait mieux placée, ce me semble, à côté de celles de *Rhizophagus*, sont remarquables par la cavité que présente la face postérieure du dernier segment. Cette cavité ou cloaque, qui existe aussi, comme on l'a vu, dans les larves d'*Endophœlus* et de *Colobicus*, doit avoir une destination physiologique, mais nous ne saurions dire laquelle.

CUCUJIDES

Prostomis (Trogosita) mandibularis, F.

Je mentionne cette curieuse larve parce que je l'ai trouvée dans un tronc de Châtaignier mort depuis longtemps et dont le bois était devenu feuilleté par suite de la décomposition du tissu cellulaire et peut-être aussi de l'action des gelées. Elle vivait entre les feuillets, au milieu de déjections laissées par des larves qui l'avaient précédée. Je m'abstiendrai de la décrire parce que nous en avons deux bonnes descriptions, l'une d'Erichson, *Archiv. de Wiegm.*. 1847, p. 285, reproduite par mes amis MM. Chapuis et Candèze, dans leur *Catalogue*, p. 85, l'autre de Curtis, *Trans. entom. Soc.* 1854, avec des figures d'une parfaite exactitude. Ces deux auteurs avaient trouvé la larve dans du bois de Chêne en décomposition.

Je dirai seulement, parce que ce caractère important n'a été signalé par personne, que les mâchoires et le menton sont soudés entre eux sur presque toute leur longueur et si intimement que la plaque hypocéphalique est pour ainsi dire exempte de tout sillon, de toute suture.

Brontes (Cerambyx) planatus L.

Dans l'*Histoire des Insectes du Pin* j'ai décrit la larve et la nymphe de cet insecte. J'en reparle ici, d'une part, parce que cette larve carnassière ou vidangeuse, qui aime à vivre sous presque toutes les écorces des grands arbres où d'autres larves ont laissé des résidus, se trouve aussi sous l'écorce des troncs morts de Châtaigniers ; d'autre part, parce que j'ai des rectifications et additions à faire à ma première description.

Ainsi, le labre, qui est très-avancé et semi-discoïdal, est soudé à l'épistome, lequel est soudé au front, de sorte que le dessus de la tête ne présente aucune suture transversale. Les mâchoires ne sont pas précisément fortes, elles sont d'une grosseur moyenne, libres, peu allongées et visiblement coudées ; le lobe maxillaire est aussi long, ou bien peu s'en faut, que le palpe correspondant ; le premier article des palpes maxillaires est visiblement plus court que chacun des deux autres ; la lèvre inférieure se prolonge antérieurement en une languette arrondie. Je considère les antennes comme formées de quatre pièces au lieu de trois, y compris l'empâtement basilaire que, tout bien considéré, je compte pour un article. Je ne suis plus sûr de six ocelles, et il me semble qu'il n'y en a que cinq, dont quatre antérieurs presque contigus, en ligne transversale, et un un peu en arrière, presque vis à vis le premier des précédents.

La composition segmentaire de l'abdomen a besoin d'une révision. J'ai dit, dans ma première description, qu'il ne paraissait formé que de huit segments ; mais comme deux stigmates débouchent près des angles postérieurs du huitième segment et que le dernier segment, dans les larves des Coléoptères, sauf, jusqu'ici, celles de beaucoup de Dytiscides et celles des Donacides, n'a jamais d'orifices respiratoires, j'ai été conduit à considérer comme neuvième segment ce qui a toutes les apparences et fait l'office d'un pseudopode anal. Voici ce que je pense maintenant, après des études sérieuses pour éclaircir ce point qui me préoccupait.

J'ai rattaché au huitième segment abdominal deux longs appendices effilés, divergents, qui m'avaient paru composés de trois articles et qui semblaient implantés sur le milieu du bord postérieur de ce segment ; or, ils en sont indépendants, ils forment comme une longue fourche au sommet d'une sorte de mamelon transversal placé sous la plaque dorsale du huitième segment qui le cache presque entièrement ; mais on le distingue très-bien lorsqu'on observe la larve de profil. Ce mamelon est, à n'en pas douter, le neuvième segment à l'état rudimentaire. Et alors s'expliquent ces deux appendices qui sont, lorsqu'ils existent, l'apanage de ce segment. Ils s'expliquent aussi d'une autre manière.

A partir du troisième ou plutôt du quatrième segment, on voit poindre, de chaque côté, une petite saillie dentiforme surmontée d'une longue soie. Cette saillie devient de plus en plus forte à mesure que l'on va en arrière; sur le septième segment elle a déjà la forme d'un mamelon conique, et sur le huitième elle représente une assez longue papille cylindrique; il n'est pas étonnant que, sur le neuvième, qu'il soit rudimentaire ou non, ces appendices aient une longueur bien supérieure.

J'ai dit qu'ils m'avaient d'abord paru de trois articles, mais leur nature et un plus heureux examen m'ont appris qu'il n'en est pas ainsi. Ils ne sont, en effet, que ces saillies dentiformes et terminées par une soie des quatrième à sixième segments, ces mamelons et ces papilles également sétigères des septième et huitième, seulement ils sont beaucoup plus développés. Ils n'ont donc que deux pièces, la première munie de trois poils, un en dessous, un plus long en dessus au delà du milieu de sa longueur et un plus fin aussi en dessous, mais à l'extrémité qui se rétrécit assez brusquement pour emboîter la seconde pièce qui n'est, à proprement parler, qu'une soie. Le microscope montre en outre sur la première pièce quelques poils très-courts et très-fins.

Ainsi se trouve régularisée et ramenée aux conditions normales la composition segmentaire de cette larve. Seulement, par une exception unique pour moi jusqu'ici, le neuvième segment abdominal est rudimentaire, il est représenté par un mamelon dorsal caché sous le segment précédent et ne se révélant par aucun vestige sur la face ventrale. Cette organisation insolite et la faculté qu'a la larve de relever même verticalement ses appendices terminaux ont sans doute leur raison d'être.

Je n'ai pas besoin d'ajouter que le long pseudopode anal reprend son rang et sa vraie dénomination.

En arrière des saillies ou papilles latérales les segments abdominaux sont couverts d'aspérités très-serrées, inclinées en arrière et à peine visibles au microscope. Ces aspérités, de concert avec les pattes et les faibles dilatations dont certaines parties du corps sont susceptibles, facilitent les mouvements de la larve.

D'après mes observations, les larves des *Brontes* opèrent toutes leurs évolutions dans l'espace de quelques mois. Elles sont très-jeunes au printemps et presque toutes donnent avant la fin de l'été l'insecte parfait qui hiverne sous les écorces pour pondre au retour de la belle saison.

Lœmophlœus (Cucujus) testaceus F.

Fig. 43-45.

LARVE

A propos des insectes du Pin, j'ai publié aussi les métamorphoses de la seule espèce de *Lœmophlœus* qui, à ma connaissance, soit pinicole, le *Dufourii*. J'ai trouvé sous l'écorce des Châtaigniers la larve et la nymphe du *L. testaceus;* mais je me dispense de décrire la première, parce que je ne pourrais guère que reproduire ce que j'ai dit de la larve du *Dufourii*. Je donnerai seulement, au sujet de celle-ci et sur un caractère fort important, des précisions que j'ai omises et qui serviront aussi pour la larve du *testaceus* conformée exactement de même, sauf qu'elle est un peu plus ventrue. Les mâchoires et le menton sont soudés sur presque toute leur longueur et forment sous la tête une plaque où les limites de ces organes sont indiquées par quatre sillons bien marqués. La partie libre est très-courte et porte les palpes maxillaires et labiaux. J'ajoute que les segments thoraciques en dessus et les sept premiers segments abdominaux sur leurs deux faces ont des rudiments d'ampoules dilatables destinées à faciliter les mouvements de la larve; que le huitième segment est lavé de roussâtre et que le mamelon anal, au lieu d'être placé sous le neuvième segment, empiète sur le précédent qui, pour le recevoir, est échancré à son bord postérieur.

Les plus forts grossissements du microscope ne montrent aucun point couvert de ces aspérités que l'on observe sur bien des larves et que présente, comme nous l'avons vu, celle du *Brontes*.

J'ai rencontré la larve du *L. testaceus* en compagnie de celles du *Dryocœtes capronatus* dont elle est l'ennemie et qu'elle ne se fait faute de dévorer lorsqu'elle en rencontre quelqu'une; mais elle vit aussi de leurs déjections, car elle se développe parfaitement et se transforme dans les galeries de ce xylophage vides d'habitants. Je l'ai vue aussi, et même plus souvent, sous l'écorce des Chênes morts, avec les larves du même Scolytide ou celles du *Dryocœtes villosus*, et tout récemment je l'ai observée sur l'Orme, dans les galeries des *Hylesinus vittatus* et *Kraatzi*.

NYMPHE

J'ai dit, à propos de la nymphe du *L. Dufourii*, qu'elle ressemble à celle du *Ditoma crenata* pour laquelle je renvoie à celle de l'*Aulonium bicolor*. Pour être plus rigoureux, je dirai que la nymphe du *L. Dufourii* et du *L. testaceus* porte de petits tubercules sétigères sur les bords antérieur et latéraux du prothorax et aussi sur le dos de ce segment près du bord postérieur, ceux-ci en série transversale, avec leurs soies dirigées en avant, et deux sur chaque genou ; que chaque segment de l'abdomen est muni latéralement d'un mamelon papilliforme surmonté d'une longue soie, et, en remontant vers le dos, d'une soie beaucoup plus courte, plus raide et inclinée en arrière ; qu'enfin l'abdomen est terminé par deux papilles courtes, coniques, à peine divergentes, un peu relevées et très-légèrement crochues à l'extrémité.

Les larves connues des Cucujides appartiennent aux espèces suivantes :

Prostomis mandibularis F., ERICHSON, Archiv. de Wiegm. 1847, p. 285, CURTIS, Transact. Ent. Soc. 1854.

Cucujus hæmatodes ER., ASMAN, Ent. Zeit. 1851, tab. 2, figure sans description. — ERICHSON, Naturg. des Insect. Deutschl. 1845, p. 310.

Brontes planatus L., ERICHSON, Naturg. der Ins. Deutschl. 1846, p. 332 ; PERRIS, Soc. Ent. 1853, p. 621. — *B. serricornis* CAND., CANDÈZE, Mém. de la Soc. des sc. de Liége, 1861 (espèce de Ceylan).

Læmophlœus ater, OLIV. sous le nom de *Cucujus Spartii*, WESTWOOD, Introd. t. I, p. 146. — *L. Dufourii* LAB., PERRIS, Soc. Ent. 1853, p. 618.

Pediacus dermestoides F., PERRIS, Soc. Ent. 1862, p. 191.

Silvanus frumentarius F., *sexdentatus* F., *Surinamensis* L., WESTWOOD, Introd. t. I, p. 154 ; ERICHSON, Archiv. Naturg. t. VIII, p. 370 ; BLISSON, Soc. Ent. 1849, p. 163 ; COQUEREL, Soc. Ent. 1849, p. 172. — *S. unidentatus* F., PERRIS, Soc. Ent. 1853, p. 627.

Je puis y ajouter les suivantes :

Dendrophagus (Cucujus) crenatus PAYK.

LARVE

Le plaisir que m'a fait cette larve lorsque je l'ai reçue de mon ami M. de Bonvouloir vient de sa ressemblance avec celle du *Brontes planatus*. Les deux insectes parfaits ont assurément entre eux de grands rapports, mais pourtant ils se distinguent très-facilement. Il n'en est pas de même des larves, et leurs affinités sont telles que si je n'avais été prévenu, je n'aurais pas hésité à rapporter au *Brontes* celle du *Dendrophagus*. Après un examen comparatif des plus minutieux à la loupe et au microscope, je ne trouve à celle-ci que les différences suivantes :

Taille un peu plus grande, 9 à 10 millim., mandibules tridentées à l'extrémité; premier article des palpes maxillaires encore plus court; poils des antennes plus courts, le quatrième article plus long que le troisième, au lieu d'être un peu moins long; le troisième dépourvu de la troncature apicale interne et de l'appendice biarticulé que montre la larve du *Brontes ;* appendices latéraux du huitième segment abdominal plus courts et sensiblement plus coniques, ceux du neuvième segment rudimentaire un peu étranglés au tiers de leur longueur et munis d'une longue soie au-dessus de l'étranglement. Les ocelles sont au nombre de cinq, dont trois à la série antérieure et deux à la postérieure ; ils sont très-serrés et couverts d'une tache noirâtre, du moins dans les individus que je possède.

Ils ont été trouvés dans les Pyrénées, avec des insectes parfaits, sous l'écorce des Pins.

Je ne connais pas la nymphe.

Cet article était rédigé lorsque j'ai reçu communication de la notice publiée, sans figures, sur les métamorphoses du *Dendrophagus*, par M. Buchanan White dans *The entomologist's monthly Magazine*, 1872, p. 196. La description de la larve, faite par le Dr Sharp, ne provoque que les observations suivantes : il n'est compté que trois articles aux antennes, l'article basilaire est omis : il n'est pas fait mention des ocelles, et les longs appendices du neuvième segment rudimentaire de l'abdomen sont considérés, par une erreur que j'ai commise moi-même autrefois à propos de la larve du *Brontes*, comme appartenant au huitième segment.

La nymphe, à en juger par la description, ressemble à celle du *Brontes*.

D'après M. Buchanan White, la larve du *Dendrophagus*, très-vive et très-agile comme celle du *Brontes*, se nourrirait de la couche inférieure de l'écorce du Pin sylvestre mort, et plus rarement du mélèze. Je pense, quant à moi, qu'elle est carnassière ou coprophage comme cette dernière.

Selon le même auteur, la vie évolutive du *Dendrophagus* serait *probablement* celle-ci : les œufs seraient pondus au printemps ou au commencement de l'été par des femelles ayant hiverné; l'état de larve durerait

12 ou 14 mois; la nymphe se formerait durant le second été après la ponte, et l'insecte parfait naîtrait au mois d'août. M. Buchanan White déduit ces conséquences de ce que, de mai à septembre, on trouve des larves de tailles différentes et que quelques larves presque adultes hivernent.

J'admets sans peine que des larves contrariées dans leur développement ou nées trop tard soient contraintes d'hiverner. Ces larves, qui ne se transformeront qu'au printemps, donneront lieu à des pontes qui produiront ces inégalités de taille observées durant l'été, et maintiendront, pour certains individus, ce chevauchement d'une année sur une autre; mais, à mon avis, ce sont là des exceptions, et quoique je ne puisse pas invoquer des constatations personnelles, j'ai la conviction que les choses se passent pour les *Dendrophagus* comme pour les *Brontes*, c'est-à-dire qu'en règle générale, les larves naissent au printemps et les insectes parfaits éclosent aux mois d'août ou de septembre de la même année, pour hiverner sous les écorces et pondre au printemps suivant.

Lœmophlœus (Cucujus) ater Oliv. — **L. hypobori** Perris. **L. clematidis** Er. — **L. bimaculatus** Payk.

Les larves de ces quatre espèces ne diffèrent en rien de celle du *L. testaceus*. Je n'ai pu leur trouver aucun caractère distinctif bien formel et je m'abstiens, dès lors, de les décrire.

Lathropus (Trogosita?) sepicola Mull.

Fig. 46-53.

LARVE

Long. 3 millim., hexapode, subdéprimée, sublinéaire, charnue, d'un blanchâtre livide, à peine un peu coriace sur le dos qui est fascié de brunâtre; corps terminé par deux crochets relevés.

Tête subdéprimée, d'un brun livide, un peu plus large que longue, marquée sur le front de deux fossettes un peu arquées, décrivant presque une ellipse et d'un trait blanchâtre en fer à cheval qui se dirige ensuite, de chaque côté, vers les angles antérieurs.

Épistome transversal; *labre* assez grand et dépourvu de cils.

Mandibules moyennes, crochues, pointues et simples au sommet, roussâtres avec l'extrémité plus foncée.

Mâchoires assez grandes, peu coudées, descendant jusqu'au delà du milieu de la tête; leur lobe assez long, peu épais, un peu crochu en dedans, paraissant subcorné à l'extrémité et muni à son bord interne de cils en dents de peigne. *Palpes maxillaires* un peu arqués en dedans, de trois articles dont le dernier, presque aussi long que les deux autres ensemble, est surmonté de quelques cils extrêmement courts.

Menton assez grand, *lèvre inférieure* courte, à peine prolongée au milieu en une languette obtuse et portant les deux *palpes labiaux* de deux articles égaux. Ces organes sont enfermés dans l'arceau que forment les deux lobes maxillaires convergents.

Antennes de quatre articles, les deux premiers courts, le troisième plus long que les deux précédents réunis, le quatrième grêle, plus long que le second, terminé par un long poil et deux ou trois petits, et accompagné d'un article supplémentaire égal au tiers de sa longueur et très-visible quand on observe la larve de profil, car il est placé en dessous à l'extrémité du troisième article qui, vu de côté, se montre sensiblement plus large au sommet qu'à la base.

Sur chaque joue, près de la base de l'antenne, un *ocelle* bien visible, un peu convexe, noir et en ellipse longitudinale.

Corps de douze segments, parcouru, jusqu'au onzième inclusivement, par une ligne enfoncée très-fine qui suit le milieu du dos. *Prothorax* presque carré, sensiblement plus grand que chacun des deux autres segments thoraciques, d'un brun livide avec les bords et la ligne médiane blanchâtres; *mésothorax* et *métathorax* également brunâtres, mais sur un espace relativement moindre.

Huit premiers segments abdominaux très-distincts comme les précédents, parce qu'ils sont un peu arrondis sur les côtés, ayant à la base et sur un espace mal limité postérieurement, une bande brune interrompue au milieu par une ligne blanchâtre; munis d'un petit bourrelet latéral et traversés sur le dos par un petit pli transversal qui n'atteint pas les côtés. Neuvième segment plus étroit que les précédents, se rétrécissant un peu d'avant en arrière, d'un blanchâtre un peu livide à peine nuancé de brunâtre et terminé par deux crochets relevés, arqués, subcornés et brunâtres avec l'extrémité plus foncée. Dessous du corps entièrement blanc.

Mamelon anal susceptible de devenir très-saillant et placé à l'extrémité du dernier segment.

Des poils blanchâtres se dressent sur la tête et sur toutes les autres parties du corps ; ils sont peu nombreux et, comme dans beaucoup d'autres larves, placés symétriquement en verticilles et en séries longitudinales.

Stigmates assez bien visibles et au nombre de neuf paires, la première, ne paraissant ni plus grande ni plus inférieure que les autres, assez près du bord antérieur du mésothorax, les suivantes au tiers antérieur des huit premiers segments abdominaux.

Pattes ordinaires, assez longues, composées de cinq pièces y compris un ongle allongé, et hérissées de quelques soies ; tibias visiblement plus longs que les cuisses.

Ayant plusieurs fois obtenu le *Lathropus sepicola* de tronçons d'orme conservés chez moi, j'étais convaincu que sa larve vivait sous l'écorce de cet arbre. Je me suis donc livré à des recherches, et dans les galeries du *Scolytus multistriatus* et principalement des *Hylesinus vittatus* et *Kraatzii* que, par parenthèse et en réponse à des doutes qui m'ont été exprimés, je déclare former deux espèces distinctes, j'ai observé, pour ne parler que des Coléoptères, des larves de Staphylinides, de *Cryptophagus*, de *Lœmophlœus*, de *Litargus*, de *Cerylon*, d'*Hypophlœus* et une autre larve qui m'était inconnue et que sa forme et sa taille permettaient de rapporter au *Lathropus ;* mais comme je ne pouvais me contenter d'hypothèses et me borner à des présomptions, j'ai élevé de ces larves et fait en outre de fréquentes visites à l'Orme mort qui avait donné lieu à mes premières observations. Des deux côtés j'ai atteint mon but, j'ai recueilli des nymphes dont l'authenticité était attestée par les dépouilles des larves, et ces nymphes m'ont ensuite donné le *Lathropus*. Il ne peut donc y avoir le moindre doute, et j'ai dès lors le droit de dire que la larve de cet insecte vit, comme celles de plusieurs autres, dans les galeries des *Scolytus* et des *Hylesinus* de l'Orme, qu'elle se nourrit des déjections qui les encombrent, puisque à l'époque où je l'ai trouvée, c'est-à-dire en hiver, les xylophages étaient déjà sortis, et que très-probablement, si elle rencontrait quelqu'une de leurs larves, elle en ferait son profit. C'est dans une de ces galeries et sans grands préparatifs qu'au mois d'avril elle subit sa métamorphose en nymphe.

NYMPHE

Elle est blanche, molle, et présente les particularités suivantes : des soies courtes sur le front et sur les bords latéraux du prothorax, deux très-longues et un peu sinueuses au bord antérieur et une, également très-longue,

là. Pour abréger, je dirai qu'une autre larve m'offrit le même sujet d'observation, et qu'ayant soumis alors à l'ét ıde des larves de *Lathridius* conservées dans l'alcool, j'ai pu voir sur deux d'entre elles les palpes cherchés.

Ainsi, les larves des *Lathridius* et des *Corticaria* ont des palpes labiaux très-peu développés, coniques et de deux articles. Si j'ai bien vu, ils sont insérés aux angles antérieurs de la pièce formée par la lèvre inférieure et le menton et au niveau de la fine strie dont j'ai parlé. Ce qui est en avant de cette strie pourrait être considéré comme la languette.

La larve de la *C. gibbosa*, longue de 2 millim., ressemble, à s'y méprendre, à celle du *Lathridius minutus ;* elle est en ovale allongé, sa tête est d'un brunâtre livide avec le devant du front blanchâtre, ainsi que les deux traits en V qui, partant du vertex, aboutissent près des antennes. Les mâchoires sont assez coudées, courtes et ne descendent pas au-dessous de la moitié de la tête; les antennes et les palpes maxillaires sont longs et les joues sont également ocellées. Le corps est formé de douze segments bien détachés, les trois thoraciques visiblement plus grands que ceux de l'abdomen qui sont égaux. Le prothorax, un peu plus long que les deux suivants, est marqué de deux taches brunâtres. Les poils assez longs dont le corps est modérément hérissé sont de deux sortes comme dans les larves de *Lathridius minutus*, c'est-à-dire les uns simples, les autres terminés par un petit globule, et ces derniers diffèrent des poils analogues de la larve de *Corticaria pubescens* chez laquelle ils sont beaucoup plus courts, en cône renversé et papilliformes. Les pattes, peu robustes et assez longues, débordent le corps et sont hérissées de quelques petites soies; enfin, comme les autres de ce groupe, elle se courbe en arc lorsqu'on l'inquiète.

La larve dont je m'occupe diffère de celle du *Lathridius* par les caractères suivants : les organes charnus qui tiennent lieu de mandibules ont, autant qu'il m'a été possible de le constater au microscope, une forme trapézoïdale, avec le bord antérieur échancré et les angles antérieurs arrondis ; extérieurement ils portent deux soies, l'antérieure plus longue que l'autre, et à l'angle interne deux épines contiguës à la base, très-peu écartées au sommet, grêles, acérées et presque horizontales. Les palpes maxillaires sont longs, très-saillants, le premier article est plus court que le second, lequel porte un assez long poil en dehors, et le troisième, un peu plus long que le précédent, est terminé par un long poil et un ou deux autres excessivement courts, presque invisibles. Les antennes ont le troisième article plus long que les deux premiers ensemble, mais le quatrième qui, dans la larve du *Lathridius*, est aussi long que le troisième, est ici de moitié plus court et à peine plus long que l'article supplémentaire.

M. Thévenet, dont ce début me fait regretter la mort prématurée, a publié dans les *Annales de la Soc. ent.* 1874, p. 427, l'histoire des métamorphoses de la *Corticaria Pharaonis* Mots. L'auteur ne donne aux antennes de la larve que trois articles dont les deux premiers, dit-il, courts et gros. Je persiste à croire que ces organes ont quatre articles dont le basilaire rétractile.

M. Thévenet n'a pas plus que moi vu de véritables mandibules, elles sont représentées dans sa larve par « deux corps brunâtres d'apparence cornée, bifides à l'extrémité, portant chacun trois cils. » Cette structure diffère un peu de celle que j'ai décrite, et dans tous les cas, je puis affirmer que je n'ai pas observé d'apparence cornée.

Enfin la larve de la *C. Pharaonis*, qui se distingue de celle de la *C. pubescens* au moins en ce qu'elle n'a sur le thorax et l'abdomen que des poils d'une sorte qui sont spatulés, serait pourvue de chaque côté de la tête de quatre ocelles seulement que la figure représente en losange. J'ai revu mes larves de *Corticaria* et cette fois encore elles m'ont paru avoir dix ocelles elliptiques, cinq sur chaque joue dont trois antérieurs en arc et presque contigus et deux un peu en arrière, se touchant ou à peu près.

M. Thévenet pense que la figure que j'ai donnée de la nymphe de la *C. pubescens* est quelque peu fantaisiste. La question d'art à part, je puis certifier que cette figure donne, pour l'ensemble, une idée très-exacte de la réalité.

NYMPHE DE LA C. SERRATA

Invaginée postérieurement dans la peau chiffonnée de la larve, laquelle s'est fixée sur le plan de position par son mamelon anal, blanche, munie de poils de diverses longueurs sur le front, au pourtour et sur le dos du prothorax, à la face dorsale et aux angles latéraux des segments de l'abdomen, ainsi qu'aux genoux. Si on la retire de son fourreau, on constate que son dernier segment est bilobé.

La structure de la bouche des larves de *Lathridius* et de *Corticaria* semble repousser l'idée qu'elles soient lignivores ou carnassières. Leurs mandibules, que l'on pourrait appeler de fausses mandibules, sont incapables d'attaquer le bois, et les animaux de proie sont habituellement beaucoup mieux armés. De Geer, qui a décrit les premiers états du *Lathridius lar-*

darius, a observé sa larve sur une vessie de porc desséchée. Il est plus que probable qu'il s'y était développé des moisissures dont elle se nourrissait.

Kyber, qui a fait connaître dans le *Magazin entomologique* de Germar, 1817, t. II, p. 1, la larve du *Lathridius porcatus* Herbst, lequel n'est autre que le *minutus* L., dit qu'elle vit des moisissures qui se forment sur les substances animales ou végétales, et en effet, on rencontre cet insecte ou sa larve presque partout où naissent de semblables productions, ainsi que sur des matières fermentées telles que les marcs de raisins et sur les lies de vin qui, ayant débordé de barriques en fermentation, se sont desséchées sur les futailles.

C'est aussi dans les mêmes conditions, c'est-à-dire sur les bois couverts de moisissures, que j'ai maintes fois rencontré la larve du *Lathridius nodifer*, et de nombreux individus de cette espèce me sont nés de fruits mûrs de rosier qui, étant demeurés quelque temps entassés, avaient fermenté et s'étaient moisis. Celle du *L. rugosus* pullule dans un champignon d'un genre particulier, le *Reticularia hortensis*, qui se produit sur les souches des arbres et qui finit par n'être plus qu'un amas d'une poussière noirs extrêmement fine. Celles des *Corticaria pubescens*, *serrata*, *truncatella*, *melanophthalma*, *crenicollis*, vivent ici dans les toitures de chaume si abondamment pourvues de détritus et de végétations cryptogamiques; celles des *C. distinguenda* et *fuscipennis* se trouvent dans les Lierres touffus qui tapissent les murs, et celles des *C. gibbosa* et *transversalis* se montren dtans une foule de conditions en apparence diverses et au fond semblables, dans les hérissons secs des châtaignes, dans les vieilles galles, dans les fleurs de trèfle, dans les calathides des carduacées, dans les calices ou les corolles des malvacées, des roses doubles, etc., lorsque la dessiccation et l'humidité y ont provoqué l'apparition de mucédinées.

M. Thévenet a trouvé et élevé les siennes sur des racines de *Gypsophila struthium* venues de Constantinople. Elles se promenaient activement sur ces racines et s'arrêtaient parfois sur un point, sans qu'il ait pu constater si elles en attaquaient la substance. Je suis convaincu qu'il y avait là des moisissures dont elles faisaient leur profit.

Si maintenant l'on compare les larves des *Lathridius* et des *Corticaria* avec celle de la *Langelandia* qui figure dans la famille des Lathridides, on remarque entre elles d'assez notables différences. La larve de la *Langelandia* est d'une couleur moins terne, elle est plus linéaire, plus déprimée sensiblement moins velue et ses poils sont simples. Les pattes et les antennes sont plus courtes et l'article supplémentaire de celles-ci est aussi long que le quatrième article, tandis qu'il est beaucoup plus court dans les larves de *Lathridius*. Elle a de véritables mandibules, les mâchoires descendent jusqu'à la base de la tête au lieu de s'arrêter au milieu, la lèvre inférieure et les palpes labiaux sont bien visibles, les ocelles font défaut, et enfin le dernier segment, arrondi et mutique dans les larves de *Lathridius*, est ici terminé par deux crochets.

MYCÉTOPHAGIDES

Litargus (mycetophagus) bifasciatus, F.

Fig. 68-71.

LARVE

Long. 3 1/2 millim. hexapode, subdéprimée, coriace, linéaire, peu velue, fasciée de noirâtre, terminée par deux crochets.

Tête déprimée, un peu plus large que longue, un peu arrondie sur les côtés, noirâtre en dessus, avec une ligne blanche partant du vertex et se bifurquant sur le milieu du front pour se diriger vers les angles antérieurs.

Epistome transversal, allant presque d'une antenne à l'autre, et de la couleur de la tête ; *labre* pâle, semi-elliptique, bordé de quelques cils. *Mandibules*, autant qu'il m'a été possible d'en juger en les observant fermées, sur des larves conservées dans l'alcool, arquées, médiocrement larges, pointues à l'extrémité, sans dent sur la tranche interne ; mais elles sont probablement bifides.

Mâchoires courtes, leur base ne dépassant guère la moitié de la tête, munies d'un lobe peu épais, à peu près cylindrique, terminé par quelques soies spinuliformes, pas guère plus long que les deux premiers articles des palpes maxillaires ; ceux-ci longs, débordant les mandibules fermées, un peu arqués en dedans et de trois articles, le premier un peu plus court que le second, le troisième de la longueur des deux autres réunis et terminé par deux très-courtes soies tronquées et d'inégale longueur.

Menton assez grand ; *lèvre* courte, transversale, surmontée de deux *palpes labiaux* très-courts et de deux articles égaux, ne dépassant pas le lobe des mâchoires, et entre lesquels se trouve une languette très-courte, subarrondie et un peu ciliée.

Antennes de quatre articles, le premier épais, en cône tronqué etcourt, le second cylindrique, à peine plus long, ces deux articles glabres ; le troisième trois fois au moins aussi long que le précédent, très-légèrement en massue et muni d'un certain nombre de poils courts ; le quatrième égal à la moitié du précédent, grêle, cylindrique, terminé par un poil long et deux ou trois beaucoup plus petits; tous ces organes, sauf les mandibules, de couleur pâle. Après un assez long examen j'allais déclarer l'absence de tout article supplémentaire aux antennes, lorsque, ayant mis quelques larves sous le microscope, de manière à les voir de profil, j'a constaté que le quatrième article est sensiblement excentrique, et j'ai aperçu au sommet inférieur du troisième article un petit tubercule qui ne peut être que l'article supplémentaire cherché.

Sur chaque tempe, très-près de la base de l'antenne, cinq *ocelles* ronds, sur deux rangs, trois presque contigus en ligne transversale, un en arrière, vis-à-vis celui du milieu du rang de devant et un assez éloigné en allant vers le crâne; les trois premiers noirs et convexes, les deux autres non colorés et déprimés.

Prothorax de la longueur de la tête, plus large qu'elle, arrondi sur les côtés, brun noirâtre, avec une ligne médiane très-fine, le bord antérieur et le bord postérieur blanchâtres ; *mésothorax* et *métathorax* semblables au prothorax, à peine moins longs que lui, de même couleur avec les bords antérieur, postérieur et latéraux, blanchâtres.

Abdomen de neuf segments, le premier de moitié plus petit que le prothorax, le second et le troisième grandissant progressivement, les autres égaux jusqu'au huitième ; tous ces segments ayant une large bande brun noirâtre, ou plutôt entièrement de cette couleur, sauf le bord postérieur qui est blanchâtre, et montrant sur les flancs un ou deux mamelons déprimés et brunâtres, susceptibles de dilatation et servant incontestablement aux mouvements de la larve ; le neuvième segment un peu plus long que le précédent, se rétrécissant sinueusement d'avant en arrière, profondément échancré postérieurement et terminé par deux crochets cornés, légèrement relevés.

Dessous du corps uniformément pâle ; face inférieure du dernier segment occupée en partie par un mamelon anal.

Deux longs poils de chaque côté de la tête, un encore plus long de chaque côté des segments thoraciques et des huit premiers segments abdominaux; le dernier hérissé de quelques longs poils. Indépendamment de ces poils, peu nombreux, comme on voit, le microscope montre, répandus sur tout le corps, depuis la tête jusqu'au dernier segment, mais très-peu serrés, de tout petits poils fins et raides, ceux de la partie postérieure du corps un peu inclinés en arrière. Ces petits poils me paraissent destinés à faciliter la progression de la larve. Ils manquent au bord antérieur et au bord postérieur des segments.

Stigmates roussâtres, au nombre de neuf paires, la première, un peu plus inférieure que les autres, très-près du bord antérieur du mésothorax; les suivantes vers le tiers des huit premiers segments abdominaux.

Pattes assez longues, débordant le corps de beaucoup, de cinq pièces, ongle compris; cuisses et tibias hérissés de petites soies égales et nombreuses. Ce caractère du nombre, de la brièveté et de l'égalité des soies des pattes mérite d'être noté.

Cette larve vit sous l'écorce du Châtaignier, de l'Orme, du Chêne, de l'Aulne, du Peuplier, du Figuier, parmi les déjections laissées par d'autres larves, principalement de Scolytides, lorsque surtout cette écorce est tapissée de quelque *mycelium*, ou quand l'humidité y a développé certaines Mucédinées. Elle paraît aimer, en effet, à se nourrir de substances fongueuses. Je l'ai pourtant souvent rencontrée là où ne semblait exister aucune production de cette nature, et je suis porté à croire qu'elle vit aussi des déjections dont j'ai parlé, quoiqu'il ne soit pas impossible que des cryptogames imperceptibles lui servent de pâture. Elle se transforme en nymphe sans déplacement.

NYMPHE

Elle se distingue par les caractères suivants : massue des antennes épineuse; tête et prothorax revêtus de très-petits poils fins et très-serrés; deux soies assez longues sur le front, deux encore plus longues au bord antérieur du prothorax, une à chaque angle antérieur, une vers le milieu de chaque bord et une à chaque angle postérieur; toutes ces soies portées sur en petit tubercule; de petits poils aux genoux; abdomen à peu près glabre au dessous, les six premiers segments revêtus en dessus de très-petits poils et d'autres un peu plus longs et inclinés en arrière, disposés en série transversale un peu au delà du milieu; sur chaque côté une papille subconique surmontée d'une longue soie; dernier segment hérissé de petits poils, ayant en outre de chaque côté, près de sa base, une soie moins longue que les précédentes et sans papille, et terminé par deux appendices fins, subulés et divergents.

Plusieurs larves du petit groupe des Mycétophagides sont déjà connues. Erichson a donné (*Archiv. de Wiegm.* 1847, p. 283), la description de celle du *Mycetophagus multipunctatus* Hellw.; cette description ne prête à la critique que relativement au nombre des articles des antennes qui est de quatre et non de trois. Je regrette en outre qu'Erichson n'ait pas mentionné les bandes d'un brun roussâtre qui ornent les segments du corps; il y a des cas où la couleur atteint presque la valeur d'un caractère générique. Il est possible que les larves qu'il a étudiées fussent conservées dans l'alcool, et l'on sait que cette liqueur exerce parfois une action décolorante.

M. Westwood, dans son Introduction, etc., a dit quelques mots, d'après M. Waterhouse, de celle du *M. 4 pustulatus* L. qui a été décrite, ainsi que la nymphe, mais insuffisamment, par M. Frauenfeld (V. Abeille, 1869, p. 107).

De mon côté, j'ai publié dans les *Annales de la Soc. entom.* les larves des genres suivants : *Triphyllus punctatus*, 1851, p. 39, *Biphyllus lunatus*, 1851, p. 42, *Berginus tamariscis*, 1862, p. 194. Pour que l'on puisse donner plus de précision aux généralités sur ces sortes de larves, j'en signalerai deux autres.

Mycetophagus piceus F.

LARVE

Très-semblable à la larve du *Litargus* dont la description lui convient parfaitement, sauf les différences ci-après : longueur 6 millim., corps et tête un peu moins déprimés; mandibules bifides à l'extrémité; mâchoires relativement un peu plus courtes; troisième article des palpes maxillaires un peu moins long; ocelles au nombre de quatre de chaque côté, ocelle unique du second rang placé vis-à-vis celui du milieu du rang antérieur; troisième article des antennes un peu plus en massue. A cela près, tout est semblable; le troisième article antennaire porte en dessous, à son bord antérieur, le petit mamelon que j'ai considéré comme l'article supplémentaire; les segments thoraciques et abdominaux ont les mêmes dimensions relatives et leur coloration est semblable, seulement la couleur des bandes est brun roussâtre ; le dernier segment et les pattes sont conformés de même, et on retrouve exactement la même villosité, c'est-à-dire de longs poils assez rares et de très-petits poils assez serrés dont quelques-uns, un peu plus longs et dirigés en arrière, en ligne transversale un peu au delà du milieu des huit premiers segments abdominaux. Stigmates semblables et semblablement disposés.

Le bois de l'intérieur des vieux Chênes et des vieux Châtaigniers dans lesquels pénètre l'humidité contracte à la longue une altération qui le rend rouge, crevassé, feuilleté et spongieux. Dans les crevasses ou entre les feuillets se forme, lorsque l'humidité est considérable, une substance byssoïde et papyracée de la nature des champignons, et c'est là que vit, quelquefois en grand nombre, la larve dont je viens de parler ; c'est là aussi, et dans une petite cellule, que s'opère la transformation en nymphe.

NYMPHE

Antennes épineuses, des soies longues sur le front, sur les bords antérieur et latéraux du prothorax, quatre au bord postérieur et huit ou dix en ligne transversale au milieu, quatre sur le mésothorax, quatre sur le métathorax, trois plus petites sur les genoux, deux sur chaque côté des huit premiers segments abdominaux, sur un bourrelet, et deux voisines de celles-ci, l'une sur le dos, l'autre sur le ventre, plusieurs sur le dernier segment, lequel est terminé par deux appendices coniques, subulés, parallèles, un peu relevés et légèrement crochus à l'extrémité qui est roussâtre et subcornée. Toutes les soies dont j'ai parlé sont portées, savoir : celles de la tête et des genoux sur de petits tubercules, les autres sur des papilles coniques dont les plus longues sont celles du bord antérieur du prothorax.

Les larves et les nymphes des *Mycetophagus 4 pustulatus* et *multipunctatus* sont tout à fait semblables ; la première de ces deux larves est naturellement un peu plus grande et ses bandes sont plus foncées. Je l'ai trouvée fréquemment dans le *Boletus imbricatus* et une fois dans un agaric développé sur une souche d'Aulne, et j'ai rencontré l'autre en très-grand nombre dans le *Boletus suberosus* vivant sur le Hêtre.

Typhæa (Dermestes) fumata L.

LARVE

Voici encore une larve très-semblable aux précédentes : forme subcylindrique et linéaire du corps, organes de la bouche, ocelles, crochets terminaux, stigmates, poils longs et courts, dimensions relatives des segments, tout est semblable. Les seules différences que je constate sont les suivantes : taille de 4 à 4 1/2 millim., troisième article des antennes un peu plus court, mais muni de l'article supplémentaire tuberculiforme ; quatrième article de la longueur des trois quarts du précédent ; palpes maxillaires un peu plus épais ; pattes plus robustes et plus hérissées ; bandes dorsales réduites à une simple nuance roussâtre. Ce dernier caractère est le plus saillant, la larve paraissant presque blanche.

J'ai trouvé assez abondamment cette larve, ainsi que la nymphe et l'insecte parfait, au mois d'octobre, dans du marc de raisin entassé dehors depuis un mois, et où la fermentation avait produit des moisissures abondantes. C'est peut-être de ces Cryptogames que la larve faisait sa nourriture, ce dont je n'ai pu m'assurer parce que, ennemie de la lumière, elle se hâte, lorsqu'on la découvre, de fuir le jour et se dérobe ainsi à toute observation. La transformation en nymphe n'exige aucun préparatif, elle se fait dans le premier recoin venu.

NYMPHE

C'est exactement la nymphe du *Mycetophagus*, sauf les différences suivantes : les papilles sétigères sont un peu moins longues ; le microscope me montre trois soies sur les côtés des segments, au lieu de deux ; les appendices du dernier segment sont droits, à peine relevés à l'extrémité et divergents ; ils ressemblent à ceux de la nymphe du *Litargus*, mais ils sont un peu plus longs et plus coniques parce qu'ils sont sensiblement plus épais à la base.

Par ce qui précède et par les descriptions antérieurement publiées, on peut voir que les larves des Mycétophilides ont une telle unité de conformation qu'elles constituent un groupe aussi naturel que celui des insectes parfaits. Toutes sont linéaires, subcoriaces, ornées de bandes transversales plus ou moins foncées; leurs mandibules sont bifides, leurs mâchoires courtes avec le lobe assez étroit, ne dépassant pas le second article des palpes maxillaires ; ceux-ci ont le deuxième article tantôt beaucoup plus long, tantôt un peu plus long seulement, tantôt de même longueur que chacun des deux articles précédents, mais toujours terminé par de très-petits cils ; dans les antennes, constamment de quatre articles, le troisième article, ordinairement aussi long que les deux précédents réunis, n'a quelquefois que la longueur du second, mais invariablement il porte à son sommet, sous la base du quatrième article, un article supplémentaire tuberculiforme dans les larves de *Litargus*, de *Mycetophagus*, et de *Typhæa*, grêle et allongé dans celles de *Triphyllus* et de *Biphyllus*, et même, quoique j'aie dit autrefois le contraire, dans celle du *Berginus* où il est presque de moitié aussi long que son voisin. Les ocelles sont tantôt au nombre de cinq de chaque côté, trois très rapprochés et convexes près de la base des antennes et deux écartés, un peu en arrière, ceux-ci déprimés et presque oblitérés, tantôt au nombre de quatre dont un isolé au second rang. Je n'en ai même compté que trois dans la larve du *Berginus*, et malgré un nouvel examen, je n'ai pu en voir davantage. Le dernier segment du corps est toujours terminé par deux crochets cornés, arqués en haut, ordinairemen un peu divergents quand on observe verticalement, sauf dans la larve du *Berginus*, où ils sont un peu arqués l'un vers l'autre. Toutes ont le corps hérissé de poils de deux sortes, les uns longs, flexibles et peu nombreux, les autres courts, raides et assez serrés, à l'exception de la larve que je viens de citer et qui les a plus clairs. Les pattes sont régulièrement hérissées de soies courtes, quelquefois entremêlées de soies plus longues.

Ces larves sont toutes assez agiles, mais cette épithète appartient surtout à celles des *Mycetophagus*, qui sont d'une prestesse de mouvements presque égale à celle des insectes parfaits.

Les nymphes sont toutes symétriquement hérissées de longues soies portées sur des tubercules ou des papilles coniques plus ou moins développées, et toutes aussi sont terminées par deux appendices coniques tantôt droits, tantôt un peu crochus, parallèles ou divergents.

Les habitudes ne sont pas les mêmes pour la transformation en nymphe. Les larves du *Triphyllus* et du *Biphyllus* quittent alors le champignon où elles ont pris leur développement et s'enfoncent dans la terre ; les autres restent et se métamorphosent au milieu des substances qui les ont nourries.

De quoi vivent les larves des Mycétophilides ? Je ne puis avoir des doutes, en m'en tenant, bien entendu, aux larves connues, que pour celles de *Typhæa* et de *Berginus*. J'ai dit cependant, relativement à la première, que la fermentation du marc de raisin dans lequel je l'ai rencontrée y avait développé d'abondantes moisissures dont probablement elle tirait parti ; mais ce marc était peuplé de bien d'autres insectes et d'innombrables larves de Staphylinides, de *Carpophilus hemipterus* et de *Drosophila cellaris*, diptère que les vendanges attirent et multiplient à millions ; il pourrait donc se faire qu'elle se nourrît des déjections de ces insectes.

Quant à la larve du *Berginus*, je l'ai trouvée d'abord dans les châtons vieillis du Pin, qui avaient servi de pâture à la larve de *Rhinomacer attelaboides;* mais depuis, je l'ai vue au moins aussi abondante dans la galle en pomme du Chêne, celle que forme l'*Andricus terminalis*, où se loge le *Sinergus socialis* et où l'on trouve comme parasites le *Callimome admirabilis* et les *Pteromalus papaveris* et *riparius*. Ces sortes de galles avaient été recueillies plusieurs mois après leur formation et lorsque la plupart de ses habitants primitifs les avaient quittées. Les larves de *Berginus* qu'elles contenaient et qui ont accompli chez moi toutes leurs évolutions, y trouvaient-elles des moisissures? Vivaient-elles des déjections et des dépouilles des larves qui les avaient précédées? Se contentaient-elles, au contraire, de la substance presque fongueuse des galles ? Je ne saurais le dire au juste ; ce que je sais, c'est que deux autres fois des galles recueillies plus récentes et bien sèches ne m'ont pas donné de *Berginus*. Je ne puis sans doute en rien conclure, mais comme les premières galles étaient dans un tel état qu'elles contenaient probablement des moisissures, comme il en existait, à coup sûr, dans les vieux châtons du Pin, je ne serais pas éloigné de croire que ces productions servent d'aliment à la larve dont il s'agit.

LAMELLICORNES ET PECTINICORNES

Grâce à la larve du Hanneton, connue de tous et malheureusement si commune dans beaucoup de contrées, grâce aussi aux larves des Cétoines, décrites et figurées tant de fois, il n'est presque personne et, dans tous les cas, il n'est pas un savant qui ne connaisse la forme des larves des Lamellicornes. Celles des Buprestides et des Longicornes sont aujourd'hui assez bien connues aussi ; mais il existe, dans l'une et l'autre de ces deux tribus, certains types, tels que les larves des *Aphanisticus* et des *Trachys*, pour la première, des *Vesperus* et des *Pachyta* ou *Acmæops*, pour la seconde, qui, du moins en apparence, s'éloignent tellement du type général, que l'incertitude, l'hésitation sont non-seulement permises, mais presque inévitables, tandis que la tribu des Lamellicornes ne présente pas, que je sache, une seule larve dont la physionomie et les caractères généraux soient de nature à provoquer le moindre doute. Pas un entomologiste, qu'il l'ait trouvée sous terre, dans le bois, dans les détritus, dans les matières animales ou stercorales, ne pourra se méprendre et n'hésitera sur le nom de famille de cette larve courbée en arc ou en hameçon, à tête grosse et rousse, à partie postérieure souvent plus épaisse et ordinairement d'une autre couleur que le reste du corps, à pattes bien articulées, assez longues, coudées et presque toujours très-hispides.

Je n'ai donc pas l'intention de décrire dans tous ses détails chacune des larves de cette tribu qui doivent trouver place dans ce travail ; j'aime mieux donner une description générale, sauf à y rattacher ensuite chaque espèce en mentionnant seulement les caractères particuliers qui la distinguent.

Cette description générale a été donnée au moins deux fois : d'abord par Érichson, et on en trouve la traduction dans l'estimable catalogue de MM. Chapuis et Candèze, page 112, en dernier lieu par MM. Mulsant et Rey, dans la deuxième édition des Lamellicornes, page 15. Je vais essayer à mon tour, parce que le sujet n'a pas été entièrement épuisé.

Tête grande, mais plus étroite que le corps, convexe, cornée, blonde ou testacée, rarement plus foncée, peu enchâssée dans le prothorax, marquée, comme dans presque toutes les larves, d'un trait blanchâtre, souvent enfoncé, partant du vertex et se divisant sur le front en deux branches qui se dirigent vers la base des mandibules. La surface est quelquefois rugueuse ou ruguleuse, mais le plus souvent elle est lisse avec quelques points ou fossettes sur le front et sur les côtés antérieurs.

Épistome distinct, transversal, séparé du front par une suture, ordinairement lisse, parfois néanmoins rugueux ou ruguleux. Il est transversalement bombé, quelquefois même d'une manière exagérée comme dans la larve du *Pachypus Candidæ*.

Labre très-apparent, convexe, soit entier et arrondi ou un peu en ogive antérieurement, soit crénelé ou divisé en trois lobes ; ordinairement lisse avec deux fossettes ou une dépression transversale arquée, parfois rugueux ou ruguleux ; toujours garni de poils épars en dessus et cilié antérieurement de soies plus ou moins raides.

Mandibules robustes, plus ou moins longues, médiocrement arquées, terminées en dedans par une tranche oblique quelquefois simple, plus habituellement munie de dents presque toujours au nombre de deux à la mandibule droite et de trois à la gauche, creusées en dessus ou latéralement, et quelquefois sur ces deux faces, de sillons longitudinaux ou de fossettes, ou relevées d'une arête longitudinale ; toujours pourvues en dedans, assez près de la base, d'une forte dent molaire, rarement de plusieurs. Dans certains genres *Oryctes*, *Cetonia*, *Osmoderma*, on voit en dessous à la base et près du côté externe, une cavité toute couverte de stries transversales très-régulières et très-serrées.

Mâchoires assez fortes, très-coudées, leur lobe, presque aussi long que les palpes maxillaires, divisé en deux dans certains groupes, simple ou un peu échancré dans d'autres, et dans certains ayant la soudure des deux lobes indiquée par une suture ; toujours terminé par une, deux ou plusieurs épines ou crochets cornés, toujours aussi cilié en dedans de soies raides.

Palpes maxillaires non de trois ou de quatre articles comme l'ont dit Erichson et MM. Mulsant et Rey, mais toujours de quatre articles de longueurs variables selon les groupes.

Menton charnu, ordinairement en parallélogramme transversal, portant la *lèvre inférieure* habituellement transversale aussi, un peu arrondie antérieurement et ciliée entre les deux palpes.

Palpes labiaux uniformément de deux articles.

Antennes toujours de cinq articles, sauf jusqu'ici les genres *Copris* et *Trox* qui n'en ont que quatre. Ces articles, ordinairement obconiques, sont de forme et de dimensions variables.

D'après Erichson et les savants naturalistes de Lyon, ces organes seraient composés de trois à cinq articles, le premier n'étant pour eux qu'une saillie tuberculeuse qui simule un article. Je ne puis me ranger à cette opinion. Je ne prétends pas dire qu'elle constitue une appréciation erronée de la structure des antennes, mais comme cette saillie tuberculeuse existe dans toutes les larves, que si, par suite de sa rétractilité ou autrement, elle laisse quelquefois place au doute, elle présente habituellement la physionomie d'un véritable article ; comme aussi la plupart des auteurs, y compris les entomologistes éminents que je viens de citer, lui ont le plus souvent donné ce caractère dans leurs descriptions, je crois qu'il faut le lui maintenir sous peine d'avoir à rectifier presque tout ce qui a été dit jusqu'ici sur les antennes. Je ferai remarquer en outre que, si cet article basilaire devait être retranché, il serait inexact de dire que les antennes des larves de Lamellicornes ont de trois à cinq articles, car alors il y aurait des larves qui, avec l'article basilaire, en auraient six, ce que je n'ai jamais vu.

J'ajoute que, dans cette tribu, les organes dont il s'agit offrent un caractère que M. Laboulbène a fait remarquer à l'occasion de la larve du *Calicnemis Latrellei ;* ils sont arqués en haut, ou plus ou moins coudés à l'intersection qui sépare les deux derniers articles du précédent. Je ferai observer aussi que l'avant-dernier article est souvent prolongé en dessous en une sole triangulaire plus ou moins prononcée. Ce caractère se présente surtout dans les larves des Mélolonthides.

Ocelles complétement nuls, dit Erichson, même chez les larves les plus jeunes. Cela est vrai, sauf, jusqu'ici, deux exceptions, car les larves de *Gnorimus* et de *Trichius* ont sur chaque joue, très-près de la base de l'antenne, un ocelle ou un granule ocelliforme très-visible.

Segments thoraciques au nombre de trois, comme toujours. *Prothorax* plus grand que chacun des deux autres, coupé par un pli profond transversal en deux parties dont la plus grande de beaucoup est l'antérieure, laquelle porte habituellement de chaque côté, en avant du stigmate, une tâche ou plaque subcornée, roussâtre, luisante, souvent enfoncée. *Mésothorax* et *métathorax* également divisés par un pli profond, mais avec cette différence que la portion la plus grande est antérieure dans le premier et postérieure dans le second.

Abdomen de neuf segments, les sept premiers de longueur progressivement croissante, divisés transversalement sur le dos en trois parties par deux plis profonds, surtout les six premiers. Le huitième segment n'a qu'un seul pli arqué et peu apparent, et le neuvième est lisse, sauf un bourrelet latéral. Les plis sont un peu arqués en sens contraire et, en se croisant près des flancs, ils circonscrivent une sorte de mamelon qui est le siége d'un stigmate. Sur chaque ligne latérale existe une série de mamelons qui constituent un bourrelet bien marqué. Les proéminences transversales déterminées par les plis sont lisses dans un très-petit nombre de genres, dans les autres elles sont couvertes et comme sablées, sur les six premiers segments et sur la proéminence antérieure du septième, de petites spinules ou de très-petits granules surmontés de très-courtes soies spinuliformes qui sont de puissants auxiliaires pour la progression. Ces soies se trouvent exceptionnellement sur tous les segments dans les larves des

Cétonides, mais il y en a à peine une rangée transversale peu apparente sur les segments thoraciques, et elles sont plus clair-semées sur les trois derniers segments abdominaux.

Quant au neuvième ou dernier segment de l'abdomen, appelé *sac* par Érichson, il est très-développé et entier dans les Cétoniaires et le genre *Osmoderma*, coupé en deux par un pli, mais en dessus seulement, dans les genres *Gnorimus*, *Trichius* et *Valgus*, dans tout le pourtour chez toutes les autres larves connues, ce qui a fait croire à quelques naturalistes que l'abdomen a dix segments. J'ai déjà discuté cette question dans mon *Histoire des Insectes du Pin*, et je me suis arrêté à l'opinion que le nombre des segments doit être fixé à neuf, sauf à appeler les deux divisions, première partie et deuxième partie du dernier segment, ce qui vaut mieux, je crois, que de nommer la deuxième partie mamelon anal, puisque toutes les larves ne la possèdent pas.

A l'extrémité de ce segment se trouve l'anus quelquefois un peu en dessous, plus rarement un peu en dessus, le plus souvent au bout. Il est indiqué tantôt par un seul pli ou transversal ou en angle assez peu ouvert, tantôt par deux plis transversaux plus ou moins arqués, ce qui a inspiré les noms peut-être un peu impropres d'anus bilobé et d'anus trilobé. La disposition transversale de ces plis a servi de caractère pour distinguer les larves des Lamellicornes de celles des Pectinicornes qui ont la fente anale longitudinale ; mais il faut renoncer aujourd'hui à ce caractère, car on le retrouve dans les larves du *Triodonta aquila*, du *Trox hispidus* qui ne sont probablement pas les seules dans ce cas. Les environs de l'anus sont assez fréquemment pourvus de petites soies spinosules ; presque toutes les larves présentent en outre, en avant de l'anus en dessous, des soies rousses, la plupart terminées en croc dirigé en arrière, et dans plusieurs genres on voit entre ces soies deux séries de spinules cornées convergentes, bordant un petit espace lisse linéaire, ou triangulaire ou même un peu elliptique.

Le dessous du corps est presque plan, sauf ordinairement sur les deux derniers segments. La couleur générale est blanche ou d'un blanc jaunâtre à l'exception des derniers segments qui sont plus ou moins brunâtres ou ardoisés, à cause des matières contenues dans l'intestin ou dans le sac stercoral et visibles par transparence. Des poils blonds et fins plus ou moins nombreux existent sur les diverses parties, ils sont toujours plus serrés sur les bourrelets latéraux et à l'extrémité anale. Quant à sa consistance, le corps est charnu, quelquefois assez flasque *(Copris, Aphodius)*, d'autres fois très-ferme, coriace *(Cetonia)*, le plus ordinairement d'une résistance moyenne.

Les *stigmates* sont au nombre de neuf paires, la première, un peu plus grande, mais pas plus inférieure que les autres, à l'inverse de ce qui a lieu dans tant de larves, est située près du bord postérieur du prothorax, lorsque presque partout ailleurs on la voit sur le mésothorax, les huit autres se trouvent sur les huit premiers segments abdominaux. Ces stigmates ont une forme particulière qui les a fait comparer à un fer à cheval; mais quand on y regarde de près, on voit qu'ils sont habituellement constitués par un tout petit bouton lisse ou ruguleux et ferrugineux entouré d'un péritrème blond, tantôt circulaire avec un petit bombement qui a l'air de produire une échancrure plus ou moins profonde, tantôt réellement échancré ou même interrompu, tantôt réduit à un croissant. Ce qu'il y a de particulier, c'est que toujours l'échancrure regarde la partie postérieure du corps dans la première paire et la partie antérieure dans les autres.

Les *pattes*, au nombre de trois paires, sont écartées, assez longues et assez robustes; elles sont presque toujours de quatre pièces: une hanche ordinairement bien développée, un trochanter, une cuisse et un tibia de dimensions variables, presque constamment hérissés de soies ayant quelquefois une apparence spiniforme. La dernière pièce est très-rarement inerme, elle est normalement terminée par un ongle tantôt assez grêle et subulé, tantôt plus épais et même muni en dessous d'une ou de deux petites dents ; mais dans les larves adultes et surtout dans les larves lignivores, on trouve parfois cet ongle réduit et émoussé par un long usage. Dans le genre *Cetonia* l'ongle n'est précisément pas nul, comme on l'a dit, il est remplacé par une pièce cylindrique et obtuse beaucoup plus grêle mais de même nature et consistance que les autres. Dans deux genres, *Copris* et *Onthophagus*, les pattes sont anormales, difformes et de deux ou trois pièces seulement, sans vestige d'ongle. Il y a des genres où la première paire est plus longue que les autres, dans le plus grand nombre c'est la dernière paire. Celle-ci est comme atrophiée dans les larves de *Copris* ou de *Geotrupes*, et l'avant-dernière pièce est munie antérieurement d'un rang de petites dents cornées. Les pattes sont égales dans les larves des Cétonides et des Trichiides.

Les larves des Lamellicornes sont généralement impropres à la marche ou ne s'y prêtent que difficilement à cause de la courbure prononcée de leur corps Dans leur jeune âge cependant elles peuvent redresser assez leur abdomen pour se servir de leurs pattes, et j'ai maintes fois vu des larves d'*Aphodius* regagner la bouse d'où je les avais éloignées. Dans tous les cas, les larves des Cétoines feraient exception. Grâce à la courbure beaucoup moindre de leur corps, elles marchent avec assez de facilité. Il y a plus, et ce fait a déjà été observé par de Geer, elles cheminent aisément couchées sur le dos, les poils spinosules dont cette face du corps est couverte facilitant ce genre de progression. On dirait même qu'elles s'y complaisent, car une larve qui se trouve le ventre en l'air ne prend pas la peine de se retourner, et il m'a paru aussi que, dans cette position, elle n'a pas plus de difficultés, tant elle sait faire un bon usage de sa tête, à s'enfoncer dans les détritus où elle aime à vivre, et même dans la terre.

Les *nymphes* sont, cela va sans dire, l'image de l'insecte parfait emmailloté. Elles sont ordinairement un peu roussâtres et présentent cette particularité qu'elles sont entièrement glabres ; seulement les six premiers segments abdominaux sont le plus souvent relevés, près du bord postérieur, en crête transversale, et dans la plupart des genres le dernier segment est terminé par deux lobes obtus ou par deux papilles subulées.

En parlant des larves des Lamellicornes je puis bien y comprendre, sans trop risquer de me compromettre, celles des Pectinicornes, qui sont longtemps restés mêlés avec les premiers. Leurs larves d'ailleurs ont la même physionomie, les mêmes caractères, et, absolument parlant, elles n'offriraient que trois différences bien appréciables et probablement constantes : 1° l'absence de toute spinule ou soie spinuliforme sur la partie antérieure du septième segment abdominal ; 2° l'absence de tout pli en travers des segments ; 3° l'échancrure du péritrème de la première paire de stigmates tournée en avant comme celle des autres paires, tandis qu'elle est en sens inverse dans les larves des Lamellicornes. Je pourrais ajouter que le prothorax est dépourvu de toute tache ou plaque luisante et que le péritrème des stigmates accomplit à peine une demi-circonférence ; mais je ne veux pas omettre de dire que la plupart de ces larves ont sur la face antérieure du trochanter des pattes de la troisième paire une crête cornée et ferrugineuse, très-élégamment et très-finement crénelée, allant obliquement presque de la base jusqu'au sommet, et sur le côté postéro-externe des hanches intermédiaires une crête transversale de même nature, mais plus tranchante et encore plus finement crénelée.

En observant avec étonnement et sans en deviner l'usage, les stries de la base inférieure des mandibules des larves d'*Oryctes* et autres, et les crêtes des pattes de celles de *Lucanus* et de *Dorcus*, j'étais loin de me douter du parti qu'en tirerait un savant dont j'ai eu plus d'une occasion de vanter l'habileté. Depuis que ceci est écrit, une note publiée dans les *Annales de la Société Entomologique de France*, 1874, page 39, m'a appris que M. Schiödte considère ces objets de ma surprise et de ma curiosité comme des organes de stridulation, et qu'il a sous presse un mémoire étendu sur cette question. Je n'ai pas besoin de dire avec quel intérêt je lirai ce mémoire, alors même que je n'y trouverais par la raison pour laquelle les larves dont il s'agit ont été douées d'organes de cette nature.

Quelques savants ont essayé une classification méthodique des larves qui font l'objet de ce chapitre, et l'indication de ces essais se trouve dans l'introduction de la deuxième édition des *Lamellicornes*, par MM. Mulsant et Rey. Ils ont eu uniquement pour objet la division de la famille en groupes. Je vais tenter moi-même une division, d'abord en groupes, puis en genres, et je donnerai quelques figures caractéristiques sur les genres dont j'ai pu étudier un type.

I. — Corps lisse ou parsemé de soies spinosules plus ou moins denses; dans ce dernier cas, ces soies sur la face dorsale de tous les segments ou plus souvent sur les six premiers segments abdominaux et sur l'élévation transversale antérieure du septième; un au moins et presque toujours deux plis transversaux sur le dos des segments, sauf les deux derniers; échancrure du péritrème de la première paire des stigmates en sens inverse de celle des autres paires. *Lamellicornes*, LACORD., MULS., REY.

A Lobes des mâchoires très-profondément bifides.

a Antennes de quatre ou cinq articles, pattes anormales sans ongle, les sept premiers segments abdominaux à un seul pli transverse au lieu de deux. *Copriates*, MULS., REY. *Coprites*, J. DUV.

aa Antennes de cinq articles, pattes normales, pourvues d'un ongle.

b Mandibules tridentées, ongle des pattes simple. *Sisyphaires*, MULS., REY. *Ateuchites*, J. DUV.

bb Mandibules finement et à peine crénelées, onglem uni en dessous d'une dent ou de deux. *Aphodiates*, MULS., REY. *Aphodiites*, J. DUV.

aaa Antennes de quatre articles, les sept premiers segments abdominaux à deux plis transverses.

c Mandibules tridentées, pattes bilobées à l'extrémité, anus simple à pli transversal. *Géotrupaires*, MULS., REY. *Geotrupites*, J. DUV.

cc Mandibules non dentées, pattes normales termi-

nées par un ongle bien marqué, anus trilobé à pli longitudinal. *Sabulicoles*, Muls., Rey.
Trogites, J. Duv

AA Lobes des mâchoires simples ou faiblement bifides ou échancrés au sommet.

a Dernier segment divisé en deux par un sillon annulaire simulant un faux segment.

b Mandibules obtusément dentées à leur extrémité, largement triangulaires, à deux ou trois dents molaires, anus visible seulement en dessous, labre, épistome et tête rugueux. *Terricoles* et partie des *Arénicoles*, Muls. Rey.
Dynastites, J. Duv.

bb Mandibules aigument bi-tridentées au sommet, largement et profondément échancrées en dedans, ce qui leur enlève la forme triangulaire; une seule dent molaire très-près de la base; anus non visible en dessous, un petit peu visible en dessus; labre, épistome et tête lisses, épistome très-tuméfié.
Partie des *Arénicoles*, Muls., Rey.
Pachypites, J. Duv.

bbb Mandibules simplement tronquées obliquement au sommet, du reste de la forme des précédentes; anus un peu plus visible en dessus; tête lisse également, mais épistome non ou peu tuméfié.
Mélolonthides, Muls., Rey.
Melolonthites, J. Duv.

aa Dernier segment grand, non divisé.

b Labre trilobé, dernier segment orné en dessous de deux séries d'épines tronquées, rapprochées et convergentes, ongles des pattes remplacés par un appendice assez long, charnu, cylindrique. *Cétonides*, Muls., Rey.
Cétonites, J. Duv.

bb Dernier segment parsemé en dessous de petites soies spinosules, sans les deux séries d'épines tronquées, ongle remplacé par un appendice court et conique. *Osmoderma*.

aaa Dernier segment divisé seulement sur la face dorsale, labre non trilobé, un ongle aux pattes. *Trichiides*, Muls., Rey.
Trichiites, J. Duv.

II. — Corps jamais entièrement lisse, parsemé de soies spinosules, mais seulement sur les six premiers segments abdominaux, le septième en étant dépourvu. Jamais de pli transversal sur le dos des segments. Échancrure du

péritrème de la première paire de stigmates dans le même sens que celle des autres. *Pectinicornes*, LAC., MULS., REY.
Lucanides, LATR., J. DUV.
Lucanini, ER.

LAMELLICORNES

COPRIATES

Antennes de quatre articles, quelques granules sétigères sur le dos des six premiers segments et sur la partie antérieure du septième ; corps non gibbeux (fig. 72-81). *Copris.*

Antennes de cinq articles, surface dorsale entièrement lisse, corps très gibbeux (fig. 82-84). *Onthophagus.*

SISYPHAIRES

Les caractères ci-dessus, p. 98, sont tirés de la larve du *Scarabæus (Ateuchus) sacer* L., décrite par MM. Mulsant et Rey, *Lamellic.*, 2e édit., p. 49.

APHODIATES

Une seule forme appartenant au genre *Aphodius*. (Fig. 85-92). p. 98.

GÉOTRUPAIRES

Les caractères ci-dessus, p. 98, ont été déduits de la larve du *Geotrupes mutator* décrite (*loc. cit.*) par MM. Mulsant et Rey, la seule connue, avec celle du *G. stercorarius*.

SABULICOLES

Une seule forme appartenant au genre *Trox* (fig. 93-98), p. 99.

DYNASTITES

Taille grande, quatrième article des antennes, mesuré en dessus, d'un quart plus court que le troisième ; tibias sinueux en dessous (fig. 99-105). *Oryctes.*

Taille moyenne, quatrième article des antennes, mesuré en dessus, de moitié plus court que le troisième ; tibias non sinueux en dessous. *Calicnemis*

PACHYPITES

Une seule forme (fig. 106-111), p. 99. *Pachypus*

MÉLOLONTHIDES

A Tête ruguleuse, surtout antérieurement ; labre et épistome très-rugueux. Fente anale en arc transversal très-convexe.

Quatrième article des antennes plus long que le troisième ; deuxième partie du dernier segment ornée en dessous de deux rangs parallèles de spinules assez serrées, ferrugineuses et convergentes, partant du quart antérieur et allant jusqu'à la fente anale ; à droite et à gauche des soies crochues occupant le tiers du segment (fig. 112-116). *Melolontha.*

Quatrième article des antennes plus court que le troisième; deuxième partie du dernier segment orné également en dessous de deux rangs de spinules, mais ces rangs allant en s'écartant un peu d'arrière en avant et n'atteignant même pas la moitié du segment; à droite et à gauche des soies occupant un espace sensiblement moindre (fig. 117). *Polyphylla.*

Quatrième article des antennes encore plus court que le troisième, mais plus long que le cinquième ; deuxième partie du dernier segment dépourvue en dessous de tout rang de spinules, hérissé seulement de soies crochues (fig. 118). *Anoxia.*

A² Labre et épistome un peu moins rugueux; fente anale en arc à peine convexe.

Quatrième article des antennes un peu moins long que le cinquième, si l'on ne tient pas compte de l'avancement inférieur; deuxième partie du dernier segment ayant en dessous, en avant de la fente anale, un espace lisse triangulaire, bordé de granules ferrugineux sur lesquels s'implantent des soies tellement convergentes qu'elles se croisent (fig. 133 et 134). *Anomala*

A³ Tête et épistome lisses; fente anale subanguleuse; quatrième article des antennes d'un tiers plus court que le troisième.

Deuxième partie du dernier segment ornée en dessous de deux rangs parallèles de spinules convergentes, ces rangs dépassant à peine la moitié de la longueur de ce segment; à droite et à gauche des soies crochues occupant un espace peu étendu et triangulaire (fig. 119-124). *Rhizotrogus*

Fente anale transversale à peine arquée, quatrième article des antennes de moitié plus court que le troisième.

Deuxième partie du dernier segment ayant en dessous les deux rangs parallèles de spinules, mais ces rangs dépassant les trois quarts de la longueur; à droite et à gauche des soies très-peu serrées, occupant un espace encore moins étendu; ce même segment irrégulièrement et légèrement cannelé en dessus (fig. 135 et 136). *Hoplia.*

Deuxième partie du dernier segment hérissée de soies en dessous, sur sa moitié postérieure; les deux rangs parallèles de spinules à peine distincts ; ce même segment marqué en dessus d'une fine ligne enfoncée décrivant une ellipse transversale un peu ouverte postérieurement (fig. 125 et 126). *Maladera.*

A⁴ Fente anale longitudinale, anus à trois lobes, les latéraux elliptiques ; deuxième partie du dernier segment présentant en dessous, près du bord postérieur, un léger pli transversal bordé de spinules et en avant de ce repli deux espaces triangulaires chargés de petites soies (fig. 127-132). *Triodonta*.

CÉTONIDES

Une seule forme de larves (p. 99), différant seulement par la taille (fig. 137-145). *Cetonia*.

TRICHIIDES

Forme spéciale dont les caractères distinctifs ont été signalés plus haut, p. 99, (fig. 146-148). *Osmoderma*.

a Corps assez velu, les six premiers segments de l'abdomen couverts de granules sétigères ou de soies spinosules assez denses et les trois derniers ayant de ces soies clair-semées; dernier segment spinosuleux en dessous; un ocelle ou tubercule ocelliforme près de la base de chaque antenne.

Épistome et labre grossièrement ponctués, tête rugueuse, mandibules profondément sillonnées en dessus sur plus de la moitié postérieure (fig. 149). *Gnorimus*.

Épistome et labre à peu près lisses, tête lisse, mandibules non sillonnées en dessus, au contraire convexes (fig. 150-154). *Trichius*.

aa Corps presque glabre, granules sétigères plus petits, très-peu denses, nuls sur les trois derniers segments et sous le dernier, pas d'ocelles (fig. 155 et 156). *Valgus*.

PECTINICORNES

A Antennes de cinq articles; anus trilobé, fente longitudinale; les lobes latéraux elliptiques renfermant une autre ellipse concentrique en forme de plaque parfois subécailleuse et colorée; mandibules rugueuses, à rides transversales sur plus de leur moitié postérieure; labre rugueux, avec quelques très-gros points (fig. 157-163). *Lucanus*.

Mandibules lisses; labre lisse avec quelques fossettes (fig. 164). *Dorcus*.

AA Antennes de quatre articles.

Deuxième partie du dernier segment garnie en dessous de poils spinosules blonds, fente anale munie de chaque côté d'un faible bourrelet longitudinal (Caractères tirés de la description de MM. Mulsant et Rey, *Pectinic.*, p. 27). *Platycerus*.

Deuxième partie du dernier segment dépourvue en dessous de poils spinosules; lobes latéraux de l'anus grands, subtriangulaires (fig. 165 et 166). *Ceruchus*.

Deuxième partie du dernier segment comme le précédent en

dessous, mais des poils spinosules sur les bourrelets latéraux des trois derniers segments. Lobes latéraux de l'anus elliptiques, visiblement bombés et roussâtres ; lobe supérieur petit (fig. 167 et 168). *Sinodendron.*

Deuxième partie du dernier segment comme le précédent, mais les trois derniers segments sans poils spinosules sur les bourrelets latéraux. Lobes latéraux de l'anus en ovale renversé; lobe supérieur très-grand, tous bombés (fig. 169 . *Œsalus.*

Les larves de Lamellicornes et de Pectinicornes plus ou moins connues sont les suivantes, y compris les exotiques:

Ateuchus sacer L., MULSANT, ERICHSON [1].

Deltochilum Brasiliense BURM., BURMEISTER.

Sisyphus Schœfferi L., DOLLINGER.

Copris Carolina, OSTEN-SACKEN, Soc. Ent. de Philadelphie, 1861-62.

Onthophagus taurus L., MULSANT, ERICHSON.

Aphodius fimetarius L., FRISCH, MULSANT, ERICHSON. — *A. conjugatus* PANZ., KOY et BŒHM, DE HAAN, ERICHSON. — *A. Nigripes* F., DE HAAN. — *A. bimaculatus* F., MULSANT, fig. seulement. — *A. inquinatus* F., MULSANT, fig. seulement. — *A. lividus* OL., BOUCHÉ. — *A. fossor* L. CHAPUIS et CANDÈZE. — *A. fœtens* F., HEEGER, Sitzb. Wien, Acad. Wiss. 1854, p. 35.

Geotrupes stercorarius L., FRISCH, DE GEER ?, HERBST, MULSANT, ERICHSON. — *G. mutator* MARSH., MULSANT et REY, Lamellicornes, 2e édit., p. 44.

Trox scaber L., *arenarius* F., WATERHOUSE, WESTWOOD. — *T. Carolinus* DEJ., CHAPUIS et CANDÈZE.

Phyllognathus (Oryctes) silenus F., DE HAAN.

Oryctes grypus ILL., COSTA. — *O. nasicornis* L., SWAMMERDAM, FRISCH, RŒSEL, HERBST, LATREILLE, STURM, RAMDOHR, CUVIER, MARCEL DE SERRES, GAEDE, DE HAAN, WESTWOOD, ERICHSON. — *O. simiar* COQ., COQUEREL, Soc. Ent., 1855, p. 174.

Dynastes Hercules L. — *D. dichotomus*, OL. — *D. Atlas*, F. — *D. Gedeon* F., DE HAAN.

Calicnemis Latreillei CAST., LABOULBÈNE, Soc. Ent., 1861. p. 607.

Melolontha puncticollis DEJ., SILLIMAN. — *M. vulgaris* F., GŒDART, RŒSEL, DE GEER, HERBST, GENSLER, LATREILLE, RAMDOHR, SUCKOW, KIRBY, KOLLAR, DE HAAN, RATZEBURG, WESTWOOD, MULSANT, ERICHSON.

(1) Vu l'étendue des détails, je renvoie, pour l'indication des ouvrages ou recueils où ces descriptions se trouvent, au catalogue de MM. Chapuis et Candèze.

Polyphylla fullo F., DE HAAN, MULSANT, ERICHSON.

Amphimallus solstitialis L., FRISCH, BOUCHÉ, ERICHSON, LUCE, Œcon. Abhandl. — *A. assimilis* HERBST, *aprilinus* DUFT., HEEGER, Sitzb. Wien. Acad. Wiss., 1854, p. 35.— *A. ruficornis* F.. *marginatus* HERBST, GERMAR ainsi que MULSANT et V. MAYET, 7e opuscule, p. 100.

Rhizotrogus marginipes MULS., ROSENHAUER. — *R. fossulatus* MULS., MULSANT et REVELIÈRE, 11e opusc., p. 66.

Macrodactylus subspinosus F., HARRIS.

Serica brunnea L., SAXESEN, ERICHSON.

Maladera (serica) holosericea SCOP., PIOCHARD DE LA BRULERIE, Soc. Ent., 1864, p. 663, très-bonne description, sauf à donner cinq articles aux antennes au lieu de quatre.

Anomala Frischii F., FRISCH. — *A vitis* F., MULSANT et MAYET, 14e opuscule, p. 69.

Phyllopertha horticola L., BOUCHÉ, KOLLAR.

Anisoplia fruticola F., BOUCHÉ.

Pelidnota punctata F., HARRIS.

La larve de la *Chrysina macropus* FRANCILL, publiée par GUÉRIN MENEVILLE, Rev. Zool. 1844, p. 259, serait, d'après M. SALLÉ, celle d'un Longicorne, l'*Acrocinus longimanus*. V. Soc. Ent. 1874, p. 360.

Cetonia speciosissima SCOP., *fastuosa* F., FRISCH, DE HAAN? RATZEBURG, BURMEISTER. — *C. aurata* L., LATREILLE, RAMDOHR, RATZEBURG, DE HAAN, WESTWOOD, DUFOUR, BURMEISTER, BRASELMAN. — *C. marmorata* F.. RŒSEL, BOUCHÉ, MULSANT, ERICHSON. — *C. floricola* HERBST, *œnea* AND., DE GEER, RATZEBURG.

Osmoderma eremita SCOP., DRUMPELMAN, ERICHSON. — *O scaber* PAL., DE BEAUV., HARRIS.

Gnorimus nobilis L., RŒSEL. HERBST, FRORIEP, DE HAAN, ERICHSON. — *G. variabilis* L., PERRIS, Soc. Ent. 1854, p. 102.

Trichius abdominalis MENETR., *fasciatus* LATR., nec L., BLANCHARD, Hist. des Ins., t. I, p. 232, la figure seulement, pl. 7, fig. 5, 6.

Valgus hemipterus L., MULSANT, ERICHSON.

Passalus interruptus F., MÉRIAN. — *P. punctiger* LEP., SERV., PERCHERON. — *P. cornutus* F., BURMEISTER. — *P. distinctus* BLANCHARD, CHAPUIS et CANDÈZE.

Lucanus cervus L., RŒSEL, HERBST, BLOT, ALBRECHT, POSSELT, WESTWOOD, ERICHSON. — *L. saiga*, DE HAAN. — *L. alces*, DE HAAN.

Dorcus parallelipipedus L., BREE. RATZEBURG, MULSANT, DUFOUR, ERICHSON, PERRIS, Soc. Ent. 1854, p. 105.

Platycerus caraboides L., MULSANT.

Ceruchus tarandus PANZ., MULSANT, LABOULBÈNE, Soc. Ent. 1858, p. 840.

Sinodendron cylindricum L., WESTWOOD, MULSANT.

Figulus striatus F., BLANCHARD, Hist. des Inst., t. I, p. 268, pl. 8, fig. 2, 3, sans description.

Œsalus scarabæoides F., MULSANT.

Les larves qui ont été trouvées dans le Châtaignier appartiennent aux espèces suivantes:

1° *Cetonia marmorata* F. Cette larve a été très-bien décrite par MM. Mulsant et Rey dans la deuxième édition des *Lamellicornes*, page 666.

2° *Gnorimus variabilis* (Fig. 149). Comme je l'ai dit plus haut, j'ai donné la description de cette larve dans l'*Histoire des Insectes du Pin maritime*, car je l'ai trouvée deux fois dans le terreau des souches de cet arbre. Au sujet des antennes j'ai dit que les deuxième, troisième et quatrième articles sont égaux en longueur; j'aurais dû dire que le quatrième article est visiblement plus court que les deux précédents. J'ai omis de parler du petit ocelle ou globule ocelliforme qui se trouve dans une dépression près de la base de chaque antenne.

Je viens de lire dans les nouvelles et faits divers de l'*Abeille* (n° 14 de 1875), une note de M. A. Lajaye au sujet de larves de cette espèce trouvées par lui à Luchon dans un vieux tronc de Châtaignier et dont il a complété l'éducation dans son cabinet. Je cite cette note pour être aussi complet que possible, mais je dois dire qu'elle n'offre guère d'intérêt scientifique.

3° *Trichius abdominalis* (Menetr., fig. 150-154). Cette larve ressemble assez à celle des Cétoines dont elle diffère par le labre non trilobé et en ellipse transversal, par le dernier segment abdominal coupé en deux en dessus, par les pattes véritablement unguiculées, par l'existence d'un ocelle sur chaque joue, près de la base de l'antenne, enfin par l'absence de deux rangs de spinules cornées sous le dernier segment qui n'a que des poils spinosules épars.

Elle se distingue de celle du *Gnorimus variabilis* par sa tète lisse et non rugueuse et par ses mandibules qui, vues en dessus, au lieu d'être profondément sillonnées, sont lisses et régulièrement convexes, sauf une rangée de points presque obsolètes qui remplacent le sillon.

La nymphe est glabre et se termine par deux papilles subulées, un peu arquées, verticales.

M. Blanchard, qui ne donne que la figure de la larve et de la nymphe, dit que, d'après les observations de M. Boulard, cette larve a causé la ruine d'un petit pont en bois de chêne aux environs de Paris, les poutres de ce pont ayant été rongées sans que rien ne trahît extérieurement la présence des dévastateurs. Je l'ai, quant à moi, rencontrée une fois dans une souche de Châtaignier et plusieurs fois dans des souches de Chêne et d'Aulne et dans la partie inférieure de gros piquets de cette dernière essence, le tout déjà assez vieux, car elle aime le bois un peu ramolli par le temps. Elle creuse dans les couches ligneuses une galerie irrégulière qu'elle laisse derrière elle encombrée de détritus et de déjections. C'est au milieu de ces matières où à l'extrémité de sa galerie qu'elle se transforme après s'être pratiqué une cellule. La durée de ses évolutions est d'un peu moins d'un an.

4° *Valgus hemipterus* L., (fig. 155 et 156). Elle ressemble à celle du *Trichius* et, comme elle, elle a la tête lisse avec de gros points épars sur le devant. Elle en diffère un peu par les mandibules qui ont une profonde rainure entre les dents apicales, et beaucoup plus en ce que le corps est presque glabre si ce n'est postérieurement, que les poils sont plus courts et plus fins, que les granules piligères des élévations transversales du dos sont plus petites et bien plus clair-semées et que les derniers segments en sont dépourvus même en dessous. Elle est privée d'ocelles.

La nymphe ressemble tout à fait à celle du *Trichius*.

J'ai trouvé très-souvent cette larve dans la partie souterraine de pieux, même de très-faible épaisseur, de Châtaignier, de Chêne, de Pommier, de Saule, d'Aulne. Elle rencontre là des conditions favorables d'humidité et du bois dans l'état qui lui convient, c'est-à-dire attendri par un commencement de décomposition, car, d'après mes observations, elle n'attaque pas les pieux dès leur première année, à moins qu'étant tout aubier et ayant été plantés à l'automne, ils ne se soient un peu altérés pendant l'hiver. On trouve fréquemment plusieurs larves sur une longueur de moins de 10 centimètres. Elles n'attaquent que l'aubier et y creusent de larges galeries en respectant toujours la couche extérieure, et ces galeries sont encombrées de déjections et de détritus. Elles se creusent une cellule pour se transformer en nymphe

La durée des évolutions est de bien moins d'un an, ce dont je suis parfaitement sûr d'après mes expériences. L'insecte parfait se montre dès le commencement d'avril, il pond alors, et au commencement de septembre presque toutes les larves provenant de ses œufs sont, chez nous du moins, à l'état de nymphe. En octobre on ne trouve plus guère dans les cellules que des insectes parfaits qui sont d'une admirable fraîcheur et qui passent environ six mois dans l'engourdissement.

5° *Dorcus parallelipipedus* L.,(fig. 164), déjà décrite par divers auteurs. La nymphe, figurée par Ratzeburg, a les sept premiers segments abdominaux un peu rudes et transversalement relevés en une crête obtuse et un peu crénelée, principalement sur les quatre derniers. Le huitième segment est terminé par deux appendices charnus assez épais, divergents, relevés et munis au sommet de plusieurs dents subcornées. En dessous se trouve un mamelon divisé en deux petites papilles coniques, un peu arquées en arrière, avec une petite épine au bout.

6° *Sinodendron cylindricum* L. (fig. 167 et 168). MM. Mulsant et Rey m'apprennent que cette larve se trouve dans le Châtaignier. Je l'ai rencontrée dans les Pyrénées, dans le Hêtre. La première édition des *Lamellicornes* contient, page 600, une bonne description de cette larve à laquelle je modifierai seulement ce point que les petits poils spinosules existent sur les six premiers segments abdominaux et pas seulement sur les cinq premiers. Des poils semblables, mais moins nombreux, se voient sur le dos et sur les bourrelets latéraux des trois autres segments.

7° *Œsalus scarabæoides* Panz. (fig. 169). Elle est aussi du Châtaignier d'après les mêmes auteurs, et la description donnée (*loc. cit.* p. 604) est très-satisfaisante. J'y ajoute seulement que les six premiers segments abdominaux ont en dessus des poils spinosules mais plus courts que dans la larve précédente, et que les trois derniers en sont dépourvus.

Je puis y ajouter les larves suivantes :

Copris (Scarabæus) lunaris L.

Fig. 72-81.

Tête lisse, front marqué de deux larges fossettes écartées.

Épistome grand, peu transversal, peu distinct du front, *labre* à peine trilobé, marqué d'une profonde dépression transversale.

Mandibules bitridentées, dents aiguës, molaires longues.

Mâchoires à lobe très-profondément bifide, chaque partie surmontée d'un crochet écailleux et bordée en dedans, surtout l'interne, de cils raides.

Premier article des *palpes maxillaires* très-court, le deuxième deux fois plus long, le troisième et le quatrième un peu plus longs que le pré cédent et égaux.

Menton transversal, *lèvre inférieure* transversale aussi, convexe antérieurement ; deuxième article des *palpes labiaux* plus long que le premier et subacuminé.

Les six premiers segments abdominaux traversés par un seul pli en arc renversé auquel viennent s'embrancher, près des côtés, deux autres plis aussi en arc. Des poils blonds sur les mamelons latéraux et en série sur les renflements transversaux et en outre troisième à sixième segments parsemés de poils fins et courts et de spinules rousses un peu inclinées en arrière. Deuxième partie du dernier segment brusquement dilatée antérieurement, à bourrelet bien marqué sur les côtés et ayant avant l'extrémité la cavité anale visible seulement en dessus et entourée de quatre lobes dont l'antérieur beaucoup plus grand que les autres.

Pattes à structure anormale, formées de trois pièces : une hanche sans trochanter, une cuisse tortueuse sur laquelle le tibia beaucoup plus court est comme greffé très-obliquement ; pas d'ongle, pas de spinules, simplement des poils. Les deux pattes postérieures sont beaucoup plus courtes, comme atrophiées et armées antérieurement en dessous d'un rang de petites dents cornées.

Cette larve a le corps assez flasque. Au mois d'octobre j'en ai trouvé plusieurs avec des débris de bouse, en suivant une charrue qui fouillait la terre dans un pâturage à quinze centimètres de profondeur. Au même lieu et par le même moyen j'ai été mis en possession de boules de terre contenant, avec des traces de matières stercorales, une nymphe de *Copris lunaris* ou un *Copris* transformé, d'où j'ai conclu que les larves appartenaient à cette espèce, laquelle se conduirait comme l'indique Frisch pour le *Geotrupes stercorarius*, d'après la citation contenue dans l'ouvrage de MM. Mulsant et Rey (p. 413).

La nymphe, qui est entièrement glabre, présente ses diverses parties disposées comme à l'ordinaire, avec ces différences pourtant que la tête, au lieu d'être inclinée sur le sternum, est simplement penchée à angle droit, et que les pattes antérieures, qui habituellement sont repliées sur les côtés de la poitrine, sont placées sous la tête comme pour la soutenir, et un peu en avant de la ligne verticale, la nymphe étant censée couchée sur le dos. Le mésothorax et le métathorax se prolongent en pointe conique. Une crête médiane dorsale règne tout le long du dos de l'abdomen, les deuxième à septième arceaux sont relevés, près du bord postérieur, en crête transversale, et les troisième, quatrième, cinquième et sixième sont armés, près des côtés, d'une assez longue papille conique, verticale et à pointe subcornée. L'extrémité anale est bilobée. La corne frontale, entière, tronquée ou échancrée, l'échancrure de l'épistome, les dents des pattes, tout est bien visible.

Onthophagus nuchicornis L.

Fig. 82-84.

Labre subtrilobé, lobe des mâchoires profondément bifide, très-spinuleux; *palpes maxillaires* de quatre articles à peu près égaux.

Mandibules bi-tridentées.

Antennes non de quatre articles, comme l'ont pensé MM. Mulsant et Rey pour la larve de l'*O. taurus*, mais de cinq, le second bien plus long que chacun des autres.

Corps entièrement glabre et lisse, remarquable par sa grande gibbosité qui s'accroît du premier au troisième segment abdominal et décroît jusqu'au sixième. Deuxième partie du dernier segment très-déclive; anus transversal, visible en dessus.

Pattes singulières: en n'admettant pas, avec raison, je crois, comme hanche l'empâtement basilaire sur lequel elles sont insérées, elles n'ont que deux pièces, dont la seconde est ondulée. On ne voit, en effet, que les articulations indiquées dans la figure. Il n'y a pas d'ongle et cette pièce, ou plutôt le tarse, est représentée par un petit rétrécissement tubuleux, tronqué et terminé par un petit poil. Il existe à peine quelques petits poils très-fins sur le tibia et à l'extrémité de la cuisse.

J'ai trouvé plusieurs de ces larves adultes, à la fin de juin, à 10 centimètres dans la terre, sous une bouse devenue sèche. Je n'ai rien à contredire aux détails de mœurs consignés dans l'ouvrage précité (p. 80).

Une de ces larves s'est transformée chez moi sans que j'aie observé la nymphe.

Aphodius fossor L.

Fig. 85-92.

MM. Mulsant et Rey ont donné (*loc. cit.* p. 150) une excellente description de la larve de l'*A. fimetarius* que j'accepte en tous points, sauf rectification d'un *lapsus calami* qui ne donne que quatre articles aux antennes lorsqu'il y en a cinq en réalité et même d'après les détails donnés par les auteurs précités. Quant à la description de la larve de l'*A. fossor* donnée par MM. Chapuis et Candèze, elle m'a paru comporter quelques petites rectifications et additions.

Tête ayant un fin sillon au vertex, sur le devant du front deux impressions linéaires et un point enfoncé vis-à-vis chaque mandibule.

Antennes de cinq articles, le premier épais et court, le deuxième et le troisième beaucoup plus longs et presque égaux, ce dernier un peu renflé à l'extrémité, le quatrième un peu plus court que le précédent, subangu-leusement dilaté à l'extrémité inférieure, le cinquième un peu plus court encore, grêle, un peu convexe en dessous.

Mandibules très-pointues, la gauche finement crénelée à sa partie incisive, comme si les dents s'étaient usées, et obliquement striées en arrière de ces crénelures, la droite un peu échancrée au sommet, à face supérieure un peu concave dans cette partie.

Lobe des mâchoires très-profondément bifide, chaque division terminée par un crochet corné, l'interne ciliée de soies spinuliformes.

Palpes maxillaires non de trois articles, mais de quatre, les deux premiers plus courts et presque égaux, les deux autres égaux.

Corps très-lisse, très-faiblement et finement velu, poils courts principalement sur le dos où la plupart sont raides et ciliformes. Extrémité du corps bilobée, anus transversal.

Pattes de cinq pièces : une hanche très-longue, un trochanter, une cuisse et un tibia terminé par un ongle assez long muni en dessous d'une ou de deux petites dents. Quelques poils sur les diverses pièces et de petites spinules vers l'extrémité inférieure du tibia.

J'ai rencontré plusieurs fois cette larve en septembre et octobre dans des bouses presque desséchées. Elle ne s'enfonce pas toujours en terre pour se transformer, car j'ai recueilli des nymphes dans les bouses mêmes. Cette nymphe est terminée par deux papilles assez longues, subulées, droites presque jusqu'au bout où elles se relèvent brusquement en crochet.

Je pourrais parler aussi de la larve printanière de l'*A. vernus* Muls., mais elle est en tous points, sauf la taille, semblable à la précédente.

Trox hispidus LAICHART.

Fig. 93-98.

Tête noirâtre, lisse, ayant sur le front quelque fossettes; *épistome* lisse; *labre* en ellipse transversale, marqué de deux fossettes très-apparentes.

Mandibules entièrement noires; vues en dessus, sinueuses au bord externe, un peu crochues à l'extrémité, avec une petite échancrure vers le tiers de la tranche interne, échancrure à laquelle aboutit un petit sillon transversal; deux cavités longitudinales dessinant une arête intermédiaire obtuse; vues de côté, montrant un sillon le long du bord supérieur.

Lobe des mâchoires très-profondément bifide, chaque partie avec une épine au sommet et l'interne ciliée de soies spinuleuses.

Palpes maxillaires non de trois articles comme le disent MM. Chapuis et Candèze pour la larve du *T. carolinus*, mais de quatre, le premier plus court que le second, le troisième aussi long que les deux précédents réunis, le quatrième presque aussi long que le troisième.

Palpes labiaux de deux articles.

Antennes non de trois articles mais de quatre, le premier gros, le second deux fois au moins aussi long que le premier, sensiblement plus large au sommet qu'à la base, le troisième plus court, un peu arqué, en massue, le quatrième très-grêle, très-court, inséré excentriquement,

Corps pourvu de poils assez longs, les six premiers segments de l'abdomen et la partie antérieure du septième peu densement sablés de petits granules portant une soie. Dernier segment divisé en deux parties plus courtes que dans la plupart des autres larves; deuxième partie subtronquée, sa face postérieure creusée de plis qui dessinent trois lobes, deux grands, presque verticaux, elliptiques, et un transversal, triangulaire, ce qui indique que la fente anale est longitudinale.

Pattes de cinq pièces, ongle compris (V. fig. 98).

J'ai reçu un certain nombre de larves de cette espèce de M. E. Revelière qui les a trouvées en Corse, au mois de mars, sous terre, avec un morceau d'étoffe de laine très-crasseuse dont elles s'alimentaient.

Je ne connais pas la nymphe.

Pachypus (Scarabæus) Candidæ Pet.
cornutus Oliv.

Fig. 106-111.

Tête lisse, une série transversale de gros points d'une antenne à l'autre et deux séries obliques de points un peu moins forts remontant en convergeant vers le vertex, mais s'arrêtant au haut du front.

Épistome très-tuméfié, surtout en avant, roux et coriace.

Labre semi-discoïdal, convexe, marqué d'un sillon en arc renversé.

Mandibules, vues en dessus, bi-tridentées, déprimées triangulairement sur leur tiers antérieur, surtout la droite, assez étroites à cause de leur grande concavité interne, ressemblant beaucoup aux mandibules des larves de Mélolonthides ; vues de côté, étroites et marquées d'une longue dépression oblique où l'on voit deux ou trois fossettes.

Lobe des mâchoires simple, épineux au sommet, cilié en dedans de soies spinuleuses.

Antennes de cinq articles.

Corps revêtu de poils blonds. Les six premiers segments de l'abdomen et la partie antérieure du septième sablés non de petits granules surmontés d'un poil, mais de véritables spinules coniques, ferrugineuses, un peu arquées en arrière et assez serrées. Deuxième partie du dernier segment couverte en dessus de poils blonds assez courts et très-touffus, et en dessous, sur le tiers postérieur, de soies rousses, épaisses, raides, inclinées en arrière, quelques-unes crochues au sommet et entremêlées de quelques spinules ; un rang circulaire de spinules en avant de l'anus qui est transversal, tout à fait terminal et invisible quand on regarde perpendiculairement soit en dessus soit en dessous.

Stigmates assez peu apparents, péritrème en croissant.

Pattes de cinq pièces, ongle compris.

La *nymphe* est postérieurement obtuse et sans papilles.

Mon ami, M. E. Revelière, m'a envoyé de Corse plusieurs de ces larves accompagnées d'une nymphe. Il les a trouvées sous terre où elles vivent à la manière des larves de Mélolonthides.

MM. Mulsant et Rey ont formé des deux genres *Calicnemis* et *Pachypus* un groupe qu'ils ont nommé Arénicoles, quoique ces deux insectes diffèrent sérieusement par la massue des antennes ainsi que par les tibias et les tarses postérieurs, et nous avons vu plus haut que J. Duval a placé enre *Calicnemis* dans les Dynastides avec le *Phyllognathus* et les *Oryctes*, isant du genre *Pachypus* un groupe spécial sous le nom de Pachypites. e crois ce dernier auteur plus près de la vérité, car si l'on consulte notamment les mandibules qui ont, au point de vue méthodique, assez d'importance pour qu'on en tienne grand compte, on voit que la larve du *Calicnemis* se rapproche de celles des *Oryctes*, et que la larve du *Pachypus* a eaucoup d'affinité avec celles des Mélolonthides. Je pense donc, tout ien considéré, que les caractères des larves s'opposent à la réunion de es deux genres dans le même groupe et que même chacune d'elles erait le type d'un groupe spécial.

On sait que la femelle du *Pachypus* est aptère et qu'elle se tient sous erre, parfois à une profondeur assez considérable, d'où la conséquence ue les mâles, pour la découvrir et pour pénétrer jusqu'à elle, doivent voir beaucoup de flair et beaucoup d'ardeur. Comme preuve qu'ils possèdent cette double qualité, j'ai publié dans le numéro 96 des *Petites Nouvelles entomologiques* le récit d'une très-intéressante histoire où M. Revelère a joué un rôle. Je crois devoir la reproduire ici.

« Dans les premiers jours de juin, m'écrivait mon ami, en rentrant 'une excursion un peu avant l'heure où volent les *Pachypus*, j'en aperçus n, pendu par les ongles des pattes postérieures à une petite branche de *istus monspeliensis*, et en y regardant de plus près, j'en trouvai quinze u seize pendus de la même manière, dans un espace de quelques mètres, massue des antennes épanouie et flairant évidemment quelque odeur. e revins le lendemain armé d'une pioche, et ayant vu de nombreux trous ans la terre, au-dessous des cistes, je me mis à creuser. A vingt ou ingt-cinq centimètres je trouvai de nombreuses dépouilles et des larves ue je vous envoie. Je ne rencontrai pas de femelle, mais il devait y en voir quelqu'une, ou elle y était du moins la veille, les *Pachypus* suspenus, et dont je m'étais emparé, le disaient suffisamment.

« Quelques jours après, étant sorti par un très-grand vent, vers trois eures et demie du soir, je fus surpris de voir voler plusieurs *Pachypus* ous dans la même direction. Ayant eu la bonne idée de les suivre, ils me enèrent jusqu'à une entaille où j'en vis cinq ou six qui s'efforçaient de rimper le long d'un talus à pic, et qui, renversés vingt fois, recommenaient imperturbablement leur exercice. Il était évident pour moi qu'il y vait une femelle tout près de là, mais où? Enfin, à force de sonder avec récaution partout où la terre me paraissait moins dure, je finis par déterr un mâle. Le trou par lequel il s'était enfoncé ne paraissait nullement,

seulement la terre était moins compacte dans cet endroit. Après celui-l
j'en déterrai un second, puis un troisième, puis sept ou huit enfoncés dan
le même trou; puis tout au fond, la fameuse femelle qui s'efforçait d
creuser avec ses petites pattes, et qui pénétrait assez vite dans une sor
d'argile feldspathique presque aussi dure que la pierre. Le trou était
une hauteur de plus d'un mètre et le talus presque à pic, comme je l'
dit. Comment la femelle et les mâles avaient-ils pu y grimper? Il faut avo
vu leur persévérance pour ne pas le croire impossible.

« Mais voici où commence le merveilleux et que je n'oserais dire to
haut de peur de passer pour un menteur. La femelle à peine retirée d
son trou d'environ quinze centimètres de profondeur, je fus assailli pa
une véritable nuée de mâles qui venaient se heurter contre moi, au risqu
de m'éborgner. Quand je voulus la piquer dans ma boite, elle lança, ju
qu'à une distance de plus de trente centimètres, un liquide d'un bla
laiteux assez abondant, à la manière de certains Lépidoptères noctur
lorsqu'ils viennent d'éclore. A cette décharge, la nuée de mâles redoub
d'ardeur; un malheureux papillon piqué sur le côté au fond de ma boît
qui avait reçu une partie du liquide et que je jetai à terre, conserva pe
dant plusieurs jours la même propriété attractive; les mâles s'acharnère
sur lui jusqu'à ce que ses débris eussent été dispersés. Bien plus,
manche de ma veste jouit de la même propriété. Durant trois jours il m
fut impossible de retrouver de femelle, parce que, dès que je paraissa
dans la campagne, tous les mâles tourbillonnaient et formaient un essai
autour de moi. Enfin, avec le temps, ma veste fut désenchantée et je p
plusieurs femelles à peu près de la même façon que la première.

« Muni d'une d'elles, je fis un jour, ainsi que le lendemain, l'essai
sa puissance, faisant venir tous les mâles qui se trouvaient sous le vent,
ne sais de quelle distance, et prenant plaisir à en *évoquer* dans des loc
lités où je n'aurais jamais supposé qu'il y en eût, jusque dans les mar
et aux heures les plus indues, en plein soleil, temps où ils ne vole
jamais d'eux-mêmes. »

Anoxia (Melolontha) villosa F.

Fig. 118.

Afin de pouvoir procéder par comparaison, je donne les figures d
principaux caractères de la larve du *Melolontha vulgaris* F.; je m'y réf

et j'ajoute que cette larve a le labre et l'épistome très-rugueux, la tête ruguleuse surtout antérieurement et les six premiers segments abdominaux, ainsi que l'élévation antérieure du septième, sablés de spinules ferrugineuses assez denses. La deuxième partie du dernier segment est couverte en dessous de poils fins inclinés en arrière, entremêlés de soies plus foncées, plus fortes et plus raides, et hérissé postérieurement de soies plus épaisses encore, plus rigides, subépineuses. En dessous, le tiers postérieur est hérissé de soies spinuleuses dont quelques-unes crochues, et au milieu se trouvent deux rangs parallèles d'épines ferrugineuses très-rapprochées, courtes, coniques, dressées et un peu convergentes, partant du quart antérieur et allant jusqu'à la fente anale qui est très-arquée et dessine un lobe visible en dessus.

La larve du *Polyphylla fullo* L. diffère de celle du *Melolontha* par les caractères suivants : quatrième article des antennes un peu plus court que le troisième; six premiers segments de l'abdomen et élévation antérieure du septième couverts non de spinules coniques et cornées, mais de soies spinosules très-serrées et en brosse; deuxième partie du dernier segment couverte en dessus de poils blonds fins et plus serrés, formant une sorte de velouté, avec la partie postérieure spinuleuse et ornée en dessous des deux rangs d'épines, mais moins parallèles et s'avançant beaucoup moins antérieurement.

Quant à la larve de l'*Anoxia villosa* F., elle se distingue de celle du *Polyphylla* par deux caractères : 1° quatrième article des antennes encore plus court ; 2° deuxième partie du dernier segment plus spinuleuse à l'extrémité et dépourvue en dessous des deux rangs de spinules.

Elle vit sous terre dans les lieux herbeux. L'insecte parfait est ici extrêmement abondant au mois de juin. Vers l'entrée de la nuit il sort du milieu des grandes herbes ou de sous terre pour voler par essaims autour des arbres et des buissons. Son vol est rapide et le mâle est plein d'ardeur.

Amphimallus (Melolontha) rufescens Latr. **Rhizotrogus Bellieri** Reiche. — **R. insularis** Reiche. **R. Sassariensis** Perris.

Fig. 119-125.

Toutes ces larves se ressemblent dans leurs plus petits détails et voici en quoi elles diffèrent, indépendamment de la taille, de celles de *Melolontha*. Épistome très-lisse ; labre plus que semi-discoïdal, subanguleux ou ogival et ruguleux : partie plane et ferrugineuse de la face externe des mandibules presque pas ruguleuse ; troisième article des antennes encore plus long que le deuxième et quatrième, relativement un peu plus court; six premiers segments de l'abdomen et élévation antérieure du septième couverts de soies spinosules rousses ; les deux rangs de spinules convergentes de la deuxième partie du dernier segment s'avançant moins que dans la larve de *Melolontha*, plus que dans celle de *Polyphylla* et ne dépassant guère la moitié de la longueur ; soies épineuses de droite et de gauche occupant une place moins grande et subtriangulaire ; fente anale moins arrondie, sensiblement plus anguleuse, et en arrière un pli longitudinal qui fait paraître l'extrémité un peu échancrée ou bilobée.

Toutes ces larves vivent dans la terre des racines des plantes. Celle de l'*A. rufescens* est commune ici dans tous les lieux herbeux ; les autres m'ont été envoyées de Corse ou de Sardaigne par MM. Revelière et Raymond.

A l'état parfait, le *rufescens* est ici d'une abondance extrême. Vers la fin de juin et dès l'entrée de la nuit il tourbillonne par essaims autour des arbres et des buissons, et l'on n'a qu'à se tenir au pied d'un arbre pour voir ou entendre tomber comme grêle des mâles et femelles accouplés. Dans mes promenades entomologiques j'ai parlé d'un chien et d'un chat que j'ai vus, durant plusieurs soirées, profiter de l'occasion pour se régaler de cette proie qui paraissait fort de leur goût.

Triodonta (Serica) aquila Cast.

Fig. 127-132.

Épistome lisse, très-bombé, moins cependant que dans la larve du *Pachypus ;* labre lisse à deux fossettes. Mandibules non dentées, ferrugineuses sur les deux tiers postérieurs, marquées en dehors d'un sillon profond plus large antérieurement. Lobe des mâchoires à deux épines au sommet et cilié en dedans. Premier article des palpes maxillaires très-court. Antennes de cinq articles, le second double du premier, le troisième plus long que le second, les deux derniers de moitié plus courts et presque égaux.

Dessus des six premiers segments abdominaux et élévation antérieure du septième couverts non de soies spinosules mais plutôt de vraies spinules ; deuxième partie du dernier segment, vue en dessous, présentant près du bord postérieur un pli sinueux transversal bordé de spinules ue en arrière, offrant un pli elliptique qui renferme trois lobes dont un upérieur petit et triangulaire et deux verticalement elliptiques, de sorte ue la fente anale paraît longitudinale.

Nymphe terminée par un large appendice à deux dents coniques, dépriéées, écartées, un peu arquées en dedans ; arceaux supérieurs de l'ab-omen relevés en crête transversale.

On trouve chez nous, en mars, des larves, des nymphes et des insectes arfaits sous terre dans le voisinage des Chênes. L'espèce est très-comune et on la prend abondamment au mois de mai volant à l'entrée de la uit autour des branches basses de ces arbres. Son vol est peu rapide.

Hoplia (Scarabæus) cœrulea Drury.

Fig. 135-136.

Cette larve diffère : 1° de celles de *Rhizotrogus* en ce que les mandiules, vues de côté, sont plus étroites et plus régulièrement atténuées en riangle d'arrière en avant; que le quatrième article des antennes est de oitié plus court que le troisième ; que les deux rangs de spinules de la euxième partie du dernier segment s'avancent jusqu'aux trois quarts au oins de la longueur ; que les tibias sont ondulés en dessous et que la nte anale est en arc renversé à peine convexe ; 2° de celles d'*Anomala* ar les quatre premiers caractères ci-dessus et par la tête lisse ; 3° de elle de *Maladera* par les deux rangs de spinules bien marqués et par absence de l'ellipse dessinée sur le dos de la deuxième partie du dernier egment ; 4° de celle de *Triodonta* par les spinules précitées et par la nte anale transversale ; 5° de toutes les larves connues par la face dorale de la deuxième partie du dernier segment marquée de cannelures ndulées, irrégulières, peu profondes, ressemblant à de larges rides.

Nous n'avons dans les Landes que deux *Hoplia*, le *philanthus* et le *ærulea*. Je ne connaissais aucune larve de ce genre et je regrettais de isser cette lacune dans cette partie, déjà incomplète, de mon travail. our tâcher de la combler, je me rendis, ces jours derniers (mars 1876), ccompagné d'un ouvrier muni d'une bêche, dans une localité où le *cœrua* est chaque année abondant, et je choisis pour mes recherches un oint fort limité qu'il affectionne plus spécialement. Sur mes indications, ouvrier trancha avec la bêche un carré de gazon d'environ 20 centiètres de côté et d'une épaisseur de 12 à 15 centimètres, puis il le retourna. Du premier coup je recueillis trois larves de Lamellicornes, deux petites que je reconnus bien vite pour être de *Triodonta aquila*, et une bien plus grande, paraissant presque adulte, que j'aurais pu prendre pour une larve de *Rhizotrogus* sans ma loupe qui me démontra qu'elle en différait par plusieurs caractères et notamment par ces cannelures ou rides du dernier segment que je voyais pour la première fois et qui, sans autre preuve, étaient de nature à me convaincre que j'étais en possession de la larve désirée. Mais j'avais une autre raison de le croire, car le seul genre de cette taille dont je ne connaisse pas de larve est le genre *Anisoplia*, et le lieu que j'explorais n'est pas à sa convenance.

Continuant mes recherches, je recueillis plusieurs autres individus de la larve qui m'intéressait. Rentré chez moi, j'en sacrifiai deux à l'étude et à ma collection et j'installai les autres dans un pot à fleurs avec un bloc de gazon bien fourni de racines. Elles y sont au moment où j'écris cet article, et s'il est imprimé avant que je n'aie obtenu leur métamorphose ou que je n'aie découvert ailleurs ce qui peut donner une complète certitude à mes appréciations, j'y reviendrai dans un supplément final.

Le *Hoplia cœrulea* est très-commun dans certaines parties de la France. Il se trouve dans les Landes, au mois de juin, dans le voisinage des cours d'eau, et il est si abondant sur les petits buissons et sur les hautes herbes des bordures et des prairies, que des espaces assez étendus paraissent quelquefois tout bleus, comme j'en ai vu aux environs de Madrid, jaunis par le *Hoplia chlorophana*. La femelle a été longtemps inconnue et manquait autrefois dans bien des collections; mais depuis que le hasard et l'observation ont révélé les moyens de se la procurer, elle a cessé d'être une rareté.

Dans mes *Promenades entomologiques* de 1872 (*Soc. Ent.*, 1873, p. 90) j'ai dit que, chez nous, c'est par un beau soleil et de onze heures et demie à midi et demi qu'on peut capturer la femelle laquelle, sortant alors du milieu des herbes, prend son vol et va se poser près d'un mâle. Ces indications ont donné lieu, de la part de M. Peragallo, à une communication que j'ai rapportée (*loc. cit.*, p. 249), et de laquelle il résulte que c'est au point du jour qu'il a pris en nombre la dite femelle soit à Cambo dans les Basses-Pyrénées, soit à Néris dans l'Allier. J'ai essayé deux ou trois fois de ce moyen sans succès. Voici en outre ce que m'écrivait dernièrement à ce sujet M. Coutures, de Bordeaux.

« Je prends la femelle pendant un temps bien plus long que celui indiqué dans vos *Promenades entomologiques*, tout en reconnaissant que c'est le onze heures environ à une heure qu'elle est le plus abondante. Dans la matinée, à partir de huit heures, elle se tient à terre parmi les herbes, où elle reste immobile jusqu'au moment déjà cité. De une heure à trois heures environ, elle disparaît complétement; puis de trois heures à quatre j'en vois quelques individus encore, puis tout disparaît. La saison dernière, pendant une journée de chaleur orageuse, j'ai pu en prendre à peu près tout le jour, mais cela n'est qu'une exception. Immédiatement après l'accouplement, la femelle s'enfonce dans la terre assez profondément, car ayant voulu me rendre compte, une heure après, de la distance souterraine parcourue par elle, il m'a fallu creuser jusqu'à 20 centimètres environ. »

Les larves des Lamellicornes ont des goûts et des mœurs assez vulgaires et leur étude n'indique pas chez les insectes parfaits cet instinct botanique ou cette intelligence de parasitisme dont tant d'autres donnent des preuves. — On observe pourtant dans quelques-uns assez d'industrie pour façonner des boules de matières stercorales, et même, d'après Frisch, des coques de terre, ce qui est à vérifier; et pour un Coléoptère, ce sont des œuvres d'art dont il faut tenir compte. Beaucoup de larves vivent sous terre soit de détritus, soit des racines des plantes, d'autres se trouvent dans les déjections des grands animaux, avec cette particularité que certaines espèces recherchent plus spécialement les bouses, quelques-unes les crottes des Solipèdes, un plus petit nombre celles des moutons. Il y en a qui, comme celles des Cétoines, se nourrissent de débris vgéétaux, jusque dans les fourmilières, ou du terreau, de la vermoulure des vieilles souches et des arbres caverneux qui recèlent souvent aussi celles de l'*Osmoderma* et des *Oryctes*. Les larves d'un seul genre (*Trox*) paraissent s'attaquer aux matières animales, et les autres se développent dans les bois morts mais non encore décomposés.

Quant aux larves des Pectinicornes, toutes celles qu'on connaît jusqu'ici sont lignivores, sans être exclusives dans le choix de l'essence qui doit les nourrir, et quelques-unes vivent aussi bien dans les arbres feuillus que dans les arbres résineux.

Les coques dans lesquelles beaucoup de ces larves s'enferment pour se transformer ne sont pas la preuve d'une grande habileté de leur part. Lorsque le moment de la métamorphose est venu, elles s'installent à l'extrémité de leur galerie ou se font une place au milieu des matières qui les ont nourries ou abritées, elles les refoulent et les compriment autour d'elles, de manière à donner à leur dernière demeure une forme régulière ellipsoïdale et à lisser autant que possible ses parois qu'ellés imbibent ensuite d'une substance mucilagineuse, d'une colle qui agglutine une couche plus ou moins épaisse des matériaux ambiants. C'est ainsi que se forment tout naturellement ces coques qui n'ont exigé, comme on le voit, aucun effort d'intelligence, aucune habileté artistique.

La durée de la vie des larves dont il s'agit est variable, mais je crois qu'on l'a exagérée pour certaines espèces. Je puis affirmer, comme l'ayant observé personnellement, que quelques mois suffisent à des larves de Cétoine vivant dans le marc de raisin, à des larves de *Trichius* et de *Valgus*, à des larves de *Copris*, moins de deux mois à des larves d'*Onthophagus* et d'*Aphodius*, un an à des larves de *Dorcus*, deux ans à des larves d'*Oryctes*. Je ne puis donc croire qu'il faille six ou sept ans, comme le pense Rœsel, sans preuve aucune, pour celle du *Lucanus cervus*. Les grandes dimensions que doit acquérir une larve ne sont pas une raison suffisante d'assigner une longue période à son développement; tout dépend de la nature des substances dont elle s'alimente et de leur abondance autour d'elle. Il y a, il est vrai, des aliments plus ou moins nutritifs et par conséquent plus ou moins propres à déterminer une croissance rapide, et je reconnais que le bois pourri n'est pas aussi avantageux, sous ce rapport, que d'autres matières plus azotées ; mais les larves lignivores ont l'avantage d'avoir toujours la nourriture à leur disposition, elles mangent d'autant plus qu'elles deviennent plus vigoureuses, et lorsque je vois des larves de Cétoines et de *Valgus* se contenter de trois ou quatre mois pour devenir adultes, je ne puis admettre qu'il en faille six ou sept à celles de *Lucanus*. La taille, je le répète, me touche peu, car il ne faut pas plus de temps à des chenilles d'*Attacus* gigantesques qu'à certaines chenilles de Micros. J'admets néanmoins que, pour les larves de Coléoptères, on doit, jusqu'à un certain point, tenir compte de cette considération de la taille, ainsi que des périodes d'inertie que peuvent amener les froids rigoureux à l'égard de celles qui doivent passer l'hiver et qui ne sont pas assez profondément abritées ; mais je crois le faire très-largement en accordant deux ans et quelques mois à celles des Lucanes, dans les conditions normales et dans notre pays, et en tout près de trois ans jusqu'à l'insecte parfait, de telle sorte qu'un œuf éclos en juillet 1876, par exemple, devienne nymphe en septembre 1878, insecte en octobre ou plus tard, et prenne son essor dans le mois de juin 1879. Je reviendrai, du reste, sur ce point, à l'occasion des larves des Longicornes qui ont été l'objet d'appréciations analogues.

Les larves qui vivent sous terre sont peut-être exposées à des vicissitudes qui n'atteignent pas les larves lignivores. Il peut se faire que la nourriture ne soit pas toujours sous la dent des consommateurs, et des circonstances atmosphériques, sécheresses, pluies excessives, gelées, contrarient le développement de ces larves; mais j'ose déclarer néanmoins que, lorsque les larves des *Rhizotrogus*, des *Serica* et des *Triodonta* se trouvent, comme c'est l'ordinaire, du reste, dans les prairies ou sous les gazons touffus, c'est-à-dire en pleine pâture, toutes leurs évolutions s'accomplissent d'une année à l'autre.

En ce qui concerne les larves des Hannetons, on s'accorde généralement à dire qu'il leur faut trois ans, sans qu'on puisse s'appuyer, que je sache, sur des observations précises faites non dans le cabinet et en vase clos, mais à l'état de nature et de liberté. Qu'a-t-il fallu pour accréditer cette opinion? Que quelqu'un l'ait exprimée. On s'en est rapporté à lui sans contrôle, on l'a propagée et elle est devenue une de ces prétendues vérités comme il y en a tant dans la science et dans l'histoire, et qui se transforment en erreurs lorsqu'on les regarde de près pour les vérifier.

Quand je dis prétendue vérité, je n'entends pas me prononcer et qualifier dès à présent d'erreur ce qui a été dit de la longévité de la larve du Hanneton, puisque je ne saurais y opposer mes propres observations; c'est d'instinct, en me laissant influencer par les analogies, en m'appuyant sur ce que je sais relativement à des larves de même taille et de mœurs semblables, que j'ose affirmer que celle-ci n'a pas besoin de trois ans. On a dit, à la vérité, que les sécheresses et les grands froids la déterminent à pénétrer plus profondément dans le sol, ce qui l'éloigne des racines alimentaires, de sorte que les variations atmosphériques entraîneraient des alternatives d'activité et d'appétit, d'engourdissement et d'abstinence et retarderaient ainsi le développement final. Tout cela est possible et je n'y contredis point, mais je voudrais le voir confirmer par des constatations précises et irrécusables. Jusque-là, je serai porté à croire que les larves nées d'œufs pondus en avril ou mai deviennent nymphes et même insectes parfaits à l'automne de l'année suivante, sauf à ces insectes à ne prendre leur essor qu'au printemps d'après, de sorte que, d'une génération à l'autre, il s'écoule deux ans, la durée de l'état de larve ayant été de seize à dix-huit mois, ce qui me semble bien suffisant.

Les larves des Pectinicornes ne peuvent guère être considérées comme nuisibles, et parmi celles des Lamellicornes on ne saurait donner cette qualification qu'aux larves radicivores des Mélolonthides. A leur tête, sous ce rapport, figure sans conteste celle du Hanneton si connue sous le nom de *Man* ou *Ver blanc* et qui, dans certaines contrées, est si abondante, qu'elle détruit les cultures même arborescentes, et que les insectes qui en naissent dépouillent de leurs feuilles des forêts entières. L'excessive multiplication de cette espèce, devenue ainsi très-pernicieuse, me paraît être la conséquence des progrès de l'agriculture. Ces progrès ont consisté principalement dans la réduction ou la destruction des pacages permanents, dans l'accroissement des fumures qui augmentent l'humus de la couche arable et dans l'extension des prairies artificielles si favorables à la ponte des femelles. Le sol de ces prairies ne tarde pas à se remplir de larves, et lorsque la prairie est rompue pour être remplacée, souvent sur un seul labour, par une céréale à laquelle succède ordinairement une culture sarclée, il n'est pas surprenant qu'on ait à souffrir des larves déjà existantes et de celles qui naissent des œufs récemment pondus. La chasse aux insectes parfaits, mais chasse persévérante et surtout *simultanée*, me semble être le seul moyen de combattre ce redoutable fléau.

Chez nous, dans les Landes, nous n'avons pas encore à nous en plaindre. Le Hanneton y est commun pourtant et les *Anoxia villosa* et *Rhizotrogus rufescens*, pour ne citer que les principaux, y sont tellement abondants qu'ils forment, dans la saison, comme je l'ai déjà dit, des essaims autour de tous les arbres, de tous les buissons ; mais nos terres arables sont si souvent remuées et nous avons tant de pâtures, tant de bordures herbeuses, sans compter les prairies permanentes, que les Hannetons et leurs similaires peuvent très-bien placer leur progéniture sans s'adresser à nos champs. Lorsque nous serons plus avant dans le progrès agricole, nous verrons peut-être la situation se modifier, mais nous en avons pour longtemps encore avant d'arriver sur ce point à la réalisation du proverbe que le mal vient à côté du bien.

BUPRESTIDES

Chrysobothris (Buprestis) affinis F.

FIG. 170-173.

LARVE

Le Châtaignier paraît être moins recherché que le Chêne par les insectes de la tribu des Buprestides. Il nourrit cependant, à ma connaissance, les larves de deux espèces, le *Chrysobothris affinis* et l'*Agrilus angustulus*. Bien que Léon Dufour ait déjà donné, dans les *Annales des Sciences naturelles* de 1840, la description de la première, en l'attribuant, par erreur, au *C. Chrysostigma*, qui n'est pas de notre contrée, bien qu'elle figure aussi dans le travail de M. Schiödte, je crois devoir la décrire de nouveau avec quelque soin, d'une part, pour rectifier deux ou trois inadvertances de mon maître et ami, et d'autre part, afin d'établir un type pour les descriptions qui suivront celle-ci.

Longueur : 18-20 millim. Charnue, blanche, déprimée, large et subdiscoïdale antérieurement, puis étroite et linéaire.

Tête enchâssée dans le prothorax, comme formée de deux parties, la postérieure, à proprement parler crânienne, coriace, blanche ou roussâtre, pouvant disparaître presque en entier dans le prothorax, mais susceptible aussi de faire saillie en dehors, et lorsque l'exsertion est exagérée, ayant l'air d'être une dépendance du prothorax lui-même; l'antérieure ou frontale subcornée, séparée de la précédente par un pli profond et annulaire, marquée, plus en avant, d'un sillon transversal, délimitant un espace corné, noir marron, que j'appellerai lisière frontale; celle-ci déclive, munie au milieu de sa base de deux gros points rapprochés, et sur sa pente de deux crêtes arquées qui, si elles se réunissaient au milieu, formeraient une accolade. Bord antérieur faiblement et assez largement échancré au milieu, s'arrondissant à droite et à gauche, puis très-brusquement et très-profondément échancré pour recevoir les antennes.

Épistome court et trapézoïdal, allant d'une mandibule à l'autre, surmonté d'un *labre* plus que semi-elliptique, transversal, imperceptiblement échancré au bord antérieur qui est couvert de cils très-touffus et roussâtres.

Mandibules noires, assez courtes, se joignant à peine; vues en dessus, larges à la base et traversées par une carène oblique ; vues de côté. étroites et parallèles sur les deux tiers antérieurs, jusqu'à une autre carène oblique ; peu profondément et obtusément bidentées à l'extrémité ; creusées intérieurement en gouttière dont les deux bords ont une petite dent assez près du sommet.

Mâchoires courtes et droites, leur lobe court, arrondi, renflé en dessous, hérissé de très-petits cils spinuliformes.

Palpes maxillaires un peu inclinés en dedans, courts, de deux articles dont le premier, beaucoup plus gros et un peu plus long que le second, atteint le niveau du sommet du lobe et porte quelques cils à son bord supérieur, et à l'angle supérieur externe une soie plus longue.

Menton subtriangulaire; *lèvre inférieure* très-grande, un peu moins longue que large, doublement arrondie antérieurement, à cause d'une échancrure médiane, et très-densement ciliée, comme le labre ; parcourue longitudinalement dans son milieu par un sillon qui divise en deux parties un renflement du disque, chacune de ces parties couverte antérieurement de très-petits poils roussâtres, très-touffus, et séparée de la mâchoire correspondante par une cavité longitudinale près de la base de laquelle on voit une saillie cylindrique surmontée d'un tout petit tubercule. Je crois que cet organe et son semblable, placés, comme on le voit, aux angles basilaires de la lèvre, sont deux palpes labiaux de deux articles, dont un assez épais soudé à la lèvre et un autre extrêmement petit. C'est celui-ci seulement que j'ai mentionné dans mes descriptions antérieures, et j'ai considéré, dès lors, les palpes labiaux comme rudimentaires et formés d'un seul article tuberculiforme.

Antennes insérées dans une profonde échancrure, non, comme cela est d'ordinaire, en dehors de l'angle de la tête et vis-à-vis le milieu externe des mandibules, mais en dedans de cet angle, vis-à-vis le bord externe des mandibules et au niveau du front ; formées de trois articles, le premier de consistance un peu charnue et rétractile, le second plus étroit, mais aussi long ou même un petit peu plus long que le premier, cylindrique, cilié à son bord supérieur, le troisième beaucoup plus court, demi-sphérique, couvert de très-petits cils et surmonté d'une soie un peu plus longue (1). Tous ces organes roussâtres.

Pas la moindre trace d'*ocelle* ou de point ocelloïde.

(1) Voir, pour la rectification qu'exige la composition des antennes, les observations consignées à ce sujet dans l'article suivant, relatif à l'*Agrilus angustulus*.

Prothorax très-grand, plus large que long, très-arrondi sur les côtés, muni en dessus et en dessous d'une plaque tégumentaire coriacée et discoïdale, n'atteignant pas les côtés, marquée sur la face dorsale de deux sillons luisants en V renversé, et sur la face opposée d'un sillon unique; entièrement couverte de granulations roussâtres et subcornées.

Mésothorax beaucoup plus étroit et cinq fois plus court que le prothorax, ayant un pli transversal; *métathorax* un peu moins large que le précédent, mais un peu plus long, longitudinalement concave au milieu; ces trois segments, le premier surtout, revêtus sur les côtés de poils roussâtres, courts et extrêmement fins.

Abdomen couvert de poils comme ceux du thorax, étroit, parallèle, en apparence de dix segments, mais en réalité de neuf; le premier plus étroit et même un peu plus court que le métathorax et conformé comme lui; les sept suivants égaux en tous sens, marqués en dessus et en dessous d'un pli médian transversal et, de chaque côté, d'une fossette oblongue dessinant un bourrelet qui parcourt les flancs ; ayant de plus, sur le milieu de la face dorsale, une ampoule ambulatoire rétractile, mais susceptible de devenir saillante comme une verrue. Neuvième segment un peu plus court et un peu plus étroit que les précédents, sans pli transversal, à fossettes et bourrelets latéraux moins marqués ; dixième, ou plutôt segment anal, de moitié plus court que le neuvième, en forme de gros mamelon, postérieurement traversé par un sillon vertical qui le rend un peu bilobé et dont les deux extrémités aboutissent à une petite callosité ponctiforme. C'est au milieu de ce sillon ou fente qu'est l'anus.

Tout le corps, moins le segment anal, a la peau très-finement chagrinée et est couvert de très-petits cils fort rapprochés, qui ne sont guère visibles qu'au microscope et qui sont dirigés en avant sur le prothorax, et en arrière sur les autres parties.

Stigmates au nombre de neuf paires, la première, beaucoup plus grande et à peine plus inférieure que les autres, en forme de plaque mate en croissant transversal, précédée, dans son échancrure, d'une callosité anguleuse, est située près du bord antérieur du mésothorax ; les autres, à contour orbiculaire, échancré antérieurement, renfermant une petite plaque antérieurement déprimée, sont placés au tiers antérieur des huit premiers segments abdominaux.

Pattes nulles, remplacées par de petits mamelons à peine rétractiles, visibles sous les deux derniers segments thoraciques et le premier abdominal. Le mésothorax n'en a que deux très-peu apparents, au-dessous des stigmates ; on en voit quatre sous le métathorax, disposés en une série transversale et arquée, et dont les plus extérieurs sont les plus saillants. Le premier segment abdominal présente une large dilatation subtriangulaire dont la base s'appuie sur celle du segment et dont les deux autres côtés sont entourés par quatre tubercules arrondis et bien visibles.

Cette larve vit principalement sous l'écorce des vieux Châtaigniers ou Chênes récemment morts. M. Ratzeburg l'a trouvée dans le Hêtre et je l'ai rencontrée dans le Bouleau. La femelle pond sur les troncs ou sur les grosses branches, car elle aime les écorces épaisses, différente en cela de celle du *Chrysobothris Solieri* qui recherche les jeunes Pins ou les branches d'une faible grosseur. Il est vrai que la larve de cette espèce, après avoir vécu quelque temps sous l'écorce, s'enfonce dans le bois et s'y transforme; celle de l'*affinis*, au contraire, passe sa vie, à moins de circonstances extraordinaires, dans les couches subcorticales qu'elle laboure de galeries larges et sinueuses, reconnaissables à la netteté de leurs bords et à la disposition des excréments en petites couches concentriques, ce qui empêche de les confondre avec des galeries de larves de Longicornes. Si l'écorce est de moyenne épaisseur, c'est entre celle-ci et le bois qu'elle subit sa métamorphose, après avoir préparé une cellule qui pénètre plus dans l'écorce que dans le bois. Si l'écorce est très-épaisse, c'est dans son intérieur qu'elle se loge pour que l'insecte parfait ait moins de peine à sortir.

NYMPHE

Blanche, molle, absolument glabre et lisse et n'offrant rien de particulier si ce n'est, sur le bord postérieur des six premiers segments abdominaux, un petit mamelon de chaque côté et un médian et dorsal plus saillant et un peu incliné en arrière. La nymphe étant toujours immobile et paraissant incapable de mouvements, ces mamelons servent peut-être à amortir les chocs qu'elle pourrait recevoir et dont elle serait protégée, du côté de la face ventrale, par les divers organes, antennes, élytres, pattes qui s'y trouvent rassemblés. L'extrémité du corps est exempte de toute papille, de tout appendice. Dansla plupart des nymphes, la tête est tellement inclinée sur la poitrine, que lorsqu'on les observe par derrière, on voit à peine le dos du vertex. Ici, au contraire, la tête est très-visible et au moins autant que dans l'insecte parfait.

Agrilus (Buprestis) angustulus Illig.

LARVE

Longueur, 7-10 millim., blanche, charnue, molle, déprimée, étroite, linéaire, avec le premier segment élargi et le dernier fourchu ; mate sur le thorax, luisante sur l'abdomen.

Tête rétractile, d'un blanc roussâtre postérieurement, région frontale roussâtre, ornée de trois lignes brunes : une médiane, marquée d'un fin sillon et deux partant de la base des mandibules, convergeant en arrière vers la précédente ; lisière frontale cornée, d'un noir ferrugineux, déclive, lisse et dépourvue de toute carène, mais marquée sur le milieu de sa base de deux points enfoncés, rapprochés ; bord antérieur, sinué, très-profondément et brusquement échancré pour la réception des antennes.

Épistome transversal et très-court ; *labre*, petit et semi-discoïdal, un peu feutré en dessous d'un duvet roussâtre.

Mandibules noires, courtes mais robustes, médiocrement luisantes, lisses, subconvexes en dehors, concaves en dedans, tronquées à l'extrémité.

Mâchoires semblables à celles de la larve du *Chrysobothris*, avec ces différences que leur base est au niveau de celle de la lèvre, au lieu d'être en avant, que leur lobe n'est pas renflé en dessous et que son sommet est hérissé de quelques petites épines.

Palpes maxillaires de deux articles, le premier plus large à l'extrémité qu'à la base, arrondi extérieurement, muni d'un faisceau de petites soies à l'angle externe et d'une soie bien plus longue un peu en arrière, le second conique, arrondi à l'extrémité où le microscope montre trois ou quatre cils excessivements petits, un peu plus court que le précédent qu'il affleure à son bord interne, mais dont il laisse notablement à découvert l'angle opposé.

Lèvre inférieure grande, plus large que longue, antérieurement échancrée et feutrée d'un duvet roussâtre, parcourue sur son milieu par une dépression longitudinale coupant en deux parties ou lobes un renflement du disque analogue à celui que nous avons observé dans la larve précédente, sauf que le sommet des lobes est glabre et non velouté, et que, dans la cavité qui se trouve contre les mâchoires, il est impossible d'apercevoir le moindre tubercule. Tous ces organes sont roussâtres.

Les *antennes*, qui sont de la même couleur et placées, comme dans la larve précédente, contre l'angle basilaire externe des mandibules et au niveau de la surface frontale, exigent quelques explications.

Dans une notice publiée en 1851 sur les métamorphoses de quatre espèces d'*Agrilus*, je donnai deux articles aux antennes de leurs larves, comme l'avait fait Dufour pour celle du *Chrysobothris;* mais m'étant occupé plus tard, dans l'*Histoire des Insectes du Pin*, des larves de cinq autres genres ou espèces de Buprestides, je déclarai, à l'exemple de M. Ratzeburg, que les antennes étaient formées de trois articles, et je refusai d'admettre les quatre articles que M. Pecchioli disait avoir trouvés à la larve du *Buprestis mariana* qui m'était alors inconnue.

J'avais pourtant remarqué un fait qui me donnait à penser, c'est que le troisième article était tantôt tronqué, tantôt arrondi ; mais ne voyant rien de plus, je m'étais décidé à faire de ces différences des caractères spécifiques. J'avais même, sans rien changer à mes appréciations, passé par-dessus la larve de *Chrysobothris* dont je viens de donner la description après un examen des plus minutieux, lorsque, me livrant à l'étude non moins attentive de plusieurs larves d'*Agrilus* et de *Corœbus* pour reconnaître les caractères qui les différencient entre elles et les distinguent des autres, j'ai vu poindre à l'extrémité des antennes de l'une d'elles un tout petit article grêle et cylindrique que je n'avais jamais aperçu. Le microscope ne m'ayant pas laissé le moindre doute à cet égard, je me suis mis à examiner une foule de larves de cette famille, et une seule, appartenant au *Chrysobothris Solieri*, m'a offert le même quatrième article aux antennes ; dans les autres, il était invisible, et le troisième article était, dans la même espèce, tantôt simplement tronqué, tantôt creusé en cupule à l'extrémité, d'autres fois arrondi. Je me suis avisé alors de prendre des larves de *Buprestis* et de *Dicerca*, et j'ai plongé verticalement, sur le sommet du troisième article, mon regard aidé d'une très-forte loupe. J'ai vu alors, au centre de ce sommet, un petit disque convexe nettement circonscrit, et j'ai trouvé la même particularité sur toutes les autres larves que j'ai examinées avec un fort grossissement.

La question m'a paru alors résolue, il est même demeuré évident pour moi que ce petit disque n'est autre chose que le sommet du quatrième article, lequel est habituellement plus ou moins invaginé dans le précédent. Lorsque la rétraction est simplement complète, le sommet du quatrième article affleure l'extrémité du troisième, et celui-ci alors paraît convexe et comme velouté sur sa calotte. Si la rétraction est excessive, le troisième article semble tronqué et cilié, et examiné sur son sommet, il est concave; mais au fond de la cupule se trouve toujours le petit disque révélateur. Dans les cas très-rares où la larve donne à ses organes leur maximum d'extension, le quatrième article devient saillant. M. Pecchioli avait donc raison; il y a quatre articles et peut-être même arrivera-t-on à constater l'existence de l'article supplémentaire. Je reviens maintenant à la description.

Premier article des antennes plus pâle et plus charnu que les autres, encastré dans l'échancrure du bord antérieur; deuxième un peu plus long, épais, dilaté extérieurement; troisième de moitié plus court, non cilié au sommet, mais muni en dehors d'une assez longue soie; quatrième de moitié au moins plus court que le précédent, implanté au milieu de celui-ci, très-grêle et arrondi au sommet. Aucune trace d'ocelle ou de point ocelloïde.

Prothorax roussâtre, plus long que tous les autres segments et une fois et demie aussi large qu'eux, plus étroit antérieurement qu'à la base, lisse et luisant jusqu'au tiers antérieur où se trouve un léger étranglement qui limite la partie susceptible de se replier en dedans, lorsque la larve fait rentrer sa tête, le reste, jusqu'à la base, finement chagriné ou plutôt couvert de petites aspérités bien visibles au microscope. En dessus et en dessous un sillon médian longitudinal, qui n'atteint pas le bord antérieur.

Mésothorax et *métathorax* chagrinés comme le prothorax, un peu moins déprimés que lui, beaucoup plus courts, du même diamètre, ou à peu près, que les segments abdominaux.

Abdomen non chagriné comme le thorax, mais couvert de strioles transversalement ondulées, d'une finesse et d'une densité extrêmes, en apparence de dix segments, les sept premiers plus longs que larges, déprimés et munis latéralement d'un bourrelet que rend très-sensible une fossette bien marquée de chaque côté, tant en dessus qu'en dessous; huitième et neuvième segments de moitié plus courts que les précédents et pourvus comme eux de bourrelets latéraux; dixième, ou plutôt segment ou mamelon anal, court, arrondi et armé postérieurement de deux larges appendices cornés, d'un ferrugineux d'autant plus foncé qu'on s'approche plus de l'extrémité, latéralement comprimés, droits, parallèles, formant ensemble une sorte de pince, subtriangulaires, quand on observe de profil, avec le bout tronqué et deux dentelures bien marquées de chaque côté sur leur bord, leurs tranches se prolongeant sur le segment en une fine crête cornée et un peu arquée formant presque un arceau ogival; entre ces appendices ou lames un pli vertical au milieu duquel est l'anus.

Corps parsemé de poils courts, très-fins, blanchâtres, touffus sur le segment anal, sauf les appendices qui sont glabres. Toute la surface, à l'exception de ce dernier segment, paraissant à une très-forte loupe, ainsi que je l'ai dit, très-finement chagrinée ou alutacée sur le thorax, striolée sur l'abdomen, et en réalité couverte, ainsi que le montre le microscope, de spinules ciliformes d'une excessive finesse, extrêmement serrées surtout antérieurement, dirigées en avant sur le prothorax, en arrière sur le reste du corps.

Stigmates orbiculaires, à péritrème roussâtre, un peu interrompu antérieurement, au nombre de neuf paires, la première plus grande et placée un peu plus bas que les autres, très-près du milieu du mésothorax, les autres au tiers antérieur des huit premiers segments abdominaux. La position de ces stigmates doit être signalée. Ordinairement, dans les larves de Coléoptères, ils sont placés sur les bourrelets latéraux, ou dans la rainure longitudinale formée par deux bourrelets contigus, et ils ne sont visibles que si l'on examine la larve de profil. Ici, au contraire, à part la première paire qui est réellement latérale, les orifices respiratoires s'ouvrent du côté de la région dorsale, un peu en dedans de la fossette longitudinale qui dessine le bourrelet, et on ne les aperçoit bien que lorsqu'on observe la larve du côté du dos.

La larve de l'*A. angustulus*, bien plus commune sur le Chêne que sur le Châtaignier, vit dans les petites branches et jusque dans les brindilles de ces arbres. Elle séjourne quelque temps sous l'écorce où elle creuse une galerie d'autant plus sinueuse que la branche est plus grosse, et quelquefois même en spirale; avant l'hiver elle s'enfonce dans le bois, et c'est là qu'au mois d'avril elle devient nymphe.

NYMPHE

Elle offre absolument les mêmes caractères que celle du *Chrysobothris*, les mamelons dorsaux sont à peine saillants.

Les larves connues des Buprestides se rapportent aux espèces suivantes, en y comprenant même les exotiques.

Sternocera chrysis F., Guérin-Méneville, Rev. zool. 1839, p. 260, et Laporte et Gory, Hist. nat. des Buprest. t. II, p. 1 (de l'Inde).

Chrysochroa ocellata F., Westermann, Rev. ent. de Silberm. n° 3 (de l'Inde).

Capnodis tenebrionis F., LAPORTE et GORY, *loc. cit.* p. 3.

Euchroma columbicum MANNERH., Schiödte, Naturhistor. Tidsskr. t. VI, 1re et 2e parties, p. 369 (de l'Amérique méridionale).

Buprestis mariana L., PECCHIOLI, Mag. Zool. 1843, et LUCAS, Soc. Ent. 1854, p. 321. — *B. virginica* HERBST? Harris, Insect. of Massach. 1842, p. 43. — *B. Fabricii* ROSSI, BERTOLONI, Nov. Comment. Acad. scient. Bonon. 1841, p. 87. — LAPORTE et GORY, *loc. cit.* p. 2, et PECCHIOLI, Mag. Zool. 1843.

Psiloptera pisana ROSSI, MULSANT et REVELIÈRE, 11e opusc. Entom. p. 91.

Dicerca Berolinensis F., WESTWOOD, Introd. etc., t I, p. 230, et KLINGELHOEFER, Ent. Zeit. zu Stett. 1843, p. 85. — *D. divaricata* SAY, HARRIS, Insect. of Massuch. 1842, p. 43. — *D. cuprea* CHEVR. WESTERMAN, Rev. Ent. de Silberm. n° 3. — *D. costicollis* CHEVR., CHAPUIS et CANDÈZE, Catal. p. 134.

Pœcilonota festiva L., LUCCIANI, Soc. Ent. 1845, Bull. p. 112. — *P. rutilans* F., CHAPUIS et CANDÈZE, Catal. p. 135. — *P. decipiens* MANNH., sous le nom de *mirifica* MULS., MULSANT et REVELIÈRE, *loc. cit.* p. 86. — *P. conspersa* GYLL., GERNET, Soc. Ent. de Russie, 1867-68, p. 17.

Ancylocheira flavomaculata F. — *A.* 8 *guttata* L., PERRIS, Soc. Ent. 1854, p. 110 et 115. — *A rustica* L., SCHIÖDTE, *loc. cit.* p. 371.

Eurythyrea Austriaca L., *Quercus* HERBST, HERBST, Schrift. der Berlin. Gesells. der naturf. Freund. t. II. — *E. micans* F., SCHIODTE, *loc. cit.* p. 370.

Melanophila cyanea F., PERRIS, *loc. cit.* p. 121.

Anthaxia manca F., PERRIS, Soc. Linn. de Bordeaux, 1838. — *A.* 4 *punctata* F., RATZEBURG, Die forst ins. I, p. 52, et NORDLINGER, Entom. Zeit. zu Stettin, 1848, p. 228. — *A. cyanicornis* F., MULSANT et REVELIÈRE, *loc. cit.* p. 89. — *A. sepulchralis* F., sous le nom erroné de *morio*, PERRIS, Soc. Ent., 1854, p. 123. — *A. praticola* LAF., PERRIS, Soc. Ent. 1862, p. 200.

A. candens PANZ. M. Erné a publié, dans le *Bulletin de la Soc. entom. suisse*, 1873, un mémoire où il indique la manière de prendre et d'élever cette larve qui vit dans l'écorce des Pruniers et des Cerisiers morts. M. Zuber-Hofer a donné le résumé de ce mémoire dans les nouvelles et faits divers de l'*Abeille*, nos 15, 17 et 18 de 1875, et il y a ajouté la description de la larve, description très-bonne, sauf en ce qui concerne les antennes dont l'auteur dit n'avoir pas vu de traces parce que, sans doute, elles étaient rentrées dans la tête ; mais qui existent et qui sont au moins de trois articles.

M. Schiödte, *loc., cit.*, p. 373, a décrit aussi cette larve qu'il dit avoir trouvée sous l'écorce du Chêne.

Ptosima flavoguttata Illig., Gemminger, Entom. zeit. zu Stett. 1849, p. 63.

Chrysobothris affinis F., Dufour, Ann. sc. natur. 1840, et Schiödte, *loc. cit.* p. 372. — *C. Solieri* Cast., Perris, Soc. Ent. 1854, p. 117. — *C. dentipes* Germ., Harris, Insect. of Massach. 1842, p. 44. — *C. femorata* F. Harris, *loc. cit.* p. 44, et Asa-Fitch, Noxious Ins. p. 25. — *C. fulvoguttata* Harris, Harris, *loc. cit.* p 45. — *C. Harrisii* Hent., Harris, *loc. cit.* p. 45.

Diphucrania auriflua Hop., Saunders, Trans. of the Entom. Soc. of London, 1847, p. 27.

Corœbus undatus F. M. Erné a parlé *(loc. cit.)* des mœurs de cette larve qu'il a trouvée dans des Chênes; mais il n'en a pas donné la description.

Agrilus viridis var. *nocivus* Ratz., Ratzeburg, die forst ins. I p. 56. — *A. angustulus* Illig. Ratzeburg, *loc. cit.* p. 54. — *A tenuis* Ratz., Ratzeburg, *loc. cit.* p. 53. — *A. biguttatus* F. Ratzeburg, *loc. cit.* p. 57, Goureau, Soc. Ent. 1843, p. 23, et Schiödte, *loc. cit.* p. 374. — *A. viridis*, var. *Aubei* Cast., Aubé, Soc. Ent. 1837, p. 189. — *A. derasofasciatus* L. — *A. viridis* L. *viridipennis* Cast. — *A.* 6 *guttatus* Herbst. — *A cinctus* L., Perris, Acad. de Lyon, 1851. — *A.* 6 *guttatus* Herbst, quelques détails sur ses mœurs, Ancey, *Abeille*, 1870, p. 88.

Trachys pygmæa F., Leprieur, Comptes rendus de l'Inst. 1857, p. 314, et Soc. Ent. 1861, p. 459. — *T. minuta* L. V. Heyden, Berl. ent. Zeit. 1862, p. 61, et Schiodte, *loc. cit.* p. 375. — *C. nana*, Herbst, Heeger, Acad. sc. Wien. 1851, p. 29. — *T. pumila* Illig. Frauenfeld, Soc. Zool. et Bot. de Vienne, 1864, et *Abeille*, 1869, p. 88.

Voici les descriptions de quelques autres espèces.

Dicerca (Buprestis) æneа L.

LARVE

Long., 50 millim., identique, dans tous ses détails, avec celle du *D. Berolinensis* qui vit dans le hêtre et dont je dois un individu à mon ami M. Chevrolat; semblable, quant à la forme, à celle du *Chrysobothris affinis*, avec une dilatation un petit peu moindre du prothorax. Lisière frontale déclive, pourvue des deux gros points enfoncés et de la crête en accolade, cette fois presque complète, et entre cette crête et le bord antérieur, marquée de strioles sinueuses très-rapprochées. Bord antérieur semblablement sinueux. Antennes, épistome, labre, mâchoires, palpes et lèvre inférieure conformés de même; seulement, lobe des mâchoires plus parallèle au palpe, pourvu à l'extrémité de quelques soies un peu plus longues et, sur le bord interne, de quelques cils extrêmement courts. Mandibules ayant aussi la même forme, les mêmes crêtes transversales, mais nettement tridentées et non bidentées à l'extrémité.

Plaques coriacées des faces dorsale et pectorale du prothorax nullement granuleuses, mais mates et très-finement chagrinées, celle de dessus marquée de deux sillons luisants en V renversé, mais formant un angle moins ouvert et même un petit peu arqués, bordés extérieurement, sur leur moitié supérieure, d'un espace luisant, ruguleusement et obliquement ridé, aboutissant à un autre espace luisant, lisse, un peu ridé sur les bords qui entourent le sommet; plaque de dessous traversée par un seul sillon luisant, ayant à son extrémité antérieure un espace subrhomboïdal lisse, luisant et ridé aussi sur le bord. Mésothorax et métathorax et même premier segment abdominal en grande partie mats et très-finement chagrinés en dessus et en dessous, assez luisants sur les côtés; les trois segments thoraciques montrant en dessous, le premier au bord de la plaque coriacée, les autres un peu plus près des côtés, une sorte d'aréole orbiculaire, roussâtre et subcornée, ayant non la fonction mais la physionomie d'un stigmate.

Abdomen un peu luisant, conformé comme dans la larve du *Chrysobothris*, à surface encore plus finement chagrinée que le thorax. Tout le corps, comme dans cette larve, revêtu d'une pubescence fine et blanchâtre et couvert de petits cils très-denses, visibles au microscope.

Stigmates comme il a été dit pour la larve précitée. Pattes nulles.

J'ai extrait cette larve d'une souche d'Aulne et je suis porté à croire qu'on la rencontrerait aussi dans le Saule, car j'ai quelquefois pris l'insecte parfait, fort rare ici, d'ailleurs, sur des échalas de Saule blanc récemment coupés.

Dicerca alni Fisch.

LARVE

La larve de cette espèce est tellement semblable à la précédente qu'il m'est impossible de trouver entre elles la moindre différence.

M. E. Revelière, qui me l'a envoyée de Corse, l'a trouvée probablement dans l'*Alnus glutinosa.*

Psiloptera (Buprestis) pisana Rossi.

LARVE

Cette larve est aussi l'image fidèle de celle du *D. ænea ;* seulement l'espace compris, sur le devant de la tête, entre la crête en accolade et le bord antérieur, est moins densement et un peu plus grossièrement strié. MM. Mulsant et Revelière ont commis une erreur en disant que les mandibules sont bidentées à l'extrémité, car je les vois tridentées dans les individus reçus de M. Revelière, et que les palpes maxillaires ont trois articles, lorsqu'ils n'en ont que deux. La même erreur, relativement aux palpes, existe dans les descriptions des larves de *Pœcilonota decipiens* et d'*Anthaxia cyanicornis.* Ils n'ont rien dit des antennes.

Melanophila (Buprestis) decostigna F.

LARVE

Long. 18-20 millim. Diffère de celle du *Chrysobothris* par les caractères suivants : lisière frontale à peu près lisse, carène très-obsolète, presque nulle; une dépression en avant de celle-ci. Mandibules peu luisantes, tronquées et non bidentées à l'extrémité ; palpes maxillaires tomenteux en dehors sur toute leur longueur ; lobes des mâchoires tomenteux, surmontés d'une épine. Corps intermédiaire, pour la forme, entre celui des larves de *Chrysobothris* et celui des larves d'*Agrilus,* c'est-à-dire moins dilaté antérieurement que dans les premières et plus que dans les secondes. Prothorax ayant, en dessus comme en dessous, une plaque tégumentaire coriace, toute couverte d'aspérités cornées et roussâtres; mais ces plaques sont plus étroites que dans la larve du *Chrysobothris.* La supérieure est un peu elliptique et l'inférieure en carré long, un peu arrondie antérieurement.

Cette larve, presque identique à celle du *M. cyanea,* vit sous l'écorce des gros peupliers récemment morts où elle creuse des galeries sinueuses assez larges. Aux approches de la métamorphose, si l'écorce qui la protége est épaisse, au lieu de plonger dans le bois, elle pénètre dans les couches corticales, et y creuse, pour loger la nymphe, une cellule voisine de la surface extérieure, afin de ménager le temps et les efforts de l'insecte parfait. Si, au contraire, l'écorce a peu d'épaisseur, la larve se réfugie dans l'aubier à une profondeur de 1 à 3 centimètres, ce que l'on reconnaît à un tampon de fibres bouchant l'orifice de sa galerie plongeante. Elle fait ensuite volte-face dans sa cellule, de manière à ce que la tête du futur insecte parfait soit tournée vers l'extérieur.

La nymphe ressemble entièrement à celle du *Chrysobothris*.

Anthaxia Corsica Reiche.

LARVE

Long. 8-10 millim. Même forme que la larve du *Chrysobothris*, mais plus déprimée encore et se distinguant par les caractères suivants :

Lisière frontale non déclive, lisse ; bord antérieur moins sinueux, mais toujours avec l'échancrure destinée aux antennes dont la position et la composition sont les mêmes.

Labre arrondi antérieurement et tout à fait glabre.

Lèvre inférieure coupée carrément et non échancrée au bord antérieur; proéminence du disque très-faible et glabre; mais, de chaque côté, la fossette ordinaire, dans laquelle sont les deux pièces superposées, l'une cylindrique, l'autre en forme de petit tubercule, que je considère comme l'équivalent d'un palpe labial.

Prothorax ayant en dessus les deux sillons en V renversé et en dessous le sillon unique, mais relativement un peu plus large peut-être que de coutume, et marqué en outre, de chaque côté des sillons, d'un pli longitudinal et un peu arqué en dedans; mais dépourvu de toute plaque granuleuse, ou même chagrinée, parfaitement lisse, au contraire, luisant et de même contexture que le reste.

Métathorax muni de quatre mamelons arrondis, bien saillants, peu rétractiles, placés deux en dessus et deux en dessous, près des bords latéraux.

Abdomen comme dans la larve du *Chrysobothris ;* corps pubescent, mais sans le moindre cil spiniforme, même au microscope.

Stigmates comme dans les larves précédentes; mais il m'a été impossible de voir les petites aréoles cornées qu'offrent celles-ci, sauf celle d'*Agrilus*, sous les trois segments thoraciques.

En juin 1854, chassant au milieu des Pins sylvestres des montagnes du Guadarrama (Espagne), je pris plusieurs individus de cet *Anthaxia*, alors nouveau, qui, à l'exemple de ses congénères les *A. sepulchralis*, *confusa*, *praticola* et probablement aussi *4 punctata*, aime à se poser sur les fleurs des *Helianthemum* et d'autres plantes à corolles jaunes. Je me doutais que, comme ceux-ci, il vivait dans le Pin, et ayant en effet exploré des menues branches mortes de cet arbre, je ne tardai pas à trouver sa larve. Celle-ci trace, entre l'écorce et l'aubier, une galerie sinueuse qu'elle laisse derrière elle remplie de ses déjections, puis elle s'enfonce dans le bois pour y vivre quelque temps et s'y transformer en nymphe.

Anthaxia fulgidipennis Luc.

LARVE

Je dois la larve de cette espèce à l'obligeance de M. Raffray qui l'a trouvée à Alger dans l'Amandier. Elle a une taille de 14 millim., mais, à cela près, elle n'est qu'un *fac-simile* de celle de l'*A. Corsica*. Les organes de la tête sont conformés de même, le prothorax est également lisse, sauf quelques rides insignifiantes, le métathorax est pourvu de quatre gros mamelons qui paraissent être caractéristiques de ce genre et l'abdomen est dépourvu de tout cil spinuliforme. Il serait superflu de la décrire.

Anthaxia (Buprestis) cichorii Oliv.

LARVE

Ayant pris assez souvent cet insecte en battant des arbres fruitiers, j'ai pensé que sa larve vivait dans les branches mortes de ces arbres, et en effet je l'ai trouvée, avec l'*Anthaxia* lui-même, dans celles du Pommier, du Prunier et du Cerisier.

Elle ressemble entièrement à la larve de l'*A. Corsica*.

Je ferai remarquer en passant que les *Anthaxia* de ce groupe, *candens*, *fulgidipennis*, *cichorii* et certainement quelques autres sont parasites des arbres fruitiers.

Anthaxia (Buprestis) funerula Ill.

LARVE

Ce Buprestide est classé au nombre des espèces dont la livrée est sombre, et celles de cette catégorie qui m'ont livré le secret de leurs métamorphoses, *Corsica*, *praticola*, *sepulchralis*, *quadripunctata*, *morio*, sont pinicoles ; en outre, le *confusa* serait, d'après l'observation de M. Revelière, parasite du Genevrier. Les insectes parfaits ont de plus l'habitude de se poser principalement sur les fleurs jaunes telles que celles des Renoncules, des Cistes, des *Caltha* dont ils rongent les pétales ; c'est ce que fait aussi l'*A. funerula*. J'avais donc deux raisons pour une de penser que sa larve vivait dans le Pin ; mais je l'y ai jusqu'ici vainement cherchée et vainement aussi j'ai attendu la naissance de l'insecte de branches mortes de Pin déposées dans ma pièce à éclosions.

Dans le courant de décembre 1872, explorant des tiges mortes du grand Ajonc, *Ulex Europæus*, je remarquai sous l'écorce des galeries assez larges et irrégulières, paraissant l'œuvre d'une larve de Buprestide qui s'était déjà logée dans le bois. Je refendis la tige et je trouvai, dans une cellule transversale bouchée extérieurement par des détritus, une larve que je n'eus pas de peine à reconnaître pour une larve d'*Anthaxia* ; les quatre mamelons du métathorax ne pouvaient me laisser aucun doute à cet égard. En poursuivant mes recherches, je rencontrai dans sa loge un *Anthaxia* déjà transformé, plein de vie et parfaitement mûr. Il était destiné à passer là tout l'hiver et une partie du printemps, si, en ouvrant sa prison, je ne lui avais donné une liberté anticipée qui, du reste, ne lui servit pas à grand'chose, puisqu'il fut à l'instant condamné à mort. Rentré chez moi, je me hâtai de l'étudier, et je constatai avec la plus entière certitude que c'était un *funerula*. J'ai su depuis que M. Damry l'a trouvé en Corse dans le *Genista Corsica*, arbrisseau voisin de l'*Ulex*.

Voilà donc une espèce que, par analogie, je pouvais supposer pinicole et qui m'aurait donné un démenti si je m'étais prononcé *a priori* sur sa manière de vivre. Il est vrai de dire que si, par la réticulation de son prothorax à mailles ombiliquées, elle a de grands rapports avec les espèces que j'ai citées plus haut, elle se rapproche de l'*inculta* par sa forme, sa couleur bronzée et la ponctuation de ses élytres. Il serait permis d'en conclure que les espèces noires ou d'un noir bronzé sont probablement les seules qui s'adressent aux Pins, ou du moins aux essences résineuses. Cette particularité, propre aux *Anthaxia* et aux *Melanophila*, car les *Melanophila cyanea* et *appendiculata* sont pinicoles, est d'autant plus remarquable que, pour d'autres genres de Buprestides, les mêmes essences nourrissent des espèces à brillante parure, telles que *Buprestis mariana*, *Pœcilonota festiva*, *Ancylocheira rustica*, *flavomaculata* et *octoguttata*, *Chrysobothris Solieri*.

Quant à la larve, je n'ai rien à en dire, si ce n'est qu'elle ressemble tout à fait à celle de l'*A. Corsica*.

Les larves d'*Anthaxia* qui me sont connues se ressemblent toutes ; elles sont remarquables par leur prothorax à surface lisse et luisante et par les quatre mamelons ou verrues du métathorax. Le dernier segment est conformé comme dans la larve du *Chrysobothris*.

Acmæodera (Buprestis) lanuginosa Gyll.

LARVE

Long. 9-10 millim. Elle diffère de celle du *Chrysobothris affinis* par les caractères suivants :

Corps moins déprimé, moins dilaté antérieurement.

Lisière frontale lisse, sans crêtes visibles, mais marquée d'un point presque obsolète de chaque côté de la ligne médiane. *Labre* pas plus long que l'épistome, en parallélogramme transversal, avec les angles antérieurs arrondis, à peine cilié.

Mandibules, vues de côté, parallèles, noires et chagrinées sur les trois cinquièmes antérieurs et jusqu'à une limite indiquée par une sorte de crête arquée, ferrugineuses et à surface lisse mais inégale et de largeur toujours croissante depuis cette crête jusqu'à la base, très-visiblement bifides à l'extrémité, avec une rainure entre les deux dents.

Lobe des mâchoires non renflé, assez étroit, surmonté d'assez longs poils ; premier article des palpes sensiblement plus gros, mais pas plus long que le second.

Lèvre inférieure glabre, c'est-à-dire dépourvue de poils et de cils.

Antennes presque entièrement rétractiles.

Prothorax lisse sur ses deux faces, dépourvu de toute plaque coriacée et marqué, tant en dessus qu'en dessous, d'un sillon médian unique, très-simple, et n'atteignant ni la base, ni le sommet.

Mésothorax, métathorax et premier segment de l'abdomen dilatés de chaque côté de la ligne médiane, en dessus comme en dessous, en une ampoule arrondie assez volumineuse et bien saillante, de sorte que chacun de ces segments est muni de quatre ampoules très-apparentes, très-dilatables et qui rappellent celles des larves des Longicornes.

Corps revêtu de poils blanchâtres, beaucoup plus serrés sur le prothorax et sur le mamelon anal, mais dépourvu, même sous le microscope, de ces petits cils qui couvrent la larve du *Chrysobothris.*

M. E. Revelière a eu la bonté de m'envoyer deux individus de cette larve qu'il a trouvés en Corse, au mois de mai, avec l'insecte parfait, dans les tiges mortes de la *Ferula nodiflora.*

La nymphe m'est inconnue.

Acmæodera adspersula Ill.

A. quadri-fasciata Rossi. — **A. pilosellæ** Bon.

M. Damry, entomologiste, résidant à Bonifacio, s'étant livré à des recherches avec l'intention de me procurer la larve du *Deilus fugax,* a extrait des tiges mortes du *Genista Corsica* des larves qu'il a eu la bonté de m'envoyer et que je n'ai pas eu de peine à reconnaître comme appartenant à un *Acmæodera.* Comme l'*Adspersula* est très-commun à Bonifacio, d'après M. Revelière, je suis porté à croire que les larves dont il s'agit sont de cette espèce. Elle ressemble entièrement à celle de l'*A. lanuginosa.*

M. Revelière m'informe en outre que la larve de l'*A. quadri-fasciata* vit dans le Chêne vert qui lui a donné des insectes parfaits, et très-probablement aussi dans le Lentisque.

Enfin, dans le récit d'une excursion à la Massane (Pyr. orient.) M. Marquet signale l'*A pilosellæ* comme ayant été trouvé dans les branches mortes de l'*Acer monspessulanum* (*Annuaire entom.* de Fauvel, 1876, p 93).

Sphenoptera gemellata Mannerh.

LARVE

Je dois la communication de cette larve, ainsi que d'une nymphe, à l'obligeance de M. Valéry Mayet. Je ne veux pas le priver du droit de la décrire s'il le juge à propos, et je me borne à dire, dans l'intérêt du but de classification que je poursuis, qu'elle reproduit, quant aux organes de la tête, les caractères de la larve du *Chrysobothris* et surtout de l'*Acmæodera;* que tout son corps est couvert de cils spinuliformes qui existent dans la première et qui manquent dans la seconde; que les ampoules des deux derniers segments thoraciques et du premier segment abdominal sont bien moins saillantes que dans cette dernière; que le segment anal est arrondi et que le caractère distinctif réside principalement dans le prothorax, lequel est lisse sur ses deux faces, sauf les petits cils qui couvrent le corps, qu'en dessous il est parcouru par un sillon médian longitudinal partant de la base et aboutissant presque au sommet, et qu'en dessus il porte un double sillon en V renversé, mais avec cette particularité que le sommet de l'angle ne dépasse pas la moitié du segment et qu'il est surmonté d'un sillon unique atteignant presque le bord antérieur, de sorte qu'au lieu d'un V c'est un Y renversé.

Cette larve vit dans les racines de Sainfoin.

Corœbus (Buprestis) bifasciatus Oliv.

Fig. 180.

LARVE

Long. 20-25 millim. Ayant, jusque dans les plus petits détails, les caractères de la larve de l'*Agrilus angustulus*, sauf la taille, bien entendu, et les différences suivantes :

Corps moins déprimé.

Lèvre inférieure montrant, dans chacune de ses cavités latérales, les indices du palpe que je n'ai pu voir dans les larves d'*Agrilus*, même en explorant des larves plus grandes que celle de l'*Angustulus*.

Côtés de la partie coriace de la tête roux et ridés.

Segments thoraciques très-visiblement, mais très-finement chagrinés.

Prothorax ayant, en dessus et en dessous, une plaque largement elliptique, déterminée plutôt par sa couleur que par sa contexture, mais plus nettement limitée que dans les larves d'*Agrilus ;* plaque dorsale traversée longitudinalement par deux sillons très-nets et luisants, rapprochés, un peu sinueux et par conséquent pas tout à fait parallèles ; plaque opposée parcourue par un seul sillon semblable, mais droit.

Abdomen paraissant, à une forte loupe, comme très-finement et très-densément pointillé, et marqué en outre de strioles transversalement onduleuses, plus sensibles et moins serrées.

Corps, vu au microscope, se montrant couvert de spinules ciliformes, mais pour ainsi dire glabre, n'ayant guère que sur les côtés quelques poils très-courts.

Dernier segment très-velu, roussâtre, ruguleux, assez fortement ponctué latéralement ; marqué de chaque côté d'un faible et court sillon longitudinal partant de la base ; terminé en pince cornée et d'un brun ferrugineux, comme dans la larve de l'*Agrilus angustulus ;* mais branches de la pince un peu convergentes et non parallèles et à cinq dents de chaque côté, au lieu de deux.

Stigmates comme dans les larves d'*Agrilus*.

Dans les *Ann. de la Soc. Ent.*, 1867, p. 66 ; 1869, p. LIII, et 1870, p. XXXVII, mon ami, M. Abeille de Perrin a donné quelques détails sur les mœurs de cet insecte dont il avait observé les traces dans plusieurs départements du sud-est. Ses observations ont été confirmées par celles de M. Champenois, insérées au numéro 43 des *Petites Nouv. entom.*, p. 171. Déjà, en 1860, et dans le *Journal des Landes* du 18 août, j'avais publié sur le même sujet des renseignements un peu plus étendus que ceux de M. Abeille de Perrin, mais en parfaite concordance avec eux ; je demande la permission de les reproduire :

« Vous avez remarqué que lorsque, au printemps dernier, les Chênes de notre contrée ont reverdi, beaucoup de branches ont refusé d'imiter les autres, et que, depuis lors, ce roi des forêts, comme on est convenu de l'appeler, hérissé de branches sèches qui le déshonorent, semble menacé du sort de ces anciens rois de France dont on coupait la chevelure, en signe de leur déchéance. Ce fait est général dans le département des Landes, je l'ai constaté aussi dans les Hautes-Pyrénées, il a été remarqué en Provence jusque dans les Basses-Alpes, et un de mes amis m'écrivait dernièrement qu'il l'avait observé jusqu'au sommet des montagnes de la Biscaye.

« Comme il y a des amateurs d'arbres, de même que des amateurs de tulipes; comme l'un tient à ses avenues, l'autre à ses jeunes et à ses vieilles futaies, beaucoup de personnes ont fait attention au mal, et l'on m'a écrit de divers côtés pour m'en demander la cause et le remède.

« La cause, la voici :

« Si l'on examine les branches mortes, on voit que la dessiccation ne s'étend pas ordinairement jusqu'à l'insertion sur la tige, et qu'il reste à la base une portion plus ou moins grande qui a conservé sa vitalité et a même donné lieu, cette année, à des pousses quelquefois très-vigoureuses. Si l'on y regarde de plus près, on remarque que la partie vivante est séparée de celle qui ne l'est plus par une différence de diamètre qui tient à ce que la portion privée de vie s'est rétrécie en se desséchant, tandis que l'autre, au contraire, s'est développée en acquérant une nouvelle couche.

« Si l'on courbe, en la tirant à soi, une de ces branches mortes, fût-elle d'un diamètre de 5 ou 6 centimètres, c'est-à-dire capable, n'étant pas pourrie encore, de résister à un homme ordinaire, elle se rompt, ou plutôt elle se casse brusquement, juste suivant le plan qui sépare la partie morte de la partie vivante, et presque toujours les bords de la cassure sont d'une grande netteté.

« Quand on observe cette cassure, on se rend tout de suite compte de la facilité avec laquelle elle s'est opérée. On voit, en effet, que les couches extérieures du bois ont été détruites par une large galerie annulaire, pratiquée évidemment par un insecte, car elle est pleine de vermoulure. On comprend alors que la branche se soit rompue aussi aisément, puisque son diamètre réel a été diminué de plus de un centimètre, et que ce sont précisément les fibres les plus tenaces, celles de l'aubier, qui ont été coupées.

« Sur cette galerie débouche un assez large trou pénétrant dans le bois mort, et si, stimulé par la curiosité, on fend la branche, on voit que ce trou est l'orifice d'une galerie verticale dans laquelle on trouve, à une faible distance, ou un ver, ou une nymphe, ou un insecte, suivant qu'on opère en avril, en mai ou en juin.

« Ce n'est pas là tout le travail de l'insecte, ou plutôt de sa larve, mais le reste n'intéresse guère ; je me borne à dire que la galerie verticale dont j'ai parlé remonte dans l'intérieur du bois en serpentant et en diminuant insensiblement de diamètre, pour aboutir presque toujours à l'aisselle d'une ramification supérieure.

« L'insecte auteur de ces ravages est sans doute un horrible animal ;

C'est, au contraire, une magnifique petite bête, longue d'environ 15 millimètres, d'un bronzé brillant à reflets d'or, ornée postérieurement de trois bandes vertes, séparées par deux bandes grises. Elle appartient à la splendide famille des *Buprestes* ou *Richards*, et s'appelle le *Richard à deux bandes*.

« Au mois de juin ou de juillet de l'année dernière, les femelles ont pondu un œuf sur chacune des branches aujourd'hui mortes, en introduisant cet œuf sous les premières couches corticales, à l'aide d'une petite tarière dont elles sont munies. De cet œuf est né, bientôt après, une larve, un ver destiné à se nourrir de la substance même du bois, et qui, dès sa naissance, a travaillé à pénétrer dans le tissu ligneux. C'est lui qui, mineur patient et intéressé, a creusé, en cheminant de haut en bas, cette galerie sinueuse dont le diamètre se proportionnait toujours à celui de son corps. Vers la fin de l'hiver dernier, ce ver, arrivé presque à son plus grand développement, et appelé à devenir, en juin ou juillet de cette année, ce brillant insecte que j'ai décrit plus haut, a établi, pour des motifs qu'il serait un peu long et d'ailleurs inutile d'expliquer ici et qui prouvent l'admirable instinct de cette bestiole en apparence si stupide, a établi, dis-je, la galerie circulaire qui, détruisant, avec les couches extérieures de l'aubier, tous les vaisseaux dans lesquels chemine la séve descendante, a déterminé la mort inévitable de la partie de la branche située au-dessus de cette destruction des organes de la vie. Voilà pourquoi ces branches sont demeurées sèches, lorsque les autres, affranchies de tout ver rongeur, se sont couvertes de verdure.

« Telle est la cause, où est le remède ? Il pourrait se trouver dans l'intervention opportune et simultanée de tous les intéressés, c'est-à-dire dans l'enlèvement et la destruction, en temps utile et partout, de toutes les branches mortes ; mais comme cette entente est impossible à réaliser, je dois dire que le remède n'est, en particulier, ni chez moi, ni chez personne et qu'il ne se trouve que dans la nature... »

Voici maintenant, selon ma manière de voir, l'explication de cette galerie annulaire qui fait périr la branche. La larve aime à se nourrir du bois vivant ; mais depuis le mois de juillet, époque de sa naissance, jusqu'au mois de mars suivant, c'est-à-dire jusqu'au moment où, ayant acquis presque tout son développement, elle doit songer à sa transformation en nymphe, la séve n'est pas assez active pour pouvoir l'incommoder ; mais au printemps, il n'en serait pas ainsi ; les sucs nourriciers affluant en abondance et s'extravasant dans la galerie creusée par la larve, la rempliraient d'une substance mucilagineuse mortelle pour cette dernière, plus dangereuse encore pour la nymphe inerte, immobile, impuissante à fuir le péril. Il faut donc, aux approches de ce moment critique, ou que la larve se laisse tomber à terre pour s'y transformer, ce qui est contraire aux lois établies pour les larves des Buprestides, ou bien qu'elle empêche la séve d'envahir son habitation. C'est ce qu'elle fait en pratiquant l'incision annulaire dont j'ai parlé. Son domicile se trouve, dès lors, isolé, elle peut en toute sécurité compléter son développement et accomplir ses dernières évolutions. Cette manœuvre, à la fois si simple et si efficace, exécutée avec tant d'opportunité et de précision, est vraiment digne d'intérêt et même d'admiration. Il est seulement fâcheux qu'il en résulte des dommages qui, dans certaines années et certains pays, ne sont pas sans importance.

NYMPHE

La nymphe ressemble à celles dont j'ai parlé.

Coræbus (Buprestis) undatus F.

LARVE

Cette larve est plus déprimée, plus grêle que la précédente, et son prothorax, plus dilaté que les deux autres segments thoraciques, n'est guère plus large que les segments abdominaux ; on peut donc dire qu'elle est linéaire, avec un léger étranglement à la région du mésothorax et du métathorax. Étant plus grêle que celle du *C. bifasciatus*, elle est aussi plus longue, et j'en ai des individus qui se sont allongés sans doute dans l'alcool, et qui mesurent 40 millim.; d'un autre côté, si les segments thoraciques sont chagrinés comme dans cette dernière larve, l'abdomen est bien plus lisse et moins chargé de spinules ciliformes. Le dernier segment est conformé de même, il est roussâtre, ruguleux, ponctué, velu, terminé par une pince cornée et noire, à lames convergentes, mais ces lames sont plus émoussées à l'extrémité, et elles n'ont de chaque côté qu'une seule dent. A ces différences près, la larve du *C. undatus* présente tous les caractères de celle du *C. bifasciatus*.

Je dois de nombreux individus de cette larve à mon ami M. Bauduer, de Sos ; elle vit sur le Chêne-liége et j'ai vu sur les lieux mêmes les effets qu'elle y produit. On sait que, tous les huit ou dix ans, on détache, au moment de la séve, l'écorce du liége dont on fait ensuite des bouchons, etc.; mais cet enlèvement se fait en respectant le liber et par suite l'organe reproducteur d'une écorce nouvelle. C'est sous cette écorce régénérée et d'une vitalité peu active que la larve du *Coræbus* aime à vivre ; elle y creuse des galeries en longs zigzags plutôt anguleux qu'arrondis, puis, aux approches de la séve nouvelle, elle pénètre dans l'écorce subéreuse pour y compléter sa croissance et s'y transformer en nymphe. Lorsqu'on enlève l'écorce pour la récolte, on trouve souvent de ces larves et de ces nymphes, et on peut remarquer que leurs galeries ont laissé un sillon dans les couches supérieures du liber qui seront plus tard les couches les plus extérieures de la nouvelle écorce. Or ces sillons, de même que les gravures ou entailles que l'on fait avec la pointe d'un couteau sur les arbres à écorce lisse, persistent pendant plusieurs années, en s'élargissant et s'éraillant toujours davantage. Quand on parcourt une plantation de Chênes-liéges dont la dernière exploitation ne remonte pas à plus de six ans, on peut s'étonner d'en voir un très-grand nombre marqués de grands zigzags superficiels qui ont l'air d'avoir été faits à dessein ; celui qui connaît les mœurs du *C. undatus* en trouve l'explication.

Coræbus (Buprestis) æneicollis Villers.

Fig. 181.

LARVE

Long. 5-7 millim. Larve très-blanche, très-molle, presque cylindrique, n'ayant d'autres parties consistantes et colorées de ferrugineux que la lisière frontale, les mandibules et les branches de la pince anale ; les autres organes de la bouche sont roussâtres, ainsi que les antennes. Ces organes ne m'ont paru présenter aucune différence avec ceux des larves de *Coræbus* dont je viens de parler ; mais il existe, indépendamment de la taille, des caractères qui ne permettent pas de confusion.

Le *prothorax* est très-transverse, c'est-à-dire beaucoup plus large que long, et plus large que les segments abdominaux, qui sont eux-mêmes plus larges que le métathorax et de la largeur du mésothorax. Il n'est ni roussâtre ni chagriné et il est marqué d'un sillon médian unique sur les deux faces ; des deux côtés de ce sillon une forte loupe montre quelques fines stries arquées et sinueuses. Les deux autres segments thoraciques présentent aussi des stries semblables.

L'*abdomen* est parfaitement lisse ; le corps est presque glabre, c'est à peine si le microscope montre sur les côtés quelques poils très-courts et très-fins sans la moindre trace de spinules ciliformes. Le dernier segment lui-même est presque glabre, blanc et lisse; il est terminé par une pince cornée dont les branches, nettement tronquées à l'extrémité, n'ont qu'une seule dent de chaque côté, mais bien marquée et taillée à angle droit.

Cette larve se distingue, comme on le voit, des deux autres larves de *Corœbus* par le sillon dorsal unique du prothorax et par son épiderme complétement lisse. On la trouve dans les petites branches et surtout dans les sommités des petites branches récemment mortes du Chêne (1). Dans son jeune âge, elle vit sous l'écorce, mais elle ne tarde pas à pénétrer dans le bois, et c'est là qu'au mois d'avril elle se transforme en une nymphe d'une mollesse et d'une fragilité extrêmes.

NYMPHE

Cette nymphe ne présente rien qui mérite d'être signalé; sa tête, comme dans les autres nymphes de Buprestides, est très-visible par derrière.

MM. Mulsant et Valéry Mayet ont publié, 15e opuscule, p. 85, la larve d'un *Corœbus* dont ils n'indiquent ni l'espèce ni le genre de vie. Je me permets de dire à mes savants amis que cette larve ne saurait être d'un *Corœbus ;* les descriptions que je viens de donner en sont une preuve. Il me suffit de savoir, pour être sûr de mes appréciations, que dans leur larve, 1° le prothorax est rayé de deux lignes naissant au milieu du bord antérieur et divergentes d'avant en arrière, 2° l'appendice anal, au lieu d'être en pince, est simple et figure presque un 10e anneau.

A quel genre appartient donc cette larve de 12 1/2 millim. de longueur ? Cette question me cause de l'embarras. Les auteurs précités n'ayant mentionné, pour le prothorax, que les deux lignes divergentes et quelques autres lignes plus légères en dehors de celles-ci, je dois croire que ce segment ne porte pas cette plaque granulée, réticulée ou chagrinée propre au plus grand nombre de genres, et qu'ils n'auraient pas manqué de signaler, eux si clairvoyants, si elle avait existé. Donc le prothorax est lisse, et jusqu'ici ce caractère n'appartient, à part les *Trachys* et les *Aphanisticus*, qu'aux genres *Ptosima*, *Acmæodera*, *Sphenoptera* et *Anthaxia* ; mais les deux premiers n'ont qu'un sillon médian unique; le troisième en a deux divergents, mais le sommet de l'angle qu'ils forment ne part pas du bord antérieur, il en est séparé par un sillon médian.

(1) M. Bellier de la Chavignerie a pris l'insecte en battant des Noisetiers (l'*Abeille*, faits divers, p. XLIV).

Le quatrième, c'est-à-dire le genre *Anthaxia*, a bien le prothorax comme le dit la description que je discute, mais comment ses auteurs n'auraient-ils pas vu et mentionné les quatre mamelons si remarquables que présente le métathorax? Cependant, si le prothorax est lisse, je crois à une larve de *Sphenoptera* ou d'*Anthaxia*, parce que je ne puis la rapporter à aucun autre genre. Dans tous les cas, j'ose affirmer qu'elle n'est pas de *Coræbus*.

Agrilus hastulifer RATZ.
Agrilus viridis L. **var. nocivus** RATZ.

LARVE

Je ne décrirai pas les larves de ces deux espèces, puisque je ne pourrais que reproduire mot à mot la description que j'ai donnée de celle de l'*A. angustulus*. Je me bornerai à dire, pour la première, que je l'ai observée dans des Aulnes de dix à douze ans, récemment morts, et que j'ai constaté son authenticité en obtenant un certain nombre d'insectes parfaits. A l'exemple de ses congénères, elle creuse entre l'écorce et l'aubier une galerie extrêmement sinueuse, de sorte que, quand plusieurs larves vivent rapprochées, il en résulte un enchevêtrement très-original et inextricable. Avant l'hiver elle s'enfonce à une faible profondeur dans le bois où elle devient nymphe dès le mois d'avril.

Quant à la larve de l'*A. nocivus* dont M. Ratzeburg a dit quelques mots, je m'y intéresse parce qu'elle a un instant vivement piqué ma curiosité. Comme je traversais, à la fin d'avril, un marais tourbeux peuplé d'un arbuste aromatique, le *Myrica gale*, je remarquai quelques branches mortes. L'idée me vint de les explorer, et je ne tardai pas à y trouver des larves d'*Agrilus*. Quelle était cette espèce? Cela m'intriguait un peu à cause de la faible dimension des branches dans lesquelles vivait la larve, et beaucoup en raison de l'odeur propre à l'arbrisseau dont il s'agit. Je fis donc mon petit fagot, je l'enfermai dans un grand bocal et quelques jours après je vis apparaître des *Agrilus* qu'une étude sérieuse me fit rapporter tout simplement au *viridis*, var. *nocivus*. Je fus déçu, car je m'attendais à quelque chose de mieux, et quelque peu surpris parce que d'après Ratzeburg, la larve du *nocivus* vit dans les jeunes Hêtres.

Agrilus aurichalceus Redt.

LARVE

Au mois de juin il m'arrivait souvent de prendre cette espèce sur les feuilles de la Ronce, et naturellement l'idée me vint que sa larve devait vivre dans les tiges malades ou récemment mortes de cet arbrisseau. Mes recherches confirmèrent bientôt cette présomption, et je ne tardai pas à rencontrer des Ronces percées de trous de sortie que je ne pouvais attribuer qu'à un *Agrilus*. Encouragé par ce premier succès, je poursuivis mes explorations et je sus bientôt tout ce que je voulais savoir.

La larve de l'*Agrilus* dont il s'agit passe la plus grande partie de son existence sous l'écorce des tiges récemment mortes ou très-malades de la Ronce. Comme le bois est à la surface un peu cannelé, la galerie qu'elle creuse est peu sinueuse, le plus ordinairement elle est longitudinale et linéaire. Aux approches de la métamorphose, elle pénètre dans la couche ligneuse, assez mince, comme on sait, très-rarement dans la moelle, et elle y continue longitudinalement sa galerie à l'extrémité de laquelle elle se transforme en nymphe.

Cette larve, dont tous les caractères sont ceux des autres larves d'*Agrilus*, ne se fait remarquer que par la forme très-grêle et relativement plus allongée de son corps.

La nymphe n'offre rien qui mérite d'être signalé.

Cet article peut s'appliquer aussi à la larve de l'*Agrilus roscidus* Kiesw., qui vit également dans la ronce.

Agrilus hyperici Creutz.

LARVE

Voici une larve d'*Agrilus* qui vit dans une plante herbacée. Pour moi, du moins, elle est jusqu'ici la seule qui ne soit pas lignivore. Je la trouve, en effet, dans les tiges de l'*Hypericum perforatum*. L'œuf est pondu vers le haut de la tige, et comme l'écorce est trop mince et trop fragile pour servir de protection, la larve, dès sa naissance, plonge dans l'intérieur et suit le canal médullaire. Elle chemine ainsi en descendant, c'est-à-dire la tête en bas, creusant une galerie longitudinale qui naturellement augmente progressivement de diamètre et dont elle s'approprie les déblais. Elle arrive ainsi jusqu'au collet de la racine où on la trouve installée et pour ainsi dire adulte dès le mois d'octobre. C'est là qu'elle passe l'hiver. Le printemps venu, elle élargit un peu sa galerie, se replie sur elle-même et, par une manœuvre lente dans laquelle elle doit échouer quelquefois, elle finit par s'allonger la tête en haut. Bientôt après et ordinairement dans le courant du mois d'avril, elle subit, sans autre déplacement, sa métamorphose en nymphe.

Cette larve est encore plus grêle que la précédente, mais, à cela près, elle est conformée absolument comme les autres larves d'*Agrilus*.

Il en est de même de la nymphe.

L'insecte parfait se montre en mai.

Aphanisticus (Buprestis) emarginatus F.

Fig. 182-188.

LARVE

Long. 5-6 millim. Blanche, charnue, molle, fragile, subdéprimée, en massue antérieurement, atténuée postérieurement.

Tête déprimée, bien distincte seulement dans sa partie antérieure ; région crânienne presque confondue avec le prothorax dont elle est à peine séparée par une faible suture. Tête et prothorax réunis formant un cœur renversé.

Lisière frontale assez grande, cornée, ferrugineuse, plane, limitée postérieurement par une suture droite ; largement et très-peu profondément échancrée au bord antérieur.

Épistome invisible, à moins qu'on ne considère comme tel la lisière frontale dont je viens de parler.

Labre transversal, tronqué et cilié de petites spinules dont les plus longues sont celles qui avoisinent les angles.

Mandibules ferrugineuses, courtes mais larges, bidentées à l'extrémité et munies d'une assez forte dent à leur tranche interne.

Palpes et *lèvre inférieure* impossibles à bien distinguer. Je dois dire cependant, après avoir examiné un grand nombre de larves, que j'ai vu presque toujours poindre au-dessus des angles du labre une petite pièce pointue, paraissant bien distincte des cils spinuliformes de ce labre, et quelquefois même un petit poil se détachait de côté. En observant au microscope des larves posées de champ, j'ai aperçu une saillie sous le labre et deux poils très-petits. J'en conclus volontiers qu'il existe des palpes maxillaires dont je n'ai pu bien apprécier ni la forme ni la composition.

Aux deux côtés de la lisière frontale, sur une entaille à angle droit, surgit une *antenne* très-courte qui, dans certains cas, m'a paru triarticulée, mais où je n'ai constaté sûrement que deux articles, le premier gros, muni d'un poil en dehors, le second plus court, grêle et inséré plus près du côté interne que de l'autre. L'extrême inertie de cette larve rend très-difficile la constatation de ces divers organes que des larves plus actives mettent ordinairement en relief en se débattant entre les doigts qui les pressent ou les plaques de verre qui les assujettissent sous le microscope.

En arrière des antennes, sur les côtés de la tête, existe une large dilatation, un lobe, une sorte d'oreille très-saillante, à peine arrondie à son bord externe.

Du bord postérieur de la lisière frontale partent, tant en dessus qu'en dessous, deux filets cornés, d'un testacé ferrugineux, divergents, visibles par transparence et se terminant un peu après le milieu du prothorax ; les deux filets supérieurs sont fourchus et les deux rameaux internes sont réunis par un filet transversal un peu sinué ; les inférieurs sont simples. Vus au microscope, tous ces filets sont lisses et cylindriques. Je me persuade qu'ils servent d'attache aux muscles chargés de faire fonctionner les organes de la tête.

Prothorax s'élargissant d'avant en arrière, largement échancré postérieurement, déprimé et comme canaliculé au milieu, près de la base ; *mésothorax* et *métathorax* presque aussi larges, le premier surtout, que le prothorax ; les deux ensemble un peu plus longs que lui ; dilatés en bourrelet de chaque côté.

Abdomen de neuf segments, plus le mamelon anal ; premier segment plus court que les suivants, un peu dilaté aux angles postérieurs ; les six segments qui suivent à peu près égaux entre eux, bisinués sur les côtés à cause de la dilatation produite par une sorte de bourrelet latéral qui rend assez sensible une fossette adjacente ; huitième segment un peu plus court et également bisinué ; neuvième un peu plus court encore, régulièrement arrondi sur les côtés ; segment anal très-petit, charnu comme les autres, muni postérieurement d'un pli vertical qui le fait paraître bilobé.

Tout le *corps* est entièrement glabre, et je n'ai pu voir, même aux plus forts grossissements, d'autre poil que celui qui se trouve en dehors du premier article des antennes. Le microscope ne m'a montré non plus aucune aspérité sur la larve placée naturellement; mais en la mettant sur le flanc, j'ai vu que, du côté du dos, les segments abdominaux sont couverts, sur un espace qui ne s'étend pas jusqu'aux bords antérieur et postérieur, d'aspérités ciliformes très-serrées et d'une petitesse extrême.

Stigmates comme dans les larves d'*Agrilus*.

Pattes nulles.

Il y a déjà longtemps que je connais la manière de vivre de la larve de l'*A. emarginatus*. En promenant mon filet sur les massifs de *Juncus obtusiflorus* Erh., *articulatus* D. C., qui couvrent certains endroits humides ou marécageux, je prenais très-abondamment cet insecte, et je devais croire que cette plante lui servait de berceau. Je m'accroupis, un jour de la fin de juin, au milieu d'un de ces massifs, je me mis à arracher des joncs, et après en avoir fendu inutilement un certain nombre, je finis par remarquer à la surface de quelques-uns les indices d'une galerie sinueuse pratiquée par une de ces larves mineuses comme il y en a tant. Ne me doutant pas alors qu'il y eût dans la famille des Buprestides des larves douées de semblables habitudes, je croyais avoir affaire à une larve de diptère ou de micro-lépidoptère, mais ayant exploré, avec toutes les précautions voulues, des joncs attaqués, je ne tardai pas à mettre à nu une larve dont la physionomie rappelait tout à fait celle des larves de Buprestides, et dès lors il devint évident pour moi que cette larve était celle de l'*Aphanisticus*. En poursuivant mes recherches, séance tenante, je finis par trouver une nymphe, et alors ma conviction devint complète.

Il me restait pourtant une chose à vérifier. Juste à la naissance de la galerie se trouvait un corps elliptique, d'un beau noir luisant, convexe, en forme de calotte, car si je le soulevais, je le trouvais concave en dessous. Qu'était ce corps dont je n'avais jamais vu le semblable et dont je ne pouvais, dès lors, juger par analogie la nature et la destination? Ce ne pouvait être un œuf, puisqu'il était presque aussi large que l'abdomen de l'*Aphanisticus*, qu'il était, comme je l'ai dit, en forme de calotte membraneuse, soudée à la surface du jonc par ses bords scarieux ; j'eus beau m'acharner, je ne pus rien trouver qui me donnât la solution du problème. Je renvoyai donc à l'année suivante, car l'entomologiste, comme l'agriculteur, en a le plus souvent pour une année, quand il s'agit de renouveler une observation ou une expérience.

L'année suivante donc, mais cette fois dans le courant de mai, je recommençai mes recherches, je fis provision de joncs sur lesquels se trouvait le corps noir dont j'ai parlé, et rentré chez moi, je me mis à l'étude. Je commençai par les joncs qui présentaient un commencement de galerie, les calottes étaient toujours vides; j'en pris un où la galerie n'était pas commencée, je soulevai, et une forte loupe me montra sous la calotte un petit corps charnu ayant une tête qui rappelait celle de la larve de l'*Aphanisticus*. Je m'adressai à d'autres calottes et bientôt j'en rencontrai une qui recouvrait un tout petit œuf jaunâtre. Enfin! m'écriai-je... Je savais, en effet, ce que je voulais savoir.

Donc la femelle de l'*Aphanisticus* dépose un œuf non sur la tige proprement dite, mais sur la gaîne plus tendre d'une des feuilles, et pour que cet œuf ne tombe pas et que la larve naissante trouve un abri et un point d'appui, elle le recouvre d'une membrane sécrétée par un organe spécial, façonnée en calotte, susceptible de se coller par ses bords et qui, peut-être d'abord de couleur pâle, devient bientôt d'un beau noir très-luisant. La larve naît sous cette calotte, et tout aussitôt elle se met, en pleine sécurité, à ronger l'épiderme pour se mettre dessous et commencer cette galerie qui doit l'abriter et dont les déblais doivent la nourrir. Celle-ci est d'abord très-étroite et elle se dirige en montant ou en descendant si l'œuf a été pondu vers le milieu de la gaîne, en montant s'il a été fixé vers le bas, en descendant s'il a été déposé en haut, puis elle redescend ou elle remonte, croise même la galerie primitive, laboure la gaîne en sinuosités quelquefois très-compliquées, avec des diamètres souvent irrégulièrement inégaux, forme parfois un boyau en cul-de-sac, pour se ramifier ensuite plus en arrière, ce qui prouve que la larve, arrêtée par quelque obstacle, ou par un parenchyme de mauvais goût, ou par son caprice, a reculé sur sa propre trace pour changer de direction. Tout cela se voit parfaitement, comme on voit, sur les feuilles de tant de plantes, ces broderies et ces arabesques tracées par des larves d'*Agromyza* et de *Phytomyza*, parce que l'épiderme correspondant à la galerie est décoloré et souvent même un peu boursouflé.

Enfin la galerie se termine brusquement à un point quelconque de la surface de la gaîne, et la larve, que l'on apercevait ordinairement sous l'épiderme, disparaît. Qu'est-elle devenue? A-t-elle, comme d'autres mineuses, quitté la plante pour s'enfoncer dans la terre? Non, car si l'on fend le jonc, on la trouve, non plus dans la gaîne, mais sous l'épiderme de la tige elle-même; le plus souvent alors elle donne à sa galerie la forme spirale, elle enveloppe la tige de un, deux ou trois tours, puis elle pénètre plus profondément dans l'intérieur, et après avoir miné encore quelque temps en ligne droite, elle s'établit dans sa galerie un peu élargie en cellule, se raccourcit très-sensiblement, devient d'un beau blanc assez mat et finalement se transforme en nymphe. Tout cela s'accomplit de la mi-mai au commencement de juillet.

Les galeries sont remplies de crottins secs et jaunâtres, d'abord extrêmement petits, puis assez gros et grumeleux ; elles ne pénètrent jamais dans la feuille proprement dite, laquelle, étant fistuleuse et noueuse, ne saurait convenir à la larve. Cette feuille est très-souvent destinée à nourrir dans son intérieur une larve verdâtre de Tenthrédine, qui se métamorphose dans la terre et dont je n'ai pu obtenir l'insecte parfait.

L'époque de la ponte coïncidant avec celle du développement du jonc, c'est habituellement sur la gaîne la plus inférieure que les œufs sont déposés : je dis les œufs, car si assez souvent il n'y en a qu'un ou deux, il arrive fréquemment aussi qu'il y en a plusieurs. J'en ai compté jusqu'à onze sur une longueur de moins de 10 centimètres, et alors les galeries des larves mineuses constituent un lacis inextricable. La seconde gaîne ne reçoit que des pontes tardives ou d'une seconde génération, qui ont lieu en juin et juillet.

La faculté de protéger ses œufs par une calotte membraneuse n'est pas exclusivement l'apanage des femelles d'*Aphanisticus;* j'ai constaté qu'elle appartient aussi à celles du *Trachys*, et qui sait ? peut-être la retrouvera-t-on même dans les espèces lignivores. Mon excellent ami, M. Leprieur, qui a si bien observé et décrit les mœurs du *Trachys pygmæa*, n'a pas manqué de signaler cette particularité. La calotte que sécrète cette espèce est blanche, celle des *T. minuta* et *pumila* est noire.

NYMPHE

La nymphe n'offre rien de particulier, elle est très-glabre, la tête est bien saillante et montre l'échancrure frontale qui a motivé le nom spécifique de l'insecte parfait et qui est propre, du reste, à tous les *Aphanisticus*.

A l'occasion des cinq espèces de Buprestides dont j'ai décrit les métamorphoses dans l'*Histoire des Insectes du Pin maritime*, j'ai donné, concernant les larves de ce groupe, quelques généralités sur lesquelles je ne reviendrai que pour dire qu'en traitant, dans le même travail, des larves de Longicornes, qui, comme celles des Buprestides, ont treize segments, je me suis rangé décidément à l'opinion qui veut que le treizième segment soit l'équivalent du mamelon anal de la plupart des autres larves. Ma manière de voir sur ce point, loin de s'être modifiée, s'est fortifiée au contraire de toutes les observations que j'ai faites depuis et des déductions que j'en ai tirées. Il demeure donc entendu que les larves des Buprestides n'ont en réalité que douze segments, tête non comprise. La forme et le développement insolites et trompeurs du segment anal me paraissent dériver de certaines nécessités physiologiques sur lesquelles je compte revenir quand je serai arrivé aux larves des Longicornes.

Les larves des Buprestides peuvent, dès à présent, se prêter à cinq divisions :

1° Celles dont le segment anal est arrondi et le prothorax marqué sur le dos de deux sillons en V renversé : *Buprestis*, *Capnodis*, *Dicerca*, *Psiloptera*, *Chrysobothris*, *Pœcilonota*, *Anthaxia*, *Sphenoptera ;*

2° Celles qui ont aussi le segment anal arrondi et dont le prothorax n'a qu'un seul sillon sur le dos : *Ptosima*, *Acmæodera ;*

3° Celles dont le segment anal est terminé en pince : *Corœbus*, *Agrilus ;*

4° Celles dont le corps est très-déprimé et marqué de taches noires : *Trachys ;*

5° Celles dont le segment anal est arrondi, dont le prothorax est dépourvu de tout sillon et dont la tête est profondément lobée sur les côtés : *Aphanisticus*.

La première division comporterait plusieurs subdivisions basées sur les plaques prothoraciques tantôt largement et assez fortement granuleuses, *Buprestis*, *Chrysobothris*, *Melanophila ;* tantôt à peine granuleuses ou ridées autour des sillons, *Ancylocheira ;* tantôt mates et très-finement chagrinées, *Psiloptera*, *Capnodis*, *Dicerca*, *Pœcilonota ;* tantôt lisses et luisantes, *Anthaxia*, *Sphenoptera*. Le premier de ces deux genres aurait en outre pour caractère les quatre mamelons ou verrues du métathorax, et le second cette particularité que le V renversé est surmonté d'un sillon unique.

La troisième division pourrait donner lieu à deux subdivisions : la première, caractérisée par les deux sillons rapprochés et presque parallèles du dos du prothorax, *Corœbus ;* la seconde, par un sillon dorsal unique, *Agrilus ;* mais la larve du *Corœbus æneicollis* fait exception, car elle n'a qu'un sillon unique, et nous avons vu qu'elle diffère aussi des larves de *Corœbus* et d'*Agrilus* par son corps lisse et exempt de toute aspérité. Il y a là un fait qui appelle l'attention et je ne suis pas surpris qu'on ait songé à ne laisser dans les *Corœbus* que *bifasciatus*, *rubi*, *undatus* et *elatus* pour faire de tous les autres le genre *Melybœus*. Je trouve plus rationnel encore l'opinion de M. de Marseul qui préférerait mettre à part les deux premiers seulement. Les antennes, les tarses, le corselet offrent des différences sensibles, et le remarquable avertissement donné par les caractères différentiels des larves a une importance dont on ne peut se dispenser de tenir compte.

La deuxième, la quatrième et la cinquième divisions ne sont pas susceptibles, quant à présent du moins, d'être subdivisées.

Voici, au surplus, un essai de tableau synoptique que je ne considère pas, bien s'en faut, comme définitif, et qui se modifiera et se complétera selon les caractères des larves aujourd'hui inconnues que l'on parviendra à découvrir.

A Segment prothoracique plus large que chacun des deux suivants, larve en massue ou en pilon, subdéprimée, sans taches.

B Mamelon anal simple, arrondi ou à peine échancré par le pli longitudinal de l'anus.

C Prothorax marqué en dessus de deux sillons en V renversé.

D Plaques supérieure et inférieure du prothorax rugueuses ou granuleuses.

a Prothorax très-large, mésothorax et métathorax bien plus larges que l'abdomen; labre un peu crénelé, les deux crénelures des angles grandes et bien marquées ; mandibules, vues de face, nettement tridentées au sommet, avec deux cannelures entre les dents ; plaques du prothorax transversalement elliptiques, couvertes de petites élévations transversales et de granules coniques et un peu émoussés, médiocrement serrés. *Buprestis.*

Labre et mandibules comme le précédent; plaques du prothorax couvertes, au milieu seulement et sur un espace oblong, de granules très-petits, coniques, disposés de manière à former de petites rides ; deux verrues ambulatoires sous le mésothorax et quatre en série transversale sous le métathorax (d'après la description de la larve de l'*Eurythyrea micans*, par M. Schiödte). *Eurythyrea.*

Labre non crénelé; mandibules bidentées au sommet; plaques du prothorax transversalement elliptiques, couvertes de spinules pointues très-serrées, un peu inclinées en arrière. *Chrysobothris.*

aa Prothorax moins large, mésothorax et métathorax à peine plus larges que l'abdomen ; mandibules bidentées (*cyanea*), nettement tronquées (*decastigma*) ; plaque supérieure du prothorax un peu plus longue que large, arrondie latéralement ; plaque inférieure sensiblement plus longue que large, à côtés un peu sinueux et presque parallèles, l'une et l'autre arrondies et plus étroites antérieurement, presque droites postérieurement, avec un petit angle rentrant au milieu et couvertes de petits granules serrés. *Melanophila*

DD Plaques supérieure et inférieure du prothorax mates.

E Mandibules tridentées au sommet.

b Sillons en V renversé formant un angle aigu d'une ouverture égale à la moitié de sa hauteur.

Sillons en V renversé luisants ainsi qu'une partie interne du sommet de l'angle ; bordures externes de ces sillons luisantes à partir du milieu, s'élargissant progressivement jusqu'au dessus du sommet où elles se réunissent pour former une sorte de losange ; ces parties luisantes marquées de rides irrégulières obliques et très-finement granuleuses ; sillon de la plaque inférieure luisant avec bordures luisantes formant au sommet un losange transversal ; méso-thorax, métathorax et premier segment de l'abdomen mats en dessus et en dessous, sauf les bords antérieur et postérieur. *Psiloptera.*

Sommet de l'angle mat ; bordures luisantes du V renversé plus fortement striées sauf au sommet où leur réunion est lisse et en forme de champignon plutôt que de losange ; de même pour les bordures luisantes du sillon inférieur Segments précités moins mats et sur une moindre étendue. *Dicerca.*

bb Sillons en V renversé formant un angle plus aigu, d'une ouverture égale au tiers de sa hauteur.

Intérieur de l'angle mat jusqu'au sommet ; bordures luisantes ayant de petites élévations obliques et granulées, ne se dilatant presque pas après leur réunion au dessus du sommet de l'angle qu'elles dépassent de beaucoup plus que dans les précédentes. Bordures luisantes du sillon inférieur se dilatant antérieurement en spatule. Segments précités mats sur un espace encore moindre. *Capnodis.*

EE Mandibules bidentées au sommet.

Plaques du prothorax comme dans *Psiloptera* et sillons luisants, mais pour ainsi dire pas de bordures ; partie luisante en avant du sommet de l'angle supérieur et du sillon médian inférieur non dilaté. *Pœcilonota.*

DDD Plaques supérieure et inférieure du prothorax lisses et luisantes.

Plaque supérieure ruguleuse sur un petit espace en dehors du V renversé et l'inférieure en avant du sillon médian.	*Ancylocheira.*
Pas d'espace ruguleux ; sillons du dos du prothorax en V renversé ; quatre verrues sur le métathorax, deux dessus et deux dessous.	*Anthaxia.*
Sillons du dos du prothorax en Y renversé ; pas de verrues.	*Sphenoptera.*
CC Prothorax marqué en dessus d'un seul sillon médian.	
Premier segment de l'abdomen aussi étroit ou plus étroit que les suivants ; corps paraissant à une forte loupe comme très-finement chagriné, et, vu au microscope, couvert de soies spinosules très-petites, extrêmement serrées et inclinées en arrière.	*Ptosima.*
Premier segment de l'abdomen plus large que les suivants, corps lisse même au microscope.	*Acmæodera.*
CCC Prothorax dépourvu de tout sillon ; tête profondément lobée sur les côtés.	*Aphanisticus.*
BB Mamelon anal en forme de pince.	
Prothorax marqué en dessus de deux sillons rapprochés et parallèles.	*Coræbus.*
Prothorax marqué en dessus d'un seul sillon.	
Corps lisse, même au microscope.	*Melibœus* *Cor. æneicollis.*
Corps, vu au microscope, couvert de soies spinosules.	*Agrilus.*
AA Segment prothoracique un peu plus étroit que chacun des deux suivants ; larve ovale allongée, très-déprimée, ornée sur les deux faces d'une série de taches noires.	*Trachys.*

Les larves des Buprestides sont toutes phytophages, et jusqu'au moment où M. Leprieur a publié l'histoire très-complète du *Trachys pygmæa*, on les croyait lignivores. On sait aujourd'hui que les larves des *Trachys* vivent en mineuses de feuilles, celle du *T. pygmæa* sur les Malvacées, celle du *T. minuta* sur le Saule marceau, celle du *T. pumila* sur le *Stachys recta*, le *Marrubium vulgare*, la *Mentha rotundifolia*, celle du *T. nana* sur le *Convolvulus arvensis*.

On vient de voir que celle de l'*Aphanisticus emarginatus* est herbivore, et je présume qu'il en est de même de toutes les autres de ce genre. M. Leprieur, dans sa notice sur le *Trachys pygmæa* exprime le soupçon, très-fondé assurément, que l'*A. angustatus* pond sur les joncs où on le trouve.

Enfin je rappelle que la larve de l'*Acmæodera ovis* vit dans les tiges de la *Ferula*, celle de la *Sphenoptera gemellata* dans les racines du Sainfoin, celle de l'*Agrilus hyperici* dans les tiges des *Hypericum*, et j'ajoute que M. Durieu de Maisonneuve a trouvé dans une tige de *Cirsium echinatum* un *Corœbus amethystinus* qui y avait accompli toutes ses métamorphoses (*Soc. Ent.* 1847, *Bull.*, p. 9).

Les larves des Buprestides, et c'est encore là une particularité de ces bestioles si étranges à tant de titres, se font remarquer par leur inertie et par leur impuissance à se mouvoir en dehors des lieux où elles sont appelées à vivre. A voir les longues et sinueuses galeries que quelques-unes d'entre elles du moins tracent sous les écorces, on dirait qu'elles obéissent à l'impulsion d'une activité désordonnée; extraites de ces galeries, c'est à peine si elles sont capables de courber horizontalement leur abdomen. De toutes les autres larves de Coléoptères, à part peut-être certaines larves d'Eucnémides, il n'en est pas une, que je sache, qui soit frappée d'une pareille atonie. Les larves mineuses des *Orchestes* et des *Ramphus*, celles mêmes des Scolytides sont presque agiles en comparaison.

Je dois aussi appeler l'attention sur ces petites aréoles à périmètre subcorné que l'on observe sous les trois segments thoraciques de ces larves, de celles du moins qui ont une certaine taille. J'ignore quel usage et quelle importance peuvent avoir ces aréoles, à moins qu'elles ne constituent des ampoules inappréciables servant à la progression, et je n'y reviens que pour faire remarquer qu'elles ont quelque rapport avec celles que présentent les larves des Eucnémides.

On a pu voir ou deviner que bien des larves qui pénètrent dans le bois pour se transformer sont obligées de se retourner dans leur cellule pour que l'insecte parfait ait sa direction naturelle vers l'extérieur. Ce travail de conversion auquel se soumettent aussi bien des larves purement corticales de la même famille, parait assez pénible ; il s'exécute avec beaucoup de lenteur, et des larves peu vigoureuses ou qui ont mal pris leurs mesures y succombent parfois. Pendant qu'il s'effectue, la larve, beaucoup plus aplatie et plus flasque qu'à l'ordinaire, est pliée en deux, ses mouvements sont imperceptibles, souvent on la dirait morte, et ce n'est qu'au prix d'efforts très-lents et très-mesurés qu'elle parvient à son but.

La famille des Buprestes, je parle, bien entendu, de ceux dont les larves vivent dans les végétaux ligneux, renferme des espèces plus dangereuses que les Longicornes qui généralement ne s'attaquent qu'aux arbres irrémédiablement malades ou décidément morts, plus nuisibles même que les Scolytides que je n'ai jamais vus envahir les arbres sains. Je ne crois pas que les forestiers aient rien à redouter de sérieux du *Buprestis mariana*, des *Dicerca*, des *Chrysobothris;* mais je n'oserais en dire autant de certains *Melanophila*, *Corœbus* et *Agrilus*. Nous avons vu que le *Corœbus bifasciatus* pond sur des branches de Chêne qui ne trahissent aucune maladie et que sa larve fait périr, et que la larve du *Corœbus undatus* sillonne de ses galeries l'écorce vivante du Chêne-liége dont il doit ainsi troubler plus ou moins les fonctions vitales ; j'ai en outre quelques raisons de croire que les larves des *Melanophila cyanea* et *appendiculata* peuvent se développer dans l'écorce des Pins bien portants. Ce qu'il y a de certain, c'est que, pour peu que des arbres soient malades ou affaiblis, les *Melanophila*, les *Corœbus*, les *Agrilus* se jettent sur lui et l'achèvent ; mais ce qui n'est pas moins certain aussi, c'est que des sujets vigoureux et pleins de vie déconcertent leurs attaques ou y résistent. Ils peuvent, sans en souffrir, faire au *C. bifasciatus* le sacrifice de quelques branches, et les blessures que d'autres leur infligent se cicatrisent promptement. L'art du forestier consiste donc avant tout, ainsi que je l'ai dit autrefois, à approprier les arbres à la nature du sol, à les placer et à les entretenir dans les conditions les plus favorables à leur bien-être et à leur développement.

Je viens de dire que les larves des *Melanophila cyanea* et *appendiculata* paraissent pouvoir se développer dans l'écorce des Pins bien portants. Je base cette hypothèse sur ce fait que, durant un vaste incendie de forêts de Pins qui eut lieu, il y a quelques années, au mois de juin, aux environs de Sos, M. Bauduer prit et observa un grand nombre d'individus de ces deux insectes fuyant l'invasion du feu. Ceux qu'il vit étaient évidemment bien peu de chose comparativement à la masse de ceux qui volaient sur l'immense étendue du fléau dévastateur, ou qui avaient été surpris par les flammes, ou qui se trouvaient encore, sous divers états, dans les écorces ; or, le nombre de ceux qui se montraient était tel qu'il ne pouvait s'expliquer par les arbres morts de ces forêts, en supposant même qu'il y en eût.

Mais depuis que ceci est écrit, une observation directe et positive est venue donner à l'hypothèse qui précède un degré de probabilité voisine de la certitude. Cette observation se trouve consignée dans mes *Promenades entomologiques* de 1874, et en voici le résumé.

Au commencement de mai, ayant remarqué un orme bien portant et percé néanmoins, sur la face exposée au sud, de nombreux trous de sortie paraissant l'œuvre d'un Bupreste, je me mis à explorer l'écorce et je la trouvai sillonnée de larges galeries sinueuses n'intéressant nullement l'aubier et d'où je dénichai des larves, des nymphes et des individus parfaits du *Pœcilonota decipiens*. Le même jour, stimulé dans mes recherches par cette découverte, je constatai que deux autres *Pœcilonota*, le *rutilans* et le *conspersa*, vivaient absolument dans les mêmes conditions, le premier sur le Tilleul, le second sur le Peuplier blanc.

Ainsi les *Pœcilonota*, lorsqu'ils n'ont pas à leur disposition des arbres morts ou malades, confient leurs œufs aux arbres sains dont l'écorce est épaisse, et cette écorce suffit, sans préjudice apparent pour l'arbre, à l'alimentation des larves qui, on le sait, vivent habituellement entre l'écorce et l'aubier et plongent même très-souvent dans le bois pour se transformer.

Quoique je ne puisse pas, pour d'autres genres de Buprestides, citer des faits analogues bien-précis, j'ai peine à croire que les *Pœcilonota* aient seuls le privilége d'assurer leur reproduction alors même que les arbres auxquels ils sont inféodés jouiraient tous d'une santé parfaite. Je suis d'autant plus porté à croire le contraire que j'ai maintes fois observé sur l'écorce de très-vieux Chênes des trous de sortie paraissant être de *Chrysobothris affinis* et d'*Agrilus biguttatus*, et correspondant à des galeries qui ne contredisaient pas cette supposition.

J'ai eu également occasion de dire que les galeries tracées par les larves des Buprestides peuvent aisément se reconnaître. Celles des larves de *Coræbus* et d'*Agrilus* présentent des sinuosités très-caractéristiques, et celles des autres espèces ont leurs bords sinueux très-nettement coupés, et les déjections et détritus qui les encombrent sont granuleux et disposés en couches concentriques souvent de diverses couleurs, lorsque surtout le travail est récent.

Les trous de sortie des insectes parfaits sont ordinairement transversalement ou obliquement elliptiques. Ceux du *Ptosima* sont à peu près ronds et ceux des *Agrilus* sont très-peu arrondis au côté qui correspond au dos de l'insecte et très-concaves au côté opposé. Bien d'autres espèces offrent la même particularité, il n'y a de différence que du plus au moins. En ce qui concerne l'*Anthaxia sepulchralis*, les trous de sortie sont longitudinaux et presque régulièrement elliptiques.

ÉLATÉRIDES

Megapenthse (Ampedus) tibialis LACORD.

Fig. 189-200.

LARVE

Long. 10-12 millim. Hexapode, grêle, linéaire, presque cylindrique, luisante, cornée et rousse en dessus, subcornée et jaunâtre en dessous, presque glabre.

Tête ayant deux ou trois petits poils de chaque côté et quelques-uns en dessous, déprimée, un peu en forme de coin, presque carrée, de couleur marron, très-faiblement arrondie sur les côtés, concave dans sa moitié antérieure, marquée de quelques points plus visibles et plus nombreux postérieurement et en outre de quatre sillons dont deux médians se prolongeant, en s'oblitérant, jusqu'au vertex, et deux bien marqués mais beaucoup plus courts vis-à-vis les mandibules. Épistome et labre nuls ; bord antérieur découpé par des échancrures en cinq dents, la médiane allongée, pointue et triangulaire, les deux autres, à droite et à gauche, pointues aussi et à côtés inégaux, les deux suivantes très-obtuses ; échancré profondément aux angles antérieurs pour l'insertion des antennes. Dans les échancrures qui séparent la dent médiane de ses deux voisines une forte loupe montre deux ou trois petites crénelures.

Mandibules assez robustes, de moyenne longueur, arquées, noires, pointues, avec une dent interne un peu en arrière du milieu, profondément concaves en dehors, à la base, pour faire place aux antennes.

Mâchoires et *menton* soudés depuis la base jusque près de l'extrémité, et formant une plaque subtriangulaire cornée et de couleur marron comme le reste de la tête, et parcourue par de profondes rainures indiquant les limites de ces organes. Partie libre de ceux-ci coriace et rousse.

Lobe des mâchoires bien détaché, formé de deux articles dont le second court, à intersection peu distincte et surmonté de quelques spinules, n'atteignant pas le sommet du second article des palpes maxillaires ; en dedans une lame cartilagineuse ciliée.

Palpes maxillaires de quatre articles, le premier très-court, le second deux fois et demi aussi long, le troisième de moitié moins long que le précédent et plus court que le quatrième ; trois ou quatre poils à l'extrémité des deuxième et troisième. Ces palpes sont droits et habituellement parallèles, mais peuvent devenir très-divergents.

Lèvre inférieure beaucoup plus étroite à la base qu'à son bord antérieur qui est un peu arrondi et porte les deux *palpes labiaux* de deux articles égaux en longueur, mais dont le premier est beaucoup plus épais que l'autre et muni de deux ou trois petits poils.

Antennes courtes, entourées extérieurement à leur base par une échancrure du bord antérieur et se logeant en partie dans la concavité externe des mandibules ; de quatre articles, le premier court, rétractile, de couleur plus pâle et de consistance moindre que les deux autres, le second un peu plus long que le précédent, ventru extérieurement et muni de deux soies sur la dilatation, le troisième subcylindrique et plus court que le précédent, le quatrième un peu plus court, très-grêle, surmonté de deux poils assez longs et de un au moins extrêmement petit, et accompagné d'un article supplémentaire plus court que lui, épais, un peu pyriforme et visible surtout quand on regarde la larve de profil, parce qu'il est placé en dessous.

Ocelles nuls ou non apparents.

Prothorax presque aussi long que les deux autres segments thoraciques réunis, presque de couleur marron, avec une lisière antérieure et postérieure sensiblement plus pâle et très-finement striée ; marqué en dessus de points très-petits et écartés au milieu, plus forts et plus serrés sur les les côtés, et d'un fin sillon médian qui se prolonge jusqu'à l'extrémité du pénultième segment abdominal.

Mésothorax et *métathorax* de la couleur du prothorax, avec une lisière postérieure, marqués de points assez forts et assez serrés antérieurement et sur les côtés, fins et écartés sur le milieu ; lisière pâle, très-finement striée sur ses deux tiers postérieurs et limitée antérieurement par une série transversale de petits points presque imperceptibles même à une forte loupe.

Abdomen un peu moins foncé que le thorax, de neuf segments, les huit premiers plus grands que les deux derniers thoraciques, du reste ponctués et liserés comme eux. Neuvième segment plus densément ponctué que les autres, mais toujours un peu inégalement, subconique, se dilatant deux fois très-faiblement avant l'extrémité qui se termine par une petite pointe un peu conique et pointue.

Dessous du corps uniformément roussâtre, finement et peu densément ponctué; chaque segment, sauf le dernier, marqué, à une certaine distance de chacun de ses bords latéraux, d'un sillon, ou plutôt d'un pli un peu oblique, surtout sur les segments thoraciques, et que je suppose destiné à faciliter une dilatation de la carapace cornée, soit pour les mouvements de la larve, soit aux approches de la métamorphose.

Dernier segment montrant une plaque un peu convexe et ponctuée, un peu plus que demi-elliptique, d'une longueur égale aux quatre cinquièmes de ce segment et terminée par un petit mamelon charnu, presque tubuleux et entouré de poils roussâtres serrés. Cette plaque est susceptible de se soulever comme une soupape, ou plutôt de jouer comme la table supérieure d'un soufflet, de manière à faire porter sur le plan de position le mamelon qui n'est autre chose que ce pseudopode ou cette ventouse que nous retrouvons dans presque toutes les larves de Coléoptères et au centre de laquelle est l'anus.

J'ai dit en commençant que cette larve est presque glabre; on ne voit, en effet, que deux ou trois poils de chaque côté des segments thoraciques et un de chaque côté des huit premiers segments abdominaux, vers les deux tiers de leur longueur. Le dernier segment a des poils tout autour et surtout à l'extrémité, mais quand on soumet la larve au microscope, on constate l'existence, sur toute la surface du corps, de très-petits poils raides et clair-semés qui doivent assurément lui être de quelque secours pour la progression.

Stigmates à péritrème elliptique et de couleur marron, au nombre de neuf paires : la première, plus grande que les autres, voisine du bord antérieur du mésothorax et de l'insertion des pattes, et visible seulement lorsqu'on regarde la larve en dessous, les autres vers le quart antérieur des huit premiers segments abdominaux et visibles de profil.

Pattes courtes, robustes, rousses, de cinq pièces, ongle compris, hérissées de quelques soies et d'épines fortes, assez nombreuses, alignées extérieurement sur la hanche, disposées sous le trochanter et la cuisse en deux séries, sur les bords d'une large rainure longitudinale, en très-petit nombre sous le tibia; trochanter presque aussi long que la cuisse, qui est sensiblement plus courte que le tibia; ongle assez long, crochu, une longue soie à sa base inférieure qui est un peu dilatée.

J'ai trouvé plusieurs individus de cette larve, ainsi que des nymphes et des insectes parfaits, dans un vieux Châtaignier creux, dont le bois, qui avait déjà nourri des larves d'*Anobium*, de *Helops* et autres, était altéré et ramolli par l'humidité. J'ai des raisons de croire qu'elle vivait des déjections et des dépouilles des larves qui l'avaient précédée et, à l'occasion, de celles que ses cheminements à travers ce bois tendre et presque feuilleté pouvaient lui faire rencontrer. Ce qu'il y a de certain, c'est qu'aux approches de la métamorphose elle creuse dans les couches ligneuses une cellule en ellipse déprimée, car c'est dans ces conditions qu'on trouve la nymphe.

NYMPHE

Très-glabre, antennes un peu épineuses, une soie épaisse, subulée, roussâtre et subcornée à l'extrémité à chacun des angles antérieurs du prothorax, deux semblables aux angles postérieurs et deux à la base, vis-à-vis l'écusson, ces quatre dernières inclinées en avant; deux appendices divergents et subulés à l'extrémité de l'abdomen; un mamelon aux angles postérieurs des deuxième à sixième segments abominaux qui sont très-finement alutacés sur le dos.

Le *Megapenthes tibialis* était naguère compris dans le genre *Elater*, et l'on peut dire que si la physionomie de l'insecte parfait motivait assez ce classement, celle de la larve aurait pu le justifier aussi. Sa couleur, sa forme étroite, cylindrique et linéaire, et la pointe qui termine le dernier segment la feraient prendre, au premier coup d'œil, pour une larve d'*Elater;* il faut même un examen minutieux et comparatif pour renoncer à cette assimilation ; mais quand on y regarde de près, on constate des caractères qui légitiment la création du genre dans lequel a été placé l'insecte dont il s'agit.

Ainsi que je l'ai dit dans l'*Histoire des Insectes du Pin maritime,* à propos de quelques larves d'Élatérides, la forme du dernier segment et la ponctuation constituent des distinctions génériques assez sûres. Si nous appliquons ici cette donnée, nous voyons que, dans les larves d'*Elater*, la ponctuation dorsale des segments abdominaux, quoique inégale, comme dans celle du *Megapenthes tibialis*, est cependant plus forte et que chaque segment, sauf le prothorax, présente, près du bord antérieur, une dépression calleuse, s'élargissant du milieu vers les côtés, striée en long et émettant un sillon à son extrémité latérale. Le dernier segment, uniformément et fortement ponctué, se rétrécit régulièrement et sans sinuosité d'avant en arrière jusqu'à la pointe terminale ; or, j'ai dit que, dans la larve du *Megapenthes*, ce segment est faiblement ponctué sur le milieu et que la pointe est précédée de deux dilatations, ce qui rend les côtés sinueux. Ce même segment présente en dessous un autre caractère très-appréciable et dont il faut tenir compte : la plaque mobile que termine la ventouse anale ne dépasse pas les deux cinquièmes antérieurs de ce segment dans les larves d'*Elater* et peut à peine se soulever, tandis qu'elle atteint au moins les trois quarts dans celle du *Megapenthes tibialis* et qu'elle est susceptible d'un écartement assez notable.

Les larves d'*Agriotes* ont aussi le dernier segment terminé en pointe, mais elles se distinguent de leurs similaires par plusieurs caractères dont le plus apparent est l'absence presque complète de toute ponctuation.

Le genre *Megapenthes* comprend une autre espèce, le *lugens* Redt., qui, par sa matité, la densité de sa ponctuation et le prolongement des angles postérieurs du prothorax, se différencie très-sensiblement du *tibialis*. Les larves de ces deux espèces présentent aussi quelques différences assez tranchées, et que je crois devoir indiquer.

Megapenthes (Elater) lugens Redt.

Fig. 201-202.

LARVE

Elle est longue de 12 à 15 millim. et elle a la forme, la consistance, la couleur et la villosité de celle du *M. tibialis*. La tête et tous ses organes sont conformés de même, ainsi que les pattes, mais elle en diffère 1° par la ponctuation, qui est visiblement plus forte, plus serrée, plus régulière ; 2° par la forme du dernier segment qui se rétrécit régulièrement d'avant en arrière et se termine par trois dents, dont la médiane plus longue que les autres, qui sont un peu divergentes.

Elle a été trouvée plusieurs fois, avec l'insecte parfait, par M. Bauduer, dans les troncs caverneux de vieux Chênes-lièges dont le bois était dans les conditions de celui du Châtaignier qui m'a fourni la larve du *M. tibialis*. Celle-ci, du reste, a été recueillie aussi par M. Bauduer en compagnie de celle du *lugens*.

Les larves connues d'Élatérides se rapportent aux espèces suivantes :

Adelocera varia Oliv., Blisson, Soc. Ent. 1846, p. 67. — *A. carbonaria* Schrk., Lucas, Soc. Ent. 1852, p. 268; Perris, Soc. Ent. 1854, p. 140, et Schiödte. *Naturhistorisk tidsskrift* (Journal d'hist. natur. t. VI, 3e partie, p. 504), sous le nom d'*Agrypnus atomarius*.

Lacon murinus L., Westwood, Introd. t. I, p. 233, et Schiödte, *loc. cit.*, p. 507.

Chalcolepidius erythroloma Cand., Schiödte, *loc. cit.* p. 497 (de l'île Oahu).

Alaus oculatus F., Harris, Insect of Massach. 1841, p. 48 et surtout Chapuis et Candèze, Catal., p. 142 (de l'Amér. Septentr.).— *A. speciosus ?* L., Candèze, Soc. des Sc. de Liége, 1861, pl. VI, fig. 10 (de Ceylan). — *A. Montraveli* Montrouz., Montrouzier, Soc. Ent. 1860, p. 254 (de la Nouv.-Calédonie).— *A. myops* F., Schiödte, *loc. cit.*, p. 500 (de l'Amér. Septentr.).

Elater sanguineus L., Bouché, Naturg. 1834, p. 185, et Perris, Soc. Ent. 1854, p. 148. — *E. fulvipennis* Hoffm., Bouché, *loc. cit.* p. 183. — *E. pomorum* Geoffr., Curtis, Soc. Ent. 1853, p. 43, et Heeger, Sitzber. Wien. Acad. Wiss. 1854. — *E. nigrinus* Herbst, Letzner, Arb. Schles. Gesells. 1857, p. 119.— *E. dibaphus* Schiöd., Schiödte, *loc. cit.*, p. 513. — *E. crocatus* Cast., Schiödte, *loc. cit.*, p. 514.

Cryptohypnus riparius F., Perris, Soc. des Sc. de Liége. 1855.

M. Schiödte a publié (*loc. cit.* p. 517), sous le nom de *Elater (Hypolythus) riparius* F., qui est le même que le précédent, une larve dont la description diffère spécifiquement et même génériquement de la mienne. D'après moi, la larve que je considère comme appartenant au *C. riparius* est la seule, à ma connaissance, de tout ce groupe qui ait un épistome et un labre distincts, ce dernier simple et arrondi. Son corps est lisse, sauf qu'il est parsemé de rides sinueuses, écartées et très-superficielles; le dernier segment, un peu plus grand que les précédents, est à contour semi-elliptique, le bord postérieur étant régulièrement arrondi, sans aucune trace de dent, de pointe ou d'échancrure. Quand on observe ce segment de côté, on aperçoit près du bord inférieur une toute petite crête longitudinale et arquée : c'est un des côtés d'une ellipse très-régulière, tracée sous le segment et au pôle postérieur de laquelle se trouve le mamelon anal faiblement extractile.

La larve de M. Schiödte, au contraire, n'a ni labre ni épistome distincts, le bord antérieur de la tête est tridenté et les angles frontaux sont très-aigus. Le corps est couvert d'une fine réticulation inégale et de plus rugueusement ponctué. Le dernier segment, presque d'un sixième plus large que long et largement arrondi de chaque côté, est rugueux en dessus, creusé de deux profonds sillons marginaux et bordé de dents obtuses dont la dernière est très-grande.

Évidemment ces deux larves n'appartiennent pas au même insecte. Celle de M. Schiödte habite dans les prés enfoncés, *in pratis depressis;* j'ai trouvé assez abondamment la mienne dans les Pyrénées, sous les pierres, près du lac de Gaube, avec de nombreux insectes parfaits. Certes, j'ai la plus grande confiance dans M. Schiödte, mais j'ai aussi quelques raisons de croire ne m'être pas trompé, quoique la chose soit loin d'être impossible, et je puis assurément, sans offenser mon honorable collègue, le prier de vouloir bien essayer d'une vérification que je ne saurais guère me promettre, car nous n'avons pas ici le *Cryptohypnus riparius* et d'autres espèces de ce genre y sont très-rares.

Campsosternus Templetonii Westw., Candèze, *loc. cit.* (de Ceylan).

Cardiophorus equiseti Herbst, Brauer, Verh. Wien. Zool. Bot. ver. 1857, p. 131. — *C. asellus* Er., Schiödte, *loc. cit.*, p. 494. — *C. ruficollis* L., Schiödte, *loc. cit.*, p. 496.

Melanotus niger F., Bouché, Naturg. 1834, p. 186.— *M. rufipes* Herbst, Bouché, *loc. cit.*, p. 185, et Perris, Soc. Ent. 1854, p. 134. — *M. castanipes* Payk., Schiödte, *loc. cit.*, p. 513.

Limonius Bructeri F., Schiödte, *loc. cit.*, p. 517, sous le nom de *Elater (Pheletes) Bructeri.*

Athous undulatus de G., de Geer, Mémoires, t. IV, p. 155. — *A. rhombeus* Ol., Dufour, Ann. Sc. natur. 1841, p. 41, Curtis, Soc. Ent. 1853, Perris, Soc. Ent. 1854, p. 146 et Schiödte, *loc. cit.*, p. 523. — *A. niger* L., *hirtus* Herbst, Chapuis et Candèze, Catal., p. 144; excellente description qui ne pèche qu'en ce que les auteurs n'ont donné aux antennes que trois articles au lieu de quatre, et qu'ils n'ont rien dit de l'article supplémentaire qui est visible de profil, quoique très-petit, ainsi que je viens de le vérifier sur des individus envoyés par M. Candèze lui-même. — *A. rufus* de G., Perris, Soc. Ent. 1854, p. 143, et Schiödte, *loc. cit.*,

p. 522. — *A. hæmorrhoidalis* F., Schiödte, *loc. cit.*, p. 525, sous le nom de *ruficaudis* Gyl — *A. subfuscus* Gyl., Schiödte, *loc. cit.* p. 526.

Corymbites tessellatus L., Schiödte, *loc. cit.*, p. 518, sous le nom de *Elater (Tactocomus) tessellatus* L., *holosericeus* Auct. — *C. æneus* L., Schiödte, *loc. cit.*, p. 549, sous le nom de *Elater (Diacanthus) æneus* L. — *C. cinctus* Payk., Schiödte, *loc. cit.* p. 519, sous le nom de *Elater (Hypogamus) cinctus* Payk. — *C. pectinicornis* L., Schiödte, *loc. cit.*, p. 520. — *C. castaneus* L., Schiödte, *loc. cit.*, p. 521. — *C. sjaelandicus*, O. F. Mueller, Schiödte, *loc. cit.*, p. 521, sous le nom de *Elater (Actenicerus) sjaelandicus* O. F. Mueller, *tessellatus* Auct.

Ludius ferrugineus L., Blisson, Soc. Ent. 1846, p. 65, et Mulsant et Guillebeau, 7ᵉ opusc., p. 187.

M. Schiödte a publié, *loc. cit.*, p. 514, sous le nom de *Ludius ferrugineus*, une larve qui diffère de celle qu'ont décrite les auteurs précités et qui m'est bien connue. La vraie larve du *Ludius* est lisse avec trois points enfoncés et piligères de chaque côté de la tête près du bord postérieur, et trois points semblables, dont un ventral, de chaque côté des onze premiers segments, contre la lisière postérieure. Le dernier segment est longuement en cône obtus et muni de points piligères très-clair-semés, sans la moindre pointe apicale.

La larve de M. Schiödte, au contraire, a la tête et le prothorax profondément et densément ponctués; les segments suivants sont marqués de points très-gros, très-allongés au milieu de ces segments, et se réunissent même çà et là pour former des rides. Le dernier segment est encore plus densement ponctué, il est rugueux sur les côtés et vers le sommet et terminé par une pointe aiguë.

Ici, je ne puis m'empêcher d'être plus affirmatif que pour la larve du *Cryptohypnus*, et j'atteste que la description de M. Schiödte appartient à une larve autre que celle du *Ludius*. Elle me paraît convenir à une larve d'*Elater (Ampedus)*.

Agriotes obscurus L., Marsham, Trans. of the Linn. Soc., t. IX, et Westwood, Introd., t. I, p. 233.—*A. segetis* Bierk., de Geer, Mém., t. V. p. 397, Bjerkander, Mém. de Stockholm, 1779, p. 254, et Blanchard, Ann. de l'Agric. franç. 1847, p. 218. — *A. lineatus* L., de Geer, Mém., t. IV, p. 155 ; Kollar, Naturg. der Schædl. Insekt. 1837, p. 105 et Schiödte, *loc. cit.*, p. 516, mais non Bouché, Naturg., p. 186, qui a donné sous ce nom a larve de quelque *Athous* ou *Corymbites*. — *A. Sputator* F., Kol-

LAR, *loc. cit.*, p. 149. — *A. aterrimus* L., SCHIÖDTE, *loc. cit.*, p. 515, sous le nom de *Elater (Ectinus) aterrimus* L.

Campylus linearis F., STROEM, Hans. Nogle Insekt. larves mid deres forvandl. t. II, p. 375, CHAPUIS et CANDÈZE, Catal., p. 146, et SCHIÖDTE, *loc. cit.*, p. 526.

Voici le signalement de quelques autres larves de cette famille :

Adelocera (Elater) fasciata L.

Fig. 203.

LARVE

Cette larve, longue de 25 à 28 millim., ressemble, à s'y méprendre, à celles des *A. atomaria* et *varia*, déjà décrites. Comme elles, elle est lisse, c'est-à-dire dépourvue de toute ponctuation, si ce n'est sur la tête ; comme elles, elle a le lobe maxillaire palpiforme et nettement bi-articulé, elle est subdéprimée, un peu renflée à la région abdominale; d'une consistance plutôt coriace que cornée et d'une couleur qui est tout à fait propre, jusqu'ici du moins, aux larves de ce genre, c'est-à-dire que la tête est d'un brun marron, le prothorax marron, avec une lisière antérieure et postérieure jaunâtre, tandis que les deux autres segments thoraciques et les huit premiers segments abdominaux sont d'un jaune testacé luisant, avec une légère teinte roussâtre sur le dos et le bord postérieur très-finement strié. Ces derniers ont en outre, en dessus et en dessous, une fossette longitudinale dessinant un bourrelet latéral un peu dilatable, et indépendamment des poils latéraux et latéro-dorsaux qui se trouvent sur tous les segments et même sur la tête, ils ont deux poils plus courts et plus rapprochés du milieu du dos. Le dernier segment, hérissé de longs poils, est en demi-ellipse allongée, testacé, corné, un peu concave, en partie ruguleux et bi-sillonné en dessus, bordé de dents ferrugineuses qui vont en grandissant d'avant en arrière, et dont la dernière, formée de deux lobes, l'un dirigé en dehors et l'autre arqué en dedans, dessine une échancrure assez profonde et subarrondie. En dessous, le corps est uniformément jaunâtre, sauf le prothorax qui est testacé et marqué de deux sillons en V. Ce segment et les deux suivants ont le pli sublatéral qui forme un bourrelet sur les huit premiers segments abdominaux ; mais ceux-ci ont de plus, de chaque côté de la ligne médiane, un autre pli qui dessine deux autres bourrelets longitudinaux, et même entre ces bourrelets on voit deux sortes de mamelons allongés, obsolètes, mais un peu dilatables. Sous le dernier segment se détache une sorte de pied terminé par deux crochets arqués en bas, entre lesquels est la ventouse anale. Ces crochets sembleraient avoir pour but de favoriser des marches rétrogrades ; je les crois plutôt destinés à faciliter les mues de la larve et la mise en liberté de la nymphe. Les stigmates sont comme dans les autres larves d'Élatérides, c'est-à-dire au nombre de neuf paires dont la première, plus grande que les autres, est située en dessous, près de la base externe des hanches intermédiaires.

J'ai trouvé cette larve, ainsi que la nymphe, dans les Pyrénées, en exploitant des souches de *Pinus uncinata* qui avaient nourri ou nourrissaient encore des larves de *Tragosoma depsarium*, de *Rhagium*, etc.

La nymphe ressemble à celle des autres Élatérides, elle est glabre, avec les six soies épaisses du prothorax ; mais les deux soies divergentes du dernier segment, au lieu d'être simples, sont doubles et telles que les représente la figure que j'en donne.

Elater præustus F.

Je ne reviendrai pas sur la description que j'ai donnée, *loc. cit.*, de la larve de l'*E. sanguineus*, je ne pourrais que la reproduire pour celle de l'*E. præustus* que l'on rencontre, comme sa congénère, dans les souches du Pin maritime. Elle aurait trouvé place dans mon travail sur les insectes de ce Conifère si j'avais pu la distinguer de celle sur laquelle je n'avais aucun doute ; mais ce n'est que plus tard que je suis tombé sur une souche qui ne paraissait contenir que des larves, des nymphes et des insectes parfaits du *præustus ;* plus tard aussi j'ai pu, en élevant quelques-unes de ces larves, m'assurer de leur authenticité. En les examinant alors, comme en les revoyant tout à l'heure, je n'ai pu leur trouver d'autre caractère distinctif qu'une ponctuation un peu moins forte.

Elater crocatus Geoffr.

LARVE

Cette larve est encore l'image fidèle de celle de l'*E. sanguineus*. Elle n'en diffère, ainsi que la précédente, que par la ponctuation. Elle est tellement faible sur le prothorax qu'on la voit à peine; sur les autres segments, jusqu'à l'antépénultième, elle est aussi forte que dans la larve du *sanguineus*, mais elle est sensiblement moins serrée, et au lieu de s'étendre sur presque toute la surface des segments, elle s'arrête au tiers antérieur ; on ne voit plus au delà qu'une ponctuation très-fine et très-éparse. Sur les deux derniers segments, où la ponctuation est toujours plus étendue et plus uniforme, les points sont bien moins gros et moins serrés; ils sont, pour la dimension, comme dans la larve du *præustus*, mais moins denses.

Cette larve vit dans les souches d'Aulne nourrissant ou ayant nourri des larves de *Dorcus parallelepipedus*, de *Trichius abdominalis*, de *Strangalia aurulenta*.

Elater balteatus L.

LARVE

Cette larve, naturellement un peu plus petite que les deux précédentes, en diffère par la couleur plus claire du fond qui rend plus apparentes les callosités ferrugineuses et striées qui se trouvent près de la base des segments ; mais sa ponctuation sert plus facilement et plus sûrement encore à la distinguer. Le prothorax est à peine marqué de quelques petits points presque imperceptibles ; les autres segments n'ont que quelques gros points au-dessus du sillon sublatéral qui part de chaque extrémité de la callosité striée ; le milieu de leur face dorsale est, sur une assez grande étendue, lisse ou à peine visiblement pointillé. La ponctuation est un peu plus apparente et plus serrée sur les deux derniers segments.

J'ai obtenu cette larve, sa nymphe et l'insecte parfait d'un tronçon de Sapin pourri venu des Pyrénées et qui contenait encore des larves de *Rhagium bifasciatum* et de *Leptura cincta*.

La nymphe n'offre rien qui soit à signaler.

Cardiophorus (Elater) rufipes Fourc.

Fig. 204-208.

LARVE

Voici une larve qui a mis ma curiosité à une bien longue épreuve. Je la connais depuis longtemps, depuis longtemps aussi j'en ai préparé la description, avec la conviction que je pourrais la comprendre un jour dans mon travail sur les larves des Coléoptères, car je ne doutais pas qu'elle ne fût de Coléoptère, malgré la structure anormale de son corps qui avait l'air d'avoir vingt-six segments sans compter la tête. Plusieurs années de suite, je l'ai élevée pour arriver à l'insecte parfait, j'échouais toujours. Une fois cependant, dans un bocal où j'en avais installé plusieurs en apparence adultes, je trouvai deux *Cardiophorus rufipes* déjà morts. L'idée me vint bien que ma larve pouvait appartenir à cet insecte; mais elle différait tant des autres larves d'Élatérides, son genre de vie était si différent aussi, il était tellement possible qu'en ramassant au pied des Chênes le sable mêlé de détritus dont j'avais rempli le flacon, j'eusse recueilli, à mon insu, des larves de *Cardiophorus* ou des insectes parfaits, que je n'osai me prononcer.

J'en étais là, toujours préoccupé et intrigué de ma larve, toujours disposé à recommencer l'épreuve de son éducation, lorsque j'eus connaissance du travail de M. Schiödte sur les larves de plusieurs Élatérides. A la vue de la figure de celle du *Cardiophorus asellus*, image fidèle de celle qui me donnait tant de souci, je poussai une exclamation de joie, car mon problème était résolu et le témoignage des *Cardiophorus rufipes* de mon bocal cessait d'être douteux. C'est donc avec une entière confiance que je donne, comme se rapportant à la larve de cet insecte, la description suivante.

Long. pouvant atteindre 30 millim. et se réduire par contraction à 15. Hexapode, linéaire et même filiforme, presque entièrement glabre, charnue, d'un blanc jaunâtre, sauf la tête qui est cornée et ferrugineuse et le prothorax qui est subcorné et testacé; susceptible de s'allonger et de se raccourcir en désemboîtant ou en faisant rentrer des divisions des sept premiers segments de l'abdomen; dernier segment simple, mamelon anal avec deux appendices pseudopodes.

Tête deux fois aussi longue que large, à côtés parallèles, lisse et luisante, marquée en dessus de deux traits fins et blanchâtres partant du vertex, parallèles jusque sur le front, puis divergeant vers la base des mandibules. Sillons frontaux larges mais très-peu profonds.

Épistome et *labre* soudés entre eux et avec le front, formant une sorte de chaperon quadrilatéral avec les angles antérieurs arrondis et un petit prolongement médian subéchancré; tout le bord antérieur frangé de poils dorés très-denses.

Mandibules d'un brun ferrugineux, longues et d'une forme tout à fait anormale. Vues en dessus, elles sont droites, un peu arquées en haut et nullement en dedans, paraissant formées d'une lame cornée, chagrinée, large à la base, se rétrécissant vers le sommet qui est largement échancré parce qu'il est formé de deux dents très-divergentes, ayant le bord externe un peu relevé et sur ce bord deux dents obtuses, et au bord interne aussi deux dents, mais plus pointues et la postérieure un peu inclinée en arrière. Vues de côté, elles sont fourchues depuis la moitié de leur longueur; le rameau inférieur, un peu plus court que le supérieur, est arrondi au bout et simple, avec une petite dent près de la base interne et une profonde et large cannelure sur sa face; le rameau supérieur n'est autre que la lame visible quand on regarde en dessus, sauf que les dents, vues de profil, sont à peine appréciables, et sa face est également creusée d'une cannelure. Ces deux rameaux sont un peu arqués en haut.

Dessous de la tête convexe, formant une plaque unique, lisse, avec un sillon au milieu et une très-profonde échancrure antérieure pour loger les mâchoires et le menton.

Mâchoires droites, bien plus longues que larges, s'élargissant depuis la base jusque près du sommet; leur lobe placé non sur le même plan que les mâchoires, mais en dedans et formé d'une pièce arrondie, ornée d'une belle touffe de poils longs et un peu rayonnants, dont quelques-uns paraissent plumeux, et d'une autre pièce bi-articulée, palpiforme, presque cachée au milieu des poils.

Palpes maxillaires droits, longuement coniques, un peu divergents, de quatre articles, les trois premiers égaux en longueur, le quatrième plus court.

Menton très-étroitement linéaire, avec un petit élargissement près du sommet et après le milieu.

Lèvre inférieure trois fois plus longue que large, s'élargissant un peu de la base au sommet, à peine avancée au milieu du bord antérieur où se trouvent deux longs poils.

Palpes labiaux de deux articles, dont le premier le plus long.

Antennes insérées non en dehors des mandibules, mais au-dessus d'elles et un peu plus courtes qu'elles, assez fortes, formées de quatre articles, le premier épais et court, le second un peu plus long, le troisième deux fois et demi aussi long que le précédent, subdéprimé mais sensiblement élargi de la base au sommet, lequel est obliquement tronqué et muni de chaque côté d'un poil, et porte le quatrième article beaucoup plus étroit, de la longueur du second, incliné en dehors et de plus l'article supplémentaire très-court, mais très-apparent quand on regarde la tête en dessus.

Ocelles représentés par un petit granule pupillé de noir, placé immédiatement en arrière de la base de chaque antenne. Ces deux ocelles sont exceptionnellement sur le crâne, au lieu d'être sur les joues, parce qu'ils accompagnent toujours les antennes qui, au lieu d'être insérées aux angles antérieurs de la tête, sont exceptionnellement implantées au-dessus des mandibules.

Prothorax testacé et subcorné, sauf les lisières antérieure et postérieure qui sont membraneuses et d'un blanc jaunâtre, à peine plus large que la tête, d'une longueur un peu supérieure à la largeur.

Mésothorax et *métathorax* égaux entre eux et un petit peu plus larges que longs, membraneux, d'un blanc jaunâtre, avec la lisière postérieure un peu plus foncée.

Abdomen de neuf segments de largeur croissante jusqu'au quatrième, puis décroissante jusqu'au dernier. Les sept premiers un peu renflés antérieurement et marqués de deux plis annulaires divisant chacun de ces segments en trois parties dont la postérieure s'emboîte et disparaît par contraction dans la précédente et celle-ci plus ou moins, mais jamais entièrement dans la première, de sorte que la larve, lorsqu'elle marche et qu'elle donne à son corps toute son extension, est très-allongée, très-grêle et linéaire, tandis que lorsqu'elle se contracte pour se reposer ou parce qu'elle est inquiétée, elle est un peu ventrue et longuement fusiforme. Huitième segment simple, c'est-à-dire non divisé et un peu plus large que long. Ces huit segments munis d'un très-petit poil près de chaque angle postérieur et marqués, tant en dessus qu'en dessous, de cinq cannelures bien dessinées lorsque la larve est allongée, nivelées lorsqu'elle est contractée, mais laissant, même dans cet état, leurs traces visibles, parce que le fond de ces cannelures est mat et que leurs intervalles sont luisants. Troisième segment abdominal et les cinq suivants pourvus, de chaque côté de la face ventrale, d'une verrue conique, auxiliaire des organes de progression. Neuvième segment simple, sans plis ni cannelures, lisse, longuement conique, son extrémité obtuse hérissée d'une touffe de poils blonds rayonnants.

Mamelon anal libre, presque aussi long que le dernier segment, susceptible de s'appliquer contre ce segment ou de s'en détacher pour se poser sur le plan de position où son action est secondée par deux papilles assez longues, un peu arquées et divergentes de manière à déborder entièrement le corps.

Stigmates. Sur chaque côté de la première partie des huit premiers segments abdominaux, vers le tiers postérieur des sept premiers et la moitié du huitième, surgit un mamelon charnu, oblique, conique, rétractile et muni d'un pli longitudinal. A la base postéro-externe de chacun de ces mamelons une forte loupe montre un point roussâtre qui ne peut être, à mes yeux, qu'un stigmate. La première paire des ouvertures respiratoires se trouve assez près du bord antérieur du mésothorax, mais elle n'est visible que lorsqu'on regarde la larve en dessous. Cette première paire n'offre que cette particularité, mais les huit paires abdominales, que M. Schiödte considère comme étant constituées par les mamelons dont j'ai parlé, sont pour moi, sauf meilleur avis, sessiles et semblables, avec des dimensions un peu moindres, à la première paire et s'ouvrent, ainsi que je l'ai dit, à la base de ces mamelons qui seraient à la fois une protection pour ces stigmates et des organes de locomotion comme les verrues ventrales déjà citées.

Pattes assez écartées, débordant le corps, formées de cinq pièces : une hanche assez longue, ciliée de poils blonds et fins ; un trochanter muni antérieurement en dessous de quelques poils ; une cuisse ayant à la face inférieure, près de l'extrémité, deux épines obtuses et quelques poils ; un tibia, plus court que la cuisse, montrant à la base un poil en dessus et une épine en dessous, et à l'extrémité deux ou trois poils et trois épines inégales ; enfin un ongle peu arqué et subulé.

Cette larve singulière peut marcher à reculons à peu près comme celles des Cistélides, elle est souple, quoique susceptible d'un peu de raideur, mais très-souvent, lorsqu'on la saisit ou qu'on la manipule, elle fait la morte, devient flasque, et l'on dirait qu'elle a cessé de vivre. Rendue à la liberté, elle reste parfois un certain temps en cet état avant de reprendre ses mouvements, bien qu'il paraisse certain que la lumière l'offusque.

M. Schiödte a trouvé celle du *Cardiophorus asellus* sous les mousses et les feuilles tombées, près des racines des arbres et même de temps en temps et en abondance dans les nids de la *Formica rufa.* J'ai vu aussi celle que je viens de décrire ou une autre du même genre dans les détritus des nids de *Lasius fuliginosus*, mais je la rencontre habituellement dans le sable au pied des vieux Chênes ou sous la voûte de ceux qui sont caverneux. On l'observe même en plus grand nombre dans ces derniers lieux où il ne pleut jamais, où le sable est toujours sec, de sorte qu'elle paraît pouvoir se passer, pour son développement et ses métamorphoses, de cette humidité qui est nécessaire à tant de larves, à moins qu'elle ne se déplace momentanément pour aller chercher un peu de fraîcheur en dehors de sa demeure ordinaire.

Il me serait difficile de dire au juste de quoi elle vit, car les lieux où on la recueille, quoique présentant le plus souvent des débris d'insectes, de la vermoulure et même des crottins de petits rongeurs, sont ordinaiment dépourvus d'êtres vivants. Ses mandibules d'ailleurs, malgré leurs dents, semblent par leur forme peu propres à déchirer une proie, et à moins qu'elle ne chasse la nuit à découvert, elle est toujours cachée. Je suis porté néanmoins à croire qu'elle est carnassière et qu'elle peut aussi se nourrir de détritus animalisés.

Une particularité assez singulière, c'est qu'on trouve assez fréquemment avec elle la larve d'un diptère du genre *Thereva,* filiforme aussi, très-allongée, et dont l'abdomen paraît avoir dix-sept segments, les huit premiers étant divisés en deux par un pli annulaire et le dernier muni de deux papilles pseudopodes. Mais celle-ci est plus coriace et à peine susceptible de contraction.

Je ne connais pas la nymphe du *Cardiophorus*, mais je suis convaincu que la larve se transforme dans la terre, car au mois de mai j'ai trouvé plus d'une fois, dans une sorte de cellule, un individu contracté et courbé en arc, paraissant se préparer à sa métamorphose. Je suis cependant disposé à penser que cette évolution s'accomplit le plus ordinairement à la fin de l'été, et cette opinion me vient de ce que, chez nous du moins, beaucoup de *Cardiophorus rufipes* hivernent à l'état parfait. On les trouve très-communément sous les écorces et bien d'autres abris.

Melanotus (Cratonychus) sulcicollis Muls.

LARVE

La larve du *M. rufipes* étant en première ligne dans l'*Histoire des Insectes du Pin maritime,* je l'ai décrite avec d'assez grands détails, et je ne puis, dès lors, qu'y renvoyer. Je rappellerai seulement qu'elle est subcylindrique, luisante, cornée, de couleur marron avec la lisière des segments plus claire et finement striée et le dessous du corps moins foncé; très-peu velue, comme celle des *Elater* avec lesquelles elle a de grands rapports, mais lisse, ou imperceptiblement marquée de quelques petits points épars; que son dernier segment, longuement semi-elliptique, déclive et un peu concave à partir du tiers antérieur, est ruguleux, marqué de quatre sillons longitudinaux partant de la base et n'atteignant pas l'extrémité; qu'à la naissance de la déclivité ce segment porte deux tubercules et que son contour postérieur est creusé de deux échancrures qui produisent un prolongement médian court, aplati, obtus et un peu relevé. C'est surtout la forme de ce segment qui caractérise les larves de *Melanotus*.

La larve du *M. sulcicollis*, dont j'ai sous les yeux un individu de 35 millim. de longueur, ressemble en tous points à celle du *rufipes*, sauf pourtant le dernier segment qui peut servir à l'en distinguer. Ce segment est plutôt longuement semi-ovale que semi-elliptique, il est déclive et quadri-sillonné, mais il est plan et non concave, les deux tubercules manquent et toute la surface déclive est tuberculeuse et ridée en travers; enfin le contour postérieur a quatre échancrures au lieu de deux seulement.

J'ai trouvé cette larve en Espagne, dans les montagnes du Guadarrama, en explorant des souches de Pin sylvestre.

Melanotus (Elater) castanipes Payk.

A part la taille, qui est un peu plus petite, cette larve ressemble tellement à la précédente, qu'il est bien difficile de l'en distinguer. Le dernier segment a aussi quatre échancrures, mais le bord du contour postérieur est un peu relevé, la déclivité est plutôt rugueusement ponctuée que granulée et le prolongement médian est un peu moins saillant.

On la trouve communément dans les vieux Chênes vermoulus.

Corymbites (Elater) latus F.

Fig. 209-212.

LARVE

Long. 20 millim. Hexapode, corps subdéprimé, visiblement atténué aux deux extrémités, corné en dessus, subcorné sur les flancs et en dessous.

Tête un peu plus large que longue, déprimée en coin, de couleur marron, antérieurement plus foncée, marquée sur le front de quatre fossettes rapprochées deux à deux, les deux externes assez larges et irrégulières, les deux internes ponctiformes, et de quelques points entre ces fossettes et le bord antérieur ; celui-ci profondément denté, ainsi que l'indique la figure que j'en donne.

Épistome et *labre* nuls.

Mâchoires et *menton* soudés, formant ensemble une plaque sillonnée, non subtriangulaire comme je l'ai figurée pour la larve du *Megapenthes*, mais presque en parallélogramme rectangle.

Extrémité des mâchoires, *lèvre inférieure* et *palpes* conformés comme dans cette dernière larve, mais palpes maxillaires de quatre articles égaux et lobe maxillaire plus franchement de deux articles dont le dernier terminé par de petites soies spiniformes, avec le bord interne de ce lobe muni d'une lame cartilagineuse ciliée de longs poils roux. Cette pièce se détache de la mâchoire près de l'extrémité du premier article du lobe, et son bord supérieur, qui ne dépasse guère cet article, est arrondi.

Mandibules noires, crochues, pointues au sommet, avec une saillie interne un peu en arrière du milieu, triangulairement canaliculées sur leur moitié basilaire supérieure, excavées extérieurement.

Antennes comme dans la larve du *Megapenthes*, avec cette seule différence que le quatrième article est plus court et terminé par trois soies très-courtes, et que l'article supplémentaire est aussi plus court et conique.

Sur chaque joue, près de la base de l'antenne et un petit peu en dessous, un point noir peu régulier et subtransversal qui a l'air d'une petite tache pigmentaire et qui représente un vestige d'*ocelle*.

Prothorax à peine plus large que la tête antérieurement, s'élargissant un peu, en ligne à peu près droite, d'avant en arrière, aussi long que les deux segments suivants réunis, lisse, de couleur marron, avec une lisière antérieure et postérieure plus claire, cette dernière très-finement striée sur le bord; un peu en avant de cette lisière deux points latéro-dorsaux de chaque côté, donnant naissance chacun à deux poils roux; sur le milieu un fin sillon qui se prolonge jusqu'à l'extrémité de l'avant-dernier segment. Le dit prothorax marqué en dessous de deux plis profonds, parallèles aux côtés, de deux autres sillons formant un angle dont le sommet est au niveau des hanches et d'un autre sillon médian partant du bord antérieur et à la moitié de son parcours se divisant en deux rameaux qui aboutissent aux deux côtés de l'angle précédent.

Mésothorax et *métathorax* égaux, lisses et de couleur marron comme le prothorax, avec la lisière postérieure seule plus pâle et à peine visiblement striée et les quatre points sétigères, de plus un pli sur chaque côté et deux dessous, en dehors des hanches.

Abdomen de neuf segments, le premier de la longueur du métathorax, les suivants grandissant progressivement jusqu'au cinquième, tous jusqu'au huitième de couleur marron, avec la lisière postérieure plus claire et finement striée sur le bord, les points sétigères et quelques petits points à peine visibles et très-écartés, deux sillons latéro-dorsaux allant de la base jusqu'au milieu, un large pli de chaque côté avec quelques poils, et en dessous, près des bords latéraux, deux autres plis enfermant postérieurement une sorte de saillie triangulaire sur laquelle est un poil dirigé en arrière. Neuvième segment marron foncé, assez largement semi-elliptique, hérissé de longs poils roux, à surface dorsale rugueuse, à bords épais, relevés, munis de chaque côté de trois dents obtuses de dimension croissante et postérieurement d'un prolongement bilobé, dessinant une échancrure subarrondie; en dessous quelques tubercules sétigères dont deux presque dentiformes sous les deux lobes du prolongement terminal, et à la base une large plaque semi-discoïdale, susceptible de jouer un peu comme une soupape, entourée d'un bourrelet très-finement strié et portant au centre une sorte de ventouse saillante, presque charnue, entourée d'un cercle très-finement strié aussi et traversée par une fente longitudinale où se trouve l'anus.

Stigmates comme dans les larves précédentes et disposés de même, ceux de l'abdomen placés dans les plis latéraux des segments.

Pattes assez courtes, munies de quelques soies et très-épineuses, épines des hanches très-serrées, celles des trois articles suivants disposées en dessous sur deux rangs, comme deux rateaux ; ongle presque aussi long que le tibia, crochu seulement au sommet, dilaté en dessous à la base.

Cette larve vit dans la terre soit d'autres larves ou insectes, soit de racines. M. de Bonvouloir, en m'en envoyant des échantillons, me l'a signalée comme causant de grands dégâts aux œillets de son parterre.

La nymphe est semblable à celle du *Megapenthes*, seulement les deux soies anté-scutellaires sont verticales et non inclinées en avant, les soies terminales sont un peu plus courtes, un petit crochet relevé se trouve à l'extrémité de chaque élytre et les six premiers segments abdominaux sont finement striés sur le dos.

Corymbites (Elater) æneus L.

Après la description presque minutieuse que j'ai donnée de la larve précédente, on ne doit pas s'attendre à de longs détails sur celle-ci. Je serais même embarrassé pour en dire quelque chose, car j'ai beau y regarder, je n'y vois pas une fossette, un point, un pli, un poil, un tubercule, une épine de différence ; tout, absolument tout, taille, couleur, consistance, pseudopode anal, est la même chose.

J'ai trouvé d'assez nombreux individus de cette larve, avec des nymphes et des insectes parfaits récemment transformés, en juin 1854, dans les montagnes de Guadarrama, en Espagne, sous les pierres profondément enfoncées. Ses appétits sont donc les mêmes que ceux de la précédente, et sa nymphe est exactement l'image de celle dont je viens de parler.

Athous mandibularis DUF. ♂
Titanus MULS. ♀

Fig. 213.

LARVE

Je dois de magnifiques individus de cette larve à mon excellent ami M. de Bonvouloir. Il n'en a pas, il est vrai, constaté l'authenticité, mais elle n'était pas douteuse pour lui, et elle ne saurait l'être pour moi : 1° parce que, vu ses dimensions, il n'y a aucun Élatéride européen du groupe auquel elle appartient qui puisse lui convenir, si ce n'est le *Titanus*, 2° parce qu'elle a été recueillie au pic de l'Hiéris, près Bagnères-de-Bigorre, aux lieux où ne vit que cette remarquable espèce. Je la donne donc en toute assurance avec le nom ci-dessus.

Long. 28-36 millim. Légèrement déprimée, presque linéaire, c'est-à-dire peu renflée à la région abdominale ; cependant un peu atténuée aux deux extrémités, luisante, cornée en dessus, subcornée en dessous.

Tête en coin, d'un joli marron, brillante, lisse, déprimée antérieurement, assez convexe sur le vertex, marquée en arrière de chaque mandibule d'un gros point d'où sort un poil roussâtre, à la suite de ce point d'une rainure qui va jusqu'au vertex et dont l'origine porte un poil, et sur chaque côté, de deux fosssettes oblongues donnant aussi naissance à un poil. Bord antérieur très-profondément lobé, lobe médian subéchancré et terminé par deux crochets divergents; dessous de ces lobes revêtu d'une épaisse pubescence dorée.

Épistome et *labre* nuls.

Mandibules noires, assez longues, peu épaisses, falciformes, sans dent à la tranche interne, profondément canaliculées sur les deux tiers basilaires de leur face supérieure, très-peu concaves à la base externe. Plaque sillonnée qui réunit les mâchoires et le menton ni triangulaire ni parallélogrammique, mais trapézoïdale, car elle se rétrécit d'un tiers environ du sommet à la base.

Lobe maxillaire et *lèvre inférieure* comme dans la larve du *Corymbites latus*, avec les spinules et les cils dorés.

Palpes maxillaires de quatre articles, le second plus long que les autres.

Palpes labiaux de deux articles, le premier un peu moins gros relativement que dans les larves précédentes. Ces organes sont testacés avec les articulations plus claires.

Antennes conformées comme à l'ordinaire, le quatrième article grêle et terminé par trois soies très-courtes, et l'article supplémentaire presque aussi grêle, cylindrique et de moitié plus court.

Un vague point noir à la place ordinaire des ocelles.

Segments thoraciques et huit premiers *segments abdominaux* d'un joli marron clair en dessus, plus pâle en dessous, du reste, quant à leurs dimensions relatives, aux lisières plus claires et striées, au sillon médian, aux points sétigères, aux sillons latéro-dorsaux, aux plis, aux mamelons et même à la ponctuation presque imperceptible, conformés absolument comme dans la larve du *Corymbites*. Dernier segment de couleur marron, moins parallèle sur les côtés, plus régulièrement en demi-ellipse, peu ruguleux en dessus, à bords marqués mais non épaissis et relevés, à trois tubercules de chaque côté, de grandeur progressive, mais plus semblables à des dents coniques qu'à des lobes arrondis; prolongements de l'extrémité profondément divisés en deux dents coniques, relevées, l'externe beaucoup plus longue que l'interne, et qui, vues en dessus, paraissent, la plus petite arquée en dedans, l'autre courbée en dehors. En dessous, ce segment est entièrement lisse, mais la soupape et la ventouse anales sont la reproduction des mêmes organes de la larve du *Corymbites*.

Il en est de même des *stigmates*.

Les *pattes*, composées de cinq pièces d'égale longueur ou à peu près, sont moins épineuses, principalement sur les hanches qui n'ont qu'un rang d'épines partant de la base externe et se dirigeant obliquement vers le bord interne dont elles font à moitié le tour.

Cette larve, dont je ne connais pas la nymphe, a été trouvé sous les pierres.

Si on la compare à celle de l'*Athous rufus* dont j'ai donné, *loc. cit.*, la description et la figure, on verra qu'elle en diffère par la forme du lobe médian du bord antérieur de la tête, par les mandibules, dépourvues de dent interne, et surtout par la ponctuation qui est, pour ainsi dire, nulle, tandis qu'elle est très-forte et très-dense dans la larve du *rufus ;* elle l'est beaucoup moins, il est vrai, dans celle du *rhombeus*, et je ne m'étonne pas, d'ailleurs, de trouver des caractères différentiels aussi tranchés à la larve d'une espèce dont les deux sexes sont si différents qu'ils ne paraissent avoir rien de commun.

Agriotes (Elater) ustulatus SCHALLER.

Fig. 214.

LARVE

Long. 18 millim., entièrement la forme et la consistance des larves d'*Elater*, c'est-à-dire hexapode, cornée, subcylindrique, étroite et linéaire, mais plus pâle, plus luisante et à peine ponctuée.

Je ne ferai connaître que les principaux caractères, ceux qui peuvent empêcher de la confondre avec d'autres espèces.

Tête testacée, avec le bord antérieur noirâtre ; celui-ci lobé, mais lobe médian très-court et obtus ; front largement et peu profondément bisillonné, très-finement et peu densement pointillé ; plaque formée de la soudure des mâchoires et du menton plus large de près d'un tiers antérieurement qu'à la base ; troisième article des palpes un peu plus court que les autres ; quatrième article des antennes surmonté d'un long poil et de deux ou trois très-petits ; article supplémentaire très-court et conique ; sur chaque joue un point noir transversal, irrégulier, pigmentaire, représentant un ocelle.

Prothorax de la couleur de la tête, avec une lisière antérieure et postérieure un peu plus foncée et très-finement striée, marqué de quelques petits points épars, d'un sillon médian qui se prolonge jusqu'à l'extrémité du pénultième segment, et, de chaque côté, d'un sillon très-net partant de la lisière antérieure et aboutissant à la postérieure. Les deux autres segments thoraciques et les huit premiers abdominaux d'un testacé jaunâtre en dessus, un peu plus plus pâles en dessous, avec une lisière postérieure de couleur marron et très-finement striée ; marqués de très-petits points épars, d'autant plus visibles qu'on s'approche plus de l'extrémité, et de deux sillons latéraux très-droits et très-nets, comme ceux du prothorax, naissant au bord antérieur et se terminant à la lisière ; pourvus en outre, ainsi que le prothorax, de deux verticilles de poils roussâtres et écartés, un au quart antérieur et un au tiers postérieur de chaque segment ; poils du verticille antérieur un peu plus courts ; neuvième segment à peine pointillé, hérissé de poils plus nombreux à l'extrémité, subconique, terminé par une petite pointe, comme dans les larves d'*Elater*, un peu tuméfié en verrue en avant de cette pointe, ayant de chaque côté, près du bord antérieur, mais visible en dessus, un trou rond entouré d'une sorte de péritrème noirâtre et ressemblant à un gros stigmate. M. Schiödte lui donne le nom d'impression musculaire. Plaque et ventouse anales comme dans les larves d'*Elater;* stigmates et pattes de même.

Cette larve vit dans la terre où elle ronge le collet des racines de diverses plantes qu'elle fait périr. Elle est chez nous quelquefois très-nuisible, comme la chenille de l'*Agrotis segetum*, au maïs, à la betterave, au tabac.

Les larves d'*Agriotes*, si semblables à celles d'*Elater* par leur forme, la structure du dernier segment et la pointe terminale, s'en distinguent par leur couleur plus pâle, leur surface lisse et presque imperceptiblement pointillée, par l'absence des callosités transversales et striées de la base des segments, par une plus grande longueur des sillons latéraux et surtout par ces deux faux stigmates de la base du dernier segment, qui doivent avoir quelque fonction physiologique, mais dont je ne saurais pas plus indiquer la destination que de cette cavité qu'on remarque entre les deux crochets terminaux de certaines larves, telles que celles d'*Aulonium*, de *Phloiotrya*, etc.

La larve que mon illustre ami M. Mulsant a publiée dans son *Histoire naturelle des Latigènes* (p. 86), tout en exprimant des doutes, comme appartenant à l'*Asida grisea*, est incontestablement une larve d'*Agriotes*.

Drasterius (Elater) bimaculatus F.

Fig. 215-216.

LARVE

Cette larve, longue de 6-8 millim., grêle, subcylindrique, linéaire, ressemble à une jeune larve d'*Agriotes*. Comme celle dont je viens de parler, elle est d'un testacé jaunâtre brillant, avec la tête, le prothorax et les lisières striées un peu plus foncés ; les organes de la bouche et les antennes sont conformés de même, l'article supplémentaire de celles-ci est extrêmement court ; les segments, dont les dimensions sont relativement identiques, ont les deux verticilles de poils écartés, mais elle en diffère par les caractères suivants : le bord antérieur de la tête est très-peu profondément lobé, il n'a, à proprement parler, que trois lobes, et le médian est pointu et non émoussé. Je ne vois pas la moindre trace de point ocelloïde. Les sillons des côtés des segments manquent absolument et la ponctuation est nulle, mais à une très-forte loupe on aperçoit, principalement sur les côtés des derniers segments et sur toute la surface dorsale du dernier, une rugulosité presque imperceptible déterminée par des strioles sinueuses de la plus extrême finesse. Le dernier segment, en demi-ovale allongé, est terminé par un tout petit prolongement subconique, tronqué ; enfin, on ne trouve aucun vestige de ces faux stigmates qui rendent si reconnaissables les larves d'*Agriotes*.

J'ai recueilli plusieurs fois cette larve avec de nombreux individus de l'insecte parfait, sous des tas de végétaux en voie de décomposition.

Ce serait ici le lieu de donner quelques généralités sur les larves des Élatérides, mais j'ai rempli cette tâche dans l'*Histoire des insectes du Pin maritime*, et je ne crois pas nécessaire de reproduire ici mes appréciations. J'y ajouterai cependant ce qui est le résultat des observations que j'ai été à même de faire depuis.

Les larves dont il s'agit ont été plus d'une fois assimilées à celles des Ténébrionides, dont elles diffèrent pourtant par des caractères si importants et si nombreux qu'il n'est pas permis, je ne dis pas seulement de les confondre, mais même de les comparer. Cette assimilation a été la conséquence irréfléchie de leur couleur, de leur contexture généralement cornée, et même de leur forme qui, dans les larves cylindriques de *Mela-*

notus, d'*Elater*, de *Ludius* et d'*Agriotes*, les rapproche de celles de la plupart des Mélasomes. Elles ont, de plus, cette ressemblance que leur corps a une certaine raideur, par suite de la dureté de ses téguments, et qu'il n'est guère susceptible d'extension et de contraction.

Mais pourtant, dans ce groupe comme dans beaucoup d'autres, il y a une exception, une dérogation à la règle commune. Elle est constituée par les larves de *Cardiophorus*. Comment, en effet, reconnaître une larve d'Élatéride dans ce ver blanc, délicat, membraneux, sauf la tête et le prothorax qui sont colorés et cornés, dont le corps, longitudinalement cannelé et presque absolument glabre, est susceptible de telles contractions et extensions, que sa longueur et son diamètre peuvent varier du simple au double, dont l'abdomen peut paraître avoir jusqu'à vingt-trois segments, les sept premiers étant susceptibles de se diviser en trois?

A ces caractères insolites ces larves en joignent d'autres qui consistent dans la forme si étrange des mandibules et si étroite des mâchoires, du menton et de la lèvre inférieure, dans l'insertion des antennes au-dessus des mandibules, dans la situation des ocelles, de sorte qu'il serait bien difficile, pour ne pas dire impossible, de deviner *a priori* qu'elle appartient au groupe dont elle fait partie.

La larve que j'ai attribuée au *Cryptohypnus riparius* présente aussi des exceptions non au point de vue de la consistance et de la forme, mais par l'existence d'un épistome et d'un labre distincts, par le lobe des mâchoires d'une seule pièce, par la structure du mamelon anal et par la présence, sur chaque joue, de six ou du moins de cinq points noirs ocelliformes. Ces particularités, qui ont plus d'importance encore que celles que présentent les larves de *Cardiophorus*, seraient, je le reconnais, de nature à inspirer quelques doutes sur l'authenticité de cette larve, alors même qu'elle ne serait pas implicitement contestée par le témoignage de M. Schiödte.

Je termine ce qui est relatif à ce groupe par un essai de tableau synoptique des genres qui me sont connus.

A Épistome et labre nuls ou inappréciables à cause de leur soudure avec le front ; bord antérieur de la tête dentelé.

B Corps subdéprimé, assez large, ordinairement un peu plus étroit aux deux extrémités ; dernier segment bordé latéralement de crénelures dentiformes ordinairement émoussées, et terminé par deux prolongements bilobés laissant entre eux une profonde échancrure.

C Ces prolongements terminés par deux ou trois lobes ou dents.

D Lobes ou dents des prolongements terminaux égaux.

a Dernier segment convexe en dessus, couvert d'épines raides d'autant plus fortes qu'elles s'approchent plus du bord postérieur ; mamelon anal armé d'épines.

Dernier segment marqué de quatre sillons dont les deux intermédiaires courts. *Chalcolepidius.*

Dernier segment marqué de deux sillons seulement. *Alaus.*

(Caractères tirés de la description de la larve du *Chalcolepidius erythroloma* par M. Schiödte et de celles de la larve de l'*Alaus oculatus* par MM. Chapuis et Candèze et de l'*A. myops* par M. Schiödte.)

aa Dernier segment concave en dessus ; anus placé entre deux crochets à l'extrémité d'un mamelon anal volumineux et plus ou moins libre, dépourvu d'autres spinules.

Mamelon anal peu libre, muni sur les côtés de granules cornés surmontés d'une soie ; dernier segment à crénelures latérales obtuses, sa face dorsale marquée de deux sillons longitudinaux et de rides ondulés symétriquement disposées. *Lacon.*

Mamelon anal grand et libre, se mouvant comme une soupape sous le dernier segment ; celui-ci à crénelures latérales aiguës ; sa face dorsale parsemée de petits granules. *Adelocera.*

aaa Dernier segment plan ou très-faiblement convexe en dessus paraissant concave à cause du rebord crénelé. Anus placé à l'extrémité d'un mamelon conique, rétractile et sans crochets, enfermé dans un rebord en demi-cercle ; segments de l'abdomen fortement ponctués en dessus, sur plus de leur moitié antérieure. *Athous* sauf *mandibularis.*

Dernier segment et anus comme le précédent ; segments de l'abdomen avec une petite réticulation, ou à peine marqués de quelques points, sauf le dernier qui est rugueux et quadri-sillonné. S.-g. *Diacanthus* et s.-g. *Tactocomus.*

Comme le précédent, mais les huit premiers segments de l'abdomen ayant chacun quatre taches ferrugineuses sur un fond d'un jaune pâle. S.-g. *Hypoganus.*

Comme *Diacanthus*, mais dernier segment très-rugueux. S.-g. *Corymbites.*

Comme *Diacanthus*, mais dernier segment à peine ruguleux et les deux sillons intermédiaires très-courts. S.-g. *Actenicerus.*

(Ces caractères des divisions du genre *Corymbites* sont tirés des descriptions de M. Schiödte.)

DD Lobes ou dents des prolongements terminaux inégaux, la dent interne beaucoup plus courte.

Dent externe dirigée en dehors, crochue, verticalement relevée; segments de l'abdomen lisses en dessus ou montrant à peine quelques petits points. *Athous mandibularis.*

Dent externe dirigée en ligne droite et relevée en croc; segments de l'abdomen marqués de points transversalement confluents sur les deux tiers antérieurs de leur face dorsale (d'après la description de MM. Chapuis et Candèze). *Campylus.*

CC Ces prolongements non lobés ou dentés et tellement convergents qu'ils se touchent presque par leurs extrémités. *Limonius.*

(Caractères tirés de la larve du *Limonius Bructeri* donné par M. Schiödte; mais peut-être ne s'appliquent-ils qu'à cette espèce dont M. Kiesenwetter a fait le genre *Phelotes*, non admis par M. Candèze.)

B² Corps subcylindrique et corné.

a Corps lisse.

Taille grande, dernier segment très-longuement conique, arrondi à l'extrémité; mamelon anal très-petit, d'une largeur à peine égale au quart de celle du dernier segment à sa base. *Ludius.*

Taille petite, dernier segment assez longuement semi-ellipsoïdal, terminé en pointe tronquée; mamelon anal presque aussi large que ce segment à sa base. *Drasterius.*

Dernier segment longuement demi-elliptique, plan et même le plus souvent un peu concave en dessus et marqué de quatre sillons sur près de la moitié antérieure; terminé par trois crénelures dentiformes dont la médiane plus longue; mamelon anal assez grand, presque aussi large que le dernier segment à sa base. *Melanotus.*

aa Corps marqué de petits points épars.

Dernier segment assez longuement demi-ellipsoïdal, terminé par une pointe, ayant de chaque côté, près de la base, une cavité de l'apparence d'un grand stigmate. *Agriotes.*

Dernier segment conique, terminé par une petite pointe aiguë, orné de tubercules grands et sétifères, disposés en trois séries transverses dont la première est au milieu du segment et la dernière vers la base de la pointe terminale. *Dolopius.*

(D'après la description de la larve du *Dolopius marginatus* par M. Schiödte.)

aaa Corps plus fortement et plus densement ponctué, surtout sur les derniers segments.

Dernier segment longuement et régulièrement demi-ellipsoïdal, terminé par une pointe, marqué de deux sillons dorso-latéraux; mamelon anal ne dépassant pas les deux cinquièmes antérieurs de ce segment. *Elater.*

Dernier segment marqué aussi de deux sillons dorso-latéraux, pas très-régulièrement semi-ellipsoïdal, à cause d'une sinuosité qui existe près de l'extrémité ; terminé ou par trois lobes dont les deux latéraux peu marqués et le médian terminé en pointe, ou par trois dents à peu près égales ; mamelon anal atteignant les trois quarts de la longueur de ce segment. *Megapenthes*

B³ Corps cylindrique, membraneux (sauf le prothorax qui est sub-corné), grêle et très-souple ; les sept premiers segments de l'abdomen susceptibles de s'allonger en se désemboîtant, de manière à paraître composés chacun de trois anneaux ; ces mêmes segments ainsi que le huitième longitudinalement cannelés. Mandibules anormales, divisées en deux branches dont la supérieure seule dentée. Dernier segment longuement et étroitement semi-elliptique ; mamelon anal libre, terminé par deux appendices pseudopodes membraneux, arqués et divergents. *Cardiophorus.*

AA Épistome et labre très-distincts, bord antérieur de la tête non dentelé. *Cryptohypnus?*

LYCIDES

Dictyopterus (Cantharis) sanguineus L.

J'ai trouvé aussi cette larve sous l'écorce des troncs morts de Châtaignier, avec des larves de Callidium, etc. ; mais comme j'en ai donné dans les *Annales de la Société Entomologique*, 1846, page 343, planche 9, numéro 5, une description et des figures auxquelles j'ai seulement à ajouter un petit ocelle peu apparent existant près de la base de chaque antenne, je m'abstiendrai de ce double emploi. Je dirai cependant que, lorsque la larve est très-jeune, elle peut en imposer. Alors, en effet, les parties blanches du corps sont relativement beaucoup plus étendues, et le dernier segment, au lieu d'être orange avec les crochets noirs, est noirâtre avec les crochets nuancés d'orange. Cette larve me fournit l'occasion, dont je profite, d'en signaler une autre de la même famille et qui n'est pas connue.

Eros (Lycus) rubens Gyll.

Fig. 217-219.

LARVE

Cette larve, longue de 13 millimètres, ressemble beaucoup, par sa forme déprimée, sa consistance et tous ses organes, à celle dont je viens de parler ; elle est en ovale très-allongé.

Sa *tête* est courte, transversale, avec le bord antérieur un peu avancé anguleusement, sans épistome et sans labre.

Les *mandibules* sont longues, fines, simples, subulées, articulées sur un petit mamelon placé sous le devant de la tête.

Les *mâchoires* et le *menton* sont soudés ensemble et les premières sont dépourvues de lobe.

Les *palpes maxillaires* sont de trois articles, les *labiaux* de deux et ces organes sont droits et divergents.

Les *antennes* sont de deux articles dont le second beaucoup plus long que le premier et un peu en massue arrondie au sommet.

Près de leur base existe un *ocelle* représenté par un petit tubercule rond.

Les segments du *thorax* et de l'*abdomen* sont assez bien détachés et sont couverts en dessus d'une plaque subcornée qui laisse libre un bourrelet transversal dont elle est séparée par un pli assez marqué ; en dessous ils ont deux plis de chaque côté, et au milieu ils montrent des fossettes variables, indices de petites ampoules dilatables.

Le *mamelon anal* est placé à la base du dernier segment, il est susceptible de se dilater en un pseudopode cylindrique bien saillant.

Les *pattes* sont médiocrement longues, de cinq pièces, ongle compris, et sont munies de quelques poils.

Les *stigmates* sont placés près du bord antérieur du mésothorax et au tiers antérieur des huit premiers segments abdominaux.

Elle diffère de la larve de *Dictyopterus* par des caractères bien tranchés. Cette dernière a les antennes terminées par une longue soie, elle est en dessus d'un beau noir mat, à surface réticulée, sauf le dernier segment qui est d'une jolie couleur orange et un peu luisant, et qui est terminé par deux crochets épais, ruguleux, très-émoussés et même arrondis au sommet et arqués en dedans ; en dessous elle est d'un blanc livide avec cinq séries de taches noires, y compris celles des bourrelets latéraux. Celle de l'*Eros rubens*, au contraire, a uniquement quelques tout petits poils près de l'extrémité de l'article terminal des antennes, elle est en dessus d'un brun assez luisant et presque lisse, avec les bords antérieur et postérieur du prothorax et le bord postérieur des dix segments suivants d'un blanchâtre livide, ainsi que le bourrelet latéral, et le dernier segment, brun comme le reste et dépourvu de tout crochet, est simplement un petit peu échancré en arrière. Une très-fine ligne blanchâtre parcourt tout le corps sur son milieu dorsal. En dessous, la couleur est d'un blanchâtre livide avec une teinte brunâtre au milieu des segments abdominaux. Les pattes, au lieu d'être noires, sont d'un blanchâtre livide. La larve du *Dictyopterus* a des poils allongés et effilés, savoir : quelques-uns sur la tête, deux de chaque côté des segments thoraciques, assez éloignés des angles postérieurs, deux sur le bourrelet latéral des huit premiers segments abdominaux, un assez grand nombre sur les côtés du dernier segment ; un autre plus court près de chaque angle postérieur des plaques dorsales et une série transversale de six sur chaque arceau ventral, le dernier segment excepté. La larve de l'*Eros* a quelques poils semblables sur les côtés de la tête, mais elle n'en porte qu'un seul sur les côtés de chaque segment, et ces poils sont bien plus courts, raides, tronqués ou émoussés au sommet, et quelquefois même ils paraissent au microscope très-légèrement en massue. Le dernier segment n'a que six de ces poils, placés en arrière ; l'arceau ventral n'en possède que quatre et je n'en vois pas sur l'arceau dorsal.

J'ai trouvé cette larve, ainsi que l'insecte parfait, dans des troncs presque pourris de sapin, encombrés de détritus produits par des larves de *Rhagium inquisitor* et *bifasciatum*, de *Leptura cincta* et *testacea*, de *Rhyncolus chloropus*, etc. ; mais je ne connais pas la nymphe.

M. de Castelnau, dans son *Histoire naturelle des insectes coléoptères*, t. I, p. 261, décrit les *Dictyoptera* dans l'ordre suivant : *aurora*, *sanguinea* et *minuta*, et il dit que « la larve de la première espèce est linéaire, aplatie, noire, avec le dernier anneau en forme de plaque rouge terminée par deux cornes cylindriques comme articulées et arquées. Elle a six pattes et vit sous les écorces du Chêne. » Ces mots semblent se rapporter au *D. aurora* qui est inscrit le premier ; mais je suis porté à croire qu'il y a là une erreur et qu'ils concernent le *D. sanguinea*, car la larve de l'*aurora* est, je crois, inconnue, tandis qu'à l'époque où M. de Castelnau publiait son livre, on connaissait celle du *sanguinea*, dont il a été parlé par Latreille (*Règne animal* de Cuvier, 1817, t. III, p. 237) et Erichson (*Archiv. de Wiegm.*, t. I, p. 93).

En 1861, dans un mémoire sur les métamorphoses de quelques Coléoptères exotiques, M. Candèze a décrit les larves et les nymphes du *Lycus cinnabarinus*, de Ceylan et du *Colapteron corrugatum*, du Mexique ; ces larves, un peu différentes par la forme du prothorax et beaucoup par leur couleur de celle de l'*Eros rubens*, s'y rapportent néanmoins par leurs caractères essentiels et surtout par les organes de la bouche et par les antennes, et leur dernier segment est aussi tout simplement échancré.

Un seul point a attiré mon attention, c'est l'affirmation de M. Candèze que la larve du *L. cinnabarinus* a, comme celles des Lampyrides, une paire de stigmates sur le métathorax, indépendamment de celle du prothorax et des huit paires de l'abdomen. Un peu plus loin il décrit trois larves de Lampyrides du genre *Photuris*, et il leur donne dix paires d'orifices respiratoires, dont la seconde sur le métathorax. Erichson cependant, dans les caractères généraux des larves de Lampyrides *(Archiv. de Wiegm.*, t. I, p. 90), n'attribue à ces larves que neuf paires de stigmates ; mais en décrivant deux larves de cette famille, venues de Java, il leur en accorde dix paires.

Je n'ose me permettre de contredire formellement les assertions d'Erichson et de M. Candèze, relativement à des larves exotiques que je n'ai pas vues. Je me borne à exprimer des doutes; mais ce que je puis affirmer, c'est que les larves de quatre espèces de *Lampyris*, une de *Lamproriza*, celle du *Phosphænus hemipterus* et celle de la *Luciola Italica* n'ont que neuf paires de stigmates et que le métathorax en est très-positivement dépourvu. C'est, du reste, ce qui résulte aussi très- clairement des descriptions de la larve de l'*Aspisoma candellaria* par M. Goureau *(Société Entomologique*, 1845, p. 345) et du *Lampyris noctiluca* par M. Mulsant *(Mollipennes*, p. 79). Cela seul m'enhardirait à mettre en doute les stigmates métathoraciques de la larve du *Lycus cinnabarinus ;* mais ce qui m'y porte plus encore, c'est que je ne connais pas un seul cas de stigmates semblables.

Les larves de Lycides, lentes dans leurs mouvements, sont très-remarquables par l'absence de l'épistome et du labre, caractère qui paraît commun aux larves des Mollipennes de M. Mulsant, et surtout par l'insertion et la ténuité des mandibules, ainsi que par le défaut des lobes maxillaires et par la composition des antennes qui m'ont paru n'être que de deux articles, quelque minutieux qu'ait été mon examen. Exotiques ou indigènes, elles se ressemblent toutes, du moins jusqu'ici, sous ces divers rapports, et constituent, dès lors, un groupe bien caractérisé et parfaitement limité.

Quoiqu'elles vivent dans le bois mort, ou sous les écorces, il n'est venu, que je sache, à l'idée de personne de les considérer comme lignivores, car la finesse des mandibules, qui ressemblent plutôt à des suçoirs, comme celles des larves de Fourmilions, exclut de pareils appétits. Elles sont donc évidemment carnassières, peut-être même, dans les cas de nécessité, coprophages, et il est possible qu'au lieu de déchirer leur proie, elles la percent pour en faire sortir les liquides nourriciers qu'elles sucent ensuite, ou qu'elles lèchent. Je regrette de n'avoir pas essayé de le vérifier quand l'occasion, qui est rare ici, s'en est présentée.

MALACHIDES

Axinotarsus (Malachius) pulicarius F.

Fig. 220-227.

LARVE

Long. 4–5 millim., hexapode, subdéprimée, sublinéaire, mais atténuée antérieurement et postérieurement et quelquefois un peu renflée vers le milieu de l'abdomen, charnue, quoique un peu coriace, d'un rosé vineux livide, revêtue d'une pubescence pâle, entremêlée de longs poils visibles principalement sur la tête, sur le dernier segment et sur les côtés des autres, terminée par deux crochets.

Tête assez plate, un peu plus longue que large, à côtés parallèles, noire, avec le quart antérieur et les côtés ferrugineux.

Épistome très-transversal, s'étendant, ou peu s'en faut, jusqu'au bord externe des mandibules, surmonté d'un *labre* presque aussi large, en demi-ellipse transversal et longuement velu.

Mandibules ferrugineuses, avec la pointe noire, larges, acérées, munies sur la tranche interne de deux dents dont la postérieure plus saillante et moins émoussée que la précédente.

Mâchoires allongées, parallèles, s'avançant jusque vis-à-vis l'angle antérieur de la tête, portant un lobe court, arrondi et cilié, et un *palpe* de trois articles.

Menton soudé aux mâchoires, presque aussi long qu'elles, servant de base à une *lèvre* très-courte, surmontée de deux *palpes labiaux* de deux articles, dont le premier est renflé, presque globuleux.

Antennes en cône allongé, entièrement rétractiles, de quatre articles, le premier et le second égaux, le troisième plus court, large et tronqué à l'extrémité pour recevoir, outre le quatrième article, l'article supplémentaire qui est assez épais et conique. Celui-ci est visible quand on observe la larve en dessus, mais on le voit mieux de profil.

Sur chaque joue, au-dessous de la base des antennes, quatre *ocelles* ferrugineux, dont trois sur une ligne transversalement oblique et un plus gros vis-à-vis le plus supérieur des précédents.

Prothorax plus grand que chacun des autres segments thoraciques, plus étroit antérieurement qu'à la base, orné, à partir du tiers antérieur, jusqu'au bord postérieur, d'une tache linéaire noirâtre, coupée longitudinalement par un trait pâle, et de chaque côté de cette tache, d'une autre de même couleur en arc de cercle.

Mésothorax et *métathorax* marqués, sur leur moitié postérieure, de deux taches semblables, à peu près en forme de virgule renversée.

Abdomen de neuf segments ; les huit premiers munis en dessus et en dessous, près de chaque côté, d'une dépression longitudinale dessinant un bourrelet qui règne le long des flancs, et en dedans de cette dépression d'une sorte d'ampoule peu saillante destinée à seconder les mouvements de la larve ; dernier segment noirâtre, corné, échancré, terminé par deux appendices cornés, d'abord droits et ferrugineux, puis noirs et relevés en crochet ; en dessous un mamelon pseudopode, charnu et rétractile au centre duquel est l'anus.

Stigmates au nombre de neuf paires, la première près du bord antérieur du mésothorax, les autres au tiers antérieur des huit premiers segments abdominaux.

Pattes longues, velues, surtout le tibia qui est tout hérissé et terminé par un ongle assez long.

J'ai trouvé plusieurs fois cette larve sous l'écorce ou dans le bois des branches de Châtaignier, de Chêne, d'Orme, etc. habitées par des larves lignivores dont elle fait sa proie, sauf à vivre de leurs déjections si une pitance plus succulente lui fait défaut. C'est aux mêmes lieux qu'elle se transforme en nymphe.

NYMPHE

Elle est rosée, hérissée de longs poils blanchâtres sur la tête, le thorax, les genoux, le dos et les côtés de l'abdomen et surtout sur le dernier segment qui est terminé par deux longues papilles subulées et longuement velues ; sur la face ventrale on voit à peine quelques soies près du bord postérieur des segments.

L'ancien genre *Malachius* a été divisé en plusieurs autres dont je ne veux pas assurément critiquer la formation ; mais je dois dire que l'étude des larves ne justifie pas jusqu'ici cette division comme elle le fait pour bien d'autres que le progrès et quelquefois aussi les subtilités de la science ont fait scinder avec plus de raison peut-être. Ce que l'on sait sur les premiers états de ce groupe se réduit, il est vrai, à peu de chose, car on n'a publié que les larves suivantes : 1° celle du *Malachius æneus* L., Perris, *Société Entomologique*, 1852, p. 591 ; 2° celle du *Malachius bipustulatus* L., Heeger, Sitzber. Wien. ac. Wiss. 1857, p. 320 ; 3° celle de l'*Anthocomus*, aujourd'hui *Antholinus lateralis* Er., Perris, *Société Entomologique*, 1854, p. 593 ; 4° celle du *Malachius marginellus* Ol., Perris, *Société Entomologique*, 1862, p. 201. Or, ces cinq larves, en y ajoutant celle de l'*Axinotarsus pulicarius*, se ressemblent tellement, qu'il est à peu près impossible de leur trouver des caractères différentiels autres que la taille, et l'on conviendra que les insectes parfaits se rapprochent bien aussi par leur physionomie ; mais pourtant, lorsqu'on arrive à un genre d'un aspect différent et que, du premier coup d'œil, on peut séparer des *Malachius* et des *Anthocomus*, on trouve des différences appréciables dans les larves. Ainsi, celle de l'*Hyphebæus albifrons* Ol., que j'ai publiée dans les *Mémoires de la Société des sciences de Liége*, 1855, est d'un blanc mat et non rosée ou vineuse, sans taches sur les segments thoraciques ; la lèvre inférieure est un peu échancrée et non subarrondie, et le dernier segment, qui se charge souvent de trahir dans les larves les différences génériques, est blanc et charnu comme les autres et terminé par deux papilles droites, charnues et obtuses.

Malgré les différences que présente cette dernière larve, comme elle offre les principaux caractères des autres, je crois pouvoir dire que les larves de la famille des Malachiens peuvent se reconnaître facilement à leur tête subcornée, ordinairement noirâtre, déprimée, en carré long avec les angles un peu arrondis, à leurs mandibules larges, profondément bifides à l'extrémité, avec une dent en arrière, comme dans les larves de *Malachius*, ou simples à l'extrémité, avec deux dents internes, comme dans d'autres ; à leurs antennes, dont le troisième article est large au sommet et dont l'article supplémentaire est court, épais et conique ; à la longueur et à la soudure parallèle du menton et des mâchoires, enfin à leurs quatre ocelles (1). Le plus grand nombre se distinguera aussi, à première vue, par

(1) J'ai donné à tort cinq ocelles sur chaque joue à la larve du M. *marginellus* ; elle n'en a que quatre, dont un inférieur bien plus gros, ainsi que je viens de le vérifier, et sa tête, que j'ai dite testacée, est ordinairement noirâtre.

les taches des segments thoraciques et les crochets du dernier segment.

Le caractère de ces taches, qui manque à la larve de l'*Hyphebæus albifrons* paraît se trouver dans celle de l'*Ebæus collaris*, même avec accompagnement d'autres taches exceptionnelles, d'après ce que rapporte mon ami M. Lichtenstein dans le *Bulletin de la Société entomologique*, 1875, p. CV.

« Le 2 mai, dit cet habile observateur, j'ai rencontré dans le sable de jolies petites larves de Malachien d'un blanc de lait, avec une série dorsale de taches rouge de sang au-dessous des dessins caractéristiques de ce groupe de larves. En même temps, j'ai mis à découvert plusieurs exemplaires de l'*Ebæus collaris*, et je ne puis douter que ces larves n'appartiennent à cet insecte. Elles vivent en parasites dans les colonies d'un petit fouisseur du genre *Passalæcus*. »

Le silence de M. Lichtenstein sur la conformation du dernier segment me porte à penser qu'il est, comme dans la généralité des larves de ce groupe, terminé par deux crochets.

Il est admis que les larves des Malachides ont des goûts carnassiers, mais on n'est pas aussi bien fixé sur ceux des insectes parfaits. Dans l'*Histoire des insectes du Pin*, j'ai mentionné mes observations sur le *Malachius æneus* et l'*Axinotarsus pulicarius* que j'ai vus dévorer des étamines de graminées, et il y a lieu de penser que d'autres espèces, qui fréquentent les fleurs, se contentent d'une nourriture végétale ; mais il est possible que d'autres, que l'on prend en battant les arbres et les buissons, y vivent à l'état de chasseurs, et c'est assurément après des constatations personnelles que MM. Mulsant et Rey ont pu dire dans leurs *Vésiculifères* : « Leurs dents avides ne se bornent pas toujours à outrager nos végétaux ; quelquefois, à l'exemple des Téléphores, avec lesquels ils ont des rapports si nombreux, ils attaquent les insectes plus ou moins faibles qui semblent vouloir leur disputer leur nourriture, et les déchirent sans pitié, moins pour se repaître de leurs membres palpitants que pour se donner le barbare plaisir de les sacrifier. »

M. Bedel a observé l'*Ebæus thoracicus* visitant les nids des abeilles maçonnes avec une insistance qui semble indiquer des relations de parasitisme entre lui et la *Chalicodoma muraria* » (Soc. ent., 1872, p. 21) ; mais, quant à présent, on ne saurait dire si ces visites, évidemment intéressées, ont pour objet la consommation du miel approvisionné par l'abeille, ou la destruction de sa larve, ce qui est peu probable, ou la recherche des Triongulins, ou plutôt la ponte d'œufs d'où naîtront des larves parasites.

Je puis citer néanmoins des observations bien précises, démontrant qu'il y a des Malachides franchement carnassiers et qui, sans épargner peut-être des proies vivantes, s'attaquent incontestablement aux cadavres de divers animaux. Ces observations très-intéressantes sont de mon ami M. Peragallo et concernent l'*Atelestus Peragallonis*.

« Il faut, m'écrit-il, pour réussir dans la chasse de cet insecte, une grosse chaleur lourde, sans vent, du mois de juin. La plage de Nice est en galets, très-inclinée, très-difficile pour la marche ; on est donc obligé de suivre le bord de la vague jusqu'à ce qu'on trouve un point où les filets des pêcheurs ont été retirés le matin. On s'en aperçoit facilement à l'odeur d'abord, aux écailles et corps de sardines ensuite. C'est là que se tiennent les *Atelestus*. On les trouve sous les corps desséchés des petits poissons ; mais il est très-rare qu'on puisse les prendre dans ces conditions, car à peine mis à découvert, ils disparaissent sous une couche de galets. Il faut inspecter ces petites pierres roulées et saisir le moment où l'*Atelestus*, rapide comme l'éclair, passe sur l'un d'eux ; alors, avec le doigt mouillé, on peut le pincer au passage, mais dans la proportion de un sur dix. Les mâles surtout sont d'une agilité phénoménale.

« J'ai trouvé aussi l'*Atelestus* sur les bords d'une petite rivière, dans un endroit tout voisin de la mer, où l'on vient laver le linge. Je pense que c'est le savon qui l'y attire, car ce petit insecte adore tous les corps huileux et gras, le poisson, les os encore frais, les rats morts. Je me rappelle en avoir rencontré un bataillon sous une poule morte apportée par la vague. »

DASYTIDES

Dasytes (Melyris) plumbeus Oliv.

Fig. 228-233.

LARVE

Long. 6-7 millim., hexapode, ovoïde, allongée, subdéprimée, un peu ventrue à son tiers postérieur, d'un blanc un peu sale, charnue, assez molle et un peu coriace, hérissée de poils blanchâtres très-fins, plus longs sur la tête, sur le dernier segment et le long des flancs ; terminée par deux crochets.

Tête très-peu convexe, cornée, en carré long, ferrugineuse antérieurement, puis noire avec une ligne blanchâtre partant du vertex et se bifurquant sur le front pour se rendre aux deux angles antérieurs.

Épistome court, très-transversal, atteignant par ses extrémités la tranche externe des mandibules et surmonté d'un *labre* semi-elliptique et cilié.

Mandibules ferrugineuses, avec l'extrémité noirâtre, larges à la base, crochues et bifides à l'extrémité, munies d'une dent vers le milieu de la tranche interne.

Mâchoires et *menton* soudés, allongés, parallèles, atteignant le niveau des angles antérieurs ; lobe maxillaire petit, arrondi et cilié.

Palpes maxillaires un peu arqués en dedans, et de trois articles dont le premier un peu plus court que les autres.

Menton servant de base à une lèvre très-courte, transversale, surmontée de deux *palpes labiaux* de deux articles.

Antennes en cône allongé, habituellement saillantes, mais susceptibles de rentrer complétement dans la tête, de quatre articles, le premier membraneux, plus pâle que les autres, le second à peu près aussi long, le troisième plus court, large à son sommet qui porte à la fois deux ou trois poils, le quatrième article grêle, long, terminé par un long poil et trois très-courts, accompagné d'un article supplémentaire qui est épais, court et émoussé. Ce petit article est visible quand on observe la larve en dessus, et alors, par un effet d'optique, celui qui le porte paraît obliquement tronqué ; mais pour le bien voir, il faut examiner l'antenne de profil, parce qu'il est placé un peu en dessous, et alors le troisième article se montre tronqué carrément.

Sur chaque joue, près de la base de l'antenne, un groupe de cinq *ocelles* testacés, trois antérieurs sur une ligne oblique et deux très-peu en arrière, placés de telle sorte que l'intervalle qui les sépare se trouve vis-à-vis le premier de ceux de devant.

Segments du thorax un peu plus grands, le premier surtout, que les segments abdominaux et s'élargissant progressivement.

Prothorax de la largeur de la tête antérieurement, un peu arrondi à la base, marqué de taches brunes dont la réunion forme un fer à cheval ouvert en avant, avec un point au milieu et un petit rameau postérieur se dirigeant vers les angles.

Mésothorax et *métathorax* ayant chacun deux taches plus foncées et un peu arquées.

Abdomen de neuf segments dont les premiers un peu plus courts que les autres ; les huit premiers marqués d'un pli transversal qui facilite leur dilatation, et près des côtés, tant en dessus qu'en dessous d'une fossette dessinant un bourrelet latéral orné de quatre taches brunes, dont deux au-dessus du bourrelet et deux dorsales à bords déchiquetés, quelquefois comme coupées en deux par le pli transversal dont j'ai parlé ; neuvième segment étroit, corné et noir en dessus, finement ponctué, largement canaliculé et terminé par deux crochets cornés et ferrugineux, munis de petites aspérités surmontées de longs poils. Ces crochets, vus en dessus, paraissent un peu arqués l'un vers l'autre ; et vus de profil, ils sont droits avec l'extrémité brusquement courbée en haut. Dessous du corps blanchâtre, avec une teinte brunâtre sous les deux derniers segments.

Stigmates testacés, au nombre de neuf paires, la première près du bord antérieur du mésothorax, les autres au tiers antérieur des huit premiers segments abdominaux.

J'ai trouvé cette larve dans le Chêne, l'Aubépine, le Pommier et aussi dans des branches de Châtaignier, dans les galeries des larves d'*Exocentrus adspersus* dont elle dévorait ou avait dévoré l'habitant. C'est dans les mêmes lieux que j'ai trouvé la nymphe.

NYMPHE

Elle est très-légèrement rosée, hérissée de poils blanchâtres assez serrés sur la tête et le thorax, plus clair-semés sur le dos et les côtés de l'abdomen. Le milieu du ventre en est dépourvu, mais on en voit deux sur chaque genou. L'abdomen est terminé par deux papilles charnues, presque cylindriques, portant trois ou quatre poils vers l'extrémité et finissant brusquement par un crochet subcorné, courbé en haut.

Dans l'*Histoire des Insectes du Pin* (Société Entomologique, 1854, p. 599, j'ai publié les métamorphoses du *Dasytes flavipes*, en rappelant que M. Waterhouse avait déjà donné une description très-succincte et très-insuffisante de la larve du *D. serricornis*, mais avec une figure assez propre à la faire reconnaître et qui a été reproduite par M. Westwood, ainsi qu'à la sixième planche du Catalogue de MM. Chapuis et Candèze. Plus tard, et en 1858, (*Société Entomologique*, p. 513), mon ami, M. Laboulbène a décrit et figuré, avec le talent qui le distingue, la larve et la nymphe du *D. cæruleus*, trouvées par lui dans des branches mortes de vieille date et qui avaient eu d'autres habitants.

La larve du *D. plumbeus* ressemble tellement à celle du *D. flavipes*, qu'il me serait impossible de dire en quoi elles diffèrent. Quant à celle du *D. cœruleus* qui fait partie du sous-genre *Metadasytes* de MM. Mulsant et Rey, elle se distingue en ce que les cinq ocelles sont un peu autrement disposés, que les taches du prothorax sont un peu différentes, et surtout que tout le dernier segment et ses crochets sont densement couverts d'aspérités qui, dans les larves des *D. plumbeus* et *flavipes*, n'existent, et même en petit nombre, qu'aux crochets seulement. Les papilles terminales des nymphes de ces deux derniers ont à peine trois ou quatre poils, tandis qu'elles sont très-velues dans la nymphe du *D. cœruleus*.

Voici maintenant quelques mots sur la larve d'une espèce appartenant à un autre genre :

Psilothrix (Melyris) nobilis Ill.

Fig. 234.

Long. 8 millim., semblable, par tous les caractères principaux, aux précédentes dont elle ne diffère que par les points suivants :

Couleur générale blanc jaunâtre ou rosée; corps à côtés parallèles, par conséquent insensiblement renflé à la région abdominale; la tête, les deux premiers segments thoraciques et le dernier segment abdominal sont seuls un peu plus étroits que le reste.

Tête entièrement testacée, sauf de chaque côté une tache brune sur laquelle sont les cinq ocelles disposés comme il a été dit; menton non parallèle, mais s'élargissant d'avant en arrière.

Prothorax marqué de taches rousses, une médiane en ellipse allongée, une de chaque côté en chevron ouvert en dehors et dont l'angle s'appuie sur l'ellipse, et un petit point dans l'intérieur du chevron; taches des deux autres segments thoraciques rousses, celles de l'abdomen roussâtres quand elle existent, mais le plus souvent invisibles.

Dernier segment d'un testacé pâle avec deux larges lignes noires atténuées postérieurement et aboutissant à la base des crochets lesquels, plus foncés que le reste du segment, ont quelques saillies à peine visibles aux points où s'insèrent les poils; le surplus, vu à une forte loupe, est très-finement alutacé.

La nymphe ressemble à celle des *Dasytes* déjà cités, seulement les papilles terminales ne se rétrécissent pas brusquement pour donner naissance au crochet apical, elles s'atténuent graduellement et ont une forme subulée.

J'ai trouvé cette larve en assez grand nombre dans des tiges d'*Eryngium maritimum* avec celles du *Malachius marginellus* dont j'ai parlé plus haut. Je l'ai rencontrée avec une chenille de Micro-Lépidoptère, mais aussi, je l'avoue, dans des conditions qui semblaient incompatibles avec une larve carnassière et pratiquant des galeries là où ne paraissait habiter, ou avoir habité aucune autre larve, et je ne sais trop qu'en penser. Les moyens m'ont manqué pour étudier sérieusement et résoudre cette question que je signale à l'attention des observateurs. Quoi qu'il en soit, les faits que j'ai constatés pour d'autres larves du même groupe et des groupes voisins, ainsi que son organisation, me portent à penser qu'elle est carnassière ou coprophage.

Depuis la rédaction de cet article, j'ai eu connaissance de la description très-détaillée et très-irréprochable de la larve et de la nymphe de ce même insecte, donnée par MM. Mulsant et Valéry Mayet (15e Opuscule, p. 87). Au point de vue des mœurs, les auteurs se bornent à dire : « Cette larve, avant de se changer en nymphe, se creuse dans le végétal, théâtre de ses chasses, une retraite dans laquelle elle se transforme. » Cela suppose qu'ils l'ont trouvée dans une plante et qu'ils lui attribuent des goûts carnassiers.

Si les classificateurs n'avaient placé les Dasytides à côté des Malachides, les larves conseilleraient de le faire. Il serait difficile de trouver deux groupes qui, sous ce rapport, se ressemblent autant. La tête et tous ses organes, mandibules, mâchoires, palpes antérieurs, semblent dériver d'un même type ; les segments thoraciques sont pourvus de taches ; le corps est couvert d'une pubescence assez épaisse, entremêlée de longs poils ; le dernier segment est conformé de même. Jusqu'ici, un caractère de physionomie semblait devoir établir une ligne de démarcation assez tranchée, c'était, pour les larves de *Dasytes*, une forme un peu elliptique par suite du renflement de l'abdomen, et les taches brunes des segments abdominaux ; mais voilà que la larve du *Psilothrix nobilis* a une forme à peu près linéaire et l'abdomen immaculé ; j'en suis donc venu à ne trouver, jusqu'à nouvel ordre, d'autre signe distinctif entre ces deux sortes de larves que le nombre des ocelles, qui est de quatre dans celles des Malachides et de cinq dans celles des Dasytides.

Leurs goûts doivent aussi être les mêmes et, à mon avis, elles sont les unes et les autres carnassières et coprophages, c'est-à-dire qu'elles mangent d'autres larves ou leurs déjections. Quant aux insectes parfaits, je n'oserais généraliser. Peut-être sont-ils phytophages, mais ce que je sais, c'est que plusieurs d'entre eux, du moins, sont anthérophages. A propos de *l'Anthocomus lateralis* (Soc. Ent. 1854, p. 598), j'ai affirmé, *de visu*, que le *Malachius æneus* mange les anthères du seigle et le *M. pulicarius* celles d'autres graminées ; je puis en dire autant pour le *M. marginellus*, le *Dasytes cæruleus* et le *Psilothrix nobilis*, et je ferai remarquer en outre que c'est principalement en fauchant sur les herbes que l'on prend ces sortes d'insectes ; mais cette dernière considération n'a pas, je le confesse, une grande importance à mes yeux, depuis que j'ai vu un *Telephorus fuscus*, que l'on prend aussi sur les herbes, dévorer à belles dents, au sommet d'une graminée, un *Cryptocephalus* 6 *pustulatus* qu'il tenait entre ses pattes de devant, avec une dextérité et une assurance prouvant qu'il est fort coutumier du fait. Il m'a paru depuis lors probable que certains Malachides et Dasytides sont des insectes chasseurs et carnassiers.

CLÉRIDES

Tillus (Chrysomela) elongatus L.

Fig. 235-240.

LARVE

Long., 12.13 millim., hexapode, subdéprimée, linéaire, avec la partie antérieure un peu atténuée, charnue et d'un blanc maculé de brun, presque glabre, avec quelques poils sur la tête et sur le dernier segment et un sur chaque côté des segments abdominaux ; terminée par deux crochets.

Tête libre, ovale, luisante, cornée, testacée avec le bord antérieur un peu plus foncé ; celui-ci largement et très-peu profondément échancré.

Épistome peu distinct du front, trois fois aussi large que long, à côtés obliques ; *labre* en demi-ellipse très-surbaissée.

Mandibules larges à leur base, crochues à l'extrémité, longitudinalement carénées, ayant une protubérance vers le milieu de leur tranche interne.

Dessous de la tête revêtu, jusqu'au niveau de l'insertion des antennes, d'une plaque cornée parcourue au milieu par deux sillons longitudinaux rapprochés, presque parallèles, largement échancrée en avant et que je considère comme formée par les supports des mâchoires et du menton intimement soudés. Cette plaque a un prolongement charnu, arrondi au bord antérieur et en avant duquel se trouve la partie charnue des mâchoires et du menton.

Mâchoires munies d'un lobe très court, hérissé de quelques petits poils, surmontées d'une *palpe* un peu arqué en dedans et de trois articles dont le premier plus long que chacun des deux autres.

Sommet du *menton* à peu près carré, portant une *lèvre* très-courte, subéchancrée avec deux *palpes labiaux* de deux articles.

Ces organes, par suite de leur insertion très-avancée, font saillie en avant des mandibules.

Antennes de quatre articles, le premier assez épais et membraneux, le second un peu plus long que le précédent et un peu plus large à l'extrémité qu'à la base, le troisième un peu plus court, ayant deux ou trois poils à l'extrémité, le quatrième presque aussi long que le second, terminé par un long poil et accompagné d'un article supplémentaire très-court et subconique. Ces antennes sont en très-grande partie rétractiles.

Sur chaque joue, un peu en arrière de la base des antennes, un tout petit point noir non saillant et qui serait comme un rudiment d'*ocelle*.

Prothorax s'élargissant un peu d'avant en arrière, roussâtre et paraissant un peu corné en dessus, sur un espace triangulaire qui ne s'étend pas tout à fait jusqu'au bord antérieur.

Mésothorax marqué, près de ses angles antérieurs, d'un trait brun à peu près en fer à cheval ; *métathorax* ayant de chaque côté une assez large bande longitudinale brune, et entre ces deux bandes, près du bord antérieur, deux ellipses brunes.

Abdomen de neuf segments dont les huit premiers un peu dilatables sur les côtés et sur leurs deux faces et ornés sur le dos de taches ou ombres brunes très-marquées et dont je donne le dessin ; neuvième segment se rétrécissant en s'arrondissant d'avant en arrière, roux et subcorné sur un espace postérieur arrondi, largement subcanaliculé dans cette partie et terminé par deux crochets cornés, relevés en forme de griffe, ferrugineux avec l'extrémité noire. Tout le dessous du corps d'un blanc livide.

Stigmates au nombre de neuf paires, disposées comme dans les larves précédentes.

Pattes de médiocre longueur, les quatre premiers articles à articulations un peu plus foncées et calleuses, hérissés de quelques longues soies et terminés par un ongle long et roussâtre.

J'ai trouvé cette larve dans les galeries de celles du *Ptilinus pectinicornis* dont il sera parlé plus bas et dont elle fait sa proie. Je l'ai rencontrée aussi dans les tiges mortes du lierre habitées par les larves du *Pogonocherus dentatus* et de l'*Anobium striatum*, et comme j'ai plus d'une fois pris l'insecte parfait sur les vitres de mon cabinet, je me persuade qu'elle fait aussi la guerre aux larves rongeuses de nos planchers. Elle se transforme au milieu de la vermoulure dans laquelle elle se prépare une loge dont les parois sont ensuite revêtues d'un vernis incolore.

NYMPHE

Elle a des poils blanchâtres sur la tête, sur le thorax, aux genoux, sur le bord dorsal et sur les côtés des segments abdominaux, et elle est munie postérieurement de deux papilles blanches, charnues, glabres, très divergentes, à pointe un peu recourbée, roussâtre et subcornée.

Les larves du groupe des Clérides sont assez bien connues. MM. Mulsant et Rey ont inséré, dans leur *Histoire naturelle des Angusticolles*, les descriptions que je leur ai envoyées des larves de *Denops albofasciatus* et de *Thanasimus mutillarius* ; celles du *T. formicarius*, déjà publiées par Ratzeburg et Erichson et du *T. 4 maculatus* ont été comprises dans mon travail sur les insectes du Pin. J'ai fait aussi connaître dans les *Annales de la Société Entomologique* (1847, p. 32), les métamorphoses du *Tillus unifasciatus*, et (1854, p. 608), celles de l'*Opilus mollis* dont s'était déjà occupé M. Waterhouse. Sturm a parlé de la larve de l'*O. domesticus*, et MM. Chapuis et Candèze ont indiqué dans leur catalogue les caractères distinctifs de ces deux dernières espèces. Swammerdam, Herbst et Sturm ont écrit sur la larve du *Clerus apiarius* ; Schæffer, Réaumur, Latreille et Westwood sur celle du *C. alvearius* qui figure aussi dans mes insectes pinicoles. J'ai décrit dans les *Mémoires de la Société des sciences de Liége*, 1855, la larve et la nymphe du *Tarsostenus univittatus*, et l'on doit à M. Heeger (*Isis*, 1848, p. 974), la connaissance des premiers états du *Corynetes ruficollis*. Je pourrais citer aussi la larve exotique du *Thaneroclerus Buquetii* publiée par M. Lefebvre (*Société Entomologique*, 1835, p. 577), et voici enfin celles de l'*Opilus pallidus* et du *Corynetes ruficornis*.

Opilus (Clerus) pallidus Oliv.

Fig. 241.

LARVE

Long. 11 millim., visiblement atténuée antérieurement, s'élargissant un peu jusque vers le milieu de l'abdomen pour se rétrécir ensuite jusqu'à l'extrémité.

Tête beaucoup plus étroite que le prothorax, déprimée, cornée, ferrugineuse, marquée d'un sillon médian et d'autres petites lignes ou rides.

Prothorax subcorné et ferrugineux sur un espace semi-discoïdal qui ne s'étend pas jusqu'aux bords antérieur et postérieur ; tous les autres segments, sauf le dernier, marbrés de blanchâtre et de brun, avec une ligne pâle médiane, visible principalement sur l'abdomen.

Dernier segment ferrugineux et corné sur la moitié postérieure, terminé par deux appendices cornés, divergents, droits, cylindriques, brusquement terminés par une pointe qui, la larve étant vue en dessus, paraît se diriger en dedans, mais qui en réalité se dresse presque verticalement.

Face ventrale pâle et livide, avec quelques marbrures rougeâtres très-peu apparentes.

Corps velu, dernier segment surtout hérissé de longs poils très-touffus.

Cette larve, que j'ai trouvée dans un tronc d'orme très-vermoulu, qui m'a fourni plusieurs insectes parfaits, ainsi que dans une branche de chêne nourrissant des larves d'*Exocentrus adspersus*, ressemble extrêmement à celle de l'*Opilus domesticus* qui est souvent marbrée comme elle, mais qui est plus grande et a l'espace subcorné du prothorax plus étendu. La conformation des cornes du dernier segment paraît propre aux larves d'*Opilus*.

Corynetes ruficornis Sturm.

Fig. 242.

LARVE

Long. 8.-9. millim., hexapode, d'un joli blanc, avec la tête, des taches sur les segments thoraciques et l'extrémité du dernier segment roux ; finement et longuement velue, atténuée et subdéprimée antérieurement, ventrue à la région abdominale; terminée par deux appendices cornés et tronqués.

Tête beaucoup plus étroite que le corps, carrée, déprimée, ferrugineuse, lisse, cornée et luisante sur ses deux faces, marquée en dessus d'un fin sillon médian qui se prolonge jusqu'au vertex, et d'un autre plus court vis-à-vis chaque mandibule et d'une fossette à la base interne de chaque antenne.

Épistome roussâtre, membraneux, soudé avec le front; *labre* très-transversal, semi-elliptique, cilié.

Mandibules noires à base ferrugineuse, pas très-longues, arquées, pointues, s'élargissant très-sensiblement du sommet à la base assez près de laquelle on voit une saillie constituant une dent molaire.

Dessous de la tête formé d'une plaque continue et cornée, largement échancrée antérieurement, produite par la soudure des pièces basilaires des mâchoires et du menton; cette plaque marquée au milieu de deux fines lignes presque parallèles et à droite et à gauche d'une autre ligne qui n'atteint pas le bord antérieur.

Mâchoires hérissées en dehors de quelques poils, assez courtes, descendant à peine jusqu'au quart de la tête, leur lobe bien apparent et cilié de petites soies spinuliformes.

Palpes maxillaires un peu arqués en dedans, de trois articles dont les deux premiers munis en dehors d'un petit poil et plus courts chacun que le troisième.

Menton à peu près parallèle, *lèvre inférieure* cordiforme, sans languette visible.

Palpes labiaux de deux articles, le deuxième plus long.

Tous ces organes, d'un blanc roussâtre, font saillie en avant de la tête.

Antennes de quatre articles, le premier assez long, épais, presque cylindrique et membraneux, le second de la même longueur mais bien plus étroit et susceptible de rentrer presque en entier dans le précédent, le troisième un peu plus court, tronqué un peu obliquement, portant le quatrième article presque aussi long, mais beaucoup plus grêle que lui, surmonté d'un assez long poil et de deux ou trois autres extrêmement petits et accompagné d'un article supplémentaire presque de moitié plus court, un petit peu conique, sans poil et inséré un peu en dessous.

Sur chaque joue, très-près de la base de l'antenne, une très-forte loupe et le microscope montrent un petit globule noirâtre qui ne peut être qu'un *ocelle*.

Prothorax un peu plus large et un peu plus long que la tête, arrondi sur les côtés, couvert en dessus d'une plaque testacée, subcornée, semi-discoïdale qui n'atteint ni le bord antérieur, ni les côtés, ni les angles postérieurs, et qui est traversée d'une ligne médiane longitudinale blanchâtre. En dessous, ce segment est au milieu teint de testacé.

Mésothorax et *métathorax* aussi longs que le prothorax, plus larges que lui, marqués chacun de deux taches roussâtres longitudinalement subelliptiques, d'un blanc uniforme en dessous.

Abdomen de neuf segments, les deux premiers un peu plus courts que le métathorax, les autres plus longs et s'élargissant jusqu'au sixième ; septième et huitième graduellement un peu plus étroits ; tous ces segments un peu arrondis sur les côtés, munis d'un bourrelet latéral et de quelques plis dorsaux et ventraux.

Dernier segment arrondi, subcorné et testacé sur près de sa moitié postérieure et terminé par deux appendices cornés, d'un brun ferrugineux, tronqués, sans le moindre vestige de crochet.

Mamelon anal en cône tronqué, montrant en dessous trois mamelons longitudinalement elliptiques.

Stigmates roussâtres et ponctiformes, au nombre de neuf paires, la première, plus inférieure que les autres, près du bord antérieur du mésothorax, les autres au tiers antérieur des huit premiers segments abdominaux.

D'assez longs poils fins et d'un blanc roussâtre sur la tête et sur tout le corps, principalement sur le dernier segment.

Pattes médiocres, un peu roussâtres, de cinq pièces y compris un ongle assez fort portant sur sa tranche supérieure une longue soie ; les autres pièces hérissées de quelques longs poils. Cuisses aussi longues que les tibias.

Cette larve a tous les caractères des larves des Clérides ; il ne faut que regarder les organes de la tête pour être immédiatement fixé à cet égard. Sa couleur blanche porterait à la rapprocher des larves de *Denops*, de *Tillus* et de *Tarsostenus*, mais sa forme ventrue l'éloigne évidemment des larves linéaires de ces insectes et la place dans la catégorie des larves de *Clerus* et d'*Opilus ;* elle en diffère par la couleur qui n'est ni rose, ni orange, ni marbrée et elle s'en détache aussi, surtout des dernières, par une villosité moindre. Il est à remarquer également qu'au lieu des deux ocelles problématiques du premier groupe de larves et des dix ocelles du second, elle a deux ocelles très-suffisamment visibles. Enfin elle se distingue de toutes les larves connues des autres genres par les appendices tronqués et absolument inermes du dernier segment, lesquels sont en forme de griffe dans toutes les autres larves, sauf celles d'*Opilus* qui les montrent tronqués lorsqu'on les regarde en dessus, mais qui les ont terminés par un petit crochet.

En 1873, la principale fenêtre de mon cabinet me donna lieu de constater l'éclosion domestique d'un assez grand nombre d'*Anobium paniceum*. Sachant combien les larves polyphages de ce détestable insecte sont nuisibles aux collections de plantes sèches, je me persuadai que mon volumineux herbier avait été leur proie, et plein d'inquiétude je visitai quelques-unes des familles les plus exposées à leurs attaques ; cette visite me rassura et bientôt après je ne pensais plus aux *Anobium*.

En 1874 et dès la fin d'avril, je vis apparaître quelques nouveaux *Anobium* et avec eux quelques *Corynetes ruficornis* dont j'avais pris l'année précédente deux ou trois individus sur mes vitres. Cette fois, sérieusement intrigué, je voulus tâcher de découvrir l'origine de ces insectes, surtout celle du *Corynetes* dont je désirais beaucoup connaître la larve. J'explorai donc mon cabinet, et mon attention s'étant portée sur un vieux nid de frelons placé depuis quatre ans sur un buffet, je vis marcher dessus des *Anobium paniceum*. Il ne m'en fallut pas d'avantage, la nature végétale du nid me disait assez qu'il avait été le berceau de ces insectes et me l'indiquait d'autant plus que ses enveloppes extérieures étaient percées de petits trous. Je ne doutai pas non plus que les *Corynetes* n'en fussent sortis. J'attaquai le nid et bientôt apparurent des larves, des nymphes d'*Anobium* ainsi que des insectes parfaits. Ces larves ne rongent ni les enveloppes du nid ni les cloisons des cellules ; celles-ci d'ailleurs sont tapissées d'une toile de soie, œuvre des larves de *Vespa crabro*, on les rencontre au fond des cellules où se trouvent les dépouilles de la larve et de la nymphe et de plus un culot de déjections. C'est en effet de ces substances animalisées que se nourrissent les larves d'*Anobium*. C'est là principalement qu'elles se transforment, dans une coque formée par l'agglutination des détritus au moyen d'une substance gommeuse. Les insectes parfaits sortent par le plafond des rayons. C'est là aussi que m'apparurent des larves dont je ne pouvais méconnaître l'espèce, puisqu'elles présentaient, avec tous les caractères des larves de Clérides, d'autres caractères qui leur étaient propres, et que je les trouvais en compagnie de *Corynetes* à l'état parfait. Ces larves paraissaient adultes, et en continuant mes explorations, j'en trouvai plusieurs enfermées dans une cellule revêtue intérieurement, comme celle de bien d'autres larves de Clérides, d'un vernis blanchâtre. Aucune d'elles n'était transformée en nymphe et les recherches auxquelles je me livrai en mai et juin pour connaître cette phase de leur évolution demeurèrent sans résultat.

Ce n'est guère dans les détritus du fond des cellules de *V. crabro* que se voyaient celles des larves de *Corynetes ;* il fallait les chercher dans les empâtements des piliers qui séparent et soutiennent les divers rayons.

Ainsi, le *Corynetes ruficornis* est un insecte utile chargé de prévenir l'excessive multiplication de l'*Anobium paniceum*. Sa larve dévore incontestablement celles de ce dernier insecte, et il est probable aussi que si cette proie lui fait défaut, elle peut s'assimiler les matières animalisées déposées au fond des cellules. Lorsque le moment de la métamorphose est venu, elle s'aide de ses mandibules pour sortir du milieu où elle a vécu et se loger plus proprement et plus commodément dans l'empâtement d'un des piliers.

Corynetes ruficollis F.

Fig. 243-244.

J'ai déjà dit que la description de la larve de cette espèce célèbre a été publiée par Heeger. Je ne connais pas la notice de ce savant, mais voici le résumé qu'en donnent MM. Mulsant et Rey dans leurs *Angusticolles*, page 119 :

« La femelle dépose sur des matières graisseuses ou presque desséchées une trentaine d'œufs. Ceux-ci ont environ un tiers de ligne de long, moitié moins de largeur ; ils sont cylindriques, obtusément arrondis aux extrémités, blancs, peu transparents. Dix à quinze jours après leur dépôt, a lieu l'éclosion. Les jeunes larves, à leur sortie, commencent par dévorer leur coque et cherchent ensuite des parties molles de graisse, dont elles se nourrissent jusqu'à leur entier développement. Trois fois elles changent de peau, dans des intervalles de neuf à douze jours, en conservant leur même forme, et quinze jours après leur dernière mue, elles passent à l'état de nymphe ; douze ou quinze jours après, à l'état parfait. »

Je n'entends pas refaire l'œuvre de Heeger, je ne suis même pas en mesure de la contrôler, mais il ne sera pas sans intérêt de donner, sur l'insecte dont il s'agit, quelques détails probablement nouveaux.

En février 1875, M. Gallois, économe de l'asile des aliénés de Saint-Gemmes sur Loire, m'écrivait ce qui suit :

« Je puis prendre ici, chaque année, des larves de *Corynetes ruficollis* dans un réduit où l'on dépose, pour les vendre deux fois par an, les os de la viande consommée à l'établissement. Le *Corynetes* est dans cet endroit excessivement abondant, et dans les mois de mai et juin, alors que nous avons en dépôt 2,500 à 3,000 kilogrammes d'os, l'insecte est là en quantités innombrables, acharné sur les os qu'il débarrasse rapidement des chairs et graisses qui les recouvrent encore. Je ne le trouve communément que depuis huit à dix ans, époque à laquelle on commença à mettre les os à couvert pour leur donner plus de valeur vénale. Précédemment, les os étant laissés à l'air libre, je ne prenais que fort rarement le *C. ruficollis*, tandis que je capturais en grande quantité le *violaceus* et les *Omosita discoidea* et *colon* que j'ai maintenant de la peine à rencontrer.

« Dans ce dépôt d'os, je n'ai jamais pris le *C. cæruleus* que j'ai souvent capturé sous les écorces des environs d'Angers. Les mœurs de ces insectes me semblent fort différentes et plaident, suivant moi, pour la séparation en genres des deux sous-divisions au moins, séparation à laquelle J. Duval n'a pas voulu se résoudre dans son *Genera*, à défaut de renseignements sur les larves des diverses espèces de ce groupe. »

En même temps qu'il me faisait cette communication, M. Gallois m'offrit de m'envoyer ultérieurement des larves du *Corynetes* en question, et comme cette larve m'était inconnue, je m'empressai d'accepter son offre obligeante. J'en attendais l'effet avec quelque impatience, lorsque, à la fin de juin, mon collègue m'écrivait ceci :

« Quant au *C. ruficollis*, voici ce qu'il en est : les os ont été vendus cette année au mois d'avril, deux mois plus tôt que d'habitude. Malheureusement, on ne s'est pas contenté de les enlever sans me prévenir, on a fait au réduit qui leur sert de magasin des réparations de maçonnerie et un nettoyage avec de l'eau phéniquée, si bien que l'on a détruit presque complétement l'insecte. A cette époque de l'année, on pouvait l'y rencontrer par milliers ; aujourd'hui, j'aurais beaucoup de peine à en prendre une dizaine, et la larve que j'ai recherchée tout le mois dernier y fait entièrement défaut.

« J'ai remarqué un fait assez singulier : alors que le *C. ruficollis* était là en quantité, la mouche de la viande y était excessivement rare, et les vers qu'elle déposait sur les os m'ont semblé ne pas réussir, dévorés qu'ils étaient, sans doute, par la larve du *Corynetes*. Cette année, la mouche y est très commune, et, de tous côtés, on voit des masses de vers acharnés sur les os et opérer le travail auquel se livraient d'habitude les *Cory-*

netes. Cet insecte me paraît être exclusivement carnassier (dévorant d'autres larves) à l'état de larve, et saprophage (se nourrissant de matières animales décomposées) à l'état parfait. »

M. Gallois me renvoyant, pour les larves, à l'année suivante, je m'étais résigné, mais le 13 septembre, il m'écrivit pour me dire que les *Corynetes* avaient reparu et pour m'annoncer l'envoi de petits blocs d'un sable blanc extrêmement fin et assez compacte, agglutiné, selon son expression, par les viscosités animales, et dans lequel il avait observé quelques larves de cet insecte avec beaucoup de larves et de pupes de diptères. La lettre me parvint à la campagne, mais l'envoi de M. Gallois devant s'arrêter à Mont-de-Marsan, je chargeai Gobert de le retirer en lui adressant des instructions sur les précautions à prendre, les soins à donner. Jusqu'à mon retour, vers la mi-octobre, il dut se borner à assister à l'éclosion d'un certain nombre de *Lucilia Cæsar*, sans aucun autre diptère des genres *Calliphora* ou *Sarcophaga*. Mes explorations commencèrent alors ; elles furent très-minutieuses, et cependant je ne parvins à trouver, avec quelques rares larves et de nombreuses pupes de diptères et plusieurs *Corynetes* à l'état parfait, que deux larves de ce Coléoptère, sans une seule nymphe. Dans le cours de mes recherches, je remarquai maintes fois des pupes dont une des extrémités semblait couverte de moisissure; mais en regardant de plus près, je vis que cette prétendue moisissure avait l'aspect d'une toile ou d'une gomme blanche fermant l'ouverture provoquée par la sortie du diptère. J'ouvris alors la pupe sur laquelle je faisais cette observation, et je trouvai dans l'intérieur une larve de *Corynetes*. Naturellement ce fut pour moi un trait de lumière; je me mis dès lors à rechercher les pupes qui présentaient le caractère dont je viens de parler, caractère assez facile à distinguer à cause de la couleur blanche de la gomme, j'en trouvai un assez grand nombre et chacune d'elles contenait une larve, ou une nymphe, ou un insecte déjà transformé.

Il était donc évident pour moi que la larve du *Corynetes* plonge dans le sable à la recherche de la pupe d'un diptère, en suivant le boyau creusé par la larve et déblayé, au moins en partie, par la sortie de l'insecte parfait, et qu'elle se transforme dans cette pupe ; mais est-ce après avoir dévoré la nymphe? Cette question devait se présenter à mon esprit, et mes observations me conduisaient à la résoudre par la négative. On sait qu'un diptère à pupe, lorsqu'il a accompli sa dernière métamorphose, prend son essor en provoquant, à l'aide d'une ampoule dilatable dont sa tête est pourvue, le soulèvement ou la déhiscence de l'extrémité antérieure de l'enveloppe pupale. Lorsqu'il est sorti, la pupe reste, à cette extrémité, ou béante comme une coquille bivalve, ou à demi ouverte par suite de la chute d'une des valves, ou privée de la calotte entière. Dans les pupes que je recueillais, la substance blanche remplissait l'intervalle des deux valves, ou formait un demi-opercule, ou constituait un opercule complet, d'où il me fallait conclure que la larve de *Corynetes*, disposée à devenir nymphe, s'introduisait dans une pupe vide et bouchait ensuite l'ouverture, quelle qu'elle fût, avec la substance gommeuse que les larves de cette famille font suinter par l'anus, qu'elles recueillent avec leurs mandibules et dont, à l'aide de ces organes ainsi que du labre et des palpes, elles tapissent leur dernière demeure. La larve repoussait préalablement au dehors la dépouille de la nymphe dont on voyait le plus souvent des débris agglutinés par la gomme ou semblables à des pellicules scarieuses.

Cependant, à force de chercher, je trouvai des pupes entièrement intactes, sauf un trou rond voilé par la gomme qui formait comme un gros point blanc. Ces pupes contenaient aussi une larve ou une nymphe du Coléoptère, et dès lors il devenait certain que la larve attaque parfois la pupe même, qu'elle s'introduit dans son intérieur, en dévore le contenu et s'y installe définitivement.

Ce fait, les observations de M. Gallois relatées plus haut et des raisons d'analogie me donnent la conviction que la larve du *Corynetes* se nourrit non de chairs ou tissus graisseux en décomposition, comme le fait, à n'en pas douter, l'insecte parfait, mais de proies vivantes qui ne sauraient jamais lui manquer dans un milieu où tant de diptères et d'autres insectes viennent pondre. Dans tous les cas, le choix des pupes vides, comme dernier asile, me semble digne d'intérêt et révéler une certaine intelligence.

J'ignore en quels termes Heeger a décrit la larve ; j'en donnerai une idée suffisante en disant qu'elle ressemble entièrement pour la forme et dans presque tous ses détails à celle du *C. ruficornis*, mais qu'elle en diffère néanmoins assez pour qu'il soit impossible de la confondre avec elle.

La tête et le prothorax sont identiques et de même couleur, avec cette particularité qu'au lieu d'un seul ocelle sur le haut de chaque joue, il y en a deux bien visibles, saillants, noirs, placés un peu obliquement l'un derrière l'autre, l'antérieur sensiblement plus grand.

Le mésothorax et le métathorax, au lieu d'avoir chacun deux taches roussâtres, présentent des marbrures brunes ou d'un brun rougeâtre, très-pâles sur le mésothorax.

Les huit premiers segments de l'abdomen sont en dessus couverts, sauf les bords antérieur et postérieur, de marbrures semblables et bien tranchées. Le dernier segment est comme celui de la larve du *C. ruficornis*, avec cette seule différence que les deux appendices cornés, au lieu d'être tronqués, se relèvent assez brusquement à l'extrémité en forme de crochet.

Le dessous du corps est entièrement blanc avec les pattes roussâtres.

Les marbrures de la ace dorsale donnent à cette larve une grande ressemblance avec celle du *Tillus elongatus*, mais les dessins des deux derniers segments thoraciques sont différents, la forme générale est un peu plus ventrue, les crochets postérieurs ne sont presque pas divergents et enfin elle a quatre ocelles bien marqués, au lieu de deux presque problématiques.

Quant à la nymphe, on peut en donner le signalement suivant : des poils roussâtres sur le front et le vertex, sur le dos des segments thoraciques, sur les genoux et en série transversale sur la face dorsale des segments abdominaux; dernier segment un peu velu et terminé par deux appendices subulés, arqués et convergents dont l'extrémité roussâtre est un peu cornée.

Les caractères différentiels que présentent les deux larves de *Corynetes* dont je viens de parler ont pour pendant des différences entre les insectes parfaits, différences résidant dans les antennes et les palpes. Elles avaient donné à J. Duval l'idée de diviser les *Corynetes* en deux genres, l'un, *Corynetops*, contenant *cæruleus*, *ruficornis*, *pusillus* et *geniculatus*, l'autre, *Corynetes*, comprenant *violaceus* et *ruficollis*, ainsi que *rufipes*, *bicolor* et *defunctorum* dans lesquels il trouvait quelques anomalies, et dont MM. Mulsant et Rey ont fait le genre *Agonolia;* mais il est demeuré indécis à cause de l'embarras que lui causaient ces deux dernières espèces et parce qu'il craignait qu'il n'y eût pas dans les mœurs et dans la configuration des larves de quoi justifier les deux coupes génériques. Ses scrupules cesseraient sans doute aujourd'hui, et quant à moi je trouve, à ne considérer que les larves, que bien des genres sont moins rationnels que celui de *Corynetops* auquel je me rallie. Il est probable que des considérations de même nature recommanderaient le genre *Agonolia*, du moins pour les deux dernières espèces précitées. Si l'on tient compte des mœurs, on trouve aussi des motifs de séparation. Ainsi (genre *Corynetops*) le *cæruleus* se trouve sous les écorces et sur les arbres morts et caverneux où sa larve recherche sans doute d'autres larves xylophages, peut-être d'*Anobium*, et l'on a vu quelles sont les habitudes du *ruficornis*, sans compter que je l'ai recueilli aussi sous l'écorce d'un orme dans une partie très-attaquée par des larves de *Rhyncolus reflexus* et que plusieurs sont nés chez moi dans une pièce où j'avais déposé des bois morts de diverses sortes. On sait par ce qui précède quelle est la manière de vivre du *ruficollis* (genre *Corynetes*), sans qu'il y ait lieu de s'arrêter au fait cité par M. Westwood d'insectes de cette espèce trouvés en quantité, avec des *Dermestes vulpinus*, dans un chargement de liége, cette observation étant évidemment incomplète. D'après le même auteur, le *violaceus* a été recueilli dans des momies et je l'ai observé moi-même dans le cadavre desséché d'un hérisson. Quant au *rufipes* (genre *Agonolia*), MM. Mulsant et Rey pensent qu'il a été probablement importé avec des peaux d'animaux, ce qui serait à vérifier, et je sais que le *bicolor* et le *defunctorum*, qu'il faudrait peut-être séparer du *rufipes*, sont communs à l'Escurial (Espagne) dans les crottins de moutons où sans doute leurs larves vivent de larves coprophages.

Je ne reviendrai pas sur les observations et les éclaircissements que j'ai présentés, concernant les larves de cette famille, dans les *Annales de la Société Entomologique*, 1854, page 613; mais je veux rappeler pourtant qu'elles ont des affinités manifestes avec celles des *Telephorus*, des *Malachius* et des *Dasytes*. La forme de la tête et de ses divers organes et la soudure des supports des mâchoires et du menton suffisent à les faire reconnaître. Ce dernier caractère les rapprocherait des larves des Élatérides, mais celles-ci ont le corps écailleux et non charnu, les palpes maxillaires de quatre articles et le lobe des mâchoires biarticulé. Les larves de *Telephorus* se distinguent par la plaque du dessous de la tête moins étendue, par leur corps velouté et par l'absence de tout appendice au dernier segment. Celles que je connais ont sur chaque joue un seul ocelle, mais gros et bien convexe. Dans les larves de Malachides et de Dasytides, on trouve sur les segments thoraciques des taches qui rappellent un peu les callosités des larves des Clérides dont elles se rapprochent aussi par les crochets du dernier segment; mais le dessous de la tête n'est pas précisément revêtu d'une plaque, les mâchoires et le menton, quoique soudés, sont bien dessinés et, sinon subcornés, du moins très-coriaces. J'ai déjà dit que ces larves, très-faciles à confondre, se distinguent par le nombre des ocelles, qui est de quatre de chaque côté dans celles des Malachides, de cinq dans celles des Dasytides. Assez souvent néanmoins les larves de

Dasytes sont un peu plus ventrues et ont sur l'abdomen des taches qui manquent aux autres.

Quant aux larves de Clérides comparées entre elles, on a pu voir qu'elles ne sont pas toutes comme jetées au même moule. Les unes sont roses ou rouges, un peu ventrues, médiocrement velues et douées de dix ocelles, comme celles des *Thanasimus* et des *Clerus;* d'autres sont d'un gris ou d'un violâtre livide et très-velues, comme celles des *Opilus*, qui ont aussi dix ocelles; d'autres sont linéaires, blanches ou marbrées, presque glabres, comme celles des *Tillus*, du *Denops*, du *Tarsostenus*, et celles-ci n'ont que les vestiges de deux ocelles problématiques; mais toutes se caractérisent par la saillie des palpes, résultant des dimensions de la plaque hypocéphalique, qui est complète, lisse, cornée souvent, avec les simples indications des soudures médianes, la ligne extérieure des mâchoires ne se manifestant par un sillon plus ou moins apparent que dans les larves de *Thanasimus*, d'*Opilus*, de *Clerus* et de *Corynetes*.

Les larves des Malachides, des Dasytides et des Clérides ont été pourvues de mandibules robustes, simples ou bifides à l'extrémité, et qui semblent plutôt faites pour broyer des corps durs que pour déchirer des proies charnues. La plupart de ces larves sont obligées de chercher dans des milieux plus ou moins résistants les autres larves dont elles se nourrissent, d'opérer des déblais pour les atteindre, et même, après avoir épuisé une galerie, de passer dans une autre à travers des couches ligneuses; il leur fallait alors des instruments appropriés à ces sortes de travaux, et il n'y a rien d'excessif dans ceux que la nature leur a donnés.

En ce qui concerne les larves des Corynétiens, elles ont des raisons pour être organisées de même, car presque toutes et probablement même toutes ont à faire la même chasse aux larves.

Les nymphes de ces diverses familles ont un caractère qui en permettrait le diagnostic; il réside dans les papilles du dernier segment. Elles sont coniques, très-courtes et parallèles dans les nymphes de *Telephorus* qui de plus sont glabres, tandis que toutes les autres sont velues; longues, sinueuses et un peu convergentes à l'extrémité dans celles des *Malachius;* beaucoup moins longues et un peu crochues en dehors dans celles des *Dasytes* et des *Psilothrix*, mais d'abord cylindriques, puis brusquement subulées dans les premières et régulièrement coniques dans les secondes; assez courtes, sinueuses et très-divergentes dans celles des Clériens; assez longues, subulées, arquées en dedans, c'est-à-dire convergentes dans celles des Corynétiens.

Les Clérides à l'état parfait sont probablement carnassiers comme l'étaient leurs larves, certains, tels que les *Trichodes*, fréquentent les fleurs et se rencontrent habituellement sur les Ombellifères et les Corymbifères, et il est possible qu'ils aiment à s'abreuver du nectar qu'elles distillent ; mais ce qui est bien certain, c'est que les *Trichodes alvearius* et *apiarius* dévorent, ainsi que j'en ai été plusieurs fois le témoin, d'autres insectes réellement floricoles, des *Œdemera*, des *Cteniopus* et même des fourmis. Quant aux espèces qui ne recherchent pas les fleurs, on est encore plus porté à les considérer comme carnassières, et j'ai surpris le *Clerus mutillarius* en flagrant délit d'entomophagie.

Je ne veux pas terminer cet article sans dire un mot de la larve d'un insecte, la *Zygia oblonga*, qui a été longtemps réunie aux Dasytides et qui fait partie aujourd'hui d'une petite famille, celle des Mélyrides, intermédiaire aux Dasytides et aux Clérides ; cette larve trouve naturellement ici sa place. Elle a été publiée par M. Pellet, de Perpignan, dans les *Mémoires de la Société agricole et scientifique des Pyrénées Orientales*, 1868, page 103. Dans l'intérêt de la science et pour donner plus de publicité à une description qui mérite d'être connue, je crois devoir la reproduire ici.

« Longueur 13 à 17 millim.; largeur 3 à 6 millim. au milieu, où se trouve sa plus grande largeur. Assez convexe en dessus, légèrement aplatie en dessous, couverte de longs poils fauves en dessus, plus courts et plus espacés en dessous. Ces poils se réunissent en bouquets aux stigmates, comme chez les larves des *Ptines*. La couleur générale est orange brillant, qui rappelle absolument la couleur du corselet et de l'abdomen de l'insecte parfait avant la mort.

« Tête plus foncée que le corps, noirâtre de la hauteur des yeux aux mandibules, cornée, plate ; la plus grande largeur est au dessus des yeux vers les mandibules ; elle va en diminuant et en ligne droite jusqu'au prothorax, auquel elle aboutit par une ligne courbe ; elle forme en avant un angle obtus dont le sommet est à l'épistome ; cet angle est légèrement arrondi sur les côtés ; une impression en forme de fer à cheval sur le front, recouverte de longs poils fauves, espacés. Épistome jaunâtre. Mandibules noires, fortes, légèrement orange à leur base et noires à leur extrémité ; en forme de serpette, avec une dent au tiers de leur longueur, à partir de la base. Antennes courtes, rétractiles, de quatre articles : le premier très-gros, conique, presque blanc et transparent jusqu'aux trois quarts de sa longueur, fauve à l'extrémité, deux fois plus gros et plus long que le second. Le second et le troisième presque égaux, fauves excepté leur attache, qui est blanche et transparente. Le quatrième est deux fois plus petit que le troisième ; il est formé d'une substance cornée qui se termine en pointe aigüe et noirâtre.

« Prothorax beaucoup plus large que la tête, s'élargissant jusqu'à sa jonction avec le mésothorax, ce qui lui donne la forme d'un cône tronqué. Lorsque la larve est en marche, le centre du prothorax s'allonge vers la tête; il est d'un tiers plus long que le mésothorax.

« Mésothorax et métathorax de même forme que le prothorax, et allant en s'élargissant jusqu'au premier segment de l'abdomen.

« Pattes de quatre articles, terminées par un crochet très-aigu et noir, d'un jaune clair, transparent, excepté aux attaches.

« Abdomen composé de neuf anneaux. Le premier est plus court que les autres ; il porte en dessus, de chaque côté, un point noir au-dessus des stigmates. Les anneaux cinq et six ont en dessus une petite ligne noire perpendiculaire. Le huitième porte deux petits points noirs placés comme ceux du n° 1 ; il se termine brusquement pour recevoir le neuvième anneau, qui est corné, concave dans son milieu en dessus et fortement bombé en dessous ; il est plus foncé que les autres à sa naissance et finit par deux cornes noires, très-aiguës, relevées en demi-cercle et ayant chacune une petite corne droite placée sur le milieu du bord extérieur.

« Les stigmates sont au nombre de neuf paires. Ils sont placés sur le bord postérieur du mésothorax et sur le bord des huit premiers anneaux de l'abdomen. »

M. Pellet a trouvé quatre fois cette larve sur le toit d'une maison, dans le voisinage de nids de guêpes ; il a constaté qu'elle vit dans ces nids dont elle dévore sans doute les larves, et il faut croire qu'elle sort du nid ou pour aller à la recherche de nouvelles proies, ou pour se préparer à une mue, ou pour se transformer en nymphe. Je l'ai rencontrée moi-même, en juin 1854, sur le mur d'une maison de Madrid, mais c'est la description de M. Pellet et surtout l'individu qu'il a eu l'obligeance de m'envoyer qui me l'ont fait reconnaître.

La larve de la *Zygia* se rapproche évidemment de celles dont je viens de parler. Je retrouve sur le sujet recueilli à Madrid, et qui paraît bien adulte, les callosités des segments thoraciques, et sa villosité rappelle un peu celle des larves d'*Opilus ;* mais cette villosité dorée est beaucoup plus longue, beaucoup plus touffue, et elle constitue à elle seule un caractère remarquable. Un autre caractère très-tranché, c'est l'apophyse dentiforme qui existe sur le milieu extérieur des crochets du dernier segment.

Ce qui justifie à mes yeux la formation de la famille spéciale des Mélyrides, voisine, à coup sûr, de celle des Dasytides, c'est que le menton et les mâchoires sont à peine soudés et qu'ils sont conformés comme s'ils ne l'étaient pas. Le lobe des mâchoires est pour moi invisible, et les palpes, constitués, du reste, comme dans les larves précédentes, sont visiblement moins saillants. A ces détails, que ne contient pas la description de M. Pellet, j'ajoute que, sur chaque joue et toujours près de la base de l'antenne, se trouve un groupe de cinq ocelles, trois antérieurs en ligne un peu oblique, et deux contigus vis-à-vis celui des précédents qui est le plus supérieur.

D'après M. Pellet, le quatrième article des antennes serait deux fois plus petit que le troisième et formé d'une substance cornée, qui se termine en pointe très-aiguë et noirâtre; j'ai beau regarder, même au microscope, je vois cet article un peu plus foncé que les autres, conformé comme dans les larves qui précédent, c'est-à-dire grêle, cylindrique et terminé par un poil. Je vois de plus, en observant de côté, l'article supplémentaire qui me paraît extrêmement petit.

SYNOXYLIDES

Apate varia Ill.
Synoxylon (Bostrichus) sexdentatum Oliv.
Xylopertha (Apate) sinuata F.

Fig. 245-246.

LARVES

J'ai déjà publié les métamorphoses de ces trois espèces, ainsi que celles de l'*A. capucina* dans les *Annales de la Société Entomologique* 1850, page 555 ; je n'ai pas l'intention d'y revenir et je ne les mentionne ici que parce que leurs larves vivent dans le Châtaignier. J'en parle aussi parce que j'ai deux rectifications importantes à faire.

J'ai dit dans ma notice précitée que les larves des *Apate* ont des palpes labiaux de trois articles, et c'est ainsi que les a vus aussi M. Lucas pour la larve de l'*A. Francisca.* Cette anomalie d'un égal nombre d'articles aux palpes labiaux et maxillaires devait appeler mon attention, et je me suis livré à un examen très-sérieux de la question ; or, il en est résulté pour moi la conviction que les palpes ne sont formés que de deux articles. Ce que j'avais pris pour le premier article n'est autre chose qu'un renflement de la lèvre inférieure, laquelle se prolonge ensuite en une languette arrondie ; ce renflement, en effet, est soudé avec elle, il est ruguleux comme elle et velu latéralement.

J'ai dit aussi que la première paire de stigmates se trouve sur le milieu latéral du premier segment, ou prothorax. L'existence de stigmates au prothorax est chose assez rare et qu'on ne voit guère que dans les larves de Lamellicornes, et encore, dans ces dernières, sont-ils placés non au milieu de ce segment, mais tout près de son bord postérieur ; il valait donc la peine de vérifier mon assertion. C'est ce que j'ai fait, avec une minutieuse attention, sur les larves de plusieurs espèces d'*Apate*, et j'ai constaté, de la manière la plus certaine, que la première paire de stigmates est située réellement sur le prothorax, mais très-près du bord postérieur, dans une dépression latérale, vers le sommet d'un angle formé par le bourrelet inférieur de ce segment et par le pli profond qui le sépare du mésothorax. J'en donne le dessin.

J'ai négligé de mentionner dans ma première description que le dernier segment est marqué en dessous d'une fente longitudinale au milieu de laquelle est l'anus.

NYMPHES

En ce qui concerne la nymphe, j'ai omis de dire que les segments de l'abdomen ont sur le dos une crête transversale dont le sommet porte un rang de petites spinules ferrugineuses et cornées très-peu visibles sur les premiers segments, et d'autant plus apparentes qu'on s'approche plus de l'extrémité.

Les descriptions auxquelles je me réfère, ainsi que les rectifications qui précèdent, s'appliquent également aux larves de l'*Apate luctuosa* Oliv., et de l'*A. bimaculata* Oliv.

Les larves connues des Apatides sont, indépendamment de celles qui forment le titre de cet article, les suivantes :

Apate capucina L., Ratzeburg, Die Forstins. t. I, p. 231 et Perris, Soc.

Ent. 1850, p. 555. — *A. Francisca* F., LUCAS, Explor. de l'Alg. 2e partie, p. 462 ;

Synoxylon muricatum F., *A. bispinosa* Oliv., KOLLAR, Mém. de l'Acad. impér. de Vienne, 1850;

Dinoderus substriatus PAYK., FUSS, Abhandl. Siebenb. ver 1856, p. 35, et PERRIS, Soc. Ent. 1862, p. 211 ;

Psoa Viennensis HERBST, HENSCHEL, Bericht über d. museum Francisco Carol. Linz. 1861.

Je pourrais donner le signalement des larves de deux autres espèces : Le *Xylopertha pustulata* F. ; le *X. præusta* GERM.

Mais elles ressemblent tellement à celles du *X. sinuata*, que toute description devient inutile.

Les larves des Apatides ont d'incontestables rapports avec celles des Anobiides, elles sont comme elles arquées, avec des pattes courtes et velues, avec la fente anale des larves d'*Anobium;* mais elles se distinguent par des caractères bien tranchés : elles sont moins velues, leurs antennes sont longues et bien saillantes, leurs mâchoires ont le lobe plus large, leurs mandibules sont dépourvues de dents, dilatées en dehors, concaves en dedans, arrondies au sommet ; elles n'ont pas d'ocelles ; leur corps est dépourvu de spinules et sa partie antérieure est sensiblement plus renflée ; enfin la première paire de stigmates est plus franchement située sur le prothorax.

Les mêmes caractères les séparent des larves des Ptinides, dont elles s'éloignent en outre par la direction longitudinale du pli anal.

Ces larves sont essentiellement lignivores, mais toutes ne sont pas exclusives dans le choix de leur nourriture. Ainsi, celle de l'*A. Francisca* vit dans le *Cytisus spinosus* et dans les branches du Mûrier ; celle de l'*A. capucina* dans les racines mortes des Chênes et probablement d'autres arbres ; celle de l'*A. luctuosa* dans le Chêne vert et dans le Myrthe ; celle de l'*A. varia* dans le Châtaignier et le Hêtre ; celle de l'*A. bimaculata* dans le Tamarix ; celle de l'*A. xyloperthoides* dans un Bambou ; celle du *Dinoderus substriatus* dans le Pin ; celle du *Synoxylon 6 dentatum* dans la Vigne, le Robinier, le Figuier, le Mûrier, l'Orme, l'Olivier, la Clématite, le Rosier, le Chêne, le Lierre, le Châtaignier, le Pêcher ; celle du *Synoxylon muricatum* dans la Vigne et l'Olivier ; celle du *Xylopertha sinuata* dans la Vigne, dans les branches de Chêne et de Châtaignier ; celle du *X. pustulata* dans la Vigne et le Lentisque ; celle du *X. præusta* dans le Chêne vert; celle du *Rhizopertha pusilla* a été trouvée dans les racines d'une plante exotique, le *Smilax Borbonica*, et l'insecte parfait a été recueilli en grand nombre dans du blé venu du Portugal. Ces larves lignivores se développent dans l'intérieur du bois, sauf pourtant celle du *Dinoderus* qui vit sous l'écorce du Pin, en compagnie de celle de l'*Ernobius consimilis*.

Plusieurs de ces larves, et toutes probablement, ont des parasites de la classe des Hyménoptères, mais quelques-unes du moins ont pour ennemis des Coléoptères; ainsi, celles de l'*A. xyloperthoides* sont attaquées, suivant l'observation de M. Leprieur, par celles du *Teretrius parasita*; celles du *Synoxylon* 6 *dentatum*, du *Xylopertha sinuata*, du *Dinoderus substriatus* sont décimées par celles des *Opilus mollis* et *domesticus*, et en outre les premières par celles du *Tillus unifasciatus* et du *Teretrius Kraatzi* et les secondes par celles du même *Tillus*, du *Denops albofasciatus* et du *Malachius pulicarius*.

LYCTIDES

Lyctus canaliculatus F.

Fig. 247-250.

LARVE

Cette larve a la plus grande ressemblance avec celles des *Apate*. J'en donnerai néanmoins la description, en faisant ressortir les caractères qui les distinguent.

Long. 6 millim., hexapode, blanche, charnue, courbée en hameçon, plus épaisse en avant qu'en arrière, très-convexe en dessus, plane en dessous, peu et très-finement velue.

Tête petite, en grande partie enchâssée dans le prothorax, d'un blanc à peine roussâtre, avec les parties antérieures plus foncées.

Épistome assez grand, transverse, trapézoïdal, très-densément frangé de petits poils dorés, glabre, lisse, luisant et un peu bombé au centre.

Mandibules courtes, assez fortes, arrondies et tranchantes à l'extrémité, concaves en dedans.

Mâchoires assez larges, un peu coudées, descendant jusqu'à la base de la tête; leur lobe cylindro-conique au lieu d'être large et arrondi, est armé au sommet et en dedans de petites soies spinuliformes.

Palpes maxillaires de trois articles dont le premier plus long que le second et sensiblement plus épais, et muni extérieurement de plusieurs poils.

Menton grand, se rétrécissant de la base au sommet.

Lèvre inférieure dépourvue de ces deux renflements qui simulent, dans les larves d'*Apate*, des articles basilaires des palpes labiaux et ne se prolongeant pas en museau arrondi, mais unie, subcordiforme et à peine anguleuse au milieu du bord antérieur.

Palpes labiaux de deux articles égaux.

Antennes assez longues, saillantes, très-peu rétractiles, de quatre articles, le premier assez gros, le second plus étroit et à peine plus court que le précédent, ayant deux poils à l'extrémité, le troisième muni d'un poil au sommet et égal au second, au lieu d'être, comme dans les larves d'*Apate*, aussi long que les deux premiers réunis, le quatrième plus grêle, un peu plus court et incliné en dehors. Pas d'article supplémentaire visible.

Ocelles nuls.

Prothorax beaucoup plus large que la tête, presque aussi grand que les deux autres segments thoraciques réunis, non marqué en dessus d'un sillon large et d'un blanc mat, mais roussâtre et presque subcorné sur un espace en triangle isoscèle dont le plus petit angle atteint le bord postérieur, avec quelques rides transversales près du sommet de cet angle.

Mésothorax et *métathorax* égaux, mais ce dernier marqué sur le dos d'un léger pli transversal et, sur chaque côté, d'un pli plus profond dessinant un bourrelet.

Abdomen de neuf segments dont les derniers plus étroits que les autres, les cinq premiers ayant sur le dos un pli transversal et tous, sauf les deux derniers, un bourrelet bien visible de chaque côté. Dernier segment peu développé, peu arrondi postérieurement ; fente anale ayant la forme d'un *x*.

Corps lisse, dépourvu, même au microscope, de toute spinule ou aspérité, mais parsemé de poils courts très-fins et d'un blond pâle, plus nombreux sur le dernier segment et presque en touffes sur les bourrelets latéraux.

Stigmates au nombre de neuf paires, la première placée un peu plus bas que les autres, près du bord postérieur du prothorax, les sept paires suivantes vers le tiers antérieur des sept premiers segments abdominaux ; la dernière paire s'ouvrant assez près de la base du huitième segment, à péritrème roussâtre comme les précédents, mais quatre fois plus grande et beaucoup plus béante. C'est la seule larve que je connaisse avec la dernière paire de stigmates si disproportionnée des autres, et ce caractère seul distinguerait entre toutes la larve du *Lyctus*.

Pattes de cinq pièces, ongle compris. Hanche, trochanter et cuisse chargés en dessous de longs poils mous et blonds et de quelques-uns en dessus; tibia hérissé de poils semblables dirigés en avant, au milieu desquels on aperçoit un ongle assez grêle et peu arqué.

La larve du *Lyctus canaliculatus* vit, quelquefois en sociétés très-nombreuses, dans l'aubier des bois travaillés ou refendus du Chêne, du Châtaignier, du Noyer, du Cerisier, du Triacanthos, du Robinier et probablement d'autres arbres. Cet insecte est nuisible comme les *Anobium pertinax* et *striatum* et on le trouve souvent dans les maisons où il se développe plus volontiers dans le bois de chauffage que dans les charpentes, les planchers et les meubles, car il donne la préférence aux bois assez récemment morts. J'ai pourtant observé sa larve dans des piquets équarris et mis en place depuis cinq ans. La femelle paraît ne pas aimer à pondre sur ou sous les écorces, il lui faut le bois nu et c'est uniquement dans l'aubier que la larve se développe. Celle-ci creuse, à une profondeur qui ne dépasse guère un centimètre, une galerie longitudinale qu'elle laisse derrière elle encombrée de détritus et de déjections très-serrés. Ces galeries sont quelquefois si nombreuses qu'elles se touchent presque et même s'enchevêtrent.

Aux approches de la métamorphose, c'est-à-dire chez nous vers la fin de mars, la larve dirige sa galerie vers la surface, y pratique même souvent une ouverture par laquelle elle expulse une partie des déblais, ce qui trahit sa présence, puis se retire un peu en arrière et procède à sa seconde évolution après une existence de dix mois environ.

NYMPHE

Elle est glabre et, comme celle des *Apate*, elle a sur la face dorsale des segments abdominaux une crête transversale, mais cette crête porte non de petites spinules ferrugineuses et cornées, mais quelques soies très-fines et très-courtes. L'extrémité du corps, tomenteuse dans les nymphes d'*Apate*, est ici absolument glabre.

Dans nos contrées, partout où se trouve la larve du *Lyctus*, on voit apparaître son ennemi le *Tarsostenus univittatus*.

La forme et les caractères de l'insecte dont il s'agit dans cet article ont rendu son classement assez difficile. Gyllenhal l'avait placé entre les *Silvanus* et les *Ditoma;* Dejean entre les *Xylolæmus* et les *Teredus;* Gaubil entre les *Diphyllus* et les *Telmatophilus;* Redtenbacher l'a fait entrer dans les Cryptophagides, Lacordaire dans les Cisides; Erichson l'avait déjà placé dans les Apatides, et J. Duval en a fait le type d'une famille spéciale, celle des Lyctides, dans laquelle il a compris le genre *Hendecatomus,* et qui se trouve, dans son *Genera,* entre les Apatides et les Cisides. Je m'explique le parti qu'a cru devoir prendre ce dernier auteur, et je n'y trouve rien à redire du moment que les Apatides et les Lyctides sont contigus. Après ce que je viens de dire de la larve, je n'hésite pas à déclarer que l'opinion d'Erichson et de Duval est une preuve, parmi tant d'autres, de la haute sagacité de ces savants enlevés malheureusement trop tôt à la science et que le *Lyctus canaliculatus* appartient aux Apatides, ou mieux encore peut-être à un groupe immédiatement adjacent.

La larve du *L. pubescens* a été trouvée par Heeger dans du bois de chêne et publiée par lui (Sitzber. Wien., Acad. Wiss. 1853, p. 938). Je ne connais pas sa notice, mais M. Laboulbène m'a envoyé le càlque des figures et elles me suggèrent plus d'une observation. Les antennes sont de deux articles au lieu de quatre et les palpes maxillaires de deux au lieu de trois; il doit y avoir là une double erreur; la lèvre inférieure se prolonge en une longue languette biarticulée et longuement ciliée, ce qui n'existe pas dans la larve du *L. canaliculatus*. La nymphe peut bien passer pour celle d'un *Lyctus,* mais quant à la larve, qui est dessinée de côté, ce qui mettrait bien en relief les pattes, elle est complétement apode et ressemble à une larve de Scolytide. M. Heeger se serait-il arrêté à une larve de *Rhyncolus,* par exemple, vivant au même lieu que celle du *Lyctus?* Je l'ignore, mais l'absence des pattes et de toute pubescence, ainsi que la composition des antennes et des palpes maxillaires, sembleraient l'indiquer. Reste à savoir si la description contredit ce qu'indiquent les figures.

CISIDES

Cis coluber AB. DE PERRIN.

FIG. 251-253.

LARVE

Long. 3-3 1/2 millim., hexapode, d'un blanc un peu jaunâtre, charnue, subcylindrique, un peu atténuée vers les deux extrémités, terminée par un seul crochet corné.

Tête assez convexe, lisse, roussâtre avec le bord antérieur un peu plus foncé.

Épistome court et très-transversal, *labre* transversal aussi, finement cilié.

Mandibules assez courtes, crochues, larges à la base, ferrugineuses avec l'extrémité noire.

Mâchoires coudées, mais-très peu inclinées, leur lobe assez court, large et pectiné.

Palpes maxillaires débordant à peine la tête et dépassant un peu le lobe des mâchoires, un peu arqués, de trois articles dont le dernier, un peu plus long que chacun des deux autres, est terminé par deux ou trois cils très-petits.

Menton presque carré; *lèvre inférieure* petite, s'avançant au milieu en une petite languette et surmontée de deux petits *palpes labiaux* de deux articles.

Antennes de longueur médiocre, de quatre articles, le premier large et rétractile, le second plus long que le précédent, cylindrique, le troisième très-court, le quatrième plus court encore, ayant la forme d'un tubercule conique surmonté d'une longue soie assez épaisse à la base, subulée.

Sous cet article surgit, implanté sur le troisième, un article supplémentaire grêle, cylindrique, très-sensiblement plus long et que je ne m'abstiens de considérer comme le véritable quatrième article que parce qu'il n'est terminé par aucun poil.

Sur chaque joue, près de la base de l'antenne, on voit trois *ocelles* noirs un peu saillants, disposés en arc transversal, deux inférieurs rapprochés et un supérieur écarté.

Une forte loupe m'a montré en outre deux petits points noirs ocelliformes, l'un continuant l'arc décrit par les trois premiers, l'autre placé en arrière vis-à-vis les deux inférieurs, de sorte qu'il semblait y avoir, de chaque côté, cinq ocelles, trois assez gros et deux très-petits. J'ai eu recours à une loupe encore plus puissante et j'ai de plus consulté mon microscope; l'un et l'autre instrument ont confirmé l'existence de ces deux ocelles plus petits, non-seulement sur la larve dont il s'agit ici, mais sur d'autres du même genre, de sorte que ces larves, au lieu de six ocelles que je leur ai attribués ailleurs, en possèdent réellement dix, dont six bien apparents et quatre presque imperceptibles, qui peut-être disparaissent souvent.

Prothorax un peu roussâtre antérieurement, plus large que la tête, sensiblement plus long mais plus étroit que chacun des deux autres segments thoraciques qui sont égaux.

Abdomen de neuf segments, les premiers égaux au métathorax, les suivants jusqu'au septième progressivement un peu plus grands; le huitième un peu plus court que les précédents; le neuvième un peu plus long, arrondi, subhémisphérique, assez convexe en dessus, terminé par un seul crochet court, assez épais à la base, médiocrement arqué en haut, dressé presque verticalement, ferrugineux et corné, sauf à la base. En avant de ce crochet, deux très-petits tubercules écartés, surmontés d'un long poil. Sous la base de ce segment, un mamelon anal assez volumineux, contractile et multilobé. Sur la tête, les flancs, les deux faces ventrale et dorsale, des poils assez longs, très-fins et blanchâtres. Le dessus du corps est assez uni, mais sur les flancs règne un bourrelet bien visible, et du côté du ventre les segments, à intersection profonde et dès lors transversalement convexes, ont des plis très-propres à seconder les mouvements de progression.

Stigmates au nombre de neuf paires, la première très-près du bord antérieur du mésothorax, les autres vers le tiers antérieur des huit premiers segments abdominaux.

Pattes assez courtes, d'un blanc un peu roussâtre, de cinq pièces y compris un ongle peu allongé, munies de quelques poils.

Le *Cis coluber* se prend assez communément en battant des branches de Châtaignier et de Chêne mortes depuis un an ou deux et sur lesquelles se sont développées des productions fongueuses sous forme de plaques, du nom de *Telephora*. Je ne doutais pas que la larve ne vécût de ces productions, mais j'ai exploré sans résultat bien des branches tenant encore à l'arbre, tandis que je n'ai pas tardé à me satisfaire en m'adressant à celles qui, tombées à terre, y conservaient une humidité salutaire. La larve vit naturellement de la substance du champignon, qui remplace en quelque sorte l'écorce; mais comme la matière fongueuse pénètre plus ou moins dans le bois, la larve chemine aussi assez souvent dans les couches supérieures de l'aubier où elle trouve une nourriture appropriée à ses goûts, et c'est toujours dans l'aubier, mais à une faible profondeur, que j'ai trouvé l'insecte plus ou moins récemment transformé.

Je ne connais pas la nymphe.

La larve du *C. coluber* diffère de toutes celles du même genre qui me sont connues par cette particularité, que le dernier segment, au lieu de porter deux crochets cornés plus ou moins développés, n'en a qu'un seul d'une longueur assez restreinte. Je ne puis pourtant douter de son authenticité, car elle offre tous les autres caractères des larves des *Cis*, et, ce qui est encore mieux, des branches où je l'avais observée et que j'ai conservées avec soin ne m'ont donné que l'insecte en question.

Il est à remarquer aussi que, lorsque les autres larves de ce groupe vivent dans les agarics et les bolets, celle-ci se nourrit d'un champignon d'un genre tout différent, formant sur les bois morts des plaques ou des croûtes, ou les pénétrant de leur substance. Il doit en être de même de celles des *C. alni* et *reflexicollis* que l'on trouve également sur les branches mortes, et peut-être aussi des *C. oblongus* et *pruinosulus* que j'ai obtenus de branches mortes d'orme sur lesquelles s'étaient produits des mycélium. Reste à savoir si leur forme est celle du *C. coluber*. Si j'en doute pour ces deux derniers, je suis porté à le croire pour les deux précédents, à cause de leur forme.

Mon ami M. Abeille de Perrin, dans sa récente monographie des Cisides si soignée et, à mon avis, si bien faite, a mentionné, p. 13, les larves connues de cette famille; ce sont les suivantes :

Cis boleti Fab., Bouché. Naturg. p. 203, Westwood, Introd. t. I, p. 279, Mellié, Soc. Ent. 1848, p. 212. — *C. Jacquemarti* Mel., Mellié, loc. cit. p. 339. — *C. laminatus* Er., Mellié, loc. cit. p. 319 et Perris, Soc. Ent. 1862, p. 213. — *C. Melliei* Coq., Coquerel, Soc. Ent. 1849, p. 443. — C. Lucasi Ab., Lucas, Explor. de l'Algér. 2e partie, p. 469 (sous le nom de *punctulatus*).

Pterogenius Nietneri Cand., Candèze, Histoire des métam. de quelques Coléopt. exot. p. 30 (de Ceylan).

Xylographus bostrichoides Duf., Dufour, Soc. Ent. 1850, p. 551.

Rhopalodontus perforatus Gyl., Mellié, Soc. Ent. 1849, bull. p. XL.

Ennearthron cornutum Gyl., Mellié, Soc. Ent. 1849, bull. p. XL et Perris, Soc. Ent. 1854, p. 639.

Je serais en mesure d'ajouter à la description qui précède celles des larves des *Cis setiger*, *hispidus*, *nitidus* et *bidentulus*, mais leur ressemblance avec celle du *C. coluber* rend ce supplément sans intérêt. Il me suffit de dire que, comme dans les autres larves connues de *Cis*, le dernier segment porte deux crochets au lieu d'un seul.

A la suite de la description du *Cis laminatus* j'ai indiqué, en les puisant principalement dans le dernier segment, les caractères des diverses coupes génériques de ce groupe, caractères qui permettraient, jusqu'à un certain point, d'en dresser le tableau synoptique. M. Abeille de Perrin, sans contester la valeur de ces caractères, pense qu'avant d'en généraliser d'une manière absolue les applications, il faudrait avoir étudié un ensemble d'espèces de divers genres. Je suis, dans une certaine mesure, de son avis, et j'applique volontiers ce principe aux tableaux synoptiques que j'ai déjà dressés et que je dresserai encore dans le cours de ce travail. Je n'ignore pas, en effet, qu'il y a du péril à être trop absolu ; j'en ai eu plus d'une preuve et je viens d'en être averti par le *Cis coluber* dont le crochet terminal unique constitue une exception.

Je ne vais pourtant pas jusqu'à conclure que les lois de l'analogie sont de pure convention, que leurs principes n'ont rien de solide et qu'on risque beaucoup de s'égarer en se laissant conduire par eux. Je crois au contraire, et je me persuade que mon savant ami ne me contredirait pas, je crois qu'ils sont un bon guide, qu'il est le plus souvent permis en cette matière de généraliser, d'attribuer à un genre les caractères que l'on constate sur deux ou trois espèces, et que les dérogations à la règle commune que peut présenter telle autre espèce n'ont pas, ordinairement, d'autre portée que celle d'une exception, qu'elles constituent un caprice de conformation, ou bien qu'elles avertissent que cette espèce se détache plus ou moins du genre où on l'a placée.

M. Abeille de Perrin voudrait que l'on pût observer les larves de quelques espèces aberrantes parmi lesquelles il cite *Ennearthron filum* et *laricinum* et *Rhopalodontus fronticornis*. J'ai pu remplir ce désir en ce qui concerne ce dernier qui a été longtemps parmi les *Ennearthron ;* car le dernier segment de la larve est conformé non comme dans celles des *Ennearthron*, mais à l'instar de celles de *Rhopalodontus*. Il est, en effet, subconvexe, sans concavité et terminé par deux crochets courts, épais, brusquement recourbés et un peu dilatés en arrière. J'ai dit *(loc. cit.* dans les généralités qui suivent l'article relatif au *Cis laminatus)* que les larves de *Rhopalodontus* sont dépourvues d'ocelles; en en examinant plusieurs de l'espèce précitée, j'en ai trouvé qui étaient complétement aveugles et d'autres, au contraire, m'ont offert, sur chaque joue, trois ocelles noirs, bien distincts, disposés en arc transversalement oblique, deux très-rapprochés, presque contigus et un écarté et plus petit. Cette inconstance des ocelles dans une même espèce semblerait indiquer que ces organes n'ont pas ici une bien grande importance.

Je termine cet article en avouant qu'après les observations de

M. Abeille de Perrin et celles que j'ai reçues de mon sagace ami M. Pandellé, je suis beaucoup plus qu'ébranlé dans ma croyance que les *Cis* doivent être rapprochés des *Cryptophagus*. L'examen plus attentif et comparatif des larves de ces deux genres m'a convaincu d'ailleurs qu'elles offrent des différences notables quant aux antennes, aux mâchoires, à la forme du dernier segment, aux ocelles, à la structure générale, et que ces larves ne sont pas aussi voisines que je l'avais d'abord pensé.

ANOBIIDES

Anobium denticolle PANZ.

FIG. 254-256.

LARVE

Long. 7-8 mill., hexapode, blanche, charnue, un peu ferme, plissée en travers, arquée surtout postérieurement, très-convexe en dessus, fort peu en dessous, renflée antérieurement.

Tête inclinée, presque verticale, beaucoup plus étroite que le prothorax, arrondie, subcornée, testacée avec le bord antérieur ferrugineux, revêtue de poils fins et roussâtres, marquée de quelques points épars et très-peu visibles et sur le vertex d'un fin sillon qui, arrivé à une fossette frontale, se divise en deux rameaux prolongés jusqu'à la base des mandibules.

Epistome assez court, trois fois aussi large que long; *labre* semi-elliptique, frangé de poils dorés.

Mandibules assez courtes, robustes, noires avec un peu de ferrugineux à la base, dentées sur la tranche interne.

Mâchoires descendant jusqu'à la base de la tête, subcylindriques, un peu convergentes ; *lobe* court, assez large, densement frangé de poils roux, ne dépassant pas le second article des palpes maxillaires; ceux-ci courts, droits, coniques, de trois articles égaux.

Menton épais, plus saillant que les mâchoires; *lèvre* subcordiforme, prolongée au milieu en une languette conique, et surmontée de deux palpes de deux articles dont le premier plus court que le second qui atteint le sommet du lobe maxillaire.

Antennes logées dans une cavité à la base externe des mandibules, extrêmement courtes, très-positivement formées de trois articles, mais m'ayant paru en avoir un quatrième, excessivement grêle, au milieu des petits poils qui surmontent le troisième.

Sur chaque joue, et contre l'angle inférieur de la mandibule, un *ocelle* représenté par un petit tubercule assez saillant, lisse et luisant.

Corps entièrement revêtu de poils courts et dorés, plus nombreux sur les côtés et surtout sur les derniers segments.

Prothorax presque égal, sur les côtés, aux deux autres segments thoraciques réunis, mais pas guère plus long que chacun d'eux sur le dos, parce que le mésothorax empiète sur lui en s'arrondissant. Cette partie avancée est tuméfiée, ruguleuse et limitée postérieurement par un pli transversal et un peu arqué dont les extrémités atteignent le bord antérieur du segment.

Métathorax ayant sur les côtés un ou deux plis longitudinaux, et conformé à la partie antérieure dorsale comme le mésothorax, avec cette différence que la partie qui s'avance sur ce dernier est antérieurement couverte de spinules ferrugineuses, crochues en arrière.

Abdomen de neuf segments, les six premiers munis sur les côtés de deux fossettes dont une, plus inférieure et plus grande, met en saillie un bourrelet ou gros mamelon latéral couvert d'une touffe de poils, arrondis antérieurement sur le dos, comme les deux derniers segments thoraciques, avec l'espace tuméfié semi-elliptique circonscrit en arrière par un pli et couvert sur le devant de spinules crochues. Septième et huitième segments plus grands que les autres, ne s'arrondissant pas au bord antérieur pour empiéter sur le segment précédent, munis antérieurement, sans gonflement et pli transversal apparents, de spinules arquées en arrière comme les précédentes, mais peu nombreuses sur le premier et presque nulles sur le second. Neuvième segment assez grand, pourvu sur les côtés et en dessous de spinules semblables, mais crochues en sens inverse, marqué à la face postérieure de deux plis à peu près en forme de T, à l'intersection desquels se trouve l'anus. Dessous du corps à peu près plan, dépourvu de spinules et même de plis, revêtu seulement de poils fins et roussâtres.

Stigmates à péritrème elliptique et au nombre de neuf paires, la première, plus grande et plus inférieure que les autres, dans une cavité latérale entre le prothorax et le mésothorax, les autres près du bord antérieur des huit premiers segments abdominaux.

Pattes médiocrement longues, à trochanter très-court, de cinq pièces y compris un ongle peu arqué et ferrugineux, hérissées, surtout sur les tibias, de soies et de longs poils roux débordant l'ongle.

L'A. denticolle se prend dans les Alpes et dans les parties orientales et septentrionales de la France, sur les arbres morts ou malades, principalement sur le Sapin et le Tilleul. Je l'ai recueilli dans les Pyrénées, ainsi que dans les montagnes du Guadarrama, en Espagne ; mais je l'ai trouvé aussi à Mont-de-Marsan, au mois de juin, avec la larve, dans le bois à demi pourri d'un Châtaignier creux. La galerie de celle-ci est sinueuse et encombrée de déjections grumeleuses.

Je n'ai pas vu la nymphe, mais je présume qu'elle est enfermée, comme ses congénères, dans une coque formée de sciure et de déjections agglutinées, et qu'elle est couverte de poils très-fins et roussâtres et terminée par deux papilles coniques.

Depuis la rédaction de cet article j'ai appris que MM. Mulsant et Rey ont décrit cette même larve dans les *Annales de la Société linnéenne de Lyon*, 1872, page 427. Je n'ai pas eu l'occasion de lire cette description et je maintiens la mienne parce que je m'y réfère pour d'autres et qu'en cette matière les doubles emplois ont plus d'avantages que d'inconvénients.

Anobium fulvicorne Sturm.

LARVE

A part la taille, comme de raison plus petite, cette larve ressemble à la précédente en tous points, sauf un seul qui réside dans les spinules dorsales du métathorax et des segments de l'abdomen. Nous avons vu que, pour la larve de *l'A. denticolle*, elles sont groupées en bande transversale au bord antérieur du métathorax et des sept premiers segments abdominaux ; ici, au contraire, elles ne forment qu'une seule ligne et s'arrêtent au sixième segment de l'abdomen.

Cette larve se développe dans les échalas et les branches du Châtaignier et du Charme, et peut-être aussi d'autres arbres, car MM. Mulsant et Rey disent qu'on prend l'insecte parfait en battant les Chênes, les Saules et les Aubépines. Elle se tient dans les parties les plus tendres du bois, qu'elle ronge assez irrégulièrement. Elle se transforme dans une cellule formée au milieu de la vermoulure, et dont elle agglutine les parois à l'aide d'une liqueur qu'elle a la faculté de sécréter de façon à former une coque peu résistante.

NYMPHE

Molle et blanche avec les yeux roussâtres; parsemée, principalement sur la tête, le prothorax et le dessus de l'abdomen, de poils très-fins et roussâtres. Abdomen assez mobile terminé par deux papilles coniques, courtes, à peine divergentes et dirigées en bas.

Oligomerus (Anobium) brunneus Oliv.

LARVE

Forme des larves d'*Anobium*.

Tête blanche avec la lisière antérieure testacée d'une antenne à l'autre et une tache de même couleur en arrière de l'angle inférieur des mandibules.

Épistome deux fois plus large que long; *labre* semi-discoïdal, très-petit, revêtu de petits poils blonds.

Mandibules noires, avec le milieu de la base ferrugineux, courtes, subtriangulaires, à peine obliquement échancrées au sommet, non dentées sur la tranche interne. Les autres organes de la bouche, ainsi que les antennes, comme dans les larves d'*Anobium*.

Menton très-grand, beaucoup plus étroit au sommet qu'à la base.

Corps peu et très-finement velu; deux rangs de très-petites spinules sur le métathorax, deux ou trois rangs irréguliers sur les sept premiers segments de l'abdomen; le dernier dépourvu de toute spinule soit sur les côtés, soit en arrière et en-dessous.

Mamelon anal circonscrit par un pli longitudinalement ovale et traversé par un pli longitudinal, sans pli supérieur transverse.

Cette larve ressemble beaucoup à celles d'*Anobium* et surtout de *Xestobium*, ces dernières n'ayant pas de spinules sur le huitième segment de l'abdomen; mais elle en diffère par ses mandibules non dentées en dedans et par l'absence de toute spinule sur le dernier segment.

Un tronçon de branche morte de frêne qui contenait quelques-unes de ces larves m'a donné des insectes parfaits, et j'ai su ainsi qu'elles appartenaient à l'*Oligomerus*. Cette espèce se trouve aussi, d'après MM. Mulsant et Rey, sur l'Abricotier, le Cerisier, le Tilleul, le Châtaignier, et je l'ai, de plus, rencontrée dans des branches mortes de Chêne.

Dans mon *Histoire des Insectes du Pin maritime*, j'ai exposé, relativement aux larves d'*Anobium*, des généralités que je ne reproduirai pas ici ; je rappellerai seulement que ces larves, toutes si semblables par leur forme, se distinguent, suivant certaines divisions bien tranchées dont les insectes parfaits sont susceptibles, par le groupement des spinules dorsales et par le nombre des segments qui en sont pourvus. Je me suis également livré à une discussion sur quelques organes de ces larves, et notamment sur les antennes, qui n'avaient pas été aperçues, et j'étais arrivé à constater leur existence dans une cavité située près de la base extérieure des mandibules. Je leur donnais alors au moins deux articles, probablement trois et peut-être quatre. Cette fois, j'ai été plus heureux ; je puis affirmer au moins trois articles, et entre les petits poils qui surmontent le troisième, il m'a semblé, comme je l'ai dit plus haut, en voir un quatrième extrêmement grêle et court. Par la brièveté de ces organes comme par bien d'autres caractères, les larves d'*Anobium* paraissent former un même groupe avec celles des *Ptinus;* mais il est à remarquer que, dans celles des Apatides, qui leur ressemblent tant par la forme, les antennes sont franchement de quatre articles, bien saillantes et relativement fort longues,

Les larves connues des Anobiides sont les suivantes :

Anobium domesticum Fourcr., *pertinax* F. non L., *striatum* Oliv., Rouzet, Soc. Ent. 1849, p. 311 et Perris, sous le nom de *pertinax* L. Soc. Ent. 1854, p. 630.

Xestobium tessellatum F., Bouché, Naturg., p. 187, Ratzeburg, die Forst. t. I p. 45 et Westwood, Introd., t. I p. 271.

Ernobius abietis F., Rouzet, loc. cit. p. 308 et Perris, loc. cit. p. 628. — *E. mollis* L., Perris, loc. cit. p. 622. — *E. longicornis* Sturm, Perris, loc. cit. p. 629. — *E. nigrinus* Sturm, Ratzeburg, loc. cit. p. 45. — *E. pini* Sturm, Flauenfeld, Soc. Zool. et Bot. de Vienne, 1864.

Mesocœlopus niger Muller, sous le nom de *Xyletinus hederæ* Duf., Dufour, Soc. Ent. 1843, p. 321.

D'après Léon Dufour la larve serait dépourvue d'yeux et d'antennes et l'article terminal des pattes serait rudimentaire. Les antennes existent très-positivement, mais elles sont extrêmement courtes et enchâssées près de l'angle basilaire supérieur des mandibules. Quant aux ocelles, je crois, comme Dufour, qu'il n'en existe pas, car je n'ai pu les voir. Les pattes, médiocrement velues, du reste, sont composées de cinq pièces, comme celles des larves d'*Anobium*, et ce que Dufour appelle l'article terminal est une sorte d'ampoule ou de ventouse placée sous l'ongle. La figure donnée par Dufour serait très-exacte si le trochanter y était représenté. J'ajoute que cette larve a des spinules crochues, disposées sur trois rangs, puis deux, puis un, sur le métathorax et les sept premiers segments de l'abdomen, et quelques-unes sur les côtés du dernier segment.

Xyletinus pectinatus F. Letzner, Berliner, Entom. Zeitschrift, 1859.

Catorama palmarum Guer, Candèze, Soc. des Sc. de Liége, 1861. Insecte d'Haïti.

Dorcatoma Dresdensis Herbst, Ent. Hefte, Hefte 2, p. 96. — *D. Chrysomelina* Sturm, Perris, Soc. Ent. 1862, p. 208.

Enneatoma Subalpina Bon., sous le nom de *Dorcatoma bovistæ*, Ent. Hefte, 1803, p. 100.

Amblytoma rubens Ent. Heft., Giraud, Gründl. Versamml. der Botan. Zool. Vereins in Wien. 1851, p. 14, et Letzner, Arb. Schles. Gesells, 1853.

En voici quelques autres.

Gastrallus (Anobium) lævigatus Oliv.

Fig. 257-259.

LARVE

Long. 3 1/2 millim., blanche, charnue, médiocrement velue, courbée en arc, mandibules triangulaires, ongle des pattes remplacé par une ampoule charnue.

Le 9 février 1875, je trouvai dans une cellule pratiquée dans les couches supérieures de l'écorce d'un très-vieux Châtaignier, écorce morte depuis un an au moins et sous laquelle avaient vécu des larves de *Cerambyx*, je trouvai, dis-je, un individu du *Gastrallus immarginatus* qui évidemment avait accompli là toutes ses évolutions. Ce fait me donna l'espoir de connaître la larve de cet insecte, et ayant détaché des fragments de l'écorce, je me mis à les éplucher. Les couches de cette écorce et principalement les couches supérieures, comme feuilletées, étaient sillonnées de galeries sinueuses, étroites et remplies de déjections et de détritus. Dans ces galeries je finis par trouver une larve, puis une autre, puis plusieurs. Elles avaient la physionomie de larves d'*Anobium*; je ne doutai donc pas qu'elles n'appartinssent au *Gastrallus*, et enchanté de ma découverte, je rentrai chez moi pour étudier cette nouvelle conquête après laquelle je soupirais depuis longtemps.

Ma larve, soumise à une forte loupe, me parut moins velue, surtout aux pattes, que les larves d'*Anobium* qui me sont connues, et lorsque je l'examinai au microscope, mes doutes s'accentuèrent, d'une part, en voyant la forme des pattes qui, complétement dépourvues d'ongle, me renvoyaient presque aux larves d'Anthribides lesquelles, par leur conformation générale, se rapprochent de celles d'Anobiides, d'autre part, en constatant l'absence totale de ces spinules qui, sur la face dorsale de ces dernières larves, forment des bandes, des séries transversales ou des groupes caractéristiques.

Je me mis alors à examiner dans ses plus minutieux détails l'objet de mon étude et de ma préoccupation, et tout bien considéré, je reconnus que ma larve ne pouvait entrer dans le groupe des Anthribides.

Elle s'en éloigne, en effet, par la forme de ses mandibules qui, vues de côté, ont leur extrémité pointue et non émoussée, ou échancrée ou bifide, par ses mâchoires très-inclinées et non coudées, par l'absence complète de ces cils spinuliformes qui couvrent presque tout le corps des larves d'Anthribides, par la position près du bord postérieur du prothorax de la première paire de stigmates qui, dans ces dernières, se trouve près du bord antérieur du mésothorax, par une villosité plus sensible et enfin par la structure des pattes.

On verra plus loin que, dans les larves d'Anthribides, ces organes de locomotion sont, au lieu de vraies pattes, des pseudopodes coniques formés de trois à quatre articles peu distincts, susceptibles à peine de quelques mouvements de rétraction. Ici, au contraire, on voit de véritables pattes, relativement assez longues, mobiles, pouvant même se couder et formées de quatre pièces bien distinctes, une hanche épaisse et velue, une cuisse plus épaisse à l'extrémité qu'à la base et munie, surtout en dessous, d'assez longs poils, un tibia cylindrique plus court que la cuisse, avec trois ou quatre poils près de l'extrémité, et enfin un tarse charnu, s'épaississant légèrement de la base au sommet, ayant un peu la forme d'une ampoule et remplaçant l'ongle corné qui fait absolument défaut.

Ce caractère, l'absence de dents aux mandibules, la faible villosité des pattes et même du corps, sauf la tête, le prothorax et le dernier segment, le peu de saillie des mamelons latéraux et le manque de spinules dorsales la différencient aussi, il est vrai, des larves d'Anobiides, mais elle s'y rattache par la forme des mandibules, par les mâchoires, par l'absence de tout ocelle, par la position de la première paire de stigmates.

Elle s'y associe également par l'existence, au bord antérieur des deux derniers segments thoraciques et des six premiers segments abdominaux, d'un bourrelet transversal bien apparent, privé, à la vérité, de spinules, mais marqué en travers d'un pli médian qui facilite sa dilatation.

Je n'hésite donc pas à la placer dans cette famille, et je suis d'autant plus certain qu'elle appartient au *Gastrallus* que les fragments d'écorce dont j'avais fait provision m'ont donné un assez grand nombre d'individus de cet insecte. Les caractères différentiels qu'elle présente sont une justification de la création de ce genre.

J'ajoute que cette larve est d'un beau blanc avec le bord antérieur de la tête, les mâchoires et les palpes maxillaires de couleur roussâtre, que les mandibules, larges et courtes, sont d'un testacé ferrugineux avec l'extrémité noire, que les antennes très-courtes et dont on voit à peine les deux derniers articles, sont logées dans une cavité latérale à la base de chaque mandibule, et qu'en arrière des bourrelets dorsaux des six premiers segments de l'abdomen le microscope montre un groupe de très-petites aspérités presque imperceptibles.

J'ai déjà dit dans quelles conditions j'ai rencontré cette larve qui doit vivre assurément dans d'autres arbres que le Châtaignier, car j'ai recueilli le *Gastrallus* en battant des branches mortes de Chêne, d'Orme et de Prunier. Les galeries qu'elle creuse sont sinueuses comme celles des larves d'*Anobium* et comme elles encombrées d'excréments granuleux, autre trait de ressemblance qui n'est pas à dédaigner. Elle s'y transforme dans une cellule qui, si j'en juge par celles où j'ai trouvé des insectes parfaits, est enduite d'un vernis agglutinant en forme de coque les déjections et détritus environnants.

Je ne connais pas la nymphe.

Depuis que cet article est écrit, j'ai eu l'occasion d'observer, et cette fois sans qu'il puisse y avoir lieu au moindre doute, la larve d'une autre espèce de *Gastrallus*, le *sericatus* Redt. M. E. Revelière a eu la bonté de m'envoyer de Corse un tronçon d'une tige de *Brassica insularis* qui lui avait déjà donné des individus de cet insecte et qui était percé de plusieurs trous de sortie parfaitement ronds. Ayant ouvert ce tronçon qui n'avait guère plus de 12 centimètres de longueur, j'y ai trouvé deux *Gastrallus* dans la cellule où ils s'étaient transformés et de la plus grande fraîcheur, mais morts, et trois larves dans un état de développement assez avancé, provenant peut-être d'une seconde génération, ou qui avaient été retardées dans leur croissance. Elles avaient creusé dans la tige sublignense des galeries un peu sinueuses qui étaient demeurées encombrées de détritus et de déjections.

Ces larves, évidemment de *Gastrallus sericatus*, ressemblent en tous points à celle du *G. lævigatus* et je n'ai pu leur trouver aucune différence.

Ptilinus (Ptinus) pectinicornis L.

Fig. 260-263.

Long. 6 millim., hexapode, corps blanc, charnu, plissé en travers, arqué surtout postérieurement, très-convexe en dessus, fort peu en dessous, renflé antérieurement.

Tête inclinée, beaucoup plus étroite que le prothorax, un peu plus longue que large, subcornée, d'un testacé pâle avec le bord antérieur ferrugineux, parsemée de poils courts, très-fins et roussâtres, marquée de stries transversales et sinueuses, très-fines et très-serrées, bien visibles antérieurement, presque nulles sur le vertex, et en outre d'un sillon assez profond partant du vertex et s'arrêtant à une fossette qui se trouve au tiers antérieur. Bord antérieur un peu échancré vis-à-vis l'épistome.

Épistome assez court, transversal, trois fois aussi large que long; *labre* assez petit, subéchancré, revêtu et cilié de poils dorés.

Mandibules noires avec la base ferrugineuse ; vues de côté, subtriangulaires, luisantes, avec une fossette allongée vers la base et l'extrémité tronquée, presque divisée en deux dents très-peu saillantes et séparées par une petite rainure.

Mâchoires non coudées mais obliques, descendant jusqu'à la base de la tête, parcourues obliquement par un trait subcorné, comme dans les larves d'*Anobium ;* leur lobe assez large, cilié de petits poils dorés.

Palpes maxillaires courts, dépassant un peu le lobe, ordinairement un peu inclinés en dehors, de trois articles égaux en longueur.

Menton très-grand, convexe, comme tuméfié.

Lèvre inférieure transversale, affleurant à peu près le sommet des mâchoires, prolongée au milieu en une petite languette obtuse et portant les deux *palpes labiaux* courts et de deux articles.

Antennes très-courtes, rétractiles, logées dans une cavité située contre le milieu de la base des mandibules, de trois articles au moins, mais n'en montrant ordinairement qu'un seul qui est grêle et surmonté d'un poil.

Yeux nuls.

Corps presque glabre sur le dos où le microscope montre à peine quelques poils très-fins et très-courts, finement velu de roussâtre en dessous et surtout sur les bourrelets latéraux.

Prothorax presque égal, sur les côtés aux deux autres segments thoraciques réunis, mais pas guère plus long que chacun d'eux sur le dos, parce que le mésothorax empiète sur lui en s'arrondissant.

Mésothorax court, un peu sinueux, ayant sur le dos, à droite et à gauche de la ligne médiane qui est lisse, un groupe transversal de petites aspérités tuberculiformes peu apparentes et très-écartées.

Métathorax plus long, sensiblement arrondi antérieurement et marqué d'un pli profond transversal, arqué en sens contraire, s'appuyant à ses deux extrémités sur le bord antérieur avec lequel il forme une sorte d'ellipse sur laquelle la loupe montre un groupe transversal d'aspérités comme celles du mésothorax, mais non ou à peine interrompu au milieu.

Huit premiers segments del'*abdomen* conformés comme le métathorax, mais sur les quatre premiers l'ellipse formée par le pli transversal a des aspérités plus apparentes et plus nombreuses, s'affaiblissant un peu d'avant en arrière, et en arrière de l'ellipse, de chaque côté de la ligne médiane, il y a un autre groupe transversal d'aspérités; sur les quatre segments suivants ces dernières aspérités manquent, le pli transversal est beaucoup plus superficiel et même obsolète et le bord antérieur est de moins en moins arrondi. Les six premiers segments ont en outre, de chaque côté, une fossette et souvent un pli qui dessinent un bourrelet en forme de gros mamelon. Neuvième ou dernier segment abdominal large mais court, couvert d'aspérités antérieurement et plus encore sur les côtés de sa face postérieure, marqué inférieurement de deux plis profonds dessinant une sorte de boursouflure triangulaire ou elliptique au bas de laquelle est une fente, une apparence de vulve qui est l'anus. Les aspérités dont j'ai parlé sont très-légèrement roussâtres, et vues au microscope, elles sont un peu inclinées en arrière, sauf sur le dernier segment où elles ont une direction opposée.

Le *corps*, qui est un peu mat, semble, à une très-forte loupe, très-finement chagriné; c'est là une illusion produite par la matité, car le microscope atteste que cette surface, à part les aspérités, est parfaitement lisse.

Stigmates et *pattes* absolument comme dans la larve de l'*Anobium denticolle.*

De prime abord la larve du *Ptilinus* a toutes les apparences d'une larve d'*Anobium*, et l'air de famille est si manifeste qu'on pourrait bien s'y méprendre; mais lorsque un œil attentif explore les diverses parties du corps, on soupçonne, si on l'ignore, un genre différent, et, si on le sait, on le trouve suffisamment justifié.

Cette larve, en effet, se sépare de celles des *Anobium* par les caractères suivants : la tête est couverte de stries transversales sinueuses et extrêmement fines; les ocelles font complétement défaut; les aspérités dorsales que le microscope montre comme de très-petites épines coniques, sont moins fines, et à la loupe on les prendrait plutôt pour des tubercules que pour des spinules; ces aspérités ne sont pas disposées sur un seul rang transversal comme dans quelques larves d'*Anobium*, ou en bande transversale comme dans quelques autres, elles sont groupées sur cette sorte d'ellipse transversale dont j'ai parlé, de manière à la couvrir presque tout entière; de plus, sur les quatre premiers segments abdominaux il existe des spinules en arrière de cette ellipse, et enfin les bourrelets latéraux, lisses dans les larves d'*Anobium*, en sont aussi armés. Or, il n'y a qu'à se reporter à la figure que j'ai donnée du dernier segment de la larve de l'*Anobium denticolle* pour y reconnaître des différences notables. La plus remarquable est que l'anus, au lieu d'être placé à l'extrémité du segment, à l'intersection des trois plis, se trouve à la base contre le pénultième arceau ventral et forme, comme je l'ai dit, une sorte de vulve.

J'ai trouvé assez abondamment cette larve, déjà presque adulte, au mois d'octobre, dans le tronc encore debout d'un vieux Saule marceau mort depuis deux ans au moins et qui avait déjà nourri l'année d'avant une première génération, car il était percé de trous, et en l'explorant je rencontrais des insectes parfaits dont la mort paraissait ancienne. Elle vit dans le bois tout à fait à la manière des larves d'*Anobium*, c'est-à-dire qu'elle y creuse, pour se nourrir, des galeries irrégulières et sinueuses qui ne pénètrent pas au delà de l'aubier. D'après MM. Mulsant et Rey (*Térédiles*, p. 235), elle vit aussi dans les Sapins, les Tilleuls et d'autres arbres (j'ai obtenu l'insecte du *Triacanthos*), tandis que celle du *costatus* se développe dans le Peuplier et dans le Chêne.

Avant de se transformer en nymphe, ce qui a lieu en mai, elle conduit sa galerie jusqu'à la surface, ou bien si cette galerie est plongeante, elle fait volte-face de manière à ce que la nymphe ait la tête tournée vers l'extérieur.

NYMPHE

Elle est assez molle, délicate, absolument glabre, mais le dos et les côtés de l'abdomen sont couverts d'aspérités ciliformes extrêmement petites et très-serrées, visibles seulement au microscope; les troisième à sixième segments dorsaux sont un peu saillants au milieu et les flancs sont parcourus par un bourrelet très-marqué. L'extrémité est très-brièvement et très-obtusément quadrilobée ou quadrimamelonnée. Les antenne, est principalement les antennes longuement flabellées et par conséquent très-larges du mâle, s'étalent sur les élytres en passant par-dessus les pattes.

L'insecte parfait naît en juin.

Xyletinus oblongulus Muls.

Fig. 264.

LARVE

Ayant mis en vase clos des brindilles mortes de pommier pour savoir à quelle espèce appartenaient des larves de Longicorne que j'y avais observées et qui m'ont donné le *Molorchus umbellatarum* dont il sera question plus bas, j'obtins, au commencement de juin, plusieurs individus du *Xyletinus oblongulus*. Je me mis alors à explorer les brindilles dans l'espoir d'y trouver quelque larve retardaire et quelque nymphe; mes recherches n'aboutirent à me procurer que d'autres insectes parfaits et une seule larve. Elle me suffit cependant pour pouvoir dire qu'elle ressemble, comme la précédente, aux larves d'*Anobium*, que ses mandibules sont assez larges et bifides ou plutôt anguleusement échancrées à l'extrémité, qu'elle a un rang de spinules sur le métathorax, trois rangs, du moins au milieu, sur le premier segment abdominal, deux sur le second, un sur le troisième et le quatrième, que le cinquième et le sixième présentent quatre spinules écartées et très-petites près du bord antérieur et qu'il y en a quelques-unes sur les côtés du dernier segment.

Cette larve vit, comme je l'ai dit, dans l'intérieur des menus rameaux morts du pommier et probablement d'autres arbres, car j'ai obtenu aussi l'insecte parfait de brindilles mortes de Pêcher. La galerie qu'elle creuse n'est pas fort longue. Si la brindille est très-mince, elle occupe le centre; si elle a une épaisseur d'un centimètre, elle est en dehors du canal médullaire, et dans tous les cas, au dernier moment, elle s'approche de la surface de manière à ne laisser que l'écorce intacte.

Le mâle du *X. oblongulus*, qui était inconnu à MM. Mulsant et Rey, a des antennes plus fortement dentées que celles de la femelle et à dents aiguës; leur couleur est ordinairement un peu brunâtre avec la base claire, tandis qu'elles sont entièrement testacées dans l'autre sexe. Le cinquième segment ventral est simple et obtusément arrondi.

Pseudochina torquata Chevr. — **P. bubalus** Fairm. **P. lævis** Illig. — **P. serricornis** Fab.

Fig. 264-267.

LARVES

Ces quatre espèces peuvent être comprises dans le même article parce que le peu que j'ai à dire sur leur compte leur est commun.

Les larves de *Pseudochina* ressemblent tellement à celles d'*Anobium*, qu'il est parfaitement inutile d'en donner la description. Elles ont leur forme, leur consistance, leur couleur et reproduisent, y compris le petit ocelle sur chaque joue, tous leurs caractères, sauf pourtant les suivants qui sont assez tranchés: les mandibules son bifides à l'extrémité; leur corps est beaucoup plus densement et longuement velu; le dessous du dernier segment est autrement conformé, il présente deux plis arqués se croisant postérieurement pour former, en dedans de l'espèce de parenthèse qu'ils constituent, un ovale allongé dont la courbe antérieure est formée par une sorte de crête roussâtre et subcornée; cet ovale est traversé par un pli longitudinal; enfin je n'ai pu trouver nulle part la moindre spinule, même en observant au microscope.

La larve de la *Pseudochina torquata*, que je dois à M. E. Revelière, vit en Corse dans les tiges mortes du *Cynara Corsica;* celle de la *P. bubalus,* qui n'est peut-être pas autre que *torquata*, recueillie également en Corse par M. Revelière, se développe dans les tiges de la *Ferula nodiflora;* celle de la *P. lævis* a été trouvée à Montpellier, par M. Valéry Mayet, dans les tiges de l'*Euphorbia characias* et j'ai obtenu des *P. serricornis* de larves vivant dans une graine exotique de Chine, je crois, ayant la consistance de l'amande.

Les nymphes me sont inconnues.

Stagetus (Xyletinus) pellitus Chevr.

LARVE

Sa larve est conformée exactement comme celles des *Anobium* dont elle diffère par les caractères suivants :

Mandibules, vues de côtés, tridentées à l'extrémité ; quelques spinules éparses et très-peu visibles au milieu antérieur du métathorax et des quatre premiers segments abdominaux. Le dernier segment en est entièrement dépourvu. Pattes très-peu velues. Du reste, corps velu, antennes extrêmement courtes, rétractiles, un ocelle de chaque côté, fente anale longitudinale.

Cette larve est mycétophage comme celles des *Dorcatoma*, et comme plusieurs d'entre elles, elle se développe dans un bolet subéreux et coriace du groupe des Amadouviers. J'ai reçu celui-ci d'Alger.

La nymphe est absolument glabre, même au microscope, et terminée par deux papilles courtes, épaisses, mameloniformes, divergentes et inclinées.

Dorcatoma

LARVES

Je pourrais décrire aussi les larves des *D. serra* Panz., *Dommeri* Ros. et *setosella* Muls. qui vivent, la première dans le *Boletus suberosus*, la seconde dans un bolet du Saule, probablement le *suaveolens*, la troisième dans le *Boletus Pini*, mais je veux me borner à indiquer les caractères qui distinguent ces larves de celles des *Anobium*.

Mandibules un peu plus longues, un peu crochues, acérées et bifides à l'extrémité ; dernier segment divisé en deux sur la face dorsale par un pli transversal, sans pli longitudinal en dessous, mais ayant, près de l'extrémité inférieure, un mamelon rétractile et lobulé, au centre duquel est l'anus. Spinules n'occupant qu'un très-étroit espace transversal du troisième au huitième segment, plus petites, mais plus nombreuses sur le douzième.

Nymphe entièrement glabre et terminée non par deux papilles, mais par deux tubercules.

Aspidiphorus Lareynici J. Duv.

Fig. 268-275.

LARVE

Long. 2 1/4 millim., hexapode, charnue, molle, ovale-allongée, d'un blanchâtre terne et livide, très-velue, assez convexe sur le dos, un peu moins en dessous, arrondie postérieurement.

Tête libre, longuement velue, d'un noirâtre terne, peu épaisse, plus large que longue, peu arrondie sur les côtés, marquée sur le front de deux fossettes oblongues écartées et en outre d'un trait blanchâtre qui, partant du vertex, se bifurque avant les fossettes en deux rameaux se dirigeant vers les antennes.

Épistome très-court, *labre* semi-discoïdal et frangé de quelques longs poils.

Mandibules assez courtes, se joignant à peine, ferrugineuses à la base, puis noires jusqu'à l'extrémité qui est bidentée.

Mâchoires descendant jusqu'à la base de la tête, très-coudées, peu robustes, leur lobe à peu près droit extérieurement, un peu arrondi et cilié en dedans, ne dépassant pas le second article des palpes maxillaires.

Ces *palpes* médiocrement longs, à peine arqués, de trois articles dont le premier paraît un petit peu plus grand que chacun des deux autres.

Menton presque carré; *lèvre inférieure* subcordiforme, surmontée de deux *palpes labiaux* de deux articles, ne dépassant pas les lobes maxillaires.

Antennes longues et grêles, toujours saillantes, de quatre articles; le premier court, large et rétractile, le second plus étroit et un plus long, le troisième quatre fois environ plus long que le précédent, le quatrième presque de la longueur du second, très-grêle, terminé par un long poil et deux ou trois très-petits et accompagné d'un article supplémentaire plus court, pointu, sans aucun poil, et visible quand on regarde la larve en dessus.

Sur chaque joue, près de la base des antennes, de petits *ocelles* tuberculiformes qui m'ont paru au nombre de six, formant deux séries transversales de trois chacune, ceux de la série postérieure un peu plus écartés.

Tête et segments thoraciques réunis égalant la moitié du corps; ceux-ci, par conséquent, sensiblement plus grands que les segments abdominaux.

Prothorax un peu coriace, un peu plus foncé et un peu plus long, mais plus étroit que les deux autres segments thoraciques, en parallélogramme transversal, dilatable sur deux points de sa face dorsale, qui sont indiqués souvent par deux fossettes, hérissé en dessus et sur les côtés de longs poils blanchâtres divergents.

Mésothorax et *métathorax* marqués également sur le dos de plis ou fossettes indices de points dilatables, arrondis sur les côtés qui sont velus comme ceux du prothorax, ayant en dessus une série de longs poils.

Abdomen se rétrécissant postérieurement, de neuf segments, les sept premiers égaux en longueur, très-arrondis, ou plutôt, par suite de l'existence d'un bourrelet latéral, anguleux sur les côtés qui sont munis de trois ou quatre poils inégaux ; transversalement convexes, un peu plissés et dilatables en dessus, et sur la convexité, hérissés d'un rang de longs poils blanchâtres. Huitième segment plus court que les précédents, bien moins anguleux sur les côtés et velu comme eux ; neuvième ou dernier segment velu, court, arrondi, un peu incliné, muni en dessous d'un mamelon pseudopode, charnu, un peu exsertile et au centre duquel est l'anus. Segments abdominaux ayant en dessous quelques poils et quelques plis.

Stigmates très-peu apparents, au nombre de neuf paires : la première, un peu plus grande et un peu plus inférieure que les autres, sur la ligne qui sépare le prothorax du mésothorax, mais paraissant appartenir à ce dernier ; les autres au quart antérieur des huit premiers segments abdominaux.

Pattes longues, grêles, de cinq pièces ; trochanters courts, cuisses munies de deux soies en dessous ; tibias ayant en dessous une petite entaille avec une soie et une autre soie en dessus ; ongle long et peu arqué.

NYMPHE

Les divers organes disposés comme à l'ordinaire. Tête, thorax, élytres couverts de poils blanchâtres, mous et pas très-longs. Abdomen moins velu, postérieurement glabre, terminé par deux papilles écartées, coniques, non divergentes, légèrement arquées à l'extrémité. On ne voit ces deux papilles et même les deux derniers segments qu'en détachant la dépouille de la larve qui demeure ordinairement toute chiffonnée à l'extrémité de l'abdomen.

L'*Aspidiphorus orbiculatus*, d'abord placé par Gyllenhal dans le genre *Nitidula*, a donné à Latreille l'occasion d'établir le genre dans lequel il se trouve aujourd'hui. Nul ne lui a contesté le droit à cette distinction générique, mais les auteurs ont été loin de s'entendre sur la place qu'il convenait de lui assigner. Latreille l'a colloqué dans les Dermestides, où l'a laissé le catalogue Dejean, Erichson dans les Ptinides et M. Redtenbacher dans les Byrrhides où le maintient le catalogue Gaubil; M. Dohrn, ne sachant qu'en faire, l'a, dans le catalogue de Stettin, 1855, mêlé aux *Genera incertæ sedis;* le premier catalogue de M. de Marseul, 1857, l'a relégué à la fin des *Trichosomidæ*, après les *Rhizobius*, *Coccidula* et *Alexia;* Lacordaire, aussi embarrassé que M. Dohrn, l'a mis en supplément dans le quatrième volume de son *Genera*, et, faute de pouvoir mieux faire, l'a laissé dans les Byrrhiens, bien qu'il considérât ses analogies avec cette famille comme fort éloignées. Enfin J. Duval, dans son *Genera*, a constitué la famille des Sphindides, composée des deux genres *Aspidiphorus* et *Sphindus* et placée entre celle des Anobides et celle des Apatides, et le catalogue de Schaum, 1862, a admis cette combinaison. Dans son second catalogue, 1863, M. de Marseul, imitant Lacordaire, a associé les *Aspidiphorus* aux Limnichiens ; mais, dans le troisième, 1866, adoptant à peu près l'opinion de Duval, il a installé ce genre, ainsi que celui de *Sphindus*, à la fin des *Anobidæ*. C'est pour cela que j'en parle ici à propos des larves d'Anobiides qui font partie de ce travail.

Quant au genre *Sphindus*, après avoir fait partie des *Nitidula* de Gyllenhal, après avoir été placé successivement parmi les Ténébrionides, les Cryptophagides, à la suite des Cis, et enfin par Lacordaire dans les Anobiides, après avoir figuré dans les divers catalogues entre les *Cis* et les *Lathridius*, entre les *Tetratoma* et les *Monotoma*, dans la catégorie des *incertæ sedis*, après les *Lyctus*, et enfin entre les *Dorcatoma* et les *Hedobia*, et toujours plus ou moins éloigné de l'*Aspidiphorus*, il a fini, de par J. Duval, par s'unir à lui pour constituer une famille spéciale à laquelle il a donné son nom.

Cette association est-elle légitime ? Pour moi cela ne fait pas le moindre doute, et je dis de plus qu'elle fait honneur à la perspicacité de J. Duval. Le premier il a trouvé dans les insectes parfaits les caractères qui les rapprochaient, et voilà que l'étude des mœurs et des métamorphoses vient justifier et corroborer son appréciation.

J'ai donné dans les *Annales de la Société des sciences* de Liège, 1855, la description détaillée des figures de la larve du *Sphindus dubius*[1]; cette larve est, à peu de chose près, l'image fidèle de celle de l'*Aspidiphorus* qui, comme elle, lorsqu'on la tourmente, se jette sur le flanc et se courbe en arc, et dont elle ne diffère que par les caractères suivants : les palpes maxillaires paraissent un peu plus courts ; le troisième article des antennes est moins allongé, il a trois fois, au lieu de quatre, la longueur du second, les pattes sont moins grêles. Ces caractères différentiels ne sont appréciables qu'à la loupe, ou au microscope ; mais ce qui distingue nettement les deux larves, c'est que celle du *Sphindus* a le prothorax noir, avec une ligne médiane longitudinale blanchâtre, et les autres segments, ornés d'une bande transversale interrompue au milieu, tandis que celle de l'*Aspidiphorus* a seulement la tête noire et le prothorax roussâtre et que le reste du corps est uniformément d'un blanc terne et livide.

Les nymphes ont aussi entre elles de grands rapports ; mais elles diffèrent en ce que celle du *Sphindus* a les poils plus longs, qu'il n'en existe pas sur les élytres, mais qu'il s'en trouve à l'extrémité de l'abdomen, et que celui-ci se termine par un très-long filet membraneux (fig. 276).

La comparaison des deux larves donne donc une preuve de plus de la nécessité de rapprocher les deux genres dont il s'agit ici, et leur manière de vivre confirme cette conclusion. On les trouve l'une et l'autre, presque toujours ensemble, et souvent en compagnie de celles du *Liodes castanea* et du *Lathridius rugosus*, dans cette production fongueuse du groupe des *Lycoperdon*, nommée *Reticularia hortensis*, et qui se développe sur les souches des arbres, principalement des Peupliers, et sur la tannée des serres. Elles vivent d'abord de la substance pulpeuse, puis de la poussière impalpable de ce champignon qui les recouvre tellement qu'on a de la peine à les discerner. Elles s'enfoncent l'une et l'autre dans la terre pour se transformer, mais on obtient aussi leur métamorphose dans les boîtes où l'on enferme la *Reticularia*.

Il demeure donc établi que les genres *Sphindus* et *Aspidiphorus* doivent marcher de conserve ; mais convient-il qu'ils forment une famille distincte, et cette famille doit-elle être placée entre les Anobiides et les Apatides ?

[1] J'ai deux rectifications à faire au sujet de cette larve : 1° le quatrième article des antennes est accompagné d'un article supplémentaire plus court, dont je n'ai pas parlé ; 2° la première paire de stigmates est située non près du bord postérieur du prothorax, mais sur la limite du prothorax et du mésothorax, ou plutôt très-près du bord antérieur de ce dernier segment.

Sur le premier point la question ne me paraît pas douteuse, car les bonnes raisons données par J. Duval et tirées de certains caractères propres à ces genres se trouvent, comme je l'ai déjà dit, corroborées par la structure de leurs larves. Mais la place assignée à cette famille est-elle légitime? Je ne me chargerais pas de le démontrer, et j'ajoute qu'à en juger par la forme des larves, le premier venu se prononcerait hardiment pour la négative. Ces larves, en effet, sont l'antipode de celles qui leur seraient adjacentes, et si l'on s'occupait d'une classification, on serait bien peu tenté de placer entre les larves des Anobiides et des Apalides, si concordantes par leur physionomie, celles des Sphindides qui n'ont avec elles aucun rapport. Il me semble donc que ce classement est à revoir; et, sans rien préjuger, je me bornerai à dire que ces dernières larves paraissent, jusqu'à présent, se rapprocher de celles des *Liodes*, des *Agathidiens*, des *Clambus* et même des *Lathridius* plus que de toutes les autres larves connues.

Après avoir parlé des Sphindides à propos des Anobiides, rappelons en quelques mots le genre de vie des larves de cette dernière famille.

Elles se nourrissent toutes de substances végétales. Celles des *Dryophilus* doivent être lignivores, et deux ou trois espèces, plus amies des arbres résineux que des Chênes, donnent un démenti au nom attribué à ce genre.

Celles des *Priobium* et des *Anobium* semblent être, à part deux espèces, essentiellement lignivores, et deux entre autres sont véritablement nuisibles. La larve de l'*A. pertinax*, inconnu dans les Landes, mais commun dans les régions du Nord, détruit les vieux bois et les meubles : *in ligno antiquo frequens*, dit Gyllenhal, *in domibus ustensilia terebrat et destruit.* Chez nous ce triste rôle est rempli par les larves de l'*A. striatum.* Le meilleur moyen de se garantir de leurs ravages consiste à n'admettre dans les charpentes, les planchers et les meubles aucune parcelle d'aubier, car c'est dans l'aubier qu'elles se développent, en respectant les couches plus profondes, ce qu'on appelle le cœur, qui est plus dur et probablement aussi moins de leur goût. Les deux larves non lignivores sont : 1° celle de l'*A. hirtum* qui ronge les livres et les dossiers sommeillant dans les bibliothèques et les archives, les vieux cartons, les parchemins enliassés ; 2° celle de l'*A. paniceum*, fléau des botanistes dont elle détruit les herbiers, des manutentionnaires dont elle ronge les biscuits, des pharmaciens dont elle attaque les racines et les fleurs officinales. Elle ne recule même pas devant un autre crime dont je ne la croyais pas capable, car, au témoignage de MM. Lucas et Revelière, elle porte le ravage dans les collections entomologiques, non-seulement en détruisant le liége, ou la moelle d'*Agave* qui porte les épingles, mais aussi en dévorant les insectes eux-mêmes. Je l'ai trouvée en outre dans les pains à cacheter, et, comme on l'a vu plus haut à propos du *Corynetes ruficornis*, dans un vieux nid de frelons. Enfin une communication récente de mon ami M. Peragallo, appuyée de pièces probantes, m'a appris qu'elle a mis hors de service ses guêtres de peau.

Les larves des *Xestobium* sont xylophages et je suis porté à croire que celle du *X. tessellatum* qui, dans nos contrées, se contente des parties mortes des vieux arbres, Chêne, Châtaignier, Saule, etc., attaque à Paris les bois de construction, car j'ai observé, en avril, beaucoup de ces insectes dans certaines maisons. Venaient-ils uniquement du bois de chauffage?

Les larves des *Ernobius* paraissent inféodées aux essences résineuses. Les unes naissent dans les bourgeons et se développent dans la moelle des plus jeunes branches, d'autres sont subcorticales.

Celles des genres suivants jusqu'aux *Xyletinus* se nourrissent de bois mort; mais en ce qui concerne ce dernier genre, j'ai des doutes au sujet d'une espèce, le *X. ruficollis*. Cet insecte habite les plages maritimes; je ne l'ai trouvé que sous les crottins très-desséchés des Solipèdes, et j'en ai pris ou fait recueillir un grand nombre sur nos côtes, dans les conditions que je viens de dire et très-loin de toute végétation arborescente. Je me suis toujours demandé, sans avoir pu le vérifier, si la larve de cette espèce ne vivrait pas dans ces crottins qui finissent par n'être plus qu'une agglomération de fibres végétales non digérées.

Les *Pseudochina* se plaisent, d'après MM. Mulsant et Rey, sur les fleurs des Cynarocéphalées. On a vu plus haut que les larves de trois espèces vivent dans les tiges de plantes de familles diverses et que celles de la *P. serricornis* se sont nourries chez moi d'une graine exotique. On sait, en outre, que l'insecte parfait se trouve aussi dans les denrées coloniales et parmi les cigares importés en Europe.

Les larves des *Mesocœlopus* habitent les tiges mortes du Lierre.

Sil fallait en juger par analogie, les larves des *Stagetus* seraient mycétophages, comme celles des *Dorcatoma* et des genres voisins. En tout cas, il est permis de dire que ces insectes n'acceptent pas, comme certains *Cis*, des champignons simplement coriaces et qu'il leur faut de ces bolets dont la consistance se rapproche de celle du bois.

Voici, pour terminer, un tableau synoptique provisoire des genres de ce groupe que j'ai pu observer, élimination faite des genres *Aspidiphorus* et *Sphindus* :

A Pattes de cinq pièces, ongle compris, sans ampoule sous l'ongle.

B Des spinules sur le dos de divers segments.

C Anus à trois lobes, un supérieur triangulaire, parfois très-petit, deux longitudinaux, séparés par un pli longitudinal.

a Pas de fossette sur le bord antérieur du front ; spinules en bande transversale sur l'élévation antérieure du métathorax et des six premiers segments abdominaux, moins nombreuses sur le septième, aucune sur le huitième ; des spinules aussi sur les côtés et en dessous du neuvième. *Xestobium tessellatum.*

Comme le précédent, mais quelques spinules sur le huitième segment de l'abdomen. *Anobium denticolle.*

Spinules en bande sur le devant du métathorax, deux ou trois rangs seulement sur les deux premiers segments abdominaux ; un seul rang sur les quatre suivants, quelquefois avec une portion de deuxième rang sur le milieu ; des spinules aussi, mais très-petites, sur les côtés du neuvième ; aucune dessous. *Anobium fulvicorne.* — *domesticum.*

Pas de spinules sur le métathorax ; les cinq premiers segments seulement de l'abdomen presque entièrement couverts sur leur élévation transversale antérieure de spinules d'une grandeur décroissante, suivies d'une touffe de poils fins ; quelques spinules sur les côtés du neuvième et même dessous à droite et à gauche de l'anus. *Anobium paniceum.*

Quelques spinules à peine visibles sur le métathorax, le reste comme le précédent, sauf que les spinules sont un peu plus grandes et moins inégales. *Anobium hirtum.*

aa Une fossette sur le bord antérieur du front; spinules couvrant presque toute l'élévation antérieure du métathorax et des six premiers segments abdominaux, mais très-petites ; quelques-unes sur le septième et même parfois sur le huitième ; d'autres sur les côtés et en dessous du neuvième. *Ernobius.*

Un rang de spinules sur le métathorax, trois rangs sur le premier segment abdominal, deux sur le second, un sur le troisième et le quatrième, quatre spinules écartées près du bord antérieur du cinquième et du sixième ; quelques-unes sur les côtés du dernier. *Xyletinus.*

Deux ou trois rangs de très-petites spinules sur le métathorax et les sept premiers segments abdominaux, aucune sur le neuvième. *Oligomerus.*

Quelques spinules éparses au milieu antérieur du métathorax et des quatre premiers segments abdominaux, aucune sur le neuvième. *Stagetus.*

BB Pas de spinules. *Pseudochina.*

CC Anus situé à la base d'une boursoufflure triangulaire circonscrite par un pli ; de très-petites aspérités sur le mésothorax, le métathorax et les huit premiers segments abdominaux ; de plus, sur les quatre premiers segments de l'abdomen, un groupe d'aspérités semblables un peu en arrière de chaque côté de la ligne médiane. Dernier segment couvert d'aspérités antérieurement et sur les côtés de la face postérieure. *Ptilinus.*

CCC Anus non lobé et simplement en forme de mamelon rétractile, sans fente longitudinale ; dernier segment divisé en dessus par un pli transversal ; spinules n'occupant qu'un très-étroit espace transversal sur le métathorax et sur les cinq premiers segments abdominaux. *Dorcatoma.*

AA Pattes de cinq pièces avec une ampoule sous l'ongle ; un rang de spinules presque imperceptibles sur le métathorax et sur les six premiers segments abdominaux et un groupe sur les côtés du dernier. *Mesocœlopus.*

AAA Pattes de quatre pièces sans ongle ; pas de spinules. *Gastrallus.*

L'étude comparative des larves, en vue de la formation de ce tableau, m'a révélé des caractères qui rendent admissibles les genres détachés de l'ancien genre *Anobium* ; mais elle m'a conduit aussi à reconnaître, dans les larves du genre *Anobium* actuel, au moins trois groupes caractérisés, comme on a pu le voir plus haut, par les spinules. Consultant alors le travail sur les Térédiles, par mes amis MM. Mulsant et Rey, j'ai remarqué qu'ils ont trouvé dans les insectes parfaits de ce genre quatre groupes, auxquels ils ont donné des noms. Le premier *(Dendrobium)* a pour type les *A. denticolle* et *pertinax* ; le second *(Anobium)* les *A. domesticum*, *fulvicorne* et autres ; le troisième *(Neobium)* les *A. hirtum* et *tomentosum ;* le quatrième *(Artobium)* l'*A paniceum*. Mon premier groupe à moi se rapporte également aux *A. denticolle* et *pertinax*, mon second aux *A. domesticum* et *fulvicorne ;* quant au troisième et au quatrième relatifs l'un à l'*A. paniceum*, l'autre à l'*A. hirtum*, on serait très-tenté de les réunir, mais pourtant on peut voir qu'ils diffèrent par deux légers caractères : des spinules un peu plus fortes et moins inégales dans celui-ci, avec le métathorax muni de quelques petites spinules, tandis qu'il n'y en a pas dans celui-là. Ainsi se sont trouvés justifiés, sans intention aucune et à mon insu, les résultats dus à la sagacité de mes savants amis. Encore une preuve, et l'on en verra d'autres, du secours et du contrôle que l'étude des larves peut apporter dans l'étude et la classification des insectes parfaits.

PTINIDES

Ptinus ornatus Muls.

LARVE

Long. 4 millim. Cette larve semble calquée, à la taille près, sur celle de l'*Anobium denticolle*, décrite plus haut, et n'est qu'une copie de celle du *Ptinus dubius* qui figure dans mon travail sur les insectes du Pin, Corps velu, plissé, courbé en arc, antennes presque invisibles, de trois articles au moins, logées dans une cavité contre la base des mandibules; un ocelle au dessous de la cavité antennaire; lobe des mâchoires arrondi; palpes maxillaires de trois articles et palpes labiaux de deux ; stigmates semblables et semblablement disposés, autant de caractères qui sont communs aux deux espèces des deux genres ; mais la larve du *Ptinus* est dépourvue de ces spinules si caractéristiques dans celles des *Anobium*; les pattes sont moins velues ; le pli anal est transversal et non longitudinal ; les mandibules enfin, et ce caractère est, comme le précédent, un des plus saillants, sont plus longues, plus pointues, et taillées en biseau uni et tranchant, au lieu d'être dentées sur le bord interne.

Cette larve doit vivre dans plusieurs sortes de bois morts ; je l'ai trouvée dans de vieux échalas de Châtaignier en partie pourris. Elle vivait dans les couches tendres de l'aubier, où elle avait creusé des galeries longitudinales qui étaient encombrées de petits crottins granuleux. Lorsqu'elle veut se transformer en nymphe, elle tasse avec son corps la vermoulure qui l'entoure et s'y forme une cellule dont elle colle et vernisse les parois à l'aide d'une liqueur visqueuse qu'elle a la faculté de sécréter. Il en résulte une sorte de coque dans laquelle elle subit ses métamorphoses.

Je n'ai pas vu la nymphe.

Ptinus germanus F.

LARVE

Je n'ai rien à en dire, si ce n'est qu'elle est longue de 5 millim., et qu'elle ressemble en tous points à la précédente, sauf qu'elle présente sur le métathorax et les premiers segments abdominaux quelques spinules d'une petitesse extrême et à peine visibles. Malgré ces spinules, bien moins apparentes, du reste, que dans les larves d'*Anobium*, on ne saurait la confondre avec ces dernières, à cause du pli transversal de l'anus.

Je l'ai trouvée dans de vieux échalas de Châtaignier, dans les tiges d'Aubépine et des branches de Cerisier. Elle paraît aimer le bois mort depuis assez longtemps, fût-il dépourvu d'écorce. Elle creuse dans l'aubier des galeries longitudinalement sinueuses et d'un diamètre variable que caractérise une accumulation considérable de vermoulure granuleuse, au milieu de laquelle elle se transforme comme la précédente.

Je n'ai pas non plus vu la nymphe.

Les larves connues des Ptinides appartiennent aux espèces suivantes :

Hedobia imperialis L., Boucné, Naturg, p. 187.

Ptinus fur L., Goedart, Métamorph. t. II, p. 172 ; de Geer, Mém., t. IV, p. 234, et autres. — *P. dubius*, Sturm, Perris, Soc. Ent. 1862, p. 205.

Comme on a pu le voir par la comparaison que j'ai faite de la larve du *P. ornatus* avec celle de l'*Anobium denticolle*, comparaison que j'aurais pu étendre à d'autres espèces, les larves des Anobiides et des Ptinides ont entre elles la plus grande affinité, et les unes et les autres se rapprochent, par leur physionomie, de celles des Apatides. Ces trois groupes présentent un caractère commun qui consiste dans la position de la première paire de stigmates. Elle est située rarement sur la limite du prothorax et du mésothorax, et presque toujours très-près du bord postérieur du prothorax. Nous retrouverons ailleurs cette particularité, sur laquelle nous reviendrons.

Pour le genre de vie des larves et des insectes parfaits de la famille des Ptinides, je renvoie aux généralités écrites avec tant de charme et aux renseignements donnés sur le plus grand nombre des espèces par mes savants amis MM. Mulsant et Rey, dans leur *Histoire naturelle des Gibbicolles*.

HÉTÉROMÈRES

Me voici arrivé à la grande division des Hétéromères, et l'on n'aura pas de peine à comprendre que, si je m'en tenais aux larves du Châtaignier, qui sont mon point de départ, il me faudrait renoncer à parler des premiers états d'une foule de genres qui n'ont rien de commun avec cet arbre. Je devrais franchir tous ceux qui précèdent la famille des Diapérides, et la lacune serait fort étendue. Dans cet état de choses, j'ai pensé qu'on me saurait gré de faire connaître quelles sont les larves connues des familles précédant celle que je viens de citer et d'en décrire quelques autres. Peut-être encouragerai-je ainsi la recherche de ces larves plus intéressantes par leur structure, malgré son apparente uniformité, que par leurs mœurs ; peut-être aussi aiderai je à la détermination de certains genres jusqu'ici inconnus de tous, en signalant les formes propres à ceux qu'il m'a été donné de connaître. Ce sont ces motifs qui m'ont déterminé à faire une exception pour la division dont il s'agit.

Les larves dont divers auteurs ont déjà parlé sont les suivantes :

Elenophorus collaris L., E. et V. Mulsant, 7e Opusc. Entom., p. 133.

Akis punctata Thumb., Mulsant, Ann. Soc. Linn. de Lyon, 1845, p. 9 et Latigènes, p. 56.

Scaurus tristis Oliv.?? M. Mulsant parle dans ses *Latigènes*, p. 51, de larves trouvées dans la terre d'une caisse où il avait placé des *Pimelia bipunctata*, des *Scaurus tristis* et des *Elenophorus collaris*. Ces larves, auxquelles la description donne des palpes maxillaires de quatre articles, ce qui me paraît anormal dans la division des Hétéromères, et un dernier segment lisse en dessus et en dessous, sans aucune épine et sans lobes ou appendices au mamelon anal, double caractère qui se trouve rarement réuni dans les larves de cette division, ces larves, dis-je, ne peuvent appartenir à une *Pimelia*, si je n'ai pas été induit en erreur par celles dont on trouvera ci-après la description. Elles ne sont pas non plus d'*Elenophorus collaris* d'après le signalement donné par M. Mulsant. Elles se rapportent peut-être au *Scaurus tristis*, mais je ne puis exprimer cette opinion qu'avec beaucoup de doute.

Blaps Chevrolatii SOL., *Mortisaga*, HALIDAY, Trans. of the Entom. Soc. of London, 1838, p. 100; WESTWOOD, Introd. t. I, p. 321. — *B. fatidica* STURM, *obtusa* CURT., LETZNER Ausz. aus der Ubers, der Sschlesich. Gesells. 1842, p. 4; PERRIS, Soc. Ent. 1852, p. 609 et CHAPUIS et CANDÈZE, Catal., pl. VI, fig. 5. — *B. producta* BRULLÉ, PERRIS, *loc. cit.*, p. 606. — *B. Gigas* L., MULSANT et V. MAYET, 15e Opusc. Entom., p. 92.

Crypticus quisquilius L., BOUCHÉ, Naturg., p. 191.

Phylax littoralis MULS, MULSANT et V. MAYET, 15e Opusc. Ent. p. 90.

Gonocephalum pygmæum ? (DEJ.) KUST., FISCHER DE VALDHEIM, Oryctogr. du gouvern. de Moscou, 1830.

Je décrirai les suivantes :

TENTYRIDES

Tentyria interrupta LATR.

LARVE

Long. 25 millim. Hexapode, subcylindrique, subcornée, d'un roux jaunâtre avec le bord postérieur des segments plus foncé ; dernier segment convexe en dessus, ogival, couvert de spinules sur sa moitié postérieure ; mamelon anal à deux pseudopodes.

Tête horizontale, convexe, à côtés arrondis et couverts de poils roux très-touffus, les uns longs et étalés, les autres plus courts, plus épais, tronqués, papilliformes, rabattus vers le front. Sur cette dernière partie six ou huit points symétriquement disposés. Bord antérieur largement et faiblement échancré au milieu, plus sensiblement de chaque côté pour recevoir les antennes.

Épistome un peu renflé à sa base où il est marqué d'une ligne transversale de points de chacun desquels s'élève un poil roux, vertical.

Labre très-transversal, un peu tuméfié, droit au bord antérieur qui est frangé de cils dorés, fins et très-serrés ; marqué, un peu en arrière de ces cils, d'un rang transversal de petits points donnant naissance à un poil, et, un peu en arrière de ces points, muni d'une bande de poils ferrugineux, courts, tronqués, papilliformes et très-denses.

Mandibules minces, mais larges, non dentées au sommet, très-arrondies extérieurement, ridées à la surface supérieure qui paraît un peu concave à cause du relèvement du bord externe qui est presque tranchant ; striées en dessous à l'extrémité ; munies à leur base externe d'une touffe de poils roux, la plupart papilliformes.

Mâchoires médiocrement robustes, descendant jusqu'aux deux tiers au moins de la longueur de la tête, coudées sur leur articulation et un peu convergentes ; leur *lobe* assez court, subcylindrique, peu densement cilié de soies courtes et tronquées.

Palpes maxillaires arqués en dedans, de trois articles, le premier et le troisième de longueur égale, le second presque de moitié plus long et muni extérieurement d'un poil.

Menton bien plus long que large, dilaté au milieu, hérissé postérieurement de poils raides.

Lèvre inférieure subcordiforme, mais convexe antérieurement et longuement ciliée entre les *palpes labiaux* qui sont de deux articles, le premier plus long et bien plus épais que le second.

Antennes de quatre articles, le premier court, épais et un peu rétractile, le second un peu plus long que le troisième, l'un et l'autre visiblement en massue ; le quatrième beaucoup plus court, incomparablement plus grêle, surmonté d'un petit poil et susceptible de rentrer plus ou moins dans le précédent. Pas d'article supplémentaire.

Ocelles nuls.

Prothorax un peu plus long que chacun des deux autres segments thoraciques, comme eux lisse et pourvu sur les côtés de poils d'inégale longueur et touffus principalement aux angles antérieurs.

Abdomen lisse, avec quelques poils fins sur les côtés, de neuf segments, le premier pas plus long que le métathorax, les six suivants progressivement un peu plus longs, le huitième de la longueur du premier ; le neuvième longuement en ogive, subconvexe, ayant sur sa moitié antérieure sept à huit fossettes disposées presque en demi-cercle et dont la postérieure est seule très-visible ; couvert sur sa moitié postérieure, sauf un petit espace lisse, de poils spiniformes épais, dressés et même un peu inclinés en avant, lesquels peuvent s'user et se présenter alors sous forme de granules ; frangé tout autour de poils roux et rigides extrêmement touffus et mélangés de poils longs et flexibles.

Mamelon anal occupant plus de la moitié antérieure du dernier segment, pouvant se détacher en partie de celui-ci qui est concave en dessous pour le recevoir, terminé par deux lobes coniques sur les côtés externes desquels on voit quelques soies spiniformes.

Stigmates au nombre de neuf paires, la première, plus grande et plus inférieure que les autres, près du bord antérieur du mésothorax, les autres près du bord antérieur des huit premiers segments abdominaux, au-dessus d'un pli longitudinal.

Pattes rapprochées et inégales, les antérieures plus longues et bien plus robustes que les autres et comme elles de cinq pièces. Tibia plus court que la cuisse, celle-ci ayant en dessous trois ou quatre rangs de soies spinuliformes serrées, celui-là un rang de soies inégales, parfois usées. Ongle d'un brun ferrugineux, au moins aussi long que le tibia, déprimé, élargi, en forme de demi-fer de flèche. Ongle des autres pattes subulé.

J'ai trouvé en juin plusieurs individus de cette larve sur nos côtes maritimes, en creusant un peu le sable au pied des grosses touffes d'*Artemisia*, de *Diotis* et autres où s'étaient accumulés des détritus végétaux et animaux. Quoique je ne l'aie pas élevée et que je n'aie pas rencontré la nymphe, je n'ai pas le moindre doute sur l'espèce à laquelle elle appartient, parce que les seuls Mélasomes de notre plage océanique sont la *Tentyria interrupta* et l'*Olocrates gibbus*.

Tentyria mucronata Steven.

LARVE

La larve de cette espèce, que Raymond m'envoya autrefois sans nom, de Fréjus, ressemble tellement à la précédente, que je n'ai pu lui trouver un caractère distinctif bien précis. Elle appartient donc incontestablemen à une *Tentyria*, et comme la *mucronata* est la seule qui existe à Fréjus, je la considère, sans crainte d'erreur, comme appartenant à cette espèce.

Elle a été trouvée dans la tête d'un cheval mort.

ASIDIDES

Asida Corsica Cast.

LARVE

Long. 35 millim. Hexapode, cylindrique, d'un testacé jaunâtre, avec le bord des segments plus clair ; dernier segment demi-elliptique, couvert en dessus de petites épines, concave postérieurement et terminé par deux épines dentiformes.

Tête subconvexe, marquée de quelques rides transversales et de gros points clair-semés sur le front, plus serrés sur le vertex, plus encore et même plus gros sur les côtés qui sont densement hérissés de poils blonds assez longs et un peu arqués en arrière.

Épistome couvert de granules sur sa moitié postérieure qui est renflée.

Labre très-transversal, un peu tuméfié, presque droit au bord antérieur qui est cilié de soies dorées, ayant au milieu un rang transversal de soies spiniformes tronquées, entremêlées d'assez longs poils.

Mandibules noires, avec une partie du bord ferrugineux, larges, dilatées latéralement en lame tranchante, légèrement concaves et un peu ridées en-dessus, ridées aussi au sommet en dessous, non dentées à l'extrémité, formant, lorsqu'elles sont fermées, un angle rentrant antérieur, hérissées en dessous d'un rang longitudinal de poils roux assez serrés.

Mâchoires comme dans la larve de *Tentyria*.

Palpes maxillaires de trois articles, le premier plus court que le second, le troisième visiblement plus court que le premier.

Lèvre inférieure un peu avancée au milieu en languette longuement ciliée.

Palpes labiaux de deux articles dont le premier double du second.

Antennes comme dans la larve précédente ; dernier article presque entièrement rétractile dans le troisième.

En arrière des antennes des granules qui couronnent une petite crête obliquement longitudinale.

Corps conformé, jusqu'à l'avant-dernier segment inclusivement, comme dans la larve précédente, lisse, presque entièrement glabre. Dernier segment subconvexe sur plus de la moitié antérieure, puis assez brusquement déclive et paraissant concave dans cette partie à cause du relèvement du bord; couvert presque jusqu'au bas de la déclivité de spinules coniques sensiblement plus faibles postérieurement que sur le devant et sur les côtés et entremêlées de très-courtes soies spiniformes; concavité comme finement réticulée. Bord postérieur denticulé et terminé par deux dents coniques, ferrugineuses, rapprochées, dressées et à peine arquées en avant. Face postérieure hérissée de poils blonds.

Mamelon anal comme dans la larve précédente, mais terminé par deux lobes épais, courts, très-obtus, surmontés d'un rang transversal de spinules tronquées rousses et précédées d'un petit rang de spinules semblables.

Stigmates comme dans la larve de *Tentyria.*

Pattes très-inégales, les antérieures plus longues et bien plus robustes que les autres et de cinq pièces. Tibia bien plus court que la cuisse, qui est presque triangulaire, vue de côté ; ongle en demi-fer de flèche et près de deux fois plus long que le tibia. Ce dernier, le dessus de la cuisse et du trochanter, ainsi que les hanches hérissés de poils blonds; extrémité du trochanter et dessous de la cuisse couverts de granules noirs, cornés, très-serrés et contigus. Les autres pattes hérissées de soies raides épineuses, leur ongle subulé.

J'ai reçu cette larve de M. E. Revelière, qui l'a trouvée en Corse.

Asida Jurinei Sol. ♂ — **Asida bigorrensis** Sol. ♀

LARVE

Sauf la taille, sensiblement plus petite, elle est en tout semblable à la précédente, à part les caractères suivants : la déclivité du dernier segment commence plus en arrière; les spinules dorsales s'étendent un peu plus et sont moins inégales; les lobes du mamelon anal ont, indépendamment de celles du sommet, deux rangs très-rapprochés de spinules.

J'ai trouvé cette larve au mois de mai en creusant au pied d'un vieux Chêne, et une autre fois en faisant retourner un gazon. J'en ai obtenu l'insecte parfait, mais je n'ai pas vu la nymphe.

M. Mulsant a publié dans ses *Latigènes* (p. 87) la description d'une larve qu'il attribue, mais avec doute, à l'*Asida grisea.* J'ai déjà dit, à propos des larves d'*Agriotes*, qu'elle appartient à une espèce de ce dernier genre.

PIMÉLIIDES

Pimelia Sardea Sol.

LARVE

Long., 23-25 millim. Hexapode, demi-cylindrique, à cause de l'aplatissement de la région ventrale, d'un roux jaunâtre, de consistance un peu parcheminée plutôt que subcornée, hérissée en dessus et sur la poitrine de poils blonds nombreux et inclinés en arrière; dernier segment un peu concave, ayant la lisière couverte de petites spinules et un peu repliée en dessous.

Tête postérieurement ferrugineuse, large, transversale, très-peu convexe, parsemée de gros points enfoncés avec des espaces lisses, munie de poils blonds clair-semés en dessus, très-touffus sur les côtés. Bord antérieur largement échancré, avec un rang de poils dressés.

Épistome court, trois fois aussi large que long, tuméfié, muni de deux rangs transversaux de soies longues et rigides, arquées, les antérieures un peu en avant, les autres un peu en arrière.

Mandibules noires, assez courtes, larges, formant, lorsqu'elles sont fermées, un arc régulier surbaissé, planes et rugueuses en dessus, avec une profonde excavation ovale le long du bord externe qui est presque tranchant, hérissées de soies blondes et serrées sur leur tiers latéral postérieur.

Palpes maxillaires de trois articles, le premier le plus court, le second le plus long.

Palpes labiaux de deux articles, le premier double, ou peu s'en faut, du second.

Antennes de quatre articles, le premier gros et court, le second double du troisième et comme lui un petit peu en massue, le quatrième très-grêle, susceptible de rentrer presque entièrement dans le précédent et terminé par un poil.

Pas de traces d'*ocelles*.

Corps conformé comme dans la larve de *Tentyria*, mais plus large; sa surface luisante et vaguement réticulée. Dernier segment un peu plus large à la base que long au milieu; concavement déclive à partir de la base, très-arrondi postérieurement, mais pourtant un peu en ogive ; couvert dans son pourtour et sur une petite largeur de spinules très-serrées et obtuses. Bord non tranchant, émoussé et frangé de longues soies blondes, serrées et dirigées en arrière. Face inférieure très-concave pour loger le *mamelon anal* qui l'occupe presque tout entière et qui est terminé par deux lobes épais et hérissés de soies épineuses.

Stigmates comme dans les larves précédentes.

Pattes inégales, les antérieures plus longues et beaucoup plus robustes que les autres. Tibia de la longueur de la cuisse, ongle plus court et en demi-fer de flèche. Des poils blonds sur la hanche et le trochanter, plus touffus dessus et dessous la cuisse et le tibia, ceux de dessous entremêlés de spinules. Les autres pattes velues en dessus, ayant des soies spiniformes en dessous ; leur ongle aussi en demi-fer de flèche, mais bien plus petit.

Je tiens cette larve de M. E. Revelière, qui l'a trouvée dans les sables maritimes à Porto-Vecchio.

• **Pimelia bipunctata** Fab.

LARVE

Sur la tête de cheval mort qui lui avait procuré la larve de la *Tentyria mucronata*, M. Raymond avait recueilli d'autres larves dont je n'ai pu soupçonner le nom qu'après avoir reçu celle de la *Pimelia sardea*. Elle lui ressemble, en effet, tellement que je n'ai pu y trouver la moindre différence. Elle appartient donc évidemment à une *Pimelia*, et comme la *bipunctata* est la seule qui existe en France, sur les bords de la Méditerranée, je ne puis pas ne pas l'attribuer à cette espèce.

CRYPTICIDES

Crypticus (Tenebrio) quisquilius L.

LARVE

Bouché (*Naturg.*, p. 191), a donné de cette larve la description suivante :

Corps cylindrico-filiforme, brunâtre sur la tête et le prothorax, presque entièrement brun sur les deux derniers segments ; d'un jaune sale sur le reste, avec les articulations d'un gris brun ; couvert de petits points avec le bord des anneaux lisse ; dernier segment armé à son extrémité de quatre épines d'un noir brun. Pieds bruns, stigmates d'un roux brun.

Les mots *brun* et *brunâtre* employés par Bouché devraient être remplacés par *roux* et *roussâtre*. Voici, au surplus, un signalement plus complet de cette larve :

Long. 7-9 millim. Hexapode, subcylindrique, d'un testacé jaunâtre avec le bord des segments plus foncé ; dernier segment conique, terminé par quatre pointes.

Tête convexe, ferrugineuse, sur un espace à peu près demi-circulaire depuis la base jusqu'aux deux tiers, jaunâtre sur le reste, très-finement alutacée et réticulée, avec deux fossettes sur le bord antérieur et quelques poils blonds sur les côtés.

Épistome trapézoïdal, transverse, alutacé, marqué d'une fossette près de chaque angle postérieur.

Labre transversal, débordant un peu l'épistome, presque tronqué antérieurement, ruguleux et bordé de quelques petits poils.

Mandibules testacées avec l'extrémité d'un brun ferrugineux. Vues en dessus, elles sont modérément arrondies en dehors et un peu concaves ; vues de côté, elles sont longuement triangulaires, planes ou légèrement concaves à la base.

Mâchoires coudées, descendant jusque vers les deux tiers de la tête, leur *lobe* cylindrique, à peine aussi long que les deux premiers articles des palpes réunis, terminé par deux ou trois soies spinuliformes.

Palpes maxillaires un peu arqués, divergents, de trois articles, dont le premier un peu plus court que chacun des deux autres, qui sont égaux.

Menton carré ; ***lèvre inférieure*** subcordiforme.

Palpes labiaux de deux articles égaux.

Antennes de quatre articles, le premier très-court et assez épais, le second un peu plus court et moins en massue que le troisième, le quatrième très-grêle et surmonté d'un poil.

Sur chaque joue, près de la base de l'antenne, à la place ordinaire des ocelles, un trait noir transversal dont les éléments sont ordinairement confus, mais qui, dans certains individus, semble formé de trois *ocelles* obliques et confluents.

Corps pour ainsi dire glabre, très-finement alutacé et réticulé, avec la lisière postérieure des segments visiblement striolée. Dernier segment conique, très-faiblement déclive et peu convexe en dessus, un peu relevé, hérissé de quelques longs poils et terminé par quatre pointes cornées et ferrugineuses.

Mamelon anal très-petit, caché, à l'état de repos, sous le huitième segment abdominal et terminé par deux lobes très-courts.

Stigmates comme dans les larves précédentes.

Pattes inégales, les antérieures bien plus robustes ; tibia égal en longueur à la cuisse, plus long que l'ongle, qui est en demi-fer de flèche ; trois épines sous le tibia, deux granules élevés noirs sous la cuisse et deux à l'extrémité du trochanter ; des poils en dessus. Les autres pattes armées de quelques épines et d'un ongle subulé.

D'après Bouché, cette larve se trouve en automne et pendant l'hiver dans le bois pourri du Saule. Je ne l'ai jamais rencontrée dans ces conditions, mais je la recueille fréquemment en fouillant les sables secs mêlés de détritus et nourrissant diverses plantes. C'est très-probablement de ces détritus qu'elle se nourrit.

Je ne connais pas la nymphe.

L'insecte parfait est commun sur les sables dès le mois de mai.

PANDARIDES

Olocrates (opatrum) gibbus Fab.

LARVE

Long., 12-15 millim. Hexapode, subcylindrique, d'un testacé jaunâtre, avec la lisière des segments un peu moins claire. Dernier segment ogival, terminé par huit pointes.

Tête convexe, ferrugineuse sur une espace demi-circulaire, depuis la base jusqu'aux deux tiers, jaunâtre sur le reste de sa surface ; lisse, avec des poils blonds assez touffus sur les côtés. Deux points écartés sur le bord antérieur.

Épistome trapézoïdal, transverse, marqué d'une fossette près de chaque angle postérieur.

Labre transversal, antérieurement en arc très-surbaissé, cilié d'un petit nombre de poils dorés, marqué de deux petites fossettes.

Mandibules courtes, larges, très-arrondies en dehors, subconcaves en dessus à cause du relèvement du bord latéral, qui est presque tranchant, ferrugineuses avec les bords et l'extrémité noirs.

Mâchoires comme dans la larve précédente ; *palpes maxillaires* de trois articles, le premier et le troisième égaux, le second plus long et muni d'un poil en dehors.

Menton et *lèvre inférieure* aussi comme dans la larve du *Crypticus ; palpes labiaux* de deux articles égaux ou à peu près.

Antennes de quatre articles, le premier très-court, le second un peu plus court que le troisième et un peu plus que lui en massue, le quatrième très-grêle, susceptible de rentrer presque entièrement dans le précédent et surmonté d'un poil très-fin.

Sur chaque joue, près de la base de l'antenne, trois points noirs ronds et contigus et un écarté obliquement en arrière. Ces points ne sont pour ainsi dire pas saillants et pourraient bien n'être que des simulacres d'*ocelles*.

Corps presque entièrement glabre, lisse, sauf une sorte de réticulation très-lâche et excessivement fine. Lisière des segments plus lisse avec des rudiments de stries presque imperceptibles.

Prothorax presque aussi long que les deux autres segments thoraciques réunis.

Abdomen de neuf segments, les quatre premiers à peu près égaux, les quatre suivants un peu plus grands et égaux aussi entre eux. Dernier segment ogival, subconvexe en dessus, déclive jusqu'aux trois quarts, puis se relevant un peu ; marqué sur les côtés de points enfoncés d'où sortent des poils longs et fins ; bordé postérieurement de huit pointes cornées, dont six à l'extrémité, également distantes, et deux plus antérieures et un peu plus éloignées.

Mamelon anal arrondi, ne dépassant guère le quart basilaire du dernier segment ; terminé par deux petits lobes coniques et inermes.

Stigmates comme dans les larves précédentes.

Pattes inégales, les antérieures un peu plus larges et beaucoup plus robustes ; tibia aussi long que la cuisse, un peu plus long que l'ongle qui est large et en demi-fer de flèche. Trois ou quatre épines sous le tibia et des poils en dessus ; trois granules noirs élevés, contigus sous la cuisse, deux à l'extrémité du trochanter et des poils en dessus. Les deux autres paires de pattes ayant quelques épines écartées en dessous et quelques poils ; leur ongle subulé.

Cette larve se trouve sous le sable, au pied des plantes, dans nos localités les plus arides, où l'insecte parfait se rencontre communément dès le mois de mai.

Je ne connais pas la nymphe.

Heliopathes Ibericus Muls.

LARVE

En tout semblable, même dans les plus petits détails, à la larve de l'*Olochrates gibbus*, sauf les différences ci-après :

Points noirs antérieurs ocelliformes non contigus, mais le troisième inférieur bien séparé des autres ; dernier segment un peu plus relevé postérieurement ; ongle des pattes antérieures aussi long que le tibia ; sous celui-ci au moins quatre épines, dont deux à côté l'une de l'autre ; cinq ou six granules noirs, élevés et contigus sous la cuisse, autant sur le trochanter

Au mois de juin 1854 j'ai trouvé assez fréquemment cette larve sous les pierres, à l'Escurial et dans les montagnes du Guadarrama, où l'insecte parfait était très-commun. Je ne l'ai pas élevée et je ne connais pas sa nymphe, mais je ne doute pas qu'elle n'appartienne à l'insecte auquel je l'attribue.

Ainsi que je l'ai dit plus haut, MM. Mulsant et Valéry Mayet ont publié une description de la larve du *Phylax littoralis*, dépendant, comme les deux précédentes, du groupe des Pandarides. Cette larve diffère par les caractères suivants : le second article des antennes est deux fois plus long que le troisième ; le dernier segment ne porte à son extrémité que quatre pointes noires. Les ocelles paraissent être représentés par deux petits traits noirs et transverses, l'un vers le bord antéro-externe de la tête, l'autre un peu après.

OPATRIDES

Sinorus (Opatrum) Colliardi Fairm.

LARVE

Long., 14 millim. Hexapode, subcylindrique, mais paraissant plus déprimée en dessous que les précédentes ; de la même couleur qu'elles ; dernier segment bordé de douze pointes.

Tête peu convexe, ses côtés assez densement hérissés de poils blonds.

Épistome tuméfié et portant près de ses angles antérieurs une petite corne cylindrique verticale.

Labre renflé, bordé seulement de quelques soies assez épaisses et mun en dessus de deux cornes verticales comme celles de l'épistome.

Mandibules presque entièrement ferrugineuses, courtes, larges, explanées, très-arrondies au bord antérieur, qui est noir et un peu réfléchi; laissant entre elles, lorsqu'elles sont fermées, un angle rentrant très-ouvert; sinuées et comme échancrées latéralement, et portant une corne verticale près de l'angle basilaire externe.

Mâchoires et *palpes maxillaires* comme dans les larves précédentes; second article de ces derniers un peu plus grand que chacun des deux autres qui sont égaux.

Menton, lèvre inférieure et *palpes labiaux* n'offrant rien de particulier.

Antennes ayant le second article un peu plus court que le troisième.

Sur chaque joue, près de la base de l'antenne, des apparences d'*ocelles* représentés, comme dans la larve du *Crypticus*, par une ligne transversale noire.

Corps comme dans cette même larve. Dernier segment ogival, très-déclive depuis la base, mais en courbe un peu sinueuse; hérissé en dessous de poils blonds et bordé postérieurement de douze épines parfois en partie brisées ou détachées, parfois aussi augmentées de quelques autres qui ne sont pas sur le même rang.

Mamelon anal arrondi postérieurement, large, mais court, caché au repos sous le huitième segment abdominal et m'ayant paru bilobé.

Stigmates comme à l'ordinaire.

Pattes comme dans la larve du *Crypticus quisquilius*, seulement deux fortes épines sous le tibia des antérieures.

J'ai reçu de Corse, de M. E. Revelière, plusieurs individus de cette larve trouvés sous terre aux lieux habités par l'insecte parfait.

La nymphe m'est inconnue.

Microzoum (Opatrum) tibiale FAB.

LARVE

Long., 5-6 millim., subcylindrique, grêle, de la consistance et de la couleur des précédentes, dernier segment bordé de dix pointes.

Tête modérément convexe, velue sur les côtés, bord antérieur sans fossettes, un point enfoncé près de chaque angle postérieur de l'épistome et deux sur le labre, donnant naissance à un poil.

Organes de la bouche comme dans la larve de *Crypticus.*

Antennes de quatre articles, le second et le troisième égaux, celui-ci fortement et régulièrement renflé, ovoïde plutôt qu'en massue.

Sur chaque joue, près de la base de l'antenne, des simulacres d'*ocelles* noirs au nombre de quatre et disposés comme dans la larve de l'*Olocrates gibbus.*

Corps presque glabre; dernier segment longuement ogival, hérissé de longs poils blonds et bordé sur son tiers postérieur de dix pointes relativement plus longues que dans les larves précédentes.

Mamelon anal arrondi en arrière, court mais large, pouvant se cacher dans le segment précédent, paraissant échancré postérieurement, mais sans lobes.

Pattes comme dans la larve du *Crypticus quisquilius*, mais tibias des antérieures ayant trois épines dont une près de la base de l'ongle et deux au milieu, l'une à côté de l'autre.

M. Mulsant, dans ses *Latigènes* (p. 179), dit que M. Burrel prétend avoir trouvé cette larve dans le *Lichen rangiferinus.* C'est, en effet, dans les lieux très-arides et très-sablonneux où ce Lichen est abondant et où croît aussi en touffes une jolie graminée, le *Corynephorus canescens*, que l'on rencontre ici l'insecte parfait et sa larve. Elle vit probablement des détritus que produisent ces végétaux.

DIAPÉRIDES

Uloma (Tenebrio) culinaris L.

LARVE

Long., 15 millim., d'un roux jaunâtre, cornée, linéaire et cylindrique, avec un léger aplatissement à la poitrine; dernier segment terminé par une très-petite pointe.

Tête bombée, d'un ferrugineux jaunâtre, munie de quelques poils fauves antérieurement et sur les côtés, finement et parcimonieusement pointillée. Bord antérieur largement et sensiblement échancré, avec une autre échancrure très-profonde sur les côtés pour l'insertion des antennes.

Épistome assez grand, lisse, transversal.

Labre subruguleux, semi-elliptique et cilié.

Mandibules ferrugineuses avec l'extrémité noire, presque mates, planes, un peu concaves sur leur face externe avec les bords relevés ; terminées par trois dents dont l'intermédiaire est plus longue que les autres ; munies sur l'arête interne d'une dent au tiers supérieur et d'une autre beaucoup plus forte près de la base.

Mâchoires longues, coudées, leur *lobe* presque aussi long que le palpe, droit du côté de celui-ci, un peu arrondi du côté opposé et muni de cils spiniformes de diverses longueurs.

Palpes maxillaires assez courts, de trois articles à peu près égaux, arqués en dedans.

Menton rhomboïdal, avec les deux extrémités tronquées.

Lèvre inférieure courte, transversale, prolongée au milieu en une petite languette et surmontée des deux *palpes labiaux* de deux articles égaux, ne dépassant pas les lobes des mâchoires ; tous ces organes de la couleur de la tête.

Antennes de quatre articles, le premier assez grand, d'un blanc roussâtre et rétractile, le second presque de moitié plus petit que le premier, dans lequel il peut se cacher, et de même couleur que lui ; le troisième un peu moins long que les deux autres ensemble, un peu en massue arrondie, muni de deux très-petits poils ; le quatrième très-court, très-grêle, surmonté d'un long poil et de deux ou trois autres très-petits.

Prothorax de la couleur de la tête, desa la rgeur antérieurement, s'élargissant un peu d'avant en arrière, marqué de points peu serrés, avec quelques espaces lisses et d'un fin sillon médian sur une partie de sa longueur ; ayant au bord antérieur et au bord postérieur une lisière lisse, cette dernière plus large et plus foncée, l'une et l'autre limitées par une série transversale de petits points très-serrés et entremêlés de petites stries longitudinales.

Mésothorax et *métathorax* aussi grands, réunis que le prothorax ; marqués d'une ponctuation un peu plus forte, très-clair-semée au milieu ; ayant très-près du bord antérieur une bande plus foncée de points très-serrés sur trois ou quatre rangs, et postérieurement une lisière lisse et bordée de points comme celle du prothorax.

Abdomen de neuf segments égaux, ou bien peu s'en faut ; les sept premiers d'un roux jaunâtre, avec la bande ponctuée antérieure et la lisière postérieure plus foncées, exactement comme dans les derniers segments thoraciques ; marqués de points un peu plus forts, s'effaçant sur les côtés ;

en dessous lisses et ayant de chaque côté un pli longitudinal très-prononcé ; huitième segment un peu plus foncé que les précédents et constitué comme eux, sauf les plis ventraux qui n'existent pas ; neuvième segment de la couleur du huitième, arrondi, semi-elllipsoïdal, ponctué assez densément en dessus, moins en dessous et terminé par une très-petite pointe ou tubercule corné et noirâtre.

Mamelon anal très-petit, rétractile et ordinairement caché par le bord postérieur du huitième segment.

Des poils fauves et clair-semés se montrent sur les flancs et autour du dernier segment.

Stigmates à péritrème circulaire et au nombre de neuf paires : la première, bien plus grande que les autres, mais non plus inférieure, près du bord antérieur du mésothorax, les autres près du bord antérieur des huit premiers segments abdominaux. Ceux-ci sont placés un peu en dehors du pli dont j'ai parlé et ne sont bien visibles que lorsqu'on regarde la larve un peu en dessous.

Pattes courtes, robustes, de cinq pièces, munies sur les hanches de longues soies, sous les cuisses et les tibias de fortes spinules cornées, d'un brun ferrugineux et sur deux rangs.

J'ai trouvé cette larve dans des souches vieilles et très-vermoulues de Châtaignier, de Chêne, d'Aulne et de Marronnier ; elle y vit des déjections laissées par d'autres larves lignivores. Elle ressemble entièrement à celle de l'*U. Perroudi* qui se développe dans la vermoulure des souches de Pin, et que j'ai déjà publiée. Je n'ai pu saisir entre elles aucune autre différence que celle de la taille, et encore est-elle insignifiante. Dans la description de cette dernière, j'ai signalé sur chaque joue l'existence de troi points noirâtres et ocelloïdes, visibles seulement par transparence ; ces points ne sont, comme dans d'autres larves, que des vestiges pigmentaires des ocelles, qui disparaissent par l'action un peu décolorante de l'alcool. Je ne les retrouve plus, en effet, sur les larves conservées dans ce liquide, et celles de l'*U. culinaris* n'en offrent pas la moindre trace.

NYMPHE

Semblable à celle de l'*Uloma Perroudi*. Bords du prothorax garnis de tout petits tubercules charnus, surmontés chacun d'une soie ; sur chaque genou deux tubercules semblables, également piligères. De chaque côté des six premiers segments abdominaux, une lame charnue, divisée en rois lobes. le premier obliquement échancré, avec l'angle antérieurs un peu crochu et le postérieur dentiforme et terminé par une soie ; le second conique, dentiforme et surmonté aussi d'une soie ; le troisième subtriangulaire, courbé en arrière en crochet. Sur le septième segment les lames sont divisées en deux dents sétigères ; le dernier segment, sensiblemen plus étroit à l'extrémité qu'à la base, est muni de quelques petites soies latéralement et en dessous, et terminé par deux longs appendices grêles, subulés, à pointe subcornée et noirâtre, d'abord divergents, puis arqués en dedans.

L'*Uloma culinaris* appartient, d'après le dernier catalogue de M. de Marseul, aux *Diaperidæ*. Pour être fidèle à la marche que j'ai adoptée dans ce travail, j'ai recherché quelles sont les larves de cette tribu qu ont été publiées, et j'ai trouvé les suivantes :

Phaleria cadaverina F., une simple note de M. FAIRMAIRE et plusieurs figures de CHARLES COQUEREL, Soc. Ent. 1865, p. 657.

Bolitotherus cornutus F., CANDÈZE, Soc. des Sc. de Liége, 1861. — Exotique. — *B. 4 dentatus* CAND., CANDÈZE, *loc. cit.* — De Ceylan.

Bolitophagus reticulatus L., CURTIS, Trans. of Entom. Soc. of London, 1854, MULSANT, Latigènes, p. 223, et KRAATZ, Berlin. Entom. Zeitschr. 1859.

Eledona agricola HERBST, BOUCHÉ, Naturg. p. 191 ; WESTWOOD, Introd., t. I, p. 315 ; DUFOUR, Ann. Sc. natur., 1843, p. 284 ; ERICHSON, Wiegm. Arch. 1842, p. 345 et MULSANT, Latigènes, p. 226.

Diaperis boleti L., OLIVIER, Entomol. t. III, n° 55 ; HAMMERSCHMIDT, De ins. agricult. damn. 1832 ; DUFOUR, Ann. Sc. natur. 1843, p. 290 et MULSANT, Latigènes, p. 208.

Scaphidema ænea F., WESTWOOD, Introd. t. I, p. 314.

Platydema Europæa CAST., PERRIS, Soc. Ent. 1857, p. 343.

Ceropria subocellata CAST. et BR., CANDÈZE, *loc. cit.* — De Ceylan.

Pentaphyllus testaceus HELW., ERICHSON, Wiegm. Arch. 1842, p. 366 et LETZNER, Arb. Schles. Gesells., 1853, p. 318.

Tribolium ferrugineum F., WESTWOOD, sous le nom de *Stene ferruginea*, Introd. t. I, p. 319 et LUCAS, sous le nom de *T. castaneum*, Soc. Ent. 1855, p. 249.

Uloma Perroudi MULS., PERRIS, Soc. Ent. 1857, p. 347.

Gnathocerus cornutus F., MOTSCHULSKY, Étud. 1854, t. III, p. 67.

Phthora crenata MULS., PERRIS, Soc. Ent. 1857, p. 351.

Alphitobius Mauritanicus L., WESTWOOD, sous le nom de *Uloma fagi*, Introd, t. I, p. 319. — LUCAS, d'abord sous le nom de *Heterophaga opa-*

troides, Soc. Ent. 1848, p. 23, puis sous son vrai nom et avec les plus grands détails, Soc. Ent. 1857, p. 71.

Hypophlœus bicolor OLIV., WESTWOOD, Introd. t. I, p. 315. — *H. Pini* PANZ., PERRIS, sous le nom de *ferrugineus*, rectifié depuis, Soc. Ent. 1857, p. 354. — *H. linearis* F., PERRIS, *loc. cit.*, p. 358.

Pour mieux faire ressortir les caractères qui divisent en plusieurs familles les larves de la tribu des *Diaperidæ*, je donne ci-après le signalement de certaines qui ont été insuffisamment décrites et de quelques autres qui sont inconnues.

Phaleria (Tenebrio) cadaverina F.

Fig. 277.

LARVE

Long., 10-11 millim. Linéaire, luisante, cornée, d'un testacé jaunâtre, à surface supérieure largement et très-finement subréticulée, subcylindrique, légèrement déprimée en dessous principalement sur la poitrine.

Tête, dans son ensemble, un peu plus qu'en demi-cercle, médiocrement convexe, hérissée de poils roussâtres, assez épais et réticulée en dessus. Bord antérieur largement et très-peu profondément échancré.

Épistome grand, transversal, trapézoïdal, portant près de la base deux petites cornes verticales tronquées.

Labre transversal, semi-elliptique, ayant près du bord antérieur deux petites cornes verticales et tronquées, et sur le bord lui-même six soies dont les deux extérieures plus longues et sensiblement plus épaisses.

Mandibules susceptibles de se croiser, ferrugineuses avec l'extrémité noire ; vues de côté, triangulaires, à pointe acérée et simple ; vues en dessus, bidentées à l'extrémité, munies d'une saillie molaire près de la base, très-légèrement sinueuses en dehors et ornées de deux petites cornes tronquées.

Mâchoires coudées, ne descendant guère plus bas que la moitié de la tête, leur *lobe* presque cylindrique, cilié et presque pectiné intérieurement, atteignant, ou peu s'en faut, l'extrémité du palpe maxillaire.

Palpes maxillaires de médiocre longueur, débordant peu ou point la tête, arqués en dedans et de trois articles, le premier un peu plus court que les deux autres qui sont égaux, le second muni extérieurement d'un poil.

Menton presque aussi long que les mâchoires, à côtés presque parallèles, plus large à la base.

Lèvre inférieure très-courte, prolongée au milieu en une languette à peine visible et surmontée de deux *palpes* de deux articles égaux, ne dépassant pas les lobes maxillaires.

Antennes de médiocre longueur, assez épaisses, de quatre articles, le premier rétractile, le second plus long et cylindrique, le troisième encore plus long, en massue tronquée au sommet et muni de un ou deux petits poils de chaque côté; le quatrième de deux tiers plus court, pas excessivement grêle, surmonté d'un long poil et de trois ou quatre plus petits.

Sur chaque joue, très-près de la base de l'antenne, cinq *ocelles* obliquement elliptiques, lisses, déprimés et comme usés, savoir : trois contigus, en série transversale un peu oblique, ordinairement recouverte d'une tache noirâtre, et deux un peu en arrière, un petit peu plus grands, également contigus, et placés presque vis-à-vis le plus supérieur de la série précédente.

Prothorax un peu plus large que la tête, à peine arrondi sur les côtés, de moitié plus grand que chacun des deux autres segments thoraciques, et même un peu plus grand que le plus grand des segments abdominaux ; ayant, ainsi que les deux suivants, de chaque côté, quelques poils comme ceux de la tête ; les trois finement subréticulés, avec une lisière postérieure submembraneuse et marquée de quelques fines stries longitudinales. Le prothorax spécialement a de plus une lisière antérieure semblable.

Abdomen de neuf segments dont les huit premiers sont presque égaux, le premier, le septième et le huitième étant un petit peu plus petits ; tous subréticulés et liserés postérieurement, comme il a été dit ; glabres en dessus et sur les côtés, ayant en dessous un long poil à chaque extrémité d'une fine ligne enfoncée, transversale, limitant antérieurement la lisière submembraneuse ; marqués, en outre, près de chaque côté et sur toute leur longueur, d'un pli assez profond. Dernier segment en demi-ellipse longitudinale, hérissé de longs poils roussâtres, concave en dessus, à partir du sixième antérieur ; bords de la concavité postérieurement un peu sinués et munis de quatre épines tronquées.

Mamelon anal situé à la base inférieure de ce segment, assez grand, semi-elliptique, et terminé par deux papilles cylindriques, tronquées, pseudopodes.

Stigmates au nombre de neuf paires, à péritrème orbiculaire ; la première paire, plus grande, plus inférieure que les autres et visible seulement quand on observe la larve en dessous, située très-près du bord antérieur du mésothorax ; les autres visibles de profil, au quart antérieur des huit premiers segments abdominaux.

Pattes assez robustes, de cinq pièces, armées d'épines mêlées de poils sur les hanches, sous les trochanters, les cuisses et les tibias ; ongles assez forts.

Le regrettable Charles Coquerel avait trouvé, enterrée dans les sables maritimes de Mers-el-Kébir, la larve que je viens de décrire, et avait envoyé, à son sujet, à notre ami commun Fairmaire, des figures que celui-ci présenta à la Société entomologique dans sa séance du 24 décembre 1865, en les accompagnant d'une simple note explicative. Cette note ne pouvant, à beaucoup près, suffire, la description que je viens de donner ne saurait constituer un double emploi ; mais je n'ai pas vu le moindre intérêt à y joindre des dessins, parce que ceux de Coquerel, auxquels on peut se reporter, sont suffisants. Voici seulement les observations dont ils m'ont paru susceptibles.

1° La larve n'aurait des poils que sur le dernier segment ; il aurait fallu en indiquer sur les côtés de la tête et des segments thoraciques ; 2° le labre et l'épistome auraient quatre cornes verticales, je n'ai pu en voir que deux sur chacun ; 3° l'échancrure de la tranche externe de la mandibule est très-exagérée ; 4° les mâchoires ne sont pas représentées coudées, or elles le sont très-visiblement et doivent l'être, vu la famille à laquelle cette larve appartient ; 5° le troisième article des antennes devrait avoir de petits poils de chaque côté, près du sommet ; 6° le métathorax serait plus petit que le mésothorax, c'est justement l'inverse qui est vrai ; 7° les épines en rateau des pattes sont bien représentées, mais il aurait fallu y mêler des poils ; 8° il n'est rien dit des ocelles dont je donne la figure.

La *Phaleria cadaverina* est commune sur notre plage océanienne, sous les détritus accumulés par les marées, et c'est aux mêmes lieux que j'ai trouvé la larve, soit en écartant ces détritus, soit en grattant le sable dans lequel elle se cache. Elle est très-bien conformée pour remplir le rôle de fouisseuse ; les huit cornes dont sa tête est armée, les rateaux dont ses pattes sont pourvues et son corps lisse et tout d'une venue se prêtent parfaitement à cette nature de travail. Elle se nourrit des débris animalisés jetés par la mer.

Je ne connais pas la nymphe.

Dans son Histoire des métamorphoses de quelques Coléoptères exotiques (*Soc. des sc. de Liége*, 1861), mon ami M. Candèze a donné, planche VI, le dessin d'une larve de Ceylan qu'il croit être d'un Hétéromère, et qu'il signale à cause de la cavité dorsale du dernier segment. A en juger par la larve dont je viens de parler, elle pourrait bien appartenir à une *Phaleria*.

Phaleria hemisphærica KUSTER.

Fig. 278.

LARVE

En juin 1857 un congrès entomologique m'appela à Montpellier, où j'eus le bonheur de me trouver avec de nombreux et savants amis. Dans une excursion aux bords de la Méditerranée avec plusieurs d'entre eux, et en particulier avec le regrettable Aubé, j'eus le plaisir de trouver *in loco natali* la *Phaleria hemisphærica* que je n'avais jamais vue vivante et qui est étrangère aux côtes des Landes. Nous en prîmes, Aubé et moi, de nombreux individus en fouillant au pied des plantes en touffes, et nous fîmes tant et si bien que nous recueillîmes un certain nombre d'individus de sa larve.

Cette larve, longue de 8 à 9 millim., ressemble tellement à celle de la *cadaverina*, qu'il est tout à fait inutile d'en donner une description. Forme, couleur, poils, mandibules, mâchoires et palpes, ocelles, antennes, pattes, mamelon anal, tout est la même chose ; mais elle présente deux différences qui peuvent la faire reconnaître au premier coup d'œil. Le labre a quatre cornes verticales au lieu de deux, et le dernier segment, au lieu d'être en demi-ellipse un peu bisinuée à l'extrémité et concave en dessus, est en ogive renversée, sans sinuosité postérieure et régulièrement subconvexe sur le dos, avec quatre petites fossettes obsolètes, deux arrondies près de la base et deux oblongues, plus écartées, vers la moitié de la longueur. Les quatre épines marginales sont un peu plus longues, et les latérales sont un peu plus rapprochées des terminales.

Bolitophagus (Silpha) reticulatus L.

FIG. 279-287.

LARVE

Long. 12 millim. Blanche, charnue, assez molle, lisse, luisante, presque cylindrique, postérieurement un peu atténuée et courbée en dessous, revêtue de poils très-courts sur la tête, plus longs, inégaux et clair-semés sur le reste du corps, plus nombreux sur le dernier segment.

Tête grande, bien saillante, très-convexe sur le haut du front et sur les côtés, déprimée sur le devant, lisse, subcornée et roussâtre. Bord antérieur plus foncé, largement et subsinueusement échancré.

Épistome assez grand, régulièrement arrondi.

Labre un peu plus que semi-elliptique et cilié de poils roussâtres.

Mandibules robustes, susceptibles de se croiser, ferrugineuses avec l'extrémité noire, munies d'un tubercule près de la base en dessus, d'une assez forte dent interne, et assez profondément et nettement bifides à l'extrémité.

Mâchoires ne descendant guère plus bas que la moitié de la tête ; hérissées de quelques poils extérieurement ; leur *lobe* droit du côté du palpe, arrondi du côté opposé, cilié de soies inégales, et ne dépassant pas le second article du palpe.

Palpes maxillaires un peu arqués en dedans, de trois articles, les deux premiers plus épais et égaux et munis extérieurement de deux petits poils, le troisième plus long et paraissant au microscope surmonté de soies excessivement courtes ; ces palpes débordant un peu la tête.

Menton grand, presque cylindrique.

Lèvre courte, subcordiforme, paraissant prolongée au milieu en une très-petite languette.

Palpes labiaux de deux articles égaux et ne dépassant pas les lobes maxillaires.

Antennes assez grandes et assez épaisses, de quatre articles, le premier très-gros et rétractile, le second un peu plus long, portant extérieurement deux poils, le troisième aussi long que les deux précédents réunis, un peu convexe en dedans, légèrement sinueux en dehors, muni de deux petites soies près de l'extrémité, surmonté de deux articles beaucoup plus courts, très-grêles, d'égale longueur, le plus souvent adossés, visibles quand on regarde la larve en dessus, et dont le plus extérieur se termine par une soie. Ces deux articles sont un peu inclinés en dehors.

Sur chaque joue, un peu en arrière de l'antenne, une forte loupe montre un vague et très-petit tubercule lisse qui pourrait être un *ocelle*.

Prothorax plus grand et plus ferme que tous les autres segments, aussi long que les deux autres segments thoraciques réunis, un peu plus étroit que la tête et transversalement subdéprimé vers le milieu de sa longueur.

Abdomen de neuf segments, dont les derniers un peu plus courts que les autres; les huit premiers munis sur les côtés d'un mamelon longitudinalement elliptique et sur la face dorsale, d'une sorte d'ampoule dilatable, transversale, qu'on retrouve aussi, mais moins sensible, sur la face ventrale, de sorte que chaque segment possède deux mamelons latéraux, une ampoule dorsale et une ventrale. L'ampoule dorsale se voit aussi sur le métathorax. Dernier segment rétréci d'avant en arrière, un peu arrondi sur les côtés, tronqué postérieurement et prolongé à chaque angle par une papille conique, blanche et charnue, sauf l'extrémité, qui est roussâtre et subcornée, et paraissant quadri-articulée.

En dessous se trouve le *mamelon anal*, placé non à la base, mais tout près de l'extrémité.

Stigmates au nombre de neuf paires, la première, à péritrème verticalement elliptique, bien plus grande et plus inférieure que les autres, située très-près du bord antérieur du mésothorax, les suivantes, à péritrème orbiculaire et de plus en plus petites, au tiers ou au quart antérieur des huit premiers segments abdominaux. Ils ne sont visibles que quand on regarde la larve de côté.

Pattes médiocrement longues, robustes, roussâtres, cornées, de cinq pièces et hérissées de longs poils.

Cette larve a déjà été décrite et figurée par Curtis (*Trans. of Ent. Soc. of London*, 1854) et M. Mulsant lui a consacré également, dans son *Histoire naturelle des Latigènes*, page 222, quelques lignes insuffisantes pour la faire connaître, car il n'est question ni de sa consistance charnue, ni de sa forme, ni des appendices du dernier segment, et quant aux antennes, il y est dit que le quatrième article est très-petit et peu distinct. La description de Curtis est plus développée, plus exacte, sauf en ce qui concerne les antennes qu'il ne juge que de trois articles, et ses figures sont assez fidèles; mais le tout cependant laisse encore assez à désirer pour que le double emploi que je viens de me permettre ne soit pas inutile (1).

M. Mulsant dit que cette larve vit dans les bolets qui croissent sur les troncs des Sapins, des Hêtres et de quelques autres arbres; Curtis et M. Kraatz l'ont observée dans un bolet du Hêtre, et je l'ai trouvée moi-même, en assez grand nombre, aux Pyrénées, dans un bolet semblable à l'Amadouvier, détaché d'un tronc de même essence. Je me rappelle que la forme de son corps, courbé postérieurement, presque comme dans certaines larves de Lamellicornes, et les deux papilles qui le terminent, m'intriguèrent beaucoup, et d'autant plus que les mâchoires coudées me reportaient vers la famille des Ténébrionides. Quelque temps après, le champignon, transporté chez moi, m'offrit des nymphes logées tout simplement dans des cellules creusées au milieu de sa substance, et qui, à ma grande joie, mêlée de quelque surprise, me firent soupçonner l'insecte parfait, lequel naquit quelques jours après.

NYMPHE

La nymphe, que M. Kraatz a le premier décrite, a toutes ses parties disposées comme à l'ordinaire et présente les particularités suivantes : les bords latéraux du prothorax sont dentelés et ciliés, la tête, le thorax et l'abdomen sont parsemés de poils fins, mous et roussâtres; les deuxième à sixième segments de l'abdomen ont, de chaque côté, une lame charnue subtriangulaire, terminée par de longs crochets et bordée de dents et de poils, pour laquelle on peut consulter la figure que j'en donne; l'extrémité des crochets est roussâtre et un peu cornée; le premier, le septième et le huitième segments sont dépourvus de ces lames; ce dernier, droit sur les côtés, un peu échancré en arrière, est terminé par deux longues papilles subcornées, effilées, droites et divergentes.

(1) Je m'en serais pourtant dispensé si j'avais connu plus tôt la description avec de bonnes figures donnée par M. Kraatz dans *Berliner entom. Zeitschr.*, 1859. Je me trouve d'accord avec cet auteur sur tous les points, sauf la composition des antennes qui, d'après lui, ne seraient que de trois articles et qui, pour moi, sont de quatre. Je me borne à donner dans mes figures les parties que, nonobstant les publications dont je viens de parler, je crois utile de reproduire.

Bolitophagus (Opatrum) armatus Panz.

Fig. 288-289.

LARVE

J'ai dit pourquoi j'ai publié la larve du *B. reticulatus*, quoiqu'elle fût connue; je m'y suis déterminé par une autre considération, c'est que la description que j'en ai donnée devait me dispenser de présenter le signalement détaillé de celle du *B. armatus* que je voulais publier aussi.

Celle-ci, en effet, ressemble beaucoup, à la taille près, à la précédente, elle est, comme elle, blanche, lisse, charnue, assez molle, pubescente, à peu près cylindrique, avec les mandibules et les autres organes de la bouche semblables; mais elle en diffère par les caractères suivants : elle n'a que 6 millim. de longueur, elle est relativement plus grêle, elle est plus régulièrement arquée, c'est-à-dire que la courbure, au lieu de n'intéresser guère que la partie postérieure du corps, l'affecte presque tout entier; le troisième article des antennes a ses côtés droits et parallèles, et des deux petits articles terminaux et adossés, l'interne est un peu plus long que l'autre; enfin le dernier segment, tronqué postérieurement, est dépourvu de toute papille, de tout appendice, et comme ce segment, par suite de la courbure du corps, appuie son extrémité sur le plan de position, c'est à l'extrémité, c'est-à-dire à la troncature, que se trouve le mamelon anal.

Au mois de mai 1869, je reçus de mon ami M. Bauduer un petit lot de *Boletus suberosus*, vivant à Sos sur le Chêne-liége et dans lequel se trouvaient quelques *Bolitophagus armatus* et des *Dorcatoma serra* qui y avaient accompli toutes leurs métamorphoses. J'y cherchai vainement des larves du premier de ces insectes, mais j'espérais que ceux que j'y laissais y feraient des pontes, et que l'année suivante mon désir serait satisfait. Quoique j'aie conservé ces champignons dans une boîte, au lieu de les exposer au grand air, comme il aurait été logique de le faire, mon espoir n'a pas été déçu. Dès le commencement de 1870 je constatai l'existence de beaucoup de larves, plus tard je rencontrai des nymphes, et en mai et juin, mes champignons, criblés de trous et intérieurement presque réduits en poussière, me donnèrent en très-grand nombre des insectes parfaits.

NYMPHE

La transformation en nymphe s'opère dans une cavité quelconque du champignon, et souvent au milieu de la vermoulure. Cette nymphe ressemble beaucoup à la précédente, mais pourtant elle s'en distingue très-aisément. Elle est beaucoup plus petite, sensiblement plus velue, le prothorax est très-visiblement crénelé aux bords latéraux et granuleux sur le dos; et enfin les lames des côtés des deuxième à sixième segments de l'abdomen sont très-différentes : au lieu d'être triangulaires, elles ont plutôt la forme d'un trapèze dont le côté extérieur est échancré, hérissé de longs poils et muni aux angles d'un crochet, et dont les bords antérieur et postérieur portent le premier trois ou quatre petites dents, le second une, et l'un et l'autre quelques longs poils. Le dernier segment est terminé, comme dans la précédente, par deux longues papilles divergentes.

M. Mulsant, à l'exemple de plusieurs auteurs, a maintenu dans le genre *Bolitophagus* l'espèce *agricola* que Latreille avait placée dans le genre *Eledona*. Les différences que présentent la larve et la nymphe de cet insecte me portent à croire qu'il ne doit pas demeurer dans la même station générique que le *reticulatus* et l'*armatus*. Bouché, M. Westwood et Erichson se sont occupés de cette larve, mais elle a été plus sérieusement décrite par Dufour, qui a décrit aussi et figuré le sphéroïde qu'elle sculpte dans la masse du *Boletus imbricatus* où elle vit, et qui lui sert ensuite de complément alimentaire et de cellule pour la transformation en nymphe. Mais ce que Dufour ne dit pas, c'est que les parois de cette cellule sont tapissées d'un réseau très-lâche de filaments roussâtres. Il n'a pas vu non plus la véritable conformation des antennes, car il les dit formées de trois articles dont le dernier est tronqué et terminé par deux soies raides, rapprochées, la plus interne avec un poil apical. Ces deux soies sont les deux articles terminaux que nous avons vus dans les deux larves précédentes, et le poil apical, ainsi que je viens de le vérifier, n'est pas sur le plus interne, mais sur l'externe. Quant aux stigmates, Dufour place la première paire sur le prothorax, ce qui est inexact ; elle se trouve près du bord antérieur du mésothorax.

La larve dont il s'agit diffère des deux qui précèdent par les mandibules munies d'une dent interne non près de la base, mais au tiers antérieur, par l'épistome étroit et carré et le labre semi-discoïdal, par la petitesse du dernier segment qui est arrondi et dont le mamelon anal est muni de deux très-courtes papilles pseudopodes ; les pattes sont visiblement plus grêles ; elle présente sur chaque joue, tout à fait contre la base de l'antenne, trois très-petits ocelles, représentés par autant de tubercules lisses, contigus et en série transversale ; enfin, elle est la seule qui façonne le sphéroïde dont j'ai parlé. Quant à la nymphe, elle est velue comme les précédentes, mais les segments de l'abdomen n'ont pas de lames avec des crochets sur les côtés, ils sont munis seulement d'un bourrelet longuement et finement cilié ; les papilles du dernier segment sont plus courtes, épaisses, cylindriques et brusquement rétrécies en un crochet subcorné, arqué en dedans.

En voilà bien assez, je crois, pour justifier l'isolement de l'*Eledona agricola* dont le nom spécifique n'est probablement qu'un *lapsus calami* de Herbst et a pourtant prévalu, malgré la dénomination plus rationnelle et plus vraie d'*agaricicola* d'Olivier et d'*agaricola* de Panzer.

Platydema (Diaperis) violacea F.

Fig. 290-296.

LARVE

Long., 10 millim. Subcornée, presque entièrement glabre, sublinéaire, avec l'abdomen un peu atténué postérieurement, convexe et d'un brun cendré en dessus, d'un roussâtre livide et subdéprimée en dessous, surtout à la poitrine.

Tête munie latéralement de quelques petits poils, grande, aussi large que le prothorax, assez bombée, largement mais très-visiblement réticulée et de plus marquée de quatre sillons formant deux V l'un dans l'autre, mais peu visibles. Bord antérieur largement et peu profondément échancré, puis déclive vers les côtés.

Épistome grand, transversal, trapézoïdal.

Labre plus court, semi-elliptique, cilié de soies roussâtres.

Mandibules assez robustes, d'un ferrugineux livide avec l'extrémité noirâtre ; vues en dessus, elles sont arrondies en dehors, crochues en dedans avec une saillie molaire vers le tiers inférieur ; vues de côté, elles sont subtriangulaires, planes sur la moitié inférieure de la face externe et bifides à l'extrémité.

Mâchoires coudées, *lobe* cylindrique, surmonté de petites soies, atteignant l'extrémité du second article des palpes maxillaires.

Palpes maxillaires assez courts, ne débordant pas la tête, arqués en dedans et de trois articles égaux.

Menton elliptique; *lèvre inférieure* courte, cordiforme.

Palpes labiaux de deux articles égaux, ne dépassant pas les lobes maxillaires. Le dernier article de tous les palpes est terminé par de très-petits poils, visibles à peine au microscope; tous ces organes sont d'un roussâtre livide.

Antennes de même couleur et de quatre articles, le premier court et gros, le second un peu plus long, le troisième plus long que les deux autres ensemble et visiblement en massue, le quatrième grêle, pas tout à fait aussi long que le second et surmonté d'un long poil et de deux ou trois plus petits.

Sur chaque joue, près de la cavité antennaire, un groupe de quatre *ocelles* roussâtres, dont trois en série transversale et un moins visible un peu en arrière, vis-à-vis le plus supérieur de la série précédente.

Prothorax presque aussi grand que les deux autres segments thoraciques réunis; ces trois segments munis d'un poil de chaque côté et marqués sur le dos d'un sillon médian longitudinal qui se continue sur l'abdomen en s'affaiblissant, et d'un réseau de très-petites rides. Bords antérieur et postérieur du prothorax et bord postérieur seulement des deux autres en forme de lisière roussâtre, presque imperceptiblement striolée en long.

Abdomen de neuf segments, les huit premiers semblables, pour la couleur et les rides, aux segments thoraciques, glabres sur les côtés, mais ayant sur la face ventrale deux longs poils dressés près du bord postérieur, et marqués, en outre, près des côtés, d'un pli longitudinal. Le microscope montre de plus, sur toute la surface du corps, des poils raides, épars, excessivement courts et d'une finesse extrême, qui servent évidemment aux mouvements de la larve. Dernier segment plus petit que les autres, conique, un peu relevé, hérissé sur les côtés de quelques soies entremêlées de soies très-fines et très-courtes que l'on trouve aussi, mais sans mélange de longues soies, sur la face dorsale; terminé en pointe cornée, ayant en dessous à la base un *mamelon anal* muni de deux papilles cylindriques, tronquées et pseudopodes, qui s'appuient sur le plan de position lorsque la larve marche, et qui, dans l'état de repos, s'appliquent contre le segment.

Stigmates au nombre de neuf paires, à péritrème orbiculaire, la première, plus grande et plus inférieure que les autres, près du bord antérieur du mésothorax, les autres au quart antérieur des huit premiers segments abdominaux.

Pattes assez fortes, de cinq pièces, munies en dessous, surtout sur les tibias, de soies spiniformes.

Cette larve vit des productions fongueuses qui se développent sous les écorces soulevées des vieux arbres morts, principalement des Chênes. Je l'ai trouvée aussi, à la fin de mai, dans un champignon imbriqué et trémelloïde venu sur un tronc de Hêtre. Elle ressemble, à s'y méprendre, à celle de la *Platydema Europæa;* celle-ci, tout bien considéré, n'en diffère qu'en ce que son dernier segment est un peu obtus et non terminé en pointe, et qu'il est en outre muni, près de l'extrémité, de quatre soies spiniformes bien tranchées, tandis que, dans la larve du *P. violacea*, ces soies se confondent par leur forme avec les poils qui bordent ce segment. Peut-être même cette différence s'effacerait-elle si on examinait un grand nombre d'individus de ces deux larves.

Je ne connais pas la nymphe, mais je présume que, comme celle du *P. Europæa*, elle vit enfermée dans une coque ellipsoïde et d'un roux jaunâtre dont le tissu est un peu lâche et les fils intérieurs libres et crépus.

Oplocephala (Ips) hæmorrhoidalis F.

Fig. 297-299.

LARVE

Long., 12 millim. Forme des larves de *Platydema*, mais simplement coriace et non subcornée, et entièrement d'un blanc jaunâtre, sauf la tête qui est cornée, testacée en dessus, avec le bord antérieur ferrugineux et plus pâle en dessous. Celle-ci, subréticulée de rides sinueuses, est marquée de deux fossettes sur le front qui est déprimé. Bord antérieur muni d'une dent triangulaire vis-à-vis chaque mandibule; épistome assez grand et transversal; labre semi-elliptique et cilié. Mandibules ferrugineuses à la base, puis noires; vues en dessus, larges, robustes, crochues, pointues et simples à l'extrémité, carénées sur la moitié postérieure de leur longueur; vues de côté, longuement triangulaires et divisées au sommet en deux dents dont la supérieure plus avancée que l'autre. Système maxillaire descendant à peine jusqu'au quart antérieur de la tête, par conséquent bien moins que dans les larves de *Platydema;* du reste, conformé de même, sauf que, pour les palpes maxillaires, le premier article est un peu plus court que les autres. Antennes comme dans ces mêmes larves. Sur chaque joue, près de la base de l'antenne, un petit trait noir oblique sur lequel on aperçoit un point noir à peine saillant. Il n'y a, je crois, qu'un vestige d'ocelle plutôt qu'une ocelle véritable.

Pour le thorax, l'abdomen, les stigmates, les pattes, il faut se reporter à la description de la larve du *Platydema ;* tout est identique, sauf la couleur, même la forme relevée et conique du dernier segment, même le pseudopode anal.

J'ai reçu cette larve de Corse, de mon ami M. Revelière qui l'a trouvée, avec l'insecte parfait, dans un bolet.

Pentaphyllus (Mycetophagus) testaceus HELLWIG.

Fig. 300-303.

LARVE

Long., 3 millim. Forme de la larve du *Platydema*, cornée, lisse, presque glabre, entièrement d'un testacé jaunâtre.

Tête grande, arrondie, peu convexe, au moins aussi large que le prothorax, finement réticulée, ayant trois ou quatre poils de chaque côté.

Épistome grand et trapézoïdal, soudé au front, c'est-à-dire non visiblement séparé de lui par une rainure.

Labre transversal, semi-elliptique.

Mandibules ferrugineuses, avec l'extrémité noire ; vues en dessus, larges, robustes, crochues, à saillie molaire près de la base ; vues de côté, triangulaires, un peu plus plates sur leur moitié postérieure, pointues et nullement bifides à l'extrémité.

Mâchoires conformées comme dans la larve du *Platydema*, mais encore plus courtes, n'atteignant même pas la moitié de la tête.

Palpes maxillaires assez courts, ne débordant pas la tête, de trois articles dont le dernier, un petit peu plus grand que les autres, est surmonté de soies extrêmement courtes, visibles seulement au microscope.

Menton large, court ; *lèvre inférieure* petite, cordiforme.

Palpes labiaux de deux articles, dont le second m'a paru un peu plus long que le premier et terminé par de très-petites soies.

De chaque angle basilaire du menton part un sillon arqué qui se prolonge jusqu'à la base de la tête.

Antennes semblables à celles de la larve précédente, mais troisième article encore plus long.

Sur chaque joue, près de la cavité antennaire, se trouve un point roux transversal, et en l'observant sur un certain nombre de larves, j'ai constaté que cette petite tache est formée par deux *occelles* placés plus ou moins obliquement à côté l'un de l'autre, et dont le plus supérieur est aussi le plus grand.

Thorax et huit premiers segments de l'abdomen conformés exactement comme dans la larve du *Platydema*, y compris les poils longs et très-courts et même la réticulation qui, pourtant, vu la petitesse de la larve, n'est visible qu'à de forts grossissements. Dernier segment en ogive renversée, un peu arrondi à l'extrémité et bordé non de soies, mais de poils.

Mamelon anal bien plus grand que dans la larve précitée, presque aussi long que le segment lui-même, et terminé par deux papilles pseudopodes légèrement coniques.

Stigmates comme dans la même larve.

Pattes un peu plus grêles, presque pas épineuses, munies de quelques poils et de quelques courtes soies.

La larve du *P. testaceus* a été, ainsi que je l'ai dit plus haut, connue d'Erichson qui se borne à la caractériser en la comparant à celles des Ténébrions dont elle différerait par l'épistome non visiblement séparé, par les mandibules plus fortement dentées, le dernier article des palpes labiaux plus grand et tronqué, le second article des antennes court, le troisième plus allongé, le dernier segment inerme. Ces caractères différentiels sont vrais, et les plus saillants sont l'absence de suture entre l'épistome et le front et d'épines au dernier segment. Un autre plus important encore c'est la brièveté des mâchoires et du menton et l'on peut y ajouter les deux sillons arqués et à convexités opposées, qui, partant du menton, aboutissent à la base de la tête. Elle a été décrite aussi par Letzner (*Arb. Schls. Gesells*, 1853), mais je n'ai pu consulter ce recueil.

Je l'ai trouvée plusieurs fois dans le creux de très-vieux Chênes dont le bois, altéré par le temps, est devenu rougeâtre, très-tendre et presque feuilleté. Elle se nourrit ou des productions byssoïdes qui se développent entre les feuillets, ou des déjections des larves lignivores qui l'ont précédée. Je doute qu'elle vive du bois lui-même, et je présume que c'est pour trouver les substances qui conviennent à ses goûts qu'elle creuse entre les couches ligneuses des galeries étroites et sinueuses. Lorsqu'elle veut se transformer, elle forme une cellule dans le bois, et c'est là qu'elle devient nymphe après avoir passé trois ou quatre jours très-courbée en arc et inerte.

NYMPHE

La nymphe se distingue par les caractères suivants : corps parsemé de petits poils, visibles principalement sur la tête, les côtés du prothorax, les genoux et les côtés de l'abdomen ; à chaque angle du prothorax un long poil et deux semblables au bord antérieur; deuxième à sixième segments de l'abdomen dilatés de chaque côté en un mamelon conique surmonté d'un long poil ; dernier segment terminé par deux longs appendices subulés, divergents, droits ou légèrement arqués en dedans à l'extrémité.

Lyphia ficicola Muls.

Fig. 304-309.

LARVE

Long., 9-10 millim. Coriace, subcornée, luisante, un peu velue, linéaire et cylindrique, à peine déprimée en dessous, à peine atténuée aux deux extrémités. Segments un peu mieux détachés que dans les larves précédentes.

Tête arrondie, peu convexe, un peu plus étroite que le prothorax, testacée, presque cornée, marquée sur le haut du front de deux sillons en forme de V peu visible, et antérieurement de petites fossettes obsolètes, largement et très-finement réticulée et alutacée, munie de poils roussâtres et inégaux, plus nombreux sur les côtés. Bord antérieur à peine échancré, très-bien détaché de l'épistome.

Épistome grand, transversal, arrondi sur les côtés; *labre* transversal, semi-elliptique, cilié de petites soies roussâtres.

Mandibules arquées, se croisant à peine, convexes extérieurement, testacées à la base, ferrugineuses au milieu, noires à l'extrémité qui est très-peu profondément bifide, avec la dent supérieure plus longue que l'autre.

Mâchoires comme dans les larves précédentes, coudées, ne dépassant guère la moitié de la tête ; *lobe* peu épais.

Palpes maxillaires peu allongés, susceptibles pourtant de déborder un peu la tête, arqués en dedans, de trois articles, le second un petit peu plus long que le premier, muni extérieurement d'un poil, et un petit peu plus court que le troisième dont le sommet est cilié de petits poils à peine visibles au microscope.

Lèvre inférieure courte, subcordiforme, prolongée au milieu en une languette et surmontée des deux *palpes labiaux* courts et de deux articles égaux.

Antennes assez épaisses, de quatre articles, le second un peu plus long que le premier et plus large au sommet qu'à la base, le troisième aussi long que les deux autres ensemble, en ellipsoïde allongé, muni au sommet interne d'un très-petit poil; le quatrième plus court même que le premier, grêle, terminé par un assez long poil et deux ou trois très-petits.

Sur chaque joue, près de la base de l'antenne, une petite tache noirâtre voilant deux *ocelles* situés un peu obliquement l'un derrière l'autre et dont l'antérieur est le plus grand.

Prothorax d'un testacé jaunâtre, sensiblement plus grand que chacun des autres segments, moins grand cependant que les deux autres segments thoraciques réunis, un peu déprimé transversalement vers le tiers de sa longueur et parfois aussi vers les deux tiers, presque imperceptiblement réticulé ou ridé en travers et alutacé, sauf les lisières antérieure et postérieure qui sont lisses.

Mésothorax et *métathorax* de la couleur du prothorax, réticulés et alutacés comme lui, avec la lisière postérieure lisse; ces trois segments pourvus de poils inégaux, plus nombreux sur les côtés.

Abdomen poilu comme le thorax, les cinq premiers segments un peu plus grands que les suivants, de la couleur des segments thoraciques, réticulés et alutacés comme eux; sixième et septième segments plus foncés, avec la lisière pâle, plus fortement réticulés et paraissant même plus cornés; huitième segment encore plus foncé et plus corné, plus sensiblement réticulé et alutacé, et parsemé en outre sur le dos de petits tubercules piligères; neuvième segment très-velu, un peu moins foncé que le précédent, court, pourvu sur le dos, sur les côtés et sur la face postérieure de petits tubercules cornés et ferrugineux, surmontés de longs poils; terminé en outre par deux grands crochets relevés, presque verticaux, coniques, crochus en avant, d'un noir ferrugineux à l'extrémité.

Mamelon anal placé en dessous à la base de ce segment dont il ne dépasse pas la moitié, non lobé, mais marqué de quelques plis dont un plus grand et transversal[1].

Dessous du corps plus pâle que le dessus; face ventrale ayant de chaque côté un pli longitudinal.

Stigmates comme dans les larves précédentes.

Pattes longues, non spinuleuses, munies seulement de quelques soies.

Le dernier catalogue de M. de Marseul place le genre *Lyphia* entre les *Cataphronetis* et les *Hypophlæus*, et séparé du genre *Tribolium* par les *Phthora*, *Uloma*, *etc.* M. Mulsant avait dit cependant qu'il fait partie de la famille des Triboliens, et la forme de sa larve justifie parfaitement cette opinion. Cette larve, en effet, a les plus grands rapports avec celle du *Tribolium ferrugineum*, et, comme elle, elle est terminée par deux grands crochets, ce qui, jusqu'ici du moins, est une exception dans la tribu des *Diaperidæ*. Il convient donc, ce me semble, de colloquer le genre *Lyphia* à côté du genre *Tribolium*.

La larve dont il s'agit m'a été envoyée de Corse par mon ami M. Revelière, qui l'a trouvée soit dans de vieux sarments de vigne, soit dans des branches mortes de Figuier et de Chêne vert, d'où il suit que le nom spécifique de *ficicola* laisse à désirer comme tant d'autres. Au surplus, ce n'est pas, à mon avis, tel ou tel arbre qui attire la femelle pondeuse du *Lyphia*; je suis persuadé que le dépôt de ses œufs n'est déterminé que par la présence des larves d'un autre insecte dont le *Lyphia* est l'ennemi ou le vidangeur; or, comme je sais que le *Synoxylon sexdentatum* attaque indifféremment la Vigne, le Figuier, les Chênes et d'autres essences, je ne serais pas étonné que la larve du *Lyphia* fût inféodée à cette espèce (1). Elle se nourrirait alors ou de ses larves, ou de leurs dépouilles, ou de leurs déjections, probablement même de tout cela. Celle du *Tribolium*, décrite par M. Lucas, avait causé de grands dommages dans des boîtes de Lépidoptères envoyés d'Abyssinie.

Je ne connais pas la nymphe, mais j'oserais affirmer qu'elle ressemble à celle du *Tribolium* et que, comme celle-ci, elle a le prothorax hérissé de longues soies sur les bords, et l'abdomen muni latéralement de lames piligères et terminé par deux longues épines divergentes.

Hypophlæus castaneus F.

LARVE

Long., 8 millim. Linéaire, subcornée, assez convexe en dessus, un peu moins en dessous.

Tête rousse, un peu plus étroite que le corps, arrondie sur les côtés.

(1) M. Revelière a, depuis que cela est écrit, confirmé cette prévision.

Épistome assez grand, bien détaché, côtés médiocrement obliques ; *labre* semi-discoïdal et cilié.

Mandibules assez robustes, ferrugineuses à la base, noires à l'extrémité qui est un peu bifide, et dont la tranche intérieure porte une dent au tiers antérieur.

Mâchoires atteignant la moitié de la tête, coudées, leur *lobe* oblong, muni de soies roussâtres spinuliformes.

Palpes maxillaires ne débordant pas la tête, de trois articles dont le second un petit peu plus court que les deux autres.

Lèvre inférieure courte, prolongée au milieu en une languette bien visible, et surmontée de deux *palpes labiaux* courts, de deux articles n'atteignant pas le sommet des lobes maxillaires.

Antennes de quatre articles, les deux premiers égaux en longueur, le troisième plus grand que les deux autres ensemble, assez épais, en massue et muni de petits poils de chaque côté ; le quatrième, le plus court de tous, pas très-grêle, surmonté d'un long poil et de deux ou ou trois très-petits.

Sur chaque joue, près de la base de l'antenne, quatre *ocelles* ronds dont trois presque contigus en série transversale, et un un peu plus grand, mais plus déprimé et parfois obsolète, un peu en arrière du plus supérieur de la série précédente.

Prothorax plus grand que tous les autres segments, un peu plus étroit antérieurement qu'à la base, roux avec une lisière postérieure plus claire ; les deux autres segments thoraciques à peu près de la même dimension que les segments abdominaux, roux aussi avec une lisière antérieure et postérieure plus pâle.

Abdomen de neuf segments, les huit premiers d'un jaunâtre pâle aux bords antérieur et postérieur, le reste occupé par une large bande rousse, de sorte que tout le corps paraît annelé de cette couleur. Les bandes sont d'autant plus sensibles qu'on s'approche plus de l'extrémité ; celle du pénultième segment en occupe presque toute l'étendue. Dernier segment entier, arrondi, semi-discoïdal, à bords un peu tranchants, et roux sur toute sa surface dorsale.

Mamelon anal situé en dessous, près de l'extrémité de ce segment, extractile et dans cet état montrant à sa partie antérieure des plis au centre desquels est l'anus, et découpé postérieurement en trois lobes dont les deux extérieurs plus longs font l'office de pseudopodes.

Tout le dessus du corps, y compris la tête, est finement réticulé ; le dessous est lisse, uniformément d'un blanc jaunâtre et hérissé de quelques longs poils roussâtres. On voit aussi des poils, mais plus courts sur la tête, le long des flancs, sur le dos et autour du dernier segment; enfin on constate au microscope l'existence, sur tout le corps, de poils épars, raides et extrêmement courts.

Stigmates comme dans les larves précédentes.

Pattes médiocrement robustes, hérissées de quelques poils et munies en dessous de quelques soies spiniformes.

Cette larve a les plus grands rapports avec celle de l'*H. pini*, dont elle ne semble différer que par une taille un peu plus grande, une couleur un peu plus foncée, les antennes un peu plus épaisses, et notamment le dernier article de celles-ci moins grêle.

Je l'ai trouvée plusieurs fois, ainsi que l'insecte parfait, sous l'écorce des Chênes, là où vivaient ou avaient vécu les larves du *Scolytus intricatus* dont elle doit être l'ennemie, comme celles des *H. pini* et *linearis* le sont, la première du *Bostrichus stenographus*, la seconde du *Bostrichus bidens*. A défaut de proies vivantes, elle se nourrit des déjections des larves xylophages.

Je n'ai pas vu la nymphe, mais je ne doute pas qu'elle ne ressemble à celles de ses congénères.

Hypophlæus fasciatus Fab.

LARVE

On peut lui appliquer les descriptions que j'ai données des larves des *H. pini* et *linearis*, ainsi que la description précédente. Je signalerai seulement les deux caractères qui me paraissent la différencier. Le premier réside dans le quatrième article des antennes qui est plus court que dans les larves des *H. pini* et *castaneus* et un peu plus long que dans celle de l'*H. linearis*. Le second consiste dans la couleur du corps qui n'est bien visiblement fascié de roux qu'à partir du sixième ou du septième segment abdominal.

A propos des larves pinicoles d'*Hypophlæus* et en parlant des poils assez longs qui, sans être touffus, hérissent les côtés de la tête et du corps et principalement du dernier segment, j'ai négligé un caractère qui est commun à toutes les larves d'*Hypophlæus*, et que j'ai mentionné pour celle de l'*H. castaneus*, c'est l'existence sur le dos d'autres poils assez serrés, mais très-courts et raides, et sur le ventre de poils semblables, mais encore plus courts. Ces poils servent évidemment à faciliter les mouvements de progression.

A la fin de juillet, j'ai trouvé plusieurs individus de cette larve, avec deux nymphes et des insectes parfaits récemment transformés, sous l'écorce de bûches de Chêne qui avaient été habitées, l'année précédente, par les larves du *Dryocœtes capronatus.* Elle vivait des déjections abondantes qu'elles avaient laissées dans leurs innombrables galeries.

C'est au milieu de ces déjections que l'on rencontre la nymphe.

NYMPHE

Semblable à celles des autres *Hypophlœus.* Prothorax frangé de longues soies roussâtres, très-rapprochées et implantées sur de très-petits tubercules; antennes un peu épineuses en dehors; côtés des segments abdominaux munis d'un mamelon conique bien saillant, portant un long poil et quelques autres beaucoup plus courts et plus fins; dernier segment terminé par deux appendices aussi longs que lui et divergents.

Si l'on tient compte des caractères des larves et de la physionomie des insectes parfaits, on est porté à penser que la tribu des *Diaperidæ* du catalogue de M. de Marseul est composée d'éléments assez disparates et qu'il aurait mieux valu adopter les divisions des auteurs qu'il était possible de consulter et qui méritaient quelque confiance.

Lacordaire, dans son *Genera* (t. V), a établi les divisions suivantes :

Tribu des Trachyscélides, qu'il a même laissée dans la première cohorte des Ténébrionides et qu'il a subdivisée en Trachyscélides et Phaleriides ;

Tribu des Bolitophagides ;

Tribu des Diapérides, subdivisée en Diapérides vrais et en Pentaphyllides ;

Tribu des Ulomides, subdivisée en Triboliides et Ulomides vrais ;

Jacquelin Duval, dans le catalogue joint à son *Genera*, a admis les divisions ci-après :

Groupe des Trachyscélites ;

Groupe des Phalérites ;

Groupe des Cossyphites ;

Groupe des Diapérites, divisé en Bolitophagites, Diapérites propres, Ulomites, Gnathocérites et Hypophlæites.

Avant ces deux auteurs, M. Mulsant, dans ses *Latigènes*, avait établi le groupe des Diapérides, mais il le divisait en plusieurs familles, savoir : Trachyscéliens, Phalériens, Diapériens, subdivisés en Pentaphyllaires et Diapéraires, Bolitophagiens, Ulomiens, Triboliens, Hypophléens.

Relativement à la forme des larves et à celle des insectes parfaits, cette dernière division a mes préférences. Ces larves ont, comme les insectes qui en dérivent, de nombreux caractères communs, tels que la forme de la tête, des organes de la bouche, des antennes ; mais lorsqu'on pénètre dans les détails, on voit, par exemple, que les larves des Phalériens ont des épines ou cornes sur l'épistome, le labre et les mandibules, cinq ocelles sur chaque joue et le dernier segment concave ou convexe, mais terminé par quatre soies spiniformes ; que celles des Pentaphyllaires ont les mâchoires très-courtes, l'épistome non séparé du front, le troisième article des antennes très-long, deux ocelles sur chaque joue et le mamelon anal presque aussi grand que le segment qui le recouvre ; que les larves des Diapéraires sont brunes, subcornées, atténuées en arrière, à dernier segment relevé et pourvues de quatre ocelles sur chaque joue ; mais que les larves du genre *Diaperis* se rapprochent, par leur forme et par leur consistance, de celles des Bolitophagiens, tout en présentant des caractères qui leur sont propres, tels que les saillies anguleuses du bord antérieur de la tête, les apophyses des mandibules, l'absence d'ocelles, du moins lorsqu'elles sont parvenues à un certain degré de développement, et les petites crêtes transversales et granuleuses des segments de l'abdomen ; que celles des Bolitophagiens se font remarquer par le peu de consistance et la courbure de leur corps, le défaut d'ocelles bien visibles et les deux articles adossés qui terminent les antennes ; que celles des Ulomiens se distinguent de toutes les autres, savoir : celles des *Uloma* par leur consistance cornée, leur ponctuation et la petite pointe du dernier segment, et celle du *Phthora* par sa forme grêle, par la structure du dernier segment et les deux crochets qui, partant de près de la base de ce segment, se couchent sur lui en se courbant ; que celles des Triboliens sont assez velues, franchement linéaires et terminées par deux grands crochets relevés, ce qui les sépare de toutes les autres ; et qu'enfin celles des Hypophléens, linéaires aussi, mais moins convexes en dessous que les précédentes, sont annelées de roux et ont le dernier segment arrondi et inerme et le mamelon anal petit, trilobé, mais dépourvu de papilles pseudopodes bien détachées. Lorsqu'on aura découvert les larves encore inconnues de quelques genres, on sera mieux éclairé encore pour le contrôle de ces divisions.

TÉNÉBRIONIDES

Tenebrio opacus Dufts.

LARVE

Comme M. Mulsant, j'ai trouvé cette larve dans la vermoulure de troncs caverneux de Châtaigniers et aussi de Chênes. Je m'abstiens d'en donner la description, d'une part parce que celle que MM. Mulsant et Guillebeau ont publiée dans le *Sixième Opuscule Entomologique*, page 9, est excellente, et d'autre part, parce que les larves de *Tenebrio* sont depuis longtemps connues. Nul n'ignore, en effet, ce qu'est la larve du *T. molitor*, appelée communément *ver de la farine*. Les auteurs qui en ont parlé sont les suivants :

Mouffet, Ray, Frisch, Linné, Geoffroy, de Geer, Gmelin, Villers, Olivier, Herbst, Latreille, Posselt, Sturm, Lepelletier et Serville, Duméril, Westwood, Erichson, Chapuis et Candèze *(Catal.*, p. 173), et Mulsant *(Latigènes*, p. 281). Sa nymphe, figurée par de Geer et par Sturm, ressemble à celle du *T. opacus*. Les six premiers segments de l'abdomen de celle-ci sont dilatés de chaque côté en une lame dont le bord externe est denticulé et les bords antérieur et postérieur bruns et subcornés. Le dernier segment est assez longuement bifurqué.

Les autres larves connues de Ténébrionides sont :

Tenebrio obscurus F., Westwood, Introd. t. I, p. 318, et Mulsant, Latigènes, p. 186. — *T. transversalis*, Dufts., Mulsant et Guillebeau, Sixième Opus. Entom. p. 11.

Iphthimus Italicus, Truq., Mulsant et E. Revelière, Onzième Opusc. Entom. p. 63.

HÉLOPIDES

Helops (Tenebrio) cœruleus

Fig. 310.

LARVE

La larve de cette espèce a été signalée par M. Waterhouse *(Trans. of the Entom. Soc. of London*, 1836, p. 20) ainsi que par M. Westwood

(*Introd.*, t. I, p. 312), et j'en ai donné moi-même une description assez détaillée dans les *Annales des Sciences naturelles* 1840, page 81. Je m'abstiendrai donc d'y revenir et je me bornerai aux indications sommaires suivantes. Cette belle larve est subcornée, presque glabre, cylindrique, avec la poitrine un peu déprimée ; elle est très-finement et très-densement ridée en travers et d'une jolie couleur jaunâtre, avec les lisières antérieure et postérieure du prothorax et la lisière postérieure des deux derniers segments thoraciques et des sept premiers segments abdominaux plus foncées ; le septième segment offre quelques rares points inégaux, le huitième, antérieurement roussâtre et plus corné que les autres, est criblé sur le dos de gros points arrondis, avec deux dents écartées vers la moitié de sa longueur et une saillie médiane près du bord postérieur ; le dernier segment, très-court et dilaté latéralement en une apophyse obtuse, se termine par deux grands crochets cornés, relevés et susceptibles même de s'appuyer sur le segment précédent ; leur pointe coïncide alors avec deux fossettes ombiliquées placées près de la base interne des deux dents dont j'ai parlé. Le mamelon anal est petit, marqué d'un double pli transversal et d'un pli médian longitudinal.

Les mâchoires sont coudées et leur base ne dépasse guère la moitié de la tête ; le second article des antennes, plus large aux deux extrémités qu'au milieu, est plus long que le troisième, et le quatrième disparaît le plus souvent dans le précédent. Il n'existe pas d'ocelles apparents.

Les stigmates, au sujet desquels j'ai commis une erreur, sont au nombre de neuf paires, la première, plus grande et plus inférieure que les autres, placée non sur le prothorax, mais près du bord antérieur du mésothorax, les autres situées au quart antérieur et latéral des huit premiers segments abdominaux.

J'avais trouvé primitivement cette larve dans de vieilles souches d'Aulne qui nourrissaient ou avaient nourri diverses autres larves ; je l'ai rencontrée depuis dans le bois pourri et spongieux d'un vieux Châtaignier, dans un tronc pourri de Hêtre et en outre dans le bois analogue d'une grosse poutre de Chêne enfouie sous terre. Elle paraît vivre des déjections d'autres larves. C'est dans une cellule pratiquée au milieu du bois, et après être demeurée quelques jours immobile et courbée presque en anneau, qu'elle se transforme en nymphe.

NYMPHE

Cette nymphe, qui n'a pas encore été décrite, se distingue par les caractères suivants : corps arqué en dessous, couvert de rides onduleuses transversales; bords latéraux du prothorax assez densement ciliés de spinules cornées et ferrugineuses ; quelques poils fins sur les cuisses ; métathorax et sept premiers segments de l'abdomen parcourus sur le milieu du dos par une crête obtuse ; ces mêmes segments abdominaux munis sur chaque côté d'une lame profondément divisée en deux lobes divergents, terminés par une pointe cornée ; le lobe antérieur irrégulièrement denticulé sur sa tranche antérieure et ayant une petite dent sur la tranche postérieure ; le lobe postérieur, sensiblement plus grand, ayant une petite dent, surmontée d'un poil, sur la tranche antérieure ; dernier segment terminé par deux cornes rugueuses, arquées et divergentes.

Les larves connues des vrais Hélopides se réduisent, indépendamment de celle dont il vient d'être question, à celles du *H. lanipes*, publiée par M. Blanchard, *Mag. de zool.* 1837, p. 175, et du *H. striatus*, comprise dans mon *Histoire des insectes du Pin* (Soc. Ent. 1857, p. 367).

En voici deux autres du même genre :

Helops assimilis Kuster.

LARVE

Cette larve est, à la taille près, l'image fidèle de celle du *H. cœruleus*. Elle est, comme elle, d'une couleur jaunâtre, avec les lisières des segments plus foncées ; ses antennes sont conformées de même, et le quatrième article est susceptible de disparaître dans le troisième ; les mandibules sont bidentées à l'extrémité, avec la dent supérieure plus grande et plus saillante que l'autre ; elle a deux petites fossettes piligères écartées sur le devant du front ; les ocelles font défaut; les pattes sont épineuses; le septième segment abdominal a sur le dos quelques points médiocres ; le suivant présente des points beaucoup plus gros et bien plus nombreux, et le dernier segment est muni de deux crochets semblables, ainsi que des apophyses latérales. Je ne vois que deux caractères distinctifs : l'un, peu tranché, réside dans les pattes dont les antérieures sont relativement plus longues encore que les autres et munies sous les tibias de soies plus longues et un peu plus épaisses ; le second, très-apparent, réside dans le huitième segment abdominal qui a la face dorsale dépourvue de tout tubercule dentiforme et marquée d'une dépression assez irrégulière, et qui, en arrière des gros points, est couvert de petites granulations.

Elle ressemble beaucoup aussi à celle du *Helops striatus*, mais cette dernière porte, à la base externe de chacun des crochets terminaux, une dent bien saillante qui fait complétement défaut à celle de l'*assimilis*, de sorte qu'il n'est pas possible de les confondre.

Cette larve m'a été envoyée de Corse par M. Revelière, qui l'a trouvée dans les sables maritimes de Porto-Vecchio.

Je ne connais pas la nymphe.

Helops pellucidus Muls.

LARVE

Cette larve, avec une taille encore plus petite, ressemble aux deux précédentes dont elle a la forme, la consistance, la couleur et presque tous les caractères. Il est facile, néanmoins, de l'en distinguer et d'y trouver les différences suivantes : le troisième article des antennes est plus renflé, à peu près ovoïde, et il est à peine plus court que le précédent. Le sixième et le septième segment de l'abdomen offrent près de leur base deux points assez gros et rapprochés ; le huitième n'a ni tubercule dentiforme, ni dépression, et c'est à peine s'il est marqué, à la base seulement, de quelques points médiocres entremêlés de rides. Le neuvième segment est armé des deux crochets ordinaires, mais la dilatation latérale est presque insensible et pour ainsi dire nulle.

Je l'ai reçue de M. Valéry Mayet qui l'a trouvée dans les sables maritimes près de Montpellier.

Les larves de *Helops*, à en juger par celles qui sont connues, paraissent se différencier principalement par la forme du dernier segment abdominal et surtout par la ponctuation, les dents et les dépressions de ceux qui le précèdent. Celle du *H. striatus* est jusqu'ici la seule qui présente une série transversale de points à la base des segments et une dent à la base externe des crochets terminaux.

Pour les trois que comprend ce travail, j'ai dit qu'elles sont dépourvues d'ocelles, et cependant j'ai mentionné, dans celle du *H. striatus*, deux ocelles noirs, non saillants, situés obliquement près de l'insertion des antennes. Je viens de revoir quelques-unes de ces larves, et sur certaines j'ai aperçu, en effet, à l'endroit indiqué, deux points noirâtres qui manquent à d'autres. Ces points ne correspondent à aucune saillie, et je ne puis les considérer que comme des taches pigmentaires ocelliformes, qui disparaissent le plus souvent dans l'alcool.

Les larves de plusieurs *Helops*, comme du plus grand nombre des Ténébrionides, vivent sous terre, au pied des touffes de diverses plantes. On n'a jamais, que je sache, signalé ces sortes de larves comme nuisibles aux végétaux, et je suis porté à croire qu'elle se nourrissent de leurs détritus, ou des matières animalisées quelconques qui se rencontrent à peu près partout.

CISTÉLIDES

Mycetochares (Helops) barbata Latr.

Fig. 311-317.

LARVE

Long. 15-20 millim. Linéaire, lisse, luisante, subcylindrique, à peine déprimée en dessous, si ce n'est sur la poitrine ; entièrement de couleur roussâtre.

Tête convexe et lisse, un peu plus longue que large ; bord antérieur droit au milieu, déclive aux angles pour l'insertion des antennes, maculé de brun près des angles de l'épistome.

Épistome grand, transversal, droit antérieurement, oblique sur les côtés, ferrugineux avec le bord pâle, marqué de quatre points enfoncés peu sensibles, dont deux latéraux donnant naissance à un poil.

Labre transversal, semi-elliptique, ferrugineux, muni antérieurement de quelques cils et marqué de deux petites fossettes piligères.

Mandibules pas très-longues, fortes, lisses, plates et très-larges en dessus, terminées en pointe en arrière de laquelle se trouve une dent, ferrugineuses avec l'extrémité et le bord bruns ; vues de côté, elles sont étroites, triangulaires, terminées en pointe avec une dent un peu en arrière de chaque côté.

Mâchoires coudées, ne dépassant pas les deux tiers de la longueur de la tête, lobe cylindro-conique, pectiné, atteignant presque l'extrémité du second article du palpe.

Palpes maxillaires un peu arqués en dedans, de trois articles, dont le second un peu plus grand que les deux autres, et muni d'un poil en dehors et d'un autre en dessous.

Menton presque en losange tronqué aux deux bouts ; *lèvre inférieure* cordiforme.

Palpes labiaux droits, de deux articles égaux, ne dépassant pas les lobes des mâchoires.

Antennes longues, de quatre articles, le premier court, assez gros et entièrement rétractile, le second un peu renflé au bord supérieur externe, le troisième de moitié au moins plus long que le précédent, visiblement en massue et muni de quelques petits poils raides, le quatrième plus court que tous les autres, très-grêle et terminé par un long poil et deux ou trois très-petits. Article supplémentaire nul, ou du moins invisible.

Sur chaque joue, un peu en arrière de l'antenne, un petit point transversal noirâtre, tantôt simple, tantôt paraissant formé de deux ou même de trois points, parfois même, mais très-rarement, avec un point noirâtre au dessous. Ces points semblent être pigmentaires et sont les indices d'ocelles qui n'existent pas en réalité.

Prothorax aussi long que large, *mésothorax* et *métathorax* sensiblement plus courts, ces segments à peine arrondis sur les côtés.

Abdomen de neuf segments, les huit premiers presque égaux au prothorax, lisses en dessus, marqués en dessous, près des côtés, d'un pli longitudinal destiné à faciliter des contractions et des dilatations; dernier segment obtus à l'extrémité, déprimé et presque plan en dessous, avec une cavité basilaire ogivale dans laquelle se loge le *mamelon anal;* celui-ci en carré long, terminé par deux papilles pseudopodes presque aussi longues que lui, un peu arquées, légèrement renflées à la base et terminées un peu en bouton.

A part la tête qui a deux ou trois poils de chaque côté, et le dernier segment qui en a quelques-uns plus longs, à part aussi quatre poils sur chaque arceau pectoral et deux sur chacun des huit premiers arceaux inférieurs de l'abdomen, un de chaque côté près du pli dont j'ai parlé, tout le corps est glabre ; mais au microscope on constate que tous les segments, sauf la tête, sont parsemés de très-petits poils raides comme nous avons déjà eu occasion d'en voir dans d'autres larves.

Stigmates elliptiques, la première paire, un peu plus grande que les autres, près du bord antérieur du mésothorax, les autres au quart antérieur des huit premiers segments abdominaux.

Pattes assez longues, assez robustes, les antérieures un peu plus fortes que les autres, toutes de cinq pièces, ongle compris ; cuisses et tibias égaux en longueur, munis de quelques fines soies et sur la tranche inférieure de deux soies plus courtes, plus épaisses, spiniformes, sauf les tibias antérieurs qui en ont cinq ou six et paraissent comme pectinés; ongle long, un peu renflé inférieurement à la base.

M. Mulsant a donné la description de cette larve dans son *Histoire naturelle des Pectinipèdes*, page 21. Cette description provoque de ma part deux observations : la première est relative aux palpes maxillaires qui ont paru à mon illustre ami composés de quatre articles, et qui ne sont en réalité que de trois ; la seconde concerne le dernier segment qui serait « presque plat à son extrémité, celle-ci munie de deux petites pointes. » Ce n'est pas là assurément le dernier segment de la larve du *Mycetochares barbata* que j'ai sous les yeux et dont je suis sûr; il n'est ni presque plat à son extrémité, ni muni d'une pointe quelconque. Ces caractères me reportent plutôt aux larves de *Tenebrio.*

Une autre chose me donne à penser : le savant entomologiste de Lyon dit que la larve du *M. barbata* vit *dans les écorces* des Saules, des Chênes et de diverses autres espèces d'arbres, et plus loin il ajoute qu'elle « creuse dans le bois des galeries qui s'allongent à mesure qu'elle ronge la matière végétale. » J'ai bien trouvé cette larve dans les arbres précités, et de plus dans le Châtaignier et le Robinier, mais elle vivait toujours soit sous l'écorce, soit dans l'intérieur du bois, au milieu de la vermoulure produite par les larves lignivores qui l'avaient précédée, ou, pour mieux dire, de leurs déjections. C'est dans ce milieu et de cette substance qu'elle se nourrit, c'est avec elle que je l'ai plusieurs fois élevée chez moi, ainsi que les larves des *Prionychus ater* et *levis* et de l'*Hymenorus Doublieri*, auxquelles elle ressemble tellement qu'il serait facile de les confondre. J'ajoute que, si l'occasion s'en présente et qu'elle rencontre une larve d'une autre espèce ou même de la sienne incapable de se défendre, ou une nymphe, elle en fait sa proie. Lorsqu'on la prend, elle se tortille vivement et glisse dans les doigts. Elle aime à entrer à reculons dans les détritus où elle se fraye assez rapidement un passage en taraudant avec son dernier segment, et elle y chemine avec prestesse, grâce à la forme de son corps et de ses pattes et aux petites soies dont elle est parsemée et qui sont, je n'en puis douter, des auxiliaires de la locomotion.

Lorsqu'elle veut se transformer en nymphe, elle se retire dans quelque recoin au milieu des détritus qu'elle tasse autour d'elle pour y former une loge, ou, si le bois est mou et spongieux, elle y pénètre et s'y installe ; puis son corps se courbe en arc, devient immobile, plus pâle et plus mat, et enfin la nymphe paraît.

Tous les détails qui précèdent s'appliquent aussi aux larves de *Prionychus* et d'*Hymenorus*.

NYMPHE

Les antennes sont épineuses ; elle porte des poils fins et courts sur le front, le prothorax, les genoux, l'abdomen ; les segments abdominaux sont munis de chaque côté d'une lame charnue, presque membraneuse, dont le bord extérieur est découpé en dentelures inégales, la plupart surmontées d'une soie. Le dernier segment se termine par deux longues papilles grêles, effilées, droites et un peu divergentes.

Allecula (Cistela) morio F.

Fig. 318.

LARVE

En fouillant dans la vermoulure d'une souche de Châtaignier et dans des conditions semblables à celles que recherche le *Mycetochares barbata*, je trouvai, au mois de juin, une nymphe qui, par les lames latérales des segments abdominaux, me parut se rapporter à celle de l'*Allecula morio* que M. Bauduer avait rencontrée dans le Chêne-liége et qu'il m'avait donnée. Dans le voisinage se trouvait une larve déjà courbée en arc et près de se transformer et deux autres larves moins avancées. J'emportai le tout et je constatai que la nymphe était identique à celle de l'*Allecula*. Elle me donna, du reste, quelques jours après, cet insecte, et je l'obtins aussi de la première larve dont j'ai parlé. Quant à ces larves, je leur ai trouvé exactement les mêmes caractères qu'à celles du *Mycetochares*, y compris la forme, la consistance, la couleur, la structure du dernier segment et des deux pseudopodes papilliformes. La seule différence appréciable consiste dans la longueur des mâchoires, qui ne dépasse guère la moitié de la tête, tandis que, dans cette dernière, elle atteint les deux tiers.

Ainsi la larve de l'*Allecula* reproduit celle du *Mycetochares* au point de rendre toute distinction bien difficile.

NYMPHE

Elle ne diffère de la précédente que par la forme des lames des côtés l'abdomen, lesquelles sont simplement bisinuées et brièvement ciliées aux bords antérieur et latéral.

Les larves des Cistélides ou Pectinipèdes déjà connues sont les suivantes :

Mycetochares axillaris Payk., Bouché, Naturg., p. 197. — *M. bipustulata* Ill., *scapularis* Gyll., Waterhouse, Trans. of the entom. Soc. of London, 1836, p. 29. — *M. barbata* Latr., *linearis* Gyll., Bouché, loc. cit., p. 198, et Mulsant? Pectinipèdes, p. 21.

Hymenorus Doublieri Muls., Mulsant, 1er Opusc. entom., p. 70, et Perris, Soc. Ent., 1862, p. 221.

Cistela ceramboides L., la larve, Olivier, Entomol., t. III, p. 5, Waterhouse, loc. cit. p. 28, Westwood, Introd., t. I, p. 310, et Heeger, Isis, 1848, p. 982; la nymphe, Mulsant, Pectinipèdes, p. 47. J'ai moi-même élevé cette larve, trouvée en assez grand nombre dans la vermoulure d'un vieux Châtaignier.

Hymenalia fusca Ill., Mulsant, Pectinipèdes, p. 50. M. Mulsant a trouvé cette larve, dont la description est très-exacte, dans des troncs de Marronniers dont elle mangeait le bois. Quant à moi, je l'ai rencontrée plusieurs fois à une faible profondeur dans le sable, au milieu des détritus et de l'humus accumulés au pied des touffes d'*Artemisia campestris*.

La nymphe, que M. Mulsant paraît n'avoir pas connue et que j'ai trouvée aux mêmes lieux, ressemble à celle du *Mycetochares;* elle a les antennes un peu épineuses, des poils fins sur la tête, le thorax et l'abdomen, celui-ci terminé par deux appendices effilés et un peu divergents ; mais les lames latérales des segments abdominaux sont un peu moins larges et leur bord extérieur, très-peu sinué, est découpé en dents plus petites, beaucoup plus nombreuses et beaucoup plus égales, et par conséquent les poils qui surmontent ces dents sont en bien plus grand nombre ; les dents angulaires sont droites comme les autres et non déjetées l'une en avant, l'autre en arrière.

Prionychus ater F., Kyber, in Germar's Magas., t. II, p. 16, Bouché, Naturg., p. 194, Waterhouse, loc. cit., p. 27, et Perris, Ann. Sc. natur., 2e série, t. XIV, p. 83. — *P. lævis* Kuster, sous le nom d'*ater*, rectifié depuis, Perris, Soc. Ent. 1857, p. 370.

Les larves des Cistélides doivent toutes se ressembler, si l'on en juge par celles que l'on connaît ; elles forment un groupe qui se rapporte évidemment, par les organes de la bouche, aux larves de la grande division des Ténébrioniens ou Latigènes, mais elles en diffèrent au premier coup d'œil en ce que celles-ci ont toujours des épines ou pointes, ou des crochets au dernier segment de l'abdomen, tandis que dans les larves des Cistélides ce segment est postérieurement uni et inerme. Les deux appendices pseudopodes qui se trouvent sous ce dernier segment paraissent aussi être caractéristiques de ce groupe, seulement ils varient de longueur. Très-longs dans les larves d'*Allecula*, d'*Hymenorus*, de *Mycetochares*, ils sont très-courts dans celles de *Prionychus* et de *Cistela* et surtout dans celles du *Prionychus ater* et de l'*Hymenalia fusca*. Il nous reste à connaître les larves des *Podonta*, des *Cteniopus*, des *Omophlus*, des *Heliotaurus ;* espérons que bientôt cette lacune sera comblée, du moins en partie.

Les larves dont il s'agit ici ont aussi de commun avec celles de la grande division à laquelle elles se rattachent d'aimer à se nourrir de substances décomposées ou de matières excrémentitielles ; mais, comme elles aussi, j'en suis convaincu, elles profitent des circonstances favorables à leurs appétits carnassiers. J'ai vu, en effet, des larves de *Tenebrio*, d'*Helops* et d'*Hymenorus* dévorer d'autres larves, et deux larves de *Blaps similis* ayant été mises ensemble, l'une a détruit l'autre. Ce qu'il y a de larves accidentellement carnassières dépasse de beaucoup ce qu'on a pu imaginer jusqu'ici.

SALPINGIDES Lacord. — ROSTRIFÈRES Muls.

Lissodema (Salpingus) denticolle Gyll.

Fig. 319 327.

LARVE

Long., 3 1/2-4 millim. Assez déprimée, surtout à la région céphalique et thoracique, linéaire, d'un blanc très-faiblement teint de jaunâtre ou de roussâtre et d'une consistance subcoriacée, surtout en dessus; dernier segment denté au bord postérieur.

Tête franchement roussâtre, presque discoïdale, avec la partie postérieure un peu enchâssée dans le prothorax; sur le front, une faible impression transversale antérieure sur laquelle s'appuient deux autres impressions longitudinales et arquées.

Épistome court, *labre* semi-discoïdal et cilié.

Mandibules courtes, épaisses, subtriangulaires, bidentées à l'extrémité; ferrugineuses avec l'extrémité noirâtre.

Palpes maxillaires assez allongés, subconiques, très-peu arqués en dedans et de trois articles égaux ou à peu près, portés sur des *mâchoires* fortes dont le lobe cylindrique atteint l'extrémité du second article des palpes et est garni de petites soies.

Lèvre inférieure insérée en arrière des mâchoires, tronquée antérieurement avec les angles arrondis et surmontée de deux *palpes labiaux* de deux articles.

Ces palpes ne sont visibles, lorsqu'on regarde la larve en dessus, que si celle-ci écarte les mandibules; quant aux palpes maxillaires, le troisième déborde un peu la tête. Tous ces organes sont de couleur roussâtre.

Antennes de quatre articles, les deux premiers courts et d'égale longueur, mais le basilaire sensiblement plus épais, surtout à la base, le troisième presque aussi long que les deux premiers ensemble, le quatrième d'un tiers moins long que le précédent, terminé par une longue soie et deux ou trois petites, et accompagné d'un article supplémentaire placé un peu en dessous et de moitié moins long que lui.

Un peu en arrière des antennes, sur chaque joue, on voit cinq petits ocelles bruns et un peu ovales, trois antérieurs presque contigus et deux postérieurs un peu plus distants.

Corps de douze segments, trois thoraciques et neuf abdominaux, les premiers un peu plus grands que les autres, légèrement convexes en dessus, plans en dessous.

Prothorax marqué d'un léger sillon longitudinal.

Huit premiers *segments abdominaux* à peine plus convexes en dessus qu'en dessous et pourvus d'un petit bourrelet latéral, rendu plus sensible du côté du ventre par une dépression assez visible. Sur le dos, comme sur la face ventrale, ces segments sont susceptibles de certaines dilatations produisant une double série d'ampoules ambulatoires ; mais ces auxiliaires de la locomotion sont très-peu apparents.

Dernier segment plan en dessus, où il est marqué d'une strie médiane et de deux faibles impressions longitudinales arquées, presque carré, mais se rétrécissant un peu de la base à l'extrémité ; bord postérieur formé de deux arcs peu concaves, séparés par une échancrure assez étroite mais profonde, ces arcs terminés intérieurement par une dent ferrugineuse et cornée, convergeant vers sa similaire, sans pourtant l'atteindre, et extérieurement par une dent un petit peu plus saillante, un peu plus pointue, également ferrugineuse et cornée et légèrement arquée en haut.

Sous la face inférieure, un mamelon pseudopode rétractile au centre duquel est l'anus.

Stigmates au nombre de neuf paires, situées, la première sur le mésothorax, très-près de son intersection avec le prothorax, sous les premières hanches ; les autres un peu plus haut et au tiers antérieur des huit premiers segments abdominaux.

Pattes de moyenne longueur, formées de cinq pièces, ongles compris, et garnies de quelques soies, surtout à la tranche inférieure des cuisses.

Vue en dessous, cette larve montre quelques poils très-fins sur les côtés de la tête, deux ou trois poils semblables, dont un plus long, sur les côtés des onze premiers segments, et sur les bords du douzième des poils plus nombreux portés sur de très-petits tubercules ; mais lorsqu'on l'examine dans tous les sens et avec un fort grossissement, on constate qu'il existe sur le dos huit séries de poils, ceux des deux séries médianes et des deux latéro-dorsales plus longs, sur les côtés trois séries très-rapprochées, ceux de la série du milieu plus longs, et en dessous six séries, ceux des deux séries médianes plus allongés. On constate aussi que le dernier segment est, sur ses deux faces, parsemé de poils semblables. J'ajoute que les poils de la région ventrale sont un peu arqués en avant et que, vus au microscope, ils sont tronqués à l'extrémité, ou même terminés par un tout petit bouton à peine plus épais que le poil lui-même.

Le bois mort des échalas de Châtaignier, pourvus de leur écorce, ainsi que des branches de Chêne et d'Aubépine, est sujet, après un ou deux ans, à une altération favorable au développement d'une hypoxylée de couleur noire qui s'étend en plaques plus ou moins grandes, sous le nom de *Sphæria stigma*, et qui, de son côté, augmente l'altération du tissu ligneux, lui donne une texture particulière et le rend plus tendre. Si l'on fouille l'aubier au dessous des plaques formées par ce cryptogame, on a la chance d'y rencontrer, s'il s'agit du Châtaignier, les larves de l'*Enedreytes oxyacanthæ*, s'il s'agit du Chêne, celles des *Tropideres niveirostris* ou *sepicola*, s'il s'agit de l'Aubépine, celles de l'*Enedreytes* précité ou du *Choragus Sheppardi* qui aiment à se nourrir de ce bois ainsi attendri et rendu aussi peut être plus savoureux, plus de leur goût, par le cryptogame dont j'ai parlé. C'est aussi avec ces larves qu'on trouve celles du *Lissodema denticolle* qui vivent de leurs déjections et qui les dévorent elles-mêmes. Je les ai vues, en effet, le plus souvent au milieu de la vermoulure produite par les larves exclusivement xylophages, ou même occupées à se frayer un passage d'une galerie à une autre ; mais j'en ai vu aussi qui dévoraient une de ces larves ou qui en avaient opéré presque complétement la destruction. Elles sont donc du grand nombre de celles que j'ai appelées vidangeuses et qui, dans l'occasion, sont très-volontiers carnassières.

La durée de leur existence est d'environ dix à onze mois, et c'est au mois de mai qu'après s'être préparé une cellule, elles se transforment en nymphe aux lieux mêmes où elles ont passé leur vie.

NYMPHE

Elle présente, emmaillotées et repliées comme à l'ordinaire, les diverses parties de l'insecte parfait. Prothorax bordé de douze soies portées sur des tubercules coniques, les six soies supérieures et surtout les deux médianes sensiblement plus écartées que les latérales ; segments de l'abdomen dilatés aux angles postérieurs en une dent charnue un peu inclinée en arrière et terminée par une soie ; dernier segment entouré de soies insérées sur de petits tubercules subconiques et muni à l'extrémité de deux épines subcornées.

Mon illustre et excellent ami, M. Mulsant, dans son travail sur la petite tribu des *Rostrifères*, a tracé avec autant de charme que de talent, comme il le fait habituellement en tête des remarquables monographies qu'il publie de concert avec notre ami commun M. Rey, le tableau des habitudes et des évolutions des insectes de cette tribu, et a donné l'historique des vicissitudes qu'a subies son classement. A l'exemple de plusieurs de ses devanciers, il y a compris, mais, il est vrai, en en faisant le sujet d'une famille distincte, le genre *Mycterus* de Clairville, *Rhinomacer* de Fabricius et de divers autres. Latreille, en 1804, avait déjà opéré la même réunion, mais Leach ayant créé en 1852 la tribu des Salpingites, en laissant les *Mycterus* dans les Œdémérides, il modifia en 1817 et 1825 ses dispositions, sépara, même par un assez grand intervalle, les *Rhinosimus* et les *Salpingus* des *Mycterus*, et, à l'exemple de Leach, adjoignit ces derniers aux Œdémérides. Le célèbre et si regrettable Lacordaire a suivi la même marche. Dans le cinquième tome de son *Genera* il a formé, page 520, sa cinquantième famille, celle des Pythides, composée de trois tribus, celle des Pythides vrais, celle des Salpingides et celle des Agnatides, et c'est beaucoup plus loin, page 718, qu'il colloque les Myctérides dont il fait une tribu de la soixantième famille, celle des Œdémérides, en rappelant les raisons qui ont déjà motivé leur séparation des Salpingides. « Je ne doute pas, ajoute-t-il, que lorsque leurs larves seront découvertes, on ne trouve qu'elles sont totalement différentes de celles des Salpingides. » Malgré l'autorité de ce grand maître, J. Duval, dans son *Genera*, (t. III, p. 452), a fait des *Mycterus* une famille au même titre que celles des Œdémérides et des Pythides, et a placé ces trois familles à la suite l'une de l'autre, celle des Myctérides se trouvant au milieu. M. de Marseul n'a pas été de l'avis de Duval, et dans ses catalogues il suit la classification de Lacordaire. Je trouve, quant à moi, qu'il a eu grandement raison, car je partage entièrement l'opinion du savant auteur qui lui a servi de guide. La phrase que j'ai citée un peu plus haut prouve le cas que Lacordaire faisait des caractères des larves au point de vue de la disposition méthodique des insectes parfaits, et l'on sait depuis longtemps que telles sont mes idées, dans lesquelles d'incessantes observations me confirment de plus en plus, quoique je ne méconnaisse pas que, dans l'état de la science sur ce point, on se heurte çà et là à des disparates plus ou moins embarrassants. Je ne désespère pas de prouver plus tard que les *Mycterus*, si voisins des Œdémérides par leurs caractères propres, s'y rattachent par la forme de leurs larves ; or les larves des Œdémérides diffèrent tellement de celles des

Salpingides, que je ne vois pas entre elles même de l'analogie. Je trouve au contraire que les larves des *Lissodema* et des *Rhinosimus* ont de grands rapports avec celle du *Pytho* et même, quoique à un bien moindre degré, avec celle de l'*Agnathus*.

La seule larve connue de la tribu des Salpingides est celle du *Rhinosimus ruficollis* L., *roboris* F., publiée par Erichson dans les archives de Wiegman, 1847 (t. I, p. 287) et dont le catalogue de MM. Chapuis et Candèze reproduit la description. En lisant cette description il me semblait relire celle que j'avais déjà rédigée moi-même de la larve du *Lissodema denticolle*, tant les caractères se ressemblent. Je ne vois de différence que dans la forme du dernier segment.

J'ai eu plus d'une fois l'occasion de faire remarquer que les larves d'espèces différentes du même genre présentent ordinairement une telle uniformité de caractères qu'il est le plus souvent impossible de les distinguer, et que les larves de genres voisins du même groupe se différencient fréquemment par la forme du dernier segment. C'est ce que justifient, du reste, les notions que nous avons acquises sur les larves des familles suivantes, sans parler de plusieurs autres moins importantes : Carabiques, Nitidulaires, Lamellicornes, Élaterides, Ténébrionides. La petite famille des Pythides fournit, ainsi que je l'ai fait pressentir plus haut, de nouvelles applications de cette règle. Si, en effet, je compare la larve du *Lissodema denticolle* avec celle du *L. lituratum* qui m'est aussi connue, je trouve identité complète; à peine pourrait-on dire que les dents cornées qui terminent le dernier segment sont dans la première un peu moins saillantes. Il en est autrement lorsqu'il s'agit de la larve des *Rhinosimus*. Dans celle-ci le segment terminal, au lieu d'être, comme dans la larve des *Lissodema*, tronqué au bord postérieur avec trois échancrures, deux larges et peu sensibles et une médiane étroite et profonde, est, selon le langage d'Erichson, « muni à son sommet de deux cornes courtes et larges dont chacune se termine par deux crochets grêles et aigus, l'externe dirigé en dehors, l'interne en dedans et touchant presque son correspondant. » Pour mieux faire comprendre les différences dont il s'agit et les rendre palpables, je crois devoir, puisque la larve du *Rhinosimus ruficollis* n'a pas été figurée, donner le dessin du dernier segment de la larve du *R. planirostris* qui lui est en tout semblable (fig. 328). Je me borne à ce segment parce que, pour tout le reste, on pourrait lui appliquer la description qui précède, même en ce qui concerne les ocelles, sauf à donner à la longueur un demi-millimètre de plus.

Erichson n'a rien dit des appétits des larves des Salpingides, et M. Mulsant, sans pouvoir néanmoins se prévaloir de quelque observation positive, les considère comme vivant aux dépens des végétaux. Je serais tenté d'être de cet avis s'il s'agissait de la larve des *Mycterus* que M. Mulsant a placés, comme je l'ai dit, dans sa famille des Rostrifères, car n'ayant pu encore trouver ici cette larve, quoique le *Mycterus curculionoides* y soit excessivement commun, je suis porté à croire qu'elle vit dans la terre des racines des plantes ; mais il n'en est pas ainsi des larves des Salpingides, et ce que j'ai dit des goûts de la larve du *Lissodema denticolle*, je crois pouvoir l'affirmer pour toutes les larves du même genre et des genres voisins. Celle du *L. lituratum* se trouve dans la vigne sauvage et le figuier morts, habités, la première par les larves du *Xylopertha sinuata*, du *Synoxylon sexdentatum* et de l'*Agrilus derasofasciatus*, le second par celles de l'*Hypoborus ficus* et du *Synoxylon* précité. Quant à celle du *Rhinosimus planirostris*, je l'ai rencontrée sous l'écorce du Chêne, de l'Orme et de l'Aulne, dans les déjections des larves des Scolytides et autres xylophages parasites de ces arbres, et j'atteste que si elle peut faire son profit d'une de ces larves, elle n'en laisse pas échapper l'occasion. Il y a donc plus que de l'analogie, pour la manière de vivre, entre les larves des *Rhinosimus* et des *Lissodema*, et cette analogie s'étend aux autres genres des Pythides, c'est-à-dire au *Pytho* et à l'*Agnathus*.

SERROPALPIDES Catal. Marseul. MELANDRYIDES Lacord. BARBIPALPES Muls. Rey.

Phloiotrya Vaudoueri Muls.

Fig. 329-337.

LARVE

Long. 12-17 millim. Linéaire, un peu rétrécie aux deux extrémités, subdéprimée, un peu convexe en dessus, bien moins en dessous, surtout à la région sternale, blanche, plutôt coriace que charnue, terminée par deux crochets.

Tête déprimée, un peu plus que semi-discoïdale. le reste enchâssé dans le prothorax, subcornée, d'un testacé pâle avec le bord antérieur plus foncé, marquée sur le front de quatre fossettes disposées en carré.

Epistome transversal, peu distinct du bord antérieur ; *labre* semi-elliptique et cilié.

Mandibules de longueur et de force médiocres, munies d'une petite dent vers le tiers ou le quart de la tranche interne, larges à la base quand on les regarde en dessus, étroites et bidentées à l'extrémité si on les observe de côté.

Mâchoires coudées, assez robustes, avec un *lobe* large, tronqué et densement cilié au sommet.

Palpes maxillaires courts, à peine arqués en dedans, de trois articles égaux.

Support du menton presque lagéniforme ; *menton* un peu plus large antérieurement qu'à la base.

Lèvre inférieure très-courte, prolongée en une languette arrondie.

Palpes labiaux très-courts, de deux articles.

Antennes coniques, assez épaisses, les trois premiers articles égaux en longueur et dépourvus de soies, le quatrième grêle, cylindrique, surmonté d'une longue soie et de trois très-petites, et accompagné d'un article supplémentaire bien plus court et visible seulement de profil.

Immédiatement en arrière des antennes, cinq *ocelles* sur deux rangs, l'antérieur de trois sur une ligne transversale non oblique, l'autre de deux, placés de telle sorte que le plus supérieur du rang de devant se trouve vis à vis l'intervalle qui les sépare.

Prothorax aussi grand, ou bien peu s'en faut, que les deux segments suivants réunis, de la largeur de la tête antérieurement, plus large en arrière, un peu avancé au milieu de son bord postérieur.

Mésothorax et *métathorax* égaux, ayant un petit bourrelet aux angles postérieurs.

Abdomen de neuf segments, les sept premiers à peu près égaux, montrant en dessus un étroit bourrelet de chaque côté et les indices de deux espaces dorsaux dilatables comme des ampoules arrondies, et en dessous un double bourrelet plus visible; huitième segment plus étroit que les autres, ayant à peine aux angles postérieurs la marque d'un bourrelet qui est bien apparent en dessous ; neuvième et dernier segment arrondi latéralement, d'une consistance plus solide que le reste du corps, marqué antérieurement de six petites taches rousses, subelliptiques, disposées en ligne transversale, de la même couleur sur plus de sa moitié postérieure, et terminé par deux crochets cornés, ferrugineux avec l'extrémité plus foncée et recourbés en haut. Ces crochets déterminent une échancrure qui est plus profonde sur la plaque dorsale du segment que sur la plaque opposée, et l'intervalle de ces deux plaques est occupé par une cavité, un trou parfaitement rond.

Sous ce segment est un pseudope rétractile qui, contracté, semble formé de quatre mamelons inégaux au centre desquels est l'anus.

Une forte loupe montre quelques poils sur la tête et sur le dernier segment et un ou deux de chaque côté des autres segments. Au microscope on constate au moins deux séries longitudinales de ces poils tant sur la dos que sur le ventre, et l'on voit en outre qu'il existe, çà et là, sur le face dorsale et sur les flancs, des poils très-petits, comme des cils tronqués. Ils m'ont paru situés sur les bourrelets et les ampoules et doivent avoir pour destination de faciliter les mouvements de la larve.

Stigmates au nombre de neuf paires, situées la première près du bord antérieur du mésothorax, les autres vers le tiers antérieur des huit premiers segments abdominaux.

Pattes de longueur médiocre, assez robustes, de quatre articles plus un ongle subulé. Hanches hérissées de poils spiniformes, trochanters et cuisses ayant des soies en dessous et les tibias une soie en dessus près de l'extrémité.

Mon ami M. Bauduer a trouvé cette larve dans un Chêne-liége mort depuis longtemps, et je l'ai rencontrée, avec des nymphes et des insectes parfaits, dans une branche de Châtaignier morte depuis deux ou trois ans et dont le bois était déja très-ramolli. Elle se transforme dans la galerie qu'elle a creusée pour se nourrir, après y avoir pratiqué, en l'élargissant un peu, une loge convenable pour la nymphe.

NYMPHE

Elle porte de très-petites spinules, la plupart courbées en arrière, blanches avec l'extrémité rousse et un peu cornée, sur le front, et deux rapprochées au bord interne des yeux, d'autres autour du prothorax, celles-ci éparses, quelques-unes vers la base des ailes, deux de chaque côté des segments abdominaux et deux au milieu. De la base de chacune de ces spinules s'élève un poil très-fin et blanchâtre, plus long qu'elle. Le dernier segment se termine par deux papilles ou épines coniques, courtes, verticales, un peu divergentes, blanches avec la pointe rousse et cornée.

Je lis dans l'*Histoire naturelle des Barbipalpes,* par M. Mulsant, que M. Mac Leay a publié, comme appartenant à la *Dircæa lævigata*, la larve de la *Phloiotrya rufipes* Gyll, trouvée dans le tronc d'un Chêne. Cette larve serait écailleuse, aurait des antennes de trois articles, l'avant-dernier segment épineux, les pieds antérieurs comprimés et crochus, plus longs et plus robustes que les quatre postérieurs. Je ne vois rien de tout cela dans la mienne ; je crois à une erreur pour le nombre des articles des antennes, et j'en soupçonne une autre relativement à l'avant-dernier segment.

Lacordaire, dans son *Genera* (t. V, p. 546), traduit au sujet de la même larve, la description de M. Westwood et souligne les passages qui lui paraissent suspects, tels que la consistance écailleuse, les pattes antérieures grandes, comprimées, crochues et atteignant presque l'extrémité antérieure de la tête, les deux paires postérieures étant beaucoup plus courtes. J'oserais souligner aussi l'avant-dernier segment qui, dans la traduction de Lacordaire, n'est plus épineux, mais convexe et très-fortement ponctué, le dernier étant pourvu de deux crochets cornés, aigus et recourbés en haut. Je doute, avec Lacordaire, que cette larve soit authentique, et je suis convaincu qu'elle appartient à un *Helops*, quoiqu'elle ait été trouvée avec la *Phloiotrya*, ce qui n'a rien d'étonnant. Je persiste dans cette opinion, quoique J. Duval ait fait, sous le nom de *Dolotarsus*, un genre spécial de cet insecte, qu'il place même dans une autre division que celle des *Phloiotrya*.

Anisoxya (Serropalpus) fuscula Ill.

Fig. 338-339.

LARVE

Cette larve, longue de 4 à 5 millim., diffère sensiblement de celle de la *Phloiotrya*, mais elle a les plus grands rapports avec celles de l'*Orchesia micans*, de la *Melandrya caraboides* et surtout de la *Carida flexuosa* dont elle a l'air d'être une copie. Comme elle, en effet, si sa tête était plns enchâssée dans le prothorax, et qu'il y eût l'apparence d'un treizième segment, elle présenterait la physionomie d'une très-jeune larve de Longicorne, car elle a, comme ces sortes de larves, le corps charnu, le prothorax assez développé et un peu plus consistant, et une forme subtétraédrique due à des ampoules ambulatoires tant dorsales que ventrales sur les deux derniers segments thoraciques et les huit premiers segments abdominaux, et à des bourrelets latéraux. Ses antennes et surtout ses palpes maxillaires et les lobes des mâchoires sont sensiblement plus longs que dans la larve de la *Phloiotrya*, et ses mâchoires sont moins coudées. En outre, la consistance un peu coriace de celle-ci et la forme du dernier segment constituent des différences si frappantes, qu'on ne croirait pas ces deux larves de la même famille. On a déjà deviné, en effet, que celle de l'*Anisoxya* a le dernier segment charnu, arrondi et complétement inerme. Je me réfère donc à la description que j'ai donnée (Soc. Ent. 1857, p. 378,) de la larve de la *Carida flexuosa* dont elle a la forme, les pattes étalées et débordant un peu le corps, etc., sauf à y apporter, pour la larve qui m'occupe en ce moment, les modifications suivantes : 1° les mandibules, vues de côté, ne sont pas bifides, et malgré un long examen, elles m'ont paru simplement acuminées ; 2° le lobe des mâchoires, dont je donne le dessin, est subtronqué et non pas surmonté seulement de deux soies raides, mais pectiné. Je donne aussi la figure des ocelles qui sont au nombre de cinq de chaque côté et qui feraient croire, dès lors, à une différence de plus avec la larve de la *Carida* à laquelle je n'en ai donné que trois ; mais soupçonnant en ceci une erreur, je viens de porter la loupe sur cette larve et je lui ai trouvé cinq ocelles comme à celle de l'*Anisoxya* et disposés de même. Cela prouve qu'on voit ordinairement mieux lorsque, guidé par les règles de l'analogie, on se livre à un examen plus attentif et mieux dirigé ; il est vrai que, parfois aussi, des idées préconçues et la passion des analogies peuvent nous montrer ce qui n'est pas, ou nous aveugler sur ce qui existe. Cela veut dire qu'il faut tâcher de toujours bien voir.

Je termine en disant que j'ai trouvé la larve de l'*Anisoxya* dans des branches un peu pourries de Châtaignier et que j'ai obtenu aussi l'insecte parfait de branches de Robinier et de Noisetier.

Le 18 juillet 1875, j'ai rencontré dans des branches mortes de Pommier plusieurs individus de cette même larve avec des insectes parfaits et aussi, par bonheur, avec des nymphes. Voici le signalement de ce dernier état.

NYMPHE

Blanche et délicate. Sur le front, près des bords latéraux du prothorax et un peu en avant de l'écusson, quelques petits tubercules surmontés d'un poil fin. Un tubercule plus grand, conique, papilliforme vers les deux tiers latéraux des segments de l'abdomen, ces tubercules portant un poil fin incliné en arrière. Dernier segment paraissant avoir dix tubercules semblables, mais bien plus petits, quatre de chaque côté et deux dorsaux, et terminé du côté du ventre par deux lobes coniques et du côté du dos par deux mamelons coniques aussi et relevés, finissant par une pointe un peu roussâtre et subcornée.

Le menu bois de Châtaignier et de Chêne m'a donné aussi l'*Abdera griseoguttata*, mais je n'ai pu encore mettre la main sur sa larve.

L'histoire des métamorphoses des insectes de la famille des *Serropalpidæ* du Catal. de M. de Marseul, Barbipalpes de M. Mulsant, Mélandryides vrais de Lacordaire, présente encore plus d'une lacune. Voici ceux dont les larves sont connues :

Orchesia micans Panz., Guérin-Meneville, Waterhouse, Westwood, Braselman et surtout Chapuis et Candèze dans leur Catal. p. 179.

Hallomenus humeralis Panz., Perris, Soc. Ent. 1857, p. 382.

Carida flexuosa Payk., Perris, Soc. Ent. 1857, p. 378.

Dircæa lævigata Hellen, Perris, Soc. des Sc. de Liége, 1855. — *D. Revelieri* Muls., Mulsant et Revelière, 11e Opuscule, p. 94.

Serropalpus striatus Hellen, Assmuss, Wien., Ent. Monatschr, 1859, p. 255 et Erné, Bull. de la Soc. suisse d'entom. 1872, p. 525, qui ne dit que quelques mots de la larve à laquelle il donne à tort une paire de stigmates par segment.

Hypulus bifasciatus F. Letzner, Arb. schles. Gesells, 1851, p. 96, et Heeger, Sitzber, Wien. Acad. Wiss. 1853, p. 474.

MM. Mulsant et Rey ont publié (13e Opusc. p. 187) comme appartenant au *Hypulus quercinus*, une larve de couleur testacée, subécailleuse, terminée par deux prolongements bifides et qui, à tous ces titres, me donnait d'autant plus à penser qu'en consultant les détails descriptifs des organes, je ne lui trouvais presque rien des larves des Serropalpides. J'étais en outre convaincu, ce dont j'ai eu plus tard la preuve, que la larve du *Hypulus bifasciatus*, antérieurement décrite, avait le dernier segment simple. Elle pouvait tout au plus être terminée par deux pointes ou crochets, mais ces prolongements bifides, sans parler du reste, me déroutaient complétement. Pour éclaircir mes doutes, j'ai demandé à M. Rey communication de sa larve qu'il a eu la bonté de m'envoyer avec l'empressement qui caractérise son obligeance. Il ne m'a pas fallu longtemps pour reconnaître que mes savants amis avaient été dupes, ce qui peut arriver à bien d'autres, moi compris, de la coïncidence de cette larve et du *Hypulus* dans une souche de vieux Châtaignier, et que celle-là, loin d'appartenir à celui-ci, est une jeune larve d'*Athous* ou de *Corymbytes*.

Melandrya caraboides L., Perris, Ann. sc. natur. 1840, p. 86.

Il faut que je répare, à propos de cette larve, une inadvertance au sujet de la première paire de stigmates qui est placée au bord antérieur du mésothorax et non, comme je l'ai dit, au bord postérieur du prothorax, et de plus, une omission qui a induit en erreur Erichson. Dans les caractères généraux qu'il a donnés des larves des Mélandryades, d'après celles de *Melandrya* et de *Dircæa*, il met : ocelles nuls. Or la larve de la *Melandrya caraboides* a des ocelles, elle en a même cinq de chaque côté, savoir : trois très-près de la base des antennes, fort rapprochés, en ligne droite un peu oblique et deux bien en arrière et écartés, dont l'un vis-à-vis le plus supérieur du premier rang et l'autre plus rapproché du crâne ; ces deux derniers presque obsolètes. Quant aux larves de *Dircæa*, ma description de celle de la *D. lævigata* porte qu'elle a également dix ocelles.

Je veux aussi, dans l'intérêt de la science, donner les caractères de la nymphe de la *Melandrya* dont je me suis borné à dire qu'elle ne présente rien de particulier. Il y a de cela bientôt trente-deux ans ; je suis devenu plus méticuleux. Or, je constate que cette nymphe ressemble beaucoup à celle de la *Phloiotrya*. Elle a des spinules blanches, à pointe cornée et rousse, sur le front, autour du prothorax et quelques-unes au milieu ; elle en a aussi de plus nombreuses que dans la nymphe précitée, sur le dos des segments de l'abdomen, où l'on en voit deux petits groupes principaux placés sur deux tubercules ; les deux derniers segments en ont aussi chacun six en dessous, sur le bord postérieur, et le dernier porte les deux épines verticales que présente aussi la nymphe susdite. De la base des spinules part également un petit poil, mais il est plus court et je ne le vois pas à côté de toutes.

Aux larves qui précèdent j'ajoute les suivantes.

Tetratoma Baudueri Perris.

Long., 4-5 millim., hexapode, ovale allongée, presque glabre, charnue, mais assez coriace, d'un blanc un peu jaunâtre, à bandes transversales brunes sur le dos ; dernier segment à deux lobes terminés par une épine relevée.

Tête à peu près libre, plus large que longue, assez fortement arrondie sur les côtés, luisante, très-finement ridée, très-peu convexe en dessus, marquée sur le front d'une impression elliptique assez profonde dont le centre est bombé ; teintée de brun roussâtre.

Épistome trapézoïdal, très-transversal, peu distinct du front, mais assez nettement séparé du *labre*, lequel est court, très-transversal, un peu inégal et à peine cilié.

Mandibules médiocrement robustes, susceptibles de se joindre sans se croiser, d'un testacé pâle avec l'extrémité noirâtre. Vues en dessus, assez larges, pointues avec une dent interne; vues de côté, assez étroites, assez longuement subtriangulaires, bidentées au bout.

Mâchoires descendant jusque vers les deux tiers de la tête, coudées à angle droit, leur lobe court, assez élargi, cilié de quelques soies courtes et spinuliformes.

Palpes maxillaires courts, à peine arqués, de trois articles dont les deux premiers égaux, avec un petit poil sur le côté externe du second, le troisième un peu plus long, terminé par de très-petits cils.

Menton bien plus long que large, se rétrécissant de la base au sommet.

Lèvre inférieure prolongée en une languette arrondie.

Palpes labiaux courts, de deux articles égaux, le second couronné de très-petits cils.

Antennes coniques, non rétractiles, les trois premiers articles égaux en longueur, le troisième ayant un poil en dehors; quatrième un peu plus long et beaucoup plus grêle, terminé par un poil de médiocre longueur et trois autres beaucoup plus courts, accompagné d'un article supplémentaire bien plus grêle, de moitié plus court, pointu et visible seulement quand on regarde la larve de profil, parce qu'il est inséré au-dessous du dernier article.

Sur chaque joue, un peu en arrière de l'antenne, un groupe de cinq *ocelles* saillants comme de petits globules noirs et luisants, trois antérieurs en ligne transversale un peu oblique et deux postérieurs rapprochés des précédents.

Prothorax presque aussi grand que les deux autres segments thoraciques réunis, très-peu arrondi sur les côtés, marqué de points très-obsolètes, teinté de brun sur les deux tiers antérieurs, mais moins sur les côtés que sur le milieu et marqué d'une fine ligne médiane blanche qui se prolonge tout le long du corps.

Mésothorax et *métathorax* égaux, nuancés de brunâtre sur leur moitié antérieure, ce brunâtre moucheté de brun foncé près du bord antérieur.

Abdomen de neuf segments; le premier de la dimension du métathorax et coloré comme lui, les sept suivants un peu plus longs, ayant une bande brune d'autant plus étendue et d'autant plus foncée qu'on s'approche plus de l'extrémité, mais laissant toujours blanches la lisière postérieure et la fine ligne médiane. Tous ces segments ayant à droite et à gauche de cette ligne un pli transversal destiné à faciliter des dilatations musculaires; munis en outre, sur chaque flanc, d'un bourrelet mameloniforme qui rend bien visibles leurs intersections. Dernier segment à peine plus long que le précédent, mais beaucoup plus étroit, jaunâtre avec la base brune, divisé postérieurement en deux lobes coniques, brunâtres, un peu divergents, terminés par une épine verticale, faiblement arquée, onguiforme, un peu gibbeuse postérieurement et ferrugineuse, et munis en dessous de deux ou trois granules piligères.

Mamelon anal cylindrique, placé sous le dernier segment, mais un peu plus près de l'extrémité que de la base, à trois et peut être quatre lobes marqués d'un pli au sommet, ces plis dessinant comme de petits tubercules qui paraissent en tout au nombre de huit.

Corps blanc en dessous, avec des plis favorisant des dilatations. Une forte loupe montre quelques poils sur la tête, sur le dernier segment et un ou deux de chaque côté des autres segments. Au microscope on voit trois séries longitudinales de poils tant sur le dos que sur le ventre, ceux-ci plus longs, et, en outre, sur la face dorsale et sur les côtés, quelques poils très-courts et ciliformes, destinés sans doute à faciliter les mouvements de la larve.

Stigmates au nombre de neuf paires, la première près du bord antérieur du mésothorax, les autres vers le tiers antérieur des huit premiers segments abdominaux.

Pattes écartées, de longueur médiocre, pouvant un peu déborder le corps, de cinq pièces, y compris un ongle corné, ferrugineux, grêle et subulé. Hanches hérissées de quelques soies spinuliformes, cuisses et tibias égaux en longueur et munis de quelques soies.

Latreille a placé le genre *Tetratoma* dans ce milieu hétérogène d'insectes qu'il a désignés successivement sous le nom de Diapérales et de Taxicornes; Redtenbacher l'a introduit dans les Cryptophagides, et Lacordaire, tout en adoptant l'opinion de M. Mulsant, qui l'a compris dans ses Barbipalpes, reconnaît que cette opinion peut être contestée, ce que n'admet pas J. Duval. Ces divergences, ainsi que la physionomie de ces insectes assez différente de celle des autres Mélandryides ou Barbipalpes, me faisaient désirer de connaître la larve d'une espèce du genre *Tetratoma*, espérant y trouver la solution de la question, jusqu'à un certain point litigieuse, de sa classification. Je ne pouvais guère compter que sur la larve du *T. Baudueri*, et je la cherchais depuis longtemps sous les écorces tapissées de *mycelium*, dans les Mousses et les Lichens mêlés de moisissures, espérant la rencontrer là où parfois j'avais trouvé l'insecte parfait. Celui-ci étant bien moins rare à Sos qu'à Mont-de-Marsan, j'avais prié Bauduer d'appliquer à la découverte de cette larve son habileté et sa bonne chance.

Au mois de février 1876, mon ami m'envoya une assez copieuse provision d'*Agaricus ostreatus* Jacq., recueillis sur une souche et qui, ayant attiré des *Tetratoma Baudueri*, pouvaient avoir reçu leurs pontes. Quelques jours après, en effet, je constatai dans ces Champignons l'existence de toutes petites larves. Ces larves pouvant être de celles qui, aux approches de la métamorphose, quittent leur berceau pour s'enfoncer en terre, je mis les Champignons sur une grande feuille de papier fort, de manière à pouvoir les déplacer tous à la fois, et je les installai ensuite dans une cloche de verre renversée. Tous les matins, je soulevais les Champignons pour voir s'il y avait quelque chose au fond de la cloche. Le 10 mars, quelques larves apparurent. Leur forme, les bandes brunes de leur dos, les deux crochets postérieurs pouvaient faire croire à des larves de *Triphyllus*, ou de *Mycetophagus*, ou de *Triplax*, mais en les étudiant en détail, je vis qu'elles différaient de celles de ces genres.

Le lendemain matin, car c'est dans la nuit qu'elles quittent le Champignon, d'autres larves se trouvèrent dans la cloche, et le nombre s'accrut chaque jour jusque vers la fin de mars. Après en avoir mis environ deux cents dans des verres à moitié remplis de terre où elles s'enfonçaient assez rapidement, et avoir fait aussi une large part à ma collection, je jetai successivement le reste. Je crois bien que, si j'avais tout compté, je serais arrivé à plus de cinq cents. J'entretins dans mes verres une légère humidité, et le 13 mai, à bout de patience et désireux de voir s'il y avait du nouveau, je renversai un des verres. La terre qu'il contenait me montra tout aussitôt, à la surface qui touchait le fond du verre, des cellules toutes simples, sans aucune trace de matière soyeuse ou gommeuse, dans chacune desquelles était un insecte parfait bien mûr, et, à ma grande satisfaction, cet insecte se trouvait être le *Tetratoma Baudueri*. D'autres étaient dans l'intérieur de la terre. Il me fallut, pour avoir des nymphes, explorer un des verres où j'avais mis des larves en dernier lieu, et là encore presque toutes les larves avaient subi leur dernière métamorphose, mais les insectes parfaits étaient encore mous et tout blancs. Je ne pus me procurer que quatre nymphes. En voici le signalement.

NYMPHE

Sur le front, quatre poils blanchâtres portés sur un petit tubercule, deux sur le vertex, d'autres près des bords antérieur et postérieur et sur les bords latéraux du prothorax, deux sur le métathorax, quatre, dont deux latéraux et deux dorsaux, sur chacun des six premiers segments de l'abdomen, les deux suivants n'ayant que des poils latéraux, dernier segment muni de deux papilles cylindriques, brusquement terminées par une petite épine fine, cornée et testacée. En dessous on voit aussi des poils sur les derniers segments de l'abdomen et une saillie dentiforme en dehors de chacun des articles de la massue antennaire.

La larve du *Tetratoma Bauducri* a de tels rapports avec celle de la *Phloiotrya Vaudoueri*, que je crois pouvoir me dispenser d'en donner la figure. Sa forme est à peu près la même, ses mandibules, ses mâchoires, ses palpes, ses antennes, ses ocelles et ses pattes sont conformés de même. Elle se rapproche beaucoup aussi de celle du *Hallomenus humeralis* que j'ai déjà publiée, mais elle diffère de l'une et de l'autre par les particularités du dernier segment. Elle appartient donc, à mon avis, à la tribu des Mélandryides ou Barbipalpes, mais elle se distingue de toutes les larves connues de cette tribu par son corps zoné de brun en dessus. Elle se courbe un peu en arc quand on l'inquiète. Comme on a pu le voir, ses évolutions sont assez rapides puisqu'elles n'exigent, même avec une température peu élevée, comme celle du printemps de 1876, qu'environ trois mois. J'eus d'abord la conviction que lorsque les insectes parfaits naissent en mai, comme cela est arrivé chez moi, il doit y avoir, si les circonstances la favorisent, une seconde génération dont les produits hivernent, puisqu'on trouve assez fréquemment l'insecte durant la froide saison ; mais mes idées sur ce point ont été modifiées par ce qui s'est passé chez moi.

J'ai dit plus haut que, dès le 13 mai, j'avais trouvé les *Tetratoma* transformés sous terre et presque tous complétement mûrs ; je m'attendais donc chaque matin à les voir paraître au jour, mais rien ne se montrait soit dans les verres de mon cabinet, soit dans ceux que j'exposais à l'air extérieur. Or ce n'était pas l'abaissement de la température qui retenait les insectes dans leur demeure souterraine, le plus souvent, au contraire, la chaleur était très-intense. J'en étais donc venu à croire qu'ils avaient péri, mais l'exploration d'un verre me convainquit qu'il n'en était rien. Enfin, le 6 octobre j'en vis paraître quelques-uns et les deux jours suivants ils sortirent en très grand nombre. Une semaine après ils étaient tous dehors.

Je suis porté à conclure de ce fait que le *Tetratoma Bauduerí* n'a normalement qu'une seule génération, que celle-ci, déjà formée au mois de mai, c'est-à-dire à une époque peu favorable au développement des champignons et qui le devient de moins en moins, attend en chartre privée la saison des pluies, soit pour pondre dans les champignons coriaces qui naissent alors, soit pour se refaire d'un long jeûne et choisir ses quartiers d'hiver, sauf à profiter ensuite des premiers beaux jours et des premières conditions favorables pour s'occuper de la propagation de l'espèce.

Les larves que j'ai élevées s'étaient nourries de la substance charnue du Champignon, ainsi que de ses feuillets, mais en évitant toujours de se mettre à découvert.

L'insecte parfait est nocturne. Ceux que j'ai conservés dans un grand tube avec des rognures de papier étaient immobiles durant tout le jour et ne commençaient à s'agiter qu'aux approches de la nuit.

Orchesia undulata KRAATZ

J'ai reçu, dans le temps, de M. Fauvel, avec l'insecte parfait, la larve de cette *Orchesia* trouvée par lui sous l'écorce d'un Cerisier qui recélait probablement quelque production de la nature des Champignons. Je viens de l'examiner et de la comparer avec celle de l'*O. micans* que je possède aussi, et je lui trouve une telle ressemblance avec celle-ci, que je me dispense de la décrire.

Marolia (Serropalpus) variegata Bosc.

Fig. 340.

LARVE

Long. 8-9 millim. Blanche, charnue, assez molle, presque cylindrique, à peine tétraédrique, un peu atténuée et arrondie postérieurement, presque entièrement glabre.

Tête en grande partie libre, subdéprimée, peu convexe, sensiblement plus étroite que le prothorax, munie sur les côtés de quelques poils très-fins, d'inégale longueur et blanchâtres.

Épistome transversal, *labre* petit, semi-discoïdal et bordé de quatre ou cinq cils, ces deux organes roussâtres et paraissant en partie ferrugineux à cause des mandibules vues par transparence.

Mandibules peu allongées, ferrugineuses avec l'extrémité noire. Vues de côté elles sont assez étroites, triangulaires et pointues; vues en dessus elles se montrent larges à la base, crochues, acérées à l'extrémité, sans apparence de dent à la tranche interne.

Mâchoires peu coudées, n'atteignant pas la moitié de la longueur de la tête, leur lobe assez large, assez allongé, terminé par quatre ou cinq dents de peigne assez longues.

Palpes maxillaires droits, dépassant un peu le lobe, subconiques, de trois articles, le second muni d'un poil en dehors et le dernier terminé par des cils extrêmement courts.

Lèvre inférieure à peine plus large que longue, presque carrée, paraissant prolongée en une languette aussi large qu'elle et arrondie, sur laquelle sont appliqués les *palpes labiaux* courts et de deux articles.

Antennes de quatre articles, le premier large et un peu rétractile, le second de la longueur du précédent, mais sensiblement plus étroit et un peu renflé en dehors, le troisième plus court et cylindrique, entouré au sommet d'un verticille de quatre ou cinq petits poils ; le quatrième de la longueur du précédent, bien plus grêle, terminé par un long poil et deux ou trois plus petits, et accompagné d'un article supplémentaire un peu plus grêle et presque aussi long que lui, contre lequel il est appuyé, et visible seulement quand on observe la larve de côté.

Sur chaque joue, un peu en arrière des antennes, deux taches noirâtres qui semblent pigmentaires, mais où une forte loupe découvre, sur la plus antérieure, trois *ocelles* noirs, sur l'autre deux, ces points disposés comme l'indique la figure et paraissant à peine saillants.

Prothorax aussi long, ou peu s'en faut, que les deux autres segments thoraciques pris ensemble.

Mésothorax et *métathorax* ayant sur le dos un pli transversal et sur les côtés un pli oblique dessinant une sorte de bourrelet.

Abdomen de neuf segments, le premier plus court que chacun des sept suivants qui sont à peu près égaux, ces huit segments pourvus sur chaque flanc d'un bourrelet longitudinal et sur le dos comme sur la face ventrale d'une petite ampoule ambulatoire transversale et ruguleuse.

Dernier segment plus court et plus étroit que le précédent, atténué d'avant en arrière, arrondi postérieurement et dépourvu de tout crochet ou appendice, marqué en dessous de plis qui dessinent comme un cercle de mamelons au centre desquels est l'anus.

Quelques poils fins, blanchâtres et d'inégale longueur se montrent sur les côtés des segments thoraciques et des segments abdominaux ; le microscope en fait voir aussi d'autres, mais plus courts et quelques-uns fort courts et raides sur le dos et sur le ventre ; j'ai même constaté sur certaines ampoules ambulatoires de petits cils spinuliformes très-fins et très-serrés. Quant au dernier segment, il est pourvu d'un assez grand nombre de longs poils.

Stigmates peu visibles, parce qu'ils ont la couleur du corps, au nombre de neuf paires ; la première, un peu plus grande et plus inférieure que les autres, près du bord antérieur du mésothorax, les autres vers le tiers antérieur des huit premiers segments abdominaux.

Pattes de longueur médiocre, assez robustes, mais non cornées, de quatre articles, plus un ongle subulé et corné, tous ces articles pourvus de quelques poils fins et assez longs, sauf ceux de dessous le tibia qui sont plus courts et plus raides.

La *Marolia* a été prise aux environs de Paris en battant un fagot de sarments. J'ai trouvé ici sa larve et sa nymphe dans l'aubépine et dans des branches mortes de Chêne, et mon ami M. de Bonvouloir m'a donné des nymphes extraites par lui des branches mortes du Sapin sur lesquelles, m'a-t-il dit, on prend souvent l'insecte parfait. Cette larve aime un bois ramolli par l'âge et en voie de décomposition, elle s'y pratique une cellule pour se transformer. La durée de ses évolutions est de moins d'un an.

NYMPHE

Elle est hérissée de longs poils roussâtres disposés ainsi : plusieurs sur le front, une ceinture autour du prothorax et quatre en série transversale sur le disque; quatre sur le mésothorax, autant sur le métathorax, tous ceux-ci arqués en avant; une série transversale sur la face dorsale des segments de l'abdomen, d'autres sur les bourrelets latéraux ; une série transversale de poils semblables, mais plus écartés, près du bord postérieur de la face ventrale des mêmes segments, tous arqués en arrière; un ou deux sur les genoux, trois ou quatre sur les élytres. Le dernier segment est muni postérieurement d'une touffe de longs poils entre lesquels on voit deux lobes charnus terminés chacun par un crochet subcorné et visiblement relevé.

Zilora (Xylita) ferruginea Payk.

Fig. 341.

LARVE

Long., 11 millim., hexapode, blanche, charnue subtétraédrique, presque glabre, terminée par deux petites pointes très-courtes et cornées.

Tête en partie enchâssée dans le prothorax, munie de quelques poils, déprimée; plus étroite antérieurement qu'à la base, à peine arrondie sur les côtés, subcornée, luisante et testacée en dessus et en dessous, avec quelques rides transversales ; marquée de deux sillons assez profonds formant un angle dont le sommet est presque au vertex et de quatre fossettes obsolètes et piligères près du bord antérieur.

Épistome trapézoïdal, deux fois au moins aussi large que long, très-peu distinct du front. *Labre* assez développé, très-transverse, peu arrondi et même subéchancré antérieurement, muni d'un petit nombre de cils.

Mandibules assez fortes, se joignant sans se croiser, ferrugineuses dans leur moitié basilaire, le reste noir. Vues de côté, paraissant longuement triangulaires, avec la moitié antérieure un peu guillochée et l'extrémité bidentée.

Mâchoires descendant jusques un peu au delà de la moitié de la tête, coudées à angle presque droit, leur lobe large, presque en forme de hache à angles arrondis et cilié de petites soies spinuliformes.

Palpes maxillaires un peu arqués, de trois articles dont le premier un peu plus court que les deux autres qui sont égaux. Un petit poil près de l'extrémité externe du second, de très-petits cils au bout du dernier.

Menton lagéniforme, *lèvre inférieure* assez développée, prolongée en une languette arrondie presque aussi longue que les palpes.

Palpes labiaux de deux articles, le premier sensiblement plus épais mais un petit peu plus court que le second.

Antennes coniques, non rétractiles, de quatre articles, le premier très-gros, deux fois aussi long que le second, le troisième de la longueur du premier et muni à l'extrémité externe d'un petit poil, le quatrième très-grêle, plus court que le second, terminé par de très-petits poils et accompagné d'un article supplémentaire plus grêle encore, de moitié plus court et visible seulement lorsqu'on regarde la larve de profil.

Sur chaque joue, près de la base de l'antenne, cinq *ocelles* noirs dont trois antérieurs assez rapprochés, en ligne un peu oblique, et deux postérieurs écartés, dont le premier est presque vis-à-vis le dernier de la série antérieure.

Prothorax très-transversal, plus large que la tête, arrondi sur les côtés, presque aussi long que les deux autres segments thoraciques réunis, lavé de roussâtre et marqué de deux dépressions obsolètes.

Mésothorax un peu plus court que le *métathorax.*

Abdomen de neuf segments, le premier de la longueur du métathorax, les six autres un peu plus grands et munis, ainsi que le premier et le métathorax, d'une ampoule ambulatoire plissée et médiane et d'un bourrelet de chaque côté. Huitième segment sans ampoule, mais à bourrelets, plus étroit que les précédents. Neuvième segment encore plus étroit, à peu près hémisphérique et terminé par deux courtes épines rapprochées, relevées et à peine arquées. Segments abdominaux ayant en dessous une ampoule et des plis ambulatoires.

Mamelon anal subcylindrique, placé sous le dernier segment et au milieu, quadrilobé, chaque lobe marqué d'un pli à l'extrémité.

Corps presque glabre, des poils fins et pâles sur les flancs, sur le dos, le ventre et le dernier segment, et, en outre, à la face ventrale, de petits poils ciliformes destinés sans doute à faciliter les mouvements.

Stigmates au nombre de neuf paires; la première, plus grande et un peu plus inférieure que les autres, très-près du bord antérieur du mésothorax, les autres vers le tiers antérieur des huit premiers segments abdominaux.

Pattes écartées, étalées, débordant le corps, de cinq pièces y compris un ongle assez long et subulé; hanches glabres, cuisses et tibias égaux en longueur, ayant à peine quelques poils fins et assez longs.

Je dois à l'extrême obligeance de mon ami M. Pandellé plusieurs individus de cette larve qui, d'après Gyllenhal, vit dans les troncs du Pin et du Sapin et qui se trouverait aussi sur notre Pin maritime puisque, selon le témoignage de M. Mulsant, M. Perroud a pris la *Zilora* sur ce conifère aux environs de Bordeaux. Les larves que j'ai reçues ont été recueillies dans les Pyrénées, vers la fin de septembre, accompagnées d'insectes parfaits; elles étaient répandues sous l'écorce d'un Sapin déjà vermoulu, mais à vermoulure humide, condition hygrométrique qui paraît leur convenir, et elles se nourrissaient des couches du liber et de l'aubier.

A l'époque précitée, quelques métamorphoses avaient déjà eu lieu, mais je suis persuadé que les larves qui se trouvaient alors en retard étaient destinées à attendre le printemps suivant, car en général les larves de Coléoptères ne se hasardent pas à passer l'hiver à l'état de nymphe.

Quoique je ne connaisse pas cette nymphe, je n'hésite pas à rapporter à la *Zilora* la larve que je viens de décrire. La circonstance qu'elle a été trouvée avec des insectes parfaits est déjà une présomption, et l'on arrive à la certitude lorsqu'on la compare à celle de la *Melandrya caraboides* dont elle reproduit tous les principaux caractères. Elle en diffère cependant par la taille beaucoup plus petite, la tête plus aplatie, l'épistome plus grand, les ampoules ambulatoires dépourvues d'aspérités, les pattes moins étalées et surtout par les deux petites épines du dernier segment.

Dircæa (Hypulus) quadriguttata Payk.

Je reçus, il y a plus d'un an, de mon ami M. Valéry Mayet, sous le nom de *Dircæa quadriguttata*, une larve qui fit naître dans mon esprit les doutes les plus sérieux et en apparence les plus légitimes, puisque, très-semblable à la larve de la *Melandrya*, elle différait visiblement de celles des *Dircæa lævigata* et *Revelierii* qui, indépendamment d'autres caractères distinctifs, ont le dernier segment terminé par deux crochets. M. Mayet, à qui j'exprimai mes doutes, m'assura qu'il n'y avait pas d'erreur dans sa détermination, et il me le démontra quelque temps après, en m'envoyant des fragments de bois de Saule dans lesquels se trouvaient des larves semblables, des nymphes et même une *Dircæa* à l'état parfait.

Je laisse à mon obligeant collègue le soin de publier l'histoire des métamorphoses de cet insecte et je me borne à dire que sa larve ressemble à celle de la *Melandrya caraboides*, y compris son dernier segment inerme et les aspérités des ampoules ambulatoires. Elle n'en diffère guère que par le mamelon anal et par une plaque mate et comme veloutée qui couvre les deux tiers postérieurs du prothorax, moins les côtés et un sillon médian, plaque qui, vue au microscope, est composée de spinules excessivement fines et extrêmement serrées.

Cette larve, sans offrir précisément des disparates choquants avec celles de *Dircæa* déjà connues, s'en éloigne cependant assez pour qu'il me fût permis de croire à des différences dans les insectes parfaits. Je me suis donc mis à les étudier comparativement, et cette étude m'a réconcilié entièrement avec la larve de la *D. quadriguttata*, en m'apprenant que cette espèce ne doit pas appartenir au même genre que les *D. lævigata*, *Revelierii* et *livida*.

Paykull s'en était aperçu, car pour la *quadriguttata* il a fait le genre *Hypulus*, et pour la *lævigata*, qui est son *buprestoides*, le genre *Xylita*. Pour Paykull, il y a, entre ces deux insectes, des différences dans les palpes, ce qui, du reste, est évident, dans les mâchoires, dans la lèvre ; j'en trouve aussi dans l'écusson et dans le dernier arceau ventral, et enfin M. Mulsant, dans ses Barbipalpes, en signale deux autres : la *D. quadriguttata*, en effet, a le mésosternum prolongé à peu près jusqu'à l'extrémité des hanches intermédiaires et le corselet est uni, tandis que dans la *lævigata* et les deux autres citées plus haut, le mésosternum est à peine prolongé jusqu'à la moitié des dites hanches et le corselet a deux fossettes écartées à la base. J'ajouterai, avec J. Duval, que les cavités cotyloïdes antérieures sont aussi très-différentes. On a fait assurément bien des genres sur des caractères différentiels de moindre valeur et moins nombreux.

La découverte de M. Mayet a ce grand intérêt scientifique qu'elle prouve la justesse des appréciations de Paykull et la nécessité de séparer génériquement les espèces précitées. Le genre *Hypulus* ayant été conservé à l'espèce *quercinus*, la *quadriguttata* devra être une *Dircæa*, la *lævigata*, la *livida*, la *Revelierii* seront des *Xylita*. C'est avec grand plaisir qu'après m'être prononcé pour ce classement, je l'ai vu adopté par Lacordaire et J. Duval.

Pareil démembrement a été provoqué par la forme des larves dans le genre *Hallomenus*. La larve de l'*humeralis* étant terminée par deux crochets, et celle du *flexuosus* ayant, au contraire, la forme d'une petite larve de Longicorne, j'avais prédit que ces insectes ne resteraient pas dans le même genre, et en effet, le premier est demeuré *Hallomenus*, le second est devenu *Carida*. Je pourrais citer bien d'autres exemples, comme je pourrais conclure de l'identité des larves que l'on a eu tort de séparer génériquement un certain nombre d'espèces.

Les larves des Mélandryides ou Barbipalpes sont faites pour dérouter un peu les classificateurs de larves, et je reconnais qu'elles n'ont pas toutes cet air de parenté que l'on trouve ordinairement dans celles d'un même groupe.

Les unes, en effet, ont une consistance subcoriace, un corps linéaire ou un peu atténué aux deux extrémités, des antennes et des palpes courts, les mâchoires coudées très-sensiblement et à angle droit, avec un lobe large, des pattes munies de soies presque épineuses et se dérobant sous le corps, le dernier segment assez grand, subcorné et terminé par deux crochets *(Tetratoma, Hallomenus, Xylita, Phloiotrya)*, pouvant enfin se comparer, pour la forme générale, à des larves de Trogositides, par exemple.

Les autres sont charnues, molles, un peu trapues, quelquefois un peu renflées antérieurement, avec des mamelons ou ampoules ambulatoires, des antennes et des palpes un peu moins courts, des mâchoires moins brusquement coudées et leur lobe plus étroit, des pattes moins solides, étalées, débordant le thorax, un dernier segment petit, arrondi, charnu comme le reste, inerme, sauf une bien faible exception offerte par la larve de *Zilora;* en un mot, présentant, quand on n'y regarde pas de trop près, la physionomie de larves de Longicornes.

Si maintenant nous rapprochons ces deux formes de larves des familles et des branches établies par Lacordaire et par M. Mulsant, nous trouvons encore quelques disparates. Suivons ce dernier auteur.

Première famille, celle des Tétratomiens : larves de la première forme, avec cette particularité qu'elles sont ornées de bandes noirâtres.

La deuxième famille, celle des Orchésiens, se divise en deux branches :

Celle des Orchésiaires : larves de la deuxième forme ;

Celle des Halloménaires : larves de la première forme.

La troisième famille, celle des Serropalpiens, se partage en deux branches :

1° Celle des Dircéaires, qui a deux rameaux :

Celui des Dryalates : larves de la deuxième forme ;

Celui des Dircéates (1) : larves de la première forme.

2° Celle des Serropalpaires : larves de la première forme.

La quatrième famille est celle des Mélandryens, contenant les genres *Zilora, Hypulus, Marolia, Dircæa* et *Melandrya*. Les larves sont de la deuxième forme, avec cette légère exception que celle de la *Zilora* est terminée par deux petites épines.

La cinquième famille est celle des Mycétomiens, et ne comprend que le *Mycetoma suturale*. J'ai vu, il y a de cela bien longtemps, chez Léon Dufour, des bolets venus des Pyrénées et farcis de larves qui donnèrent de nombreux individus de cet insecte, et si mes souvenirs sont fidèles, ces larves étaient coriaces et terminées par deux crochets. Elles appartiendraient donc à la première forme.

On ne sait rien de la sixième famille, les Conopalpiens, et de la septième, les Osphyens.

On voit donc, autant que les notions acquises le permettent, que les formes des larves correspondent assez aux divisions secondaires, mais sans suivre le même ordre et, pour ainsi dire, d'une manière capricieuse.

Au surplus, toutes ces larves, qu'on ne sera jamais tenté de confondre avec des larves de Longicornes, se séparent aussi, de prime abord, de celles des Trogositaires ou groupes voisins, par leurs mâchoires franchement coudées qui les reportent dans le voisinage de la grande division des Ténébrionides. De plus, elles ont pour caractères communs le lobe des mâchoires assez large et plus ou moins obliquement subtronqué, des mandibules assez étroites, bidentées ou bifides à l'extrémité, sauf peut-être celle de l'*Anisoxya* et cinq ocelles de chaque côté. Ce caractère paraît être le plus constant, mais avec cette particularité que ces organes ne sont pas toujours disposés de la même manière, les deux postérieurs étant tantôt rapprochés entre eux et voisins des précédents, tantôt écartés et éloignés.

Les nymphes présentent, outre les spinules dorsales, deux épines terminales remarquables par leur position verticale. Ces épines néanmoins ne constituent pas un caractère uniforme, car dans les nymphes de *Marolia variegata* et de *Tetratoma Baudueri*, qui sont, à la vérité, hérissées de

(1) Il est bien entendu, après ce que j'ai dit plus haut, que j'en sépare la *Dircæa quadriguttata* pour la porter dans les Mélandryens, et que le nom de Dircéates devrait être remplacé par celui de Xylitates.

longs poils roussâtres sans la moindre spinule, les épines terminales sont remplacées par deux papilles cylindriques à peine relevées et brusquement terminées par une petite pointe ou crochet.

MORDELLIDES. — LONGIPÈDES Muls.

Tomoxia biguttata Gyl. — **bucephala** Costa.

Fig. 342-351.

LARVE

Long., 10 millim. Corps blanc, charnu, en ellipse allongée, plus bombé en dessus qu'en dessous, revêtu, ainsi que la tête, de poils très-fins, courts, d'un blanc jaunâtre, plus nombreux sur les flancs et le dernier segment. Celui-ci conique, parsemé d'aspérités cornées et faiblement bifide à l'extrémité. Pattes ayant la forme de pseudopodes coniques, articulés.

Tête sensiblement plus étroite que le prothorax, inclinée en bas si on la regarde verticalement en dessus, ovoïde si on l'observe de face, lisse, convexe surtout sur le vertex, d'un roussâtre pâle avec le bord antérieur roux, marquée d'un sillon médian qui, partant du vertex, aboutit à une fossette frontale peu prononcée. Bord antérieur faiblement échancré au milieu, profondément sur les côtés pour loger les antennes.

Épistome assez grand, trapézoïdal, deux fois environ aussi large que long, à bord antérieur légèrement concave.

Labre plus que semi-elliptique, marqué de fossettes et cilié de soies roussâtres.

Mandibules fortes, ferrugineuses dans leur moitié basilaire, puis noires et luisantes jusqu'à l'extrémité qui est taillée en biseau.

Mâchoires un peu velues, assez fortes, visiblement coudées, descendant jusqu'à la base de la tête ; *lobe* un peu conique, muni intérieurement de cils roussâtres spinuliformes et dépassant le second article des palpes maxillaires.

Palpes maxillaires coniques, courts et cependant pouvant déborder la tête, droits, de trois articles dont le premier plus court que les deux autres qui sont égaux.

Lèvre inférieure charnue, épaisse, insérée fort en arrière, arrondie l'extrémité qui atteint à peine la base des lobes maxillaires.

Palpes labiaux courts, implantés un peu au-dessous du sommet de la lèvre, paraissant de trois articles qu'un examen bien attentif réduit à deux.

Antennes coniques, placées contre la face externe des mandibules, composées de quatre articles, le premier sensiblement plus grand que les autres qui sont égaux en longueur, le troisième surmonté de petits poils, et le quatrième très-grêle, souvent caché dans le précédent. Tous ces organes de couleur roussâtre très-claire.

Ocelles consistant en un tubercule lisse situé sur chaque joue, tout à fait sur le bord antérieur de la tête, un peu en dessous de l'antenne et vis-à-vis le milieu de la mandibule ; sur ce tubercule on aperçoit le plus souvent trois points noirs très-rapprochés en ligne transversale.

Prothorax aussi grand que les deux segments suivants réunis, non plissé sur le dos, mais très-finement striolé en travers, marqué postérieurement d'un court sillon à droite et à gauche duquel se trouvent trois tubercules disposés en triangle et constituant des aspérités roussâtres et subcornées. En dehors de ces tubercules, placés sur une portion un peu tuméfiée du prothorax, on remarque quelquefois un petit trait roussâtre produit par une toute petite crête cornée.

Mésothorax et *métathorax* marqués en dessus de quelques plis assez profonds, obliques ou longitudinalement arqués, et munis latéralement d'un petit bourrelet qu'on observe aussi sur le prothorax.

Abdomen de neuf segments, les huit premiers plus grands que le dernier segment thoracique et plissés aussi ; trois de ces plis limitant, sur le milieu du dos, un espace transversal au centre duquel se trouve une sorte d'ampoule rétractile, et deux autres dessinant sur les côtés un bourrelet bien prononcé ; ces mêmes segments ayant en dessous des soies courtes et nombreuses dirigées en arrière et couverts en partie, sur la face dorsale, de spinules très-serrées et extrêmement petites, visibles seulement au microscope. Dernier segment semi-corné, conique, parsemé d'aspérités piligères d'abord très-petites et de la couleur du corps, puis de plus en plus grandes, cornées, dentiformes et ferrugineuses ; terminé par un court appendice droit, ferrugineux, corné, paraissant tronqué, mais en réalité étroitement bifide. Dessous de ce segment occupé, depuis la base jusque vers les deux tiers de sa longueur et sur un espace semi-elliptique longitudinal, par un gros mamelon plissé et rétractile au centre duquel est l'anus.

Stigmates au nombre de neuf paires, la première près du bord antérieur du mésothorax, plus grande et située plus bas que les suivantes qui s'ouvrent au tiers antérieur des huit premiers segments abdominaux.

Pattes différentes de celles de toutes les larves qui précèdent, et semblables plutôt à celles des *Tropideres*, très-courtes, coniques, droites, charnues, me paraissant composées de cinq pièces, la basilaire consistant en une hanche épaisse, hérissée de poils antérieurement, les trois suivantes un peu inégales, tenant lieu de trochanter, de cuisse et de tibia, la première munie d'un poil antérieurement, la troisième de longs poils à l'extrémité ; la cinquième extrêmement petite, terminée par deux ou trois poils et remplaçant l'ongle.

J'ai trouvé cette larve au mois de mai dans le bois ramolli par le temps de vieux échalas de Châtaignier ; je l'ai observée aussi en grande abonbondance dans la souche d'un vieux Marronnier abattu depuis deux ans et déjà en voie de décomposition. Elle creuse une galerie longitudinale cylindrique dans laquelle elle se tient droite, avec la partie postérieure un peu inclinée ; mais si on l'en retire, elle se courbe plus ou moins et prend même l'attitude des larves de Charansonides. Ses pattes, les aspérités du prothorax, les bourrelets latéraux, les plis des segments, les soies ventrales, les spinules dorsales et enfin les aspérités et l'épine terminale du dernier segment sont de puissants auxiliaires pour l'aider à prendre des points d'appui et à cheminer dans sa galerie, et là ses mouvements sont assez faciles ; mais à l'air libre elle est presque incapable de se mouvoir. Elle se nourrit du bois lui-même, et ses déjections abondantes encombrent la galerie dont elle a consommé les déblais. Après avoir plongé dans les profondeurs du bois, elle remonte ou se dirige obliquement vers les couches voisines de la surface, s'y pratique une cellule et y subit sa métamorphose.

NYMPHE

Front parsemé de spinules droites et coniques, sauf le milieu qui est occupé par un sillon ; prothorax muni de spinules semblables sur les bords latéraux et postérieur et sur la moitié postérieure du disque, sauf le milieu. On voit de pareilles spinules, inclinées en arrière, sur le bord postérieur et dorsal des segments abdominaux, ainsi que sur les côtés où elles forment un petit groupe bien saillant. Pygidium et hypopygidium pourvus de spinules sur leurs bords, et le premier en outre sur le dos; dernier segment terminé par deux appendices coniques, assez courts et très-divergents. Grâce aux spinules dont j'ai parlé et à la mobilité de son abdomen, cette nymphe pirouette sur elle-même avec une grande facilité.

Les larves connues de la tribu des Mordellides, Longipèdes de M. Mulsant, sont les suivantes :

Mordella aculeata L., ERICHSON, Wiegm. Arch. 1842, p. 372. Je l'ai observée dans des branches mortes de Châtaignier et de Chêne.—*M. fasciata* F., DUFOUR, Ann. Sc. natur., 1840, p. 225. Dufour l'avait rencontrée dans des souches de Peuplier ; je l'y ai recueillie également, ainsi que dans des souches de Saule ; M. Goureau l'a trouvée dans du bois de Chêne en décomposition (Soc. Ent. 1842, p. 181). Les descriptions de la larve et de la nymphe ont été reproduites par M. Mulsant, Longipèdes, p. 43. — *M. Gacognii* MULS., MULSANT, Longipèdes, p. 33. Ces larves, qui me sont connues, ressemblent entièrement à celle de la *Tomoxia ;* elles ne m'ont paru en différer qu'en ce que les aspérités du prothorax sont nulles ou oblitérées, que le dernier segment a moins d'aspérités et que la pointe qui le termine est plus grêle et non bifide, et encore ces différences ne s'appliquent-elles pas à la larve de la *M. Gacognii.*

Mordellistena pusilla REDT., que M. Mulsant rapporte avec doute à l'*inæqualis*, et M. Émery à la *parvula*, SCHELLING, Beitr. zur Entom, 1829, p. 96, VALLOT., Mém. de l'Acad. de Dijon, 1823, p. 30, et FRAUENFELD, Soc. Zool. et Bot. de Vienne, 1863.

Voici les signalements d'autres espèces.

Mordellistena micans GERM., — **grisea** MULS., EX EMERY.

FIG. 352-356.

LARVE

Long. 8 millim. Semblable à celles des *Mordella*, mais facile pourtant à distinguer par son corps de couleur jaunâtre, moins trapu, plus grêle, linéaire, plus raide, plus ferme, moins subcylindrique à cause de l'aplatissement de la région ventrale, par la tache rousse du dernier segment, par la corne apicale un peu plus courte et plus profondément bifide, par les pattes plus courtes et paraissant à peine biarticulées et enfin par le nombre des ocelles qui est de deux bien dictincts de chaque côté, sans compter d'autres caractères moins apparents.

Tête bombée, presque verticale.

Épistome et *labre* comme dans la larve du *Tomoxia.*

Mandibules de même, mais, vues de côté, non obliquement tronquées au sommet, plus régulièrement triangulaires et pointues.

Mâchoires, *lèvre*, *palpes* et *antennes* de même, seulement les palpes et surtout les antennes sont peut-être encore plus courts relativement, et dans les palpes maxillaires le premier article m'a paru extrêmement court et les deux autres égaux entre eux.

Prothorax roussâtre antérieurement sur une bande transversale qui, à une forte loupe, semble très-finement chagrinée, mais qui en réalité est couverte de soies spinuliformes extrêmement courtes et excessivement serrées, visibles seulement au microscope.

Mésothorax et *métathorax* marqués d'un pli semi-circulaire dont les extrémités s'appuient au bord antérieur et circonscrivent un espace convexe, lisse et un peu dilatable; le reste de leur surface, ainsi qu'un mamelon latéral couvert de soies spinuliformes comme celles dont j'ai déjà parlé.

Abdomen de neuf segments, les sept premiers pourvus sur chaque côté d'une forte ampoule velue, subconique, dilatable, marquée de deux plis obliques et contribuant à rendre très-tranchée la séparation des segments ; au-dessus de cette ampoule, du côté du dos, des fossettes dont une plus apparente, indiquant les points où, à la volonté de la larve, peut s'opérer une dilatation; ces segments couverts de soies spinuliformes microscopiques, plus visibles près du bord antérieur, sur les ampoules et sur la face ventrale qui est en outre munie de poils courts et raides, dirigés en arrière. Huitième segment visiblement plus court que les autres, avec les ampoules latérales bien moins saillantes. Dernier segment subconique, de couleur rousse et de consistance presque cornée sur un espace postéro-dorsal presque circulaire, parsemé en dessus et sur les côtes, avec un espace plus ou moins libre, d'aspérités piligères d'autant plus grandes, plus cornées et plus foncées qu'on s'approche plus de l'extrémité, et terminé par un appendice court, corné, ferrugineux et nettement bifide.

Mamelon anal semi discoïdal, ne s'appuyant pas à la base du segment et ne dépassant pas la moitié de sa longueur ; marqué d'un pli médian profond.

Stigmates comme dans la larve de *Tomoxia.*

Pattes ainsi qu'il a été dit plus haut.

Cette larve vit communément dans les tiges de l'*Artemisia vulgaris*, et d'après M. Mulsant dans celles de l'*Euphorbia Gerardiana*. Il y en a quelquefois un grand nombre dans une même tige qu'elles sillonnent de galeries longitudinales et parallèles dont elles consomment les matériaux et qu'elles laissent derrière elles encombrées de déjections. Aux approches de la métamorphose, elles élargissent un peu la galerie en forme de niche, ou même pratiquent une cellule spéciale et oblique se rapprochant de l'extérieur.

NYMPHE

Elle présente les caractères suivants : sur le front et sur le vertex des poils courts et fins portés sur de très-petits tubercules, des poils semblables, mais sans tubercules apparents, sur le prothorax, épars sauf à chaque angle postérieur où ils forment une petite touffe ; les six premiers segments de l'abdomen ayant de chaque côté et sur le bourrelet qui sépare le ventre du dos, une touffe de poils un peu plus épais, roussâtres et un peu arqués en arrière, et sur le dos, à droite et à gauche d'un sillon médian, un mamelon surmonté de deux ou trois poils ; septième segment (celui qui porte le pygidium) et huitième dépourvus de mamelons dorsaux, mais ayant quelques poils roussâtres sur les côtés et sur le pygidium ; dernier segment assez velu et terminé par deux pointes blanches et charnues, à sommet roussâtre et subcorné, coniques, droites, relevées, entre lesquelles vient s'appuyer la pointe du pygidium.

Cette nymphe est assez vive, et grâce aux poils dorsaux et aux deux papilles terminales, elle exécute assez prestement des mouvements de rotation sur elle-même.

Mordellistena inæqualis MULS. (*Var.* **parvulæ** EX EMERY).

Fig. 357.

LARVE

Larve entièrement semblable à la précédente, dont elle ne diffère que par la taille un peu plus petite, les denticules cornées et dorsales du dernier segment moins nombreuses, mais plus fortes, l'espace elliptique postéro-dorsal beaucoup plus nettement dépourvu de toute aspérité, les côtés simplement velus et les pointes terminales un petit peu plus arquées en dehors.

La nymphe se distinguerait uniquement par les pointes terminales qui sont un peu crochues.

Je l'ai trouvée dans les tiges de *Daucus carotta*, d'*Eupatorium cannabinum*, d'*Echium vulgare*, de *Cannabis sativa*, de *Cichorium intybus*, de *Picris hieracioides*, de *Solidago virga aurea*, de *Cirsium arvense*, d'*Ononis spinosa*, d'*Achillœa millefolium*, d'*Origanum vulgare*.

Mordellistena nana Mots.

LARVE

Semblable à la précédente, mais plus petite ; dernier segment sans espace corné ; aspérités de ce segment très-petites ; pointes terminales droites et parallèles.

Elle vit souvent isolée dans les tiges de l'*Artemisia campestris*. La ponte a lieu vers le haut de la tige, et la larve ronge, en descendant, la partie centrale. La métamorphose a lieu près de la racine à la fin de juin et dans le courant du mois de juillet.

Mordellistena episternalis Muls. — **Mordellistena brevicauda** Boh. — **subtruncata** Muls. **Mordellistena troglodytes** Mann. — **parvula** Gyl. ex Em.

LARVES

Les larves de ces trois espèces ont la forme des précédentes, mais, ne les ayant plus sous les yeux, je ne puis signaler leurs caractères différentiels. Je me borne à dire que la première vit dans les tiges de la *Centaurea nigra*, la seconde dans celles de l'*Euphorbia paralias*, la troisième dans celles de l'*Origanum vulgare*.

Mordellistena (Mordella) pumila Gyl.

Fig. 358-361.

LARVE

Voici une larve qui constitue une exception à cette règle dont les articles précédents et ceux qui suivent fournissent la justification, que les larves d'un même genre sont semblables et même souvent presque identiques. La première fois que l'ai rencontrée j'ai cru voir une larve de *Cephus*, mais j'ai dû bien vite renoncer à cette idée. Je me demandai plus tard si elle ne serait pas d'une *Agapanthia* ou d'un genre voisin; cette opinion ne résistait pas à un sérieux examen des organes. Ceux-ci me reportaient toujours à la famille des Mordellides, mais il existait par ailleurs de telles différences avec les autres larves de cette famille qui m'étaient connues, que je ne savais trop à quoi m'arrêter, et je me persuadais que j'en obtiendrais un insecte du même groupe, mais d'un genre particulier. La solution de cette question était dans l'éducation de la larve. M. Revelière, de qui je l'avais reçue après l'avoir trouvée moi-même, et que j'avais initié à mes préoccupations, voulut bien essayer de l'élever; cette tentative demeura sans succès. J'échouai moi-même ici, mais en 1872, ayant constaté que ladite larve se trouvait assez habituellement dans les tiges du *Dianthus armeria*, je fis à l'automne assez bonne provision de pieds de cette plante, et je les laissai dehors jusqu'au commencement de juin, sachant par expérience que les larves de Mordellides, comme bien d'autres, du reste, mais plus que beaucoup d'autres, avortent si les substances dont elles vivent se dessèchent. Le mois de juin venu, j'enfermai mes plantes dans des boîtes et dans des bocaux, et vers la fin de juillet je vis apparaître quelques insectes noirs qui avaient tout à fait l'air de *Mordellistena*. Je fus un peu déçu, mais pourtant l'espoir d'une bonne trouvaille ne m'abandonna pas, et je me hâtai de m'emparer des insectes éclos et de les étudier. J'eus beau les tourner dans tous les sens en les soumettant aux plus forts grossissements, il me fut impossible d'y voir autre chose que la vulgaire *Mordellistena* inscrite en tête de cet article. Était-ce bien là le représentant de cette larve qui m'avait tant intrigué et dont j'attendais autre chose? Il n'a plus été possible d'en douter après la naissance, en août et même en septembre, ainsi que dans les années suivantes, d'un assez grand nombre d'individus de cet insecte et de celui-là seul.

La larve dont il s'agit appartient donc à la *M. pumila*. Les différences qu'elle présente avec ses congénères sont, à première vue, très-tranchées, mais, au fond, elles ne portent pas une bien sérieuse atteinte à la règle générale, car cette larve reproduit ce qui caractérise spécialement celles de *Tomoxia*, *Mordella* et *Mordellistena*. Comme dans ces larves, en effet, le corps est charnu, la tête est libre, les pattes sont charnues, coniques, velues et dépourvues d'ongle; le dernier segment est terminé par un appendice corné et peu profondément bifide. Elle se rapproehe des larves de *Tomoxia* et de *Mordella* par ses mandibules obliquement tronquées au sommet, quand on les observe de côté, et non pointues. par ses ocelles au nombre de deux seulement, c'est-à-dire un au bord antérieur de chaque joue, marqué d'un point noir et presque aussi gros que les deux à peu près contigus que présentent sur ce point les autres larves de *Mordellistena* (1); enfin par les pattes qui, au lieu d'être courtes et bi-articulées comme chez ces dernières, ou de trois articles, si on considère comme une hanche le mamelon basilaire, sont assez longues et ont un article de plus. Elle s'assimile aux autres larves de *Mordellistena* par la brièveté des antennes qui sont presque entièrement rétractiles, et elle a dê commun avec les unes et les autres les mâchoires, la lèvre inférieure et les palpes.

Les dissemblances, qui affectent plutôt l'aspect général que les détails organiques, sont les suivantes :

Le corps, moins ferme et plus cylindrique que celui des autres larves de *Mordellistena* qui me sont connues, est habituellement un peu courbé en arc, et il l'est sensiblement lorsque la larve est libre ; les côtés de l'abdomen sont parcourus par un bourrelet visible mais étroit, bien moins sensible que dans les larves précédentes et dépourvu de cils spinuliformes ; sur le dos des six premiers segments abdominaux surgit une ampoule ambulatoire très-saillante, peu rétractile, bilobée par une dépression médiane, munie de petits poils et couverte de cils spinuliformes microscopiques très-denses ; en arrière de l'ampoule la face dorsale du segment est revêtue de cils semblables ; le septième et le huitième segment ont, au lieu d'ampoule, une touffe transversale de longs poils dirigés en arrière. Le dernier segment, vu en dessus, a la même forme que celui des autres larves de *Mordellistena*, et il est terminé de même par un appendice corné et bifide au sommet, mais ce segment, plus velu, est blanc et charnu au lieu d'être roux et presque corné, il est dépourvu d'aspérités piligères et et il présente seulement, vers le tiers postérieur, deux petites épines inclinées en arrière et assez rapprochées. Ce même segment, vu de côté, n'a pas une forme à peu près régulièrement conique, il est épais, à section trapézoïdale et parcouru par un pli profond longitudinal qui postérieurement le coupe en deux lobes. En dessus il est conformé à peu près comme

(1) Fréquemment cependant on remarque que l'ocelle de chaque joue paraît double et comme formé de deux ocelles elliptiques accolés. Je suis porté à croire que c'est là la structure normale et qu'il y a en réalité quatre ocelles soudés deux à deux.

dans les larves précédentes de *Mordellistena*. Quant à l'appendice corné terminal vu de côté, au lieu d'être conique, il est comme tubuleux, mais plus ou moins obliquement tronqué ou échancré. Le dessous du corps est dépourvu de cils spinuliformes microscopiques, il est parsemé, comme le bourrelet latéral, de poils fins et raides différents de ceux qui constituent la villosité du corps.

L'attitude de cette larve, la forme et les deux épines dorsales de son dernier segment, mais surtout les singulières ampoules ambulatoires des six premiers segments abdominaux la distinguent de prime abord des autres larves de la famille, et ce qu'il y a de remarquable sans être surprenant, c'est que sa conformation concorde avec un genre de vie spécial. J'ai dit que cette conformation rappelle celle des larves d'*Agapanthia* et de certains *Cephus*. et précisément comme ces larves elle vit dans des tiges plus ou moins fistuleuses. M. Revelière l'a trouvée en Corse dans l'*Asphodelus microcarpus*, la *Centaurea calcitrapa* et une *Psoralea* qui doit être la *plumosa;* je l'ai vue dans des tiges d'*Euphorbia characias* qui m'ont été envoyées par M. Valéry Mayet, et je l'ai rencontrée ici dans le *Picris hieracioides*, la *Saponaria officinalis*, les *Scabiosa succisa* et *columbaria*, l'*Euphorbia amygdaloides*, le *Dianthus armeria*, la *Chironia centaurium*, le *Lycopus Europæus* et la *Chlora perfoliata*.

Ainsi, sa structure, comme celle des larves que je viens de citer, exige que sa galerie soit plus large que son corps, et précisément à cause de cette structure, car tout s'enchaîne, la femelle, comme pour économiser du travail à la larve et lui assurer, dès le début, des conditions favorables, pond sur des plantes qui ont une galerie centrale naturelle plus ou moins étendue.

Les ressemblances de cette larve avec les larves d'*Agapanthia* ont pour conséquence d'autres ressemblances dans les mœurs. Ainsi, contrairement à ce qui s'observe pour d'autres larves de *Mordellistena*, elle vit toujours seule dans une tige. Ses congénères, plus raides et non mamelonnées, sont habituellement étroitement emboîtées dans leur galerie encombrée de déjections et de détritus, où elles ne cheminent qu'avec beaucoup de lenteur; elle, au contraire, se meut dans une galerie relativement large et libre dans une assez grande partie de sa longueur; elle la parcourt, soit en montant soit en descendant, avec une assez grande agilité, grâce à la souplesse de son corps et à ses mamelons dorsaux.

La ponte a lieu vers le haut de la tige, la larve pénètre, dès sa naissance, dans le canal médullaire et elle ronge en descendant jusqu'au collet de la racine où elle arrive adulte ou à peu près. Elle s'installe en ce point, y pratique une assez large cellule et y passe l'hiver; c'est là aussi qu'habituellement elle accomplit ses métamorphoses.

Je n'ai pas vu la nymphe.

Mordellistena Perrisii Muls.

LARVE

Elle ressemble à celle de la *M. pumila*. Elle a comme elle, sur chaque joue, un ocelle noir unique paraissant parfois formé de deux ocelles accolés, les ampoules si remarquables de la face dorsale des six premiers segments abdominaux, le dernier segment conformé de même, non corné et dépourvu d'aspérités, les pattes de quatre articles. Elle diffère par la taille beaucoup plus petite et par l'absence des deux petites épines au tiers postérieur du dernier segment. L'appendice corné terminal, vu de côté, est conique et pointu et non tubuleux et tronqué.

Cette larve se développe dans la tige en partie fistuleuse de la *Jasione montana* où elle est toujours seule. Ses habitudes et ses manœuvres sont celles de la larve de la *M. pumila*. L'insecte parfait éclôt en juin et juillet.

Anaspis (Mordella) flava L.

Fig. 362-370.

LARVE

Long. 6 millim. Hexapode, d'un joli blanc, avec la tête roussâtre, charnue, très-peu coriace, assez convexe en dessus, un peu moins en dessous, visiblement mais modérément pourtant plus étroite en avant et en arrière qu'au milieu, hérissée de poils blanchâtres assez longs mais clair-semés. Dernier segment terminé par deux crochets tuberculés extérieurement.

Tête déprimée, roussâtre, un peu plus large que longue, marquée sur le haut du front d'un trait en fer à cheval et de quelques rides transversales très-fines ; bord antérieur sinueux, légèrement échancré vis-à-vis l'épistome.

Épistome transversal, surmonté du *labre* en demi-ellipse transversal, un peu tuméfié et cilié de petites soies roussâtres.

Mandibules assez courtes, crochues, larges, très-déprimées, testacées avec le bord interne et l'extrémité d'un noir ferrugineux. Vues en dessus elles sont larges, pointues à l'extrémité, leur tranche interne est un peu sinueuse et vers le tiers postérieur se dilate à angle droit; observées de profil elles sont très-étroites, leur extrémité est obliquement échancrée, comme bidentée, et de cette échancrure part une fine rainure qui se prolonge sur une partie de la face externe.

Mâchoires libres, coudées, descendant jusqu'aux deux tiers de la face inférieure de la tête, leur *lobe* très-court, cilié de quelques soies spinuliformes.

Palpes maxillaires assez courts, arqués en dedans, de trois articles égaux.

Menton subelliptique ; *lèvre inférieure* courte, prolongée au milieu en une petite languette et portant deux *palpes labiaux* courts, de deux articles égaux et ne dépassant guère les lobes maxillaires.

Antennes assez longues, paraissant peu rétractiles, de quatre articles, les deux premiers à peu près égaux en longueur, le troisième un peu fusiforme, aussi long que les deux précédents réunis et muni de quelques petits poils, le quatrième beaucoup plus court, très-grêle, portant à l'extrémité un long poil et deux ou trois très-courts. Pas d'article supplémentaire.

Sur chaque joue, en arrière de la base des antennes et vers le milieu de la longueur latérale de la tête, on aperçoit un point noir, noyé dans les tissus sans aucun tubercule ocelliforme au dehors. Je ne puis y voir que des vestiges d'*ocelles*.

Corps de douze segments, prothorax à peu près de la largeur de la tête, carré ou plus long que large, tandis que les dix segments suivants sont plus ou moins transversaux et marqués de chaque côté d'un pli longitudinal qui dessine un bourrelet latéral. Dernier segment plus étroit que tous les autres et se rétrécissant même un peu d'avant en arrière. Vu en dessus il semble très-profondément échancré, avec les deux pointes de l'échancrure cornées et ferrugineuses, une callosité ferrugineuse et comme tranchante au fond de l'échancrure et une dépression longitudinale qui n'atteint pas le bord antérieur ; si on l'examine de profil, on voit qu'il est terminé par deux crochets assez longs, bien recourbés en haut et dont le tiers apical seul est corné et coloré. Une forte loupe montre sur le côté externe de chacun de ces crochets trois tubercules et quelquefois quatre surmontés d'un long poil. Au bord interne on observe un tubercule plus petit qui, sur quelques rares individus, se dilate en une dent triangulaire assez forte. En dessous et sur un espace basilaire à peu près semi-discoïdal, ce segment se dilate en un gros mamelon au milieu duquel on en voit surgir un autre à surface tuberculée et au centre duquel est l'anus. Dessous du corps marqué de plis longitudinaux ou de fossettes indiquant les points où peuvent se produire des dilatations, des boursouflures propres à faciliter les mouvements.

Stigmates peu apparents, blanchâtres, au nombre de neuf paires, la première, un peu plus grande et un peu plus inférieure, située très-près du bord antérieur du mésothorax, les autres vers le tiers antérieur des huit premiers segments abdominaux.

Pattes médiocrement longues, médiocrement robustes, blanches comme le corps, de cinq pièces, y compris un ongle roussâtre et subcorné, hérissées non de soies, mais de quelques poils blanchâtres; cuisses et tibias d'égale longueur.

La larve de l'*A. flava* aime les bois ramollis par le temps et en voie de décomposition où elle creuse lentement, car elle est peu agile et peu active, des galeries irrégulières et sinueuses. Je l'ai trouvée dans de vieux sarments de Vigne qu'avaient habités les larves du *Sinoxylon sexdentatum* et du *Xylopertha sinuata*, dans des branches presque pourries de Châtaignier qui avaient nourri diverses larves et qui en recélaient encore, dans des troncs vermoulus de Chêne en compagnie de larves du *Rhyncolus punctulatus* et de *Mycetochares*, et je suis bien persuadé qu'on la rencontrerait en bien d'autres lieux analogues. Son développement ne paraît exiger que quelques mois, car l'insecte parfait, que j'ai obtenu plus d'une fois en avril, se montre habituellement dans les Landes dès le commencement de mai. La ponte a donc lieu dans ce mois, et la larve est presque adulte quand l'hiver arrive. Les froids l'engourdissent plus ou moins, et au retour de la belle saison elle complète sa nutrition, puis se rapproche de la surface du bois, s'y pratique une loge et se transforme en nymphe.

NYMPHE

Elle a la forme de l'insecte parfait dont elle présente les diverses parties disposées comme à l'ordinaire. La seule particularité à signaler réside dans les longs poils blanchâtres qui se dressent sur le front, le vertex, le dos et les bords du prothorax, les genoux et sur toute la surface de l'abdomen, mais moins nombreux en dessous et plus serrés à l'extrémité qui est obtuse et dépourvue de toute papille. Beaucoup de ces poils sont bulbeux à la base.

Anaspis subtestacea Steph.

LARVE

J'ai observé la larve de cette espèce dans des branches de Châtaignier, dans des sarments de Vigne et des tiges de Lierre mortes depuis environ deux ans. Si je n'avais obtenu l'insecte parfait, il me serait impossible de la distinguer de la larve précédente dont elle a la taille, la forme, la couleur et tous les autres caractères sans la moindre exception. Je me dispenserai donc de donner son signalement et celui de sa nymphe.

Anaspis maculata Fourcr.

J'ai publié dans les *Annales de la Société entomologique*, 1847, p. 29, comme appartenant à cette espèce, une larve que j'avais trouvée, avec l'insecte parfait, dans de vieux sarments de Vigne sauvage. Des observations ultérieures m'apprirent que cette larve était celle du *Lissodema lituratum* dont j'ai dit plus haut quelques mots. Je n'ai eu ni paix ni trêve que je n'aie découvert la larve véritable ; je l'ai rencontrée et élevée dans la Vigne, le Châtaignier, le Chêne et même la Ronce, et maintenant que je suis sûr de son authenticité, je puis dire que cette larve et sa nymphe ressemblent tellement, à la taille près qui est naturellement un peu plus petite, à celles de l'*A. flava*, que je ne pourrais en rien dire sans me répéter.

Anaspis melanostoma Costa. — **monilicornis** Muls.

J'ai suivi les métamorphoses de cette larve, que j'ai trouvée dans une souche de marronnier en voie de décomposition. Je me borne à la signaler, car, si je voulais la décrire, ainsi que sa nymphe, il me faudrait reproduire, sans y rien changer, ce que j'ai dit de la larve et de la nymphe de l'*A. flava*.

Silaria varians Muls.

Celle-ci vient d'une vieille tige d'Aubépine vermoulue, qui en contenait plusieurs. Deux ont servi pour l'étude et pour ma collection, et des autres j'ai obtenu deux insectes parfaits. Je ne connais pas la nymphe, mais la larve est, un peu en petit, l'image fidèle de celle de l'*A. flava*.

Les Mordellides, à l'état d'insectes parfaits, offrent deux types bien distincts, caractérisés à première vue, l'un, qui constitue la famille des Mordelliens, par le pygidium prolongé en pointe conique et par les crochets des ongles bifides ou pectinés, l'autre, qui forme la famille des Anaspiens, par le pygidium non prolongé en pointe et par les ongles simples. Les larves de ces deux groupes diffèrent plus encore que les insectes parfaits. Ceux-ci, du moins, présentent une certaine ressemblance de physionomie, et il est aisé de voir qu'ils appartiennent au même groupe; mais il n'en est pas ainsi des larves, et celles des Anaspiens contrastent tellement avec celles des Mordelliens, qu'on serait tenté de les placer à une grande distance les unes des autres. Ces dernières ont un cachet tout particulier, une structure qui leur est propre : elles sont trapues, surtout celles des Mordelles, leur tête très-convexe est inclinée, leurs mandibules sont épaisses et robustes, leur dernier segment est conique, plus ou moins couvert d'aspérités, et leurs pattes courtes et dépourvues d'ongles, ressemblent plutôt à des pseudopodes qu'à de véritables pattes ; elles ont deux ou quatre ocelles caractérisés par des tubercules placés très-près de la base des antennes, et en dehors de leurs galeries elles sont presque incapables de se mouvoir. Les premières, au contraire, celles des Anaspiens, sont presque linéaires, sveltes et sinon agiles, du moins d'une locomotion facile à l'air libre. Leur tête est déprimée et non inclinée, leurs mandibules sont larges et très-minces, le dernier segment, subdéprimé et subcanaliculé en dessus, est terminé par deux crochets recourbés ; les pattes ressemblent à celles de beaucoup d'autres larves marcheuses, ce sont de vraies pattes terminées par des ongles, et leur deux ocelles problématiques sont à peine indiqués par deux points noirs d'apparence pigmentaire, situés sensiblement en arrière des antennes. Enfin elles ont, par leur forme générale, leur consistance, leur couleur, de tels rapports avec les larves des *Cryptophagus*, qu'il faut presque le microscope pour apprécier les caractères qui les distinguent. Celles-ci en diffèrent par les caractères suivants : le lobe des mâchoires est plus long et plus épineux, les mandibules sont plus épaisses, les palpes sont un peu plus longs et le dernier article des maxillaires est surmonté de tout petits cils ; le troisième article des antennes n'est pas fusiforme et il porte à son extrémité, sous le quatrième, un petit article supplémentaire qui manque aux larves d'*Anaspis ;* les deux ocelles sont manifestés par deux points noirs assez grands, subconvexes et très-visibles, situés contre la base des antennes ; le mamelon anal fait saillie non à la base du dernier segment, mais plus en arrière ; ce segment n'a pas de callosité au fond de son échancrure, et enfin ses crochets ne présentent pas ces tubercules latéraux que j'ai trouvés dans toutes les larves d'*Anaspis*, et qui, comme les ocelles et l'absence d'article supplémentaire aux antennes, constituent un caractère facile à apprécier. Ces tubercules sont comme un vestige des aspérités du dernier segment des larves des Mordelliens et le seul trait d'union bien apparent entre ces larves et celles des Anaspiens.

De quoi vivent les larves des Mordellides ? Aucun doute n'est possible en ce qui concerne les larves des *Mordella ;* il est évident, en effet, car souvent on ne trouve pas d'autres larves avec elles, qu'elles se nourrissent de substance ligneuse ; mais elles aiment les bois naturellement tendres et d'une facile décomposition, tels que ceux du Saule, du Peuplier, du Marronnier, ou si elles attaquent des bois plus durs comme le Chêne et le Châtaignier, elles préfèrent les branches qui ont plus d'aubier que les troncs, et elles attendent que cet aubier soit ramolli par le temps. Comme elles ne sont pas obligées de passer une partie de leur vie sous l'écorce, et que, dès leur naissance, elles plongent dans les couches ligneuses, les femelles pondent aussi bien sur les souches et les branches dépouillées de leur enveloppe corticale que sur celles qui en sont pourvues.

Quant aux larves des *Mordellistena*, il y a quelque incertitude, car M. Goureau, en parlant (*Société entomologique*, 1868, *Bull.*, p. CXIII) des larves qui habitent les tiges du *Senecio aquaticus*, signale l'une d'elles, appartenant à la *Mordellistena subtruncata*, comme étant carnassière et dévorant celles du *Lixus bicolor* et de l'*Agromyza ænea* qui vivent avec elle. J'ai cru devoir publier dans les mêmes annales (1869, p. 466) une note par laquelle, sans contredire formellement l'assertion de mon honorable ami, j'exprime néanmoins des doutes sur la légitimité de son opinion et je réclame des vérifications nouvelles. Ces vérifications je les ai faites de mon mieux, et je suis de plus en plus porté à croire que les larves de

Mordellistena sont phytophages. Les deux premières espèces dont j'ai parlé plus haut vivent ordinairement seules, mais non solitaires, bien s'en faut, dans les tiges de l'Armoise et de la Carotte, et elles y creusent de longues galeries dont elles consomment évidemment les déblais. Qu'elles respectassent une larve de Curculionide ou de Diptère qui se trouverait sur leur passage, je n'oserais l'affirmer, car j'ai vu des larves lignivores devenir carnassières par occasion, mais ce qu'il y a de certain, c'est que, le plus souvent, elles sont plusieurs dans la même tige et qu'elles s'y développent sans paraître se rechercher et sans se nuire. Du reste, l'analogie de conformation entre les larves positivement lignivores de *Mordella* et les larves de *Mordellistena* est un motif de plus de croire que les goûts de celles-ci sont conformes aux appétits de celles-là.

En ce qui concerne les larves d'*Anaspis*, ce dernier raisonnement n'est pas applicable, car on n'a pas oublié qu'elles diffèrent des précédentes par leur structure générale et par plusieurs caractères particuliers. Elles sont conformées comme plusieurs autres larves carnassières ou vidangeuses, et si je considère qu'elles vivent dans les bois vermoulus encore occupés par d'autres larves ou pleins de leurs déjections, je me sens porté à penser qu'elles se nourrissent de ces détritus et qu'elles ne laisseraient pas échapper l'occasion d'un repas plus succulent.

SCRAPTIIDES

Scraptia minuta Muls.

Fig. 371-379.

LARVE

Long. 4 1/2 millim. Hexapode, d'un blanc à peine jaunâtre, luisante, déprimée, un peu convexe en dessus, plate en dessous, étroite, linéaire, à peine un peu renflée vers le milieu de l'abdomen, assez ferme et subcoriace. Dernier segment très-grand et caduc.

Tête presque carrée, à peine plus large que longue, très-peu arrondie sur les côtés, déprimée, lisse, de la couleur du corps, avec le bord antérieur roux ; celui-ci droit.

Épistome transversal, *labre* semi-elliptique, bordé de quelques cils.

Mandibules ferrugineuses avec l'extrémité plus foncée, larges, assez courtes, se joignant sans se croiser, arrondies sur la tranche externe, avec une légère sinuosité un peu en arrière du sommet ; celui-ci acéré et au-dessous, sur la tranche interne, deux petites dents suivies d'une échancrure après laquelle la mandibule s'élargit en s'arrondissant jusqu'à la base. Telle est la forme de la mandibule droite, la gauche en diffère en ce que la dent la plus postérieure manque.

Mâchoires un peu convexes extérieurement, comme coudées intérieurement, munies d'un lobe cylindrique terminé par quelques petits cils spiniformes un peu crochus en dedans, se prolongeant un peu au delà du second article des palpes maxillaires.

Palpes maxillaires assez courts, ne dépassant pas au repos les mandibules, coniques, un peu arqués en dedans et de trois articles dont le second un peu plus long que le premier et un peu plus court que le troisième.

Menton de deux pièces, la première ou basilaire deux fois et demie plus grande que l'autre, à côtés sinueux, la seconde presque carrée, portant la *lèvre inférieure* laquelle est courte, transversale, un peu échancrée antérieurement avec un prolongement médian constituant une toute petite languette conique.

Palpes labiaux courts, atteignant le niveau du sommet des lobes maxillaires et de deux articles égaux.

Antennes de quatre articles, le premier court, sensiblement plus large à la base qu'au sommet, le second à peu près de la longueur du précédent, ayant un petit poil de chaque côté, le troisième trois fois au moins aussi long que le second, en ellipsoïde très-peu ventru, muni de quelques petits poils de chaque côté, le quatrième plus court qu'aucun autre, légèrement conique, émoussé à l'extrémité qui porte trois ou quatre soies dont la centrale est longue. Pas d'article supplémentaire apparent.

Ocelles nuls ou invisibles.

Région thoracique un peu plus étroite que l'abdomen, longue et égalant avec la tête au moins les six premiers segments abdominaux. *Prothorax* plus long que large ; *mésothorax* et *métathorax* d'une longueur égale à la largeur, un peu arrondis latéralement.

Abdomen de neuf segments augmentant un peu en longueur jusqu'au quatrième, puis égaux, plutôt un peu obliques qu'arrondis sur les côtés, de sorte que les intersections ne sont mises en relief que parce que chaque segment déborde un peu la base de celui qui le suit. Huit premiers segments lisses en dessus et en dessous, sans aucun pli visible, mais parais sant avoir sur les côtés un imperceptible bourrelet. Neuvième ou dernier segment se détachant parfaitement du précédent, ellipsoïde et d'une longueur tout à fait insolite, puisqu'elle égale presque celle des trois segments précédents réunis. A la base ventrale de ce segment, sur lequel je reviendrai plus tard, un mamelon transversal un peu extractile, susceptible de s'appuyer sur le plan de position et que je ne puis considérer que comme la ventouse anale.

Sur les côtés de la tête on aperçoit trois ou quatre petits poils; il y en a un assez court de chaque côté des segment thoraciques, et sur les côtés des huit premiers segments abdominaux un très-long et un plus court ; le dernier segment est hérissé de poils très-longs, surtout postérieurement. Si à l'aide d'une très-forte loupe on observe la larve dans le sens de la longueur, on constate qu'elle porte tant sur la face dorsale que sur la face ventrale quatre séries de poils assez longs et assez raides, mais très-fins.

Stigmates au nombre de neuf paires et presque visibles en dessus, mais très-difficiles à apercevoir, la première paire près du bord antérieur du mésothorax, les autres au tiers antérieur des huit premiers segments abdominaux.

Pattes longues, débordant de beaucoup le corps, de cinq articles ongle compris, hérissées de quelques soies principalement sur le côté supérieur.

Cette larve, peu agile du reste, a la faculté de marcher à reculons avec une grande facilité comme les larves des Cistelides.

Vers la mi-mai 1871, mon ami et élève M. Émile Gobert, ayant rencontré une colonie populeuse de *Lasius fuliginosus* établie dans le creux d'un Châtaignier, se mit en devoir de l'explorer. Pendant qu'il en épluchait les débris tamisés sur lesquels couraient effarés de nombreux Staphylinides et où se promenaient l'*Abræus globosus* et le *Scydmænus cerastes* Saulc., il aperçut de petites larves, et comme il sait le prix que j'attache à ces objets, il les mit, à mon intention, dans un tube avec de l'alcool. Lorsque je les examinai, j'y trouvai des larves de *Scathopse* et d'un autre diptère, probablement la *Phyllomyza flavitarsis* que j'ai plusieurs fois trouvée dans les fourmilières, des larves de Staphylinides très-reconnaissables à la forme de leurs antennes et aux appendices de leur dernier segment et enfin d'autres larves qui, à première vue, piquèrent vivement ma curiosité et qui étaient de deux sortes. L'une était celle que je viens de décrire, et ceux qui ont quelque expérience des larves comprendront que j'aie été quelque peu surpris et intrigué par les dimensions de ce dernier segment que je voyais tel pour la première fois. L'autre sorte de larves ressemblait à celle-ci par tous ses caractères, sauf que le dernier segment, au lieu d'être très-grand et ellipsoïdal, était au contraire très-petit, moins que semi-discoïdal et même incliné vers le plan de position. M. Gobert fut témoin de ma surprise et de mon désir d'avoir d'autres de ces larves vivantes, d'avoir surtout leur nymphe, et il repartit pour se livrer à de nouvelles recherches. Il revint portant les débris qu'il avait recueillis. Leur exploration minutieuse nous fit découvrir plusieurs larves de la seconde forme, deux de la première et des larves de l'*Abræus globosus*, plus un individu du *Batrisus venustus*, le seul qui ait été rencontré dans cette fourmilière. J'étais donc ainsi en possession d'un certain nombre de larves à dernier segment très-grand, dont trois vivantes. Je commençai mon étude par celles-ci et j'en mis une sous le microscope. Pour la contenir et la contraindre à mettre en évidence les organes de la bouche, je posai sur elle une petite et légère plaquette de verre; mais à peine se fut-elle débattue un moment, que le dernier segment se détacha, et alors elle m'apparut entièrement semblable aux larves de la seconde forme, autant du moins que j'avais pu juger de celles-ci avec la loupe. J'en soumis alors deux au microscope, une morte et une vivante, je les comparai point par point avec celle qui venait de se mutiler sous mes yeux, et il me fut impossible d'y trouver la moindre différence. J'examinai, à l'aide d'une très-forte loupe, la larve mutilée : le détachement du dernier segment avait laissé une faible cavité au-dessus du segment beaucoup plus petit qui l'avait remplacé, mais il ne s'était pas opéré le moindre écoulement et une légère pression n'en déterminait pas non plus ; la cavité était parfaitement sèche et comme tapissée d'une membrane. Le segment détaché, examiné à son tour, se montra aussi comme n'ayant reçu aucune blessure, son bord antérieur était très-régulièrement échancré, et en l'examinant de profil on constatait qu'il était aminci de manière à avoir la forme de la cavité que son ablation avait produite. Je pris alors deux larves à long segment terminal conservées dans l'alcool, et sans presque y mettre d'intention je fis détacher ce segment de l'une d'elles en la couvrant de la petite plaquette de verre, et de l'autre en la frottant tout simplement avec un petit pinceau. Il est résulté pour moi de ces expériences que les deux sortes de larves sont absolument de la même espèce, que le dernier segment qui a, même à l'état vivant, une attache très-peu solide, est caduc et que le petit segment qui reste après la chute de celui qui le recouvrait n'est autre chose que le mamelon anal. Ces mêmes expériences expliquent aussi pourquoi, sur une vingtaine de larves recueillies par

M. Gobert ou par moi, il n'y en avait que six qui eussent conservé leur dernier segment; il est en effet incontestable pour moi que le ballottement, les secousses du tamisage et le choc des matières au milieu desquelles se trouvaient ces larves ont été plus que suffisants pour le faire détacher, et que si quelques-unes l'ont conservé, c'est une bonne fortune sur laquelle il ne faudrait pas compter, à moins d'user de beaucoup de ménagements. Voilà un fait aussi curieux que l'est la larve elle-même, et dont je m'estime heureux d'avoir pu faire la constatation, tout en reconnaissant mon impuissance à expliquer les motifs, à discerner le but d'une pareille bizarrerie.

Mais à quel insecte appartenait cette curieuse larve? Je ne pouvais l'attribuer à un Staphylinide et elle n'était pas non plus celle de l'*Abræus globosus* sur laquelle j'étais déjà fixé. Restaient donc les *Scydmænus cerastes* et *Perrisii* qui cohabitent avec le *Lasius fuliginosus* et le *Batrisus venustus* dont nous avions recueilli un individu. Pour être, jusqu'à un certain point, fixé à cet égard, il aurait fallu une nymphe dont la forme aurait pu me dire celle de l'insecte parfait; mais les détritus explorés n'en avaient fourni aucune. Je me décidai alors à essayer l'éducation des deux seules larves vivantes qui me restassent et je les installai dans un tube, avec des débris. Quatre jours après l'une était morte et l'autre était devenue nymphe. Ma joie fut bien grande, car je crus le problème résolu, mais j'étais dans l'erreur. L'examen auquel je me livrai me convainquit, en effet, que cette nymphe ne pouvait être de *Scydmænus* ou de *Batrisus*. Tout au plus pouvait-on y voir un semblant d'*Eutheia*, mais la longueur de son corselet m'interdisait de lui donner ce nom. Sa dernière métamorphose pouvait seule me fixer; malheureusement, comme je l'avais quelque peu tourmentée pour l'étudier et la décrire, elle échoua.

Je songeai alors à mon ami Bauduer. Sachant qu'il avait de fréquentes occasions de rencontrer des nids de *Lasius fuliginosus*, je lui fis connaître la larve en question et le priai de la rechercher et de l'élever pour obtenir l'insecte parfait. L'obligeance de M. Bauduer ne se démentit pas dans cette occasion, et un jour du mois de juin que j'étais chez lui, il me montra des larves en volière et une nymphe en tout semblable à celle que j'avais observée. Quelques jours après il m'annonçait la naissance d'une *Scraptia minuta*. Je ne m'attendais pas, je l'avoue, à ce résultat, mais, loin d'être tenté de le contester, je le trouvai, au contraire, parfaitement en rapport avec la forme de la nymphe qui m'aurait conduit, sans doute, à le deviner, si j'avais pu me douter que l'insecte dont il s'agit, qu'on n'avait jamais signalé comme se trouvant avec des fourmis, vivait en leur société.

Voici, en quelques mots, les caractères distinctifs de la nymphe.

NYMPHE

Les diverses parties de son corps sont disposées comme à l'ordinaire, et elle est hérissée de longs poils blanchâtres et mous sur le vertex, autour du prothorax, sur le mésothorax et le métathorax, sur la face dorsale et les côtés des segments abdominaux. Un poil semblable existe sur chaque genou. Les segments de l'abdomen, du moins les deux ou trois qu précèdent les derniers, ont aux angles postérieurs un petit tubercule surmonté d'un poil. Le dernier segment se divise en cinq lobes, deux latéraux très-peu saillants et presque tronqués et trois intermédiaires beaucoup plus grands, bien détachés, mammiformes, sauf le médian, qui est bifide à l'extrémité.

M. E. Revelière m'a envoyé de Corse des larves tout à fait semblables, recueillies par lui dans les détritus au pied des Cistes et appartenant probablement à la *Scraptia* voisine de la *minuta,* mais formant une espèce nouvelle, qu'il m'a envoyée aussi et qu'il a prise, je crois, en fauchant. J'ignore si les détritus des Cistes étaient habités par une fourmi; la chose est loin d'être impossible. Quoi qu'il en soit, je crois que la larve que j'ai décrite est simplement vidangeuse et que si, comme celle de Revelière peut-être, elle n'est pas essentiellement myrmécophile, elle se nourrit de détritus.

Dans mes *Promenades entomologiques* de 1874 j'ai cité le fait de deux *Scraptia minuta* observées à la fin de juin et s'introduisant dans les galeries d'une fourmilière de *Lasius fuliginosus* établie dans un Chêne creux et vermoulu. Ce fait confirme les habitudes et les relations de cet insecte.

Plusieurs auteurs, et notamment Erichson, ont classé les *Scraptia* parmi les Mélandryides. Redtenbacher les avait d'abord mises dans les Mordellides, et cette opinion a été adoptée par M. Mulsant *(Longipèdes).* Lacordaire en a fait le type de ses Scraptiides, formant la 2e tribu des Pédilides, et J. Duval a accepté ce classement. Si d'autres larves de Pédilides étaient connues, je me hasarderais à donner mon avis. Ce que je puis dire seulement, c'est que si la larve de la *Scraptia minuta* n'a presque pas de points de comparaison avec celles de *Mordella* et de *Mordellistena*, elle offre cependant d'assez nombreux rapports avec celles d'*Anaspis* dont elle diffère essentiellement par la forme et la caducité du dernier segment.

ŒDÉMÉRIDES des Auteurs. — ANGUSTIPENNES Muls.

Œdemera (Necydalis) flavipes F.

Fig. 380-386

LARVE

Long. 10-13 millim. Hexapode, charnue, blanche ou d'un blanc légèrement jaunâtre, peu ou point renflée antérieurement, cylindrique, sauf qu'elle est un peu atténuée postérieurement, parsemée de poils fins de diverses longueurs, ceux de l'abdomen inclinés en arrière et disposés en verticille autour de chaque segment.

Tête subcornée, roussâtre, presque carrée, un peu plus large que longue si l'on s'arrête au bord antérieur, très-peu convexe, marquée sur le front d'une dépression ovale qui se prolonge jusqu'au vertex en un sillon assez profond ; fort peu arrondie sur les côtés. Bord antérieur un peu sinueux, de même consistance que le reste, avec une petite tache noirâtre contre la base de chaque mandibule.

Épistome avancé, trapézoïdal, à bords latéraux obliques et conséquemment plus large en arrière qu'en avant.

Labre étroit, plus que semi-discoïdal, cilié de petits poils raides.

Mandibules, vues en dessus, très-larges à la base jusque vers le milieu de leur longueur, puis largement et profondément échancrées en dedans, acuminées à l'extrémité au-dessous de laquelle on voit deux petites dents ; vues de côté, assez longues, subtriangulaires, avec la tranche inférieure légèrement concave, terminées par trois dents dont l'intermédiaire est la plus saillante, lisses, ferrugineuses avec les bords noirâtres jusqu'au delà du milieu, noires ensuite jusqu'au bout.

Mâchoires assez fortes, médiocrement coudées, leur lobe déprimé, large, obliquement arrondi au sommet qui est cilié ou plutôt pectiné de soies roussâtres et dépasse un peu le premier article des palpes maxillaires.

Palpes maxillaires grêles, de trois articles dont les deux premiers d'égale longueur et le troisième plus court.

Menton presque en losange, *lèvre inférieure* prolongée en une très-courte languette arrondie.

Palpes labiaux de deux articles, dont le premier deux fois plus long que le second qui affleure l'extrémité du lobe maxillaire.

Tous ces organes très-mobiles et roussâtres.

Antennes de même couleur, mobiles aussi et de quatre articles, le premier assez gros, un peu plus large à la base qu'au sommet, le second presque cylindrique, une fois et demie au moins aussi long que le précédent dans lequel il peut rentrer en partie et portant deux petits poils latéraux ; le troisième une fois et demie aussi long que le second, un peu plus large à l'extrémité qu'à la base, avec trois poils de chaque côté; le quatrième grêle, beaucoup plus court, cylindrique, terminé par une longue soie et au moins trois bien plus petites, accompagné d'un article supplémentaire visible surtout quand on regarde la larve de profil, et qui est effilé avec la base un peu renflée, et plus long que son voisin.

Sur les joues, très-près de la base des antennes et en suivant le bord antérieur de la tête, on aperçoit deux *ocelles* convexes, ordinairement tachés de noir, écartés et situés l'un presque vis-à-vis l'axe de l'antenne, l'autre, un peu plus gros et plus convexe, au-dessus de la base de l'antenne, dans un angle formé par une sinuosité du bord antérieur.

Prothorax aussi grand que la tête jusqu'au bord antérieur de celle-ci, un peu plus large que long, un peu anguleusement arrondi au bord postérieur, lisse, nuancé de roussâtre et paraissant avoir une consistance un peu plus ferme que le reste du corps; *mésothorax* et *métathorax* lisses aussi, plus courts mais pas moins larges. Ces trois segments ont des poils roussâtres disposés en verticille sur les deux derniers, et formant sur le dos du premier deux séries voisines l'une de la base, l'autre du sommet et se réunissant sur les côtés.

Abdomen de neuf segments, un peu plus étroits que le métathorax et se rétrécissant un peu plus à partir du septième segment. Les huit premiers segments ayant une sorte d'ampoule contractile sur chaque côté, un verticille de soies inclinées en arrière un peu après le milieu de leur longueur et de très-petits poils raides, épars en avant de ce verticille. Neuvième segment plus court que les autres, muni de soies et de poils semblables, mais plus petits, très-arrondi postérieurement et suivi d'un faux petit segment qui n'est autre chose qu'un *mamelon anal* incliné sur l plan de position, à bord postérieur presque ogival et cilié d'assez longues soies roussâtres. Ce mamelon, vu en dessous, est comme fendu en travers, et dans cette fente se trouve l'anus. Dessous du corps lisse comme le dessus, non visiblement déprimé à la partie sternale.

Stigmates elliptiques, au nombre de neuf paires, la première, plus grande et plus inférieure que les autres, près de l'insertion des premières pattes, sur un petit espace triangulaire qui a l'air de dépendre du prothorax, les autres un peu après le tiers des huit premiers segments abdominaux.

Pattes assez longues et assez robustes, hérissées de quelques soies et composées de cinq pièces, savoir : une hanche très-saillante en dessous, un trochanter, une cuisse grossissant de la base à l'extrémité, un tibia un peu plus court que la cuisse et atténué de la base au sommet et enfin un ongle subulé, corné, à extrémité ferrugineuse. Vu leur longueur et leur écartement à leur insertion, ces pattes débordent de beaucoup le corps.

J'ai trouvé plus d'une fois cette larve dans des branches de Châtaignier mortes depuis assez longtemps pour que le bois fût devenu mou et comme spongieux. Elle y creuse pour vivre une galerie plus ou moins sinueuse qu'elle laisse derrière elle encombrée d'excréments granuleux. Elle se transforme dans une loge voisine de la surface du bois.

NYMPHE

Elle se distingue par les caractères suivants : des poils roux nombreux sur le front, en série transversale près du bord antérieur du prothorax, en groupe assez étendu près de chaque angle postérieur, en groupe très-clair sur le mésothorax et le métathorax, en bande assez touffue sur le dos des segments de l'abdomen, presque en touffe sur les genoux, peu nombreux sur la face ventrale. Tous ces poils portent sur un petit tubercule subconique, charnu et glanduliforme, visible à une forte loupe et surtout au microscope. Le dernier segment, parsemé de poils semblables, porte en dessus à son extrémité, comme la nymphe du *Phloiotrya*, deux épines blanches, avec l'extrémité cornée et noirâtre, verticales et à peine divergentes, et en dessous deux papilles épaisses, charnues et obtuses.

Les larves connues d'Œdémérides se rapportent aux espèces suivantes :

Calopus serraticornis L. qui forme avec les *Sparedrus* une branche. celle des Calopaires, et dont la larve, brièvement décrite par Gyllenhal, (*Act. Upsal.*, t. VI et *Ins. suec.*, t. II, p. 513) et mentionnée par Erichson, constitue déjà une division spéciale, puisqu'elle est, jusqu'ici, la seule dont le dernier segment soit armé de deux petites cornes recourbées.

Ditylus lævis F. KOLENATI, Bull. Soc. impér. des natur. de Moscou, 1847, p. 137. Description très-étendue et sans doute complète, reproduite par M. Mulsant.

Nacerdes maritima COQ., COQUEREL, Soc. Ent. 1848, p. 177. — *N. lepturoides* THUNB., PERRIS, Soc. Ent. 1857, p. 392, sous le nom de *melanura*, et HERKLOTS, Tydschr. Nederl. ent. ver. 1861, p. 171, sous le nom d'*Anoncodes melanura*. J'ai donné à cette larve deux vestiges d'ocelles de chaque côté; vérification faite je ne trouve aucune trace de ces organes, et je n'en vois pas non plus à celle de la *Nacerdes maritima* dont je possède deux exemplaires. Ces vestiges n'étaient peut être que pigmentaires, et il est possible que l'alcool les ait décolorés.

Anoncodes amœna SCHMT., *Dispar.* DUF., DUFOUR, Soc. Ent. 1841, p. 5. La description et la figure donnent à tort trois articles aux palpes labiaux qui n'en ont que deux. Deux nymphes de l'*A. ruficollis* ont été trouvées par M. Franz. Loew dans le bois d'un vieux baquet pourri (Abeille, 1869, p. 98).

Asclera cœrulea L., HEEGER, Sitzber, Wien. Acad. Wiss. 1853, p. 932.

Xanthochroa carniolica GISTL., PERRIS, Soc. Ent. 1857, p. 387.

Chrysanthia viridissima L., WESTWOOD, Intr., t. I, p. 305.

Je crois devoir profiter de l'occasion pour faire connaître trois autres larves de ce groupe.

Œdemera (Cantharis) virescens L.

LARVE

Cette larve, longue de 10 à 14 millim., est facile à distinguer de celle d'*Œ. flavipes*, non par ses organes, mais par sa couleur. Relativement aux organes, je ne vois, en y regardant bien et en me montrant fort scrupuleux, que deux petites différences. J'ai dit que les mandibules, vues de côté, se montrent terminées par trois dents dont la médiane plus longue que les autres; la dent latérale la plus voisine du labre me paraît plus petite qu'à l'ordinaire dans la larve dont je m'occupe. D'autre part, l'article supplémentaire des antennes est un peu moins long, moins régulièrement effilé, parce qu'il se dilate à la base plus brusquement et sur une plus grande longueur. Quant à la couleur, voici ce qu'il en est :

La tête est en dessus d'un brun livide, avec un trait blanc partant du vertex et se bifurquant au milieu du front vers les deux antennes lesquelles sont, ainsi que les palpes, nn peu annelées de brunâtre. Le prothorax est brun avec une ligne blanche au milieu ; sur les deux autres segments thoraciques la couleur brune, coupée aussi par une ligne blanche, n'atteint pas le bord postérieur, et sur les segments abdominaux, qui n'ont pas de ligne blanche, elle s'arrête au delà du milieu, juste au verticille de poils. Le neuvième segment est entièrement brun et le mamelon anal aussi, moins la base. Les ampoules latérales, qui ont la forme de tubercules elliptiques, sont brunes pareillement. Le dessous de la tête et du corps est d'un blanc livide, avec des traces brunâtres sur le devant du sternum et sur les hanches. Cette larve est donc annelée de brun, et cela suffit pour la distinguer.

En ce qui concerne la nymphe, je dois dire qu'elle est en tout comme la précédente, même pour la couleur.

Au mois de juillet 1870, durant une excursion dans les Pyrénées avec mes amis MM. de Bonvouloir et Abeille de Perrin, je m'avisai d'explorer des tiges d'*Aconitum napellus* de l'année précédente et gisant à terre ; je pensais y trouver quelque larve retardataire de l'*Agapanthia angusticollis* qui aime à pondre sur cette plante lorsqu'elle est fraîche. Mon espoir ne fut pas déçu et il fut même dépassé, car j'y rencontrai de plus, et assez communément, la larve dont je viens de parler. Je la reconnus sur le champ comme appartenant à une Œdéméride, mais la couleur m'intriguait, et je m'attendais à en obtenir autre chose qu'une *Œdemera*, peut-être le *Mycterus curculionoides* qu'on a mis dans cette famille, qui est si commun dans notre contrée, et dont je ne puis découvrir la larve, qu'il serait pourtant, à plus d'un titre, si intéressant de connaître. Je soupçonne, je l'ai déjà dit, qu'elle vit sous terre. Je fis donc un fagot de tiges sèches, et au mois de mai 1871, je vis apparaître des individus des deux sexes de l'Œdémère montagnarde appelée *virescens*. J'étais fixé sans doute, mais un peu désappointé cependant, car j'aurais désiré encore mieux que cela.

Je ne dois pourtant pas bouder ma larve, et je veux dire qu'elle vit de de la moelle desséchée par la mort et ramollie par le temps des tiges herbacées de l'Aconit. Plus d'une se trouve ordinairement dans une même tige. Lorsqu'elle doit se transformer en nymphe, si la tige a encore des parties pleines, elle creuse une loge entre les fibres ; si elle est creuse, elle la bouche avec des fibres sur deux points assez rapprochés, et c'est dans l'intervalle qu'elle subit sa métamorphose. Même durant sa vie active, si la tige est tronçonnée, elle bouche les ouvertures pour se préserver du mauvais temps ou de l'invasion de quelque ennemi.

Anoncodes viridipes Schmidt

Voici une larve dont M. Revelière m'a envoyé de Corse plusieurs individus et qui vit dans les tiges d'une Carduacée, comme la précédente dans celles de l'Aconit. Il m'est impossible de lui trouver, quoiqu'elle appartienne à un genre différent, le moindre caractère qui la distingue de celle de l'*Œ. flavipes*. Elle est seulement un peu plus grande, ce qui est sans importance. Je renvoie donc, ne pouvant mieux faire, à la description que j'ai donnée.

Stenostoma (Leptura) rostrata F.

Fig. 387-388

Cette larve est encore un *fac-simile* de celle de l'*Œdemera flavipes*, et je n'ai pas, dès lors, beaucoup à en dire. Je suis parvenu pourtant à lui trouver deux caractères différentiels qui ne sont pas à dédaigner : le premier réside dans les mandibules qui, en arrière de la dent apicale, m'ont paru avoir quatre autres dents internes, au lieu de trois, les trois premières presque égales et obtuses, la quatrième très-petite ; le second se trouve dans les antennes dont l'article supplémentaire est de la longueur du quatrième, à côté duquel il se trouve, et au lieu d'être effilé, il est cylindrique presque autant que son voisin, et seulement plus grêle. Les ocelles ne présentent pas de différence.

J'ai rencontré cette larve au bas des tiges et dans les racines de l'*Eryngium maritimum* sur les fleurs duquel l'insecte parfait aime tant à se poser, ainsi que dans les tiges du *Diotis candidissima.*

Erichson, et d'après lui MM. Chapuis et Candèze, ont indiqué les caractères généraux des larves des Œdémérides. Plus tard, dans son *Histoire naturelle des Angustipennes*, M. Mulsant a reproduit ces caractères en les modifiant sur quelques points et les mettant en harmonie avec les nouvelles notions acquises. Les larves dont il s'agit ont un air de famille qui, avec un peu d'expérience, les fait aisément reconnaître. Elles présentent cependant des différences remarquables. La tête, habituellement large, déprimée sur le devant du front, sillonnée en arrière, est généralement libre, ou bien peu s'en faut; mais dans la larve du *Ditylus* elle est, d'après la description de M. Kolenati, enchâssée dans le prothorax. La partie antérieure du corps, ou thoracique, est souvent plus large que l'abdomen, et ce renflement antérieur était même considéré comme un caractère constant; or, la forme presque cylindrique des larves d'*Œdemera* et de *Stenostoma* lui enlève une partie de son importance. Les organes de la tête ont une grande uniformité, les mandibules sont tridentées à l'extrémité, dentelées sur leur tranche interne; les mâchoires sont larges, les palpes longs et grêles; les antennes, habituellement droites, sauf dans les larves de *Xanthochroa* et de *Nacerdes* qui les ont un peu coudées à partir du second article, sont assez longues, le troisième article est le plus grand, le quatrième est le plus petit; mais personne, que je sache, n'a parlé, pas même moi, de l'article supplémentaire, qui est pourtant bien visible surtout dans les larves d'*Œdemera*, et dont la forme et la longueur servent à différencier des genres. Cet article supplémentaire existe, quoique je n'en aie rien dit, sur la larve du *Xanthochroa*, il est un peu moins long que le quatrième article, étroitement conique et pointu. Les premiers segments du corps ont sur le dos deux groupes d'aspérités séparés par la ligne médiane dans les larves de *Ditylus*, de *Xanthochroa* et de *Nacerdes*, mais les six premiers segments, c'est-à-dire les trois thoraciques et trois abdominaux en seraient pourvus dans celle du premier genre et les cinq premiers seulement en ont dans celles des deux autres. Ces aspérités paraissent manquer dans les autres genres; cependant M. Westwood dit, pour la larve de la *Chrysanthia viridissima*, que les cinq segments antérieurs sont munis en dessus d'une double série de plaques ovales, et il les a représentées dans sa figure. La larve du *Ditylus* possède, sous le troisième et le quatrième segments de l'abdomen, une paire de mamelons charnus armés de trois rangées distinctes de petites pointes cornées brunes; j'ai signalé à la même place, dans les larves de *Xanthochroa* et de *Nacerdes* deux mamelons pseudopodes coniques, obtus et divergents, dont la surface inférieure est couverte d'aspérités et de poils très-fins. M. Westwood donne aussi à la larve de la *Chrysanthia* de petits prolongements ou tubercules charnus, mais il en compte trois paires au lieu de deux, placées sous le cinquième segment et les deux suivants, c'est-à-dire sur les deuxième, troisième et quatrième segments abdominaux; enfin les mamelons ambulatoires ont été vus par Dufour sous les troisième et quatrième segments de l'abdomen de la larve de l'*Anoncodes dispar*. Je déclare qu'ils n'existent pas dans les larves que j'ai décrites ici, pas même dans celle de l'*Anoncodes viridipes*, à moins qne leur séjour dans l'alcool n'ait opéré leur rétraction au point de les rendre invisibles.

Il résulterait de ces rapprochements que la larve du *Ditylus* formerait une section à part à cause des crochets du dernier segment, qu'une section voisine embrasserait les larves de *Xanthochroa*, de *Nacerdes* et de *Chrysanthia*, et que toutes les autres constitueraient une autre section dans laquelle la présence ou l'absence des pseudopodes ventraux, la forme et la longueur relative de l'article supplémentaire des antennes détermineraient certaines divisions.

Les larves d'Ædémerides présentent enfin un caractère qui mérite d'être signalé : il consiste dans la position de la première paire de stigmates. Ceux qui étudient les larves sont habitués à trouver, le plus ordinairement, ces stigmates près du bord antérieur du mésothorax, ou sur ce bord même, ou sur la ligne de séparation du prothorax et du mésothorax; il n'y a guère d'exception que pour la presque généralité des larves qui ont une forme particulière, qui sont courbées en arc, comme celles des Lamellicornes, des Apatides, des Curculionides, lesquelles ont ces organes sur le prothorax, de sorte qu'en dehors de ces groupes, on serait tenté d'admettre en principe que le prothorax est dépourvu d'ostioles respiratoires. Ici cependant on les voit sur une sorte de mamelon triangulaire déterminé par deux plis formant un angle rentrant dans le prothorax, et par le bord postérieur de ce segment qui constitue le troisième côté du triangle. Ce mamelon paraît donc faire partie du prothorax, aussi Dufour dit-il que la première paire de stigmates est placée sur ce segment.

M. Westwood dit que Ingpen a trouvé la larve de la *Chrysanthia* dans la sanie découlant des plaies d'un Peuplier; les autres larves connues sont phytophages ou lignivores, et jusqu'ici il est constaté qu'elles aiment à se nourrir de substances qui n'exigent pas un trop grand effort de mandibules. Il leur faut la moelle des végétaux herbacés, ou des bois presque pourris. La durée normale de leurs évolutions est d'un peu moins d'un an.

ANTHRIBIDES Lac.

Enedreytes oxyacanthæ Ch. Bris.

Fig. 389-396

LARVE

Long. 4 millim. Blanche, charnue, renflée antérieurement et courbée en arc comme les larves de Charansonides, des Scolytides et des Anobiides. Pattes ayant la forme de pseudopodes.

Tête luisante, roussâtre, subcornée, parsemée de points enfoncés d'où sortent des poils courts, blanchâtres et très-fins, médiocrement convexe et marquée sur le vertex d'un sillon peu apparent qui se perd dans une fossette frontale. Bord antérieur plus foncé, très-légèrement échancré vis-à-vis l'épistome qui est peu large et un peu plus étroit antérieurement qu'à la base.

Labre presque semi-discoïdal, frangé de poils très-fins.

Mandibules fortes, se joignant sans se croiser, ferrugineuses avec le tiers supérieur noir. Vues en dessus, leur tranche interne est taillée en biseau un peu concave jusqu'aux deux tiers de leur longueur ; vues de côté, elles sont subtrapézoïdales avec les côtés sinueux et l'extrémité obliquement échancrée.

Mâchoires fortes, coudées, hérissées de soies ; *lobe* large, subarrondi à l'extrémité et frangé de soies dorées et touffues. A la base interne du lobe, sur un renflement de la mâchoire, surgit une épine assez longue, ferrugineuse, cornée, dirigée obliquement en dedans, munie à la base de deux soies au moins. Un peu en arrière de cette épine, le bord interne de la mâchoire porte deux soies rousses, assez longues et presque spiniformes.

Palpes maxillaires droits, de trois articles égaux.

Les mâchoires sont susceptibles de se rapprocher, de manière à mettre leurs lobes en contact. Elles forment alors une voûte au-dessus de la *lèvre inférieure* qui est roussâtre, petite, insérée fort en arrière, échancrée antérieurement, arrondie postérieurement, surmontée de deux *palpes labiaux* très-courts et de deux articles égaux.

Les *antennes* sont très-difficiles à voir et j'avoue que si, par analogie avec les larves de Charansonides et d'Anobiides, je n'avais su la place où je devais les chercher, ou bien si j'avais eu quelque exemple de larve dépourvue de ces organes, je ne les aurais pas découvertes ou j'aurais renoncé à les chercher. On finit par les voir, à l'aide d'une très-forte loupe, dans une petite cavité contre la base des mandibules, et j'y ai compté deux articles très-courts dont le premier assez gros et l'autre grêle ; mais je soupçonne qu'il y en a plus de deux.

Près du bord de cette cavité on remarque un point noir et elliptique qui semble formé de deux points contigus ; j'ai même vu sur une larve ces points séparés. Ils occupent la place des ocelles, mais je n'oserais garantir qu'ils en remplissent les fonctions.

Corps parsemé de poils très-fins et peu allongés, ventru à la région thoracique.

Prothorax plus grand que chacun des deux segments suivants et très-peu plissé ; *mésothorax* et *métathorax* marqués de plis transversaux qui simulent des intersections et rendent les séparations véritables difficiles à saisir.

Abdomen de neuf segments plus plissés encore, sauf le dernier, que les segments thoraciques et muni sur les flancs d'un bourrelet formé par une double série de mamelons. Dernier segment un peu plus étroit sinon plus court que les précédents, arrondi en arrière, marqué sur le dos de deux sillons écartés et parallèles et à l'extrémité inférieure de quatre plis convergents à l'intersection desquels est l'anus.

Stigmates au nombre de neuf paires, la première, plus grande et plus inférieure que les autres, près du bord antérieur du mésothorax, les autres au tiers antérieur des huit premiers segments abdominaux.

Pattes assez semblables à celles des larves de *Mordella*, placées, comme d'ordinaire, sous les segments thoraciques et consistant en des moignons coniques formés en apparence de trois articles, mais plus sûrement de deux, le premier épais et velu, se rétrécissant assez brusquement pour constituer un semblant de second article, l'article suivant plus étroit et un peu plus court, terminé par une touffe de soies divergentes. Pas la moindre apparence d'ongle.

Tout le corps, sauf quelques parties qui paraissent absolument lisses, se montre, à un fort grossissement du microscope, couvert de très-petites aspérités extrêmement serrées.

A l'occasion de la larve du *Lissodema denticolle*, j'ai dit dans quelles conditions vit celle de l'*Enedreytes oxyacanthæ;* il faut la chercher dans les tiges mortes d'Aubépine et surtout dans les échalas de Châtaignier, mais principalement aux endroits où s'est développée, après un certain temps, une production cryptogamique du nom de *Sphæria stigma*, indice d'une altération déjà subie par le bois et cause d'une altération plus grande encore. C'est dans les couches de l'aubier ramolli que la larve dont il s'agit creuse une galerie longitudinalement parabolique qui, plongeant d'abord dans le bois, revient, après un parcours peu étendu, près de la surface. C'est là que, dans une cellule façonnée à cette intention, s'opère la transformation en nymphe.

NYMPHE

Deux séries longitudinales de petites soies blanches sur le front; près du bord antérieur du prothorax deux mamelons écartés, hérissés de spinules blanches et de soies; sur chaque côté, à la suite des mamelons, cinq spinules blanches, quelquefois moins, très-légèrement arquées en arrière, puis deux longues soies portées sur de petits tubercules; une très-petite soie sur chaque genou, une autre semblable sur les côtés de chaque segment de l'abdomen, sauf le dernier qui est revêtu de quelques poils très-fins; sur le dos des six premiers segments abdominaux de petites soies presque spinuliformes, dirigées en arrière; dernier segment terminé par deux papilles courtes, écartées et un peu divergentes. Au microscope, plusieurs parties du corps, le prothorax, les pattes, les élytres et la face ventrale paraissent couvertes d'aspérités semblables à celles de la larve, mais plus fines encore.

Choragus Sheppardi Kirby.

Fig. 397.

LARVE

Léon Dufour a publié dans les *Annales de la Société entomologique* (1843, p. 314), l'histoire des métamorphoses de cet insecte. Si j'en parle ici, c'est que sa larve vit dans le Châtaignier et que j'ai en outre quelques additions ou corrections à faire à la description donnée par mon maître regretté, et dont voici la reproduction :

« Cette petite larve, à texture souple et tendre, est courbée en hameçon ou en C, à la manière de celles des Lamellicornes et de plusieurs Curculionites. Elle a plus d'épaisseur à la région thoracique, ce qui la fait paraître bossue. Son corps, au lieu d'offrir un nombre déterminable de segments, a des plis transversaux, des rides qu'il est impossible de compter et qui sont loin d'être régulières et uniformes. Toutefois, dans des circonstances favorables, je lui ai trouvé le nombre normal de segments, c'est-à-dire douze. Le microscope y décèle des poils très-fins et assez longs.

« Tête ronde, convexe, velue, inclinée en bas, à bord occipital entier, souvent en évidence. Quoique de la couleur du reste du corps, elle a néanmoins une consistance cornée. Nulle trace d'antennes ni d'yeux, malgré l'existence d'un petit point noir de chaque côté, près de l'angle antérieur. Épistome transversal, linéaire. Labre un peu plus que demi-circulaire, cilié. Mandibules brunes, robustes, triangulaires, à pointe bifide. Mâchoires oblongues, semi-cornées, hérissées, sans lobe interne marqué. Palpe maxillaire subterminal, cylindroïde, de deux articles, dont le basilaire plus court. Lèvre peu distincte ou rudimentaire. Peut-être a-t-elle éludé mes recherches, et il ne faut sans doute pas considérer comme telle une plaque cornée, brune, appliquée au milieu de la face inférieure de la tête, en forme d'écusson arrondi en arrière et tronqué en avant, sans aucun vestige de palpe labial.

« Segments thoraciques ne se distinguant des autres que par plus de grosseur et d'élévation. Le premier plus large que les suivants, en forme de plaque un peu plus consistante. Point de pattes articulées, mais il existe trois paires de pseudopodes thoraciques, de texture tégumentaire, rétractiles, énormes, de configuration variable suivant leur degré de contraction, tantôt conoïdes, tantôt en forme de mamelon dont le bout semble articulé au centre de celui-ci de manière à pouvoir y rentrer.

« La portion de la larve correspondant à l'abdomen s'atténue à peine en approchant du bout postérieur. Celui-ci est très-obtus, entier et sans aucun appendice. »

On voit par là que la larve du *Choragus* est bien voisine, par sa configuration, de celle de l'*Enedreytes*. Les rapports paraîtront encore plus intimes lorsque j'aurai dit que, contrairement à la manière de voir de Dufour, il existe des antennes au moins biarticulées et presque invisibles dans une petite cavité près de la base externe des mandibules ; que les mâchoires ont un lobe peu développé, il est vrai, mais visible et cilié ; que cet écusson qu'il a vu entre les mâchoires n'est autre chose que la lèvre inférieure au-dessus de laquelle les lobes rapprochés forment un arceau, et qui porte deux très-petits palpes biarticulés ; qu'enfin le corps paraît au microscope couvert, du moins partiellement, d'aspérités d'une finesse extrême. Il n'y a donc, pour distinguer cette larve de celle de l'*Enedreytes*, que la petitesse de la taille (2 1/2 — 3 millim.), l'extrémité bifide des mandibules et la conformation du prémier article des pseudopodes, qui ne se rétrécit pas de manière à faire croire à trois articles au lieu de deux.

La larve du *Choragus* vit soit dans l'Aubépine, soit dans les échalas de Châtaignier, dans les mêmes conditions que celle de l'*Enedreytes*. « Elle habite isolément, dit Dufour, dont j'ai bien des fois vérifié les observations , une galerie simple droite ou à peine courbe, creusée dans le liber pour les grosses branches et pénétrant l'axe même pour les rameaux de petite dimension. Elle s'y nourrit de la substance même du bois qu'elle ronge petit à petit, et elle doit être fort sobre, puisque, dans les quatre ou cinq mois de son existence comme larve, sa galerie n'acquiert pas plus de 7 à 8 millimètres de longueur. Aux approches de sa transformation en nymphe, son instinct la porte à ronger sa cellule de manière à faire aboutir celle-ci à l'écorce où l'insecte ailé pratique un trou rond pour prendre son essor. »

NYMPHE

Elle est, comme celle de l'*Enedreytes*, couverte d'aspérités presque imperceptibles et terminée postérieurement par deux papilles divergentes ; mais elle en diffère par les caractères suivants : elle a, de chaque côté du prothorax, au tiers supérieur, quatre papilles ou bulbes surmontés d'une soie, et à la base du même segment une rangée d'assez longues soies dirigées en avant. Je n'ai pu apercevoir de soies ni sur les côtés des segments ni sur leur face dorsale.

Les espèces de la famille des Anthribides dont on connaît les métamorphoses sont les suivantes :

Cratoparis lunatus F., espèce des États-Unis, Chapuis et Candèze, Catal. des larves, p. 200.

Brachytarsus scabrosus F., Fristch, Beschreib. von all. Insekt. Deutsch. 1720, p. 36. — Latreille, Hist. nat. des crust. et des ins. t. II, p. 37, et Vallot, Ann. des sc. natur. 1868, p. 68, sous le nom de *Anthribus marmoratus*.

B. varius F. DALMAN, Swedish. Trans., 1824. — RATZEBURG, Die Forst., t. I, p. 99 et NORDLINGER, Entomol. zeit. zu stett. 1848, p. 230.

Aræcerus coffeæ F., *fasciculatus* DE GEER. — LUCAS, Soc. Ent. 1861, p. 399.

Je puis y ajouter les espèces suivantes :

Tropideres (Anthribus) albirostris HERBST.

Fig. 398-399.

LARVE

Cette larve, longue de 6 à 7 millim., est d'un blanc pur avec la tête roussâtre ; elle ressemble tellement à celle de l'*Enedreytes*, que je pourrais lui appliquer mot à mot la description que j'en ai donnée, sauf un seul point qui concerne les mandibules. Celles-ci, vues en dessus, sont moins pointues et leur tranche interne est taillée en biseau non concave et un peu sinueux à cause d'une petite entaille qui existe vers le tiers du biseau ; vues de côté, elles sont un peu plus étroites, triangulaires avec les côtés à peu près droits, le sommet un peu arrondi et une fossette oblique et et bien limitée près de la base. J'ajoute 1° que le labre est marqué de deux fossettes ; 2° qu'aux pseudopodes, au point où, dans la larve de l'*Enedreytes*, se rétrécit le gros mamelon basilaire, il existe un pli, de sorte que les pseudopodes paraissent formés de trois articles ; 3° que les aspérités qui couvrent le corps sont plus apparentes, ce qui tient uniquement à la taille de la larve. L'épine interne des mâchoires est bien visible dans cette larve.

Vers la fin du mois de juillet, j'en ai trouvé plusieurs individus, avec des nymphes et des insectes parfaits récemment éclos, dans l'aubier d'un Peuplier d'Italie abattu depuis plus d'un an. La galerie que la larve creuse dans le bois est longitudinale, peu étendue et peu profonde, et la métamorphose s'effectue près de la surface.

NYMPHE

La nymphe diffère très-sensiblement de celle de l'*Enedreytes*. Le rostre porte, sur deux rangs, des épines sétacées, subcornées, roussâtres, verticales et de grandeur très-inégale, dont deux basilaires longues ; on voit aussi de petites épines sur le front et sur les côtés; derrière les yeux et sur le vertex s'élèvent, semblables à deux cornes, deux épines subulées et divergentes. Le prothorax est simplement parsemé de poils blanchâtres, très-courts et d'une finesse extrême. L'abdomen paraît composé de neuf segments; les huit premiers ont de chaque côté un mamelon surmonté d'une épine subulée, arquée en arrière et entourée de poils très-fins. Le dernier segment se termine par deux épines subulées et un peu divergentes placées une à chaque angle et sous laquelle se trouve une autre épine bien plus courte. Au microscope, on voit de petits poils sur le dos, et toutes les parties du corps, y compris les pattes, les élytres, etc., couvertes d'aspérités.

Tropideres (Anthribus) sepicola HERBST

Fig. 400-401

LARVE

Larve entièrement semblable à la précédente et à celle de l'*Encdreytes*. Elle diffère seulement par les mandibules qui, vues en dessus, ont le biseau sensiblement sinué et, vues de côté, sont plus près de la forme triangulaire que dans cette dernière larve et non arrondies au sommet, comme dans celle du *T. albirostris*, mais tronquées obliquement et même un peu échancrées, avec une courte rainure. Elles ont aussi près de la base une fossette oblique. Les pseudopodes sont conformés comme dans cette larve, et les aspérités qui couvrent le corps sont bien visibles.

J'ai observé la larve du *T. sepicola* dans des branches mortes de Charme et de Chêne, et je suis convaincu qu'elle vit aussi dans celles du Châtaignier dont les fagots m'ont quelquefois donné l'insecte parfait.

Je ne connais pas la nymphe.

Tropideres (Anthribus) niveirostris F.

Fig. 402-403.

LARVE

Voici une autre larve dont la description est inutile, à cause de sa ressemblance avec les deux précédentes. On y retrouve la soie spiniforme de la base interne des lobes maxillaires, le point noir ocelliforme près du bord de chaque cavité antennaire, les aspérités du corps. Un seul caractère permet de la distinguer : il réside dans les mandibules qui, vues en dessus et surtout de côté, sont au sommet franchement bifides ou divisées en deux dents dont l'inférieure un peu plus longue que l'autre. Les pseudopodes, y compris le gros mamelon qui servirait de hanche, sont nettement de trois articles.

J'ai trouvé plusieurs de ces larves dans des branches mortes de Chêne; celles que j'ai laissées en repos m'ont donné l'insecte parfait, mais je n'ai pas vu la nymphe.

Enedreytes hilaris Sch.

LARVE

Sa larve et sa nymphe sont les images fidèles de celles de l'*E. oxyacanthæ*, et comme je n'ai pu y trouver la moindre différence, je m'abstiens de tout détail et je me borne à dire que cet Anthribide pond ses œufs sur tiges mortes du Genêt à balais, surtout vers le collet de la racine. On le prend en battant les pieds morts ou mourants de cet arbre, et mon ami Bauduer en a capturé, à la fin de juin 1870, plus de deux cents par ce moyen.

Anthribus albinus L.

Fig. 404-406.

LARVE

Long. 9-10 millim. Elle ressemble beaucoup aux précédentes ; comme elles, elle est très-convexe en dessus, presque plane en dessous, plissée, brièvement pubescente, courbée en arc ; mais sa partie thoracique étant plus renflée, elle a, plus encore qu'elles, la physionomie d'une larve d'*Apate*.

Sa *tête* est luisante, d'un jaunâtre pâle, avec le bord antérieur liseré de ferrugineux ; elle est sur son tiers antérieur marquée de points plus serrés sur les côtés, et le milieu du front a deux fossettes oblongues.

L'*épistome* n'est guère plus large que le cinquième de la largeur antérieure de la tête et le *labre*, frangé de poils roussâtres, est un peu plus que semi-elliptique.

Les *mandibules*, noires avec la base ferrugineuse et luisantes, sont, vues en dessus, étroitement bidentées, et, vues de côté, très-nettement divisées en deux dents coniques, la supérieure un petit peu plus longue que l'autre ; la face externe porte deux fines carènes, une transversale arquée, une autre longitudinale partant de celle-ci et aboutissant à la base. Près de la base de la tranche supérieure on remarque une apophyse dentiforme.

Les *mâchoires* sont obliques, mais non coudées, très-velues, roussâtres et un peu rugueuses, leur *lobe* est large, très-frangé de poils fauves, mais je n'ai pu voir à sa base interne cette épine que présentent d'autres larves de la même tribu, et j'ose affirmer qu'elle n'existe pas dans celle-ci.

Les *palpes maxillaires* sont de trois articles égaux.

La *lèvre inférieure* est carrée, sans languette apparente, et surmontée des *palpes labiaux* de deux articles à peu près égaux, le premier beaucoup plus gros que le second.

Dans cette larve, relativement de grande taille, on constate, de manière à ne plus conserver aucun doute, l'existence des *antennes ;* elles sont logées dans une cavité étroite, placée près du milieu de la base des mandibules et bordée supérieurement d'une callosité roussâtre un peu élevée ; elles sont complétement cachées dans cette cavité, et on ne peut guère les voir qu'en regardant verticalement. Je n'ai pu compter le nombre de leurs articles, mais je suis porté à croire qu'il est de plus de deux.

Je n'ai trouvé aucun vestige d'*ocelle.*

Le *corps* ne donne lieu à aucune observation, je dirai cependant que les spinules qui le couvrent sont extrêmement fines et moins visibles que dans la larve bien plus petite du *Tropideres albirostris.* Le dernier segment vu de face par derrière, est trilobé, il a sur le dos une dépression carrée, limitée de chaque côté par un pli profond, et il est marqué en arrière d'un sillon assez fin ; vu en dessous, son bord supérieur est bisinueux, et son aire est marquée d'un pli arqué en ogive dans lequel sont trois autres plis convergents dont la jonction indique la place de l'anus.

Les *stigmates* sont verticalement elliptiques, la première paire, sensiblement plus grande et à peine plus inférieure que les autres, est placée très-près du bord antérieur du mésothorax.

Les *pseudopodes* sont plus courts qu'à l'ordinaire et très-velus ; ils m'ont paru formés de trois articles, si l'on considère comme une hanche le mamelon charnu qui les porte sur le second et le troisième segment, mais qui est bien insignifiant ou nul sur le premier.

J'ai trouvé cette larve dans une branche morte d'Aulne de quatre centimètres environ de diamètre, et j'ai pris quelquefois, au mois de mai, l'insecte parfait sur des pieux de cette essence. Elle passe sa vie dans l'intérieur du bois où elle creuse une galerie longitudinalement sinueuse et peu étendue, qui se rapproche de la surface lorsque la métamorphose doit avoir lieu.

Je n'ai pas vu la nymphe.

Comme on a pu le voir par ce qui précède, les larves des Anthribides forment, ainsi que les insectes parfaits, un groupe très-naturel et parfaitement circonscrit. Leur forme arquée les rapproche des larves d'Anobiides, d'Apatides, de Ptinides et de Curculionides, mais leur faible villosité, la forme de leurs mandibules, etc., les détachent des trois premières, les palpes maxillaires de trois articles et la forme de la lèvre inférieure les séparent des dernières, et elles se distinguent de toutes ces catégories par ces pseudopodes dont nous ne trouvons guère les analogues que dans les larves des Mordellides. Sur huit genres européens on connaît les larves de sept, et si on les compare entre elles, on trouve de bien faibles différences consistant dans la forme des mandibules et un peu aussi des pseudopodes. Celles-là sont bifides ou simples, arrondies ou tronquées au sommet, et leur biseau est uni, ou sinueux, ou entaillé; ceux-ci sont de deux ou paraissent de trois articles, et tous sont dépourvus d'ongle ; mais il en serait autrement pour la larve de l'*Aræcerus*. « Les pattes allongées, dit M. Lucas, assez robustes, sont d'un testacé pâle; les tubercules pédigères sont saillants et les deux articles qui composent ces organes locomoteurs sont hérissés de soies très-fines et allongées; quant à l'article terminal ou l'ongle, il est court, légèrement courbé et aigu. » Il est à regretter que mon savant ami n'ait pas, par une figure, rendu cette partie de sa description plus intelligible, et je crois qu'il y a là matière à révision. Il donne comme moi trois articles aux palpes maxillaires, mais nous sommes sur ce point en désaccord avec MM. Chapuis et Candèze qui n'en ont compté que deux dans la larve de *Cratoparis lunatus*. Nous sommes également en dissidence en ce qui concerne les palpes labiaux qui, d'après ces derniers savants, seraient uni-articulés, tandis que, dans les autres larves connues, ils ont deux articles. Il y a donc, là aussi, une double vérification à faire.

La question des antennes a d'autant plus d'importance qu'il n'existe pas, que je sache, de larve qui en soit dépourvue. Or Dufour a déclaré, mais à tort, comme je l'ai dit plus haut, que la larve du *Choragus* est privée de ces organes. Selon MM. Chapuis et Candèze, les antennes sont « représentées par un petit tubercule mousse situé en dehors des mandibules, » et M. Lucas dit à ce sujet : « Sur les côtés latéro-antérieurs, près de la naissance des mandibules, on aperçoit une petite saillie d'un jaune testacé et qui, exposée à un fort grossissement, m'a paru composée de deux articles dont un basilaire très-court ; quant au second, il est plus allongé et implanté dans la partie médiane du premier article ; ne faudrait-il pas considérer ce petit appareil comme étant le représentant des antennes ? » Je crois avoir levé toute incertitude à cet égard en assurant que j'ai vu ces organes sur toutes les larves que j'ai observées, et en précisant la place qu'ils occupent.

En ce qui concerne les ocelles, presque tous les observateurs ont vu un point noir près de la base de chaque mandibule ; mais nul n'a osé affirmer que ces points sont des ocelles. Je ne serai pas, à cet égard, plus affirmatif, parce que les points dont il s'agit ne sont pas ordinairement saillants, tuberculiformes, et qu'ils ressemblent plutôt à des taches pigmentaires ; mais je les ai vus quelquefois convexes, et s'ils ne constituent pas de véritables organes de vision, ils en sont du moins des indices qui ont leur valeur caractéristique dans le diagnostic de ces sortes de larves. On a déjà vu que la larve de l'*Anthribus albinus* en est dépourvue, et il en serait de même de celle du *Cratoparis lunatus;* mais il est très-possible que cette exception ne soit pas constante.

Aucune divergence n'existe sur la position des stigmates et en particulier de la première paire qui est invariablement située près du bord antérieur du mésothorax. Ce fait n'est pas dépourvu d'intérêt si l'on considère que, dans les larves courbées en arc, telles que celles des Lamellicornes, des Apatides, des Anobiides, des Ptinides, des Charansonides, des Scolytides, des Bruchides, ces orifices respiratoires débouchent près du bord postérieur du prothorax, ou sur la ligne qui sépare ce segment du mésothorax. Cette particularité m'avait d'abord paru commandée par certaines nécessités physiologiques propres aux larves de cette structure, et digne dès lors des recherches des anatomistes ; mais les larves des Anthribides déroutent cette hypothèse. Il n'en reste pas moins établi que la plupart des larves à corps arqué échappent à cette règle à peu près générale qui veut que la première paire de stigmates soit, dans les larves de Coléoptères, placée sur le mésothorax.

La difficulté que présente, vu leur ressemblance, la distinction même générique des larves des Anthribides, diminue lorsqu'on peut observer les nymphes. On a vu que celles des *Tropideres*, des *Enedreytes* et des *Cho-*

ragus offrent des différences très-appréciables, et d'après la description donnée par M. Lucas, celle de l'*Aræcerus* serait aussi très-facile à distinguer par sa tête entièrement glabre, par son abdomen parcouru de chaque côté par des saillies charnues hérissées de poils et terminé par deux tubercules.

Généralement parlant, les larves des Anthribides européens sont lignivores; elles vivent, celle du *Platyrhinus latirostris* dans le Hêtre, l'Aulne, le Bouleau ; celle du *Tropideres albirostris* dans le Peuplier ; celle du *T. sepicola* dans le Charme, le Chêne et très-probablement le Châtaignier; celle du *T. pudens* dans le Chêne vraisemblablement, puisque je l'ai pris, et Bauduer aussi, en battant des branches sèches de cet arbre ; celle du *T. niveirostris* dans le Chêne et dans le Coudrier ; celle du *T. curtirostris* dans le Chêne vert, le Chêne tauzin et le Lentisque; celle du *T. maculosus* dans l'Orme, M. Bauduer en ayant obtenu un grand nombre d'un Orme mort ; celles des *Enedreytes hilaris* et *oxyacanthæ*, la première dans le Genêt à balais, la seconde dans le Châtaignier et l'Aubépine; celle de l'*Anthribus albinus* dans le Chêne, le Bouleau, l'Aulne et le Saule ; celle de l'*Aræcerus coffeæ* dans les tiges d'une espèce de Gingembre et même, d'après M. Lucas, dans les graines du Café, du Cacao, etc.; celle de mon *Brachytarsus fallax* dans les branches du Chêne tauzin et du Chêne-liége ; celle du *Choragus Sheppardi* dans le Châtaignier et l'Aubépine; celle du *Choragus piceus* dans les branches mortes du Prunier épineux, selon la constatation de Bauduer.

Mais, d'après les observations de plusieurs naturalistes dignes de foi, Dufour, Dalman, Vallot, Ratzeburg, Leunis, il y aurait une exception à faire pour les larves des *Brachytarsus scabrosus* et *varius* qui auraient été observées dans des *Coccus* vivant sur l'Orme, la *Spiræa salicifolia* et le Pin. M. Bellevoye a pourtant affirmé, sans avoir convaincu M. Laboulbène, (Soc. Ent., 1858, p. CXL) que les larves du *B. varius* « se nourrissent du bois de vieux Poiriers à l'endroit où les branches ont été coupées ras du tronc. » Dans tous les cas, il reste à faire, sur les mœurs de ces insectes, des observations qui, de ma part, sont demeurées sans résultat, mes recherches dans les *Coccus* des arbres ne m'ayant conduit à la découverte d'aucune espèce de ce genre intéressant. Pour la première fois, au mois d'avril 1872, j'ai pris, et cela en assez grand nombre, le *B. scabrosus* sur des Pommiers en fleur dépourvus de tout *Coccus*. On ne peut, à la vérité, en rien conclure de positif, mais ce fait appuierait, jusqu'à un certain point, l'affirmation de M. Bellevoye.

Plusieurs auteurs d'un haut mérite, Latreille, Schönherr, J. Duval, ont compris les Anthribides et les Bruchides dans les Curculionides ; d'autres, et notamment M. Redtenbacher, ont formé une famille à part de ces deux groupes réunis. M. Jekel seul, si compétent pour cette catégorie d'insectes, a pensé que chacun d'eux devait constituer une famille spéciale, et Lacordaire a complétement adopté cette opinion. Elle se trouve confirmée par l'étude des larves, et, après ce qui précède, nul ne contestera que celles des Anthribides, par plusieurs caractères et en particulier par les palpes maxillaires tri-articulés, par leurs pseudopodes et par leurs nymphes, n'aient le droit de former une famille distincte de celles des Curculionides et des Bruchides.

Quant aux Bruchides, probablement tous spermophages, leurs larves ressemblent extrêmement à celles des Curculionides. Comme elles, elles sont apodes et me paraissent avoir les palpes maxillaires biarticulés ; mais elles s'en séparent, à mon avis, par leurs mâchoires un peu moins coudées, leur lèvre inférieure moins cordiforme et surtout par le segment anal qui, au lieu d'être quadrilobé, est seulement marqué d'un petit pli transversal.

Je suis donc d'avis que les Bruchides doivent constituer une tribu distincte.

CURCULIONIDES

Arrivé à cette partie de mon travail, je crois devoir modifier momentanément mon plan, sauf à y revenir ensuite.

J'ai dit, en commençant, que mon premier but avait été de publier l'histoire des insectes vivant dans les échalas de Châtaignier, puis que j'avais agrandi mon cadre de manière à embrasser tous les insectes du Châtaignier, et qu'enfin, pour donner à mon œuvre plus d'importance scientifique et plus d'utilité, et pour pouvoir me permettre quelques observations comparatives et quelques généralités, je m'étais laissé entraîner à décrire les larves nouvelles indépendantes du Châtaignier, mais dont les familles avaient un représentant dans les insectes de cet arbre. Jusqu'ici j'ai été fidèle à mon programme ; mais en face de l'immense cohorte des Curculionides, je sens que je dois m'en écarter.

Ce n'est pas que le Châtaignier ne nourrisse aucune larve de cette cohorte; il y en a une, en effet, dans son fruit, celle du *Balaninus elephas*, mais je ne lui connais que celle-là, de sorte qu'il est plus pauvre que le Chêne, où l'on trouve celles du *Balaninus glandium*, du *Magdalinus flavicornis* et de plusieurs *Orchestes*. Ce n'est pas non plus, bien s'en faut, que les matériaux me manquent. J'aurais, au contraire, bien des larves à ajouter à celles qui sont connues ; mais ces larves, malgré la différence des genres et même des groupes, ont le plus souvent une telle ressemblance, qu'il serait sans intérêt de les décrire ou fastidieux d'en donner la nomenclature en répétant presque toujours les mêmes choses, en reproduisant les mêmes caractères, sauf quelques différences de forme et de couleur.

Les larves des Longicornes, dont il sera question ci-après, ont aussi, à la vérité, une grande uniformité de structure, si bien qu'à première vue on reconnaît presque toujours la tribu à laquelle elles appartiennent; mais la longueur ou l'extrême brièveté de leurs pattes ou même l'absence totale de ces organes, les variations dans la forme de leur tête et en particulier de leurs mandibules, dans la largeur de l'épistome, dans la longueur des antennes, les caractères remarquables que présentent, d'un genre à l'autre, et plus encore d'une famille à l'autre, la plaque dorsale du prothorax et ce que j'ai appelé les ampoules ambulatoires, donnent à l'étude de ces larves l'intérêt qui résulte de la variété, la valeur scientifique qui naît de la précision et de la constance des caractères, l'importance philosophique des vues et des déductions comparatives.

Il n'en est pas ainsi pour les Curculionides où une larve de *Balaninus* ou de *Rhynchites* ressemble à s'y méprendre à celle d'un *Thylacites* ou d'un *Strophosomus*, une larve de *Magdalinus* à celle d'un *Ceutorhynchus*, etc. Il n'est pas à dire cependant que toutes les larves soient jetées au même moule. Il y a, au contraire, dans le nombre, des différences très-tranchées, mais elles n'ont pas l'intérêt scientifique que présentent les larves de Longicornes, par exemple, lesquelles vivant dans le même milieu, dans le bois, sous les écorces, dans les tiges des plantes, offrent néanmoins, selon les genres, des particularités très-appréciables et très-distinctes. Généralement ces différences tiennent plutôt au genre de vie des larves qu'à la famille dont elles dépendent.

Ainsi que je l'ai dit à propos de la larve du *Brachycerus albidentatus* (Soc. Ent. 1874, p. 127), « il est assez naturel que des larves mineuses de feuilles, comme celles des *Ramphus* et des *Orchestes*, ne soient pas constituées comme celles des *Phytonomus* et des *Cionus*, qui vivent à ciel ouvert sur des plantes exposées à de violentes oscillations; que celles-ci diffèrent de celles des *Pissodes* qui rampent sous les écorces, ou des *Lixus* qui cheminent dans des galeries cylindriques ; que ces dernières enfin, pour ne pas pousser plus loin mes comparaisons, aient une autre structure, d'autres attitudes que celles qui, comme les larves des *Balaninus*, des *Anthonomus*, de certains *Ceutorhynchus*, vivent dans des milieux très-limités, tels que des fruits, des boutons à fleurs, des galles. »

Quoi qu'il en soit, aujourd'hui qu'on a décrit ces formes diverses auxquelles probablement l'étude des larves exotiques en ajoutera d'autres, et n'ayant aucune forme nouvelle à y ajouter, je n'ai vu aucun intérêt à me lancer dans la monotonie de signalements uniformes. J'ai mieux aimé suivre une autre marche qui est celle-ci :

Comme type de la structure du plus grand nombre des larves de Curculionides et de la forme de leurs organes les plus essentiels, forme constante dans celles qui sont connues jusqu'ici, je donnerai la description détaillée de la larve du *Balaninus elephas*, puisqu'elle vit dans le fruit du Châtaignier, puis, comme pour les autres tribus, je produirai, autant qu'il me sera possible, la nomenclature des espèces dont les larves ont été plus ou moins décrites, enfin je passerai sommairement en revue les différentes familles pour dire ce que l'on sait déjà et ce que mes observations personnelles m'ont appris de leurs mœurs. Je me persuade que cette manière de procéder aura son utilité et son intérêt.

Balaninus elephas Gyll.

LARVE

Long. 16 à 17 millim., si l'on parcourt la courbe dorsale du corps depuis le bord antérieur de la tête jusqu'à l'extrémité du dernier segment et seulement 6 à 7 millim. en suivant une ligne idéale qui traverserait longitudinalement le corps dans sa position normale. Apode, très-arquée, charnue, mais un peu ferme, blanche, avec la tête testacée; parsemée de poils courts, roussâtres, droits et assez raides, un peu plus longs sur les côtés et à l'extrémité du corps, plus courts et plus raides sur la face ventrale.

Tête testacée, ainsi que je l'ai dit, subcornée, un peu plus foncée antérieurement, luisante, circulaire, assez convexe, marquée d'un sillon médian depuis le vertex jusque vers le milieu du front, d'où naissent deux traits blanchâtres aboutissant aux angles antérieurs. Dans le triangle formé par ces deux traits et le bord antérieur, deux fossettes un peu ruguleuses, et, au-dessus de ce triangle, quatre pores piligères disposés presque en carré. Bord antérieur largement échancré dans son ensemble, avec deux petites saillies embrassant la base de l'épistome.

Épistome très-transversal, près de trois fois aussi large que long, légèrement inégal à sa surface, plus étroit antérieurement qu'à la base.

Labre subsemi-discoïdal, déprimé, avec les bords et le milieu plus saillants, très-brièvement et peu densément cilié.

Mandibules noires à base un peu ferrugineuse, assez robustes, se joignant sans se croiser; vues en dessus, échancrées à l'extrémité, un peu sinueuses, arrondies en dehors, très-concaves en dedans jusques un peu au delà de la moitié de leur longueur, puis droites; vues de côté, subtrapéziformes avec le sommet bifide, le bord inférieur un peu concave, le supérieur convexe; marquées vers les deux cinquièmes antérieurs d'un fin sillon transversal, avec une fossette et une autre fossette plus profonde en arrière, en dessous de laquelle sont quelques stries transversales; région basilaire profondément excavée au milieu.

Mâchoires très-coudées, très-obliquement convergentes, cylindriques, roussâtres avec l'extrémité blanchâtre et deux ou trois poils en dehors.

Lobe des mâchoires court, assez large, arrondi, caché souvent derrière la lèvre inférieure, frangé de cils dorés.

Palpes maxillaires courts, de deux articles, le premier roussâtre, avec l'extrémité blanchâtre. bien plus gros et un peu plus long que le second, qui est entièrement roussâtre.

Lèvre inférieure charnue, cordiforme, avec une tache roussâtre à la base, un filet de même couleur dans son pourtour et la partie antérieure avancée en languette arrondie.

Palpes labiaux insérés à droite et à gauche de la languette, de deux articles conformés et colorés comme les palpes maxillaires et à peine plus petits qu'eux.

Antennes le plus souvent invisibles à cause de leur complète rétractilité, placées près de l'angle supérieur des mandibules et, dans des circonstances favorables, laissant voir deux articles, dont le premier sensiblement plus gros que le second, qui est grêle.

Tout près de la base de chaque antenne, un petit point noir qui peut passer pour un vestige d'*ocelle*.

Corps de douze segments, épais surtout à la région thoracique, très-bombé en dessus, presque plan en dessous et très-arqué.

Prothorax plus étroit que tous les autres segments, sauf le dernier, et à peine plus long que chacun des deux autres segments thoraciques, deux fois environ plus large que la tête, largement et faiblement échancré antérieurement, teinté de roussâtre en avant, marqué d'une fossette près de chaque côté, paraissant à une forte loupe très-finement réticulé.

Mésothorax marqué antérieurement et jusqu'à la moitié de sa longueur d'un pli profond arqué en arrière, lequel, avec l'intersection du segment précédent, forme un bourrelet transversal elliptique.

Métathorax semblable au précédent, mais avec le bourrelet antérieur beaucoup plus transversal.

Abdomen de neuf segments, les sept premiers ayant un bourrelet antérieur très-transversal comme celui du métathorax, mais différant de ce segment, indépendamment d'une plus grande longueur, par un pli qui coupe en travers la moitié postérieure du segment et ayant, de chaque côté, un autre pli oblique qui dessine un bourrelet latéro-dorsal. Huitième segment marqué simplement d'un pli transversal qui n'atteint pas les côtés. Neuvième segment lisse avec deux sillons longitudinalement obliques, échancré postérieurement pour recevoir le mamelon anal qui est peu développé, un peu extractile et paraissant alors formé de quatre lobes disposés en croix.

En dessous, tous les segments sont beaucoup plus courts et peu ou point plissés. Le long des flancs abdominaux et jusqu'au huitième segment de l'abdomen inclusivement, règne, indépendamment des bourrelets latéro-dorsaux dont j'ai parlé, un double rang de mamelons très-bien marqués.

Stigmates placés au-dessus du rang supérieur de ces mamelons, longitudinalement elliptiques, à péritrème ferrugineux, au nombre de neuf paires : la première, à peine plus grande et plus inférieure que les autres, sur la ligne qui sépare le prothorax du mésothorax et, à la rigueur, plutôt sur le bord postérieur du prothorax, les autres au tiers ou au quart antérieur des huit premiers segments abdominaux.

Pattes nulles.

La femelle du *Balaninus* perfore sans doute, au moyen de son long bec, le jeune hérisson de la Châtaigne et y introduit ensuite un œuf. La jeune larve pénètre ensuite sous la peau très-tendre encore du fruit et creuse dans sa substance une galerie superficielle irrégulière de plus en plus large et profonde, et qui demeure encombrée de ses déjections; puis elle disparaît dans l'intérieur pour y achever son développement qui est complet d'octobre à décembre. Elle revient alors vers la surface, perce l'épisperme et se laisse tomber à terre pour se transformer. Il est rare qu'elle ait alors à percer l'enveloppe épineuse du hérisson qui renferme le fruit, parce que quand celui-ci est mûr, cette enveloppe s'ouvre et la Châtaigne tombe. Cet obstacle cependant ne l'empêcherait pas de se rendre libre, ainsi que je l'ai expérimenté plus d'une fois.

Il y a des larves de Curculionides, surtout parmi celles qui ne doivent pas quitter leur berceau pour se métamorphoser, qui, en dehors de leur domicile, sont presque incapables de se mouvoir. Ce n'est pas tout à fait le cas de celle qui nous occupe, et l'on conçoit qu'il doit en être ainsi parce que, d'une part, si le lieu où elle tombe ne lui convient pas pour s'enterrer, il faut qu'elle puisse aller à la recherche d'un endroit plus propice, et d'autre part, pour fouir le sol avec sa tête, il faut qu'elle puisse prendre les positions les plus favorables à son travail et déployer même une certaine activité. Aussi, lorsqu'on l'observe après sa sortie du fruit, on voit qu'elle s'allonge presque en ligne droite, se met sur le ventre et rampe avec assez de rapidité en se servant du mamelon anal, de sa tête, des saillies et des petits poils de ses segments. Parvenue à la profondeur ou dans la couche de terre qui lui convient, elle s'y façonne, par la compression qu'exerce son corps, une cellule qu'elle badigeonne d'un mucilage émis sans doute par l'anus comme c'est le propre de ces larves, passe l'hiver engourdie, puis se transforme en nymphe.

NYMPHE

Blanche, fragile, molle, ayant ses diverses parties disposées comme à l'ordinaire et son long bec couché sur la poitrine, et présentant les particularités suivantes : deux poils roux à la base du rostre, deux sur le front, deux sur le vertex et un sur chaque joue; sur le prothorax, naissant d'un petit tubercule conique, quatre poils sur chaque côté, quatre à une petite distance du bord postérieur et quatre au milieu en carré; sur le dos de chacun des segments de l'abdomen quatre poils semblables disposés par paires ; dernier segment terminé par deux papilles coniques subcornées portant un poil à la base ; en outre, un poil semblable sur chaque cuisse et un sur chaque genou.

L'insecte parfait ne se montre guère qu'en juin ou juillet.

Je vais maintenant donner, autant que je le pourrai, la nomenclature des espèces dont les larves sont connues et ont été plus ou moins décrites. Pour celles qui sont mentionnées dans le Catalogue de MM. Chapuis et Candèze, je me bornerai, afin d'abréger, à citer leurs noms en renvoyant à la page du Catalogue où l'on pourra retrouver les noms des auteurs et l'indication des ouvrages et recueils à consulter. Je ne donnerai des renseignements plus détaillés que pour les espèces qui n'ont pu trouver place dans ce Catalogue.

Sitones hispidulus F., Brischke, Entom. Monatsblætter, 1876, p. 38.

Polydrosus oblongus F. (probablement *Phyllobius*). — *P. cervinus* L., Catal. Chap. et Cand. p. 206. — *P. micans* Sch., Goureau, Insectes nuis. aux forêts, p. 49, se borne à dire que la larve vit sous terre.

Otiorhynchus sulcatus, F. — *O. ater*, Herbst, Catal. p. 210. — *O. sulcatus* F., Boisduval, Entom. Hortic. p. 154.

Peritelus leucogrammus, Germ., Frauenfeld, Soc. Zool. et Bot. de Vienne, 1861.

Phyllobius oblongus L., Catal. p. 209. Nordlinger croit que sa larve forme des paquets de feuilles sur les rameaux du *Populus Canadensis*. Je suis persuadé qu'il est dans l'erreur, que la larve qu'il a observée appartient à un *Rhynchites* et que celle du *Phyllobius* est souterraine. — *P. argentatus* L. — *P. pyri* L. — *P. calcaratus* F., Goureau, Ins. nuis. aux forêts, p. 49. Cet auteur se borne à dire que leurs larves vivent sous terre.

Brachycerus albidentatus. Gyl., Perris, Soc. Ent. 1874, p. 125. — *B. undatus* F., Laboulbène, Soc. Entom. 1875, p. 95. — *B. Pradieri* Fairm., Soc. Ent. 1875, p. clv et clxii.

Meleus Fischeri Germ., Mærkel, Alig. d. Nat. Z. 1857, p. 180. — *M. Megerlei* Panz., Frauenfeld, Soc. Zool. et bot. de Vienne, 1854, p. 350, et Schmidt, ibid. p. 102.

Hypera oxalis, Herbst, sous le nom de *Viennensis*. — *H. palumbaria*, Germ., Frauenfeld, Soc. Entom. et Bot. de Vienne, 1863. — *H. tessellata* Herbst, Heeger, Sitzungs Bericht der Wien. Acad. VII, p. 138. — *H. intermedia* Boh., sous le nom de *fuscescens*, Goureau, Soc. Ent. 1856, p. xviii.

Phytonomus rumicis L. — *P. plantaginis* de G. — *P. murinus* F. — *P. arundinis* F. — *P. viciæ* Gyl., Catal. p. 209. — *P. punctatus* F. (ex Monogr. Cap. Soc. Ent. 1867, p. 428). — *P. arundinis* F., Boie, Stett. Ent. Zeit. 1850, p. 359. — *P. pollux* F., Boie, ibid. — *P. variabilis*

Herbst, Audouin, Ann. Sc. Natur, 2e série, t. XI, p. 107. — *P. polygoni* F., Boisduval, Entom. hortic. p. 141. — *P. meles* F., Laboulbène, Soc. Ent. 1862, p. 659.

Coniatus chrysochlorus Luc. *suavis*, var. ex Cap., Catal. p. 225. — *C. lœtus* Mill., Frauenfeld, Soc. Zool. et Bot. de Vienne, 1868, p. 887.

Anchonus cribricollis Coq. (exot.), Catal. p. 220.

Cleonus sulcirostris L., Coret, Soc. Entom. 1876, p. CLXVIII. — *C. marmoratus* F., Regimbart et Leprieur, ibid.

Rhinocyllus latirostris Latr., Catal. p. 213. — *R. antiodontalgicus* Gerb., Gerbi, Storia Natur. di un nuovo Insetto, Florence, 1794.

Larinus vulpes Ol., sous le nom de *maculosus*. — *L. maurus* Oliv., Catal. p. 212. — *L. Carlinœ* Oliv., Laboulbène, Soc. Ent. 1868, p. 279, et Frauenfeld, Soc. Zool. et Bot. de Vienne, 1863. — *L. jaceœ* F. — *L. turbinatus* Gyl., Frauenfeld, ibid.

Lixus paraplecticus L. — *L. Iridis* Oliv. *turbatus* Gyl. — *L. junci* Boh. — *L. bardanœ* F. — *L filiformis* F. — *L. octolineatus*, Oliv. — *L. algirus* L. *angustatus* F., Catal. p. 211. — *L. mucronatus* Latr. *venustulus* Boh., Dufour, Soc. Ent. 1854, p. 656. — *L. pollinosus* Germ. — *L. turbatus* Gyl., Frauenfeld, Soc. Zool. et Bot. de Vienne, 1863. — *L. paraplecticus* L., Goureau, Ins. nuis. à l'homme et aux anim. p. 44.

Hylobius abietis L., Catal. p. 207, et Perris, Soc. Ent. 1856, p. 431. — *H. pales* Herbst (exot.), Catal. p. 207.

Pissodes notatus F. — *P. piceœ* Gyl. — *P. Harcyniœ* Gyl. — *P. pini* L., Catal. p. 214. — *P. notatus*, Perris, Soc. Ent. 1850, p. 423, et Goureau, Ins. nuis. aux forêts, p. 56. — *P. pini*, Goureau, ibid.

Erirhinus festucœ Herbst, Catal. p. 215. — *E. tœniatus* F., Goureau, Soc. Ent. 1858, p. XI. — *E. maculatus* Marsh., H. Brisout, Soc. Ent. 1864, p. XIX. — *E. dorsalis* Herbst, Brischke, Entom. Monatsblætter, 1876. M. Doumerc (Soc. Ent. 1856, p. LXXXIV) a signalé, comme appartenant à l'*E. vorax*, que plus tard M. Chevrolat a dit être le *filirostris*, une larve qu'il avait trouvée dans les gousses du *Cytisus laburnum*. Malgré les précisions qui accompagnent cette communication, je suis porté à croire à une erreur de M. Doumerc, parce que, d'une part, je doute fort que les larves d'*Erirhinus* vivent dans des gousses de la nature de celle du Cytise dont il s'agit, et, d'autre part, je suis sûr que la larve dont il a parlé et qu'il dit être d'un blanc fauve avec les yeux noirâtres et *hexapode*, n'appartient pas à un Curculionide. C'était sans doute une chenille de Microlépidoptère.

Mecinus collaris GERM., Catal., p. 226.

Brachonyx indigena HERBST, Catal. p. 215.

Apion craccæ L. — *A. radiolus* KIRB. — *A. scutellare* KIRB., *ulicicola* PERR. — *A. ulicis* FORST. — *A. fagi* L. *apricans* HERBST. — *A. Sayi* SCH. (États-Unis). — *A. flavipes* F. — *A. flavofemoratum*, HERBST, Catal. p. 205. *A. sorbi* HERBST, LETZNER, Arb. Schles. Gesells, 1851, p. 94. — *A. basicorne* ILL., HEEGER, Sitzber, Wien. Acad. Wiss. 1857, p. 317. — *A. apricans* HERBST, CURTIS, Ins. nuis. à l'Agric. et GOUREAU, Ins. nuis. aux arbres fruit. et aux plant. fourrag. p. 247. — *A. violaceum*, KIRB., LABOULBÈNE, Soc. Ent. 1862, p. 565; GOUREAU, Ins. nuis. aux arbres fruit. 2e Supplément, p. 61, et BOISDUVAL, Entom. hortic. p. 143. — *A. frumentarium* L. *hæmatodes* KIRB., LABOULBÈNE, loc. cit. p, 567. — *A. craccæ* L., GOUREAU. loc. cit. 1er Supplément, p. 71. — *A. caripes*, FRAUENFELD. Soc. Zool. et Bot. de Vienne, 1864. — *A. radiolus*, MARSH. — *A. Meliloti* KIRB. — *A. seniculus* KIRB. — *A. elongatum* GERM. — *A. vernale* F. — *A. penetrans* GERM. — *A. simum* GERM. — *A. fagi* L. — *A. ononidis* GYL. — *A. assimile* KIRB., FRAUENFELD, Soc. Zool. et Bot. de Vienne, 1866. — *A. loti* KIRB. — *A. Schmidti* MILL. — *A. carduorum* KIRB. — *A. miniatum* GERM. — *A. onopordi* KIRB., FRAUENFELD, loc. cit. 1868. — *A. æneum* F., GOUREAU, Ins. nuis. aux parterres, etc., p. 12, et BOISDUVAL, Entom. hortic. p. 143. — *A. violaceum* KIRB., BOISDUVAL, loc. cit. p. 143. — *A. curvirostre* GYL., HEEGER, Sitzber. Wien. Acad. Wiss. 1859.

Apoderus coryli L., Catal. p. 202.

Attelabus curculionoides L., Catal. p. 202.

Rhynchites betulæ L. — *R. cupreus* L. — *R. alliariæ*, PAYK. — *R. Betuleti* F. — *R. Bacchus* L., Catal. p. 203. — *R. conicus* ILL. — *R. Betuleti* F., GOUREAU, Ins. nuis. aux arbres fruit. etc. p. 45, GÉHIN, Ins. qui attaquent le Poirier, p. 53 et 57, et BOISDUVAL, Entom. hortic. p. 138 à 139. — *R. Bacchus* L. — *R. pauxillus* GERM., GÉHIN, loc. cit. p. 49 et 64. — *R. Bacchus*, BOISDUVAL, loc. cit. p. 137. — *R. Betulæ*, GOUREAU, Ins. nuis. aux forêts, p. 47. — *R. cupreus* L., sous le nom d'*auratus*, GOUREAU, Soc. Ent. 1860, p. v.

Rhinomacer attelaboides F., PERRIS, Soc. Ent. 1856, p. 434.

Magdalinus (Thamnophilus) violaceus L., Catal. p. 215. — *M. Memnonius* FALD., sous le nom de *carbonarius*, rectifié depuis, PERRIS, Soc. Ent. 1856, p. 253.

Balaninus nucum L. — *B. glandium* MARSH. — *B. Brassicæ* F. *salicivorus* GYLL. — *B. cerasorum* HERBST, Catal. p. 217. — *B. villosus* F., GOUREAU.

Soc. Ent. 1856, p. CIV, et Ins. nuis. aux forêts, p. 202. — *B. glandium* MARSH., GOUREAU, ibid., p. 59. — *B. nucum* L., GOUREAU, Ins. nuis. aux arbres fruit. p. 14, et BOISDUVAL, Entom. hortic. p. 152. — *B. elephas* GYL., Just BIGOT, Soc. Ent. 1874, p. CXXIII.

Anthonomus pomorum, L. — *A. pyri* KELLER. — *A. druparum* L. — *A. incurvus* PANZ. — *A. pedicularius* L. — *A. ulmi*, DE G., Catal. p. 216. — *A. pomorum*, FRAUENFELD, Soc. Zool. et Bot. de Vienne, 1861, GOUREAU, Ins. nuis. aux arbres fruit. p. 11, GÉHIN, Ins. qui attaquent les Poiriers, p. 85 et BOISDUVAL, Entom. hortic. p. 148. — *A. pyri*. — *A. druparum*, GOUREAU, loc. cit. 1er Suppl. p. 11 et 12, et BOISDUVAL, loc. cit. p. 150.

Orchestes scutellaris F. — *O. fagi* L. — *O. alni* L. — *O. ulmi* (probablement *rufus*). — *O. quercus* L., Catal. p. 219. — *O. saliceti?* SWAMMERDAM, Biblia naturæ, t. II, p. 744, d'après la monogr. de H. Brisout. — *O. rufus* OLIV., LABOULBÈNE, Soc. Entom. 1858, p. 286. — *O. alni*, FRAUENFELD, Soc. Zool. et Bot. de Vienne, 1863. — *O. quercus*. — *O. alni*, FRAUENFELD, ibid. 1864. — *O. alni*. — *O. fagi*, GOUREAU, Ins. nuis. aux forêts, p. 61 et 66. — *O. pratensis* GERM., LETZNER, Verhand. d. Schles. Gesells. 1851, p. 93, et HEEGER Sitzber. Wien. Acad. Wiss. 1859, p. 212. — *O. populi* F., SWAMMERDAM, Biblia naturæ p. 294, LETZNER, loc. cit. 1858, p. 98, et HEEGER, Beitr. zur Naturg. der Ins. 1853, p. 21.

Cionus scrophulariæ L. — *C. verbasci* F. — *C. thapsus* F. — *C. olens* F. — *C. ungulatus*, GERM. — *C. fraxini* DE G., Catal. p. 223. — *C. fraxini*, SUELLEN, Tijdschr. Nederl. Ent. Ver. 1858, p. 156.

Nanophies tamariscis GYL., Catal. p. 223. — *N. hemisphæricus* OLIV., DUFOUR, Soc. Ent. 1854, p. 651.

Gymnetron (Cleopus), linariæ PANZ. — *G. villosulus* GYL. — *G. asellus*, sous le nom de *verbasci*, Catal. p. 225. — *G. Campanulæ* L., DE GEER, t. V, p. 236, et LABOULBÈNE. Soc. Ent. 1858, p. 900. — *G. teter* F., HEEGER, Sitzber. Wien. Acad. Wiss. 1859. — *G. noctis* HERBST. — *G. linariæ*. — *G. Campanulæ*, FRAUENFELD, Soc. Zool. et Bot. de Vienne, 1863. — *G. noctis*. — *G. netus* GERM., FRAUENFELD, loc. cit. 1866.

Cryptorhynchus lapathi L., Catal. p. 221, GOUREAU, Soc. Ent. 1867, p. LXXXIV, BOISDUVAL, Soc. Ent. 1873, p. CXXXVII, et ERNÉ, Soc. Entom. de Suisse, 1873.

Ramphus flavicornis CLAIRV., HEYDEN, Berlin. Entom. Zeitschr. 1862.

Mononychus pseudoacori F., Catal. 221.

Cleogonus Fairmairei COQ. (exot.), Catal. p. 222.

Conotrachelus nenuphar HERBST (exot.). — *C. argula* F. (exot.), Catal. p. 222.

Ceutorhynchus contractus Marsh. — *C. assimilis* Payk. — *C. macula alba* Herbst. — *C. sulcicollis* Gyl., Catal. p. 222. — *C. raphani* F., Cussac, Soc. Ent. 1855, p. 241. — *C. cynoglossi* Mill., Miller, Soc. Zool. et Bot. de Vienne, 1866, p. 970. — *C. contractus* Marsh., *drabæ* Lab., Laboulbène, Soc. Ent. 1856, p. 145. — *C. trimaculatus* L., Frauenfeld, Soc. Zool. de Vienne, 1868. — *C. sulcicollis*, Goureau, Ins. nuis. aux arbres fruit., etc. p. 148, Heimhofen, Soc. Zool. et Bot. de Vienne, 1855, p. 128, et Boisduval, Entom. hortic. p. 147. — *C. assimilis*, Goureau, loc. cit. 2e Suppl. p. 69 et Boisduval, Entom. hortic. p. 147. M. Laboulbène avait déjà signalé (Soc. Ent. 1857, p. 792) une larve de Curculionide vivant dans les siliques du Colza et qu'il n'osait attribuer à un *Ceutorhynchus*. M. Goureau affirme avoir obtenu des *assimilis* des siliques de la même plante où il avait observé des larves. Son observation doit lever les doutes de M. Laboulbène et contredit Kirby, qui prétend que cette espèce produit, comme le *contractus*, des tubercules sur les racines de la Moutarde. — *C. napi* Germ., Goureau, loc, cit. 1er Suppl. p. 54, et Boisduval, Entom. hortic. p. 146. — *C. floralis* Payk. — *C. pulvinatus* Gyl., Heeger, Sitzber. Wien. Acad. Wiss. 1859. — *C. punctiger*, Gyl., Kawall, Stett. Entom. Zeits. 1867.

Poophagus nasturtii Germ, Goureau, Ins. nuis. aux arbres fruit. etc. 2e Suppl. p. 67.

Phytobius notula Germ., Catal. 218. — *P. velatus*, Beck., Perris, Soc. Ent. 1873, p. 88.

Baridius chloris F. — *B. chlorizans* Germ. — *B. picinus* Germ. — *B. cuprirostris* F.— *B. cærulescens* Sturm., Catal. p. 220.—*B. lepidii* Germ., Heeger, Beit. zur Naturg. der Ins. 1854. — *B. morio* Boh., Bach. Stett. Entom. Zeit. 1846, p. 243.— *B. abrotani* Germ., *punctatus* Gyl., Frauenfeld, Soc. Zool. et Bot. de Vienne. 1866. — *B. chlorizans*, Goureau, Ins. nuis. aux arbres fruit., etc. 2e Suppl. p. 62, et Boisduval, Entom. hortic. p. 144.

Calandra Sommeri Burm. (exot.), Catal. p. 228.

Rhynchophorus palmarum L. (exot.), Catal. p. 228.

Rhina nigra Drury (exot.), Catal. p. 228.

Sphenophorus liratus Sch. — *S. Sacchari* Guilding (exot.), Catal. p. 228.

Sitophilus granarius L. — *S. orizæ* L., Catal. p. 227. — *S. granarius*, Goureau, Ins. nuis. aux arbres fruit., etc. p. 249. — *S. orizæ*, Goureau, Ins. nuis. à l'homme et à l'économie domest. p. 47.

Dryophthorus lymexylon F., PERRIS, Soc. Ent. 1856, p. 245.

Cossonus ferrugineus CLAIRV., FRAUENFELD, Soc. Zool. et Bot. de Vienne, 1864, p. 380.

Mesites Aquitanus FAIRM. sous le nom de *pallidipennis* rectifié depuis, PERRIS, Soc. Ent. 1856, p. 251.

Rhyncolus porcatus MULL. — *R. strangulatus* PERR., PERRIS, Soc. Ent. 1856, p. 247 et 249. — *R. truncorum* GERM., HEEGER, Sitzber. Wien. Acad. Wiss. 1858.

Les mœurs des Curculionides sont très-variées, mais cette épithète ne me semble pas pouvoir s'appliquer aux genres nombreux qui constituent presque toute la division des Brachyrhynques de Schœnherr, ou la Cohorte des Adelognathes Cyclophthalmes de Lacordaire, c'est-à-dire aux genres qui, dans le catalogue de M. de Marseul, vont jusqu'aux *Phyllobius* inclusivement. J'ai, en effet, tout lieu de croire que les larves des espèces de ces divers genres vivent toutes sous terre des racines des plantes. Je puis l'affirmer du moins pour celles du *Cneorhinus geminatus* et du *Strophosomus faber* que j'ai trouvées en soulevant des gazons et que j'ai élevées, et pour celle du *Brachyderes Lusitanicus* que j'ai déterrée au pied des Chênes.

Si l'opinion que j'exprime n'était pas fondée, la science ne serait certainement pas restée aussi arriérée dans la connaissance des premiers états des insectes de ce groupe, et il me paraît impossible que les recherches de tant d'entomologistes pleins de sagacité et d'ardeur ou des circonstances fortuites n'eussent pas, jusqu'ici, fait découvrir bien des larves de genres populeux comme *Sitones*, par exemple, *Polydrosus*, *Otiorhynchus*, *Peritelus*, *Omias*, *Phyllobius*, qui n'ont pas seulement beaucoup d'espèces, mais dont bien des espèces sont très-communes.

Les larves souterraines sont celles dont la découverte est le plus tardive, parce que les recherches dans les profondeurs du sol présentent de grandes difficultés, exigent des outils et un temps dont on ne dispose pas toujours et qu'on est sans direction. Si l'on sait qu'un insecte qu'on trouve dans une localité vit sur un végétal, on peut, en cherchant avec soin sur ou dans les plantes et les arbres de ce lieu, s'initier au secret de ses évolutions. On est encouragé dans ces recherches par les indications que l'on a reçues ou recueillies, par des notions tirées des règles de l'analogie, on est excité par l'espoir de trouver sur telle plante ce qu'on a vainement cherché sur telle autre. La variété même des investigations alimente l'ardeur, entretient le courage ; une feuille rongée ou minée, un trou dans une écorce, une excroissance sur une tige, de la sciure, des déjections, un air de maladie, tout sert de repère ou de jalon. Mais quand il faut bouleverser tout un terrain à l'aveugle, sans savoir même quelquefois à quelle profondeur on doit aller, la monotonie, la lenteur et le plus souvent l'insuccès d'un travail aussi fatigant rebutent et découragent. On n'a quelque chance d'arriver à un résultat quelconque qu'en suivant des ouvriers qui piochent la terre ou un laboureur qui retourne le sol avec sa charrue. Quand, par ce moyen, on est arrivé à trouver quelque larve, on n'est pas au bout de ses peines, car il faut élever cette larve, lui donner une nourriture appropriée, sans savoir au juste quelles sont ses exigences, la conserver dans des conditions équivalentes aux conditions naturelles, ce qui est un tel embarras, d'une telle difficulté, qu'on échoue presque toujours. De plus, comme les larves souterraines de Curculionides se ressemblent toutes, on ne sait pas même alors à quel genre on a affaire.

Voilà pourquoi on a été si longtemps à découvrir les larves des *Vesperus*, pourquoi on n'a pas encore trouvé celles des *Dorcadion*, de tant de Carabides, d'Élatérides, de Ténébrionides, d'Alticides, etc., ou si on les a rencontrées, on ignore à quels insectes elles appartiennent. Voilà pourquoi aussi, dans la nomenclature qui précède, il n'y a presque aucune larve appartenant à la division dont je m'occupe en ce moment.

Cela dit, voyons quelles sont les mœurs des insectes parfaits. A ce point de vue, je serai l'interprète des observations d'autrui qui me sont connues et le simple narrateur de celles que j'ai faites moi-même. Je risque beaucoup d'être incomplet dans ma relation, mais je serai allé jusqu'à la limite des ressources qui sont à ma disposition, et je fais des vœux pour qu'un autre contrôle rectifie et étende mon œuvre.

Cneorhinus Sch.

Se tiennent habituellement au milieu des herbes ou sur les arbrisseaux. En juin 1854, j'ai pris abondamment le *C. dispar* Graells, différent du *pyriformis*, sur le Genêt à balais dans les montagnes du Guadarrama, près de Navacerrada. J'ai plus d'une fois recueilli la larve et la nymphe du *C. geminatus* en faisant retourner des gazons. Cette larve n'offre rien de particulier. Les insectes de ce genre se nourrissent de feuilles et de jeunes bourgeons.

Liophlæus GERM.

Ils vivent aussi dans les herbes, sur les sentiers et sur les arbrisseaux.

Barynotus GERM.

Insectes lucifuges et la plupart montagnards, qu'on trouve le jour dans les herbes, sous les pierres. On a cité les *B. obscurus* et *mœrens* comme nuisibles aux parterres.

Strophosomus BILB.

Habituellement sur les arbres, principalement les Chênes, ainsi que dans les tas de branches garnies de feuilles, sauf le *limbatus,* qui aime les bruyères, et le *faber* qui se plaît sur les herbes basses, dans des lieux secs. J'ai trouvé plusieurs fois des larves de ce dernier en retournant des gazons.

Sciaphilus SCH.

Ils vivent dans les herbes, sur les arbrisseaux et parfois sur les arbres. J'ai pris en très-grande quantité le *S. carinula* à l'Escurial, en battant des Chênes tauzins.

Chiloneus SCH.

J'ai recueilli un assez grand nombre de *C. costulatus* dans des sapinières des Pyrénées, en tamisant des mousses.

Barypeithes J. DUV.

J'ai capturé plusieurs individus du *B. sulcifrons*, en juin 1854, en Espagne, sous les pierres, près du sommet de la montagne de Penalara, loin de toute végétation arborescente et dans un endroit très-rocailleux.

Brachyderes Sch.

Se tiennent volontiers sur les arbres et sur les arbrisseaux. J'ai pris en nombre le *B. gracilis* en Espagne en battant des Chênes tauzins. C'est sur ce même arbre, ainsi que sur les jeunes Pins que se trouve très-communément, dans les Landes, au mois de juin, le *B. Lusitanicus* dont j'ai trouvé la larve et la nymphe en fouillant à l'entour des Chênes. L'insecte parfait nourrit dans son corps, sans que rien en révèle la présence, la larve d'un joli diptère publié par L. Dufour sous le nom de *Hyalomya dispar* et que j'ai obtenu moi-même plus d'une fois en conservant des *Brachyderes* que je nourrissais avec des feuilles de Chêne. Le *B. cribricollis* se trouve sur les Chênes-lièges, le *B. alboguttatus* sur les Chênes tauzins, le *B. suturalis* sur les Pins, ainsi que le *B. marginellus* et le *lepidopterus*.

Caulostrophus Fairm.

Le *C. Delarouzei* se trouve en Provence, sur les Pins.

Sitones Germ.

Insectes amis, pour la plupart, des herbes basses et des arbrisseaux. Beaucoup d'entre eux affectionnent surtout les Légumineuses, Luzernes, Trèfles, Ononis, Mélilots, Lotiers, Pois, Genêts, Ajoncs, etc., dont ils rongent les feuilles.

Metallites Germ.

Ce sont aussi des mangeurs de feuillages; aussi les trouve-t-on sur les arbres et les arbrisseaux.

Polydrosus Germ.

Mœurs des précédents; certains nuisent aux arbres fruitiers en rongeant les bourgeons et les boutons à fleurs.

Thylacites Germ.

Insectes de mœurs peu intéressantes qui vivent parmi les herbes, sur les chemins, etc.

Chlorophanus GERM.

Généralement amis des arbres et surtout des Saules.

Otiorhynchus SCH.

La plupart nocturnes comme un grand nombre des précédents et beaucoup d'entre eux habitants des montagnes. On les trouve sur les herbes, les arbrisseaux, sous les pierres et sur les sentiers, comme l'*O. ligustici*, commun aux environs de Paris. On a cité comme nuisibles l'*O. meridionalis* aux Oliviers, l'*O. raucus* et l'*O. sulcatus* à la Vigne, l'*O. villoso-punctatus* aux Sapins, et M. Laboulbène a trouvé plusieurs *O. ovatus* dans autant de fruits perforés de *Neottia nidus-avis*.

Cœnopsis BACH.

Se réfugient le jour au milieu des herbes, au pied des arbres, dans les tas de bourrées, sous les pièces de bois. J'ai pris plusieurs fois au mois de juin et assez abondamment le *C. fissirostris* dans de petits tas de branches feuillues que j'avais coupées quelques jours avant et laissé flétrir.

Peritelus GERM.

Stationnent et se nourrissent sur les herbes, les arbrisseaux et les arbres. Certains, comme le *P. griseus*, connu des horticulteurs sous le nom de *Lisette* et de *Grisette* donné, du reste, à d'autres Charançons vêtus de gris comme lui, fait parfois beaucoup de mal aux arbres fruitiers, aux Mûriers, etc., dont il ronge les bourgeons pendant la nuit. C'est sans doute à des habitudes semblables qu'une des espèces a dû d'être appelée *noxius*.

Trachyphlœus GERM.

Mœurs des *Cœnopsis*.

Phyllobius GERM.

Ils ont le genre de vie des *Polydrosus* et des *Peritelus* et vivent, comme leur nom l'indique, des feuilles des plantes, des arbrisseaux et des arbres. Je lis dans le Catalogue de MM. Chapuis et Candèze que, d'après M. Nordlinger, la larve du *P. oblongus* formerait des paquets de feuilles sur les rameaux du *Populus Canadensis*. Je crois erronée, je l'ai déjà dit plus haut, cette opinion que rien n'est venu confirmer. Dans aucun cas, d'ailleurs, les larves de Curculionides ne forment des paquets de feuilles. Ce travail peut provenir d'un insecte parfait et alors il s'agirait peut-être d'un *Rhynchites;* mais, s'il faut s'en tenir à une larve, je crois qu'on peut s'arrêter à une chenille de la catégorie des rouleuses.

Brachycerus F.

Les larves des genres qui précèdent sont, comme je l'ai déjà dit et que tout porte à le croire, souterraines, mais nous ignorons si elles vivent indifféremment de toutes les racines qui sont à leur portée, ou, ce qui est probable pour un certain nombre, si elles sont plus ou moins exclusives dans leur mode d'alimentation. Nous voici arrivés à un genre qui nous offre aussi des larves souterraines, mais avec cette particularité qu'elles ne s'attaquent, du moins celles qui sont connues jusqu'ici, qu'aux racines bulbeuses des plantes d'une seule famille, celle des Liliacées, peut-être d'une autre, celle des Aroïdées, et qu'au lieu de vivre en liberté, elles se cloîtrent jusqu'à ce qu'elles aient atteint tout leur développement, sauf à quitter ensuite leur berceau où elles ne se croient plus sans doute assez en sûreté et à se réfugier dans les profondeurs du sol pour y accomplir les dernières évolutions. J'ai publié, en tête de la monographie de M. Bedel, l'histoire complète du *B. albidentatus* dont la larve se développe dans les bulbes de l'Ail ordinaire. Déjà on avait dit que le *B. algirus* rongeait les feuilles d'une Liliacée maritime qui pourrait bien être la *Scilla maritima* ou le *Pancratium maritimum*, le *B. barbarus* celles de la *Scilla* et le *B. undatus* celles de l'*Arum arisarum* dont la racine est tuberculeuse et pourrait bien nourrir cette espèce. Plus tard, après avoir entendu dire à tort que le *B. Pradieri* s'attaquait à la *Centaurea aspera*, ce que personne n'a cru, on a découvert que la larve de cette espèce vit dans le bulbe de l'*Allium sphærocephalum*.

Rhytirhinus Sch. — **Gronops** Sch. — **Styphlus** Sch.

On trouve les espèces de ces trois genres au pied des herbes, en secouant les tas de branches ou de feuilles sèches ou en retournant les pièces de bois et les pierres. Leurs métamorphoses s'accomplissent assurément sous terre et leurs larves doivent y vivre aussi, mais elles sont inconnues et l'on ignore si elles se développent dans l'intérieur des racines de plantes spéciales.

Anisorhynchus Sch. — **Molytes** Sch.

D'après Ghiliani, les *A. coronatus* et *Germanus* sortent en très-grand nombre de dessous terre, lorsqu'on arrose les prairies. Cela veut-il dire que ces insectes, qui errent habituellement sur le sol, ont coutume de s'enterrer pendant le jour ? Cela est possible, mais il est au moins aussi probable que, l'époque des arrosements printaniers correspondant avec celle où ils prennent ordinairement leur essor, l'invasion de l'eau provoque et peut même hâter leur sortie. Dans tous les cas, j'ai la conviction que leurs larves sont aussi souterraines, sauf le point de savoir si elles sont affectées aux racines de plantes déterminées.

Liosomus Sch.

La restriction qui termine l'article précédent n'est pas sans motif, car pour le *L. ovatulus*, qui est comme une miniature de *Molytes*, j'ai découvert que sa larve, souterraine à la vérité, se développe dans les racines du *Ranunculus repens* au pied duquel j'ai trouvé bien des fois l'insecte parfait. On arrivera certainement de même à connaître les plantes qui nourrissent les autres espèces.

Plinthus Germ.

Sous les pierres, sur les sentiers. MM. Chapuis et Candèze décrivent brièvement et comme appartenant au *P. caliginosus*, une larve trouvée dans la souche d'un Pin abattu l'année d'avant et sous l'écorce de laquelle elle avait creusé des galeries sinueuses dans le genre de celles des *Hylobius* et des *Pissodes*. Malgré la grande confiance que m'inspirent et que méritent mes deux savants amis, je voudrais, je l'avoue, que cette observation fût contrôlée. Le *Plinthus* dont il s'agit n'a été trouvé dans les Landes que loin de la contrée pinicole ; le *P. imbricatus* habite la région alpine des Pyrénées où il n'y a pas d'arbres. Je serais, dès lors, tenté de croire que les larves de ce genre vivent dans des racines de plantes. On s'abuse quelquefois (soit dit sans mauvaise intention pour les deux auteurs précités), lorsque, observant une larve avec un insecte, on attribue l'une à l'autre.

Hypera GERM. — **Phytonomus** SCH.

Voici deux genres à larves bien décidément aériennes. Elles vivent, en effet, au grand air, sur les feuilles des plantes herbacées qui leur servent d'aliment. Cette manière d'être, si peu en rapport avec l'organisation de larves complétement apodes, serait de nature à surprendre si l'on ne savait qu'elles peuvent s'allonger comme des chenilles, au lieu de rester forcément arquées comme tant de larves de leur tribu ; qu'il leur est cependant très-facile de se courber en arc pour embrasser les tiges, ainsi que les pétioles et le limbe des feuilles ; qu'elles ont été pourvues d'ampoules ambulatoires ventrales bilobées, ayant un faux air des pattes membraneuses des chenilles, et que, pour compléter et rendre plus efficaces les avantages dont la nature les a douées, elles ont la faculté de sécréter par l'anus une substance mucilagineuse et visqueuse qui se répand en couche très-mince sur leur corps et principalement sur la face ventrale et concourt puissamment à les maintenir sur le plan de position. Ce même mucilage, complétement insoluble à l'eau, ce qui devait être, leur sert aussi, lorsqu'elles veulent se transformer, à se fixer sur un point quelconque de la plante nourricière ou de toute autre, et enfin elles l'emploient pour s'entourer d'un élégant cocon irrégulièrement réticulé qu'elles façonnent en étirant le mucilage en filaments à l'aide de leurs mandibules, de leurs palpes et des mouvements de leur corps.

Les plantes dont ces larves se repaissent sont assez variées : pour le *Hypera tessellata*, c'est le *Verbascum thapsus*, d'après M. de Heyden ; pour le *H. Barnevillei* la *Saxifraga autumnalis*, d'après M. de Bonvouloir ; pour le *Phytonomus rumicis*, l'Oseille, des Chénopodes et même des Renouées ; pour le *P. plantaginis* les Plantains ; pour le *P. murinus* les Luzernes, les Trèfles ; pour le *P. pollux*, le *Cucubalus behen*, d'après Boie, mais il pourrait y avoir ici une erreur d'espèce, car j'ai trouvé la larve du *P. pollux* sur l'*Helosciadium nodiflorum ;* pour le *Phytonomus* dont j'ai publié la larve sous le nom de *viciæ* et qui est plutôt l'*arundinis* ou le *pollux*, le même *Helosciadium ;* pour le *P. arundinis*, le *Sium latifolium ;* pour le *P. meles*, les Trèfles ; pour le *P. pastinacæ*, un Panais ;

pour le *P. polygoni*, le *Lychnis vespertina*, et, d'après mes observations, le *Cucubalus behen*, ainsi que le *Githago segetum*, sur les capsules duquel j'ai trouvé des larves mangeant les graines; pour le *P. variabilis*, probablement diverses Légumineuses et très-certainement l'*Astragalus Bayonensis*, sur lequel j'ai trouvé sa larve; pour le *P. ononidis*, un *Ononis;* pour le *P. fasciculatus*, l'*Erodium cicutarium*, d'après mes observations et, d'après la monographie de Capiaumont, les Carottes; pour le *P. Rogenhoferi*, la Carotte, d'après Ferrari; pour le *P. Grandini*, l'*Ammi visnaga ;* pour le *P. nigrirostris*, les *Ononis ;* pour le *P. Scolymi*, divers *Scolymus*, d'après M. Leprieur.

Limobius Sch.

On a cité le *L. dissimilis* comme recherchant les *Geranium*, et j'ai trouvé les larves du *L. mixtus* sur l'*Erodium cicutarium*.

Coniatus Germ.

Ce que je viens de dire des *Phytonomus* s'applique entièrement aux *Coniatus*, avec cette différence que les espèces de ce dernier genre, du moins celles que je connais, sont inféodées aux Tamarix qui sont des arbrisseaux et, sauf un, presque des arbres et non des plantes herbacées ou des arbustes, et que leurs cocons ont le plus souvent une réticulation plus régulière et plus élégante. Je ferai remarquer, en outre, que ces insectes sont d'excellents botanistes et que certaines espèces vivent indifféremment sur les *Tamarix Gallica*, *Anglica*, *Africana* et même sur le *Myricaria (Tamarix) Germanica*, bien différent des précédents. Il y a lieu d'être surpris que des larves apodes puissent se maintenir sur des végétaux à rameaux très-souples, la plupart maritimes et par conséquent exposés à des vents impétueux, à de violentes rafales; mais on cesse de s'étonner lorsque, dans ces moments de crise, on voit, comme je l'ai constaté, les larves embrassant vigoureusement de leur corps courbé en arc les minces ramilles et le feuillage délicat de l'arbrisseau dont elles ont intérêt à ne pas se séparer.

Cleonus Sch. — **Megaspis** Sch. — **Bothynoderes** Sch. etc.

On ne trouve guère ces insectes qu'errant parmi les herbes ou sur les sentiers. Malgré leur taille et le nombre considérable des espèces, on sait très-peu de chose de leurs mœurs. On a découvert seulement que la larve du *Cleonus sulcirostris* vit et se transforme dans une partie renflée de la tige souterraine du *Cirsium arvense* (Coret, *Soc. Ent.* 1876, p. CLXVIII) et celle du *C. marmoratus* dans les racines de l'*Achillæa millefolium* (Regimbart et Leprieur, *loc. cit.* même page). On a signalé le *Stephanocleonus anceps*, je crois, comme très-nuisible aux Betteraves en Russie, et il est fort possible que la larve se trouve dans les racines de cette plante. J'ai rencontré, quant à moi, au collet de la racine d'un vigoureux *Picris hieracioides* une larve que j'ai tout lieu de croire de Cléonide et peut-être du *Megaspis alternans*.

Rhinocyllus Germ.

Ce sont des amis des Synanthérées flosculeuses, des Chardons et des Centaurées; mais c'est dans leurs fleurs ou calathides et non dans leurs tiges ou leurs racines que se développent leurs larves. La ponte a lieu dès que le calathide est formé, la larve se nourrit des organes floraux et surtout du réceptacle plus ou moins charnu, et c'est dans son berceau même qu'elle accomplit toutes ses évolutions. Celle du *R. latirostris* a été observée par M. Goureau dans le *Carduus nutans*, et par moi dans la *Centaurea nigra;* celle du *R. antiodontalgicus* dans un Chardon très-épineux dont Gerbi ne dit pas le nom, et j'ai trouvé celle du *R. provincialis* dans la *Centaurea nigra*.

Bien des personnes probablement ignorent pourquoi le nom d'*Antiodontalgicus* a été donné par Gerbi à l'espèce précitée. On en trouve la raison dans les *Récréations tirées de l'histoire naturelle* de l'Allemand Wilhem. On croyait, du temps de Gerbi, que si l'on frottait quinze larves ou le même nombre d'insectes parfaits entre le pouce et l'index jusqu'à ce qu'il ne restât plus la moindre humidité, ces deux doigts acquéraient et conservaient, même plus d'un an, la vertu de calmer sur le champ, par le simple attouchement, la douleur causée par une dent cariée. On cite 401 succès sur 629 expériences.

Microlarinus Hoch.

Le *M. Lareynii* est assez commun dans certains lieux secs de la Provence. On a dit que sa larve vit dans les fruits du *Tribulus terrestris*.

Larinus Germ.

Leurs mœurs sont celles des *Rhinocyllus*, et, vu la facilité de trouver leurs larves dans les calathides des plantes sur lesquelles on rencontre les insectes, j'ai lieu de m'étonner qu'on ne connaisse l'histoire que d'un petit nombre. Il y aurait pourtant, ce me semble, un certain plaisir à recueillir les larves et les nymphes des *L. cynaræ*, *buccinator*, *onopordi* qui se recommandent par leur grande taille. On n'a, à ma connaissance, signalé jusqu'ici que le *L. maculosus*, parasite de l'*Echinops ritro;* le *L. Cynaræ* du *Cynara carduncculus;* le *L. flavescens* du *Kentrophyllum lanatum;* le *L. sturnus* du *Cirsium lanceolatum;* le *L. ursus* de la *Carlina corymbosa;* les *L. confinis* et *ferrugatus* de la *Centaurea aspera;* le *L. maurus* du *Buphthalmum spinosum;* le *L. planus* du *Cirsium palustre;* le *L. turbinatus* de divers Chardons; le *L. carlinæ* du *Cirsium arvense*. J'ai mentionné dans mes premières *Promenades entomologiques* ces deux dernières espèces, les seules que nous ayons ici, comme nées chez moi des calathides de cette dernière Carduacée.

Lixus F.

Les larves des espèces connues de ce genre vivent et se transforment dans les tiges fistuleuses ou non de diverses plantes herbacées. Lorsqu'elles sont fistuleuses et que la larve est d'une grande espèce, il n'y en a ordinairement qu'une dans une tige, et cela se comprend, puisque, pour se développer dans un milieu où il y a moins de substance alimentaire, elle doit ronger une assez grande étendue; mais lorsque la tige est pleine ou à peu près et assez longue, plusieurs larves peuvent y vivre, comme je l'ai observé pour les *L. Algirus* et *Ascanii*.

Le *L. paraplecticus* est parasite du *Phellandrium aquaticum* et du *Sium latifolium;* le *L. turbatus* de la Ciguë et de l'Angélique; le *L. Ascanii* de la *Beta vulgaris;* le *L. junci* de la *Beta cicla*, et j'ai pris une fois l'insecte parfait sur l'Épinard qui est de la même famille, de sorte que le nom de *junci* serait aussi impropre que tant d'autres. Il est à remarquer en outre que le *junci* a, comme l'*Ascanii*, la marge des élytres blanches. Le *L. bardanæ* du *Rumex hydrolopathum* qui n'a aucun rapport avec la Bardane; le *L. filiformis*, probablement, d'après Dieckoff, des *Carduus nutans* et *crispus;* le *L. geminatus* de la *Cicuta virosa;* le *L. Algirus, L. angustatus*

F. des Malvacées et même, d'après mes observations, des *Cirsium arvense* et *palustre*, ce qui me porterait presque à croire qu'il y a là deux espèces distinctes; le *L. myagri*, probablement, à cause de son nom, d'une Crucifère du genre *Myagrum*, et très-positivement, d'après mes constatations, de l'*Erysimum præcox* et du Chou; le *L. pollinosus* des Carduacées; le *L. Cynaræ* du *Cynara scolymus*; le *L. mucronatus* de l'*Helosciadium nodiflorum*, du Céleri et en Corse d'un Cerfeuil; le *L. cribricollis* de l'Oseille.

Comme pour les *Larinus*, je m'étonne qu'on ne connaisse pas presque toutes les larves d'un genre dont les espèces ont de la taille et stationnent habituellement sur les plantes qui doivent recevoir leurs pontes. Que d'entomologistes, hélas! qui, au lieu de pénétrer dans les secrets de la science, restent à la surface et la font consister à trouver à grand effort, ne fût-ce que sur un seul individu, un caractère qui différencie tel insecte de son voisin, ou à posséder beaucoup d'espèces pour les aligner avec art dans des boîtes! Combien d'autres, ignorants de la botanique, sont incapables de savourer le charme des relations qui lient les insectes aux végétaux! Combien enfin qui, ayant toutes les qualités requises pour servir et même honorer la science, gardent pour eux leurs découvertes, par nonchalance ou comme s'ils en étaient jaloux!

Hylobius GERM.

Sont-ils tous voués exclusivement aux Conifères? Je le crois, mais je n'ose l'affirmer parce que, si j'ai pris une fois le *H. fatuus* sur un bourgeon de Pin, je l'ai recueilli une autre fois en battant des Saules éloignés des Pins. Quoi qu'il en soit, les larves du *H. abietis*, qui me sont plus particulièrement connues, creusent sous l'écorce des vieux Pins mourants ou récemment morts des galeries très-sinueuses, et se transforment dans l'aubier à une faible profondeur, après avoir bouché avec des fibres ou de petits copeaux le trou par lequel elles sont entrées et qui servira à la sortie de l'insecte parfait.

Pissodes GERM.

Mêmes mœurs que les *Hylobius*, mais ici j'affirmerais avec plus d'assurance que toutes les espèces sont parasites des Conifères. Dans les Landes, le *P. notatus* s'attaque aux Pins de tout âge pour peu qu'ils soient malades, ce qui le rend très-dangereux, et habituellement la larve se transforme dans une cellule elliptique creusée en niche à la surface de l'aubier et qu'elle ferme par une coupole de fibres entrelacées. J'ai dit habituellement, car cette larve peut vivre, comme je l'ai observé, et accomplir toutes ses évolutions dans des ramilles même de moins d'un centimètre dé diamètre du Pin maritime, du Pin sylvestre et du Pin du lord. Dans ce cas, il n'y a ni galeries à miner sous l'écorce, ni cellule à creuser, ni fibres à détacher ; tout se passe dans le canal médullaire et avec la plus grande simplicité. Cette diversité de manœuvres suivant la différence des conditions n'est pas indigne d'intérêt.

Grypidius Sch.

J'ai lu dans la *Feuille des jeunes naturalistes* 1874, page 63, qu'on a pris le *G. equiseti* sur l'*Equisetum palustre* dans la tige duquel son bec était profondément enfoncé. Ce fait indiquerait que la larve vit dans cette plante.

Erirhinus Germ.

La plupart des *Erirhinus* vrais se trouvent sur les plantes aquatiques et leurs larves vivent sans doute dans les tiges de ces plantes, à l'exemple de celle de l'*E. festucæ* qui, d'après les observations de Boie, se développe dans les tiges du *Scirpus lacustris*. Ce n'est de ma part qu'une hypothèse, car le genre dont il s'agit est si peu répandu dans le cercle ordinaire de mes recherches que je n'ai pu faire sur son compte de nombreuses observations. Je puis dire seulement que j'ai pris l'*E. infirmus* sur le *Salix capræa* dont les chatons nourrissent peut-être la larve de cet insecte, et plusieurs fois sur le *Calamagrostis arundinacea*, l'*E. nereis* dont la larve habite peut-être le chaume de cette Graminée où j'ai trouvé des traces de galeries.

Quant aux espèces du sous-genre *Dorytomus*, elles recherchent plutôt les arbres que les herbes, et surtout ceux de l'ancienne famille des Amentacées, tels que Chênes, Peupliers, Saules. J'ai pris l'*E. vorax* et l'*E. tortrix* sur les Peupliers ; l'*E. costirostris* abondamment soit sur le tronc d'un Peuplier récemment abattu, soit en secouant des Trembles vivants; les *E. tæniatus*, *salicis* et *agnathus* sur les Saules. La larve du *tæniatus*, d'après les observations de M. Goureau, vit dans les chatons femelles ; je puis en dire autant pour l'*agnathus*. L'*E. tomentosus* et l'*E. Silbermanni* se prennent aussi sur les Saules.

Mecinus Germ.

Ayant plus d'une fois trouvé le *M. pyraster* dans des branches d'arbres et notamment d'arbres fruitiers, je m'étais d'autant plus persuadé que sa larve était lignivore que le nom de *pyraster* semblait indiquer un ennemi du Poirier. Je m'aperçus plus tard que les individus logés dans le bois étaient là en quartiers d'hiver, et qu'ils s'étaient introduits par le trou de sortie d'un insecte xylophage. J'étais en outre détourné de ma première idée par ce fait que je prenais souvent cet insecte, ainsi que le *M. circulatus*, en fauchant dans les lieux peuplés de *Plantago lanceolata*. Je me mis donc à explorer cette plante et je ne tardai pas à trouver au collet de la racine des larves, puis des nymphes, enfin des insectes parfaits qui m'apprirent que les deux espèces précitées s'attaquent au Plantain. Déjà MM. Chapuis et Candèze avaient décrit la larve du *M. collaris* qui vit et se transforme dans une sorte de galle au-dessous des épis du *Plantago maritima*. M. Grenier a pris plusieurs fois et dans des lieux éloignés le *M. longiusculus* sur la *Linaria striata*.

Smicronyx Sch.

M. Raffray a observé la larve du *S. cyaneus* à Alger, dans les bulbes du *Phelipœa lutea*. Les autres espèces se prennent en fauchant les herbes et, chez nous du moins, très-isolément. On ne sait rien, à ma connaissance, sur leurs mœurs.

Brachonyx Sch.

La seule espèce que renferme ce genre, le *B. indigena*, se trouve, mais pas chez nous, sur les Pins. Ratzeburg, qui a observé ses métamorphoses, nous a appris que sa larve vit et se transforme entre deux feuilles de Pin qui restent accolées et subissent un arrêt de développement.

Apion Herbst.

Voici un genre très-important par le nombre de ses espèces et celui des individus de beaucoup d'entre elles, et très-intéressant au point de vue des mœurs. Certains se prennent, parfois abondamment, en battant les arbres, mais aucune espèce, que je sache, ne pond sur les grands végétaux, sauf l'*A. minimum* et peut-être les *A. pubescens* et *subpubescens* qui, se tenant habituellement sur les Saules, pourraient bien avoir pour berceau les châtons ou quelque galle de ces arbres, ce que je me propose de vérifier. Les autres n'ont des rapports qu'avec les plantes herbacées, à l'exception de ceux qui pondent dans les fleurs, les fruits, les pousses tendres de certains arbustes.

Les larves, sans aucune exception à ma connaissance, se transforment toutes au lieu même où elles ont vécu. Les insectes parfaits se pratiquent ensuite une issue vers le dehors, mais ceux qui se trouvent entre les valves presque cornées de certaines gousses à l'épreuve des faibles et courtes mandibules qui terminent leur rostre, sont souvent obligés d'attendre que l'action du soleil opère la déhiscence de ces gousses et risquent de mourir dans leur prison si elle tarde trop à s'ouvrir.

Bach a fait un relevé des espèces dont le régime était connu de son temps; Diétrich et Frauenfeld y en ont ajouté plusieurs, et moi-même (Soc. ent. 1863, p. 451 et 1864, p. 305) j'ai augmenté cette liste dont M. Wencker a tiré parti sans me citer, et dont s'est servi aussi l'auteur de l'article inséré dans la *Feuille des jeunes naturalistes*. Dans mon travail précité, je ne me suis pas borné aux mœurs, j'ai fait ressortir les similitudes de forme, de couleur, de ponctuation même, en concordance avec les familles des plantes dont se nourrissent les larves. Cette curieuse particularité, applicable à bien d'autres genres, a son importance scientifique et philosophique.

Il n'est pas de partie des végétaux qui ne puisse nourrir une larve d'*Apion*. Il y en a dans les feuilles, en bien petit nombre, il est vrai, dans les fleurs, dans les tiges et surtout dans les fruits. Trois ou quatre seulement déterminent sur les plantes des hypertrophies morbides des tissus végétaux, ce qu'on appelle des galles, les autres ne trahissent leur présence par aucun phénomène extérieur. Je vais passer en revue ces diverses catégories en inscrivant à la suite du nom de chaque insecte celui de la plante ou de l'arbuste dont il est l'hôte.

FEUILLES

A. carduorum. On trouve le plus fréquemment ses larves dans le pétiole et dans la côte médiane des feuilles de l'Artichaut sur lequel il est très-commun. Mais elles vivent aussi dans la tige, ainsi que dans celle du *Cirsium arvense*. Il en est probablement de même des espèces de ce groupe parasites des grandes Carduacées.

A. frumentarium L. hæmatodes Kirb. Sa larve se développe dans le pétiole et la côte médiane des feuilles de la petite Oseille où elle détermine une sorte de galle.

A. minimum. Son berceau est une galle ellipsoïdale dont il n'est pas l'auteur et qui est produite sur les feuilles des Osiers par la larve d'un Hyménoptère du genre *Nematus*.

FLEURS

A. Perrisi. La femelle introduit un œuf dans un bouton à fleur du *Cistus alyssoides*, la larve se nourrit des organes floraux, lesquels suffisent à son développement, qui est assez rapide.

A. tubiferum. Il agit de même dans les boutons à fleurs des *Cistus salvifolius* et *Monspeliensis*.

A. Wenckeri et *A. Revelieri*. Ils s'attaquent, eux aussi, aux fleurs des Cistes, et je suis convaincu que c'est aussi un Ciste ou un *Helianthemum* qui nourrit l'*A. rugicolle*, dont les affinités avec les précédents sont si évidentes.

A. Capiomonti. Je l'ai pris à Madrid et à Montpellier sur le *Cistus crispus*.

D'après la *Feuille des Jeunes Naturalistes*, sa larve vivrait dans les boutons à fleur de cet arbuste. J'en doute un peu, vu sa forme et sa ponctuation bien différentes de celles des précédents. J'aimerais mieux croire qu'elle se trouve dans la capsule ou dans les jeunes pousses.

TIGES

A. orientale. — Carduacées.

A. carduorum. — Artichaut, *Cirsium arvense*, *Carduus acanthoides* (V. à la section : Feuilles.)

A. galactitis. — *Galactites tomentosa*.

A. basicorne. — Bardane.

A. scalptum. — Carduacées.

A. lancirostre. — *Echinops spinosus*.

A. penetrans. — *Centaurea paniculata* (Frauenfeld.)

A. Caullei. — Bardane, *Carlina vulgaris*, *Centaurea cyanus.*

A. onopordi. — *Centaurea nigra* et *paniculata.* Wencker, dans sa *Monographie*, dit qu'on le trouve sur *Onopordon acanthium*, sur les *Cnicus* et sur quelques *Rumex.* J'admets très-volontiers que sa larve vive dans les tiges des deux premiers, mais je n'accepte les Rumex que comme station accidentelle de l'insecte parfait.

A. stolidum. — *Leucanthemum vulgare.*

A. confluens. — Même plante.

A. cineraceum. — Menthes.

A. flavimanum. — Menthes.

A. Hookeri. — *Hieracium umbellatum* et *Leontodon autumnale.*

A. semivittatum. — Nœuds des tiges de *Mercurialis annua.*

A. separandum. — *Mercurialis tomentosa.* Il est probable que cette espèce n'est qu'une variété très-tomenteuse de la précédente.

A. pallipes. — *Mercurialis perennis.*

A. vernale. — Orties.

A. rufescens et *A. rufulum.* Je suis persuadé que ces deux espèces vivent aussi dans les Orties.

A. æneum. — Malvacées.

A. validum. — Althæa (Wencker).

A. radiolus . Malvacées. M. Westwood aurait trouvé sa larve sur le Houx et MM. Chapuis et Candèze dans les tiges de la Tanaisie; Kaltenbach y ajoute les Carduacées. Je ne puis pas ne pas exprimer sur ces derniers habitats des doutes qui ont déjà été formulés par Frauenfeld. On a certainement confondu plusieurs espèces.

A. dispar. — *Hieracium.*

A. curvirostre. — Malvacées.

A. seniculum. — *Trifolium pratense* et *repens.*

A. virens. — Mêmes plantes.

A. elongatum. — *Salvia pratensis* (Wencker), Serpolet (Dietrich). Je crois que Wencker a raison.

A. leucophæatum. — *Salvia pratensis.*

A. difforme. — *Polygonum hydropiper.*

A. meliloti. — *Melilotus officinalis.*

A. tenue. Mélilots et Luzernes.

A. sulcifrons. — *Statice armeria* (Wencker), *Artemisia campestris* (Giraud). Voir à la section : Galles.

A. miniatum. — Rumex.

A. rubens. — Petite Oseille.

A. sanguineum. — Même plante.

A. cruentatum. — Oseilles.

A. limonii. — *Statice.*

A. Chevrolati. — *Helianthemum guttatum.*

A. Aciculare. — Même plante.

A. violaceum. — Rumex.

A. hydrolapathi. — *Rumex hydrolapathum.*

A. humile. — Oseille.

A. simum. — *Hypericum perforatum.*

A. chalybeipenne, de Madère. — Mauves.

FRUITS

A. pomonæ.— *Lathyrus pratensis* et *Vicia sepium.* Le nom de *pomonæ* indique que cette espèce hante les arbres fruitiers. M. Gehin (insectes qui attaquent les Poiriers) qui l'a observé en très-grande abondance dans ces conditions et qui a remarqué plus tard dans de jeunes pommes et de jeunes poires des larves qu'il a cru appartenir à un *Apion*, suppose que la femelle perfore pour y pondre les parties internes de la fleur. Je crois ses présomptions mal fondées et il est probable que les larves des fruits étaient de *Rhynchites bacchus.*

A. opeticum. — *Orobus vernus* (Dietrich)

A. craccæ.— *Vicia cracca* et *multiflora*, *Lathyrus sylvestris*, *Ervum hirsutum.*

A. cerdo. — *Vicia cracca.*

A. subulatum. — Vesces et Lotiers.

A. ochropus. — *Lathyrus pratensis*, *Vicia sepium.*

A. tamariscis. — *Tamarix Gallica.*

A. Poupillieri. — probablement *Tamarix* (Wencker.)

A. ulicis. — Ajoncs.

A. uliciperda. — Ajoncs.

A. difficile. — *A. bivittatum.* — *A. Genistæ.* — Genêts.

A. fuscirostre. — Genêt à balais.

A. squamigerum. — A Madrid, *Retama sphærocarpa*, dans les Landes, *Genista pilosa* et *Ulex*, en Provence, *Genista scorpius.*

A. cretaceum. — *Retama.*

A. striatum. — Genêts, Ajoncs.

A. immune. — Genêt à balais.

A. pubescens. — *A. subpubescens.* Se trouvent habituellement sur les Saules ; je suppose que leurs larves vivent dans les châtons.

A. fulvirostre. — Guimauve.

A. rufirostre. — Mauves.

A. viciæ. — *Vicia cracca, Ervum hirsutum, Melilotus.*

A. dissimile. — *Trifolium arvense.*

A. ononidis. — *Ononis.*

A. varipes. — *A. trifolii.* — *A. fagi.* — *Trifolium pratense,* et ce dernier en outre *Trifolium montanum.*

A. assimile. — Trèfles.

A. gracilipes. — *Trifolium medium.*

A. flavipes. —*A. nigritarse.* — *Trifolium pratense* et *repens.*

A. ebeninum. — *Lotus corniculatus* et *Orobus vernus.*

A. punctigerum. — *Vicia sepium.*

A. platalea. — *A. Gyllenhali.* — *Vicia cracca.*

A. ervi. — *Lathyrus pratensis, Ervum hirsutum.*

A. ononis. — *Ononis.*

A. pisi. — *Lathyrus pratensis, Vicia sepium* et *sativa, Hedysarum onobrychis,* Trèfles.

A. æthiops. — *Vicia sepium.*

A. Sorbi. — *Anthemis arvensis, Matricaria camomilla.* L'*A. Sahlbergi,* qui est le mâle de cette espèce, vivrait sur *Trifolium pratense,* d'après Bach.

A. angustatum. — *Lotus, Dorycnium herbaceum.*

A. columbinum. — *Lathyrus heterophyllus* et *latifolius* (GYLLENHAL).

A. Spencei. — *Vicia cracca.*

A. vorax. — Pois et Vesces (GYLLENHAL.)

A. pavidum. — *Coronilla varia.* Je l'ai pris sur *Lathyrus pratensis.*

A. livescerum. — *A. Waltoni.* — *Hedysarum onobrychis.*

A. æneo-micans. Se trouve communément à Sos sur le *Dorycnium suffruticosum ;* je ne doute pas que sa larve ne vive dans les gousses de cet arbuste.

A. malvæ. — Mauves.

A. brevirostre. — *Hypericum hirsutum* et *perforatum.*

A. Sedi. — *Sedum.*

A. Wollastoni. — *A. rotundipenne,* de Madère. — Vesces (WOLLASTON).

ESPÈCES AU SUJET DESQUELLES J'IGNORE SI ELLES VIVENT DANS LES FRUITS OU DANS LES TIGES

A. oculare. — *Ruta angustifolia.*

A. vicinum. — *A. atomarium.* — *A. parvulum.* — Serpolet.

A. astragali. — *Astragalus glyciphyllos.*

A. elegantulum. — *Trifolium medium* et *pratense.*

GALLES

A. lævigatum. Forme une galle du bourgeon terminal du *Logfia subulata* ou *Filago Gallica.*

A. scutellare. Détermine la formation d'une galle autour des pousses encore herbacées de l'*Ulex nanus.*

A. frumentarium. — Provoque une galle sur les feuilles et les pétioles de la petite Oseille.

A. semivittatum. Amène souvent un plus grand renflement des nœuds de la *Mercurialis annua.*

A. Schmidti. Obtenu par Miller d'une galle d'*Astragalus Austriacus.*

A. sulcifrons. — Je tiens de M. Giraud qu'il se transforme dans une galle qu'il provoque sur les tiges de l'*Artemisia campestris.*

A. minimum. — Voir à la section : FEUILLES.

Apoderus OLIV.

A. coryli. Sa larve vit dans un rouleau de feuilles de Noisetier façonné par la mère.

A. intermedium. — J'ai pris plusieurs fois ce rare insecte en battant des Chênes voisins des eaux. Il est probable qu'il roule, pour pondre, les feuilles de cet arbre.

Attelabus L.

La femelle de l'*A. curculionoides* roule brièvement les feuilles du Chêne et y pond un œuf.

Rynchites HERBST.

Les *Rhynchites*, que l'on trouve ordinairement sur les arbres fruitiers et sur ceux de la famille des Amentacées, ont des mœurs assez variées dont voici le résumé.

R. auratus. Sa larve, d'après Goureau, vit dans les noyaux des fruits de *Prunus spinosa.*

R. bacchus. Cette espèce, sur laquelle on a commis plus d'une erreur y compris celle de son nom, pond ses œufs dans les jeunes Pommes ou Poires qui nourrissent ensuite sa larve.

R. cœruleocephalus. Je le prends assez communément en battant les Chênes tauzins, mais je n'ai pu découvrir si, comme cela est probable, il roule les feuilles pour y pondre.

R. prœustus. Il a été pris aussi sur le Chêne tauzin.

R. cupreus. Je l'ai capturé abondamment en avril sur les Pommiers et le Prunellier et je n'y ai pas observé plus tard des feuilles roulées. Il confie probablement ses œufs aux fruits.

R. conicus. Ses mœurs sont connues depuis longtemps des horticulteurs. Il coupe à moitié les jeunes pousses des Poiriers dont le sommet se flétrit et c'est dans cette partie, qui finit par tomber, qu'un œuf est pondu et que la larve se développe.

R. pauxillus. Il se tient sur les arbres fruitiers et les Prunelliers.

R. Germanicus. Je l'ai surpris coupant de jeunes pousses de Chêne tauzin pour les faire flétrir et y pondre.

R. nanus. — *R. planirostris.* J'ai rencontré ces deux espèces sur l'Aulne ; on les a prises aussi sur le Bouleau.

R. populi. Il roule en cornet, pour pondre, les feuilles de divers Peupliers.

R. betuleti. Il façonne en forme de cigare, après avoir rongé à moitié le pétiole, une feuille de Vigne qui reçoit un ou plusieurs œufs. On le trouve aussi sur le Hêtre, le Bouleau, le Saule marceau et le Poirier ; sur ce dernier arbre, où je l'ai observé, il coupe à moitié une pousse terminée par plusieurs feuilles, réunit plus ou moins régulièrement quelques-unes de celles-ci et pond dans le faisceau qu'elles forment.

R. œneovirens. — *R. sericeus.* — *R. ophthalmicus.* — *R. pubescens.* Se trouvent ordinairement sur le Chêne, d'après M. Desbrochers. M. Leprieur a pris abondamment l'*Ophthalmicus* en battant les branches de Bouleaux récemment abattus.

R. tristis. M. Puton l'a capturé à la Grande-Chartreuse sur l'*Acer pseudoplatanus.*

R. betulœ. Il roule en cornet, après une découpure transversale très-bien entendue et après érosion de la nervure médiane pour déterminer la flétrissure, la moitié antérieure de feuilles de Bouleau, d'Aulne et de Charme.

Toutes les larves de ce genre, comme celles des genres précédents, quittent le lieu où elles se sont nourries pour se transformer sous terre.

Auletes Sch.

Les premiers états des espèces de ce genre sont inconnus. l'*A. maculipennis* habite les Tamarix — l'*A. pubescens* les Cistes, et M. Ecoffet prenait l'*A. tubicen* à Nîmes sur les Cyprès.

Diodyrhynchus Germ.

Le *D. Austriacus* se trouves ur les Pins ; ses mœurs sont peut-être celles du genre suivant.

Rhinomacer Geoff.

Le *R. attelaboides*, dont j'ai donné l'histoire dans les insectes du Pin maritime, confie ses œufs aux châtons mâles des pins abattus au moment opportun.

Magdalinus Germ.

Les espèces de ce genre, sans exception je crois, sont lignivores dans leur premier état, et ce qu'il y a de remarquable, c'est que les larves de toutes celles qui me sont connues vivent non sous l'écorce épaisse des tiges, mais sous l'écorce ou dans le canal médullaire des rameaux d'une faible épaisseur. Elles y accomplissent leurs métamorphoses.

M. memnonius. Espèce pinicole. La larve habite les pousses de l'année précédente du Pin maritime et du Pin sylvestre. Elle creuse une longue galerie dans le canal médullaire exclusivement.

M. linearis — M. Heydeni — M. nitidus — M. violaceus — M. carbonarius — M. duplicatus — M. rufus. Espèces étrangères aux Landes, amies des Pins, des Sapins, des Mélèzes, mais surtout des Pins. Elles doivent se comporter sur ces arbres ainsi qu'il a été dit pour *memnonius*. Cela paraît certain, d'après les observations de Ratzeburg, pour le *violaceus* et de Van Heyden pour le *Heydeni*.

M. aterrimus. J'ai trouvé ses larves en très grande quantité dans les rameaux d'un Orme récemment mort. Elles vivent assez rapprochées et après avoir miné quelque temps sous l'écorce, elle plongent dans le bois.

M. cerasi. Je l'ai obtenu de rameaux de Poirier, de Pommier, d'Aubépine et même de Rosier.

M. barbicornis. J'ai observé sa larve dans des rameaux de Pommier.

M. pruni. J'ai constaté que sa larve habite les rameaux du Pommier et de l'Aubépine.

M. flavicornis. Sa larve vit dans les rameaux du Chêne.

M. exaratus. Se trouve, d'après la monographie de M. Desbrochers, sur le Chêne et le Néflier. Je suis tenté de croire que ses préférences sont pour ce dernier et autres arbres fruitiers.

M. nitidipennis. Se prend sur le Peuplier noir.

Balaninus Germ.

On sait depuis longtemps que des larves de ce genre se développent les unes dans des fruits, les autres dans des galles. Il y a cependant cette particularité que ces dernières ne sont pas les auteurs des galles qui les nourrissent.

Le *B. elephas* attaque les Châtaignes ; — le *B. nucum* les Noix et les Noisettes ; — le *B. glandium* les glands. — La larve du *B. cerasorum* a été observée dans les noyaux des fruits du Prunellier, et je ne serais pas étonné qu'il en fût de même de celle du *B. rubidus*. — Le *B. villosus* pond sur les Chênes, dans la galle en pomme de l'*Andricus terminalis* où, comme M. Goureau, je l'ai observée ; — le *B. brassicæ* dans la galle produite sur les feuilles des Osiers par un *Nematus* ; — le *B. pyrrhoceras* dans quelque galle des feuilles du Chêne. — Le *B. ochreatus* qui se trouve sur le *Salix rosmarinifolia*, y est peut-être attiré par une galle, et je soupçonne aussi le *B. crux* d'être gallicole.

Toutes les larves de ce genre, sans exception je crois, se transforment sous terre.

Anthonomus Germ.

Ce sont des insectes amis des fleurs, comme leur nom l'indique, et c'est dans les fleurs non encore ouvertes et dont elles empêchent l'épanouissement que presque toutes les larves connues se développent et se transforment. On sait depuis assez longtemps que les larves de l'*A. pomorum* vivent dans les fleurs du Pommier et du Poirier; celles de l'*A. pyri* dans les fleurs du Poirier ; celles de l'*A. druparum* dans les fleurs du Cerisier, des Mérisiers et peut-être du Prunellier. J'ai observé celles de l'*A. pruni* dans les fleurs du Prunellier ; celles de l'*A. pedicularius* dans les fleurs de l'Aubépine ; celles de l'*A. rubi* dans les fleurs de la Ronce.

L'*A. spilotus*, dont j'ai étudié les mœurs, procède autrement. Si l'on observe les feuilles naissantes du Poirier, on remarque qu'elles sortent du bourgeon avec leurs bords enroulés en dedans, de manière à former, vues en dessus, comme deux tubes accolés. C'est un peu la forme d'un noyau de datte. Cet état dure de lui-même assez habituellement jusqu'à ce que les feuilles aient une longueur de deux à trois centimètres. C'est entre ces deux tubes juxta posés et sur la nervure médiane que la femelle dépose un œuf blanchâtre, luisant et longuement elliptique. La larve, qui ne tarde pas à naître, se trouve abritée par le double enroulement de la feuille, et celle-ci demeure impuissante à se déployer, soit que la femelle l'ait blessée, soit que la présence de la larve paralyse son expansion. Quelquefois pourtant une portion apicale ou basilaire du limbe se déroule sous l'influence de la végétation. La larve, qui est jaunâtre avec la tête noire, se nourrit de la substance de la feuille, laquelle conserve sa verdeur pendant un certain temps, se ballonne un peu, puis se flétrit et même finit par se dessécher et noircir en totalité ou en partie, selon les atteintes de la larve, le pétiole demeurant vivant et de couleur verte. Une seule feuille suffit à l'entier développement de son nourrisson. Celui-ci ronge l'intérieur de l'espèce de fourreau dans lequel il est enfermé et il grandit assez rapidement. Lorsque sa croissance est complète et qu'il veut se préparer à la transformation en nymphe, il se fixe à un endroit quelconque du fourreau, rassemble autour de lui des excréments qui ressemblent à de tout petits granules noirs, les agglutine à l'aide d'un mucilage et se forme ainsi une coque assez dure. L'emplacement qu'occupe cette coque devient de plus en plus appréciable à mesure que la feuille se dessèche. Les érosions de la larve ayant plus ou moins entamé les tissus qui l'ont nourrie, il arrive assez souvent que la feuille, que je n'appellerai plus qu'un fourreau, tombe à terre où elle trouvera une humidité plutôt favorable que contraire aux dernières évolutions; mais lorsque la larve a établi sa coque tout à fait à la base du fourreau, cette coque, qui tient au pétiole par un reste de vitalité, persiste à l'extrémité de ce pétiole, même quand le surplus du fourreau est tombé, comme une petite baie noirâtre et ellipsoïdale.

J'ai observé des larves durant tout le mois d'avril; au commencement de mai on constate l'existence de quelques nymphes, et quelques jours après naissent des insectes parfaits. Ceux-ci attendront le printemps suivant pour pondre, et ils sont soumis jusque-là à tant de vicissitudes, que ceux que l'on prend à cette époque sont la plupart déflorés et quelques-uns même dépourvus de tous les caractères qu'on peut tirer des couleurs.

Pour en finir avec les *Anthonomus* j'ajoute que l'*A. sorbi*, qui se trouve sur le Sorbier, l'*A. rufus* sur le Prunellier, l'*A incurvus* sur les Poiriers et les Pommiers, je crois, doivent confier leurs œufs aux fleurs ou aux feuilles de ces arbres; mais je ne sais que penser de l'*A. varians* qui fréquente les Pins et les Sapins, et je recommande cet insecte à ceux qui sont à même de l'observer.

Bradybatus Germ.

Le *B. subfasciatus* se prend sur les Érables en fleur. N'aurait-il pas les mœurs d'un *Anthonomus ?*

Orchestes Ill.

Voici un genre dont toutes les larves, du moins celles des *Orchestes* vrais, sont mineuses de feuilles, c'est-à-dire vivent du parenchyme entre les deux épidermes, et le plus souvent près des bords, parce que là les nervures plus fines leur opposent moins de résistance. L'espace miné se boursoufle plus ou moins et, au dernier moment, la larve s'enveloppe d'un cocon qu'elle confectionne à l'aide de ses mandibules et de ses palpes avec une substance mucilagineuse qui sort par l'anus. Toutes les évolutions s'accomplissent en cinq ou six semaines.

On comprend que des larves qui ont ce genre de vie ne soient pas conformées tout à fait comme celles des fruits, des fleurs et des écorces; elles sont, en effet, droites, plus souples, plus régulières dans leur forme, moins pourvues de plis et de mamelons latéraux, plus déprimées ; leur tête est plus petite et plus aplatie, leur mamelon anal un peu plus allongé.

Voici ce que l'on sait sur les mœurs de diverses espèces : les larves de l'*O. scutellaris* et de l'*O. alni* minent les feuilles de l'Aulne et de l'Orme ; celles de l'*O. fagi* les feuilles du Hêtre ; celles de l'*O. rufus*, probablement le même que l'*O. ulmi* de de Geer, et celles de l'*O. ferrugineus* les feuilles de l'Orme ; celles de l'*O. quercus* les feuilles des Chênes ; celles de l'*O. populi* les feuilles des Peupliers et des Saules ; celles de l'*O. pratensis* les feuilles de la *Campanula montana* et de la *Centaurea scabiosa* ; et d'après mes observations, celles de l'*O. ilicis* les feuilles des Chênes ; celles de l'*O. irroratus* les feuilles du Chêne liége et du *Quercus coccifera* ; celles de l'*O. sparsus* les feuilles des drageons du Chêne tauzin ; celles de l'*O. iota* les feuilles du *Myrica gale*.

Ce qui m'étonne, c'est qu'on n'ait pas encore signalé et que je n'aie pu trouver de larves du sous-genre *Tachyerges*. J'ai rencontré souvent, en très-grand nombre, le *T. saliceti* sur le Saule marceau, et malgré mes recherches à diverses époques de l'année, je n'ai pu mettre la main sur sa larve.

Tychius Germ.

Quoique ces insectes vivent assez généralement sur les plantes basses et les arbustes, que les espèces soient assez nombreuses et certaines d'entre elles fort communes, on ne sait presque rien sur leurs mœurs. Mes notes ne me fournissent, à ce sujet, d'autres observations que celles que j'ai faites moi-même et dont voici le résumé.

T. quinque punctatus. Je l'ai obtenu des gousses de *Vicia angustifolia*.

T. hœmatocephalus. — Gousses du *Lotus corniculatus*.

T. sparsutus et *T. venustus*. — Gousses du Genêt à balais.

T. squamulatus. — Gousses du *Lotus corniculatus*.

T. bivittatus. — Très-probablement gousse d'un Genêt épineux de Corse sur lequel on le trouve.

T. deliciosus — Problablement gousses du *Lotus Creticus* de Corse.

T. suturalis. — Gousses du *Dorychnium suffruticosum*.

T. junceus. — Gousses du *Melilotus macrorhiza*.

T. argentatus. Probablement gousses du *Lotus Creticus* sur lequel on le trouve en Corse.

T. scabricollis. — Capsules de l'*Helianthemum guttatum*.

T. meliloti. — Il pond sur la nervure médiane des feuilles du *Melilotus macrorhiza* et y détermine une galle dans laquelle vit la larve. En Corse, il se trouve sur le *Melilotus sulcata.*

T. tomentosus et *T. picirostris.* — Probablement dans les capitules des Trèfles.

On voit, par ce qui précède, que la plupart des *Tychius* sont sous la dépendance de plantes de famille des Légumineuses. Toutes les larves que je connais se transforment sous terre.

Sibines Sch.

Encore des insectes des plantes basses sur lesquels j'ai fait les observations suivantes :

Les larves du *S. canus* habitent les capsules du *Lychnis vespertina*, souvent plusieurs dans la même.

Celles du *S. silenes* les capsules du *Silene Portensis.*

Celles du *S. attalicus* les capsules du *Silene Lusitanica*, et à Madrid du *Silene bipartita.*

Celles du *S. viscariæ* les capsules du *Silene inflata.*

Celles du *S. variatus* probablement dans les capsules de la *Spergularia rubra* sur laquelle on trouve l'insecte.

Celles du *S. gallicolus* dans une galle qui se forme sur la tige du *Silene otites* (Giraud.)

Les *S. arenariæ* et *phaleratus* se prennent en Corse sur un *Helychrysum* et à Mont-de-Marsan le *S. primitus* sur l'*Helychrysum stæchas.* J'ai vainement cherché sa larve.

Les espèces dont les mœurs sont bien connues seraient, on le voit, parasites des Silénées ; mais je comprendrais qu'il en fût autrement des dernières qui ont une forme et une livrée différentes. Les larves que j'ai observées se transforment sans déplacement, ce qui, indépendamment de leurs goûts, les distingue de celles de *Tychius.*

Cionus Clairv.

Insectes presque tous inféodés aux *Verbascum* et aux *Scrophularia.* Les larves se nourrissent en plein air de leurs feuilles. Elles sont habituellement recouvertes d'une substance mucilagineuse qui s'échappe par l'anus et se répand sur leur corps par le jeu péristaltique des segments. Au dernier moment elles produisent cette substance en plus grande quantité, la laissent sécher et se trouvent ainsi enfermées dans une coque parcheminée qui demeure fixée aux feuilles, aux tiges ou aux fleurs.

Les *C. verbasci, Olivieri, longicollis, ungulatus* et *thapsus* vivent sur les *Verbascum*. Il en est de même du *C. olens*, avec cette différence que j'ai trouvé ses larves non à l'air libre, mais chacune à l'état de mineuse dans une bourse formée par les jeunes feuilles.

Les *C. Schœnherri, blattariæ* et *pulchellus* sur la *Scrophularia canina*.

Les *C. Scrophulariæ, hortulanus* et *distinctus* sur la *Scrophularia aquatica*.

Le *C. solani* sur la *Scrophularia nodosa*.

Le *C. fraxini* sur les feuilles du Frêne probablement et certainement de l'Olivier, d'après l'observation de M. Peragallo.

Il ne serait pas bien difficile de savoir à quoi s'en tenir sur les autres, si ceux qui sont à même de les observer voulaient s'en occuper.

Nanophies Sch.

Les larves du *N. tamariscis* vivent et se transforment dans les ovaires des Tamarix et très-probablement aussi celles des *N. quadrivirgatus, pallidulus, posticus, tetrastigma* et *transversus*. D'après mes observations, celles du *N. lythri* se développent dans les ovaires de la Salicaire ; celles du *N. Duriæi* dans une hypertrophie galliforme du pétiole des feuilles de l'*Umbilicus pendulinus;* celles du *N. siculus* dans une galle qu'elles provoquent sur les tiges de l'*Erica scoparia* et celles du *N. hemisphæricus* dans une galle des tiges du *Lythrum hyssopifolium*.

Gymnetron Sch.

Insectes des plantes herbacées et de mœurs assez variées.

Le *G. villosulus* pond sur les boutons à fleurs de la *Veronica anagallis* qui s'hypertrophient en une sorte de galle dans laquelle vit la larve.

La larve du *G. linariæ* se développe dans une galle au collet de la racine de *Linaria vulgaris*.

Celle du *G. pilosus* dans une galle de la tige de la même plante.

Celle du *G. campanulæ* dans l'ovaire hypertrophié de la *Campanula rhomboidalis* (Laboulbène) des *Campanula trachelium* et *patula* d'après mes observations.

Celle du *G. noctis* dans la fleur déformée de la *Linaria genistifolia* et dans les capsules de la *Linaria vulgaris*.

Celles du *G. netus* et du *G. antirrhini* dans les capsules de cette dernière plante. L'*antirrhini* se trouve chez nous dans les capsules des *Verbascum* et le *netus* dans celles de *Linaria spartea*.

Celle du *G. beccabungæ* dans les capsules des *Veronica beccabunga* et *scutellata*.

Celle du *G. spilotus* dans les capsules de *Scrophularia aquatica*.

Celle du *G. teter* dans les capsules de *Verbascum*.

Celle du *G. littoreus* dans les capsules des *Linaria thymifolia* et *supina*.

Celle du *G. griseo hirtus*, de Corse, dans les capsules de la *Linaria triphylla*.

Celle du *G. plantarum* dans les ovaires de *Linaria vulgaris* et en Corse de *Linaria triphylla*.

Celle du *G. meridionalis* dans les ovaires de *Linaria striata* et, à Madrid, de *Linaria filifolia*.

Celle du *G. micros* dans les capitules de *Jasione montana*.

Celle du *G. asellus* dans les tiges des *Verbascum* où, quoiqu'elles soient souvent très-nombreuses, elles ne produisent pas de déformation.

Toutes ces larves se transforment sans déplacement.

Derelomus Sch.

Se trouve à Alger sur les fleurs du *Chamærops humilis* et pond sans doute dans les ovaires.

Acentrus Sch.

L'*A. histrio* est commun, en Provence, sur le *Glaucium luteum*, dont il ronge les fruits. M. Peragallo, qui m'a envoyé cet insecte de Nice en très-grand nombre, a vainement cherché sa larve dans la tige. Elle vit peut-être dans le fruit.

Orobitis Germ.

Je lis dans le *Genera* de Duval que M. Hardy a pris plusieurs fois l'*O cyaneus* et sa larve dans les fruits de la *Viola canina*.

Camptorhinus Sch.

Vu les conditions dans lesquelles se trouvent ces insectes, je ne doute pas que leurs larves ne se nourrissent du bois de Chêne, mais elles n'ont pas encore été observées.

Gasterocercus Cast.

Le *G. depressirostris* vit, dit-on, dans le bois du Hêtre.

Cryptorhynchus Ill.

Le *C. lapathi* est un insecte très-nuisible aux jeunes Saules et aux jeunes Peupliers souffreteux qu'il fait périr en y déposant les germes de ses larves dont plusieurs auteurs ont parlé et dont j'ai bien des fois vu les dégâts. Je les ai trouvées aussi dans des souches de Saules récemment abattus.

Ramphus Clairv.

La larve du *R. flavicornis* est mineuse des feuilles du Saule marceau où je l'ai trouvée en abondance et où elle accomplit toutes ses métamorphoses. On doit s'attendre aussi à ce qu'elle diffère des autres larves de Curculionides. Elle ressemble même peu à celles des *Orchestes*. Elle est plus déprimée, régulièrement elliptique, et se fait remarquer par les deux grandes taches brunes de son prothorax.

Je prends fréquemment le *R. æneus* sur les haies d'Aubépine, mais sa larve a échappé jusqu'ici à mes recherches.

Mononychus Germ.

On sait depuis longtemps que la larve du *M. pseudoacori* vit et se transforme dans les graines de l'*Iris pseudoacorus*.

Cœliodes Sch.

Ces insectes se trouvent, les uns sur les arbres et principalement les Chênes, d'autres sur les plantes basses. On n'a rien publié, je crois, sur leurs mœurs. Mes recherches m'ont conduit à la découverte de deux larves, celle du *C. quadrimaculatus* dans la tige de l'Ortie dioïque et celle du *C. lamii* dans la tige du *Lamium maculatum*. Il est probable que celles des *C. exiguus* et *geranii* vivent au collet des racines des *Geranium*.

Ceutorhynchus Germ.

Ici nous n'avons guère affaire qu'à des insectes des plantes herbacées et tout au plus de quelque arbuste comme la Bruyère. Les larves connues ont été trouvées le plus grand nombre dans les tiges, d'autres dans des galles, quelques-unes dans les fleurs ou les fruits.

TIGES OU COLLET DE LA RACINE

C. raphani — *Symphytum officinale*.
C. cynoglossi — *Cynoglossum officinale*.
C. trimaculatus — Chardon à foulon.
C. napi — Navet, Colza.
C. arcuatus — *Lycopus Europæus* (H. Brisout).
C. topiarius — probablement *Salvia pratensis* (Ch. Brisout).
C. alliariæ — *Alliaria officinalis*.
Mes observations me permettent d'ajouter les suivantes :
C. asperifoliarum — les *Symphytum* et *Myosotis palustris*.
C. rugulosus — les *Anthemis*.
C. campestris — *Matricaria camomilla*.
C. melanostictus — *Lycopus Europæus* et *Mentha aquatica*.
C. constrictus — *Alliaria officinalis*.
C. Roberti — même plante.
C. picitarsis — Navet.
C. quadridens — Navet, Moutarde, Cresson.
C. chalybæus — *Thlaspi arvense*.

Les espèces suivantes vivent, je le crois, dans les plantes sur lesquelles on les trouve :

C. floralis sur *Capsella bursa pastoris* et *Erysimum præcox* ; *C. cochleariæ* sur *Cardamine pratensis* ; *C. hirtulus* sur les Crucifères ; *C. Pandellei* sur *Cardamine amara* ; *C. cyanopterus* sur *Barbarea vulgaris* ; *C. smaragdinus* et autres similaires sur les Crucifères ; *C. horridus* sur les Chardons; *C. Andreæ* et *echii* sur *Echium vulgare ; C. pollinarius* sur les Orties; *C. verrucatus* sur *Glaucium luteum ; C. pulvinatus* sur *Matricaria camomilla ; C. troglodytes* et *frontalis* sur les Plantains.

GALLES

C. contractus sur *Sinapis arvensis* et *Draba verna.*

C. assimilis sur *Sinapis arvensis* d'après Kirby, mais selon M. Goureau la larve de cette espèce vit dans les siliques du Colza.

C. sulcicollis sur les racines des Choux et des Navets.

FLEURS ET FRUITS

C. assimilis — siliques du Colza (Goureau).

C. macula alba — capsules du Pavot.

C. punctiger — calathides du *Taraxacum officinale.*

C. pumilio — silicules de *Teesdalia nudicaulis.*

C. ferrugatus — Bruyère à balais.

C. ericæ — Bruyères diverses.

Plusieurs des larves que je viens de signaler se transforment dans leur berceau même, accidentellement ou normalement, mais la plupart le quittent pour s'abriter sous terre.

Poophagus Sch.

Le *P. nasturtii* accomplit ses évolutions dans les tiges du Cresson et très-probablement le *P. sysimbrii* dans celles du *Roripa amphibia.*

Tapinotus Sch.

Le *T. sellatus* est un insecte des lieux marécageux que j'ai pris une seule fois. On le trouve, paraît-il, sur les *Lisymachia.*

Litodactylus Red. et **Phytobius** Sch.

J'ai fait connaître les mœurs de deux espèces. La larve du *L. velatus* passe sa vie sous l'eau sur les feuilles des *Myriophyllum.* Elle est couverte, comme les larves des *Cionus*, d'un mucilage qui finit par lui servir de cocon. Le *L. leucogaster* pourrait avoir les mêmes mœurs. Celle du *P. notula* vit de même, mais non dans l'eau, sur les feuilles du *Polygonum hydropiper*.

Baridius Sch.

Ce sont des hôtes des plantes herbacées. Les larves connues vivent toutes et se transforment dans les tiges, au collet de la racine. Elles habitent :

Celles des *B. chloris*, *chlorizans*, *laticollis*, *cuprirostris*, *lepidii*, *quadraticollis*, *opiparis* et probablement *prasinus*, les Choux, Colzas, Moutardes et autres Crucifères.

Celle du *B. Artemisiæ*, l'*Artemisia vulgaris*.

Celle du *B. analis*, l'*Inula dysenterica*, d'après mes observations.

Le *B. spoliatus* fréquente le *Camphorosma Monspeliaca ;* le *B. T. album*, les Joncs et les Cypéracées des marais ; le *B. scolopaceus*, les Salsolacées ; le *B. nitens*, les plantes aquatiques, d'après Miller, les Mauves en Corse, d'après Raymond ; le *B. nivalis* a été pris en abondance dans la région alpine des Pyrénées sur le Trèfle des Alpes. Ces indications pourront servir à la découverte de leurs larves.

Sphenophorus Sch.

On ne sait rien sur les espèces européennes de ce genre. D'après les observations de Coquerel, les larves du *S. lyratus*, de la Martinique, se développent et se transforment dans les troncs morts des Bananiers. Celles de nos espèces sont probablement aussi lignivores.

Sitophilus Sch.

Tout le monde sait que le *S. granarius* attaque les grains du Froment, de l'Orge, du Maïs, et le *S. oryzæ*, ceux du Riz. J'ai reçu de M. Revelière des graines de Tamarinier de l'Inde peuplées de *S. linearis*, dont plusieurs occupaient la même graine.

Dryophthorus Sch.

Le *D. lymexylon* ne détruit pas seulement le bois mort du Chêne, comme son nom générique l'indique, je l'ai trouvé aussi dans l'Aulne.

Chærorhinus Fairm.

Encore un genre lignivore. Les larves du *C. squalidus* ont été trouvées dans l'Orme et celles du *C. brevirostris* dans le Figuier.

Cossonus Clairv.

M. Frauenfeld a trouvé la larve du *C. ferrugineus* dans un tronc mort de Peuplier et j'ai observé celle du *C. linearis* dans un tronc pourrissant de Peuplier du Canada.

Mesites Sch.

Les larves du *M. Aquitanus* pullulent parfois dans les souches de Pin qui, après avoir séjourné en mer, ont été jetées à la côte, et je ne les ai jamais rencontrées que dans ces conditions. M. Bauduer a trouvé en quantité celles du *M. cunipes* dans un tronc mort de Saule.

Phlœophagus Sch.

Ce sont, malgré leur nom, des mangeurs de bois plutôt que d'écorce. J'ai recueilli et parfois abondamment le *P. æneopiceus* dans les celliers. grignotant, ainsi que ses larves, et sculptant de vieilles douves et des pièces de Chêne posées à terre.

Rhyncolus Creutz.

Tous vivent de la substance ligneuse des arbres morts. Ils attaquent : Les *R. cylindricus*, *elongatus*, *porcatus* et *strangulatus*, les Pins, et ce dernier, en particulier, les bois de charpente ; le *R. chloropus*, les Sapins ; le *R. simus*, les Peupliers ; le *R. culinaris*, l'Aubépine, le Cerisier, l'Orme: le *R. submuricatus*, le Peuplier, le Saule, l'Aulne ; le *R. cylindrirostris*, le Peuplier, le Marronnier ; le *R. reflexus*, le Chêne-liége, l'Orme ; le *R. punctulatus*, le Peuplier, le Marronnier, le Chêne, l'Orme, le Sycomore ; le *R. gracilis*, l'Orme (Damry) ; le *R. grandicollis*, l'Orme également (Damry) ; le *R. exiguus*, le Hètre et le Tilleul (Bellevoye).

SCOLYTIDES

Erichson et Redtenbacher ont réuni les Scolytides aux Curculionides et je n'ai vu dans les auteurs, pas même dans Lacordaire et J. Duval, aucune raison sérieuse de les en séparer. Je trouverais plutôt dans leur embarras à signaler des caractères différentiels, la preuve de la légitimité de cette réunion. J'ai voulu chercher un contrôle dans les larves, mais ici encore j'ai échoué. Érichson dit bien que la tête est, en général, plus allongée et plus forte ; que les mandibules sont un peu plus longues, les téguments plus fermes et toujours étiolés ; que le corps est cylindrique et son extrémité postérieure obtuse ; que les segments thoraciques sont plus grands et que l'ouverture anale est en forme de X ; mais en opérant des comparaisons, on voit bien vite qu'il n'y a rien d'absolu dans ces caractères et qu'on ne peut, d'une manière générale, en trouver un seul qui puisse justifier la séparation des deux cohortes. La forme, en exceptant la larve du *Platypus cylindrus* qui a une structure un peu anormale, est la même, peut-être avec les plis et les mamelons moins tranchés, le plus souvent, dans les larves des Scolytides ; la tête est aussi habituellement plus pâle, mais les mandibules n'offrent normalement rien de particulier ; les antennes, presque invisibles, montrent à peine deux articles ; les palpes maxillaires sont, comme les palpes labiaux, biarticulés, et l'anus est en X, si l'on veut, dans les deux groupes, parce qu'il est quadrilobé. Je considère donc les Scolytides comme une section, une sous-cohorte des Curculionides motivée un peu par la forme des insectes parfaits, quoiqu'il n'y ait pas bien loin, sous ce rapport, des *Rhyncolus* aux *Hylastes*, et principalement par les habitudes des insectes parfaits et des larves.

Ces habitudes, en effet, offrent quelque chose de particulier. Les Curculionides lignivores, à l'exception pourtant des derniers genres qui pénètrent jusqu'au bois ou dans le bois pour pondre, percent superficiellement l'écorce de petits trous dans lesquels ils déposent leurs œufs. Les larves plongent dès leur naissance, et les galeries qu'elles creusent sous l'écorce, pour vivre, sont d'une irrégularité telle, qu'on voit évidemment qu'elles n'ont été soumises à aucune règle. Une irrégularité moindre à la vérité, mais pourtant manifeste, caractérise les galeries de ponte et les galeries des larves des *Phlœophagus*, *Rhyncolus*, etc.

Les Scolytides, au contraire, perforent tous les écorces, le bois ou les tiges des plantes herbacées pour déposer leurs œufs, et ils ont presque tous une règle invariable pour tracer leurs galeries de ponte, comme les larves en ont une dans leur œuvre d'alimentation. Tout le monde a vu sous les écorces des Ormes, des Chênes, des Pins, des Sapins, des arbres fruitiers, ces ravissantes arborisations, ces arêtes de poisson, ces étoiles rayonnantes qui sont le double résultat du travail de la mère pondeuse et de ses larves ; tout le monde a pu constater la régularité des galeries creusées dans les profondeurs du bois par la femelle et les larves du *Platypus cylindrus*, des *Xyloterus*, des *Xyleborus*. Aucune larve de Curculionide, à ma connaissance, ne présente au même degré des caractères de mœurs aussi frappants, et voilà surtout en quoi les Scolytides se distinguent.

Et cependant cette distinction n'est pas absolue, car dans cette dernière section il est des espèces, en très-petit nombre il est vrai, mais il en est dont les galeries présentent de l'irrégularité et semblent être l'œuvre du caprice plutôt que la conséquence d'une règle immuable ; de sorte qu'alors il faudrait reporter ces espèces dans les Curculionides ou rattacher aux Scolytides les genres de la famille des Cossonides. Cela veut dire que, même sous ce dernier rapport, la ligne de démarcation ne saurait être tracée d'une manière rigoureuse, sans compter que les particularités du travail ou de l'industrie des insectes ne suffisent pas pour établir ou pour justifier les classifications méthodiques.

Ce n'est pas uniquement parce que les Scolytides me paraissent appartenir aux Curculionides que j'en parle à la suite de ces derniers. Le plan de mon œuvre m'y a conduit naturellement, car le Châtaignier nourrit chez nous, sous son écorce, les *Dryocœtes villosus* et *capronatus*, si communs sur le Chêne, et dans son bois le *Xyleborus saxesenii* qui attaque des arbres si divers. J'ai dit en commençant qu'il paraît absolument réfractaire aux espèces du genre *Scolytus*. Dans mon travail sur les insectes du Pin maritime, j'ai publié assez de larves de Scolytides, et elles ressemblent d'ailleurs assez à celles des Curculionides pour que je m'abstienne ici d'une description nouvelle. Je passe donc à la nomenclature des espèces dont les larves sont connues.

Hylastes trifolii, Mull. — *H. ater*, Payk. — *H. palliatus* Gyll. — *H. cunicularius*, Er., Catal. p. 240. — *H. ater*, Payk., Perris, Soc. Ent. 1856, p. 233, et Goureau, Ins. nuis. aux. forêts, p. 90. — *H. palliatus* Gyll. — *H. angustatus* Herbst. — *H. attenuatus* Er. — *H. linearis*, Er., sous le nom de *variolosus* Perr., Perris, Soc. Ent. 1856, p. 224-229.

Hylurgus ligniperda F. — *H. dentatus* Say (exot.), Catal. p. 239. — *H. ligniperda*, Perris, Soc. Ent. 1856, p. 204.

Blastophagus (Hylurgus) piniperda F., Catal. p. 230, et Goureau, loc. cit. p. 87. — *B. piniperda*. — *B. minor* Hart., Perris, Soc. Ent. 1856, p. 208 et 221.

Kissophagus (Dendroctonus) hederæ, Schmidt, Catal. p. 239.

Dendroctonus micans Kugel., Catal, p. 239, et Kollar, Soc. Zool. et Bot. de Vienne, 1858, p. 23.

Hylesinus oleiperda F. — *H. vittatus* F. — *H. crenatus* F. — *H. fraxini* F. — *H. spartii* Nordl. Catal. p. 238. — *H. fraxini*. — *H. crenatus*. — *H. oleiperda*, Goureau, Ins. nuis. aux forêts, p. 92.

Phlœotribus oleæ F., Catal. p. 238.

Polygraphus pubescens F., Catal. p. 238, et Heeger, Sitzber. der Kaiserl. Acad. der Wiss. 1866.

Scolytus intricatus Ratz. — *S. multistriatus* Marsh. — *S. pygmæus* Herbst. — *S. rugulosus* Ratz., *hæmorrhous* Meg. — *S. pruni* Ratz. — *S. carpini* Er. — *S. destructor* Ol. — *S. amygdali* Guér.-Mén. — *S. Strobi* (exot.). — *S. pyri* (exot.), Catal. p. 237. — *S. destructor* Dallinger, Wollst. Gesch. d. Borkenkæf. 1798, p. 720; Jænsch, Arb. Schles. Gesells, 1869, p. 3, et Letzner, ibid. 1844, p. 65. — *S. pygmæus*, Letzner, ibid p. 68. — *S. destructor*. — *S. pygmæus*. — *S. multistriatus* — *S. ulmi* Redt. — *S. Ratzeburgi* Janson. — *S. intricatus*, Goureau, Ins. nuis. aux forêts, p. 97-106. — *S. rugulosus*. — *S. pruni*, Goureau, Ins. nuis. aux arbres fruitiers, p. 6 et 22.

Xyloterus lineatus Ol. — *X. domesticus* L., Catal. p. 236, et Goureau, Ins. nuis. aux forêts, p. 85.

Crypturgus cinereus Herbst. — *C. pusillus* Gyl., Catal. p. 236. — *C. pusillus*, Perris, Soc. Ent. 1856, p. 201.

Cryphalus abietis Ratz. — *C. piceæ*, Ratz. — *C. tiliæ* F. — *C. (Crypturgus) fagi* F., Catal. p. 235. — *C. granulatus* Ratz., Heeger, Sitzber. der Kaiserl. Acad. der Wiss. 1866.

Hypoborus mori Aubé, Goureau, Ins. nuis. aux arbres fruit., 2e suppl. p. 9.

Bostrichus typographus L. — *B. laricis* F. — *B. curvidens* Germ., *orthographus* Dufts. — *B. cembræ* Heer. — *B. stenographus* Dufts. — *B. chalcographus* L. — *B. bidens* F. — *B. quadridens* Haas. — *B. acuminatus* Gyl. — *B. bispinus* Dufts. — *B. exesus* Harr. (exot.). — *B. pini* Say (exot.), Catal. p. 233. — *B. (Tomicus) stenographus*. — *B. laricis*.

— *B. bidens*, PERRIS, Soc. Ent. 1856, p. 173-187. — *B. bispinus*, GOUREAU, Ins. nuis. aux arbres fruit. p. 17. — *B. typographus*. — *B. chalcographus*. — *B. stenographus*. — *B. laricis*. — *B. bidens*. — *B. curvidens*, GOUREAU, Ins. nuis. aux forêts, p. 68-81. — *B. cembræ*. — *B. chalcographus*. — *B. typographus*. — *B. laricis*, BISCHOFF-EHINGER, Mitheil. der Schweiz. Entomol. Gesells. t. IV.

Pityophthorus (Crypturgus) pityographus RATZ. — *P. Lichtensteini* RATZ., Catal. p. 236. — *P. (Tomicus) ramulorum* PERR. PERRIS, Soc. Ent. 1856, p. 191. On croit que cette espèce est la même que le *pityographus*; j'en doute encore à cause de ses mœurs.

Dryocœtes (Bostrichus) autographus RATZ. — *D. bicolor* HERBST. — *D. villosus* F. — *D. dactyliperda* F., Catal. p. 234.

Xyleborus (Bostrichus) dispar F. — *X. monographus* F. — *X. (Xyloteres) Saxesenii* RATZ., Catal. p. 234 et 237. — *X. eurygraphus* ER., PERRIS, Soc. Ent. 1856, p. 194, et GOUREAU, Ins. nuis. aux forêts, p. 83. — *X. dispar*, KLINGELHŒFFER, Stett. Ent. Zeit. 1843, p. 85.

Thamnurgus (Bostrichus) Kaltenbachii BACH., Catal. p. 235.

Platypus cylindrus F., Catal. p. 232.

Les mœurs des Scolytides sont assez connues, et j'en ai dit assez également dans mes Insectes du Pin maritime pour que je puisse me dispenser de traiter ici longuement ce sujet. Je me bornerai donc à faire connaître les habitudes des espèces non comprises dans la nomenclature qui précède et que j'ai été à même d'observer.

Hylesinus thuyæ et *Aubei*, sous l'écorce des Thuyas et des Genevriers. Les galeries de ponte sont longitudinales et par suite celles des larves transversales. — *H. Perrisi* Chap. sous l'écorce du Lentisque en Corse.

H. Kraatzi, sous les écorces lisses de l'Orme. Comme celles du *H. vittatus*, ses galeries de ponte sont longues et transversales.

Trypophlœus (Cryphalus) binodulus, sous les écorces lisses des Peupliers. Galeries de ponte longitudinalement irrégulières.

Hypoborus ficus et *genistæ*, le premier sous l'écorce du Figuier, le second sous celle du *Genista scorpius*. Galeries de ponte assez larges et transversales comme celles de l'*H. mori*.

B. bidens. D'après Ratzeburg, il ne vivrait que sur le Pin; or, j'ai trouvé des générations très-prospères et qui ont fort bien réussi sous l'écorce de jeunes *Epiceas* de cinq ou six ans morts à la suite de leur transplantation.

Dryocœtes capronatus, sous l'écorce des Chênes et plus rarement des Châtaigniers. Galeries de ponte transversales.

D. coryli, sous l'écorce du Noisetier. Galeries de ponte sinueusement longitudinales.

Xyleborus dryographus, dans l'aubier du Chêne. Galeries de ponte plongeantes.

Carphoborus minimus sous l'écorce des Pins.

Thamnurgus euphorbiæ, dans les tiges vivantes de l'*Euphorbia amygdaloides*. La femelle pénètre dans la tige sur un ou deux points et dépose ses œufs. Plusieurs larves peuvent vivre dans la même tige. Celle-ci ne meurt pas ordinairement avant le temps, mais sa floraison avorte presque toujours. C'est, avec le *T. Kaltenbachii*, le seul Scolytide connu d'Europe dont les larves vivent dans une plante franchement herbacée. Après avoir ailleurs exprimé des doutes, j'admets, puisque des témoignages non suspects l'affirment, que le *H. trifolii*, dont j'ai observé les larves sous l'écorce du Genêt à balais, pond dans les racines du Trèfle et de la Luzerne, et je m'en étonne peu, du reste, sachant que ces racines acquièrent presque la dureté du bois.

Platypus oxyurus, espèce des Pyrénées occidentales, qui vit dans le bois du Hêtre.

LONGICORNES

Dans l'ouvrage de mon illustre ami M. Mulsant, le premier groupe des Longicornes est celui des Cérambicides qui se divise en Spondyliens, Prioniens, Cérambycins.

La famille des Spondyliens ne renferme qu'un seul genre et une seule espèce d'Europe, le *Spondylis buprestoides* L. J'ai décrit, dans mon *Histoire des insectes du Pin maritime*, sa larve et sa nymphe, déjà connues par les travaux de MM. Ratzeburg et Westwood. La larve a la tête assez saillante, les mandibules pointues et en biseau très-oblique, des pattes assez longues, le prothorax assez fortement ponctué antérieurement, la plaque méta-prothoracique très-finement et très-densément chagrinée, les ampoules ambulatoires chagrinées aussi et plissées, le dernier segment muni de deux épines coniques.

La nymphe est spinuleuse.

J'appelle très-spécialement l'attention sur les considérations critiques que j'ai exposées, au sujet de la classification de cette famille, dans les généralités qui suivent l'article relatif au *Sympiezocera.*

Les larves déjà connues de la famille des Prioniens sont les suivantes :

1° Celle du *Prionus coriarius* L., dont se sont occupés Rœsel, Westwood et même, dans son *Hist. Nat. des Crust. et des Ins.* Latreille, qui considérait alors le prothorax comme faisant partie de la tête.

2° Celles des *Macrotoma corticina* Klug, de Madagascar, et *heros* Graeffe, des îles Viti, décrites la première par Coquerel, *Soc. entom.* 1862, p. 107, et la seconde par Dohrn, *Entom. Zeit.* 1868, p. 201.

3° Celle du *Prinobius Germari* Muls., aujourd'hui *Myardi* Muls., dont MM. Mulsant et Revelière ont publié une description détaillée (9e opusc. Entom. 1859, p. 184), à laquelle je ne trouve rien à redire si ce n'est qu'elle donne quatre articles aux palpes maxillaires, tandis qu'ils n'en ont que trois comme dans toutes les autres larves de Longicornes, et d'après la vérification que je viens d'en faire sur la larve même du *Prinobius.* M. Lallemant a fourni (*Soc. Ent.* 1859, *Bull.*, p. CXXXVII), quelques indications sur les métamorphoses d'un autre *Prinobius* que M. Fairmaire décrit aussitôt après sous le nom de *lethifer,* et que M. de Marseul, dont, comparaison faite des deux espèces, je serais assez disposé à admettre l'opinion, porte dans son catalogue comme étant le même que le *Myardi.* M. Fairmaire néanmoins a cherché à faire ressortir les différences qui séparent les mâles de ces deux espèces et il a fait remarquer que le *lethifer* vit en Algérie dans le Frêne, tandis que le *Myardi* se développe en Corse dans le Chêne vert. Plus loin (*loc. cit.*, p. CXLIX) il revient sur les différences qui concernent les femelles et il parle des œufs qui sont longs de 3 millim., d'un blanc d'ivoire, avec la surface finement réticulée.

La nymphe n'ayant pas encore été décrite, je crois devoir donner le signalement de celle du *P. Myardi* que je dois, ainsi que la larve, à M. Revelière. Elle présente, disposées comme à l'ordinaire, les diverses parties de l'insecte parfait. Le prothorax est ruguleux et ridé en divers sens; l'écusson est couvert de callosités tuberculeuses; la face dorsale des segments de l'abdomen est parsemée de spinules cornées, dirigées en arrière, qui en font une sorte de râpe; les côtés sont parcourus par des rides sinueuses et serrées; le dernier segment est inerme.

4° Celle de l'*Ergates* Faber, dont mon ami M. Lucas a publié avec de grands détails la larve et la nymphe dans les *Ann. de la Soc. Ent.* 1844, p. 169, et plus tard, avec figures, dans l'Exploration scientifique de l'Algérie, p. 481, pl. 41, et dont j'ai assez longuement parlé moi-même dans mon Histoire des insectes du Pin maritime (*Soc. Ent.* 1856, p. 444. Je ferai remarquer que l'œuf de cet insecte, dont j'ai donné le dessin, a les plus grands rapports avec celui du *Prinobius*.

5° Celle de l'*Ægosoma scabricorne* par MM. Mulsant et Gacogne (*Sixième Opusc. Entom.* p.79) et Döbner (*Berlin. Entom. Zeitschr.* 1862).

C'est tout ce que l'on sait, à ma connaissance, sur la famille peu populeuse, du reste, des Prioniens. Voici ce que je puis y ajouter :

Ægosoma (Prionus) scabricorne Fab.

Fig. 407-410

LARVE

Ainsi que je viens de le dire, M. Mulsant a donné, de concert avec M. Gacogne, la description de la larve brièvement hexapode et de la nymphe de l'*Ægosoma scabricorne*, et je ne puis qu'y renvoyer, en priant de tenir compte des indications suivantes :

Je ferai observer d'abord que la larve ressemble beaucoup à celle de l'*Ergates Faber*, remarquable, entre autres caractères, par les sinuosités et les profondes échancrures du bord antérieur de la tête. Je donne, par un dessin, l'idée de ces sinuosités dans la larve de l'*Ægosoma*. Les mandibules, obliquement coupées à leur tranche interne, comme le disent les auteurs cités, sont, vues de côté, très-émoussées et arrondies à l'extrémité, selon toutes les apparences par suite de l'usure ; elles sont parcourues au milieu par une crête transversale obtuse et marquées ensuite jusqu'à la base de deux dépressions. Le lobe cilié qui forme la partie antérieure de la lèvre inférieure (languette de MM. Mulsant et Gacogne), et qui, dans les larves de plusieurs autres groupes, est petit et peu saillant, est ici épais, charnu, arrondi et atteint l'extrémité des palpes labiaux. Ces derniers sont bien de deux articles, mais, en ce qui concerne les palpes maxillaires, les entomologistes lyonnais s'en sont laissé imposer par un pli profond qui existe à la face externe des mâchoires, et qui dessine, à s'y méprendre, un article basilaire ; ils ont, dès lors, donné à ces palpes quatre articles, mais ils n'en ont en réalité que trois. Les antennes, insérées dans une profonde échancrure du bord antérieur, n'ont que quatre articles, si on les observe en dessus, mais quand on les examine de côté, on constate que, sous le quatrième article, il en existe un autre bien plus petit qui lui est adossé. Cet article supplémentaire, dont il n'est point parlé, se trouve dans toutes les larves de longicorne que j'ai observées. Il n'existe aucun point ou tubercule ocelliforme.

Le prothorax est antérieurement ruguleux et postérieurement réticulé, avec la partie ruguleuse seulement parsemée de poils roussâtres, dressés et très-courts. Le reste du corps est à peu près glabre. Le mésothorax en dessous et le métathorax sur ses deux faces, ainsi que les sept premiers segments abdominaux ont une ampoule ambulatoire peu déprimée au milieu, lisse, circonscrite par des plis profonds. Ces ampoules n'existent pas sur les deux derniers segments où elles sont remplacées par des bourrelets latéraux. Le septième segment abdominal possède à la fois les ampoules et les bourrelets. Tout le corps, vu à un très-fort grossissement, est couvert d'une granulation extrêmement serrée et de la plus grande finesse.

Les stigmates sont roussâtres, à péritrème elliptique, au nombre de neuf paires placées, comme le disent MM. Mulsant et Gacogne, sur le mésothorax et sur les huit premiers segments abdominaux.

On remarque, à une forte loupe, sur les six premiers segments abdominaux, ceux qui n'ont pas de bourrelet latéral, et à une petite distance au dessous du stigmate, une aréole à contour subelliptique au centre de laquelle est une faible dépression arrondie d'où rayonnent des lignes très-fines et un peu sinueuses. Du côté inférieur ces rayons sont très-courts et se perdent dans des rides longitudinales. J'observe pour la première fois cette modification locale du tissu externe et j'appellerai aréoles ridées ces auxiliaires probables des agents de la progression. Elles se retrouvent dans les larves d'*Ergates*, et jusqu'à un certain point, mais sur les trois premiers segments abdominaux seulement, dans les larves des *Cerambyx*, où elles sont elliptiques, mates, avec des rides concentriques presque imperceptibles.

D'après MM. Mulsant et Gacogne, cette larve vit dans le Tilleul, le Marronnier, le Sycomore, l'Orme, etc. ; je l'ai trouvée dans une souche de Châtaignier et dans des troncs de Chêne, de Saule et de Pommier où elle se conduit comme les larves d'*Ergates* et de *Cerambyx*. Selon M. Buysson (*Pet. Nouv. Entom.*, n° 168), elle habite dans l'Allier le Noyer et en Auvergne le Peuplier.

NYMPHE

Elle a été très-bien décrite par les entomologistes de Lyon ; elle ne se fait remarquer que par les petites épines qu'elle porte sur le dos des segments de l'abdomen.

Tragosoma (Cerambyx) depsarium L

Fig. 411-416

LARVE

Long. 40 millim., semblable à celle de l'*Ægosoma scabricorne*, non pas glabre, ou à peu près, comme elle, mais ayant des poils roussâtres assez longs et assez nombreux, sans être serrés.

Tête roussâtre avec le bord antérieur noir, corné, sinué comme l'indique la figure que j'en donne, et derrière ce bord une crête à quatre dentelures obtuses.

Épistome un peu plus étroit relativement que celui de la larve précitée et d'une largeur égale au quart de la largeur antérieure de la tête.

Mandibules robustes, longues, d'un noir luisant dans leur moitié antérieure, mat dans leur moitié postérieure, pointues de quelque côté qu'on les regarde, extérieurement marquées de stries sur une bande médiane transversale, et, en arrière, d'une dépression qui s'étend jusqu'à la base ; très-semblables, en un mot, à celles de la larve d'*Ergates*.

Languette un peu moins saillante que dans la larve de l'*Ægosoma*.

Au dessous des antennes, sur une sorte de biseau du bord antérieur, trois tubercules arrondis, ferrugineux, lisses, bien saillants et qui ne peuvent être que des *ocelles*.

Prothorax ruguleux et ridé, ainsi que tout le reste du corps, mais beaucoup plus fortement.

Pattes exactement semblables à celles de la larve de l'*Œgosoma*, ainsi que les ampoules ambulatoires, mais celles-ci ruguleuses et ridées comme les surfaces ambiantes.

Stigmates identiques. Au dessous de ces stigmates, sur les six premiers segments abdominaux, on retrouve les aréoles ridées, mais les rayons sont tous très-courts et les limites des aréoles sont indéterminées et se confondent par leurs rides avec les rides générales.

Cette larve vit dans les Pyrénées du bois des souches du *Pinus uncinata*, où elle creuse de larges et profondes galeries. Elle se transforme en nymphe près de la surface.

NYMPHE

Elle n'est remarquable que par les épines cornées, coniques et la plupart inclinées en arrière qui existent sur la face dorsale des segments abdominaux. Ces épines forment sur chaque segment, sauf le dernier qui en est presque dépourvu, six groupes, deux médians, deux latéro-dorsaux et deux latéraux. L'extrémité de l'abdomen est divisée en lobes surmontés de papilles coniques coriaces, mais n'ayant pas la consistance des épines. Ces épines et papilles servent à la nymphe à se hisser en avant et lui permettent de pirouetter assez rapidement sur elle-même.

En résumé, les larves des Prioniens forment un groupe naturel comme les insectes parfaits. Les différences qu'elles présentent sont spécifiques ou génériques, mais elles se ressemblent par les principaux caractères. La largeur de leur épistome est du tiers au quart de la largeur du bord antérieur de la tête ; ce bord antérieur est sinué ou denté, mais à un moindre degré dans la larve du *Prinobius ;* les mandibules sont robustes, bosselées ou striées extérieurement et pointues à l'extrémité ; la lèvre inférieure s'avance en un lobe épais, arrondi et cilié, qui atteint l'extrémité des palpes labiaux ; le prothorax est rugueux avec quelques points épars ; les ampoules ambulatoires sont lisses ou superficiellement ruguleuses comme le reste du corps, marquées seulement d'un pli de chaque côté, et en outre les supérieures de deux plis transversaux, les inférieures d'un seul ; les pattes sont très-courtes et velues ; enfin ces larves sont presque glabres, ce qui est peu commun dans les larves de Longicornes.

Après les Prioniens de M. Mulsant viennent les Cérambycins, divisés en huit branches dont la première, les Cérambyçaires, correspond aux *Cerambycidæ* du Catalogue de Marseul.

Les premiers états du *Cerambyx cerdo* L., *heros* Scop., ont été décrits par MM. Ratzeburg et Westwood, et MM. Chapuis et Candèze, dans leur Catalogue des larves, ont suffisamment décrit la larve du *C. Scopolii* Laichart. *cerdo* Scop., en disant qu'elle ne diffère que par la taille de celle du *C. cerdo* L. Ils auraient même pu se dispenser de signaler, comme caractère différentiel, les stries longitudinales de la plaque méta-prothoracique, attendu que ces stries grossières et sinueuses existent aussi dans cette dernière, quoiqu'elles ne se trouvent pas indiquées dans la figure de Ratzeburg, qui ne met pas non plus assez en relief les tubercules des ampoules ambulatoires. Pour en donner une idée, ainsi que des mandibules et en outre des spinules de la nymphe, je dirai quelques mots des états du *C. Mirbecki.*

M. Candèze *(Soc. des Sc. de Liége,* 1861) a publié la larve du *Trichoderes pini* Chevr., du Mexique.

Cerambyx Mirbecki Luc.

Fig. 417-420

LARVE

Très-semblable à celles des *C. cerdo* et *Scopolii;* comme elles un peu velue et hexapode ; comme elles tête noire, grossièrement et inégalement marquée de points écartés, rugueuse sur les côtés, bord antérieur un peu sinué ; épistome étroit, d'une largeur égale au cinquième de la largeur de la tête ; labre plus que semi-discoïdal ; mandibules assez courtes, arrondies à l'extrémité, marquées en dehors d'un sillon assez profond ; prothorax très-foncé, en partie subcorné, ponctué sur sa moitié antérieure, avec quelques rides transverses, et postérieurement fortement marqué de stries sinueuses d'inégale longueur ; ampoules ambulatoires à peine déprimées au milieu, couvertes de tubercules comme l'indiquent les figures que j'en donne.

Elle vit d'abord sous l'écorce puis dans l'aubier du Chêne-liége, en Algérie. Je l'ai reçue de Bône de mon ami M. Lepricur.

NYMPHE

Semblable à celle du *C. cerdo* ; elle est glabre, mais sur la face dorsale des segments de l'abdomen, marquée de quatre fossettes réunies par des dépressions arquées, on voit de petites spinules cornées, disposées comme on peut le voir dans mon dessin.

Purpuricenus (Cerambyx) kœhleri L.

Fig. 421-426.

LARVE

Long. 15-20 millim. D'un blanc un peu jaunâtre, subtétraédrique, ayant des poils roussâtres dont quelques-uns longs et peu serrés sur les flancs, plus nombreux sur le prothorax et sous les segments thoraciques; ceux-ci munis chacun d'une paire de pattes assez courtes, de quatre articles presque égaux, y compris un ongle subulé, et hérissées de quelques poils.

Tête profondément enchâssée dans le prothorax, saillante d'une longueur égale au quart de sa plus grande largeur, lisse, luisante, roussâtre avec le bord antérieur d'un brun ferrugineux et marqué d'une série de points enfoncés. Ce même bord étroitement et très-peu profondément échancré au milieu, puis subsinueux et enfin déclive vers les angles.

Épistome transversal, d'une largeur égale au cinquième de la distance qui existe entre les antennes, subarrondi antérieurement, surmonté d'un labre presque discoïdal, densément cilié de roussâtre.

Mandibules d'un noir luisant, avec la base un peu ferrugineuse, assez courtes, non échancrées et à peine taillées en biseau quand on les examine en dessus, et, vues de côté, se montrant très-obtusément arrondies à l'extrémité, avec un sillon transversal et un autre longitudinal.

Mâchoires assez robustes, obliques, comme coudées sur une pièce cardinale et munies d'un lobe interne large, épais, cilié de soies roussâtres et atteignant le niveau du sommet du second article des palpes maxillaires.

Palpes maxillaires à peine arqués en dedans, coniques, de trois articles égaux ou à peu près en longueur. Un pli externe de la mâchoire et fortement prononcé porterait à croire que ces palpes ont quatre articles, mais un examen attentif montre que ce pli appartient à la mâchoire et qu'il s'efface avant d'arriver à la face interne de celle-ci.

Menton transversal, surmonté de la *lèvre inférieure*, transversale aussi, divisée par une dépression médiane en deux lobes sur chacun desquels s'élève un *palpe labial* subconique et de deux articles égaux. Entre ces palpes surgit une languette arrondie et ciliée. Tous ces organes sont roussâtres, avec une nuance plus foncée sur les mâchoires, et hérissés de quelques poils roussâtres.

Antennes assez longues, coniques, en partie rétractiles, placées sur la déclivité des angles antérieurs, de quatre articles, le premier le plus long de tous et assez épais, les trois autres égaux en longueur, mais le quatrième bien plus grêle et accompagné d'un article supplémentaire encore plus grêle, bien plus court et visible seulement lorsqu'on regarde la larve de côté.

Sur les joues, pas le moindre indice d'*ocelle* ou de tubercule ocelliforme.

Prothorax roussâtre antérieurement, une fois et demie au moins aussi large que la tête, presque aussi long que les trois segments suivants pris ensemble, parcouru au milieu par un fin sillon longitudinal, presque lisse sur sa moitié antérieure, avec quelques points vagues et épars à la base de cette moitié, puis assez fortement et subréticuleusement strié sur un espace transversal s'avançant en pointe au milieu, limité latéralement par deux sillons assez profonds et un peu arqués qu'on pourrait caractériser par le nom de parenthèses et qui sont communs à toute la famille des Longicornes, et postérieurement par un pli transversal parallèle au bord postérieur. En dessous le prothorax présente un pli profond de chaque côté, sur le milieu deux sillons formant un angle, et avant la base un pli transversal comme celui de dessus ; sa surface est ruguleuse et luisante, sauf le bourrelet postérieur formé par le pli transversal, et qui est en partie mat. C'est ce bourrelet qui porte la première paire de pattes.

Mésothorax et *métathorax* très-courts, le premier ayant en dessous et le second sur ses deux faces les vestiges d'une ampoule ambulatoire analogue à celles de l'abdomen, mais moins saillante et bien moins complète.

Abdomen de neuf segments à peu près égaux, sauf le dernier qui est un peu plus court, plus un mamelon anal simulant un dixième segment, presque trilobé par trois plis convergents, à l'intersection desquels est l'anus. Les sept premiers segments munis, tant sur le dos que sur la face ventrale, d'une ampoule ambulatoire assez élégante, la dorsale limitée à droite et à gauche par un pli arqué, sillonnée au milieu, entourée de deux rangs de petits tubercules formant deux ellipses concentriques dont l'intérieur est mat et quelquefois un peu tuberculé ; la ventrale limitée latéralement par un pli arqué, marquée d'un pli transversal des deux côtés duquel règne un chapelet de tubercules ; le reste de l'ampoule, qui a la forme de deux triangles opposés, occupé par quelques autres tubercules moins réguliers. Huitième et neuvième segments dépourvus d'ampoules, mais ayant un bourrelet latéral visible surtout en dessous. L'action des ampoules est secondée, indépendamment des pattes, par d'autres ampoules latérales, moins saillantes et lisses.

Stigmates à péritrème roussâtre et verticalement elliptique, au nombre de neuf paires : la première, plus grande et plus inférieure que les autres, située très-près du bord antérieur du mésothorax, les suivantes au tiers antérieur des huit premiers segments abdominaux.

Pattes comme je l'ai dit plus haut.

D'après M. Mulsant *(Hist. Nat. des Longic.*, p. 71), la larve du *Purpuricenus Kœhleri,* que personne n'a encore publiée, vit dans les Saules, dans les pieux vieillis, etc. Je l'ai observée dans des échalas de Châtaignier et de Robinier et dans des branches de Chêne et de Triacanthos mortes de l'année précédente. La diversité de ces essences me donne lieu de penser que son habitat est assez varié et qu'elle est peu exclusive dans ses goûts. Elle passe la plus grande partie de sa vie dans l'intérieur des couches ligneuses, où elle creuse une galerie longitudinale rarement sinueuse et assez régulièrement cylindrique, dont la longueur peut dépasser vingt centimètres et dont la largeur maximum est de sept millimètres. Elle l'élargit à l'endroit où elle doit se transformer en nymphe et qui est toujours voisin de la surface, et lui donne quelquefois en ce point jusqu'à treize millimètres de diamètre. L'endroit où, après avoir vécu sous l'écorce, elle s'est enfoncée dans le bois, est indiqué par un trou elliptique que bouche un tampon de détritus et de paillettes détachées du bois. Ce trou s'observe assez souvent à la base d'un rameau, et si la larve, au lieu de se maintenir sur la branche qui l'a d'abord nourrie, pénètre dans le rameau, ce qui paraît assez lui convenir, elle le creuse comme un tube sur une longueur qui dépasse quelquefois trente centimètres.

C'est en mai et juin que s'opère la première métamorphose.

NYMPHE

Elle présente, emmaillotées comme à l'ordinaire, toutes les parties de l'insecte parfait. La tête et le thorax sont glabres et lisses, mais les segments abdominaux portent sur le dos, et groupés en deux cercles, des aspérités épineuses, rousses et cornées, dirigées un peu en arrière. Le pénultième segment n'a que deux arcs d'aspérités, au lieu de deux cercles, le surplus est remplacé par huit épines longues et grêles, dressées et même un peu arquées en avant. Deux autres épines médianes se voient un peu au dessus. Le dernier segment porte quelques petites aspérités.

L'insecte parfait naît en juin et juillet. On le rencontre sur les fleurs.

Aromia (Cerambyx) moschata L.

Fig. 427-428.

LARVE

Long. 30-35 millim. Robuste, blanche, revêtue d'une pubescence serrée mais très-courte ; les trois segments thoraciques pourvus d'une paire de pattes courtes.

Tête saillante hors du prothorax d'une longueur égale au quart environ de sa plus grande largeur, obliquement striée des côtés de la ligne médiane, roussâtre avec le bord antérieur ferrugineux, celui-ci largement mais très-peu profondément échancré, déclive aux deux extrémités.

Épistome d'une largeur égale au sixième environ de la largeur antérieure de la tête, subarrondi antérieurement, surmonté d'un labre presque discoïdal et cilié de soies fauves.

Mandibules robustes, de médiocre longueur, arrondies à l'extrémité, si on les regarde de côté, ferrugineuses dans leur moitié inférieure, le reste noir, assez lisses extérieurement, mais marquées vers le milieu d'un sillon transversal interrompu par une fossette oblongue, et de là jusqu'à la base creusées d'un sillon.

Près de leur base, un peu en dessous, on aperçoit un tubercule lisse peu saillant, obliquement elliptique, simulant un *ocelle*.

Prothorax marqué postérieurement et sur un espace limité latéralement par deux sillons en parenthèse, de rides sinueuses bien visibles mais peu serrées et en avant très-finement striolé en travers.

Ampoules ambulatoires transversales, coupées longitudinalement par une dépression médiane, à peu près lisses mais entourées de plis très-sensibles et marquées sur leur disque de plis transversaux peu apparents. Dernier segment complétement inerme.

Pattes très-courtes, coniques, hérissées de quelques petites soies et terminées par un ongle très-grêle et droit.

Stigmates comme à l'ordinaire.

J'ai trouvé cette larve dans deux circonstances : la première fois dans un Saule marceau récemment mort et de vingt centimètres environ de diamètre. Elle avait vécu quelque temps sous l'écorce qui portait, ainsi que la couche superficielle de l'aubier, de larges traces de ses érosions, puis elle avait plongé dans le bois à une profondeur de cinq à six centimètres, et devenue adulte, avait élargi le fond de sa galerie, avait refoulé derrière elle les paillettes détachées des parois et s'était ensuite retournée dans sa cellule de manière à ce que l'insecte parfait pût sortir par où elle était entrée.

La seconde fois je l'ai rencontrée, en cherchant des larves d'*Oberea oculata*, dans une branche vivante et de trois centimètres de diamètre d'un Saule pleureur jeune encore et en apparence bien portant. Ici elle avait dû respecter l'écorce, beaucoup trop mince pour se prêter à des travaux de mine, et avait pénétré dans le canal médullaire. Elle avait laissé libre pendant quelque temps et avait même élargi le trou d'entrée pour la vidange de ses excréments, puis l'avait bouché pour continuer sa galerie qui avait fini par atteindre une longueur d'environ vingt centimètres, avec une largeur égale au plus grand diamètre de son corps. Le fond de la galerie avait été élargi et séparé du reste par une épaisse couche de paillettes, elle y avait fait volte-face, et c'est dans cette cellule que, la branche ayant été transportée chez moi après ligature, elle s'est transformée en nymphe au mois de juin.

NYMPHE

Celle-ci reproduit parfaitement toutes les parties de l'insecte parfait, y compris les inégalités et les dents du corselet et les articulations des antennes. Ces dernières passent le long des côtés derrière les quatre pattes antérieures, puis sur les cuisses postérieures, pour remonter le long des élytres, qui sont couchées obliquement sur la poitrine. Le corps est entièrement glabre et la face pectorale et ventrale est lisse, mais sur le dos, chaque segment de l'abdomen porte deux groupes d'épines séparés par une dépression médiane. Ces épines sont coniques, ferrugineuses, cornées, dressées et même un peu arquées en avant. Elles sont précédées de quelques spinules beaucoup plus petites.

Les larves des Cérambycaires, qui ont bien des caractères communs avec celles des Prioniens, s'en distinguent néanmoins aisément par le bord antérieur de la tête beaucoup moins ou même nullement sinué, l'épistome plus étroit, puisqu'il n'a guère qu'une largeur égale au cinquième de la largeur antérieure de la tête, et surtout par les ampoules ambulatoires qui, au lieu d'être lisses, sont munies, ou, pour mieux dire, ornées de granulations symétriquement disposées. Ces caractères ne s'appliquent pourtant pas tous aux trois genres dont je viens de parler ; ainsi, la larve de l'*Aromia*, avec la tête et tous les organes qui en dépendent, conformés comme dans les larves de *Cerambyx* et de *Purpuricenus*, en diffère par un caractère que je considère comme important, la forme des ampoules ambulatoires et l'absence sur ces ampoules de toute granulation.

Cette différence n'est pas de nature à m'étonner, lorsque je vois les divergences qui existent entre les auteurs, pour la place assignée, dans le classement méthodique, aux trois genres dont il s'agit. M. Mulsant range dans la même famille, celle des Cérambyçaires, les *Cerambyx*, les *Purpuricenus* et l'*Aromia* ; M. Fairmaire, dans le *Genera* de Duval dont il a été le continuateur, place dans la première section des Cérambycites le genre *Callichroma (Aromia)*, dans la deuxième le genre *Cerambyx*, et dans la troisième section le genre *Purpuricenus* avec les *Anoplistes* et les *Calchænestes*. Quant à Lacordaire, il colloque les *Cerambyx* dans les Cérambycides vrais, presque au commencement de sa grande division des Cérambycides, il installe au milieu, c'est-à-dire beaucoup plus loin, l'*Aromia* dans la famille des Calliciromides, et il renvoie à la fin la famille des Sténaspides, comprenant les *Purpuricenus*, *Anoplistes* et *Calchænestes*. Je ne prendrais pas l'engagement de justifier ce dernier classement, mais je n'entends pas non plus le combattre. Je me borne à dire que l'étude des larves ne paraît pas le ratifier, et je laisse aux monographes que n'effrayeront pas les difficultés immenses avec lesquelles l'illustre Lacordaire a été aux prises, le soin de contrôler et de perfectionner son œuvre.

La seconde branche, d'après M. Mulsant, est celle des Callidiaires, comprenant les genres des *Callididæ* du catalogue de Marseul jusqu'à *Anisarthron* inclusivement.

Les larves connues de ce groupe sont les suivantes : *Callidium violaceum* L., Kirby, *Trans. of the Linn. Soc.* 1800, p. 246 ; *C. dilatatum*, Payk., Heeger, *Sitzb. Wien. Acad. Wiss.* 1858, p. 935 ; *C. sanguineum* L.,

Goedart, t. III, p. 21, et Goureau, *Soc. Ent.* 1849, p. 99. C'est le genre *Pirrhidium* de Fairmaire. Il resterait encore bien des choses à dire sur le compte de cette dernière larve; je me bornerai à faire connaître que ses antennes sont saillantes, ses mandibules courtes et arrondies à l'extrémité, l'épistome et le labre étroits, et que les ampoules ambulatoires, pourvues à peine de quelques plis, sont très-finement chagrinées. Quant à la nymphe, que M. Goureau dit être dépourvue de crochets et d'épines, elle porte un groupe transversal et très-visible de spinules ferrugineuses, cornées, dirigées en arrière, sur le dos des segments de l'abdomen, et près du bord antérieur du prothorax, un mamelon très-saillant, parsemé de callosités roussâtres, ponctiformes.

Dans le compte rendu de l'excursion entomologique de Grenoble (*Soc. Ent.* 1858, p. 841), mon ami Laboulbène a mentionné ce fait que la larve du *C. rufipes* F. vit dans les tiges mortes de la ronce, et qu'après avoir acquis tout son développement entre le bois et l'écorce, elle pénètre dans la moelle pour se changer en nymphe. Je sais aussi par M. Grouvelle que la larve du *C. castaneum* vit de la même manière dans le Genevrier commun.

D'après le supplément au catalogue des larves par M. Hagen, les métamorphoses du *Semanotus Russicus* F. ont été publiées par Assmuss, *Wien. Entom.* 1858, p. 181, et dans mon *Histoire des insectes du Pin maritime* j'ai donné celles du *Hylotrupes bajulus* dont s'est occupé un an plus tard Heeger (*Sitzb. Wien. Acad. Wiss.*, 1857, p. 323). Le prothorax de la larve de ce dernier insecte est marqué postérieurement de stries inégales, et ses ampoules ambulatoires sont formées, les supérieures de quatre mamelons de chaque côté de la ligne médiane et les inférieures de deux mamelons, tous déterminés par des plis et subréticuleusement ridés. Tout à fait contre la base de chaque antenne et sur la tranche même du bord antérieur de la tête on voit trois tubercules lisses, bien convexes, très-rapprochés et roussâtres qui ont l'apparence d'ocelles.

Dans le sixième cahier de ses *Opuscules entomologiques*, 1855, page 91, M. Mulsant a donné une excellente description de la larve de l'*Oxypleurus Nodieri*, trouvée à la Seyne dans des souches de Pin.

Nous devons à Ratzeburg de connaître la larve et la nymphe du *Tetropium (Criomorphus) luridum* L., mais ses descriptions comme ses figures sont bien insuffisantes et ne me dispensent pas de dire au moins que les mandibules sont médiocrement longues, semblables à celles de la larve de l'*Asemum striatum* dont il va être parlé, mais moins pointues, non sinuées à la tranche supérieure et non striées; que les antennes ont, indépendamment de l'article supplémentaire, quatre articles et non trois, que le prothorax et les ampoules ambulatoires sont comme dans cette dernière et que, comme celle-ci encore, elle a près du bord du dernier segment deux épines cornées, mais très-rapprochées.

Quant à la nymphe, elle est en tout semblable à celle de l'*Asemum*.

MM. Chapuis et Candèze ont décrit dans leur catalogue (p. 244) la larve de l'*Asemum striatum* L., que j'ai reçue de la Loire-Inférieure où elle paraît commune dans les souches du Pin maritime, et que je n'ai jamais trouvée dans les Landes. Les auteurs précités ont considéré comme de simples appendices du troisième article des antennes le quatrième article et l'article supplémentaire qu'ils qualifient de rudimentaires; ils les auront sans doute observés lorsqu'ils étaient rétractés en grande partie dans l'article précédent et auront été ainsi empêchés de leur donner l'importance qu'ils ont en réalité. J'ajouterai à leur description quelques caractères utiles à connaître, savoir : que les mandibules dont je donne la figure (429) sont passablement longues, pointues, très-concaves sur leur tranche inférieure, convexes et sinuées sur la tranche opposée et finement striées en dehors sur une portion de leur moitié antérieure. Les ampoules ambulatoires sont presque imperceptiblement chagrinées, et le dernier segment porte, très-près du bord postérieur, deux épines coniques, dressées, à pointe ferrugineuse et cornée.

La nymphe, dont il n'a pas été parlé et qui ressemble beaucoup à celle du *Criocephalus rusticus*, a sur le prothorax des poils très-courts, sur le dos des segments de l'abdomen un groupe de spinules de chaque côté de la ligne médiane, avec quelques spinules isolées vers les côtés et deux groupes écartés sur la face ventrale. Le dernier segment est terminé par deux épines plus longues, relevées et arquées en dedans.

Je suis en mesure d'ajouter les espèces suivantes :

Phymatodes (Callidium) melancholicus F.

Fig. 430-436

LARVE

Long. 9-11 millim. Subtétraédrique, assez sensiblement en massue antérieurement, d'un blanc un peu jaunâtre, revêtue de poils fins et blonds, munie de trois paires de pattes extrêmement courtes et à peine visibles, même à une forte loupe.

Tête en grande partie enchâssée dans le prothorax, lisse, luisante, d'un blanc roussâtre, avec le bord antérieur ferrugineux, celui-ci légèrement échancré vis à vis l'épistome, en saillie subtriangulaire en regard du bord externe des mandibules, puis obliquement et profondément échancré pour loger les antennes.

Épistome trapézoïdal, à peine transversal, tout au plus égal au cinquième de l'intervalle qui sépare les antennes, à angles antérieurs arrondis.

Labre plus que semi-discoïdal et antérieurement chargé de petites soies roussâtres.

Mandibules courtes, robustes, noires avec la base ferrugineuse; vues en dessus, subtriangulaires, à pointe un peu émoussée; vues de côté, larges, très-arrondies à l'extrémité et légèrement sinuées sur les deux tranches, marquées d'un sillon transversal ondulé près de la base et d'une fossette mate au dessus.

Mâchoires et leur lobe, *palpes maxillaires* de trois articles, *lèvre inférieure* et *palpes labiaux* de deux articles ne présentant rien de particulier, si ce n'est que la languette est à peu près nulle.

Antennes ordinairement saillantes, mais susceptibles de rentrer à moitié dans l'intérieur de la tête; formées de quatre articles, le premier en cône tronqué, assez grand, le second beaucoup plus court, le troisième de la longueur du premier, le quatrième grêle, un peu incliné en dehors, pas guère plus long que le second, terminé par deux ou trois soies dont une plus longue et accompagné d'un petit article supplémentaire.

Pas d'*ocelle* ou de point ocelliforme sur les joues.

Prothorax aussi grand au moins que les deux segments suivants réunis, en dessus lisse au bord antérieur, puis subruguleux, puis très-finement réticulé avec de nombreuses stries longitudinales et enfin lisse postérieurement ; en dessous ruguleusement subréticulé.

Abdomen de neuf segments, plus un mamelon anal marqué de trois plis convergents au centre desquels est l'anus. Ampoules ambulatoires un peu plus étroites et plus plissées en dessus qu'en dessous, couvertes d'une réticulation fine et très-serrée. Huitième et neuvième segments sans ampoules, mais munis d'un bourrelet latéral bien visible et permanent.

Stigmates au nombre de neuf paires ; la première, plus grande et plus inférieure que les autres, placée très-près du bord antérieur du mésothorax, les suivantes vers le milieu des huit premiers segments abdominaux.

Pattes extrêmement courtes, comme je l'ai dit, charnues, coniques, probablement de quatre articles, mais n'en montrant que trois dont le dernier est terminé par un tout petit poil.

La femelle du *P. melancholicus* pond ses œufs sur les pieux récemment coupés ou les branches récemment mortes du Chêne et du Châtaignier ; mais elle paraît donner la préférence à ce dernier, et je ne lui en fais pas mon compliment, car cette prédilection la rend très-désagréable aux propriétaires viticulteurs et aux négociants de vin, surtout dans notre contrée où les cercles des futailles sont presque exclusivement de Châtaignier. Ces cercles sont ordinairement confectionnés vers la fin de l'hiver, et dans le courant du printemps, qu'ils soient en magasin ou adaptés aux barriques, ils reçoivent les germes des larves lignivores de cet insecte. Ces larves, souvent très-nombreuses, cheminent durant plusieurs mois sous l'écorce, sillonnant profondément l'aubier de cannelures longitudinales mais sinueuses, enchevêtrées, lorsque les travailleurs sont en nombre, et alors tellement rapprochées que la ténacité du cercle en est sensiblement affaiblie et que son écorce est presque entièrement détachée. Mais ce n'est pas tout : quelque temps avant leur développement complet, ces larves, qui veulent mettre la nymphe future à l'abri de tout danger, pénètrent dans les couches ligneuses et y creusent une loge oblique dans laquelle elles se retourneront la tête en dehors aux approches de la métamorphose, ou bien elles y pratiquent une galerie longitudinale qui débouchera à quelque distance du point de départ. Ces cavités, ces galeries diminuent encore d'autant la résistance du cercle, et au bout d'un an ou deux, car il y a encore des larves la seconde année, les cercles sont hors de service. Heureux s'ils n'éclatent pas aux époques de la fermentation, ou durant les transports, et si l'on ne doit pas, comme cela m'est arrivé, à cet insecte malfaisant et à la *Gracilia pygmæa*, ordinairement sa complice, la perte instantanée d'une barrique de vin.

Nous devons donc ranger le *P. melancholicus* au nombre des insectes réellement nuisibles, puisqu'il s'attaque aux produits d'une de nos industries, qu'il expose les propriétaires à des pertes, et qu'il les oblige, dans tous les cas, au fréquent renouvellement des cercles de leurs vaisseaux vinaires. Il ne faut pas songer à débarrasser les cercles des larves dont ils ont reçu les germes, mais j'ai observé que lorsqu'on les enferme en lieux obscurs et que les celliers sont inaccessibles à la lumière, les inconvénients que je viens de signaler sont beaucoup moindres et quelquefois presque nuls. On a donc intérêt à réaliser ces conditions préservatrices. Ce qui serait encore mieux, ce serait d'écorcer les cercles. Cette opération en augmenterait sans doute le prix, mais, à coup sûr, ils offriraient en revanche plus de durée et plus de sécurité.

NYMPHE

Elle est complétement glabre. Du côté du dos on voit, sur le devant du prothorax, un assez gros mamelon tuberculeux, suivi d'une dépression transversale; deux tubercules sur le métathorax, deux aspérités spiniformes, rapprochées de la ligne médiane, sur les trois premiers segments abdominaux ; ces mêmes aspérités sur les quatre segments suivants et quatre ou six autres plus en arrière et disposées en arc renversé ; huitième segment et extrémité du corps inermes.

Phymatodes (Cerambyx) variabilis L.

Fig. 437-438

LARVE

Long. 10-13 millim. La description de la larve du *P. melancholicus* lui convient parfaitement, et je puis me borner à signaler les différences suivantes : la taille est naturellement beaucoup plus grande ; le bord antérieur de la tête est plus largement échancré ; un peu en arrière de ce bord et vis-à-vis de chaque mandibule existe une fossette transversale assez profonde ; les ampoules ambulatoires sont semblables, mais leur surface, en réalité couverte d'une réticulation très-serrée, semble, à cause des dimensions de la larve, très-finement granulée. Les pattes, quoique fort courtes, sont très-apparentes, et j'y ai compté quatre articles.

Le *P. variabilis* est tellement répandu et si commun, et il attaque des arbres si vulgaires, tels que le Hêtre, le Chêne, le Châtaignier, que j'allais exprimer mon étonnement de ce que aucun entomologiste n'eût parlé de ses métamorphoses, lorsque je me suis aperçu qu'il en est question dans le livre de mon honorable ami M. le colonel Goureau sur les insectes nuisibles à l'homme et à l'économie domestique (1866, p. 53). Sa larve, dont il ne dit que quelques mots, a été observée en 1847 à Cherbourg, où elle avait détruit les cercles en chêne des barils à poudre d'un magasin de la guerre. Mes observations personnelles sont celles-ci :

La femelle pond ses œufs sur les arbres que je viens de citer et probablement sur d'autres, mais il ne lui faut pas absolument, comme à son congénère le *melancholicus*, des arbres ou des branches à écorce lisse; les écorces les plus épaisses et les plus raboteuses lui conviennent comme celles qui le sont moins; les branches d'un certain âge, comme les troncs les plus vieux sont chargés de nourrir sa progéniture, pourvu qu'ils soient malades, ou récemment morts, ou abattus depuis peu.

Ces préférences et ces conditions sont la conséquence de la manière de vivre des larves. Celles-ci, en effet, ont besoin d'une écorce assez fraîche encore, parce que c'est des couches inférieures de l'écorce qu'elles se nourrissent. Elles y creusent, pour leur alimentation, des galeries larges, sinueuses, irrégulières qu'elles laissent derrière elles bourrées de détritus et de déjections, et qui sont quelquefois si nombreuses qu'elles se touchent en beaucoup de points et que l'écorce se soulève par larges plaques avec une grande facilité. Elles préfèrent aussi une écorce un peu solide, parce que c'est sous l'écorce même, lorsqu'elle n'a qu'une importance moyenne, ou dans son épaisseur quand il leur est possible de s'y loger, qu'elles subissent leurs métamorphoses, ce qui a lieu dans le courant d'avril et de mai. Elles ne s'enfoncent dans le bois que lorsque l'écorce est trop mince, comme dans le cas cité par M. Goureau.

NYMPHE

Elle est glabre ; ses caractères distinctifs sont un mamelon tuberculeux sur le devant du prothorax, suivi d'une dépression transversale, et sur le dos des segments de l'abdomen, de très-petites aspérités épineuses disposées en ellipse non fermée antérieurement. Le dernier segment en est dépourvu.

L'insecte parfait se montre en juin. On le trouve quelquefois sur les fleurs et le hasard m'a permis de constater son goût pour les substances sucrées, même alcooliques. Un jour après déjeuner, on avait servi chez moi des liqueurs, un *Phymatodes* pénétra dans la salle à manger et se posa sur la table où se trouvaient les flacons et sur laquelle étaient tombées quelques gouttes de curaçao. Dans le cours de sa promenade, l'insecte rencontra une de ces gouttes ; il n'alla pas plus loin et se mit à la boire avec avidité. Un *Callidium sanguineum* m'a rendu témoin d'un fait semblable avec de l'anisette.

Rhopalopus (Cerambyx) femoratus L.

Fig. 439-442

LARVE

Elle est longue de 20 à 25 millim. et a les plus grands rapports avec celles des *Phymatodes* dont je viens de donner la description, ce qui me dispense de bien des détails. Le bord antérieur de la tête est visiblement échancré au milieu, puis très-légèrement concave à droite et à gauche, avec une saillie dentiforme vis à vis la base externe des mandibules, et enfin oblique et très-profondément échancré pour loger les antennes. Les mandibules, largement arrondies à l'extrémité, ont leur sillon transversal un peu moins rapproché de la base et leur surface externe est en entier luisante, sans aucun espace mat. Il n'existe pas de trace d'ocelles.

La première moitié du prothorax, roussâtre antérieurement, est ruguleuse et visiblement ponctuée, et la seconde moitié, sauf une étroite bande basilaire qui est lisse, est couverte d'une réticulation très-serrée, élégante et comme squammeuse, marquée de quelques stries inégales. Ce caractère est le plus saillant.

Les ampoules ambulatoires, analogues à celles des larves des Callidiaires, sont telles que les indique la figure que j'en donne et couvertes d'une réticulation squammeuse semblable à celle du prothorax.

Les pattes sont comme celles de la larve du *Phymat. variabilis* et de quatre articles dont le dernier est terminé par un poil assez épais.

Cette larve vit dans les branches récemment mortes et les échalas coupés depuis peu du Châtaignier; je l'ai trouvée aussi dans des branches de Chêne et dans la tige, de trois centimètres de diamètre, d'un rosier noisette de mon jardin, ce dont je ne puis douter, puisque j'en ai obtenu cinq insectes parfaits. Je l'ai vue également, ainsi que l'insecte, dans des ramilles de Prunier, de Pommier et de Pêcher. Elle se développe d'abord sous l'écorce qu'elle respecte ou peu s'en faut, mais elle creuse à la surface de l'aubier des sillons assez profonds, longitudinaux ou obliques, mais toujours sinueux, faisant quelquefois le tour de la branche, de largeur très-irrégulière, très-inégale et quelquefois considérable. Elle les laisse derrière elle encombrés de déjections. Aux approches de l'hiver, elle plonge dans le bois. Si, en février, je veux me procurer la larve adulte, en mars la nymphe et en avril l'insecte parfait, voici le procédé que j'emploie et qui est applicable à d'autres insectes des familles des Buprestides et des Longicornes. Je recherche des branches ou des pieux dont l'écorce soulevée ou facile à détacher prouve que des travaux considérables se sont accomplis sous son abri ; si je mets à découvert une galerie large et irrégulière remplie de détritus, je la poursuis jusqu'à ce que j'arrive, soit en descendant, soit en montant, à un point où elle finit et où se trouve un bouchon de fibres ligneuses fermant une ouverture transversalement elliptique. C'est là le point où la larve a pénétré dans le bois. J'entame ce bois avec une hachette, et à une profondeur de un et quelquefois de deux centimètres, je rencontre une galerie longitudinale, peu sinueuse, creusée soit au dessus, soit au dessous du bouchon obturateur, ce qui prouve que, dans les échalas fichés en terre, la larve travaille indifféremment la tête en haut ou en bas. Cette galerie a une longueur variable, mais qui atteint souvent dix, douze, quinze centimètres. Vers son extrémité et sur une longueur supérieure à celle de la larve, elle est sensiblement plus large, afin que la larve, qui est épaisse et peu souple, puisse se retourner si elle le veut. Elle le fait le plus souvent avant sa métamorphose, mais d'autres fois elle se borne à rapprocher l'extrémité de sa galerie de la surface du bois ; de cette façon l'insecte parfait n'aura plus, dans le premier cas, qu'à désagréger le bouchon dont j'ai parlé, et dans le second, qu'à ronger une faible épaisseur de bois. Cela fait, elle se transforme en nymphe. Toutes ces évolutions s'accomplissent en moins d'une année.

NYMPHE

La tête, les membres et tout le dessous du corps sont absolument glabres et inermes. Sur le prothorax, qui n'a pas de mamelon antérieur comme dans certaines nymphes de *Callidium* et de *Phymatodes*, on voit au milieu du disque et séparés par la ligne médiane, deux groupes de quatre aspérités coniques, blanches, avec la pointe rousse et subcornée, et assez près du bord postérieur une série transversale d'aspérités spiniformes plus saillantes et plus foncées, disposées en arc renversé interrompu au milieu et avant chaque extrémité. Le mésothorax a, sur la région de l'écusson, trois groupes de très-petites aspérités, disposés en triangle, et sur le métathorax on en observe deux groupes allongés, séparés par la ligne médiane. Les sept premiers segments de l'abdomen présentent une série transversale peu régulière et en arc renversé d'aspérités semblables, mais plus visibles sur les trois premiers que sur les suivants et précédés de quelques autres aspérités à peine appréciables ; le huitième segment en porte aussi un petit groupe près de sa base. L'extrémité du corps est inerme.

Rhopalopus (Callidium) clavipes F.

LARVE

Cette larve ressemble tellement à la précédente, y compris la taille, qu'il m'est impossible d'y trouver la moindre différence, même dans les plus petits détails ; d'où l'inutilité de sa description.

M. Mulsant dit qu'elle vit principalement dans les Saules et qu'il l'a trouvée également dans la vigne. Je l'ai rencontrée dans un cep de vigne qui m'a donné, comme contrôle, un insecte parfait. Elle se conduit comme sa congénère dont je viens de décrire les habitudes.

Callidium unifasciatum Oliv.

Fig. 443-448

LARVE

Long. 8-11 millim. Blanche, trapue, assez fortement épaissie antérieurement, assez densément revêtue sur tout son corps de poils fins et blanchâtres, pourvue de trois paires de pattes extrêmement courtes.

Tête très-enchâssée dans le prothorax, s'élargissant en s'arrondissant d'avant en arrière, roussâtre avec la bordure ferrugineuse, lisse mais souvent marquée de deux points enfoncés près du bord antérieur ; celui-ci à peine et très-largement échancré, anguleux vis à vis les mandibules, puis fortement oblique vers les angles.

Épistome transversal, assez avancé au milieu, puis s'effaçant insensiblement pour disparaître à la base des mandibules, d'une largeur dépassant à peine le sixième de l'intervalle qui sépare les antennes.

Labre plus que semi-discoïdal, tuméfié et cilié.

Mandibules, vues de côté, assez courtes mais larges et épaisses, très-arrondies et tranchantes au sommet, noires, à base ferrugineuse, luisantes avec un espace mat vers le milieu, marquées près de la base d'un sillon transversal subsinueux sur lequel repose un autre sillon longitudinal.

Mâchoires, ***menton***, ***lèvre inférieure*** et ***palpes*** comme dans les larves précédentes.

Antennes assez longues, ordinairement saillantes, même après la mort, de quatre articles, le premier, le plus long de tous, épais et conique, les deux suivants égaux entre eux, le quatrième de même longueur mais considérablement plus grêle, incliné en dehors et accompagné d'un très-petit article supplémentaire implanté, un peu en dessous, à l'extrémité du troisième article, mais visible pourtant lorsqu'on regarde la larve verticalement.

Sur chaque joue, au bord de la cavité qui loge l'antenne, un *ocelle* saillant, lisse, arrondi, tuberculiforme, rarement incolore, le plus souvent d'un beau noir, quelquefois pupillé seulement de cette couleur.

Prothorax deux fois aussi large que la tête, très-transversal et pourtant aussi long que les deux autres segments thoraciques réunis, très-arrondi sur les côtés, marqué antérieurement de quatre taches roussâtres médiocrement apparentes dont les deux médianes forment ordinairement une bande à peine interrompue au milieu ; subruguleux antérieurement et sur les côtés, et sinueusement striolé sur une partie postérieure assez étendue, limitée à droite et à gauche par un pli arqué (parenthèses).

Mésothorax et ***métathorax*** très-courts, ce dernier ayant en dessous un pli médian transversal obsolète.

Abdomen de douze segments plus un mamelon anal trilobé ; les sept premiers pourvus en dessus et en dessous d'une ampoule ambulatoire coupée par un pli transversal et très-finement réticulée ; huitième et neuvième segments dépourvus d'ampoules, mais ayant en dessous, près des côtés, un pli longitudinal profond qui forme un bourrelet latéral.

Stigmates verticalement elliptiques, au nombre de neuf paires, la première, plus grande et plus inférieure que les autres, près du bord antérieur du mésothorax, les autres au tiers antérieur des huit premiers segments abdominaux.

Pattes extrêmement courtes, ainsi que je l'ai déjà dit, et très-écartées ; la première placée, comme dans la plupart des autres larves de Longicornes, sur une espèce de faux segment qu'un pli transversal produit sous le prothorax. Elles sont coniques, de trois articles apparents, mais probablement de quatre dont le dernier est surmonté d'un poil.

Si l'on soumet cette larve à plat aux verres amplifiants du microscope, on voit qu'à la base latérale des segments abdominaux, le derme est couvert de cils spinuliformes d'une finesse et d'une densité extrêmes ; le reste du corps est parfaitement lisse. Cette organisation parait commune aux larves de ce genre.

M. Mulsant, dans son *Histoire naturelle des Longicornes* dit que cette larve « vit dans les rameaux sarmenteux de la vigne, surtout dans ceux d'un à deux ans. » C'est en effet dans la vigne sauvage que je l'ai maintes fois trouvée et jamais ailleurs (1), mais, chez nous du moins, si elle ne dédaigne pas absolument les sarments d'un ou de deux ans, pour lesquels il y a plusieurs concurrents, elle paraît préférer les ceps d'un certain âge, et je ne l'ai jamais rencontrée aussi abondamment que dans un cep énorme qui avait peut-être cinquante ans. Elle est intéressée, en effet, à être protégée par l'écorce, car elle passe une partie de sa vie sous les couches corticales, dévorant la surface de l'aubier qu'elle creuse de cannelures assez profondes et très-irrégulières. C'est même souvent sous l'écorce qu'elle se transforme, lorsque celle-ci est assez épaisse pour lui inspirer de la confiance ; dans le cas contraire, elle plonge dans le bois, aux approches de la mauvaise saison ou dans le courant de l'hiver. Quand l'époque de la métamorphose est prochaine, elle se retourne dans sa galerie, ou bien elle la prolonge vers la surface du bois. Ses diverses évolutions durent moins d'un an.

NYMPHE

Entièrement glabre et lisse sur la tête, le thorax, les membres et tout le dessous du corps ; un mamelon tuberculé sur le devant du prothorax ; sur le dos des deuxième à septième segments de l'abdomen des aspérités roussâtres et subcornées, spiniformes, dirigées en arrière et disposées en une sorte d'ellipse dans l'intérieur de laquelle sont deux autres spinules. Souvent la ligne antérieure de l'ellipse est très-peu indiquée, et dans tous les cas les aspérités sont plus nombreuses sur la ligne postérieure où l'on en compte de huit à dix. Sur le septième segment les épines, surtout les postérieures, sont plus grandes et plus verticales ; plusieurs au moins de ces spinules ont un petit poil partant de leur base. Sur le huitième segment on voit quatre épines verticales, disposées en carré ; l'extrémité de l'abdomen est inerme.

L'insecte parfait naît en avril et mai.

(1) Mon ami M. Fabre, dans son *Catalogue de la Faune avignonaise*, dit qu'elle vit sous l'écorce du Peuplier blanc. Je ne me hasarderais pas à le contester, mais j'ai peine à le croire.

Callidium (Leptura) alni L.

Genre *Pæcilium*, Fairm.

Fig. 449

LARVE

Long. 6-7 millim. Elle ressemble tellement à celle du *C. unifasciatum* que je ne pourrais que reproduire presque tous les détails de la description que j'ai donnée de celle-ci. La tête et tous ses organes sont conformés absolument de même, y compris le quatrième article des antennes incliné en dehors ; mais il y a une différence qui mérite d'être signalée, c'est qu'il n'existe pas d'ocelle, je ne puis, du moins, en voir la moindre trace.

Le prothorax est comme dans la larve précédente, mais les quatre taches dorsales antérieures sont plus grandes, plus distinctement séparées, plus nettement et plus fortement colorées.

L'abdomen est aussi fait de même, mais les ampoules ambulatoires sont moins fortement plissées, souvent elles ne le paraissent pas du tout, et leur surface est beaucoup plus densement réticulée.

Je n'ai rien de particulier à dire sur les stigmates ; quant aux pattes, malgré les plus scrupuleuses recherches, j'ai été longtemps sans les voir, et je les considérais comme nulles ; mais trouvant toutes les autres larves de Callidiaires pourvues de ces organes, et ne voulant pas, sans une certitude complète, admettre une pareille exception, j'ai recommencé mes explorations et j'ai fini par apercevoir sur chacun des segments thoraciques, et à la place ordinaire, une paire de pattes tellement insignifiantes qu'elles ne font guère plus d'effet qu'un tout petit tubercule. Elles m'ont paru triarticulées, mais il est probable qu'elles sont formées de quatre pièces et qu'elles sont en partie rétractiles.

Cette larve que j'ai trouvée, mais rarement, dans l'Aulne, l'Orme et même le Rosier, est très-commune ici dans les branches mortes du Chêne et du Châtaignier ; on la rencontre même dans les brindilles d'un an. On la chercherait vainement, je crois, dans le tronc de ces arbres. Il faut, pour que la femelle y ponde ses œufs, que l'écorce soit lisse et non crevassée, ce qui suppose l'âge de dix ou douze ans au plus pour le Châtaignier et de six ou sept pour le Chêne ; il faut aussi que la mort soit assez récente, et mes observations, applicables du reste à plusieurs espèces, me portent à penser que, si elle remonte à plusieurs mois et si la dessiccation est trop avancée, les conditions ne sont plus favorables à l'existence des jeunes larves. On comprend, en effet, que celles-ci, appelées à vivre un certain temps de l'écorce, aient besoin qu'elle soit encore pourvue des sucs nutritifs accumulés par la séve dans son tissu. Ces sucs s'altèrent ou s'évaporent par la dessiccation et les matériaux de l'écorce deviennent moins assimilables. Le discernement instinctif de la femelle la détourne de pondre dans ces conditions, ou si elle commettait la faute de confier ses œufs à des branches impropres au développement des larves, celles-ci périraient bientôt après leur naissance.

Ainsi que je l'ai dit, le *Callidium alni* est très-commun dans les Landes. Dès la fin de mars ou le commencement d'avril on le rencontre principalement sur les échalas de Châtaignier provenant d'une coupe toute récente; il n'est pas rare d'en voir une vingtaine sur un seul échalas. Il est diurne et c'est en plein jour et même au soleil qu'il s'accouple et qu'il pond. Je me suis, plus d'une fois, amusé à observer cette ponte. La femelle parcourt assez rapidement l'écorce, principalement sur la face qui n'est pas exposée au midi, car elle paraît donner la préférence à celles qui sont à l'ombre du moins une partie de la journée. Au surplus, dans notre chaud climat, cette prédilection de la part des espèces dont les larves sont subcorticales s'observe assez fréquemment, surtout quand il s'agit de sujets à écorce peu épaisse et offrant un obstacle insuffisant à la transmission d'une chaleur qui, durant certains mois de l'année, et lorsque les larves sont jeunes encore, doit être incommode. J'ai vu, du reste, plus d'une fois, la chaleur compliquée de sécheresse occasionner, malgré la protection d'écorces assez épaisses, de grandes mortalités parmi certaines larves et même des insectes parfaits.

La femelle du *Callidium* parcourt donc l'écorce, et si elle rencontre une fissure, une crevasse ou le stigmate d'une brindille morte et détachée, ou les rides de l'empâtement basilaire d'un bourgeon, d'une petite branche, ou une entaille faite par la serpe, elle s'arrête, se dresse un peu sur ses jambes, dégaîne son oviducte, le plonge dans la cavité et bien au fond dépose un œuf d'un blanc un peu jaunâtre, ellipsoïdal et parfaitement lisse. Elle en pond un autre à côté, quelquefois un troisième, puis elle recommence ses explorations pour répéter la même manœuvre. Mais une autre femelle, pressée par un semblable besoin, cherche comme la précédente, rencontre le même point favorable, le trouve à sa convenance et y pond à son tour. Ainsi les œufs s'accumulent dans un même endroit où naîtront bientôt de nombreuses larves.

Chaque larve, dès sa naissance, travaille à s'enfoncer dans l'écorce, puis elle creuse entre celle-ci et l'aubier, en montant ou en descendant, une galerie qui intéresse l'une et l'autre, et ce dernier assez profondément. Cette galerie, dont elle proportionne le diamètre à celui de son corps, n'est pas irrégulière dans sa largeur comme celle de beaucoup de larves de Longicornes, elle est linéaire et à côtés presque parallèles, mais sa direction initiale n'est pas toujours la même. Il y a des larves qui, dès le début, tracent leur galerie longitudinalement, c'est-à-dire parallèlement aux fibres du bois et ne dévient plus de cette direction; d'autres, au contraire, commencent par creuser leur tunnel transversalement et avec des sinuosités plus ou moins prononcées ou même des retours d'équerre très-brusques, mais toutes, à bien peu d'exceptions près, finissent par adopter la direction longitudinale. Si, à l'automne, on soulève l'écorce à un endroit où des œufs ont été pondus en certain nombre, on trouve cette écorce et la surface ligneuse correspondante sillonnée de galeries d'abord enchevêtrées, puis parallèles et tellement rapprochées qu'elles constituent des cannelures profondes très-serrées, relativement très-régulières et encombrées de détritus et de déjections.

Au déclin de la saison, les larves pénètrent dans l'aubier, mais à une faible profondeur, et elles continuent à y travailler, toujours longitudinalement, jusqu'au moment de la transformation en nymphe qui a lieu dès la fin de février, dans une cellule en ellipse très-allongée.

Lorsque les œufs ont été déposés sur des brindilles dont le diamètre n'excède pas quelquefois quatre millimètres, les larves vivent peu de temps sous l'écorce qu'elles jugent sans doute trop faible pour les protéger, elles plongent bientôt dans le bois, et leur galerie occupe le canal médullaire ou une couche très-voisine.

NYMPHE

Elle offre seulement cette particularité qu'elle est très-glabre, qu'elle n'a pas de mamelon sur le devant du prothorax et que, sur la face dorsale, les deuxième à septième segments de l'abdomen portent de quatre à huit très-petites spinules coniques, à peine roussâtres et verticales, disposées transversalement, deux, le plus ordinairement trois, rarement quatre de chaque côté de la ligne médiane. Les spinules du septième segment sont plus grandes, plus solides, plus colorées. Le huitième segment et l'extrémité du corps sont complétement inermes.

Sympiezocera Laurasi Luc. — **Callidium Verneti** Pellet.

LARVE

Long. 18-22 millim. A la forme de l'insecte parfait on devine que sa larve doit ressembler à celle des Callidiides. Elle a, en effet, les plus grands rapports avec celles de cette famille et en particulier avec celles des *Rhopalopus*. Elle a, comme elles, la tête fort enchâssée, fort élargie d'avant en arrière, l'épistome et le labre étroits, le bord antérieur de la tête noir, subcorné, largement échancré avec une saillie dentiforme en regard des mandibules. Celles-ci, vues de côté, sont larges, très-arrondies et tranchantes au sommet, lisses et luisantes extérieurement, avec une rainure transversale sur laquelle s'appuie un court sillon longitudinal. La lèvre inférieure n'a pas de languette apparente; il n'existe pas d'ocelles. Les pattes sont très-courtes quoique très-visibles et de quatre articles. Le prothorax, roussâtre antérieurement, est dans sa première moitié rugueux et parsemé de points, et dans sa seconde moitié, sauf une bande basilaire, il est couvert, entre les deux parenthèses, d'une réticulation très-fine et très-serrée, traversée de quelques stries longitudinales. Mais elle diffère par le labre non arrondi antérieurement, mais subéchancré; les antennes sont très-peu rétractiles et bien saillantes dans tous les individus que j'ai examinés, même après la mort. Dans leur plus grande extension, le premier article est le plus long de tous, le second est un peu plus long que le troisième, le quatrième est le plus petit, un peu incliné en dehors et l'article supplémentaire est presque invisible.

Le caractère le plus distinctif et même, à proprement parler, le seul véritablement distinctif de cette espèce réside dans les ampoules ambulatoires, et ce caractère même n'est pas très-saillant. Ces ampoules sont, comme à l'ordinaire, marquées d'un pli transversal, et leur aspect est mat; les dorsales sont, en avant du pli, très-finement alutacées, et en arrière elles sont couvertes d'une réticulation extrêmement fine et serrée; les ventrales sont simplement alutacées avec quelques vestiges de réticulation très-fine aux deux extrémités latérales. Ainsi la différence absolue ne consisterait guère que dans une réticulation à peu près absente en dessous, à peine visible en dessus et seulement en arrière du pli transversal.

NYMPHE

La tête et tout le dessous du corps sont glabres et inermes. Sur le prothorax, dépourvu de tout mamelon antérieur, on voit au milieu du disque, de chaque côté de la ligne médiane, deux ou trois très-petites aspérités roussâtres surmontées d'un petit poil, et assez près du bord postérieur une dizaine d'aspérités semblables en ligne transversale. De pareilles aspérités se trouvent aussi sur le mésothorax, disposées en deux groupes au-dessus de l'écusson et sur le milieu du métathorax, rangées sur deux lignes longitudinales presque régulières. Les sept premiers segments de l'abdomen en présentent, assez près de leur bord postérieur, une série transversale en arc renversé, à peine visible sur les quatre derniers ; le huitième segment en a aussi un très-petit nombre près de la base ; l'extrémité du corps est inerme.

Comme on le voit, cette nymphe ressemble extrêmement à celle du *Rhopalopus femoratus* et même de presque tous les autres Callidiaires. Je remarque seulement que les aspérités piligères sont d'une petitesse presque exceptionnelle.

A la fin de septembre et au commencement de décembre 1872, M. A. Grouvelle eut l'obligeance de m'envoyer plusieurs larves de *Sympiezocera* et des fragments de Genevriers habités par d'autres larves vivantes dont une m'a donné la nymphe que je viens de décrire. Mon attentionné collègue voulut bien m'informer en même temps que cette larve vit dans toutes les parties du Genevrier, depuis les branches de deux centimètres de diamètre jusqu'aux troncs de quinze à vingt centimètres. L'examen des fragments dont j'étais en possession me convainquit en outre qu'elle se développe sous l'écorce, en pratiquant aux dépens des couches les plus inférieures de celle-ci quand elle est assez épaisse et toujours aux dépens de l'aubier, une galerie large et sinueuse qui demeure encombrée de déjections, puis elle achève de se nourrir en plongeant dans le bois, bouche l'orifice d'entrée avec de petits copeaux et se retourne dans sa galerie avant de se transformer, à moins qu'elle ne la prolonge en se rapprochant de la surface vers un autre point. Elle se conduit enfin comme d'autres larves de *Callidium*.

Deux questions ont été soulevées au sujet de l'intéressant insecte dont il s'agit. On s'est demandé en premier lieu s'il est la cause de la mortalité des Genevriers dans la forêt de Fontainebleau. M. Grouvelle paraissait d'abord pencher pour l'affirmative, mais mes objections ayant provoqué de sa part de sérieuses investigations, il m'écrivait : « Les Genevriers poussent en général à Fontainebleau dans des terrains rocheux qui se prêtent mal à leur développement. Il ne serait donc pas juste de dire que les arbres attaqués sont parfaitement sains ; il faut au contraire penser que le manque de circulation de la séve est la cause prédominante de la mort de ces arbres et que l'insecte vient se développer dans les parties que la séve ne vivifie plus suffisamment. J'ai vu des sujets parfaitement verts attaqués au pied par le *Sympiezocera*, mais alors la larve vivait dans une partie sèche et le plus souvent elle avortait. »

Dès ce moment je me suis trouvé d'accord avec M. Grouvelle. Dans mon opinion, en effet, les Genevriers ne sont attaqués que parce qu'ils sont affaiblis, malades, à circulation de séve presque nulle ou récemment morts ; mais j'admets parfaitement que l'invasion des larves achève ceux qui n'ont pas tout à fait cessé de vivre.

La seconde question est relative à l'époque de l'apparition annuelle du *Sympiezocera*. Voici les faits et les opinions qui se sont produits :

Dans les *Annales de la Soc. Agric. et Scientif. des Pyrénées-Orientales*, 1871 et dans les *Petites Nouv. Entomol.* du 1er décembre 1871, n° 41, p. 164, M. Pellet décrit, sous le nom de *Callidium Verneti*, un Longicorne qui n'est autre que le *Sympiezocera*. Il dit en avoir pris trois exemplaires le 27 et le 28 mai 1870, au Vernet, sur le tronc d'un Cyprès récemment abattu. Un des individus était mort et il suppose, dès lors, que l'apparition de cette espèce était déjà fort avancée.

A la séance de la Société entomologique de France du 24 avril 1872 (*Bull.* p. XXXV), M. Albert Leveillé, montrant à ses collègues un *Sympiezocera*, disait que son oncle en avait tout récemment trouvé une trentaine, tous morts, dans le tronc d'un vieux Genevrier. Le 28 avril, M. Leveillé allait à Fontainebleau avec M. Grouvelle et dans le même Genevrier ils trouvaient quelques exemplaires également morts. Dans les autres Genevriers, les insectes avaient pris leur essor, car les galeries de deux centimètres de profondeur que les larves creusent dans le bois étaient vides. M. Leveillé pensait que cette espèce se métamorphose à l'automne et qu'elle passe l'hiver dans les galeries pour apparaître probablement dès le mois de février.

A la séance du 28 août 1872 (*Bull.*, p. LXVII), M. Prosper Leveillé exhibait un individu vivant, pris par lui à Fontainebleau vers le commencement de ce mois dans le tronc d'un Genevrier. Il avait recueilli en même temps une demi-douzaine de nymphes. Dès les premiers jours de septembre, dit-il, il n'y a plus de nymphes.

En dehors de la question qu'il s'agit de résoudre, M. Leveillé concluait des avortements nombreux observés tant par lui que par son oncle, que sur cent larves de *Sympiezocera*, trente ou quarante à peine arrivent à l'état parfait et que, sur ces derniers, dix à quinze seulement peuvent se mettre en liberté, ce qui semblerait indiquer qu'à Fontainebleau cet insecte est à la limite extrême de sa zone.

M. A. Grouvelle, dans les lettres qu'il a bien voulu m'écrire à ce sujet, confirme tout ce qui précède, et il ajoute les faits et considérations qui suivent :

« Il me semble difficile d'admettre que les insectes découverts en avril se soient transformés au printemps ; je crois beaucoup plus rationnel de fixer au mois d'août l'époque des métamorphoses du *Sympiezocera* et d'expliquer par les conditions spéciales dans lesquelles se trouve Fontainebleau les singulières anomalies que semble présenter cet insecte. On peut d'ailleurs, en admettant que Fontainebleau soit à l'extrême limite de la zone où il peut vivre et en tenant compte de la grande variété que présentent, au point de vue de la chaleur, les diverses parties de la forêt, expliquer les divers faits que je viens de vous signaler.

« Dans les parties bien exposées, les diverses phases de la vie des *Sympiezocera* s'accomplissent régulièrement : au mois d'août on trouve dans le bois l'insecte parfait et les nymphes, et plus tard on ne rencontre que des larves malades. Dans les parties moins bien exposées, les larves compensent le manque de chaleur par un retard dans leur développement ; elles ne peuvent se transformer qu'en septembre ; les insectes qui en naissent n'ont pas, par suite de la fraîcheur des nuits et de l'abaissement général de la température, la force de sortir du bois ; ces insectes et les larves non transformées meurent pendant l'hiver. »

Voici donc, selon moi, d'après les observations recueillies, quelles sont les évolutions du *Sympiezocera*. L'insecte parfait quitte son berceau en avril ou mai ; la femelle pond sur les Genevriers malades ou récemment morts ; les larves qui naissent de ces pontes acquièrent tout leur développement d'avril ou mai à la fin de juillet, au mois d'août ou au commencement de septembre, suivant l'exposition, car elles ne pourraient, paraît-il, passer l'hiver sans périr ; elles plongent alors dans le bois, se transforment et deviennent insectes parfaits avant la fin de l'été ; ceux-ci restent dans leur cellule pour ne sortir qu'au printemps ; le tout à travers des chances qui font périr maint sujet à ses divers états. Les choses se passent ainsi pour bien d'autres insectes et notamment chez nous pour le précoce *Callidium sanguineum*, avec cette double différence qu'il n'en échoue presque aucun parce que le climat lui convient, et qu'il apparaît dès le mois de février, quelquefois avant.

Vient ensuite dans le livre de M. Mulsant la troisième branche, celle des Hespérophanaires, comprenant les genres *Criocephalus*, *Stromatium* et *Hesperophanes*.

Dans mon travail sur les Insectes du Pin maritime, j'ai donné l'histoire des métamorphoses du premier, et quand je m'y reporte, j'ai peine à comprendre qu'on puisse séparer les *Criocephalus* des *Tetropium* et de l'*Asemum*. Leurs larves du moins ont des points de contact nombreux et que je considère comme significatifs. Je ferai de plus remarquer que les caractères qui leur sont communs les rapprochent aussi beaucoup des larves du *Spondylis* qui ont, à vrai dire, la tête un peu plus saillante. Dans toutes ces larves, en effet, on voit un épistome dont la largeur dépasse le tiers de l'intervalle qui sépare les antennes, des mandibules assez longues, pointues à l'extrémité, larges à la base, concaves à leur tranche inférieure, la plaque méta-prothoracique et les ampoules ambulatoires, très-finement et très-densément chagrinées, les pattes un peu plus longues que dans les autres larves dont j'ai parlé, le dernier segment pourvu de deux épines ; si bien que je ne pourrais aider à les distinguer que par les caractères suivants :

Tête un peu plus saillante, mandibules, vues en dessus, s'élargissant brusquement à angle droit vers les deux cinquièmes de leur tranche interne, pointes du dernier segment sensiblement écartées. . . . . *Spondylis*.

Tête un peu moins saillante, mandibules, vues en dessus, simplement sinueuses à leur tranche interne, pointes du dernier segment très-rapprochées.

Pointes fines, presque contiguës, taille très-petite. . . *Tetropium*.

Pointes fines, un peu écartées, taille plus grande. . . . *Criocephalus*.

Pointes coniques, un peu écartées, un peu arquées. . . *Asemum*.

Quant aux nymphes, elles sont spinuleuses sur leurs deux faces abdominales et terminées par deux crochets. Au surplus, les conséquences que je déduis des caractères des larves et des nymphes de ces trois genres concordent avec le classement adopté par M. Fairmaire et surtout par Lacordaire. Le premier fait de l'*Asemum* le type de la famille des Asémites, et aussitôt après, avec la simple intercalation du genre *Anisarthron*, il établit la famille des Criocéphalites, comprenant les genres *Criocephalus* et *Tetropium*. Le second comprend dans les Asémides les trois genres précités, et ce qu'il y a de remarquable, c'est que cette famille vient immédiatement après celle des Spondylites. Les caractères des larves et des nymphes donnent à cette dernière classification la sanction la plus formelle.

Mais revenons aux Hespérophanaires et disons que M. Mulsant, dans le sixième cahier de ses *Opuscules entomologiques* (p. 158), a longuement et fidèlement décrit la larve du *Hesperophanes cinereus* de Vill., *nebulosus* Oliv. Je rectifierai seulement le nombre des articles des palpes maxillaires qui est de trois et non de quatre, et j'ajouterai que l'épistome est à peine d'une largeur égale au sixième du bord antérieur de la tête ; que les mandibules sont assez courtes et largement arrondies à l'extrémité ; que la plaque métaprothoracique est striée et en arrière subréticulée ; que les ampoules ambulatoires sont couvertes d'une sorte de réticulation confuse formant comme des tubercules aplatis ; qu'enfin le dernier segment est inerme.

Quant à la nymphe, que M. Mulsant n'a point décrite, elle a sur le prothorax des spinules cornées entremêlées de poils roussâtres, disposées pour ainsi dire en trois bandes transversales, et sur le dos des segments de l'abdomen des épines assez fortes, surtout les postérieures, dirigées en arrière, divisées en deux groupes séparés par la ligne médiane un peu enfoncée et desquels se détachent quelques rares spinules en série transversale vers les côtés. Les épines du pénultième segment sont fortes, relevées et même un peu crochues en avant, comme celles du dernier segment. La face ventrale est dépourvue de toute spinule ; les côtés seulement sont marqués de fines stries sinueuses.

M. Mulsant dit que, suivant MM. Myard et Coste, cette larve se nourrirait du Peuplier dans les environs de Châlons, mais que, dans le midi, elle vit principalement aux dépens du Figuier. Je l'ai reçue, ainsi que la nymphe, de M. Revelière qui l'a trouvée en Corse dans le Chêne vert. J'ai moi-même obtenu l'insecte parfait d'un Peuplier mort.

Un autre Longicorne de la branche des Hespérophanaires de M. Mulsant, d'accord en ceci avec les auteurs déjà cités, est le *Stromatium unicolor* Oliv., dont je suis en mesure de décrire la larve et la nymphe.

Stromatium (Callidium) unicolor Oliv.

Fig. 450-453

LARVE

Long. 20-25 millim. Elle ressemble beaucoup à celle des *Rhopalopus*. Le bord antérieur de la tête est droit avec les angles obliques comme à l'ordinaire ; les mandibules sont courtes, très-arrondies à l'extrémité quand on les regarde de côté, et marquées extérieurement de deux dépressions transversales. La seconde moitié du prothorax, sauf la portion tout à fait postérieure qui est lisse, est couverte d'une réticulation très-serrée, comme squammeuse et élégante, marquée de quelques stries inégales, et la première moitié est ruguleuse avec une ponctuation éparse et bien visible en avant de la réticulation.

Les ampoules ambulatoires sont circonscrites et parcourues par des plis ou des sillons dont je donne la figure et couvertes d'une réticulation squammeuse semblable à celle du prothorax. On voit que, pour ce segment et pour les ampoules, sauf une modification dans la forme de celles-ci, cette larve a les plus grands rapports avec celle du *Rhopalopus femoratus*. Aussi je crois que le genre *Stromatium* devrait figurer à côté du genre *Rhopalopus*.

NYMPHE

La nymphe a des poils très-fins et assez longs sur le prothorax, le métathorax et les côtés des segments abdominaux, et sur le dos de ces derniers des spinules cornées et ferrugineuses, dirigées en arrière et disposées en ellipse transversale. Celles de la courbe antérieure sont sensiblement plus petites, et dans l'intérieur de l'ellipse on en voit six, trois de chaque côté de la ligne médiane. Le pénultième segment, indépendamment des spinules en ellipse un peu irrégulière, en porte, près du bord postérieur, huit autres plus longues, dressées et même un peu courbées en avant. Le dernier segment est muni d'un groupe de spinules et terminé par de légères callosités.

Je dois les sujets sur lesquels j'ai fait ces descriptions au zèle obligeant de mon ami M. Revelière qui les a recueillis en Corse et qui a bien voulu m'envoyer en même temps des fragments de *Quercus ilex* travaillés par les larves. L'examen de ces fragments m'a démontré que la larve du *Stromatium* vit dans les troncs morts de cet arbre, en société de la larve du *Prinobius Myardi*, comme dans le Pin des Landes les larves de *Criocephalus rusticus* et de *Spondylis buprestoides* avec celles de l'*Ergates faber*, et qu'elles sont quelquefois en tel nombre, que le bois est taraudé de galeries longitudinales presque contiguës. Celles du *Prinobius*, naturellement beaucoup plus larges et sillonnées transversalement par les vigoureux coups de dent de l'ouvrière mineuse, m'ont paru aussi plus irrégulières.

La surface du bois n'est creusée que de galeries très-étroites, ce qui me donne à penser que la larve du *Stromatium* vit peu de temps sous l'écorce et qu'elle pénètre jeune encore dans les couches ligneuses.

Cet article était déjà transcrit lorsque m'est parvenu le quinzième cahier des *Opuscules entomologiques* qui contient (p. 96), la description de la larve et de la nymphe de cette espèce, par MM. Mulsant et Valéry Mayet. Le double emploi ne fera pas de tort à la science, d'autant que j'indique certains caractères bons à constater et qu'en outre j'ai à relever deux petites inadvertances de mes savants amis qui donnent quatre articles aux palpes maxillaires, composés de trois seulement, et qu'ils n'en accordent que trois aux antennes, lesquelles en ont quatre plus un article supplémentaire.

La larve qu'ils ont décrite vivait dans le tronc d'un vieux Abricotier mort.

En résumé, il résulte pour moi des faits et des observations qui précèdent, relativement aux Callidiaires et aux Hespérophanaires de M. Mulsant, que les larves de l'ancien genre *Callidium* qui me sont connues justifient parfaitement la famille des Callidiites ou Callidiides établies par Fairmaire et Lacordaire, que celle des Hespérophanites ou Hespérophanides devrait se borner au genre *Hesperophanes* et faire le sacrifice du genre *Stromatium* en faveur des Callidiides, et qu'il y a lieu, à l'exemple de Lacordaire, de placer dans une même famille distincte, contiguë aux Spondylides, les genres *Asemum*, *Tetropium* et *Criocephalus*.

La quatrième branche, celle des Clytaires, n'embrasse que le genre *Clytus* du catalogue de Marseul.

La larve du *Plagionotus (Clytus) arcuatus* paraît avoir été décrite par Newman (*Entom. Magaz.* t. I, p. 213 et t. IV, p. 222; M. Goureau en a dit quelques mots dans les *Ann. de la Soc. Ent.* 1842, p. 176, et MM. Chapuis et Candèze donnent, dans la planche VIII de leur Catalogue, la figure des deux ampoules ambulatoires d'un segment de l'abdomen. Cette larve et sa nymphe ressemblent, à s'y méprendre, à celles du *P. detritus* dont il va être parlé, et les habitudes sont les mêmes. J'ai, de mon côté, fait connaître la larve du *Clytus arietis* dans les *Annales de la Société entomologique*, 1847, page 547.

Plagionotus (Leptura) detritus L.

Fig. 454-460.

LARVE

Long., 18-20 millim. D'un blanc un peu incarnat, tétraédrique, sensiblement renflée antérieurement, densement revêtue de poils fins et blonds, pourvue sous chacun des trois segments thoraciques d'une paire de pattes extrêmement courtes, coniques et de quatre articles l'ongle compris.

Tête aux deux tiers enchâssée dans le prothorax, d'un blanc roussâtre avec le bord antérieur noir, marquée antérieurement, sur la partie noire, de points transversaux très-visibles, et sur le reste de sa surface d'une ponctuation un peu inégale, moins apparente et médiocrement dense. Bord antérieur largement et visiblement échancré, un peu saillant vis à vis les mandibules, puis déclive autour de ces mêmes organes.

Épistome presque carré, relativement très-petit et d'une largeur égale au sixième de la largeur de la tête.

Labre un petit peu plus large que l'épistome, plus que semi-discoïdal et frangé de soies rousses.

Mandibules noires avec la base un peu ferrugineuse, courtes, ne dépassant guère le labre, mais robustes ; subtriangulaires si on les voit en dessus, très-émoussées et largement arrondies à l'extrémité quand on les examine de côté.

Mâchoires, lèvre inférieure et *palpes* comme à l'ordinaire.

Antennes assez longues, à moitié rétractiles, de quatre articles dont le premier et le troisième sont deux fois aussi longs que chacun des autres, et dont le dernier, surmonté de deux soies, est accompagné d'un article supplémentaire excessivement petit.

Sur les joues, pas la moindre trace de point ou tubercule ocelliforme.

Prothorax aussi grand que les trois segments suivants réunis, une fois et demie au moins aussi large que la tête dans sa plus grande largeur, arrondi latéralement, lisse antérieurement sur un petit espace limité par un sillon transversal, puis, jusqu'au delà du milieu, subruguleusement ponctué sur un autre espace limité par deux arcs renversés se réunissant à un sillon médian; le surplus, compris entre ce que j'ai appelé les parenthèses, marqué de stries sinueuses et en partie anastomosées.

Mésothorax en dessous et *métathorax* sur les deux faces marqués d'un pli transversal un peu plus compliqué sur la face dorsale de celui-ci.

Abdomen de neuf segments plus le mamelon anal, les sept premiers pourvus, tant sur le dos que sur la face ventrale, d'une ampoule ambulatoire circonscrite ou parcourue par des plis variables suivant la face qu'elle occupe, et dont j'aime mieux donner le dessin que la description. La surface de l'ampoule est couverte d'une rugosité réticulée très-fine. Huitième et neuvième segments munis d'un bourrelet latéral.

Stigmates roussâtres, au nombre de neuf paires : la première, plus grande et plus inférieure que les autres, très-près du bord antérieur du mésothorax, les suivantes vers le milieu des huit premiers segments abdominaux.

Pattes ainsi que je l'ai dit plus haut.

La larve du *Plagionotus detritus* vit dans les troncs et les branches du Châtaignier et plus fréquemment du Chêne. Comme celle du *P. arcuatus* dont elle est l'image, elle aime les bois récemment morts et je ne l'ai pas observée dans ceux qui, lors de la ponte, avaient été dépouillés de leur écorce, ou même qui avaient plus d'un an de coupe. Il lui faut, en effet, une écorce encore fraîche dont elle ronge les couches inférieures en y pratiquant une galerie sinueuse et irrégulière. Vers la fin de l'été elle pénètre dans les profondeurs de l'aubier, devenu nécessaire, à ce qu'il paraît, à son alimentation, et ses robustes mandibules y creusent une galerie parabolique ordinairement dans le sens longitudinal et formant un arc plus ou moins régulier dont une des extrémités se reconnaît à un trou d'entrée bouché par des déjections, et dont l'autre se révèlera plus tard, à quelques centimètres de distance, par un orifice bien plus grand, fermé de paillettes ligneuses et correspondant le plus souvent à une cavité de l'écorce. La larve, en effet, qui pressent instinctivement ses futures évolutions, sait aussi qu'elle ne doit pas rester indéfiniment dans les couches profondes d'où l'insecte parfait aurait de la peine à sortir et elle dirige son boyau de mine vers la surface. Si l'écorce est mince, elle la respecte ; mais si elle est épaisse, elle la taraude aussi en grande partie, puis rentrant à reculons dans le bois, elle s'installe dans la partie supérieure de sa galerie, l'élargit un peu pour y être sans doute plus à l'aise, mais aussi pour se procurer les matériaux du bouchon obturateur qui doit la protéger contre les dangers que lui ferait courir l'enlèvement accidentel de l'écorce, et puis se transforme en nymphe.

Moins d'un an suffit pour toutes ces opérations.

NYMPHE

Elle offre sur le prothorax des aspérités spinuliformes, rousses, cornées à l'extrémité, un peu inclinées en arrière et disposées avec une certaine symétrie ; on en voit aussi sur le métathorax une série transversale interrompue au milieu. Sur le dos des segments abdominaux elles sont presque sur deux rangs, mais plus nombreuses et plus régulièrement disposées près du bord postérieur. L'avant-dernier segment présente au milieu quatre spinules plus longues, disposées en carré et un peu convergentes deux à deux, et près du bord postérieur sept épines, les plus longues de toutes, non-seulement dressées mais recourbées en avant. Le dernier segment a aussi quelques épines dont les postérieures sont également courbées en avant. Ces épines servent à la nymphe à se hisser et à se retourner au besoin dans sa galerie, ce qu'elle fait avec une assez grande facilité, grâce à la flexibilité de son abdomen.

L'insecte parfait sort en juin et juillet par un trou à peu près rond.

Clytus (Leptura) arietis L.

LARVE

Ainsi que je l'ai dit plus haut, j'ai publié dans les *Ann. de la Soc. Ent.*, 1847, p. 547, cette larve que j'avais trouvée dans des branches ou de jeunes tiges mortes de Mûrier, de Sycomore et de Mérisier à grappes ; M. Mulsant y ajoute le Pommier, ainsi que le Chêne où je l'ai rencontrée aussi, de même que dans les branches du Châtaignier et du Figuier ; ce qui veut dire que les pontes de cet insecte ne risquent pas de manquer de quoi vivre. MM. Chapuis et Candèze ont figuré ses ampoules ambulatoires à la planche VIII de leur Catalogue.

La description que j'ai donnée de la larve est, à bien peu de chose près, suffisante ; je dois seulement y ajouter que la partie postérieure du prothorax est finement striolée, et la modifier en ce qui concerne les ampoules ambulatoires que je dis nullement rugueuses ou tuberculeuses, tandis qu'elles sont couvertes d'une rugosité fine et réticulée comme celles de la larve précédente et conformées de même. Au surplus, cette larve ressemble tellement à celle du *Pl. detritus*, qu'elle ne me paraît en différer que par une taille plus petite et par ses mandibules plus étroites et moins largement arrondies à l'extrémité.

Sa manière de vivre est la même, mais elle ne paraît attaquer que le menu bois.

NYMPHE

Elle diffère de la précédente, à part la taille, en ce que le prothorax n'a que fort peu de spinules et que le métathorax en est complétement dépourvu.

Clytus (Leptura) verbasci L. — **Ornatus** F.

Genre *Clytanthus*, Thoms.

Fig. 461-462.

LARVE

Long. 14-18 millim. Elle ressemble tellement, même quant aux caractères que présente le prothorax, à la larve du *P. detritus*, que je ne pourrais que répéter ce que j'ai dit de celle-ci, sauf pourtant les différences suivantes : le bord antérieur de la tête est plus étroitement échancré, avec une saillie visiblement plus faible vis à vis les mandibules ; les pattes sont presque une fois plus longues ; les ampoules dorsales sont marquées de plis différents dont je donne la figure, mais elles sont recouvertes d'une même rugosité réticulée très-fine.

La larve du *C. verbasci*, que j'ai trouvée dans des échalas de Châtaignier et de Robinier, n'est pas aussi exigeante que celles des *Plagionotus*, elle se contente de bois vieillis, quoique peu altérés par le temps, et c'est tout au plus s'il faut à ces bois un peu d'écorce pour recevoir la ponte. Cette écorce, du reste, ne sert pas à l'alimentation de la larve, celle-ci plonge de prime-abord dans le bois et s'y conduit exactement comme celle du *detritus*. Toutefois, dans des parties de pieux où les larves étaient assez nombreuses, où il y avait dès lors un peu d'encombrement, j'ai remarqué que certaines larves, pour ne pas déranger leurs voisines, creusaient leurs galeries non en parabole, mais en ligne droite ou un peu sinueuse. Les galeries sont toujours encombrées d'une poussière fine qui n'est autre chose que les déjections de la larve.

NYMPHE

Elle a sur le front quelques poils courts et blonds, arqués en avant. Le prothorax, dépourvu de spinules, est revêtu de poils semblables et arqués en arrière sur sa moitié antérieure, l'autre moitié demeurant glabre, très-lisse et très-luisante. Ces poils sont la plupart disposés en deux bandes transversales assez touffues, l'une près du bord antérieur, l'autre vers le milieu. Le mésothorax et le métathorax sont inermes mais parsemés de poils. L'abdomen a aussi sur le dos des poils inclinés en arrière; le premier arceau et le second ont à peine quelques petites spinules ; les quatre suivants en ont deux séries transversales plus fortes, précédées de quelques autres sans ordre, avec deux ou trois écartées de chaque côté. Le septième arceau est armé de même, sauf que les spinules sont encore un peu plus fortes et que les deux dernières séries sont dressées et un peu arquées en avant. Le dernier segment montre près de son bord postérieur deux ou quatre spinules semblables, mais de grandeur variable. La face ventrale est mate et presque glabre.

L'insecte parfait sort en juin et juillet par un trou très-rond.

Clytus quadripunctatus F.

Genre *Clytanthus*, Thoms.

Fig. 463-464.

LARVE

Long., 14-18 millim. Elle est entièrement semblable à celle du *P. detritus*, ce qui me dispense d'en donner la description. Je signalerai seulement les différences suivantes : les pattes sont presque invisibles; la moitié postérieure du prothorax, au lieu d'être simplement striée, est munie de quelques stries longitudinales noyées dans une très-fine réticulation ; les ampoules ambulatoires dorsales sont marquées de plis formant quatre arceaux dont l'intérieur est très-finement réticulé.

D'après M. Mulsant, la larve du *C. 4-punctatus* vit dans le Sycomore, le Noyer, etc. ; je l'ai, en effet, rencontrée dans ce dernier arbre, mais aussi dans des pieux de Châtaignier et de Robinier. Pour ne pas me répéter, je dirai qu'elle vit exactement comme celle du *C. verbasci* et qu'elle présente les mêmes particularités.

NYMPHE

Elle a des poils courts et roussâtres sur le front et sur le vertex. Le prothorax, complétement dépourvu de spinules, est couvert, sauf un espace basilaire qui est lisse et très-luisant, de poils semblables, touffus et arqués en arrière. Le mésothorax et le métathorax sont inermes mais parsemés de poils et ce dernier est en outre canaliculé dans toute sa longueur. Le premier segment abdominal présente un rang transversal et interrompu au milieu d'aspérités à peine visibles et le second une étroite bande de spinules cornées et testacées; sur les quatre segments suivants, les spinules, de plus en plus grandes, sont disposées de manière à former deux sortes de circonférences irrégulières, séparées par la ligne médiane. Sur le septième segment on voit deux séries longitudinales de spinules encore plus grandes, inclinées transversalement et au bord postérieur de ce segment une rangée de fortes spinules dressées et arquées en avant. Le huitième segment est terminé par quatre spinules semblables. Les spinules, surtout sur les segments antérieurs, sont entremêlées de petits poils. La face ventrale est parsemée de poils très-courts et très-fins.

L'insecte parfait sort en juillet par un trou très-rond.

Clytus (Leptura) massiliensis L.

Genre *Clytanthus*, Thoms.

LARVE

Long. 10-12 millim. Tout à fait semblable, à la taille près, à la larve du *C. 4-punctatus*, avec les ampoules ambulatoires encore plus finement réticulées.

Je l'ai trouvée dans des échalas de Châtaignier et de Robinier en place depuis deux ans au moins. Comme les deux précédentes elle creuse dans l'aubier une galerie longitudinale ordinairement peu sinueuse, qu'elle dirige vers la surface aux approches de la métamorphose.

NYMPHE

Elle a de petites spinules cornées et testacées sur le prothorax; le mésothorax et le métathorax sont inermes, ainsi que le premier segment abdominal. Le deuxième segment a quelques aspérités à peine visibles ; sur le troisième et le quatrième il y en a six sur deux rangs, deux au rang antérieur et quatre, disposées deux à deux, au rang postérieur ; le cinquième et le sixième segments en présentent dix dont quatre, deux à deux, au rang antérieur et six, trois à trois, au rang postérieur, mais pas toujours avec une régularité absolue. En avant du premier rang on voit en outre, sur quelques segments, deux autres spinules. Sur le septième segment on en observe trois rangs, deux de deux bien plus longues que les précédentes et inclinées l'une vers l'autre, et un postérieur de quatre, relevées et même un peu arquées en avant. En arrière de celles-ci et tout à fait sur le bord du segment, se trouve une autre spinule semblable à ces dernières. Le dernier segment est terminé par deux spinules pareilles. Les flancs présentent en outre quelques poils.

L'insecte parfait sort en juin et juillet par un trou très-rond.

Clytus rhamni, Germ.

LARVE

Elle ressemble entièrement, même pour les ampoules ambulatoires, à celle du *C. 4-punctatus*. Je l'ai observée dans un échalas de Robinier coupé depuis deux ans au moins et qui m'a donné une vingtaine d'insectes parfaits. Le dessous de l'écorce et la surface de l'aubier n'étaient pas entamés. Je conclus de ces faits que cette larve, comme les trois précédentes, n'exige pas des sujets récemment morts, qu'elle vit dans les bois vieillis et que, dès sa naissance, elle plonge dans l'aubier. Elle y pratique une galerie longitudinale parabolique et peu sinueuse qui pénètre quelquefois jusqu'au cœur et qu'elle finit par rapprocher de la surface.

NYMPHE

Elle a le prothorax épineux, ainsi que la face dorsale des segments abdominaux, sauf le premier qui est inerme comme le mésothorax et le métathorax. Les épines sont d'autant plus nombreuses et plus saillantes qu'on s'approche plus de l'extrémité ; elles sont inclinées en arrière, à l'exception de celles du dernier rang du pénultième segment qui sont crochues en avant.

J'ai trouvé des nymphes dès le commencement d'avril, mais les insectes parfaits ne sont nés chez moi qu'au commencement de juin.

Clytus (Callidium) arvicola, Oliv.

Genre *Xylotrechus*, Fairm. et Lacord.

Sa larve, que je n'ai point vue, et qui, d'après M. Mulsant, se développe dans le Tremble, le Charme et le Tilleul, vit aussi dans le Mûrier où j'ai trouvé l'insecte parfait venant d'éclore. Elle creuse à la surface de l'aubier des galeries profondes et sinueuses, longitudinales ou transversales qui, derrière elle, sont bourrées de déjections et de vermoulure. Elle paraît se transformer à l'extrémité de sa galerie sans disparaître dans les profondeurs du bois.

L'insecte parfait naît en juin.

Clytus antilope, Illig.

Genre *Xylotrechus*, Fairm. et Lacord.

La larve de cette espèce vit dans les branches du Chêne ; j'en ai extrait deux fois l'insecte parfait. Elle paraît se conduire comme la précédente, et tout me porte à croire que, comme elle, elle passe sa vie dans une profonde cannelure de l'aubier à l'extrémité de laquelle elle subit sa métamorphose. C'est, en effet, dans ces conditions qu'à la fin de mai j'ai rencontré l'insecte parfait.

Les larves des Clytaires ont avec celles des Callidiaires des analogies nombreuses et même telles qu'il est difficile de les distinguer. Les unes et les autres ont la tête profondément enchâtonnée ; le bord antérieur peu profondément échancré ; les mandibules, vues de côté, larges à la base, très-arrondies au sommet ; le prothorax tantôt striolé, tantôt très-finement réticulé sur sa moitié postérieure ; les ampoules ambulatoires très-finement réticulées et comme chagrinées, avec une petite particularité dans celles de la larve du *Sympiezocera ;* les pattes très-courtes. Un caractère différentiel assez appréciable résiderait dans l'épistome que les larves des Clytaires ont plus étroit, presque carré et non transversal.

Les nymphes des Clytaires se différencieraient par leur prothorax muni de spinules ou de poils et par les crochets arqués en avant du huitième segment abdominal, et pourtant les nymphes de *Rhopalopus* ont aussi de petites aspérités sur le prothorax.

Les trous de sortie des *Clytus* sont bien plus largement elliptiques que ceux des *Callidium* et souvent même ils sont parfaitement ronds.

Les coupes génériques que l'on a établies dans l'ancien genre *Clytus* de Fabricius sembleraient jusqu'à un certain point justifiées sinon par la forme des larves et des nymphes, du moins par les goûts et la manière de vivre des larves. Ainsi, celles des *Plagionotus* et des *Clytus* n'aimeraient que des bois récemment morts et ne plongeraient dans l'aubier qu'après avoir vécu quelque temps sous l'écorce ; celles des *Clitanthus* se développeraient dans des bois plus vieux et dès leur naissance disparaîtraient dans l'aubier ; celles des *Xylotrechus* naîtraient dans des branches ou des tiges d'arbres de mort récente et laboureraient l'écorce légèrement, le bois profondément sans s'y enfoncer. Il ne serait pas sans intérêt de constater si cette diversité dans les habitudes est bien constante.

La cinquième branche de M. Mulsant est celle des Graciliaires qui se divise en deux rameaux : les Deilates, comprenant uniquement le genre *Deilus*, et les Graciliates, embrassant les genres *Icosium*, *Exilia*, *Gracilia*, *Leptidea* et *Axinopalpis*. La seule larve connue est celle de la *Gracilia pygmæa* publiée par M. Schmidt, Entom. Zeit. 1843, p. 105. J'en reparlerai plus bas et j'y ajouterai celles du *Deilus fugax*, de l'*Icosium tomentosum* et de la *Leptidea brevipennis*.

Deilus (Callidium) fugax F.

Fig. 464 bis-464 ter.

LARVE

Long. 8 millim. Corps parallèle avec la partie thoracique seule visiblement mais modérément dilatée, revêtu de poils fins, blonds et assez denses sur les côtés. Trois paires de pattes très-courtes.

Tête profondément enchâssée, non parallèle, mais au contraire largement arrondie, semblable à celle des *Callidium*, ferrugineuse et très-finement ruguleuse antérieurement. Bord antérieur un peu sinueux.

Épistome transversal, mais pas plus large que le cinquième du bord antérieur.

Labre de la largeur de l'épistome, en demi-ellipse longitudinale, frangé de poils fins et roussâtres.

Mandibules noires et luisantes, à base ferrugineuse, courtes et robustes. Vues en dessus, elles sont régulièrement arquées en dedans et en dehors et leur sommet est en pointe émoussée ; vues de côté elles sont larges, se rétrécissant de la base au sommet qui est largement arrondi et tranchant. La portion basilaire ferrugineuse est séparée du reste par un fin sillon transversal.

Mâchoires, *lèvre inférieure* et *palpes* roussâtres et conformés comme dans les autres larves de Longicornes.

Antennes bien saillantes, très-peu rétractiles, de quatre articles dont les trois premiers égaux en longueur ou bien peu s'en faut, le quatrième plus court, bien plus étroit, terminé par un poil peu allongé et deux ou trois petits, et accompagné d'un article supplémentaire beaucoup plus grêle et très-court.

Près de la base de chaque antenne un granule très-noir, un peu saillant, représentant un *ocelle*.

Prothorax d'un tiers plus large que la tête, marqué de quelques points superficiels sur sa moitié antérieure ; plaque postérieure rayée de fines stries longitudinales dont la plupart n'atteignent pas la base.

Mésothorax et *métathorax* graduellement plus étroits que le prothorax, le second un peu plus long que le premier.

Abdomen de neuf segments, parallèle. Ampoules ambulatoires du métathorax et des sept premiers segments abdominaux assez peu développées, les dorsales marquées d'un pli transversal qui paraît seul quand les ampoules se contractent, mais qui, lorsqu'elles se dilatent, se montre bordé en avant et en arrière de granules déprimés, peu apparents, imparfaitement ou irrégulièrement limités. Ampoules ventrales coupées aussi d'un pli transversal, avec les granules un peu plus apparents et plus réguliers, formant dans leur ensemble une figure réniforme, un peu interrompue au milieu.

Mamelon anal assez développé, hémisphérique ; anus trilobé.

Corps parsemé de poils fins et blonds, plus nombreux sur la tête, le prothorax et les côtés.

Pattes très-courtes, à peine arquées, roussâtres, coniques et de trois articles plus un ongle subulé et très-grêle.

Stigmates comme à l'ordinaire.

Désireux de me rendre compte de la place que doit occuper le *Deilus* dans la classification méthodique, je soupirais depuis longtemps après la larve de cet insecte, convaincu qu'elle me fournirait d'utiles renseignements. Je savais qu'elle vivait dans les Genêts et en conséquence je m'étais adressé à des collègues des contrées qu'habite le *Deilus*, les priant d'explorer les branches mortes des Genêts et de m'envoyer les larves qu'ils y trouveraient ou des rameaux paraissant habités. Mes démarches et la bonté de ceux auxquels je m'adressais ne sont pas demeurés tout à fait sans résultat, puisqu'elles m'ont procuré des larves d'*Albana* M *griseum;* mais en mars 1877 j'étais toujours au même point, relativement à celle du *Deilus,* lorsque M. Rey, se trouvant à cette époque à Saint-Raphaël et voulant, dans son obligeance inépuisable et son amour pour la science, m'aider à ajouter quelque chose à mon travail sur les larves des Coléoptères, m'envoya le produit de quelques recherches faites spontanément à mon intention. Je ne pouvais avoir une plus belle occasion de mettre à profit le bon vouloir de mon collègue et en conséquence je le priai de chercher la piste du *Deilus*.

Quelques jours après, je reçus de lui, avec des ramilles de Mûrier et d'un Genêt épineux, le *Calycotome spinosa*, peuplés, le premier, d'*Hypoborus mori*, le second d'*H. Genistæ*, deux ou trois fragments de ce dernier arbuste contenant, l'un une larve qui m'a paru être de *Niphona picticornis*, parasite de végétaux très-divers, un autre une larve de Longicorne beaucoup plus petite et que je voyais pour la première fois. Examen fait de ses caractères, je constatai qu'elle appartenait à la section des Callidiaires, qu'elle était voisine de celles d'*Icosium* et de *Gracilia*, et j'en conclus, avec autant de certitude qu'on peut en avoir en cette matière, qu'elle appartenait au *Deilus fugax*.

J'en avais pour preuve sa tête très-enchâssée, large et arrondie latéralement, la faible largeur de l'épistome et du labre, la brièveté et la forme antérieurement très arrondie des mandibules, la longueur des antennes, la brièveté des pattes, les particularités surtout des ampoules ambulatoires. C'est donc avec une entière confiance que je maintiens son nom, car je ne pourrais lui en attribuer un autre, vu sa structure et son habitat. De plus, et ceci me conduit jusqu'à la certitude, M. Rey m'a annoncé depuis avoir trouvé plusieurs *Deilus* dans les rameaux de la dite plante et moi-même j'ai eu la satisfaction d'en voir éclore quatre chez moi.

L'étude de la larve m'a convaincu aussi que les auteurs récents ont eu raison de faire du *Deilus* le type d'une famille spéciale, que la place qui lui a été assignée est assez légitime, mais que celle qu'il occupe dans la classification de M. Mulsant serait la plus rationnelle. Je reviendrai d'ailleurs sur ce point dans les généralités qui suivront ce groupe, et je me borne à ajouter que la larve, après avoir vécu quelque temps sous l'écorce, aux dépens des couches superficielles de l'aubier, se loge dans le bois et y accomplit ses métamorphoses. J'ai trouvé celle dont il s'agit ici dans un galerie droite du canal médullaire.

Je ne connais pas la nymphe.

L'insecte parfait naît en avril, il est peu agile et se laisse tomber, pour faire le mort pendant quelques instants, pour peu qu'on agite la branche qui le porte. La femelle ne pond pas seulement sur le *Calycotome*, car M. Rey a trouvé l'insecte dans des ramilles de *Spartium junceum*. Je suis en outre convaincu qu'il vit dans les tiges du *Cytisus capitatus* et du *Sarothamnus scoparius* sur lesquels, au témoignage du même savant, on le prend aux environs de Lyon. Lareynie m'a dit autrefois l'avoir rencontré à Arcachon sur ce dernier arbuste, mais je l'ai vainement cherché sur nos Genêts.

Icosium tomentosum Lucas.

Fig. 465-467.

LARVE

Très-semblable aux larves de plusieurs Clytaires, auxquelles elle se rapporte par la petitesse de l'épistome qui n'est guère que le septième de la largeur de la tête, par la brièveté des mandibules et leur extrémité largement arrondie quand on les examine de côté, par les antennes saillantes et dont l'article supplémentaire est très-petit, par les points qui existent un peu en arrière du bord antérieur de la tête, par l'absence de tout point ocelliforme, par le prothorax dont la moitié postérieure est striolée, avec des points en avant, enfin par l'extrême brièveté des pattes ; mais elle en diffère par le bord antérieur de la tête un peu sinueux, par le labre visiblement plus large que l'épistome, moins arrondi antérieurement et presque en ellipse transversale, par la ponctuation antérieure de la tête qui se réduit à six très-petites fossettes arrondies, par le prothorax moins oblique sur les côtés, par la forme de la partie striolée de ce segment, laquelle est non subtriangulaire mais pour ainsi dire en parallélogramme transversal dont le côté antérieur serait un peu avancé aux angles et sur le milieu, par la villosité moins dense et surtout par les ampoules ambulatoires. Celles-ci, en effet, au lieu de ne présenter que des plis circonscrivant des aréoles à surface réticulée, offrent les supérieures une série en arc de tubercules arrondis, suivie en arrière de deux ellipses de tubercules semblables séparées par une dépression médiane, et les inférieures deux séries arquées de tubercules, opposées par leur convexité et séparées par un pli.

J'ai reçu plusieurs individus de cette larve de mon ami M. E. Revelière qui l'a découverte en Corse. Elle vit dans les tiges récemment mortes du *Juniperus Lycia* dont j'ai eu plusieurs tronçons encore habités ou venant de l'être. Ils m'ont permis de constater que la larve, ne pouvant vivre aux dépens de l'écorce qui est mince dans les Genevriers, creuse les couches superficielles du bois en sillons profonds, larges et irréguliers qu'elle laisse encombrés de déjections et de vermoulure, puis qu'elle s'enfonce dans la tige pour y vivre quelque temps encore et y subir ses métamorphoses. Elle agit, en un mot, comme les larves du *Rhopalopus*.

L'insecte parfait opère sa sortie par un trou elliptique.

Je ne connais pas la nymphe et j'en ai du regret parce que j'aurais désiré la comparer à celle des Clytaires.

Gracilia (Callidium) pygmæa F.

Fig 468-472.

Ainsi que je l'ai dit plus haut, la larve de cet insecte a été publiée par M. Schmidt (*Entom. Zeit.* 1843, p. 105) sans figures. N'ayant pas ce recueil à ma disposition, je ne puis savoir si la science a quelque intérêt à ce qu'il soit donné une nouvelle description de cette larve ; mais comme elle vit dans le Châtaignier qui a été la première cause de ce travail et qu'en matière de larves et de mœurs d'insectes, les doubles emplois sont sans inconvénient et peuvent même avoir leur utilité, je crois, après avoir constaté que j'ai été devancé par M. Schmidt, pouvoir agir comme si j'avais le premier connu la larve dont il s'agit.

LARVE

Long. 6-7 millim. Blanche, ayant presque la forme étroite des larves d'*Agrilus*, mais non déprimée et toujours subtétraédrique comme le sont généralement les larves des Longicornes ; munie de poils fins et blanchâtres très-clair-semés, visibles principalement sur les côtés des segments ; pourvue de trois paires de pattes grêles, peu visibles et de quatre articles très-courts.

Tête peu saillante, lisse, d'un blanc un peu jaunâtre, avec le bord antérieur ferrugineux, largement et très-peu profondément échancré.

Épistome étroit, presque carré, surmonté d'un labre plus que semi-discoïdal et cilié de petits poils roussâtres.

Mandibules courtes, robustes, non échancrées lorsqu'on les voit en dessus, et, vues de côté, très-émoussées et arrondies à l'extrémité, noires avec la base un peu ferrugineuse.

Mâchoires, *lèvre inférieure* et *palpes* ne présentant rien de particulier.

Antennes médiocrement longues, saillantes, paraissant peu rétractiles et de quatre articles dont le troisième est le plus long. L'article supplémentaire, que j'ai été longtemps à pouvoir constater, est extrêmement petit et se présente au microscope comme un simple tubercule.

Sur chaque joue, au-dessous de l'antenne, un point noir, transversalement elliptique, simulant un *ocelle*, mais nullement saillant.

Prothorax aussi grand que les trois segments suivants réunis, beaucoup plus large en arrière qu'en avant, lisse en dessus sur les trois cinquièmes antérieurs et sur les côtés, et ayant postérieurement un espace transversal un peu plus élevé que le reste et marqué de fines stries longitudinales. Le même segment en dessous, ainsi que le *mésothorax* et le *métathorax* sur leurs deux faces subchagrinés et comme très-finement et irrégulièrement réticulés.

Abdomen de neuf segments, plus le mamelon anal ordinaire, les sept premiers ayant en dessus et en dessous une ampoule ambulatoire sur laquelle on remarque deux aréoles elliptico-transversales séparées par un sillon assez profond et rugueusement, mais irrégulièrement et finement réticulées.

Pattes comme il a été dit plus haut.

La larve lignivore de la *Gracilia pygmæa*, loin d'être exclusive comme la précédente, par exemple, s'accommode de bois très-variés ; je l'ai rencontrée dans les pieux et les branches de Châtaignier, et M. Lucas a pris l'insecte sur les baguettes de Châtaignier du treillage du Jardin des Plantes (*Soc. Ent.* 1858, p. CL) ; dans les jeunes rameaux du Chêne, dans l'osier non décortiqué des paniers, dans l'aubépine, dans les tiges mortes du fusain, du rosier, de la ronce. Tant qu'elle s'en tient là, elle n'est pas bien dangereuse ; mais nous la trouvons toujours associée au *Phymatodes thoracicus* pour la destruction des cercles de nos barriques, avec cette particularité que si la larve du *Phymatodes* fait assez souvent défaut, celle de la *Gracilia* ne manque jamais. Elle passe la plus grande partie de sa vie labourant l'aubier de cannelures longitudinales souvent irrégulières et plus ou moins sinueuses. Lorsque l'écorce est épaisse, elle se transforme dans la cannelure même, préalablement élargie, mais le plus souvent, aux approches de la métamorphose, elle s'enfonce dans le bois. On voit, dès lors, que cette larve, comme celle du *Phymatodes*, cause aux viticulteurs et aux commerçants de liquides de véritables dommages, et qu'elle doit être rangée au nombre des espèces nuisibles, à l'égal de celles qui, comme le *Hylotrupes bajulus*, s'attaquent à nos meubles, à nos planchers, à nos charpentes. Je renvoie, du reste, à l'article ci-dessus, relatif au *Phymatodes*.

NYMPHE

On l'observe déjà vers la mi-avril ; elle n'offre rien de particulier si ce n'est qu'elle est absolument glabre, sans le moindre poil, la moindre aspérité.

L'insecte parfait se montre dès la mi-mai.

Leptidea brevipennis MULS.

LARVE

Elle est très-semblable de physionomie à celle de la *Gracilia pygmæa*, dont elle se distingue par les caractères suivants :

Les mandibules sont encore plus courtes et plus arrondies à l'extrémité; la partie du prothorax qui, dans la larve de *Gracilia*, est striolée, est ici lisse, un peu mate et visiblement tuméfiée ; les ampoules ambulatoires sont semblables, mais sensiblement plus dilatées et saillantes comme dans la larve du *Stenopterus rufus* dont il sera parlé tout à l'heure, surtout sur les troisième à sixième segments abdominaux ; enfin, malgré tous mes efforts, je n'ai pu voir de pattes. Ces différences justifient surabondamment l'établissement du genre *Leptidea* que M. de Marseul n'a pas admis dans son catalogue.

Il y a plus de vingt-sept ans, c'est-à-dire à une époque où presque personne ne possédait de *Leptidea brevipennis*, et avant que le fait n'eût été signalé dans les *Annales de la Société entomologique* (1850, p. XXXIII), j'eus occasion de déplacer une manne d'osier que j'avais chez moi depuis quelque temps et je le fis assez brutalement pour qu'il en tombât quelques insectes qui, se mettant à courir, attirèrent mon attention. J'en saisis trois ou quatre dont un se trouva être la *Gracilia pygmæa* et les autres une espèce voisine qui m'était inconnue, mais que je tardai pas à reconnaître pour la *Leptidea*. La manne fut alors rudement secouée, j'en mis même une autre à contribution, et en quelques jours j'étais en possession d'environ cinq cents individus de cet insecte.

Voilà donc un animal qui fait l'affaire des vanniers, mais non de ceux qui ont intérêt à conserver leur ouvrage. La femelle, en effet, pond sur les osiers dont les paniers sont formés, à la condition néanmoins qu'ils soient pourvus de leur écorce. Les larves qui naissent de ces pontes labourent pour vivre la surface du bois de cannelures assez profondes et sinueuses ; elles s'enfoncent même, dès le début, dans l'intérieur des brins les plus minces et, dans tous les cas, c'est dans ces conditions qu'elles subissent leurs métamorphoses.

NYMPHE

Elle est en tout semblable à celle de la *Gracilia* et absolument glabre comme elle.

L'insecte parfait paraît en juin.

La sixième branche est celle des Obriaires, embrassant les genres *Obrium*, *Cartallum* et *Callimus*, dont les larves sont inédites et me sont inconnues.

La septième branche est celle des Sténoptéraires, ne comprenant que le genre *Stenopterus* dont je suis en mesure de faire connaître une larve.

Stenopterus (Necydalis) rufus L.

Fig. 473-475.

LARVE

Long. 12-15 millim. Assez allongée, médiocrement renflée antérieurement, blanche, revêtue d'une pubescence courte et blanchâtre assez dense, complétement apode.

Tête large, saillante en dehors du prothorax, d'une longueur égale au quart environ de sa plus grande largeur, lisse, d'un blanc jaunâtre avec le bord antérieur ferrugineux, celui-ci largement et très-faiblement échancré, muni d'une petite apophyse vis à vis les mandibules, puis déclive.

Épistome trapézoïdal, subarrondi antérieurement, d'une largeur égale au quart de la largeur antérieure de la tête.

Labre plus que semi-elliptique, cilié de poils roussâtres.

Mandibules courtes, noires avec la base un peu ferrugineuse, assez largement arrondies au sommet quand on les examine de côté.

Antennes assez longues, le plus souvent saillantes, du moins en grande partie, de quatre articles comme à l'ordinaire, dont le second très-court, le premier et le troisième égaux en longueur, celui-ci un peu dilaté en dedans à l'extrémité pour supporter l'article supplémentaire qui est très-court et qui, presque exceptionnellement, est à côté du quatrième article au lieu d'être dessous.

Pas de tubercule ou de point ocelliforme.

Prothorax lisse antérieurement, et sur sa moitié postérieure, sur un espace limité latéralement par deux sillons (les parenthèses), rayé de stries très-fines, un peu sinueuses et extrêmement rapprochées, à la naissance desquelles on voit des points enfoncés.

Ampoules ambulatoires très-nettement et profondément bilobées sur les deux faces, principalement sur les troisième à septième segments abdominaux où chacune d'elles forme deux gros mamelons charnus très-saillants, lisses, avec deux petits plis longitudinaux.

Mamelon anal petit.

Stigmates comme à l'ordinaire.

Pattes nulles,

Cette larve est reconnaissable aux très-fines et très-denses stries du prothorax et surtout à l'intumescence de ses ampoules ambulatoires, formant sur les segments intermédiaires de l'abdomen, tant en dessus qu'en dessous, deux séries longitudinales de gros mamelons. Elle vit dans l'intérieur du bois des pieux de Châtaignier ; je l'ai trouvée aussi dans des échalas de Robinier d'assez ancienne date, et ces essences ne sont pas les seules qui lui conviennent : M. Goureau, en effet, dans son livre des *Insectes nuisibles à l'homme et à l'économie domestique* (p. 59), rapporte qu'il a trouvé le cadavre d'un *Stenopterus rufus* à l'entrée d'une galerie creusée dans le plateau d'une table en noyer. Si j'en juge par les échalas où j'ai trouvé cette larve, elle accepterait les bois assez vieux et n'aurait même pas besoin qu'ils soient revêtus d'écorce. Elle creuse entre les couches de l'aubier des galeries longitudinales à peu près régulièrement cylindriques, qu'elle laisse derrière elle encombrées de déjections fortement tassées ; mais lorsque le moment de la métamorphose approche, elle se dirige vers la surface, et c'est dans cette galerie oblique ou dans son voisinage qu'elle devient nymphe.

Cette nymphe m'est inconnue.

La huitième branche est celle des Nécydalaires, divisée en deux rameaux : les Molorchates, qui comprennent les genres *Molorchus* et *Dolocerus*, et les Nécydalates, auxquels appartient le seul genre *Necydalis*.

Il n'est pas à ma connaissance qu'on ait publié une seule de ses larves ; voici le signalement de celle d'un *Molorchus*.

Molorchus (Necydalis) umbellatarum L.

Genre *Conchopterus*, Fairm.

Fig. 476.

LARVE

Long. 8-9 millim. Semblable à celle du *Stenopterus rufus*, sauf la taille et les différences ci-après :

Bord antérieur de la tête non largement échancré, mais droit ou à peine sinueux ; épistome et labre pas plus larges que le cinquième du bord antérieur de la tête entre les antennes ; antennes relativement un peu moins longues, plus régulièrement coniques, leur article supplémentaire extrêmement petit et placé non à côté du quatrième mais dessous.

Prothorax entièrement lisse ; c'est à peine si, sur la partie qui est très-finement striée dans la larve du *Stenopterus*, une très-forte loupe montre des vestiges d'une réticulation très-lâche.

Ampoules ambulatoires non bilobées, à peine déprimées au milieu et coupées par un pli transversal.

Dans son Rapport sur le Congrès de Grenoble (*Soc. Ent.* 1858, p. 841), mon ami Laboulbène annonce que M. Chambovet a observé la larve dont je viens de parler dans les tiges mortes de la ronce, et le seul renseignement qu'il donne à ce sujet consiste à dire qu'elle passe toute sa vie dans la moelle, où elle trace une longue galerie. Quant à moi, je l'ai trouvée dans de menues branches de Pommier qui nourrissaient aussi, et en bien plus grand nombre, des larves de *Pogonocherus dentatus* et de *Polyopsia præusta*. On sait que le Pommier est dans le même grand groupe botanique que la Ronce, celui des Rosacées.

Cette larve n'offre rien de particulier dans ses mœurs, elle creuse dans l'intérieur du bois une galerie plus ou moins longue et qui n'a rien de remarquable. Née au commencement de l'été, elle est presque adulte vers la fin de l'automne, et lorsque, au mois d'avril, elle sent les approches de la métamorphose en nymphe, elle se borne à élargir un peu sa galerie si la branche qui l'a nourrie a un très-faible diamètre, ou, si elle est plus épaisse, elle la dirige vers l'écorce, puis revenant un peu en arrière, elle se transforme.

NYMPHE

Elle est reconnaissable à la brièveté de ses élytres qui sont loin de recouvrir les ailes, et elle présente en outre les caractères suivants : huit soies rousses et assez épaisses sur le front, entre la base des antennes et l'épistome ; un petit groupe de soies semblables sur le devant du prothorax, et sur le disque deux bandes de soies pareilles, arquées en sens contraire et dessinant une ellipse transversale dont le pourtour serait un peu interrompu au milieu et aux deux bouts ; deux soies extrêmement courtes sur le mésothorax et sur le métathorax ; sur les deuxième à sixième segments abdominaux une série transversale et un peu arquée d'aspérités spinuliformes, subcornées, rousses, inclinées en arrière et entremêlées de quelques poils mous et blanchâtres ; sur le septième segment quatre épines plus fortes, cornées à l'extrémité, inclinées en avant ;

dernier segment simple mais hérissé de soies roussâtres. Face ventrale et membres entièrement lisses et glabres.

Revenons maintenant sur nos pas et comparons le classement de l'auteur que nous avons suivi avec celui qu'ont adopté MM. Fairmaire et Lacordaire.

M. Fairmaire a inscrit à la suite des Clytides la famille des Graciliites, comprenant les mêmes genres que les Graciliaires de M. Mulsant, moins l'*Axinopalpis* qui figure bien avant dans la famille des Saphanites, et moins aussi la *Leptidea* qui forme le type de la famille des Leptidéites, immédiatement après les Graciliites. Puis viennent : 1° les Sténoptérites, divisés en trois sections, la première pour le *Cartallum*, la seconde pour les *Callimus*, *Stenopterus* et *Callimoxys*, la troisième pour les *Molorchus*, *Conchopterus* et *Brachypteromma* ; 2° les Deilites avec le seul genre *Deilus* ; et bien plus loin, après les Lamiens et les Saperdins, les Obriites, embrassant les genres *Obrium* et *Necydalis*.

Si l'on se reporte aux indications ci-dessus que je juge inutile de reproduire, on verra que ce classement diffère assez notablement de celui de M. Mulsant.

Celui de Lacordaire en diffère aussi en plusieurs points. Cet auteur place le genre *Icosium* dans la famille des Acrisonides, entre les Saphanides et les Cérambycides vrais, puis viennent les Hespérophanides, suivis des Graciliides, composant les genres *Exilia*, *Gracilia* et *Axinopalpus*, et des Obrionides avec le genre *Obrium*. Il faut ensuite franchir les Lepturides pour arriver aux Nécydalides, avec le genre *Necydalis*, que suivent les Psébiides avec le genre *Leptidea*, les Molorchides avec les *Stenopterus*, *Molorchus*, *Brachypteroma*, *Callimoxys* et *Callimus*, les Pithéides avec le genre *Cartallum* et les Deilides avec le genre *Deilus*.

Si j'avais à choisir entre ces trois classements, en consultant, autant qu'il m'est possible de le faire, la conformation des larves, je serais tenté, tout en inclinant beaucoup du côté de M. Mulsant, de donner la préférence à celui de Lacordaire, sous toutes réserves quant à l'emplacement qu'il a assigné aux Lepturides dont je ne m'occupe pas en ce moment. Ainsi, j'admets très-bien que l'*Icosium* soit dans une famille spéciale et que cette famille soit voisine des Cérambycides vrais, les organes de la tête et les ampoules ambulatoires me paraissant justifier ce rapprochement. Je trouve convenable aussi que la *Leptidea* soit détachée des Graciliides et rapprochée des *Stenopterus*, et enfin je ne désapprouve pas que ceux-ci et les *Molorchus* soient dans la même famille. Au surplus, les affinités de ces trois derniers genres de larves sont rendues évidentes par la forme du corps, moins en massue qu'à l'ordinaire, par la saillie des ampoules ambulatoires et par l'absence de pattes.

La découverte de nouvelles larves permettra de donner plus d'intérêt et d'importance à ce contrôle que je laisse forcément incomplet.

En ce qui concerne le *Deilus* que les auteurs précités admettent tous comme le type d'une famille spéciale, dont la larve a des pattes et dont les ampoules ambulatoires sont granulées, un peu obsolètement, il est vrai, et un peu irrégulièrement, du moins sur la face dorsale, je vois bien dans Lacordaire les Deilides en tête d'autres familles telles que les Callichromides, Callidiides, etc., dont les larves sont aussi hexapodes; mais je ne trouve pas de rapports suffisants entre les insectes parfaits. Le *Deilus* ressemble plus aux Molorchides qui sont avant lui ; mais le caractère des pattes dans la larve commanderait qu'il les précédât au contraire. J'ajoute que larve et insecte le rapprochent beaucoup de l'*Icosium* et je me range à l'avis de M. Mulsant qui a placé à la suite l'un de l'autre ces deux genres. Seulement je mets l'*Icosium* le premier, à cause de la régularité des ampoules de la larve et comme type des Acrysonides, et le *Deilus* le second, comme type des Deilides, Deilites ou Deilates.

Le deuxième grand groupe de M. Mulsant est celui des Lamiides, divisé en Lamiens et Saperdins.

Les Lamiens se subdivisent en quatre branches dont la première est celle des Parménaires, formée des *Parmena* et des *Dorcadion*.

Ce que l'on sait sur les *Parmena*, complétement étrangères à la région des Landes, se réduit à ce fait que la larve de l'*Algirica* vit, d'après Rambur, dans la tige d'un Euphorbe (*Soc. Ent.* 1838, p. VII), et à une notice, très-intéressante d'ailleurs, publiée par Solier dans les *Annales* de la même Société (1834, p. 123), sur les métamorphoses de la *P. Solieri* Muls., *pilosa* Sol., dont la larve se développe dans les tiges sèches de l'*Euphorbia characias*. Cette larve, que j'ai reçue de M. Raymond et de M. Valéry Mayet, et que j'ai élevée chez moi, est couverte de longs poils roussâtres ; sa tête est un peu saillante avec les côtés parallèles, et elle est marquée d'une série transversale et un peu arquée de points et de deux autres points sur le milieu du bord antérieur ; l'épistome, très-oblique sur les côtés, a une largeur supérieure au tiers de la largeur antérieure de la tête ; les mandibules ne sont pas bien larges à la base, et, vues de côté, elles sont obliquement échancrées ; les antennes sont rétractiles ; très-près de leur base, mais un peu en dessous, on voit un tubercule noir et luisant qui ne peut être qu'un ocelle. La plaque métaprothoracique est marquée de stries écartées et les ampoules ambulatoires sont ornées de tubercules bruns, disposés en ellipse très-peu ventrue ; dans les ampoules de la face dorsale, cette ellipse est comme enfermée entre deux parenthèses ; les pattes sont extrêmement courtes, si l'on peut appeler pattes de tout petits mamelons surmontés de poils et à peine visibles à une forte loupe.

Dans la nymphe, le prothorax a de très-petites aspérités surmontées d'un petit poil ; les aspérités spinuliformes du dos de l'abdomen (le ventre en est dépourvu) sont plus grandes, cornées, dirigées en arrière, disposées sur deux rangs transversaux et entremêlées de soies roussâtres et raides. Le segment anal est terminé par deux longues épines relevées et deux bourrelets qu'il a en dessous sont couverts d'aspérités et hérissés de soies.

Quant aux *Dorcadion*, dont le département des Landes est dépourvu, mais que j'ai vus ailleurs, en Espagne surtout, si communs qu'on pouvait les recueillir par milliers et qui, en outre, ont tant d'espèces, ce qui m'étonne, c'est qu'ils n'aient encore livré à personne le secret de leurs métamorphoses. J'ai eu beau fureter tous nos auteurs, toutes mes notes, je n'ai pu trouver que cette ligne de M. Mulsant, relative au *D. molitor* : « Sa larve semble vivre aux dépens de l'*Euphorbia Gerardiana.* » Il est plus que probable que la plupart des larves de ce genre vivent sous terre des racines ou dans les racines des plantes, et si les entomologistes qui sont dans les conditions voulues se livraient à leur recherche, je suis bien sûr qu'ils ne tarderaient pas à les découvrir.

La seconde branche est celle des Lamiaires, formée des genres *Lamia*, *Morimus* et *Monohammus*.

M. Blanchard (*Hist. Nat. des Ins.* t. II, p. 175, pl. 11), a mentionné et figuré la larve et la nymphe du *Batocera rubus* F., des Indes Orientales.

MM. Chapuis et Candèze ont donné dans leur Catalogue, p. 245, pl. VIII, la description et la figure de la larve du *Lamia textor* L., et je n'y trouve rien à redire, si ce n'est que les antennes sont de quatre articles au lieu de trois, et que ce que ces auteurs appellent l'article rudimentaire apical n'est autre chose que le quatrième article qui est même accompagné d'un article supplémentaire très-court.

On doit à M. Goureau (*Soc. Ent.* 1844, p. 427), l'histoire des métamorphoses du *Morimus lugubris* F., dont il a trouvé la larve dans le Peuplier. Quoique je ne possède pas cette larve, je me permettrai d'affirmer que les antennes, au lieu de trois articles en ont quatre, et que les palpes maxillaires sont formés de trois articulations et non pas seulement de deux. J'irais plus loin et j'oserais déclarer, sans pourtant être aussi affirmatif, que la larve dont il s'agit est apode, quoique M. Goureau mentionne les « six très-petites pattes dont elle est pourvue et qui paraissent impropres à la marche. »

Il n'est assurément pas dans mes habitudes de critiquer d'intuition les opinions de mes collègues ou de contester les faits qu'ils avancent ; encore moins le ferais-je vis à vis d'un savant qui m'inspire autant de sympathie et d'estime que M. Goureau ; mais dans cette circonstance j'ai plus d'une raison de croire qu'il s'est trompé, et sauf vérification ultérieure par d'autres ou par moi, sauf rétractation de ma part ou confirmation de ma manière de voir, je dirai pourquoi je crois à une erreur de M. Goureau.

A l'époque où il écrivait son mémoire, M. Goureau croyait, semble-t-il, que toutes les larves de Longicornes sont pourvues de pattes, et ce qui permet de le penser, c'est qu'à la page 442 il généralise le fait que « la première paire de stigmates chez les larves de Longicornes est située sur le segment qui porte la deuxième paire de pattes. » Imbu de cette idée et trompé sans doute par certains faisceaux de poils, il a cru voir des pattes où elles n'existent pas, à moins que sa larve ne soit pas celle du *Morimus*, ce qui est peu probable puisqu'il décrit et dessine aussi la nymphe et qu'il a obtenu l'insecte parfait. Cette présomption d'erreur est de ma part, je le reconnais, une chose grave puisque je n'ai pas des moyens certains de contrôle, et j'en demande pardon à mon honorable collègue, mais j'y persiste néanmoins parce que, dans la même notice où il s'agit aussi de la larve de la *Saperda scalaris*, il s'est laissé influencer, relativement à cette dernière, par la même idée préconçue, car il dit que « les mandibules, mâchoires, lèvres, antennes et *pattes* sont comme dans la larve précédente. » Or, je connais assez la larve de la *S. scalaris* et je viens d'en examiner un assez grand nombre d'individus pour pouvoir affirmer que, comme les autres larves de *Saperda*, elle est absolument apode.

Mais après tout, est-il bien vrai que la larve du ***Morimus lugubris*** soit apode ? J'ai dit plus haut que ce n'est chez moi qu'une présomption, mais elle égale presque une certitude, parce que le ***Morimus*** appartient incontestablement et d'après tous les auteurs, à un groupe dont les larves connues, comme celles des ***Lamia*** et des ***Monohammus***, sans parler de celles d'autres groupes voisins, sont apodes. Cette raison à laquelle les lois de l'analogie, que j'ai tant de fois invoquées avec succès, donnent une grande valeur malgré les quelques exceptions qu'elles subissent, me paraît justifier suffisamment mon opinion à laquelle je ne tiens, du reste, que dans l'intérêt de ces lois elles-mêmes.

M. Westwood, *Introd.*, t. I, p. 364, a dit quelques mots de la larve du ***Monohammus sartor*** F., qui m'est inconnue et qui a été décrite et figurée par M. Gernet (*Horæ Societ. Entom. Russicæ*, t. V, p. 19), et mon *Histoire des Insectes du Pin* fait connaître en détail les divers états du ***M. gallo-provincialis*** Oliv. Je n'ai pas à y revenir, je rappelle seulement que sa tête, un peu étroite, a les côtés parallèles, que ses mandibules sont longues et tronquées obliquement au sommet et que ses ampoules ambulatoires sont munies de tubercules. La larve du ***M. tigrinus*** de Geer, ***tomentosus*** Ziegl. est décrite et figurée par M. Asa Fitch, dans son ouvrage sur les insectes nuisibles et utiles de l'État de New-York (p. 149).

Voici quelques mots sur une autre larve inédite de la même branche.

Lamia tristis L., **funesta** F.

Fig. 477-478.

LARVE

Cette larve, dont je n'ai sous les yeux qu'un individu évidemment un peu jeune, et dont je dois la communication à l'obligeance de M. Valéry Mayet, ressemble beaucoup aux larves de ***Monohammus***. Elle a comme elles la tête étroite, à côtés parallèles; elle est marquée en dessus de quelques points ou fossettes; son bord antérieur, droit au milieu, présente une saillie vis à vis chaque mandibule, puis une échancrure à la suite de laquelle se trouve l'antenne très-courte et de quatre articles, avec un article supplémentaire à peine saillant. Les mandibules sont assez longues, d'un tiers environ plus larges à leur base qu'à l'extrémité qui est largement et obliquement tronquée ; leur face externe est un peu inégale et le milieu de leur base est creusé d'une large et profonde cavité. Tous les autres organes de la bouche, y compris l'épistome et le labre, sont aussi comme dans les larves de *Monohammus*. Comme elles pareillement elles sont sans ocelles et sans pattes.

Son corps est également pourvu, principalement sur les côtés et sur le mamelon anal, de poils assez fins et roussâtres ; la plaque métaprothoracique est mate, sinueusement et vaguement striée, avec des points enfoncés postérieurement plus grands, plus serrés et même souvent oblongs. Les stigmates sont aussi de même ; mais elle diffère : 1° par la partie antérieure du prothorax qui est visiblement ridée en travers, avec des points superficiels, la plupart transversalement elliptiques ; 2° par le dessous de ce même segment qui est ruguleux et non à peu près lisse ; 3° par les ampoules ambulatoires qui, au lieu d'être munies, les supérieures de quatre rangs, les inférieures de deux rangs de tubercules ou granulations symétriquement disposés, sont organisées comme l'indique la figure que j'en donne et couvertes d'aspérités excessivement serrées, parfaitement visibles à la loupe.

M. Mayet a trouvé cette larve dans le Figuier. Elle vit en outre, d'après M. Mulsant, dans le Cyprès et d'autres arbres.

La troisième branche, celle des Astynomaires, comprend les genres *Astynomus* et *Leiopus*.

A propos des insectes du Pin, j'ai décrit les larves et les nymphes des *Astynomus œdilis* L. et *griseus* F. sous le nom d'*Ædilis montana* et *grisea*. Pour rappeler leurs principaux caractères, je réserve quelques lignes à la larve et à la nymphe de l'*A. atomarius* F., qui ne sont que des copies des précédentes. — M. Candèze *(Soc. des Sc. de Liége)* a décrit la larve de l'*A. Sallei* Cand., de Caracas.

M. Westwood (*Introd.*, t. I, p. 365) a consacré quelques mots seulement à la larve du *Leiopus nebulosus* L. dont il n'est pas inutile que je parle à mon tour.

Astynomus (Lamia) atomarius F.

Fig. 479-482.

LARVE

Très-semblable à celles des autres *Astynomus*. Long. 20-25 millim. Assez velue, apode.

Tête assez saillante, parallèle sur les côtés, d'un blanc roussâtre avec le bord antérieur ferrugineux. Celui-ci droit ou avec une déclivité peu prononcée vers les angles; quelques points transversaux un peu en arrière.

Epistome trapézoïdal, d'une largeur à peu près égale à celle du bord antérieur.

Labre un peu plus que semi-elliptique.

Mandibules taillées en biseau et obliquement tronquées quand on les examine de côté.

Antennes rétractiles, pourvues d'un article supplémentaire.

Pas la moindre trace de point ou de tubercule ocelliforme.

Plaque métaprothoracique arrondie au milieu et non avancée en pointe; marquée de stries espacées et sinueuses sur un fond très-finement chagriné, mate et couverte de poils plus courts que les autres.

Ampoules ambulatoires bilobées, à lobes arrondis, marqués de deux plis arqués et très-finement chagrinés.

Dans une agréable excursion que j'ai faite dans les Pyrénées en juillet 1870, avec mes amis MM. de Bonvouloir et Abeille de Perrin, nous avons trouvé, sous l'écorce d'un vieux sapin abattu de l'année précédente, de nombreuses larves et nymphes de cet insecte, accompagnés d'une quarantaine d'insectes parfaits. C'était la première fois que nous voyions cette espèce vivante et elle nous fit grand plaisir. Sa larve creuse dans les couches inférieures de l'écorce des galeries larges, sinueuses, irrégulières, comme celles de ses congénères et, à l'exemple de l'*A. griseus*, elle se transforme sous l'écorce ou dans l'épaisseur de celle-ci.

Ces habitudes paraissent être communes aux larves d'*Astynomus*, car il est bien rare que l'*A. ædilis* y déroge. M. Baudi, qui a recueilli dans les Hauts-Apennins l'*A. xanthoneurus* Muls. dont la larve vit dans le Hêtre, dit qu'il a trouvé, vers la fin de juillet, l'insecte sous l'écorce de grands Hêtres abattus depuis deux ans au moins, vers le bas de l'arbre, où l'écorce est assez épaisse, car la larve ne s'enfonce pas dans le bois. (*Pet. Nouv. ent.*, n° 141).

NYMPHE

Elle a des spinules cornées et mêlées de poils très-fins, droites ou relevées sur l'épistome, le front, le prothorax et le métathorax, dirigées en arrière sur l'abdomen dont chaque arceau dorsal en porte quatre groupes et une série transversale, celles des deux groupes postérieurs plus nombreuses. Le dernier segment est tronqué et entouré d'une couronne de spinules plus longues et un peu arquées en dedans.

Leiopus (Cerambyx) nebulosus L.

Fig. 484-490.

LARVE

Long. 10-12 millim. Subtétraédrique, assez sensiblement en massue antérieurement, d'un blanc un peu jaunâtre, couverte d'assez longs poils d'un blond pâle ; complétement apode.

Tête en grande partie enchâssée dans le prothorax, lisse, luisante, testacée avec le bord antérieur subcorné, d'un ferrugineux foncé, largement et peu profondément échancré ; un peu en arrière six points enfoncés.

Épistome très-transversal, environ aussi large que la moitié du bord antérieur.

Labre semi-discoïdal et cilié de petites soies roussâtres.

Mandibules noires avec la base ferrugineuse, assez longues ; vues en dessus, pointues à l'extrémité et très-faiblement échancrées en dedans au dessous de la pointe ; vues de côté, un peu sinuées latéralement et tronquées obliquement à l'extrémité.

Antennes rétractiles, ordinairement cachées dans la tête et ne laissant saillir que l'article terminal et l'article supplémentaire qui l'accompagne.

Ocelles nuls.

Prothorax aussi grand au moins que les trois segments suivants réunis, luisant en dessus et très-finement subréticulé dans sa moitié antérieure, puis mat et comme velouté sur la plaque métaprothoracique, et en dessous entièrement et plus fortement subréticulé, ainsi que le *mésothorax* et le *métathorax*.

Abdomen de neuf segments comme à l'ordinaire, plus un mamelon anal marqué postérieurement de trois sillons convergents à l'intersection desquels est l'anus. Les sept premiers segments, ainsi que le métathorax pourvus, tant sur le dos que sur la région ventrale, d'une ampoule ambulatoire sur laquelle on observe deux groupes réniformes et séparés par un sillon médian, de granules les uns ronds, les autres un peu allongés et obliques, ceux des ampoules ventrales plus régulièrement en deux séries transversales. Huitième et neuvième segments munis d'un bourrelet latéral très-visible et permanent.

Stigmates au nombre de neuf paires, la première très-près du bord antérieur du mésothorax, plus grande et plus inférieure que les autres qui sont situées vers le milieu des côtés des huit premiers segments abdominaux.

Pattes nulles.

D'après M. Mulsant, cette larve vit dans le Charme, le Chêne et plusieurs autres espèces d'arbres; elle est assez commune ici dans les pieux et les branches du Chêne et du Châtaignier, et je l'ai rencontrée en outre dans l'Aulne, le Robinier, le Noyer, le Pommier, le Pêcher, le Rosier et dans un arbrisseau exotique de la famille des Synanthérées, le *Baccharis halimifolia*. Il lui faut du bois récemment mort et recouvert d'une écorce peu épaisse. C'est sous cette écorce qu'elle vit d'abord, en consommant les déblais d'une galerie assez large, irrégulière et sinueuse qui entame un peu l'aubier, et plus tard elle se loge dans le bois pour achever son développement et creuser une niche qui servira de domicile à la nymphe.

NYMPHE

Elle présente les caractères suivants : des spinules accompagnées de poils assez longs sur le front, l'épistome, le thorax et les genoux, ces dernières presque en verticille ; sur le dos des segments de l'abdomen de petites spinules roussâtres, entremêlées de poils, inclinées en arrière et groupées en une sorte d'ellipse transversale ; au bord postérieur du dernier segment six épines subcornées, trois de chaque côté de la ligne médiane, un peu arquées en dedans et précédées de deux épines dorsales en forme de crochets convergents.

La quatrième branche a reçu de M. Mulsant le nom de Pogonochéraires, et les genres *Acanthoderes*, *Oplosia*, *Exocentrus*, *Pogonocherus* et *Stenidea* y ont trouvé place.

M. Candèze, *loc. cit.*, a décrit la larve mexicaine de l'*Acrocinus longimanus* F., appartenant à ce groupe.

L'*Acanthoderes varius* est connu depuis longtemps et depuis longtemps aussi on sait que sa larve vit dans les Peupliers morts. Personne, que je sache, n'ayant parlé de ses métamorphoses, je me décide à les faire connaître.

M. Perroud (*Ann. de la Soc. Linn. de Lyon*, 1854-55, p. 321), a décrit la vie évolutive de l'*Exocentrus Lusitanicus* L. *balteatus* Serv., et MM. Mulsant et Guillebeau, septième Opusc. Entom., 1855, p. 103, celle de l'*E. punctipennis* Muls. J'y ajouterai celle de l'*E. adspersus* Muls.

Quant aux *Pogonocherus*, on ne connaît jusqu'ici qu'une seule larve, celle du *P. dentatus* Fourc., *pilosus* F., mais comme Bouché (*Ent. Zeit.*, 1847, p. 165) n'en a dit que quelques mots, je crois pouvoir en reparler sans qu'il y ait véritablement double emploi. A la suite viendra la larve du *P. decoratus*, Fairm. et celle du *P. hispidus* F.

Acanthoderes (Lamia) varius F.

Genre *Psapharochrus* Thomps.

Fig. 491-494.

LARVE

Long. 15-18 millim. Corps finement velu, robuste et apode.

Tête peu saillante en dehors du prothorax, à côtés parallèles, roussâtre avec le bord antérieur noirâtre ; celui-ci trois fois échancré, avec l'échancrure médiane large et peu profonde, assez fortement déclive aux angles qui portent les antennes. En arrière de ce bord antérieur quatre fossettes dont les deux médianes plus grandes et transversales.

Antennes assez courtes, presque entièrement rétractiles, de quatre articles, plus un article supplémentaire très-grêle comme son voisin et aussi long que lui.

Épistome transversal, d'une largeur égale au tiers du bord antérieur.

Labre un peu plus que semi-elliptique.

Mandibules assez longues, pointues lorsqu'on les voit en dessus et, vues de côté, obliquement tronquées.

Contre la base de chaque antenne et un peu en dessous, un assez gros tubercule ferrugineux, lisse et très-convexe qui a tout l'air d'un *ocelle.*

Prothorax vaguement et finement ridé en travers jusqu'au milieu, puis réticulé sur la plaque métaprothoracique, limitée latéralement par les parenthèses et dont le bord antérieur est vague au lieu d'être nettement dessiné comme dans les larves précédentes.

Ampoules ambulatoires munies de tubercules disposés comme on peut le voir dans les figures que j'en donne.

Cette larve vit dans les Peupliers morts et, comme le dit M. Mulsant, principalement dans ceux qui ont péri sur pied; je l'ai observée aussi dans des Noyers et des Cerisiers, dans le Saule marceau, dans un Tilleul, et elle a été trouvée dans le Bouleau. Elle se nourrit des couches inférieures de l'écorce dans lesquelles elle creuse une galerie large, sinueuse et irrégulière qu'elle laisse derrière elle encombrée de déjections assez grossières. Aux approches de la métamorphose elle s'enfonce dans l'aubier à une faible profondeur et s'y pratique une niche où elle se transforme en nymphe.

NYMPHE

Elle n'est remarquable que par les aspérités spinuliformes qu'elle porte sur le front et le thorax, aux genoux et sur le dos des segments de l'abdomen où elles sont rangées en deux séries transversales et parallèles. Sur le pénultième segment elles sont éparses, et le dernier, qui est tronqué, est entouré d'une sorte de couronne de spinules plus longues.

MM. Mulsant et Fairmaire ont maintenu cette espèce dans le genre *Acanthoderes.* Lacordaire l'a placée, ainsi que le *Kruperi*, dans le genre *Psapharochrus*, de la famille des Acanthodérides, et n'a compris dans le genre *Acanthoderes* que deux espèces d'Amérique.

Exocentrus adspersus MULS. REY.

Fig. 495-499.

LARVE

Long. 7-8 millim. Blanche, subtétraédrique, assez renflée antérieurement, densement revêtue, principalement sur le prothorax, de poils fins et d'un blanc roussâtre; complétement apode.

Tête enchâssée dans le prothorax, à côtés parallèles, lisse, d'un blanc un peu roussâtre avec le bord antérieur ferrugineux, celui-ci largement et peu profondément échancré au milieu et avancé en forme de dent vis à vis les mandibules.

Épistome presque carré, de la longueur du quart de la tête ou un petit peu plus.

Labre semi-elliptique et cilié de petits poils roussâtres.

Mandibules assez longues, taillées en biseau à l'extrémité, quand on les observe en dessus et, vues de côté, obliquement subéchancrées ; noires avec la base un peu ferrugineuse.

Mâchoires, *lèvre inférieure* et *palpes* comme à l'ordinaire.

Antennes courtes, rétractiles, susceptibles de rentrer entièrement dans la tête, de quatre articles égaux, plus l'article supplémentaire qui est très-petit.

Pas de point ocelliforme.

Prothorax aussi grand que les trois segments suivants réunis, arrondi latéralement, s'élargissant d'avant en arrière, à peu près lisse sur plus de la moitié antérieure; plaque métaprothoracique un peu boursoufflée, très-avancée et parcourue par des stries longitudinales un peu sinueuses, assez écartées, un peu plus profondes à la base.

Mésothorax en dessus, *métathorax* sur ses deux faces marqués d'un pli transversal.

Abdomen de neuf segments plus le mamelon anal ; les sept premiers munis, tant sur le dos que sur la face ventrale, d'une ampoule ambulatoire plissée en aréoles subelliptiques ou arrondies que la figure que j'en donne fera mieux comprendre qu'une description. Huitième et neuvième segments pourvus d'un bourrelet latéral et munis, près du bord postérieur dorsal, le premier d'une crête transversale rousse, subcornée, obtuse et cannelée ou dentelée ; le second d'une toute petite épine conique, cornée, ferrugineuse, un peu inclinée en arrière.

Stigmates au nombre de neuf paires, la première, plus grande et plus inférieure que les autres, très-près du bord antérieur du mésothorax, les autres vers la moitié des huit premiers segments abdominaux.

Pattes nulles.

NYMPHE

Elle présente les caractères suivants : la tête, le prothorax, les pattes et l'abdomen, celui-ci en dessus, en dessous et sur les côtés, portent non des spinules cornées, mais des poils assez longs et mous, disposés avec une certaine symétrie, du moins sur la tête et le thorax. Le dernier des segments abdominaux est terminé par sept spinules subcornées, une médiane un peu relevée en crochet et trois de chaque côté, la première un peu dirigée en dedans, la seconde plus courte, quelquefois à peine visible, la troisième ou la plus extérieure arquée vers le plan de position. Les deux extérieures et la médiane sont sensiblement plus larges que les autres.

J'ai dit que l'histoire de deux espèces du genre *Exocentrus* est déjà connue. M. Perroud a donné, dans les *Annales de la Société linnéenne de Lyon*, 1854-55, une description fort détaillée de la larve de l'*E. lusitanicus* et à peu près suffisante de la nymphe, et nous devons à MM. Mulsant et Guillebeau (septième *Opusc. ent.)*, la description et l'histoire des métamorphoses de l'*E. punctipennis*. La première de ces deux larves vit dans les branches mortes du Tilleul, où je l'ai trouvée, il y a déjà bien longtemps, et elle paraît être exclusive dans ses goûts, car je ne sache pas qu'on l'ait observée dans une autre essence. M. Perroud a vu ses antennes, mais il ne leur donne que trois articles, lorsque, en réalité, elles en ont quatre, plus le petit article supplémentaire placé en dessous et qu'il ne mentionne pas. Cette erreur dans le nombre des articles antennaires n'a rien qui m'étonne, car le premier article est ordinairement caché dans la tête, et souvent aussi, surtout après la mort, les antennes y disparaissent en entier. Pour les bien voir, il faut tenir la larve vivante entre les doigts ; tourmentée alors, agitée, pressée d'échapper à l'étreinte, elle met en relief tous ses organes. Pour des larves plus petites, c'est entre deux plaques de verre et sous le microscope qu'on obtient le même résultat. M. Perroud ne parle pas des palpes maxillaires qui sont de trois articles, et il ne donne pas, ce que je considère pourtant comme digne d'intérêt, la configuration des ampoules ambulatoires, se bornant à dire que les segments abdominaux sont creusés dans leur milieu, sauf les deux derniers, d'une ligne transversale n'atteignant pas les côtés ; je dirai donc que ces ampoules sont en tout semblables à celles de la larve que je viens de décrire. Mais M. Perroud a vu un caractère qui n'est pas sans importance au point de vue du diagnostic des larves d'*Exocentrus*, et qui consiste dans la présence, près du bord postérieur du dernier segment, d'après lui, d'une « petite carène transversale légèrement arquée, cornée, d'un marron clair et rayée de petites stries longitudinales. »

En ce qui concerne la nymphe, j'ajoute à la description de M. Perroud qu'elle porte des poils disposés comme dans celle ci-dessus, et je la modifie en ce que le dernier segment, au lieu de deux épines seulement, en a cinq disposées comme les cinq les plus grandes de celle de l'*E. adspersus*.

Quant à la larve de l'*E. punctipennis*, qui se développe dans les branches de l'Orme, MM. Mulsant et Guillebeau considèrent les antennes comme nulles et indiquées seulement par une petite fossette ponctiforme, et ils disent des palpes labiaux qu'ils sont peu apparents. Leur description a été faite sans doute sur une larve morte ayant rentré ses antennes rétractiles ; ils auraient autrement constaté qu'elles sont formées de quatre articles plus l'article supplémentaire. Des conditions plus favorables leur auraient montré aussi des palpes labiaux de deux articles, et s'ils avaient attaché aux ampoules ambulatoires l'importance que je leur accorde, ils auraient pu en donner une description qui nous ramènerait aux ampoules de la larve de l'*E. adspersus*.

Je ne veux pas omettre d'ajouter que MM. Mulsant et Guillebeau paraissent n'avoir pas remarqué le caractère que présente le pénultième segment, c'est-à-dire la crête transversale et cornée qui existe près du bord postérieur de ce segment et non du dernier, comme le dit M. Perroud.

Voilà donc les trois larves connues d'*Exocentrus* qui offrent sur ce point une particularité bonne à noter puisqu'elle sert non-seulement à distinguer les larves de ce genre, mais aussi à justifier la distinction des trois espèces. La crête, ou mieux la callosité transversale, évidemment auxiliaire des organes de la locomotion, est plutôt chagrinée que striée dans la larve de l'*E. punctipennis ;* dans celles des *E. Lusitanicus* et *adspersus*, elle est striée ou cannelée, mais cette dernière possède en outre, comme caractère distinctif, près du bord postérieur du dernier segment, une petite épine cornée qui manque aux deux autres.

La larve de cette dernière espèce vit dans les branches et les pieux de Châtaignier ou de Chêne récemment morts et dont l'écorce est encore lisse. On a dit l'avoir trouvée aussi dans le Noyer *(Feuille des Jeunes Natur.*, 1874, p. 83), et je l'ai obtenue en outre du Robinier. Après avoir séjourné quelque temps sous cette écorce où elle laisse des traces sinueuses de ses érosions, elle pénètre dans les couches ligneuses où elle creuse une galerie longitudinale à peu près cylindrique et qu'elle prolongé tant que son développement n'est pas complet. Lorsque le moment est venu, si la galerie n'est pas voisine de l'écorce, elle l'y conduit par un boyau oblique, puis rentre un peu dans le bois, élargit l'endroit où elle doit séjourner à l'état de nymphe et y subit sa métamorphose. Dès la mi-avril dans notre climat, presque toutes les larves sont devenues des nymphes. Ce dernier état dure de quinze à vingt jours, puis l'insecte parfait laisse ses membres se fortifier et c'est ordinairement à la fin de mai ou au commencement de juin qu'il prend son essor et qu'on le trouve fréquemment sur les pieux coupés l'hiver précédent et qui deviennent le théâtre de ses amours pour être plus tard le berceau de sa progéniture.

J'ai dit que la larve de l'*E. Lusitanicus* est exclusive dans ses goûts parce qu'elle ne vit, à ma connaissance du moins, que dans le Tilleul ; j'en aurais dit autant de celle de l'*E. punctipennis* que je croyais n'en vouloir qu'à l'Orme ; mais, d'après M. Mulsant, M. Revelière aurait obtenu en Corse cet insecte du Chêne vert. Quant à l'*E. adspersus*, il accepte indifféremment le Châtaignier, le Chêne et d'autres essences.

J'ai dit aussi que la femelle de l'*E. adspersus* (et je pourrais le dire des deux autres) aime à pondre sur les branches récemment mortes, et cependant, soit qu'elle consente à déposer ses œufs sur des bois qui ont cessé de vivre depuis un certain temps, soit plutôt que toutes les larves n'accomplissent pas leurs évolutions dans la même période, on trouve de ces larves dans des branches labourées par d'autres qui n'y sont plus et mortes depuis deux ans, si bien qu'on n'a qu'à recueillir du menu bois détaché par le vent des Tilleuls, des Ormes, des Châtaigniers et des Chênes et par conséquent altéré le plus souvent par le temps et par les hôtes qu'il a nourris, pour obtenir les *Exocentrus* désirés. A une époque où le *punctipennis* était rare dans les collections, quelques petits fagots de bûchettes d'Orme m'ont donné plus de cent cinquante individus de cette espèce, et un jeune Orme mort m'en a fourni plus de quatre cents.

Je l'ai, du reste, dit ailleurs : un excellent moyen de se procurer de bonnes espèces et souvent en quantité, c'est de recueillir des bois morts, même depuis longtemps, et de les enfermer dans des sacs, dans des boîtes ou dans une pièce close, mais éclairée par une fenêtre qui attire les insectes éclos.

Cet article était rédigé lorsque M. E. Revelière, avec sa générosité et son obligeance accoutumées, m'a envoyé de Corse six individus de l'*Exocentrus Revelieri* publié par MM. Mulsant et Rey dans le seizième cahier des *Opuscules entomologiques* (p. 77) et de plus un certain nombre de larves de cet insecte, mêlées à des larves et des nymphes d'*Anæsthetis testacea*, les unes et les autres extraites de branches mortes de l'*Alnus glutinosa*. L'examen des larves de l'*Exocentrus*, en tout semblables à celles de l'*E. adspersus*, m'a permis de constater que, comme ces dernières, elles ont près du bord postérieur du huitième segment abdominal une crête transversale subcornée et cannelée ou dentelée, et près du bord postérieur du neuvième, une petite épine conique, un peu inclinée en arrière. J'en ai conclu que l'*E. Revelieri* est le même que l'*E. adspersus*.

Ceux qui ont parcouru ce travail ont pu voir que, dans bien des cas et pour des espèces incontestablement distinctes, j'ai parlé de leurs larves respectives comme étant à ce point identiques, que la description de l'une dispenserait de décrire l'autre. Ils pourront, dès lors, s'étonner de la conclusion que j'ose déduire de la ressemblance des larves des deux *Exocentrus* dont il s'agit. Je rappellerai, pour ma justification, que les larves d'*Exocentrus*, contrairement à ce qui a lieu pour bien d'autres, présentent un caractère spécifique qui permet de les distinguer individuellement, caractère résidant, ainsi que je l'ai dit, dans une particularité du huitième segment abdominal et même du neuvième pour celle de l'*adspersus*. Je me suis cru, dès lors, autorisé à exiger un caractère différentiel spécial de la larve de l'*E. Revelieri*, et ne le trouvant pas, j'ai jugé rationnel de rapporter cette espèce à celle dont la larve reproduit absolument les mêmes caractères.

Je ne me suis pas borné là. La description de l'*E. Revelieri* sous les yeux, j'ai étudié comparativement cet insecte ainsi que l'*E. adspersus*, et je n'ai pu trouver un seul mot qui ne convînt à l'un et à l'autre en l'appliquant à plusieurs individus, parce qu'il y a quelques petites variations de fraîcheur et de pubescence. La seule différence que je remarque, en comparant les six *E. Revelieri* que je possède avec de nombreux *E. adspersus*, c'est que ceux-ci sont de couleur un peu moins brune que ceux-là qui ne constitueraient, d'après moi, qu'une variété parasite de l'Aulne.

Je me prononce d'autant plus pour cette solution, que le *Revelieri* pond en Corse, comme l'*adspersus* ici, sur les mêmes branches que l'*Anæsthetis testacea*, ce qui n'a pas lieu, que je sache, pour les autres espèces.

Pogonocherus (Cerambyx) dentatus Fourcr.

Fig. 500

LARVE

Long. 7-8 millim. Apode, très-semblable à celle de l'*Exocentrus adspersus*.

Tête conformée de même, à côtés parallèles, bord antérieur marqué de quelques points, largement et peu profondément échancré, avec une saillie vis à vis les mandibules.

Épistome plus large, plus transversal, trapézoïdal avec les angles antérieurs un peu arrondis.

Labre semi-elliptique, frangé de petits poils roussâtres.

Mandibules, mâchoires, palpes et *antennes* comme dans la larve précédente.

Un point noir ocelliforme bien visible sur chaque joue, un peu en arrière de l'antenne.

Prothorax comme dans la larve de l'*Exocentrus*, seulement l'élévation postérieure est plus étendue, presque pas anguleuse et s'avance bien plus près du bord antérieur. Sa surface, au lieu d'être striée, est très-finement réticulée à larges mailles.

Mésothorax en dessous et *métathorax* sur ses deux faces marqués d'un pli transversal avec quelques granulations obsolètes.

Abdomen avec les sept premiers segments munis d'ampoules ambulatoires semblables à celles de la larve précitée, mais les aréoles qu'elles présentent ont plus visiblement la forme de granulations obliques et déprimées. Huitième segment dépourvu de toute pièce cornée; neuvième muni, très-près du bord postérieur, d'une plaque cornée, testacée, elliptique, transversale et un peu convexe. Mamelon anal peu saillant.

Stigmates comme dans la larve de l'*Exocentrus*.

Pattes nulles.

La larve du *P. dentatus* vit, d'après M. Mulsant, dans le Chêne, et je la connais depuis longtemps pour l'avoir observée dans les tiges du Lierre, où MM. Chapuis et Candèze l'ont trouvée aussi. M. Fairmaire l'a vue dans le Guy et je l'ai rencontrée communément dans les branches mortes du Pommier et de l'Aulne, ainsi que dans les tiges du Houx. Elle est loin, comme on le voit, d'être exclusive, mais elle ne paraît exister que dans le menu bois. Elle passe une partie de sa vie sous l'écorce, puis elle s'enfonce dans l'aubier. Elle se conduit enfin comme celle de l'*Exocentrus*.

NYMPHE

Comme celle de ce dernier insecte elle a non des spinules mais des poils fins et mous sur la tête, le thorax, les genoux et l'abdomen; seulement ces poils sont moins nombreux. Les deux bosses dorsales et les deux épines latérales du prothorax de l'insecte parfait sont très-apparentes. Le dernier segment est terminé aussi par sept spinules dont la médiane, plus grande que les autres, est relevée, mais les deux extérieures ne sont pas plus fortes que leurs voisines et ne sont pas inclinées vers le plan de position.

Pogonocherus decoratus Fairm.

LARVE

Elle est semblable à celle du *P. dentatus*, sauf que l'élévation postérieure du prothorax est moins étendue, plus anguleuse, très-visiblement striée avec quelques mailles de réticulation, et que les ampoules ambulatoires sont plus visiblement divisées en deux par une dépression médiane; en outre, le dernier segment porte non une plaque, mais une petite épine cornée comme dans la larve de l'*Exocentrus adspersus*, le segment précédent demeurant complétement inerme.

Cette larve avait le droit de trouver place dans mon travail sur les Insectes du Pin maritime, mais elle s'est dérobée, jusqu'à ces derniers temps, à mes recherches. Ayant réuni, en 1869, dans mon dépôt de vieux bois, espoir d'éclosions intéressantes, quelques fagots de ces branches de Pin qui meurent successivement à mesure que l'arbre s'élève, j'en obtins une trentaine d'individus du *P. decoratus* dont précédemment il m'était tombé sous la main deux sujets. Je me mis alors à rechercher la larve que je ne tardai pas à trouver, et je me suis ainsi initié aux mœurs de cet insecte. Il résulte de mes observations que la femelle du *Pogonocherus* aime à pondre non dans les souches ou dans les troncs des vieux Pins, ou même sur les tiges des sujets plus jeunes, mais sur les branches mortes et souvent très-élevées des arbres de divers âges, desséchées depuis peu.

Les larves qu naissent de sa ponte vivent quelque temps sous l'écorce en y creusant des galeries sinueuses et irrégulières qui entament à la fois l'écorce et l'aubier; puis elles pénètrent dans le bois et s'y pratiquent, jusqu'à la profondeur de un centimètre et au delà, un gîte ordinairement oblique et plus large que leur corps. Devenues adultes, elles se retournent dans leur loge de manière à avoir la tête dirigée vers l'extérieur, le trou d'entrée se trouvant déjà bouché par les déjections. C'est dans ce réduit que s'accomplit l'évolution nymphale à l'abri de tout danger, alors même que les intempéries ou toute autre cause, par exemple les érosions des larves du *Bostrichus bidens*, détermineraient la chute de l'écorce.

NYMPHE

Elle est en tout semblable à celle du *P. dentatus*.

Les insectes parfaits naissent l'année qui suit la ponte, depuis le commencement de juin jusque vers la fin d'août.

Pogonocherus (Cerambyx) hispidus F.

LARVE

Long. 10-12 millim. Apode et semblable aux précédentes.

Tête parallèle, plus colorée de roux, plus cornée, marquée antérieurement d'une ligne de points assez gros d'où partent des stries longitudinales.

Épistome, *labre*, organes de la bouche et *antennes* comme dans la larve du *Pogonocherus dentatus*.

Près de la base de chaque antenne une sorte de granule transversal, lisse, luisant, enchâtonné, ocelliforme et de couleur testacée.

Prothorax comme dans la larve précitée, avec la plaque postérieure étendue, luisante et obscurément réticulée.

Mésothorax en dessous et *métathorax* sur ses deux faces marqués d'un pli transversal assez long, entouré de granules réguliers et bien apparents.

Abdomen ayant les sept premiers segments munis d'ampoules ambulatoires non aréolées, mais pourvues de granules bien distincts, ceux de la face dorsale arrondis, ceux de la face ventrale obliquement ovales, dans le genre de ceux de la larve du *Leiopus nebulosus*. Huitième segment privé de toute pièce cornée, neuvième muni au milieu du bord postérieur non d'une plaque mais d'une petite épine cornée, testacée.

Cette larve se rapproche de la précédente par la petite épine dont je viens de parler et qui termine le dernier segment; mais elle se distingue de ses deux congénères par la taille plus grande, par la tête plus colorée et plus cornée, par les points plus nombreux et plus forts qui avoisinent le bord antérieur et par les stries qui les suivent, enfin et surtout par les granules qui ornent les ampoules ambulatoires, granules qui sont ici bien distincts et régulièrement disposés, tandis que dans celles dont il s'agit ils sont confus, déprimés, sensiblement moins caractérisés.

Ces mêmes granules, joints à la pointe du dernier segment, pourraient faire croire qu'on a sous les yeux la larve de l'*Anæsthetis testacea;* mais celle-ci en diffère par les caractères suivants : la tête est plus étroite, d'un blanc à peine roussâtre, sans points et sans stries ; les mandibules, vues de côté, sont tronquées carrément au lieu de l'être en biseau; la plaque métaprothoracique est moins large, plus régulièrement subtriangulaire et très-visiblement striolée au lieu d'être vaguement réticulée ; enfin les ampoules ambulatoires n'ont que deux séries transversales de granules, tandis que dans la larve du *Pogonocherus hispidus* il y en a quatre, avec cette particularité que les antérieures sont interrompues au milieu.

Ces granules, ainsi que leur disposition, rappellent aussi la larve du *Leiopus nebulosus*, mais celle-ci a la tête bien plus pâle, dépourvue de points et de stries ; la plaque métaprothoracique est mate et comme veloutée au lieu d'être luisante et subréticulée ; les granules des ampoules ambulatoires paraissent un peu plus petits, et enfin il n'existe pas de pointe à l'extrémité du dernier segment.

Durant l'hiver de 1875 je remarquai dans mon bois de chauffage une petite bûche d'Aulne de quatre centimètres environ de diamètre et de quatre-vingts de longueur dont l'écorce, parsemée de petits trous, indiquait qu'elle avait nourri une génération de *Dryocœtes bicolor* représentée encore par plus d'un individu vivant. Mes explorations me mirent bientôt en présence d'une larve de Longicorne dont je ne pus déterminer l'espèce et dont je conservai quelques sujets pour l'étude. Je plaçai la bûche en plein air et au mois de mai je la tronçonnai et j'enfermai les fragments dans une grande boîte. Dans le courant du mois de juillet, je vis apparaître des *Pogonocherus hispidus*, insecte assez rare ici, et tout aussitôt je me mis à débiter mes morceaux de bois dans l'espoir de trouver une nymphe. Il était trop tard et je ne recueillis que des insectes parfaits, au nombre de trente-sept, presque tous bien mûrs et d'une admirable fraîcheur. En y ajoutant les quelques larves primitivement extraites, les *Dryocetes bicolor*, trois *Nemosoma elongatum* qui avaient été attirés par ces derniers et des larves d'*Anaspis* dont je n'ai pas obtenu l'insecte, on voit que cette petite bûche avait été le siége d'une population nombreuse et assez variée.

Revenant à la larve du *Pogonocherus*, j'ajouterai qu'après avoir vécu presque jusqu'à son entier développement sous l'écorce, en creusant à la surface de l'aubier, pour son alimentation, une rainure large, irrégulière, sinueuse et peu profonde, elle pénètre dans le bois jusqu'à une profondeur d'environ un centimètre, bouche l'orifice d'entrée avec des détritus, élargit assez sa galerie pour pouvoir faire volte face, puis se transforme en nymphe dans sa cellule, la tête tournée vers l'extérieur, de sorte que l'insecte parfait n'a qu'à déboucher le trou ou qu'à forer une mince couche d'aubier et l'écorce pour jouir de la liberté. Moins d'une année suffit pour toutes ses évolutions.

Les larves des Lamiens se distinguent nettement de celles des familles précédentes : elles sont apodes, leur tête est plus étroite et à côtés parallèles, au lieu de s'élargir en s'arrondissant d'avant en arrière ; l'épistome et le labre sont transversaux ; les mandibules sont plus longues et, vues de côté, elles sont plus étroites et tronquées ou échancrées obliquement au sommet, au lieu d'être arrondies ; les mâchoires sont moins coudées, ou, si l'on veut, moins obliques ; la languette paraît plus saillante, plus large et densément ciliée ; les antennes sont plus courtes et rétractiles ; la plaque métaprothoracique est striée avec des vestiges de réticulation, et les ampoules ambulatoires sont presque toujours munies de granulations ou d'aréoles comme en produiraient des granulations affaissées ou usées. Je ne connais à cet égard d'autre exception que celle que présentent les larves d'*Astynomus*.

Les larves des Lamiens forment donc un groupe naturel comme les insectes parfaits ; aussi, pour le classement de ces derniers, y a-t-il peu de divergences parmi les auteurs. Celui qu'a adopté M. Fairmaire, dans le *Genera* de Duval, me paraît, d'après les larves, le plus rationnel. Il y aurait seulement à examiner si les *Astynomus* et les *Leiopus*, que tous ont réunis dans le même groupe, ne devraient pas être séparés.

La seconde famille des Lamiides, celle des Saperdins, toujours d'après M. Mulsant, se divise en quatre branches dont la première est celle des Mésosaires qui, elle-même, se partage en deux rameaux, les Mésosates et les Polyopsiates. Le premier comprend les genres *Mesosa* et *Albana* dont les larves trouveront place dans ce travail, et le genre *Niphona*, ne contenant qu'une espèce, la *picticornis*, dont M. Mulsant a publié la larve dans le onzième cahier de ses *Opuscules*, page 92. La description qu'il en donne est parfaite et je me borne à dire que cette larve est semblable à celle de la *Mesosa* dont il sera question tout à l'heure, que ses ampoules ambulatoires sont presque identiques, et qu'elle diffère seulement en ce que la tête est dépourvue de stries et que les points disposés en ligne près du bord antérieur sont plus nombreux.

Quant à la nymphe, jusqu'ici inédite, je la caractériserai suffisamment en disant qu'elle porte sur le dos des trois segments thoraciques, avec des poils fins et mous, des aspérités subcornées qui, sur le prothorax, forment deux bandes étroites, une au bord antérieur, l'autre vers le milieu ; que la face dorsale des segments abdominaux est pourvue d'aspérités spiniformes, roussâtres et subcornées, entremêlées de poils, dirigées en arrière, d'autant plus grandes qu'on s'approche plus de l'extrémité du corps, et dont la figure que j'en donne fait connaître la disposition. La face postérieure du dernier segment est entourée d'une couronne de ces spinules.

Les Polyopsiates se composent des genres *Anæsthetis*, *Menesia* et *Polyopsia*. Je donnerai l'histoire des métamorphoses du premier et du troisième.

Mesosa (Cerambyx) nubila Oliv.

Fig. 501-505

LARVE

Long. 18-23 millim. D'un blanc souvent un peu incarnat, subtétraédrique, sensiblement renflée antérieurement, revêtue d'une villosité peu dense, fine et roussâtre, et complétement apode.

Tête en grande partie enchâssée dans le prothorax ; presque parallèle, roussâtre, avec le bord antérieur assez largement ferrugineux et tout le dessous de la même couleur ; marquée antérieurement de quelques points enfoncés et finement et densement striée jusque près de la base, à l'exception des régions latérales. Bord antérieur largement et peu profondément échancré.

Épistome trapézoïdal, de la largeur du tiers de la tête.

Labre presque elliptique et antérieurement cilié de petites soies roussâtres.

Mandibules noires avec la base un peu ferrugineuse, assez longues, en biseau au sommet, vues en dessus, et vues de côté, très-obliquement tronquées.

Mâchoires, lèvre inférieure et *palpes* analogues à ceux des larves précédentes de la famille des Lamiens, c'est-à-dire que les mâchoires sont droites et que la languette est saillante, arrondie, longuement et très-densement ciliée.

Antennes fort peu développées, presque complétement rétractiles, de quatre articles très-courts, plus un article supplémentaire très-peu apparent.

Sur chaque joue, assez près de la mandibule, un tubercule lisse, ocelliforme.

Prothorax de la grandeur des trois segments suivants réunis, un peu plus large antérieurement que la tête, s'élargissant, en s'arrondissant, d'avant en arrière, lisse sur sa moitié antérieure, puis sur un espace à bord antérieur bisinueux et limité latéralement par les deux parenthèses (plaque métaprothoracique), marqué de stries très-fines, enchevêtrées et parsemées à leur intersection de points bien visibles.

Mésothorax en dessous et *métathorax* sur ses deux faces ayant deux séries latérales de tubercules, séparées par un pli.

Abdomen de neuf segments plus un mamelon anal. Les sept premiers munis, tant sur le dos que sur la face ventrale, d'une ampoule ambulatoire, la supérieure ayant deux groupes arqués de tubercules allongés et un peu obliques, séparés par une dépression médiane, et suivis d'une série en arc de tubercules arrondis, divisée aux deux bouts en deux branches dont la postérieure a les tubercules plus petits; l'ampoule inférieure présentant, séparées par une dépression, deux ellipses de tubercules dont les antérieurs sont ordinairement précédés d'une ligne de tubercules plus petits. Huitième et neuvième segments munis d'un bourrelet latéral.

Stigmates roussâtres, au nombre de neuf paires, la première, plus grande et plus inférieure que les autres, très-près du bord antérieur du mésothorax, les suivantes vers le milieu des huit premiers segments abdominaux.

Pattes nulles.

La femelle de la *Mesosa nubila* paraît aimer à pondre dans les branches de Châtaignier et de Chêne de quatre à dix centimètres de diamètre, lorsqu'elles sont mortes depuis un ou deux ans et que le bois a été ramolli par un commencement de décomposition. C'est du moins dans ces conditions que je trouve habituellement la larve qui, d'après M. Mulsant, se développerait aussi dans le Saule, et que j'ai également observée une fois dans une branche morte de Robinier, et une autre fois dans une branche d'Aulne. Si on explore la branche où elle a vécu, on constate qu'elle ne commence pas, comme bien d'autres, par ronger, sur une surface assez large et inégale, les couches superficielles du bois, mais que, dès le début, elle plonge dans ses profondeurs où elle creuse une galerie cylindrique, ordinairement très-peu sinueuse et suivant quelquefois le canal médullaire. Quand le besoin de la métamorphose se fait sentir, elle dirige ordinairement sa galerie vers l'extérieur, afin que l'insecte parfait ait moins de besogne pour jouir de sa liberté, après quoi elle rentre dans la galerie centrale préalablement élargie, et c'est là que s'opèrent les transformations.

NYMPHE

Je n'ai pas eu occasion de l'observer, mais comme la larve de la *Mesosa* est, à très peu de chose près, la fidèle image de celle de la *Niphona picticornis*, décrite, ainsi que je l'ai dit, par M. Mulsant, je suis porté à penser que sa nymphe doit ressembler beaucoup à celle de cette dernière dont j'ai indiqué plus haut les caractères.

L'insecte parfait prend son essor en juin et juillet.

Albana M griseum Fairm.

Fig. 506-507.

LARVE

J'ai reçu dans le temps de Delarouzée, comme appartenant au *Deilus fugax*, quelques individus d'une larve trouvée à Hyères dans les tiges du Genet d'Espagne *(Spartium junceum)*, et qui diffère des larves de

Gracilia et de *Leptidea* par des caractères assez saillants pour me donner quelques doutes, malgré le sagace et consciencieux esprit d'observation de mon regrettable ami, et quoiqu'il soit reçu que la larve du *Deilus* vit dans les Genets.

La larve dont il s'agit se distingue, en effet, de celles de la division à laquelle appartient le *Deilus* par une tête bien plus saillante, plus étroite et presque parallèle; les mandibules, au lieu d'être courtes et très-obtuses, sont assez longues, et, vues de côté, elles sont obliquement tronquées à l'extrémité; l'épistome est plus transversal et d'une largeur égale au tiers de la largeur du bord antérieur; les pattes manquent entièrement, et enfin les ampoules ambulatoires, tant en dessus qu'en dessous, au lieu de former deux mamelons finement réticulés, sont très-peu déprimées au milieu et munies d'une ellipse transversale de tubercules; autant de caractères qui éloignent cette larve de celles des Graciliaires pour la rapprocher de celles des Lamiens et des Mésosaires. Le dernier de ces caractères, celui des ampoules ambulatoires, se retrouve, il est vrai, dans la larve de l'*Icosium*, mais celle-ci, en supposant même qu'on puisse la maintenir dans les Graciliaires, est hexapode et se refuse à toute autre assimilation.

J'ajoute, pour achever de faire connaître la larve dont je m'occupe, qu'elle est longue de 8-12 millim., que les poils fins qu'elle présente sont peu denses, que le bord antérieur de la tête est étroitement échancré au milieu, qu'elle montre, en arrière de chaque antenne, un point noir sur un très-petit tubercule lisse, ocelliforme, qu'enfin son prothorax est striolé sur sa moitié postérieure.

Voilà ce que j'écrivais sous l'empire des doutes que m'inspiraient les caractères de cette larve; mais ces doutes ont été levés tout récemment par la communication qu'a bien voulu me faire M. Valéry Mayet d'une larve trouvée à Montpellier dans un Genêt épineux et qu'il attribuait à l'*Albana M griseum*, larve qui ultérieurement a été suivie de plusieurs autres ainsi que de la nymphe. Grâce à la découverte de notre collègue, les disparates s'effacent, les anomalies disparaissent, et de même que l'*Albana* appartient aux Mésosaires, de même aussi je trouve une larve que d'avance je plaçais dans ce groupe, où elle a comme similaires celles de la *Mesosa*, de la *Niphona*, de l'*Anœsthetis*, de la *Polyopsia*. La communication de M. Valéry Mayet, en me permettant de rectifier l'erreur de Delarouzée, en justifiant mes prévisions et en me fournissant une nouvelle preuve des relations qui existent entre les larves et les insectes parfaits, m'a procuré un vif plaisir dont je le remercie.

La larve de l'*Albana* vit dans le bois mort de divers Genêts ; je présume qu'elle se nourrit quelque temps sous l'écorce et qu'elle s'enfonce dans le bois pour compléter son développement et accomplir ses métamorphoses.

NYMPHE

De fines soies roussâtres sur les palpes, au bord du labre, sur l'épistome, sur le front, d'autres sur le prothorax en trois séries dont une au bord antérieur, une vers le milieu et une autre à la base. Sur le dos des sept premiers segments de l'abdomen de très-petites épines à pointe subcornée et rousse, dirigées en arrière et disposées en deux séries ou bandes transversales un peu irrégulières, ces épines entremêlées de fines soies, et celles du dernier rang du septième segment relevées et un peu arquées en haut. Huitième segment tronqué, ayant six ou huit spinules écartées et en série transversale vers le tiers antérieur et d'autres plus grandes et rapprochées, entremêlées de soies, tout autour de la troncature postérieure, sauf du côté du ventre. Face ventrale à peu près glabre.

Anœsthetis (Saperda) testacea F.

Fig. 508-513

LARVE

Long. 8-10 millim. Blanche, tétraédrique, médiocrement renflée antérieurement, densement revêtue de poils fins et blanchâtres, complétement apode.

Tête bien enchâssée dans le prothorax, à côtés parallèles, lisse, d'un blanc un peu roussâtre avec le bord antérieur ferrugineux, celui-ci droit et à peine échancré au milieu.

Épistome trapézoïdal, transversal, égal en largeur au tiers de la largeur de la tête.

Labre un peu plus que semi-elliptique, cilié de poils roussâtres.

Mandibules assez longues, pointues quand on les voit en dessus, un peu tronquées ou émoussées quand on les examine de côté, noires avec la base un peu ferrugineuse.

Mâchoires, *lèvre inférieure* et *palpes* comme dans la larve de *Mesosa*.

Antennes très-courtes, rétractiles, souvent entièrement cachées dans la tête, de quatre articles, plus l'article supplémentaire, fort difficile à constater à cause des petites soies que porte l'extrémité du troisième article.

Sur chaque joue, un peu en arrière de l'antenne, un point noir placé sur ou contre un petit tubercule lisse, ocelliforme.

Prothorax aussi grand au moins que les trois segments suivants réunis, sinueux sur les côtés, à peine un peu plus large antérieurement que la tête, s'élargissant sensiblement d'avant en arrière, lisse sauf la plaque métaprothoracique un peu convexe et subtriangulaire qui est finement striolée en long. Aux deux extrémités du triangle aboutissent deux sillons assez prononcés.

Mésothorax en dessous et *métathorax* sur ses deux faces ayant deux séries transversales et très-rapprochées de tubercules arrondis.

Abdomen de neuf segments plus le mamelon anal, les sept premiers pourvus, tant sur le dos que sur la face ventrale, d'une ampoule ambulatoire ornée de deux séries transversales de tubercules comme ceux du métathorax, mais un peu plus distincts et moins rapprochés; huitième et neuvième segments munis d'un bourrelet latéral. Ce dernier armé, au milieu du bord postérieur, d'une épine très-visible, conique, cornée, testacée avec le bout plus foncé.

Stigmates au nombre de neuf paires, la première, plus grande et plus inférieure que les autres, très-près du bord antérieur du mésothorax, les autres vers la moitié des huit premiers segments abdominaux.

Pattes nulles.

Voici encore un insecte qui adopte indifféremment les pieux et les branches récemment mortes et à écorce lisse du Châtaignier et du Chêne, et je tiens de M. Revelière qu'en Corse il s'adresse très-fréquemment à l'Aulne. Sa larve vit peu de temps sous l'écorce, elle aime à pénétrer dans le bois où elle creuse une galerie longitudinale peu sinueuse et assez régulièrement cylindrique. On peut la trouver dans des pieux de huit à dix centimètres de diamètre, mais on la rencontre plus souvent encore dans les rameaux plus jeunes et jusque dans les plus petites brindilles, celles qui n'ont pas plus de trois millimètres et dont elle occupe alors presque tout l'intérieur. C'est là aussi qu'elle se transforme sans le moindre préparatif; mais lorsque des branches plus épaisses lui ont permis de pénétrer plus profondément, elle se rapproche de la surface avant sa métamorphose qui a lieu dans le mois d'avril.

NYMPHE

Elle se distingue par des soies roussâtres répandues sur les diverses parties du corps de la manière suivante : deux sur chaque mandibule, six en ligne transversale sur l'épistome, deux groupes sur le front un peu en avant de la base des antennes, trois séries transversales sur le prothorax, la postérieure très-largement interrompue, deux séries sur le dos de chaque segment abdominal et des soies éparses sur la face ventrale. A l'extrémité tronquée du dernier segment on voit une couronne d'épines cornées et ferrugineuses, étalées et de longueur inégale.

L'insecte parfait naît en mai et juin.

Tetrops (Leptura) præusta L.

Genre *Polyopsia* MULSANT.

Fig. 514-517

LARVE

Long. 5-6 millim. Très-semblable, à la taille près, à la larve d'*Anæsthetis ;* comme elle blanche, médiocrement renflée en avant, revêtue de poils fins et blanchâtres et complétement apode.

Tête et organes de la bouche comme dans la larve précitée, avec cette différence que le bord antérieur est visiblement et largement échancré et que les angles sont plus arrondis.

Antennes très-courtes, presque toujours cachées, coniques et de quatre articles plus un très-petit article supplémentaire.

Sur chaque joue, un peu en arrière de l'antenne, un point noir sur ou contre un petit tubercule lisse, ocelliforme.

Prothorax comme dans la larve susdite, s'élargissant sensiblement d'avant en arrière et très-finement striolé sur la plaque métaprothoracique limitée latéralement par les deux sillons en parenthèse.

Mésothorax en dessus et *métathorax* sur ses deux faces ayant deux séries transversales et très-rapprochées de tubercules arrondis, séparés par un pli.

Abdomen comme celui de la larve de l'*Anæsthetis*, ampoules ambulatoires conformées de même, sauf que les tubercules, disposés sur des lignes un peu différemment arquées (V. la figure) sont moins saillants, et que, sur la face ventrale, la série antérieure de chaque ampoule est beaucoup moins apparente et souvent obsolète.

La larve de la *Tetrops* vit, d'après M. Mulsant, dans le Chêne, le Charme et le Poirier; je l'ai observée dans le Pommier, l'Aubépine et le Rosier, et jusqu'ici je ne l'ai trouvée que dans le menu bois. Ses manœuvres sont celles de la larve de l'*Anæsthetis*. La métamorphose en nymphe a lieu dès le mois de mars.

NYMPHE

Elle a de grands rapports avec celle de l'*Anæsthetis* et présente les caractères suivants : deux soies roussâtres très-fines sur chaque mandibule, six sur l'épistome, deux groupes sur le front, un groupe transversal arqué sur le prothorax, deux très-séparées sur le mésothorax et le métathorax, six très-distantes sur le dos des six premiers segments abdominaux et dirigées en arrière, toutes ces soies bulbeuses à la base ; quatre épines verticales et subcornées au bord postérieur du septième segment, placées deux à deux sur deux mamelons ; dernier segment muni de petites callosités tuberculiformes, rousses, disposées avec une certaine symétrie et comme en couronne.

La seconde branche des Saperdins, celle des Agapanthaires, renferme les genres *Agapanthia* et *Calamobius*.

Les *Annales de l'Académie de Liége* ont publié, en 1855, sous le titre d'Histoire des métamorphoses de divers insectes, un travail dans lequel je décris, avec les plus grands détails, les divers états de l'*A. cardui*, sous le nom, admis alors, d'*A. suturalis*, et dont la larve se trouve ici dans le *Melilotus macrorhiza* et le *Cirsium arvense*. Je n'ai pas manqué d'y rappeler que déjà mon ami M. Graells avait décrit et figuré avec le plus grand soin les métamorphoses de l'*A. irrorata* qui s'accomplissent en Espagne dans les tiges de l'*Onopordon Illyricum*.

M. Mulsant (page 365), dit, à propos de l'*A. micans*, que sa larve est jaune avec la tête noire, qu'elle est pourvue sur le dos de mamelons rétractiles, que, d'après M. Millière, elle vit dans les tiges de la Valériane rouge *(Centranthus ruber)*, et qu'aux approches de sa métamorphose, elle quitte la plante qui l'a nourrie pour s'enfoncer dans la terre. Sans que je puisse me prévaloir d'observations personnelles sur l'espèce dont il s'agit, je crois devoir, sous toutes réserves, contester ce dernier fait. Les larves de Longicornes lignivores ou phytophages, dans le sens que nous attachons à ces mots, se transforment habituellement dans le végétal même où elles se sont développées, et aucune des larves d'*Agapanthia* que je connais ne s'affranchit de cette règle. L'erreur de M. Millière vient sans doute de ceci : les larves de ce genre, afin que la nymphe ait la double protection de la plante et du sol, descendent et s'installent le plus souvent, avant leur transformation, au collet de la racine et quelquefois peut-être dans la racine elle-même. En arrachant la Valériane, M. Millière l'aura rompue à l'endroit où était la nymphe, celle-ci sera sortie de sa loge, et ne se doutant pas de l'accident qui avait pu survenir, il aura pensé que la nymphe se trouvait dans la terre, « au pied du végétal, » comme le rapporte M. Mulsant, et s'y trouvait par suite d'une manœuvre préméditée de la larve. Il peut se faire aussi qu'un accident ait rompu la tige desséchée juste là où se trouvait la larve prête à se transformer, et que cette dernière, tombée sur le sol, ait réussi à s'y enfoncer et s'y soit métamorphosée.

Dans la *Revue agricole* de 1847 (page 285), j'ai trouvé la reproduction du rapport présenté par Guérin Méneville, au sujet de l'Aiguillonnier (*Calamobius gracilis*), qui causait des dommages aux blés dans les départements de la Charente et de la Charente-Inférieure. Ce rapport, dont une analyse figure dans les *Annales de la Société entomologique*, 1847, page XVIII, est le résultat d'observations très-sérieuses, et renferme des détails pleins d'intérêt qui prouvent que la larve du *Calamobius* se conduit absolument comme celles dont j'ai moi-même suivi les manœuvres. Je n'ai pu encore me procurer cette larve, dont malheureusement Guérin Méneville ne dit que quelques mots au point de vue descriptif; mais en déclarant qu'elle est cylindrique avec le premier anneau un peu plus gros et la tête petite et qu'elle a « la forme d'un ver allongé et mince qui ne ressemble que très-médiocrement aux autres larves connues de Longicornes, » il me donne lieu de penser qu'elle a les plus grands rapports avec celles du genre *Agapanthia* dont le *Calamobius* faisait partie jusqu'en 1847.

Voici maintenant le signalement des autres larves qui me sont connues.

Agapanthia asphodeli Latr.

Fig. 518-522.

LARVE

Long. 20-24 millim. Apode, d'un blanc jaunâtre ; revêtue de poils blonds assez nombreux sur la tête, moins sur la région dorsale, beaucoup plus denses en dessous.

Tête ovale, luisante, d'un marron clair,. presque entièrement libre, marquée sur le devant du front d'une impression subtriangulaire et un peu ruguleuse d'où part un sillon médian très-fin qui se prolonge jusqu'au vertex. Bord antérieur droit au milieu, avec une saillie obtuse vis à vis les mandibules, et un peu déclive de ce point jusqu'aux angles.

Épistome d'une couleur plus claire que la tête, transversal, d'une largeur égale au tiers de la plus grande largeur de la tête, à côtés obliques et angles antérieurs arrondis.

Labre marron foncé, ruguleux, convexe, en ovale transversal, plus large que l'épistome à son sommet, revêtu en dessous et densement cilié de poils roux.

Mandibules noires avec la base ferrugineuse ; vues en dessus, elles sont larges, très-obliquement subéchancrées en dedans et pointues à l'extrémité ; vues de côté, elles sont assez étroites, obliques, subtriangulaires, sinuées à leur tranche inférieure et bifides au sommet.

Mâchoires roussâtres, droites, assez fortes et courtes, leur lobe subconique, ne dépassant guère le premier article des palpes et hérissé de soies rousses.

Palpes maxillaires presque roux, droits ou peu s'en faut, peu allongés, ne débordant pas les mandibules, de trois articles dont le second un peu plus long que les deux autres qui sont égaux.

Lèvre inférieure roussâtre, large, déprimée au milieu, prolongée en une languette obtuse et velue.

Palpes labiaux de la couleur des palpes maxillaires, dépassant à peine les lobes des mâchoires et de deux articles égaux.

Antennes très-courtes, rétractiles, rarement complétement saillantes, de quatre articles dont le dernier, ainsi que l'article supplémentaire sont très-petits.

Un peu en arrière des antennes, la larve de l'*A. cardui* montre un très-petit point noir non saillant, simulant un ocelle, celle que je décris n'a rien de semblable et ne présente aucune trace d'*ocelles*.

Prothorax de la longueur de la tête, d'un tiers plus large qu'elle, presque imperceptiblement ridé postérieurement, subcorné et marron clair en dessus, sauf les bords antérieur et postérieur qui sont de la couleur et de la consistance du corps, plan et déclive en dessous, de sorte que, vu de profil, il a beaucoup plus de diamètre à la base qu'à son extrémité antérieure.

Mésothorax et *métathorax* de moitié moins longs que le prothorax, l'un et l'autre très-ventrus en dessous et munis sur ce renflement anormal d'une touffe transversale de poils longs, assez raides, serrés et roussâtres. Sur le dos du métathorax on voit une ampoule ambulatoire transversale dont la crête est entourée d'un rang de petits tubercules.

Abdomen s'atténuant un peu de la base à l'extrémité et formé de neuf segments dont les quatre premiers un peu plus longs que les suivants ; tous munis d'un bourrelet latéral peu saillant, occupant toute leur longueur ; les sept premiers segments pourvus sur le dos d'une ampoule ambulatoire non bilobée, semblable à celle du métathorax mais plus développée, et marqués en dessous d'un pli transversal relevé aux extrémités et d'un autre petit pli médian longitudinal. Dernier segment s'élargissant un peu de la base à l'extrémité qui est tronquée et hérissé postérieurement de poils roussâtres et touffus, surtout au bord inférieur. Milieu de la face postérieure occupé par un petit mamelon trilobé, médiocrement saillant et un peu rétractile, au centre duquel est l'anus.

Stigmates un peu ovales, au nombre de neuf paires, la première assez près du bord antérieur du mésothorax, à peine plus bas que les autres, qui sont situés au tiers antérieur des huit premiers segments abdominaux.

Pattes nulles.

Cette larve, reçue de Delarouzée qui l'avait recueillie à Hyères, vit dans les tiges de l'*Asphodelus ramosus*. M. Mulsant dit, page 356, que, d'après les observations de M. Rodrigues, la femelle dépose ses œufs au pied des Asphodèles dans le courant du mois de mai. Mes constatations sur d'autres larves du même genre me portent au contraire à penser que les œufs sont déposés vers le sommet de la tige et que cette larve se conduit comme celle de l'*A. angusticollis* dont je parlerai tout à l'heure.

NYMPHE

Elle a des poils roussâtres clair-semés sur toute la tête, plus touffus sur le prothorax ; on en voit aussi quelques-uns sur le métathorax. Sur le dos de l'abdomen, les poils sont très-courts, ils sont plus longs et plus nombreux en dessous, sur les côtés et postérieurement. Les segments abdominaux, sauf le premier qui a simplement deux petits mamelons transverses et sauf aussi les deux derniers, sont pourvus sur le dos d'une ampoule ambulatoire bilobée, dont chaque lobe, ayant la forme d'un mamelon arrondi, porte une série transversale de fines spinules cornées, très-crochues en arrière. Un peu en avant on observe, sur la ligne médiane, deux spinules droites. L'avant-dernier segment offre à la base une saillie surmontée de trois épines assez fortes et sur le reste de sa surface dorsale de petites aspérités éparses. Le dernier segment est denticulé à son bord supérieur et pourvu en dessous de deux touffes épaisses de poils.

Ces descriptions étaient faites lorsque j'ai reçu le quinzième cahier des *Opuscules entomologiques*, dans lequel j'ai trouvé (p. 98), le signalement détaillé de la même larve, par MM. Mulsant et Valéry Mayet, qui paraissent n'avoir pas connu la nymphe. Je ne me trouve en désaccord avec mes savants collègues que sur la composition des palpes maxillaires et labiaux et des antennes; ils donnent aux premiers quatre articles lorsque je ne puis en compter que trois, et aux seconds trois articles quand je n'en puis voir que deux. Quant aux antennes, qui n'auraient, d'après eux, que trois articles, elles en possèdent quatre plus un très-petit article supplémentaire.

Agapanthia lineatocollis, DONOVAN

LARVE

Il m'est impossible de lui trouver d'autre différence avec la précédente qu'un point enfoncé et une rainure bien plus nette et plus profonde sur la face externe des mandibules, au dessous de la dent supérieure ou la plus voisine du labre.

M. Mulsant dit qu'on trouve l'insecte parfait sur les chardons; la larve a été, en effet, recueillie en Corse par M. Revelière, dans les tiges du *Cirsium Italicum*.

Je ne connais pas la nymphe.

Agapanthia angusticollis, Gyll.

LARVE

Elle se distingue des précédentes en ce que 1° le corps est d'un blanc sale ; 2° la tête est d'un brun noirâtre ainsi que le labre, avec l'épistome, les mâchoires et les palpes pâles et deux arcs blanchâtres partant d'un point commun du vertex et aboutissant aux angles antérieurs ; 3° les mandibules sont moins profondément bifides et les deux dents sont un peu émoussées ; 4° la partie du prothorax des précédentes qui est marron clair est ici d'un brun noirâtre, avec une ligne longitudinale blanchâtre au milieu, et ce même segment présente en dessous deux taches noirâtres.

Au mois d'août 1865, m'étant avisé, dans une excursion aux Pyrénées, avec mes amis MM. de Bonvouloir, Charles Brisout et de Saulcy, d'ouvrir des tiges vertes d'*Aconitum anthora*, je fus agréablement surpris d'y trouver des larves, jeunes encore, que je jugeai, au premier coup d'œil, appartenir à une *Agapanthia*. J'emportai un petit fagot de ces tiges, j'observai mes larves à plusieurs reprises, et, durant l'été suivant, il me naquit un certain nombre d'insectes parfaits auxquels une étude sérieuse me fit attribuer, avec une entière conviction, le nom d'*angusticollis*.

En juillet 1870 je retournai au même lieu, et cette fois j'explorai les tiges sèches d'Aconit de l'année précédente. Un trou rond pratiqué sur la plupart m'apprit que l'habitant avait vidé les lieux, d'autres contenaient une larve en apparence adulte, mais qui ne paraissait pas avoir l'intention de se transformer, sans doute à cause de la sécheresse exceptionnelle de l'année. Je fis encore mon petit fagot, je laissai ces tiges dehors jusqu'à la mi-avril 1871, époque à laquelle je constatai qu'elles renfermaient des nymphes, et dans le courant de mai j'obtins des insectes parfaits qui n'éclosent sans doute qu'en juin aux lieux élevés et plus froids où vit l'Aconit montagnard.

J'oubliais de dire qu'à la même époque, ayant ouvert des tiges d'*Heracleum sphondylium*, voisines des Aconits jeunes encore, je trouvai dans deux d'entre elles une larve de la même *Agapanthia*.

M. Goureau dit l'avoir rencontrée aussi dans les tiges du *Senecio aquaticus (Soc. Ent.* 1863, p. CXIII), et en octobre 1874 je l'ai trouvée ici dans les tiges de l'*Eupatorium cannabinum* d'où l'insecte parfait, que je n'avais jamais pris dans le département, est né chez moi en mai 1875.

Enfin, une de mes notes m'a reporté à une communication faite à la Société entomologique par M. Rouget, de Dijon, et insérée dans le *Bulletin* de 1870, page XLVIII. Notre savant collègue annonce, sans donner aucune description, que, du 18 avril au 1er mai, il a observé la larve, la nymphe et l'insecte parfait de l'*A. angusticollis* dans les tiges de l'*Heracleum*. Il n'a vu qu'une seule larve dans une tige, et il a remarqué qu'elle part du sommet et se développe en descendant jusque près du collet de la racine où elle se transforme dans un espace limité en haut et en bas par des débris de moelle. M. Rouget ajoute qu'on a déjà signalé cette *Agapanthia* comme vivant dans les tiges du *Carduus nutans ;* on voit qu'elle a des goûts assez variés.

Voici les particularités que présente la larve dont il s'agit.

La femelle pond vers le haut de la tige de la plante, mais elle n'y dépose qu'un seul œuf, et, chose remarquable, aucune ponte rivale n'est faite par une autre femelle, car jamais on ne trouve deux larves dans la même tige. Ainsi, à moins de supposer que si plusieurs larves occupent le même domicile, l'une d'elles se débarrasse bientôt de toute concurrence, il faut admettre que la femelle explore avec soin la plante qu'elle a d'abord jugée propice à son dessein, qu'elle constate infailliblement si elle a été devancée et que, dans ce cas, elle s'éloigne, comme si elle savait que toute la longueur de la tige est nécessaire au développement d'une seule larve et qu'elle condamnerait sa progéniture à une mort certaine si elle empiétait sur les droits du premier occupant. Bien d'autres insectes, du reste, donnent l'exemple d'un pareil instinct, d'une aussi sage réserve.

Dès sa naissance, la jeune larve pénètre dans le canal médullaire et le ronge en descendant. Elle parvient ainsi jusqu'au collet de la racine. Arrivée là, elle se retourne et se met à ronger en remontant, et en conservant à sa galerie une largeur bien supérieure à celle de son corps. Les parties qu'elle détache sont presque entièrement utilisées pour son alimentation, car la galerie demeure libre sur une grande étendue et l'on n'y trouve de petits dépôts de détritus et d'excréments qu'à d'assez grands intervalles. A l'automne, cette large galerie existe sur la plus grande partie de la longueur de la tige. La larve la parcourt, soit en avant, soit à reculons, avec une facilité et une rapidité surprenantes, ce qu'il est facile de voir, lorsqu'on fend la tige de manière à n'ouvrir la galerie que sur le tiers de son pourtour. Quand elle veut avancer, elle appuie sa tête et sa poitrine contre les parois inférieures de la galerie, contracte son corps, ramène autant qu'elle le peut le dernier segment qui s'applique contre ces mêmes parois par sa face postérieure, et à l'aide de ce point d'appui et des ampoules dorsales, elle se pousse en avant pour recommencer le même exercice. Quand elle veut reculer, elle allonge son corps autant que possible, relève la tête contre les parois supérieures, se sert de celle-ci et de tous ses pseudopodes pour se contracter en arrière, et ainsi de suite. Ces mouvements de progression et de recul sont la conséquence de la privation des ampoules ventrales, et c'est pour les favoriser que la poitrine est dilatée et munie de poils touffus, que le dernier segment, large, tronqué et frangé de poils, enchâsse le mamelon anal et s'applique, à l'instar d'une ventouse, sur le plan de position, et comme il faut pour cela que la partie postérieure de l'abdomen se courbe en dessous, la larve est conduite à donner à sa galerie un diamètre beaucoup plus grand que celui de son corps.

Cette larve, si agile dans sa galerie parce qu'elle est constituée pour vivre dans ces conditions, est incapable, lorsqu'elle est dehors, de tout mouvement de progression, elle ne peut que s'agiter sans résultat aucun, et elle prend habituellement l'attitude que je lui ai donnée dans mon dessin.

Lorsqu'un accident a rompu la tige où elle vit, elle se hâte de boucher l'orifice par un fort tampon de petits copeaux qu'elle détache des parois de sa galerie. Elle établit enfin, ordinairement assez près du collet de la racine, si la plante reste sur pied, ou le long de la tige dans le cas contraire, deux tampons analogues, à une distance un peu supérieure à la longueur de son corps; c'est dans cette cellule qu'elle passe l'hiver et une partie du printemps, et le mois d'avril ou de mai venu, elle accomplit sa métamorphose en nymphe.

NYMPHE

Elle est en tout semblable à celle de l'*A. asphodeli*. Les poils et les aspérités dont elle est pourvue lui donnent les moyens de monter et de descendre dans sa galerie avec assez de prestesse.

Dans la troisième branche des Saperdins, celle des Saperdaires, sont les genres *Compsidia*, *Anærea*, *Amilia* et *Saperda*.

Bouché et Ratzeburg ont dit quelques mots de la larve de la *Compsidia populnea*, et ce dernier l'a figurée, à la planche XVI de son premier tome; mais dans son livre sur les Insectes nuisibles aux forêts (1867), M. Goureau en donne, page 120, une description assez étendue. La tête est assez saillante, subparallèle, le prothorax porte des aspérités rousses et les ampoules ambulatoires ont deux rangs transversaux d'aspérités semblables. M. Goureau dit avec raison qu'il n'a pas vu de pattes ; mais les antennes, qu'il n'a pas vues non plus, existent, seulement elles sont le plus souvent cachées dans une cavité de la tête. Elles ont quatre articles très-courts, plus l'article supplémentaire. Déjà, et en 1847 (*Soc Ent.*, page XLVII), M. Lucas avait donné, sur les mœurs de l'insecte parfait, sans décrire la larve, des renseignements pleins d'intérêt et de vérité.

D'après le catalogue de MM. Chapuis et Candèze, Gœdart a publié, sur la larve de l'*Anærea carcharias*, une description et des figures qui laissent beaucoup à désirer. Ratzeburg l'a décrite brièvement et figurée à la planche précitée. La description de M. Goureau (*loc. cit.*, p. 118), quoique plus étendue, est insuffisante et de plus erronée en ce qu'elle dit qu'il n'existe pas d'antennes. Elles sont, il est vrai, courtes et rétractiles, mais leurs derniers articles surgissent en dehors de la cavité où elles se logent. La tête est relativement petite, parallèle, les mandibules sont robustes, assez longues, pointues, taillées en biseau intérieurement ; l'épistome et le labre sont à peu près comme dans les larves d'*Agapanthia* ; le prothorax, subcorné et roux en dessus, est, sur les deux tiers postérieurs, et dans un espace limité à droite et à gauche par d'assez profondes parenthèses, couvert d'aspérités granuleuses. Les ampoules ambulatoires, un peu déprimées au milieu, sur la face dorsale, sont couvertes d'aspérités rousses, pointues, très-petites et très-serrées. La première paire de stigmates est presque sur la même ligne que les suivantes.

M. Goureau (*Soc. Ent.*, 1844, page 431), a parlé des métamorphoses de la *Saperda scalaris*, dont il avait trouvé la larve dans un Poirier, et que j'ai observée dans des Cerisiers et dans un Noyer mort qui m'a fourni plus de deux cents individus de l'insecte parfait. La description qu'en donne mon honorable ami ne saurait suffire, car il se borne presque à la comparer à la larve du *Morimus lugubris* dont elle diffère par des caractères très-importants. Il commet de plus une erreur en lui donnant des pattes dont elle est complétement dépourvue. Je la caractériserai suffisamment en disant qu'elle ressemble, pour la forme et pour ses divers organes, aux deux larves précédentes, mais qu'elle en diffère visiblement en ce que les granulations du prothorax sont très-petites et très-serrées et que les ampoules ambulatoires sont couvertes d'aspérités extrêmement denses et d'une excessive finesse.

Quant à la nymphe, voici les particularités qu'elle présente et qui se retrouvent généralement dans les nymphes des Saperdaires. Elle a quatre soies roussâtres sur chaque mandibule et deux de chaque côté de l'épistome, ces soies portant sur un petit tubercule ; trois spinules cornées, en série longitudinale, de chaque côté du front, très-près des yeux ; deux épines assez longues au dessus de la base des antennes ; des spinules, dont cinq médianes plus longues, au bord antérieur du prothorax ; un peu plus en arrière, quatre ou cinq spinules semblables, et sur le reste du prothorax des spinules plus petites et éparses ; d'autres autour de l'écusson et sur le métathorax, ces spinules thoraciques un peu arquées en haut. Les sept premiers segments de l'abdomen, lisses sur le ventre, ont sur le dos, assez près du bord postérieur, une série transversale de spinules inclinées en arrière, sauf le sixième et le septième où elles sont plus longues, dressées ou un peu arquées en avant. Le dernier segment a un petit arc de spinules à la base, une assez longue épine de chaque côté et six semblables à l'extrémité qui est tronquée. Chacune des spinules dont je viens de parler est accompagnée d'une soie roussâtre partant de sa base et plus longue qu'elle.

J'ai décrit, dans les *Annales de la Société entomologique* (1847, page 549), la larve de la *Saperda punctata* qui vit dans l'Orme, et je viens de constater que je l'ai fait avec assez de soins et de détails pour n'avoir pas à y revenir ; je dois seulement rectifier le nombre des articles des antennes qui est de quatre au lieu de trois, mais l'article basilaire est rarement appréciable. Au surplus, la forme de cette larve est celle des précédentes, son prothorax est couvert, sur sa moitié postérieure, de granulations cornées, et les ampoules ambulatoires sont munies d'aspérités fines et serrées. M. Mulsant m'apprend (p. 384), que M. Hammerschmidt a postérieurement et dans la réunion des naturalistes à Breslau, communiqué un travail sur cette même larve.

M. Asa Fitch, dans son ouvrage sur les insectes nuisibles et utiles de l'État de New-York, a décrit et figuré la larve de la *S. bivittata* Say, qui vit dans un Pommier.

M. Erné a donné une courte description de la larve de la *S. phoca*, parasite du Saule marceau, dans le *Bulletin de la Société entomologique suisse*, 1873.

La quatrième branche, celle des Phytœciaires, réunit les genres *Stenostola*, *Oberea*, *Phytœcia* et *Opsilia*.

Une larve d'*Oberea*, la *linearis*, qui vit dans les jeunes pousses du Noisetier, a été mentionnée et figurée par Rœsel, et Ratzeburg (pl. XVI), en a donné le dessin. La description la plus étendue est celle qu'en a donnée M. Goureau dans son livre sur les insectes nuisibles aux arbres fruitiers, etc. (1862, p. 29). Il n'a pas omis de parler des aspérités qui couvrent une partie du prothorax et les ampoules ambulatoires, seulement, il place à tort ces aspérités sur la tête. Je prends en outre la liberté de rectifier l'erreur qu'il a commise en donnant à cette larve six pattes, très-petites, il est vrai, mais qu'il m'a été impossible de découvrir, et qui n'existent pas plus dans cette espèce que dans celles du même groupe.

Le même auteur, dans son livre sur les insectes nuisibles aux arbustes et aux plantes de parterre (p. 20), a décrit avec soin ce qui concerne la larve de l'*O. pupallita*, qui se développe et se transforme dans les tiges vivantes du Chèvre-feuille *(Lonicera caprifolium)*, et, d'après M. Mulsant, dans celles du *Lonicera tatarica*. Mon savant et laborieux ami signale la granulation cornée et rousse qui couvre la partie postérieure du prothorax, mais il ne dit rien des particularités, très peu apparentes probablement, que peuvent présenter les ampoules ambulatoires. Cette fois, et avec raison, il supprime complétement les pattes.

Je décrirai la larve de l'*O. oculata*.

Le genre *Phytœcia*, quoique représenté par un assez grand nombre d'espèces, paraît avoir défié jusqu'ici les recherches des amateurs de larves, et les seuls renseignements qu'ait pu fournir M. Mulsant pour diriger les investigations sont que la *P. ephippium* se trouve sur l'*Euphorbia dulcis* et que la larve de la *P. nigricornis* vit, d'après Linné, dans les rameaux du Prunier et du Poirier. Lareynie avait déjà signalé la larve de la première comme très nuisible à la partie souterraine des carottes cultivées *(Soc. Ent.*, 1851, p. LIV).

Je ferai connaître la larve de la *P. lineola*.

On a été plus heureux pour deux espèces du genre *Opsilia*, détaché par M. Mulsant des *Phytœcia* : la première est l'*O. virescens*, dont la larve vit dans les tiges de l'*Echium vulgare*. MM. Chapuis et Candèze ont décrit et figuré cette larve dans leur catalogue (p. 247, pl. VIII). Je rectifierai leur description en donnant quatre articles aux antennes au lieu de trois, sans parler de l'article supplémentaire, et je la compléterai utilement en disant que la tête, par sa forme et ses organes, rappelle entièrement les larves précédentes, que la moitié postérieure du prothorax est couverte de granulations cornées et que les ampoules ambulatoires, lisses et exemptes de toute aspérité visible, sont très-dilatables, bilobées et marquées, les supérieures d'un pli elliptique et d'un autre médian longitudinal, les inférieures d'un pli transversal.

La larve de la seconde espèce, l'*O. molybdæna*, vit dans les tiges du *Lithospermum officinale ;* elle a été publiée par M. Von Frauenfeld dans les *Mémoires de la Société de Zoologie et de Botanique de Vienne*, 1868-69.

Oberea (Cerambyx) oculata L.

Fig. 523-526

LARVE

Long. 25-30 millim. Subtétraédrique, relativement un peu étroite et peu renflée antérieurement, peu densement revêtue d'une villosité pâle; complétement apode.

Tête relativement étroite, presque parallèle, saillante en dehors du prothorax, d'une longueur égale à la moitié de sa plus grande largeur, lisse, luisante, jaunâtre avec le bord antérieur ferrugineux ; marquée en arrière de ce bord d'une rangée de points écartés de chacun desquels sort un poil dirigé en avant.

Épistome trapézoïdal, à angles un peu arrondis, d'une largeur égale au quart de la largeur antérieure de la tête.

Labre un peu plus que semi-elliptique, cilié de poils roussâtres.

Mandibules assez longues, noires avec la base un peu ferrugineuse; vues en dessus, largement triangulaires, avec le bord externe arrondi et la tranche interne sinuée ; vues de côté, étroitement subtriangulaires, obliques, avec la tranche supérieure convexe et la tranche inférieure concave, et le dos un peu en carène.

Mâchoires, lèvre inférieure et *palpes* comme dans la larve de *Mesosa*.

Antennes courtes, rétractiles.

Pas de trace d'*ocelles*.

Prothorax marqué en dessus de deux sillons parallèles aux côtés qui sont un peu arrondis et y dessinant une sorte de bourrelet, et plus en dedans de deux autres sillons plus courts, plus profonds, arqués et obliques; orné postérieurement et sur un espace subtriangulaire qui s'avance jusqu'au delà du milieu, de tubercules cornés, ferrugineux, lisses, assez serrés, d'inégale grandeur et dont les plus petits sont à l'extérieur du groupe.

Ampoules ambulatoires du métathorax et des sept premiers segments de l'abdomen semblables sur les deux faces, petites, arrondies, non ou obsolètement bilobées, très-sensiblement dilatables et munies de deux étroites bandes parallèles et en arc renversé, l'antérieure plus large et plus interrompue au milieu, d'aspérités roussâtres, extrêmement fines et très-rapprochées, disposées en lignes transversalement sinueuses.

Stigmates de forme ordinaire, la première paire plus grande et un peu plus inférieure que les huit autres, située pour ainsi dire sur la ligne qui sépare le prothorax du mésothorax.

Pattes nulles.

Cette larve se distingue, comme celle de l'*Oberea linearis*, par le peu de largeur de la tête et par la structure de ses ampoules. Je l'ai trouvée dans des tiges de Saules pleureurs cultivés en pépinière, parfaitement vivants et ne paraissant pas même souffrir de ses attaques. Comme il n'existe pas de traces d'érosion sous l'écorce, j'en conclus que, dès sa naissance, elle plonge dans les couches ligneuses. Le point par lequel elle a pénétré dans le bois se reconnaît à des déjections d'abord fraîches que, pendant quelque temps seulement, elle rejette au dehors, puis par des déjections assez sèches, enfin par un petit bouchon de détritus. Sa galerie, d'un diamètre un peu irrégulier, est longitudinale et creusée dans l'aubier quand la tige a quelques centimètres de diamètre, dans le canal médullaire lorsqu'elle a une faible épaisseur. Cette galerie, qui dépasse quelquefois une longueur de trente centimètres, et qu'elle creuse indifféremment la tête en haut ou la tête en bas, c'est-à-dire en montant ou en descendant, est encombrée de déjections mêlées de quelques débris. Elle la dévie vers la surface aux approches de la métamorphose, en l'élargissant pour que la nymphe soit plus à l'aise, et les déblais résultant de cette appropriation sont rejetés et entassés derrière elle sous forme de paillettes. D'autres paillettes, en moindre quantité, sont accumulées devant elle et contre l'orifice futur de la galerie. L'état de larve dure environ dix mois.

J'ai observé la nymphe au commencement de juin.

NYMPHE

Des poils très-fins et roussâtres sur le front, sur le vertex et sur les trois segments thoraciques. Premier arceau dorsal lisse, les six suivants pourvus d'un groupe transversal de spinules assez nombreuses, subcornées, à pointe ferrugineuse, inclinées en arrière et d'autant plus grandes qu'on s'approche plus de l'extrémité du corps; ces spinules entremêlées de quelques poils fins et très-courts, les postérieures du septième arceau relevées et quelques-unes même un peu arquées en avant. Dernier segment spinuleux avec de petits poils, sans que je puisse dire au juste la disposition des épines, parce que les deux nymphes que je possède sont un peu altérées sur ce point.

L'insecte parfait naît à la fin de juin ou au commencement de juillet.

Phytæcia (Saperda) lineola F.

Fig. 527-530.

LARVE

Long. 9-11 millim. Subtétraédrique, très-peu renflée antérieurement, peu densement revêtue d'une villosité blonde, complétement apode.

Tête étroite, presque parallèle, presque plane en dessus et en dessous, quoique assez épaisse, saillante en dehors du prothorax d'une longueur égale à la moitié de sa largeur, lisse, luisante, jaunâtre, avec la lisière antérieure ferrugineuse ; marquée en arrière de cette lisière d'une rangée de points écartés de chacun desquels sort un poil incliné en avant. Bord antérieur droit, muni d'une dent vis à vis de chaque mandibule, largement sillonné en dehors de cette dent et non oblique vers les angles qui sont un peu arrondis.

Épistome transversal et trapézoïdal, à angles un peu arrondis, d'une largeur égale au quart environ de la largeur antérieure de la tête.

Labre un peu plus que semi-elliptique, frangé de poils roussâtres.

Mandibules assez longues, noires avec la base un peu ferrugineuse, larges, pointues et très-obliquement échancrées en dedans quand on les regarde en dessus, et vues de côté, à peu près droites à leur tranche supérieure, concaves à la tranche inférieure, obliquement tronquées au sommet dont l'extrémité est divisée en deux dents séparées par une rainure.

Mâchoires, lèvre inférieure et *palpes* comme dans la larve précédente.

Antennes très-courtes et rétractiles, ordinairement cachées dans leur cavité après la mort.

Pas de vestiges d'*ocelle*.

Prothorax deux fois aussi large que la tête, marqué en dessus des deux sillons ordinaires en parenthèse, mais plus rapprochés des côtés et de deux autres sillons internes et obliques, partant de l'extrémité antérieure des premiers, couvert entre ces sillons et sur un espace subtriangulaire qui s'avance jusqu'au delà du milieu, de tubercules cornés et ferrugineux, assez serrés et à peu près tous égaux.

Ampoules ambulatoires placées, comme à l'ordinaire, sur la face inférieure du mésothorax et sur les deux faces du métathorax et des sept premiers segments abdominaux, assez fortement dilatables, les dorsales marquées d'un pli elliptique transversal, circonscrivant une ellipse traversée au milieu par un pli longitudinal ; à droite et à gauche de l'ellipse un pli arqué. Ampoules ventrales coupées en deux par un pli transversal ; toutes ces ampoules marquées de quelques rides, ce qui rend leur surface un peu inégale,

Mamelon anal, comme dans les autres larves de Longicornes, coupé de trois plis convergents au centre desquels est l'anus.

Stigmates comme d'ordinaire à péritrème elliptique et à ouverture verticale, au nombre de neuf paires, la première, sensiblement plus grande mais à peine plus inférieure que les autres, pour ainsi dire sur la ligne qui sépare le prothorax du mésothorax, les suivantes au quart antérieur des huit premiers segments abdominaux.

Pattes nulles.

Cette larve vit dans les tiges de l'*Achillœa millefolium* sur laquelle, au mois de mai, on trouve assez fréquemment l'insecte parfait. Je n'ai jamais rencontré qu'une larve dans une même tige. La femelle pond ses œufs à la partie supérieure ; la jeune larve s'installe, dès sa naissance, dans le canal médullaire et ronge en descendant. Lorsqu'elle est arrivée au collet de la racine elle est presque adulte. Elle complète son développement en rongeant autour d'elle, se loge plus au large, puis elle se retourne la tête en haut, et à la fin d'août ou en septembre elle se transforme en nymphe.

NYMPHE

Deux poils roussâtres écartés et dirigés en avant à la base de l'épistome ; un groupe de quatre de chaque côté du front, arqués en haut; deux près de la base de chaque antenne, l'un bien plus long que l'autre; six ou huit vers le bord antérieur du prothorax, d'autres groupés sur le milieu de sa face dorsale, c'est-à-dire sur ce qui sera la ligne médiane colorée et saillante de l'insecte parfait et qui est saillante aussi dans la nymphe. Sur le dos des sept premiers segments de l'abdomen, des spinules subtriangulaires dressées, ferrugineuses et cornées, disposées à peu près en arc de cercle renversé, d'autant plus nombreuses et prononcées qu'on s'approche plus de l'extrémité du corps, et entremêlées de quelques poils fins et blanchâtres, arqués en arrière. Huitième et dernier segment tronqué et entouré, sauf au bord inférieur, d'une couronne de spinules de la base desquelles s'élève un poil fin et blanchâtre. Dessous du corps, pattes et antennes complétement glabres.

L'insecte parfait demeure dans sa cellule jusqu'au mois d'avril ou de mai de l'année suivante.

A ne considérer que les insectes parfaits, les Saperdins présentent des différences assez sensibles de physionomie ; nous trouvons aussi dans les larves des caractères différentiels assez tranchés. Celles des Mésosaires ont la plaque métaprothoracique striée et les ampoules ambulatoires ornées de deux ou même de trois rangs de tubercules ; dans celles des Saperdaires, la moitié postérieure du prothorax et les ampoules ambulatoires sont couvertes d'aspérités granuliformes et cornées, quelquefois très-petites ; celles des Phytœciaires présentent la partie postérieure du prothorax munie, sur une étendue un peu moindre, d'aspérités bien visibles, dont quelques-unes oblongues et les ampoules ambulatoires plus saillantes et pourvues de deux bandes interrompues au milieu d'aspérités extrêmement fines et très-rapprochées *(Oberea)*, ou bien ces ampoules lisses ou à peine ridées *(Phytœcia)*. Les larves de cette famille se distinguent aussi par les mandibules qui, vues de côté, sont obliquement tronquées dans celles des Mésotates, faiblement et carrément tronquées dans celles des Polyopsiates, un peu plus étroites, plus obliques, très-concaves sur la tranche intérieure et très-obliquement tronquées dans celles des Saperdaires, pointues dans celles des *Oberea*, obliquement tronquées avec l'extrémité bidentée dans celles des *Phytœcia*. Mais toutes ont pour caractères communs une tête assez étroite et à peu près parallèle, l'épistome et le labre étroits, les antennes très-courtes et rétractiles, les mâchoires courtes et non obliques, une languette arrondie et velue, l'absence de tout ocelle saillant et de pattes.

Toutefois, comme s'il fallait qu'il y eût partout une exception, les larves d'Agapanthaires présentent les anomalies les plus frappantes, les disparates les plus tranchés. Leur tête, à peu près libre et elliptique, leur épistome plus large que le tiers de la largeur de la tête, leurs mandibules tronquées carrément et bidentées à l'extrémité, leur prothorax lisse, le gonflement du sternum et les longs poils qui le hérissent, la saillie remarquable des ampoules dorsales, couvertes de granulations oblongues, très-serrées, tandis que les ampoules ventrales font défaut et sont remplacées par quelques plis ; la troncature et la villosité du dernier segment, enfin les attitudes et la manière de cheminer dans les galeries, tout semble concourir à rejeter ces larves en dehors de la famille des Saperdins. On ne croirait même pas à une larve de Longicorne, si on ne tenait pas compte du bord antérieur de la tête, des organes de la bouche, des granulations des ampoules dorsales et du mamelon anal trilobé. Aussi est-ce avec raison que tous les auteurs ont fait du genre *Agapanthia* une famille ou une branche distincte. Quelques-uns, et notamment MM. Fairmaire et Mulsant, y ont ajouté le genre *Calamobius*, mais Lacordaire le place dans les Hippopsides, assez loin des Agapanthiides, ce qui fait que je regrette d'autant plus de ne pas connaître sa larve.

Le troisième et dernier groupe de M. Mulsant est celui des Lepturides, qui se divise en deux familles, les Rhagiens et les Lepturiens.

La première famille se subdivise en deux branches, les Vespéraires et les Rhagiaires.

La branche des Vespéraires ne contient que le genre *Vesperus*. Tout ce qu'on savait sur son compte, avant 1871, se réduisait à ce fait, mentionné dans les *Annales de la Société entomologique*, 1848, p. CXI, et relaté par M. Mulsant, p. 446, que le 30 août 1845, M. Luciani trouva dans un champ cultivé, à la profondeur de six pouces, une coque de figure sphérique, composée de petits grains de terre agglutinés et contenant une nymphe de *Vesperus luridus* qui, deux jours après, passa à l'état parfait.

Le 11 décembre 1871, MM. Mulsant et Lichtenstein présentèrent à la Société linnéenne de Lyon une description de la larve du *Vesperus Xatarti*, très-commune, paraît-il, dans les vieilles vignes des environs de Carignano (Aragon). Ils ajoutent que la femelle dépose ses œufs en novembre dans des tiges desséchées de ronces, ou sous des écorces d'Oliviers, que ces œufs, de la grosseur d'un grain de millet, mais fusiformes et collés symétriquement par plaques, éclosent au mois de mai et que les jeunes larves qui en proviennent se laissent tomber à terre où elles s'enfoncent pour se développer aux dépens des racines des végétaux.

La même larve a donné lieu, de la part de MM. Lichtenstein et Valéry Mayet, à une note encore plus détaillée et accompagnée d'excellentes figures, insérée dans les *Annales de la Société entomologique*, 1873, p. 117. D'après ces auteurs, le *Vesperus* paraît en novembre et pond en décembre. Les œufs sont déposés dans les tiges sèches ou sous les écorces, ils éclosent en mai. La larve naissante s'enfonce dans la terre ; elle est allongée, agile, longuement velue et pourvue, près de la base de chaque antenne, de trois ocelles disposés en triangle. Ses antennes ont cinq articles dont les deux derniers sont accouplés et insérés côte à côte dans le troisième, tandis que, dans la larve adulte, les organes de la vision manquent, et les antennes n'ont que quatre articles placés bout à bout. Avant chaque mue, elle s'enferme dans une coque de terre qu'elle ne perce que lorqu'elle a changé de peau.

Cette larve vivrait plusieurs années, quatre, à ce qu'ils croient, et voici les observations qui justifieraient cette appréciation. Une larve, déjà presque adulte, après avoir construit sa coque fin octobre 1871, y passa tout l'hiver et la creva en mars pour se mettre à manger. A la fin de mai 1872, elle s'enferma de nouveau et ne reprit sa liberté et son appétit qu'à la fin de septembre. A la fin d'octobre, elle se remit au régime cellulaire pour passer l'hiver. Au mois de mars 1873, elle sortit de prison, mangea pendant deux mois, puis se cloîtra de nouveau pour tout l'été, mais elle mourut vers le 20 juin. Ainsi, elle s'enferme en hiver et en été et ne mange qu'au printemps et à l'automne. Chaque sortie de la coque est précédée d'une mue.

Je n'ai rien à redire à la description de la larve, qui est évidemment le portrait de celle dont je vais donner le signalement, si ce n'est pourtant que MM. Lichtenstein et Mayet n'ont pas mentionné le petit article supplémentaire des antennes qui existe dans la larve adulte et qu'ils ont vu se développer dans la larve naissante; mais j'ajoute qu'ils ont rectifié, avec raison, la description de MM. Mulsant et Lichtenstein, en ne donnant aux palpes maxillaires que trois articles au lieu de quatre, et aux palpes labiaux que deux articles au lieu de trois.

D'après une note de M. Lucas (*Soc. ent.* 1872, p. LXXXI), la larve du *V. Xatarti* a été représentée dans l'Atlas du *Traité élémentaire d'entomologie* de M. Maurice Girard, pl. 55, fig. 10. Suivant M. Naudin, elle est nuisible aux vignes de la campagne et des jardins, et elle attaque aussi les racines des Cucurbitacées.

Vesperus (Stenochorus) luridus Rossi.

Fig. 531-537.

LARVE

Cette curieuse larve a toute une histoire qui est sans grand intérêt pour la science, mais qui en a un néanmoins pour ceux qui l'étudient, et que je veux raconter, afin qu'elle serve de leçon aux naturalistes qui, à la vue de certaines formes anormales, seraient tentés, comme je l'ai été moi-même, de se livrer aux hypothèses les plus hasardées ; elle sera en outre une preuve des erreurs que peuvent entraîner des renseignements incomplets ou des communications trompeuses.

Mon ami M. E. Revelière, ayant bien voulu consentir à me recueillir des larves dans le cours de ses recherches en Corse, m'envoya, il y a six ou sept ans, une larve d'assez grosse taille qui me frappa par l'étrangeté de sa structure. On eût dit, au premier coup d'œil, une larve de Lamellicorne dont la partie supérieure et recourbée de l'abdomen aurait été soudée, par la face ventrale, à la partie antérieure correspondante. Sans m'appesantir sur les détails de cette organisation insolite, je me hâtai de faire part à M. Revelière de mes impressions et de lui demander dans quelles conditions vivait cette larve et quels Coléoptères d'une taille appropriée se trouvaient dans la localité. Il me répondit qu'elle passait sa vie dans la terre, dans les lieux secs, peuplés principalement d'Oliviers, et que le seul insecte qu'on pût lui rapporter, comme taille, était le *Pachypus cornutus*. M. Revelière fit plus encore, il se livra à d'actives explorations et m'envoya des larves, cette fois bien évidemment de Lamellicornes, et qu'il attribuait au *Pachypus*, du moins au mâle. Ces larves étaient très-différentes de celle qui m'intriguait tant. J'examinai de nouveau celle-ci, je fus toujours frappé de la forme de son corps, de ses pattes, de la longueur de ses antennes. Assurément, il fallait forcer toutes les lois de l'analogie pour en faire une larve de Lamellicorne, mais l'effet de la première impression l'emportant, et le renseignement donné par M. Revelière y aidant aussi beaucoup, je finis par me dire qu'il serait bien possible que cette larve si étrange dérogeât à la règle, comme y déroge, jusqu'à un certain point, la femelle aptère du *Pachypus*, et qu'elle fût précisément la larve de cette femelle.

Je fis part de cette idée à M. Revelière, avec toute la réserve que commandait une question aussi délicate; il s'intéressa très-vivement à la solution, par amour pour la science, et recommença ses recherches. Je lui avais recommandé les nymphes et surtout les dépouilles de larve qu'on trouve à côté des nymphes et qui souvent sont si utiles comme contrôle, et quelque temps après, il m'envoya des nymphes de *Pachypus* mâles et les dépouilles recueillies à côté d'elles, en m'exprimant le regret d'avoir dédaigné, avant ma recommandation, une dépouille de larve d'une femelle dont il avait eu la chance de rencontrer une nymphe.

Grâce à l'envoi que je devais à la bonne amitié de M. Revelière, je pus constater que les larves qu'il m'avait déjà adressées comme appartenant au *Pachypus* mâle étaient très-authentiques, et cette constatation me faisait ressentir plus vivement encore le regret de l'occasion perdue relativement à la larve de la femelle, puisque nous demeurions, à l'égard de celle-ci, dans les mêmes préoccupations et dans une hypothèse que chaque examen de la larve problématique rendait plus insoutenable. Nous ne la désignions plus, et cela uniquement pour nous entendre, que sous le nom de *Pachypus* ♀ ??? en ajoutant trois ou quatre points de doute.

M. Revelière s'était piqué au jeu, il essaya d'élever des larves, mais ses déplacements ne lui permettaient guère de mener cette opération à bonne fin ; il m'en envoya trois presque adultes qui arrivèrent en bon état, et je procédai sur le champ à leur installation. Comme mon pourvoyeur supposait qu'elles vivaient de racines et notamment de celles de l'Olivier et que je n'avais pas d'Olivier, je plantai dans une caisse pleine de terre de jeunes sujets bien enracinés de Lilas, de Frêne et de Troène, essences voisines de l'Olivier, puis je plaçai sur la terre les trois larves qui ne tardèrent pas à s'enfoncer, et pendant plusieurs mois, je ne m'en occupai que pour arroser de temps en temps le petit buisson objet de ma sollicitude et de mes espérances. Après une longue attente qui me parut bien suffisante pour une éclosion, l'impatience me gagna, je me dis ou que les larves avaient dû périr ou que je les trouverais à l'état de nymphe, et après avoir, avec de grandes précautions, extirpé mes arbustes et enlevé la plus grande partie de la terre, je renversai très-doucement le surplus et je mis ainsi à découvert deux larves (la troisième avait sans doute péri) qui étaient enfermées tout à fait au fond de la caisse, dans une loge à peu près sphérique. Naturellement, je me mordis les poings de mon impatiente curiosité, et j'eus beau recouvrir mes larves, elles avortèrent.

M. Revelière m'en envoya d'autres plus jeunes, j'opérai de même pour leur installation, mais après plus d'un an, las d'attendre, je bouleversai leur séjour. Il n'en restait qu'une, enfermée aussi comme les précédentes et qui échoua comme elles. C'était encore une expérience manquée.

Sur ces entrefaites, je reçus une larve semblable, trouvée dans les Alpes maritimes. Ce fait redoubla mes incertitudes et mes doutes, il me conduisit même à renoncer complétement au *Pachypus* que je regardais comme exclusivement insulaire; mais M. Revelière, à qui j'en fis part, me dit qu'il croyait que cet insecte avait été trouvé aux environs de Nice.

Nous en étions là, c'est-à-dire toujours intrigués de cette forme insolite de larve, toujours contrariés de nous trouver en face de l'inconnu, lorsque, en janvier 1872, M. Revelière, qui avait lu avant moi les *Annales de la Société entomologique* et le compte rendu de la séance du 13 décembre 1871 m'écrivait : « Et notre larve de *Pachypus?* qu'en faites-vous ? Ce que dit M. Lichtenstein à propos du *Vesperus Xatarti* ne se rapporterait-il pas à quelque chose de très-voisin ? Nous avons ici le *Vesperus luridus*, mais ce qui m'étonnerait, c'est que cette larve fût si rare, tandis que le *Vesperus* doit être abondant ici. » Je me hâtai de consulter les *Annales* et à la page LXXIX du bulletin, je trouvai une communication de M. Lichtenstein, relative à une larve singulière qu'il avait élevée de concert avec M. Valéry Mayet, que celui-ci prenait pour une larve de Lamellicorne et qui avait donné le *Vesperus Xatarti*.

C'était la première fois qu'il était question entre M. Revelière et moi du *Vesperus luridus*, mais j'avoue que, m'en eût-il parlé plus tôt, je ne serais peut-être pas arrivé à une solution : c'est que Delarouzée, qui avait pris à Collioure de nombreux individus des deux sexes du *Vesperus Xatarti*, m'avait envoyé, sans exprimer le moindre doute, des larves qu'il attribuait à cet insecte et qui étaient évidemment des larves de Longicorne. Je répugnais, il est vrai, quoique l'intelligence et la sagacité de

Delarouzée m'inspirassent de la confiance, à placer ces larves dans le groupe des Rhagiens, et d'un autre côté, la communication de M. Lichtenstein me donnait fort à penser. Je résolus donc de tirer la chose au clair, et j'envoyai à M. Mayet un dessin très-exact de ma larve de Corse, le priant de me dire si elle ressemblait à celle du *Vesperus Xatarti* qu'il avait élevée. Mon complaisant collègue se hâta de me répondre pour m'apprendre que la ressemblance était complète et que ma larve était, à n'en pas douter, une larve de *Vesperus*, ce qu'il a confirmé depuis, par l'envoi d'une larve du *V. Xatarti*. J'étais enfin fixé, grâce à M. Mayet et à son obligeance dont je le remercie encore, et je puis, dès lors, décrire en toute sûreté, comme appartenant au *Vesperus luridus*, la larve que je dois à M. Revelière et qui nous a tant abusés.

Long. 18-21 millim., larg. 10-12, hauteur maximum, de profil, 11-12. Hexapode, très-trapue, très-courte relativement à son épaisseur, à côtés presque parallèles, si on l'observe en dessus et verticaux, très-ventrue si on l'examine de profil, quoique à peu près plane sur le dos et sur la face ventrale, charnue, mais assez ferme et coriace et d'un blanc un peu sale et roussâtre.

Tête parsemée de quelques poils blonds, assez fortement saillante en dehors du prothorax, luisante, très-peu convexe, jaunâtre, avec la lisière antérieure ferrugineuse, cette couleur se prolongeant anguleusement sur le devant du front. Vertex marqué d'un sillon peu profond; front très-rugueux.

Bord antérieur accusé seulement par une saillie transversale un peu sinueuse, soudé avec l'*épistome*, qui est grand et transversalement trapézoïdal.

Labre transversal. semi-elliptique, cilié de soies jaunâtres, longues et épaisses.

Mandibules longues, robustes et tranchantes, assez luisantes, ferrugineuses avec la moitie antérieure noire ; vues en dessus, très-obliquement subéchancrées, marquées d'un sillon oblique sur le dos et de quelques rides vers la base ; examinées de côté, obliquement et un peu anguleusement tronquées au sommet, un peu arquées, à côtés presque parallèles, avec une profonde échancrure à la tranche inférieure, un sillon presque parallèle au bord supérieur, un autre sillon oblique partant de l'entaille et la moitié postérieure à surface inégale.

Mâchoires très-coudées ou obliques, très-fortes, velues, leur lobe peu développé, subcylindrique, ne dépassant pas le second article des palpes maxillaires,

Palpes maxillaires courts, inclinés en dedans, coniques et de trois articles égaux.

Menton grand, carré, lisse.

Lèvre inférieure transversale, déprimée au milieu, prolongée en une languette triangulaire.

Palpes labiaux de deux articles dont le premier beaucoup plus gros et un peu plus long que le second.

Antennes longues, affleurant au moins le bord antérieur de l'épistome, arquées en dedans, de quatre articles, le premier gros, un peu plus large que long, le second deux fois aussi long que le précédent, sensiblement arqué en dedans, comme ce dernier muni de longs poils roussâtres, et ayant de plus quelques poils semblables en dessus, près du sommet ; troisième article très-légèrement en massue, glabre, obliquement subarrondi à l'extrémité, plus court que la moitié du second ; quatrième article égal au tiers à peu près de la longueur du troisième, beaucoup plus grêle, susceptible de rentrer dans celui-ci en totalité ou en partie, dépourvu de tout poil, même au sommet, accompagné d'un article supplémentaire placé en dessous, extrêmement court et souvent invisible.

Pas la moindre trace d'*ocelle* ou de point ocelliforme.

Prothorax jaunâtre, luisant, avec une bande roussâtre transversale, souvent divisée en trois taches, celle du milieu plus grande, très-échancré antérieurement, deux fois aussi large que la tête, subarrondi sur les côtés, ne débordant guère les segments suivants, aussi long que trois de ceux-ci, ruguleux sur son bord antérieur, lisse ou à peine ridé sur le reste de sa surface, avec une fossette transversale près de chaque côté ; en dessous assez densement ponctué, avec deux fossettes calleuses, mates, ferrugineuses et transversalement elliptiques et un pli transversal profond plus en arrière ; revêtu de poils fins et blonds, plus courts mais plus denses en dessous.

Mésothorax et *métathorax* très-courts, transversalement très-convexes, séparés par un pli très-profond, ruguleusement ponctués en dessus et en dessous, avec un pli oblique de chaque côté et au milieu deux plis convergents se réunissant en angle sur la ligne médiane dorsale ; couverts de poils blonds, assez touffus, plus longs sur les côtés.

Abdomen de neuf segments, le premier sensiblement plus long que le métathorax, marqué de plis formant sur sa face dorsale trois angles, un médian et deux latéro-dorsaux, muni sur les côtés de longs poils roussâtres, d'une ligne ou étroite bande de poils assez courts, inclinés en arrière sur le sommet de sa convexité transversale, tant en dessus qu'en dessous, et sur le reste de sa surface de petites aspérités subcornées qui, vues de profil avec une forte loupe, offrent l'aspect de cils très-serrés, et qui, sous le microscope, se montrent comme de petites soies spinuliformes, longuement coniques et inclinées en arrière. Les cinq segments suivants de plus en plus longs, marqués à la naissance de la déclivité latérale d'un pli arqué et sur la surface dorsale et ventrale présentant les caractères du premier, c'est-à-dire les poils en ligne transversale et les aspérités, avec cette seule différence que ces aspérités sont plus prononcées. Septième, huitième et neuvième segments extrêmement déclives, lisses c'est-à-dire sans aspérités, également et longuement velus partout et sans pli latéral; le dernier comme bivalve pour loger le mamelon anal à peine saillant et marqué d'un pli transversal au milieu duquel est l'anus. Côtés du corps très-élevés, presque verticaux, lisses, ayant au sommet de la déclivité des plis obliques et en bas d'autres plis qui dessinent une double chaîne de bourrelets dont la supérieure immédiatement au dessous des stigmates et très-marquée.

Stigmates à péritrème testacé, verticalement elliptiques, au nombre de neuf paires : la première, plus grande mais pas plus inférieure que les autres, située sur la ligne qui sépare le prothorax du mésothorax, mais paraissant appartenir plutôt au premier qu'au second, les autres s'ouvrant vers le tiers antérieur des huit premiers segments abdominaux.

Pattes médiocrement longues, ne pouvant cependant, de bien s'en faut, déborder le corps, formées de cinq pièces, une hanche épaisse et charnue, un trochanter, une cuisse et un tibia, à peu près d'égale longueur et hérissés de longs poils, et un ongle très-court, conique et tronqué au sommet.

Ce qui frappe dans cette larve, c'est sa forme qui ne ressemble à celle d'aucune autre larve connue, forme très-difficile à décrire et pour l'intelligence de laquelle il vaut mieux recourir à une figure. Les larves de Longicornes, que tout le monde connaît, ont des caractères si tranchés et leur physionomie générale présente une telle uniformité, qu'on est naturellement très-peu porté à placer *a priori* dans cette famille une larve d'un aspect si différent ; mais lorsqu'on sait ce qui en est et qu'on recherche les affinités et les analogies, voici ce que l'on peut trouver.

La tête, dans son ensemble, n'est pas sans quelque ressemblance avec celle des larves de certains *Rhagium*, du *bifasciatum* par exemple, et les mandibules permettent de la classer dans le groupe des Rhagiens, mais elle s'en éloigne par ses mâchoires très-coudées, bien plus grandes, puisqu'elles descendent jusqu'à la base de la tête, et qui la reportent dans le groupe des Prioniens et des Cérambycins. Ses antennes longues et arquées ne ressemblent à celles d'aucune autre larve à moi connue de Longicorne, on dirait presque celles d'une larve de Lamellicorne ; mais ces organes n'ont très-positivement que quatre articles, sans parler de l'article supplémentaire, tandis que, dans ces dernières larves, elles en ont cinq. La large et profonde échancrure du prothorax est une véritable exception, mais il est vrai de dire que les dimensions de ce segment se concilient parfaitement avec l'organisation générale des larves de Longicornes, sauf que la plaque postérieure striée, ou rugueuse, ou réticulée, manque complétement. Les ampoules ambulatoires, si caractéristiques dans ces larves, semblent aussi faire défaut, mais l'observation et la réflexion en font juger autrement.

Dans toutes les larves dont il a été question jusqu'ici ou dont nous parlerons plus bas, ces ampoules ont une forme elliptico-transversale et n'occupent qu'une partie de la face dorsale et ventrale, elles sont ordinairement dilatables, limitées latéralement par un pli arqué, coupées par un pli transversal, lisses, ou plissées, ou réticulées, ou granulées. Ici les ampoules, qui ne paraissent pas susceptibles de dilatation, occupent entièrement les faces dorsale et ventrale où elles forment une sorte de carapace et de plastron, et elles sont couvertes d'aspérités spinuliformes, avec une ligne transversale de poils. L'étendue transversale de ces ampoules est sans doute exceptionnelle, mais si elles n'ont pas de pli médian, elles sont du moins limitées de chaque côté par un pli arqué, et de ce pli au bourrelet latéral il y a une déclivité verticale bien supérieure à l'espace que les ampoules des autres larves laissent libre à droite et à gauche. Donc, au fond, l'organisation est analogue. Il y a cependant cette particularité que, dans la généralité des larves de Longicornes, les deux derniers segments seulement sont dépourvus d'ampoules et parfaitement lisses, tandis que dans celles des *Vesperus* ce sont les trois derniers qui se trouvent dans ce cas ; mais il est à remarquer que, par suite de la configuration toute particulière de ces larves, le septième segment abdominal se trouve, comme les deux qui le suivent, à la face postérieure du corps, et que, dès lors, il ne sert pas à un autre usage qu'eux.

Quant au mamelon anal, il est plus petit que dans aucune autre larve de la tribu, il est rétractile dans le dernier segment exceptionnellement conformé en bivalve, et au lieu d'être trilobé ou marqué de trois plis rayonnant du centre, il est coupé d'un pli transversal,

Les stigmates sont bien ceux des larves de Longicornes, mais la première paire, plus grande, comme à l'ordinaire, que les autres, est placée sur la même ligne au lieu d'être à un niveau inférieur, et elle semble appartenir au prothorax, au lieu de s'ouvrir sur le mésothorax. Enfin, les pattes, assez semblables à celles des *Rhagium*, sont un peu plus longues, un peu plus robustes, leur trochanter est oblique antérieurement, et l'ongle est beaucoup plus court et tronqué. On voit que, s'il y a bien des caractères communs, il y a aussi bien des disparates.

Pourquoi cette lourde larve est-elle façonnée ainsi ? On comprend que, devant vivre dans la terre, des racines des plantes, elle ait besoin de se déplacer et qu'elle ait reçu dans ce but, d'une part ces aspérités et ces poils inclinés en arrière qui couvrent son dos et son ventre, d'autre part les bourrelets qui règnent le long de ses flancs; mais pourquoi ce corps si volumineux et qui semble si peu propre à tarauder la terre ? Je ne le sais pas plus pour elle que pour les larves de Lamellicornes, qui semblent aussi assez peu faites pour le métier de mineur et qui l'exercent pourtant très-bien. Toutes ces larves ont évidemment, pour manœuvrer leurs instruments de travail, tête, mandibules et pattes, une force musculaire considérable.

La larve du *Vesperus luridus* vit de racines et à coup sûr elle n'est pas exclusive. Si donc j'avais songé à nourrir mes élèves en semant de l'avoine dans leur caisse, comme l'a fait M. Mayet pour celle du *V. Xatarti*, elles s'en seraient aussi bien trouvées et j'aurais peut-être mieux réussi.

Il n'est pas douteux que, comme cette dernière, pour effectuer ses mues en paix et pour se transformer en nymphe, elle se façonne dans la terre, par les mouvements de son corps, une cellule à peu près sphérique dont elle consolide les parois au moyen d'une liqueur agglutinante; c'est ainsi, en effet, que se forme cette coque que M. Luciani a le premier rencontrée, que j'ai observée moi-même et que MM. Lichtenstein et Mayet ont vue à plusieurs reprises.

Mais malgré toutes les manœuvres qu'ils ont constatées et les observations intéressantes qu'ils ont consignées dans leur mémoire, faut-il admettre que les évolutions de ces larves ont une durée de quatre ans ? Il est assez hasardeux de conclure d'élevages faits à domicile, c'est-à-dire dans des conditions bien différentes de celles de la nature, la durée que doit avoir habituellement la vie évolutive d'une larve. J'avoue que si celles dont il s'agit ont pour règle de se préparer aux mues par une claustration rigoureuse et de passer l'hiver et l'été en chartre privée et sans aliments, leur développement et leur métamorphose doivent être fort retardés ; mais il n'en résulte pas nécessairement que leurs premiers états durent quatre ans, et j'ai peine à croire à une pareille longévité. Pour être bien fixé à cet égard, il faut nécessairement observer et suivre la larve dans des conditions normales et sous les influences de température, d'humidité ou de sécheresse et d'alimentation qui agissent sur elle. En dehors de ces conditions, il peut se produire des troubles qui déroutent tous les calculs. J'en ai une assez longue expérience, et j'en trouve d'ailleurs la preuve dans la communication faite par M. Lichtenstein à la Société entomologique, dans sa séance du 12 février 1873. En combinant cette communication avec l'historique qui précède la description de la larve par MM. Lichtenstein et Mayet, je comprends les faits ainsi qu'il suit :

Nos deux collègues recueillirent à Carignena, en avril 1871, des larves *déjà grosses* de *Vesperus* qui finirent par se réduire à deux. M. Lichtenstein élevait l'une à Montpellier, M. Mayet l'autre à Cette. A la fin de l'été, ces deux larves s'enfermèrent dans une coque, celle de M. Lichtenstein devint nymphe au mois d'octobre et un mois après, c'est-à-dire en novembre 1871, cette nymphe donnait une femelle du *Vesperus Xatarti.* Celle de M. Mayet, au lieu de se transformer en nymphe, se bornait à changer de peau, sortait de sa coque en octobre 1871, pour manger avec voracité pendant quinze jours, puis refaisait contre les parois du bocal sa niche, où elle était encore le 9 février 1873, avec toutes les apparences d'une parfaite santé. Voilà déjà, à cette époque, entre ces deux larves contemporaines pour leur éclosion, une différence de seize mois.

Je ne suis pas en mesure de résoudre la question que je soulève en ce moment, mais mes nombreuses observations sur des larves de toute sorte, même fort volumineuses, m'autorisent, ce me semble, à dire que, dans l'état de nature et dans les circonstances ordinaires, une période de deux années suffit généralement pour les larves les plus lentes dans leurs évolutions.

Je poursuis l'exposé des faits relatifs au *Vesperus Xatarti*, bien convaincu que ce qui le concerne s'applique au *V. luridus* et que l'histoire de l'un est l'histoire de l'autre.

J'ai dit, sur la foi de MM. Lichtenstein et V. Mayet, que la femelle pond ses œufs sous l'écorce des Oliviers et dans les tiges sèches de la Ronce, qu'elle remplace, je présume, quand cela lui convient, par des sarments de Vigne, des tiges ou des branches d'autres végétaux. J'ajoute que M. Peragallo (*Pet. Nouv. entom.*, n° 110) a pris à Nice une femelle dont l'oviducte était fortement et profondément engagé dans une fente de rocher, à la recherche sans doute, dit-il, d'une racine de Pin ou d'Olivier, arbres qui étaient communs dans le voisinage. Je ne sais pas s'il faut croire à une pareille intention et je serais plutôt disposé à penser que, dans certains cas et peut-être très-souvent, les œufs sont pondus directement dans le sol, sauf à la larve à chercher sa nourriture. Il faut bien qu'elle le fasse, et même dans des conditions moins favorables, quand les œufs sont déposés hors de terre; mais ce n'est pas là une grosse affaire pour une larve polyphage qui paraît disposée à se contenter de toutes les racines qu'elle rencontre, même de celles des graminées, puisque M. Mayet en a nourri en semant de l'avoine.

J'ai dit aussi mon opinion sur la durée probable du développement et des évolutions de la larve du *Vesperus Xatarti*, mais je n'ai encore rien dit de la nymphe. Cette nymphe que MM. Lichtenstein et Mayet ne connaissaient pas lorsqu'ils publièrent la larve, ils l'ont recueillie depuis et ils se sont bornés à en donner la figure à la planche 4 des *Annales de la Société entomologique*, 1875, disant seulement dans une note (p. 93), qu'elle n'a rien de particulièrement distinctif des nymphes de Longicornes. Je fus loin d'être de cet avis après avoir examiné la figure. On a pu voir, en effet, par les descriptions qui précèdent, et l'on verra, par celles qui suivent, que les nymphes de Longicornes sont remarquables par les poils, les spinules, les aspérités qu'elles portent principalement sur la face dorsale et à l'extrémité du corps; or, la figure précitée ne montre ni le plus petit poil, ni la moindre spinule ou aspérité. C'était donc pour moi une anomalie et je crus devoir demander à M. V. Mayet communication de sa nymphe qu'il s'empressa de m'envoyer. Son examen me démontra que la figure était très-exacte, car cette nymphe me parut complétement glabre, absolument inerme et lisse. Mais en l'observant de bien près, il me sembla, quoique ses membres fussent disposés et repliés comme à l'ordinaire, qu'elle avait perdu son tégument extérieur, son épiderme, enfin cette pellicule, ce fourreau, si l'on veut, que l'insecte, au dernier moment, refoule comme une défroque. C'était à mes yeux l'insecte parfait purement et simplement, mais encore comme emmaillotté et très-immature. Je renvoyai donc à M. Mayet l'objet communiqué en osant lui dire que ce n'était pas là une véritable nymphe.

Au commencement de 1876, mon ami M. Pellet, de Perpignan, qui venait de faire ample provision de *Vesperus Xatarti*, eut l'aimable attention de m'en envoyer quelques-uns et voulut bien, en même temps, m'offrir une nymphe que je me hâtai d'accepter. Cette fois, et au moment où j'écris, c'est bien une vraie nymphe que j'ai sous les yeux. Elle est tout à fait glabre, il est vrai, mais sur le dos des cinq premiers segments de l'abdomen, et rien que là, elle est pourvue de soies fauves, raides, serrées et inclinées en arrière, formant un peu avant le milieu des segments une bande transversale. Le segment anal est terminé par deux appendices coniques, presque verticaux et dont la pointe testacée et cornée est un peu crochue en dedans.

Voilà une nymphe qui satisfait aux règles de l'analogie, mais je ne m'étonne pas maintenant de l'état dans lequel m'est arrivée la pseudo-nymphe de M. Mayet. Dans celle dont je viens de donner les caractères, le fourreau est comme détaché du corps et des membres qu'il recouvre, et il est d'une fragilité telle que je le déchirais et l'enlevais en le frottant avec un pinceau. Or, c'est ce fourreau qui porte les soies et les appendices terminaux, et comme il avait évidemment été détruit dans la première nymphe reçue, je ne pouvais y trouver rien de tout cela.

Il ne me reste plus qu'à examiner, puisqu'il y a eu débat sur ce point, quelle est l'époque de l'apparition du *V. Xatarti* à l'état parfait.

Il est hors de doute que la transformation en nymphe a lieu à la fin de l'été ou au commencement de l'automne, et MM. Lichtenstein et Mayet affirment dans leur note précitée qu'il paraît en novembre et qu'il s'accouple et pond en décembre. Plus tard et dans la séance de la Société entomologique du 11 novembre 1874, M. Lichtenstein fortifiait cette affirmation de ce fait qu'il venait de recevoir de Collioure une cinquantaine de *Vesperus* dans divers états de développement. Mais dans le n° 3 des Nouv. et faits divers de l'*Abeille* (1875), M. Pellet ne tardait pas à contredire. Il affirmait, comme en ayant une connaissance personnelle, que les *Vesperus* remis à M. Lichtenstein avaient été recueillis sous terre et que cet insecte, en Espagne comme en France, paraît non en octobre, en novembre ou même dans la première quinzaine de décembre, mais dans les premiers jours de janvier, pour disparaître dans les derniers jours de février.

A la séance de la Société entomologique du 10 février 1875, on lisait une note de M. Xambeu confirmant les assertions de M. Pellet. L'auteur de cette note déclarait avoir pris le *Vesperus* dans les Pyrénées orientales en 1872, du 20 janvier à la fin de février ; en 1873, des premiers jours de février à la mi mars ; en 1874, à la fin de janvier; en 1875, à partir du 29 janvier. A la même séance, M. Piochard de la Brûlerie disait avoir capturé à Medina-Celi (Espagne centrale), dans la première semaine de septembre et sous une pierre, quatre individus vivants d'un *Vesperus* non encore déterminé, dont un mâle et trois femelles à ventre distendu par les œufs. De son côté, M. Lichtenstein avouait qu'il n'avait pas fait des observations personnelles dans les Pyrénées orientales; mais il ajoutait qu'à Carignena (Aragon) il avait trouvé, le 25 décembre, deux femelles évidemment fécondées, puisqu'il avait obtenu l'éclosion des œufs; et à la séance du 22 décembre, il annonçait avoir reçu de Collioure neuf exemplaires pris le 8 du même mois et sur lesquels quatre femelles dans un état de gestation très-avancé, ce qui prouvait qu'elles avaient dû naître et être fécondées vers les premiers jours de décembre.

Si je me suis ainsi étendu sur une question qui, au premier abord, paraît assez indifférente, c'est que le *Vesperus Xatarti* étant dans certaines contrées très-nuisible aux vignes, il n'est pas sans intérêt de connaître les époques de ses apparitions, parce qu'on peut alors rechercher les femelles et les détruire. Or, des faits observés il résulte pour moi ceci : que la dernière métamorphose a lieu comme il a été dit plus haut; que dans l'Aragon, pays un peu plus chaud que le Roussillon, et sous l'influence d'une température élevée qui se produit souvent à l'automne, des *Vesperus* se décident à sortir de terre et ont la force de s'accoupler et de pondre; que dans les Pyrénées orientales le fait peut avoir lieu de temps à autre, mais assez rarement pour qu'on n'ait pas à cet égard une certitude absolue; et qu'en deçà comme au delà des Pyrénées, la sortie normale, générale n'a lieu que de janvier à mars, probablement selon le temps qu'il fait. Tout cela me paraît rationnel et je crois que là est la vérité.

Je crois aussi que ces principes s'appliquent aux autres *Vesperus*.

Voici cependant l'opinion définitive de M. Pellet exprimée dans une lettre qu'il m'a écrite le 14 juin 1877 : « La transformation de la nymphe n'a pas lieu avant octobre; l'insecte parfait reste en terre jusqu'au commencement de décembre; il sort, mais en très-petit nombre, avant le 15 décembre; quelques accouplements ont lieu fin décembre et sont très-nombreux de fin décembre au 20 février, époque à laquelle ils diminuent, et l'insecte disparaît totalement vers le 15 mars. »

M. Pellet ajoute : « Cet insecte se trouve *en trop grand nombre* dans les vignes de la plaine; il est aussi très-abondant sur nos premières montagnes : Prades, Vernet-les-Bains, Ria, Olette. Il se retrouve à Prats-de-Mollo, La Preste, 1100 mètres d'altitude et à Mont-Louis, 1600 mètres. A ces grandes hauteurs il vit dans les racines du Hêtre, du Frêne surtout. »

La deuxième branche, celle des Rhagiaires, est assez bien connue. MM. Chapuis et Candèze ont, dans leur Catalogue (p. 249), décrit la larve du *Rhamnusium bicolor* Schr. *salicis* F., et cette description jointe à la figure qu'ils ont donnée des ampoules ambulatoires et du dernier segment, suffit pour faire reconnaître cette larve.

De Geer et Westwood ont décrit et figuré la larve du *Rhagium inquisitor* L. dont MM. Chapuis et Candèze ont représenté les ampoules ambulatoires et M. Goureau en a parlé dans son livre des Insectes nuisibles aux forêts (p. 45).

Ratzeburg a donné le portrait et une courte description et dessiné la cellule nymphale de celle du *R. indagator* sur laquelle Léon Dufour a publié une notice dans les *Annales de la Société entomologique*, (1840 p. 43), en l'attribuant par erreur à l'*inquisitor*. J'en ai parlé moi-même en détail dans mon Histoire des insectes du Pin (*Soc. Ent.*, 1856, p. 469).

La larve du *R. mordax* a été décrite par Heeger (*Sitzber. Wien. Acad. Wiss.*, 1858 p. 104).

Letzner (*Arb. Schss. Gesels.*, 1857, p. 119) s'est occupé de celle du *R. bifasciatum* F. ; MM. Chapuis et Candèze en ont dit quelques mots et ont figuré ses ampoules ambulatoires; M. Goureau la mentionne aussi dans son livre précité (p. 113). J'en donnerai néanmoins la description pour compléter ce qui manque aux précédentes et pour en faire le sujet de comparaisons qui ne seront pas sans utilité.

Rhagium bifasciatum F.

Fig. 538-546.

LARVE

Long. atteignant 28 millim. Robuste, subtétraédrique, blanche, peu densément revêtue de poils fins et blanchâtres, pourvue de trois paires de pattes de médiocre longueur, plus courtes que celles de la larve du *R. indagator*.

Tête assez saillante, marquée de chaque côté de la ligne médiane de strioles obliques et ondulées, subsinueusement élargie d'avant en arrière, subdéprimée, beaucoup moins plate que celle de la larve précitée, ferrugineuse avec le bord antérieur noir ; celui-ci droit, non échancré.

Épistome trapézoïdal, transversal, d'une largeur égale au tiers de celle de la tête antérieurement, à angles antérieurs très-arrondis.

Labre semi-elliptique et cilié.

Mandibules noires avec la base un peu ferrugineuse, robustes, non échancrées, pointues de quelque côté qu'on les regarde, mais en biseau intérieurement, carénées le long de la face externe et telles que les indique la figure que j'en donne, avec cette observation que leur moitié antérieure est lisse et le reste, jusqu'à la base, plus élevé, inégal et comme guilloché, cette partie précédée de strioles longitudinales très-fines et très-rapprochées.

Antennes courtes, presque entièrement rétractiles, souvent à peine visibles, de quatre articles plus un article supplémentaire presque aussi long que le quatrième.

Mâchoires, lèvre inférieure et *palpes* comme dans les larves précédentes, sauf que la partie supérieure des mâchoires est visiblement concave au côté externe, que la languette est cylindrico-conique, aussi longue que les palpes labiaux et placée non entre ceux-ci mais au dessus.

Sur chaque joue, très-près de la cavité antennaire, un tubercule lisse, ovoïde ou ellipsoïdal, transversalement oblique, simulant un *ocelle* et en remplissant peut-être les fonctions, mais de la couleur de la tête.

Prothorax un peu plus court que dans les larves dont la tête est plus enchâssée, presque lisse avec une sorte de réticulation plus visible postérieurement.

Mésothorax et *métathorax* marqués en dessus de plis circonscrivant des aréoles un peu réticulées et presque tuberculiformes, et ayant en dessous deux séries transversales de tubercules.

Abdomen de neuf segments, plus le mamelon anal qui est relativement très-petit; les sept premiers pourvus de deux ampoules ambulatoires, la supérieure transversalement elliptique, entourée d'une enceinte de tubercules et renfermant deux séries de tubercules semblables; l'inférieure ornée de deux arcs de tubercules opposés par leur convexité et réunis aux extrémités, avec un pli transversal au milieu. Dernier segment ayan près du bord postérieur deux épines coniques, cornées, ferrugineuses, rapprochées et verticales.

Stigmates comme à l'ordinaire, la première paire plus grande et plus inférieure que les autres.

Pattes ainsi qu'il a été dit plus haut.

La larve du *R. bifasciatum* ressemble beaucoup par sa forme aux larves du *R. inquisitor* et du *Rhamnusium salicis;* mais quoique sa physionomie, caractérisée par la saillie de la tête, par la longueur des pattes et surtout par le prothorax à peu près lisse, la fasse reconnaître à un œil exercé pour une larve de *Rhagium*, lorsqu'on est habitué, comme je le suis, dans la région du Pin maritime, à ne voir que celle du *R. indagator*, on lui trouve avec celle-ci des différences frappantes et qui consistent en ce que cette dernière a le corps bien plus déprimé, que les pattes sont plus longues, que la tête est très-plate, presque tranchante sur les bords latéraux, presque entièrement saillante, très-arrondie sur les côtés, aussi large que le prothorax ; que ses mandibules sont échancrées au sommet et que, vues de côté, elles sont non triangulaires mais subtrapézoïdales avec les tranches latérales un peu concaves et les angles de l'échancrure apicale bien saillants ; que les ampoules ambulatoires, du moins les supérieures, sont plutôt aréolées que tuberculées, avec quelques tubercules extérieurs aplatis et comme usés ; que le dernier segment est complétement inerme ; qu'enfin il n'existe pas de tubercule ocelliforme.

Ces différences tiennent sans doute à ce que la larve du *R. indagator* n'est appelée à vivre que sous les écorces des arbres récemment morts et exclusivement des couches inférieures de cette écorce même, sans jamais entamer l'aubier et moins encore pénétrer dans le bois, tandis que les autres plongent dans les couches ligneuses des souches et des troncs déjà un peu ramollis par le temps. Elles y creusent des galeries le plus souvent parallèles aux fibres et qu'elles laissent derrière elles bourrées de déjections et de détritus, puis elles s'approchent de la surface lorsque le moment de la transformation en nymphe est venu, afin que l'insecte parfait n'ait qu'une très-faible épaisseur à ronger pour prendre son essor.

Ces larves, plus spécialement lignivores, sont plus franchement tétraédriques, leur tête, dont les organes doivent accomplir un travail plus pénible, est plus épaisse et plus enchâssée dans le prothorax ; leur dernier segment, auxiliaire des ampoules ambulatoires, est muni de deux épines courtes et résistantes *(R. bifasciatum)*, ou conique et terminé par une épine courte, mais qui est plus longue dans les individus jeunes *(R. inquisitor)*, toujours longue *(Rhamnusium salicis)*. Les ampoules sont, dans la première et la troisième espèce, couvertes de tubercules, mais il est vrai de dire que, dans la seconde, elles ont plus de rapports avec celles de la larve du *R. indagator*.

D'après M. Mulsant, la larve du *R. mordax*, que je ne connais pas, se trouve dans les arbres feuillus, tels que le Chêne, le Châtaignier, etc., mais celles des *R. inquisitor*, *indagator* et *bifasciatum* vivent aux dépens des Pins et des Sapins. J'étais convaincu qu'elles étaient exclusivement parasites des bois résineux et ce n'est pas sans étonnement qu'en septembre 1858 je trouvai, à quelques lieues de Mont-de-Marsan, en dehors de la région pinicole et dans une souche pourrie de Châtaignier, une larve et une nymphe semblables à celles que j'avais déjà extraites dans les Pyrénées du Pin à crochet et du Sapin, et dont la dernière me donna le *R. bifasciatum*. Je n'ai pas eu, il est vrai, l'occasion de renoûveler cette observation.

NYMPHE

Elle porte sur le dos de la tête et du prothorax des séries transversales de soies rousses, raides et très-rapprochées comme des dents de peigne, et sur la face dorsale des segments de l'abdomen trois séries de spinules cornées et ferrugineuses, une très-près du bord postérieur, une autre plus antérieure, très-largement interrompue et une autre au milieu ; les plus longues sont celles du bord postérieur, lequel est en outre cilié de fines soies roussâtres. Le dernier segment est terminé par une longue épine dirigée en bas.

La seconde famille des Lepturides, celle des Lepturiens, se décompose en deux branches, les Toxotaires et les Lepturaires. Les Toxotaires se divisent en deux rameaux, les Toxotates, comprenant les genres *Oxymirus* et *Toxotus*, et les Pachytates, embrassant les genres *Pachyta*, *Carilia*, *Acmæops* et *Judolia*. On ne connaît rien, que je sache, sur les métamorphoses des insectes de cette branche. Je vais décrire les larves de l'*Oxymirus cursor* et de l'*Acmæops collaris*.

Oxymirus (Cerambyx) cursor L.

Fig. 547-549.

LARVE

Long. 40 millim. Semblable à la larve du *Rhagium bifasciatum* à laquelle elle se rapporte par la forme générale, la saillie de la tête, la structure de presque tous les organes de la bouche, la présence de deux tubercules ocelliformes, l'existence de six pattes de longueur médiocre et assez grêles. Elle en diffère par les caractères suivants :

Épistome à angles antérieurs moins arrondis, bord antérieur de la tête un peu sinueux, devant du front ponctué.

Mandibules pointues, de quelque côté qu'on les regarde, mais, vues de profil, ayant leur tranche supérieure plus convexe et même subanguleusement arrondie.

Antennes bien saillantes, assez longues, de quatre articles, le premier long et en cône tronqué, le second de plus de moitié plus court, un petit peu renflé au sommet, le troisième plus long que le précédent, cylindrique, le quatrième court et grêle. Article supplémentaire presque invisible.

Prothorax marqué antérieurement d'une bande transversale roussâtre, et sur sa moitié antérieure, de très-fines rides transversales aussi, entremêlées de points, les uns petits et ronds, les autres gros et souvent transverses ; la moitié postérieure, celle qui est limitée par les parenthèses, couverte d'assez fortes rides ondulées dans toutes les directions, avec quelques gros points.

Mésothorax et *métathorax* simplement mats en dessus et paraissant à une forte loupe très-finement et très-densement chagrinés.

Abdomen à ampoules ambulatoires dorsales marquées d'un pli médian et d'autres plis moins sensibles à droite et à gauche, ayant une bande transversale de tubercules qui se dilate en arrière près du pli médian. Ces tubercules sont la plupart longitudinalement ou obliquement elliptiques, serrés, très-peu élevés, comme usés et luisants ; le reste de la surface de l'ampoule est mat et très-finement chagriné. Les ampoules ventrales, semblables aux dorsales, sont ornées d'une bande transversale de tubercules pareils à ceux dont il vient d'être parlé, mais un peu plus apparents et plus franchement elliptiques. Le mésosternum et le métasternum ont une bande semblable, mais un peu moins large. Le neuvième segment de l'abdomen est normal et complétement inerme.

Cette larve m'a été envoyée sans nom par M. Valéry Mayet qui l'avait trouvée dans les Alpes, dans un Cerisier pourri. Son examen m'a conduit sur le champ à la classer dans les Lepturides, car il est impossible de la mettre ailleurs ; mais à quel genre appartenait-elle ? La forme et la structure des mandibules la portait vers les *Rhagium*, et il n'était pas interdit de penser que c'était la larve du *R. mordax*, la seule de ce genre que je ne connaisse pas ; mais cependant la convexité plus grande et presque anguleuse de la tranche supérieure de ses mandibules, vues de côté, convexité qui les rapproche de la troncature très-oblique de celles des larves de Lepturiens, m'invitait à la placer dans ce groupe, ou de la considérer comme intermédiaire entre les *Rhagium* et les *Leptura*. J'ai penché pour les Lepturiens par ces autres considérations que les antennes sont assez saillantes, que leur article supplémentaire est presque invisible et que les granulations des ampoules ambulatoires sont différentes de celles des larves de *Rhagium* que je connais. Mais une fois dans les Lepturiens, à quel genre fallait-il s'arrêter ? Ce n'était ni aux *Leptura* ni aux *Strangalia*, et les dimensions de la larve excluaient les autres genres petits ou moyens. Je n'ai pu songer qu'aux *Toxotus*, et j'ai choisi l'*Oxymirus cursor*, à cause de la taille de la larve et de sa provenance.

Acmæops (Leptura) collaris L.

Fig. 550-553.

LARVE

Long. 10-12 millim. Hexapode, très-sensiblement déprimée, d'un brunâtre sale et livide plus foncé latéralement, et à peu près parallèle avec les côtés des segments anguleusement arrondis.

Tête très-aplatie, très-transversale, mais presque entièrement libre, cornée, d'un ferrugineux luisant, avec la partie antérieure un peu plus foncée, munie de quelques poils roussâtres de diverses grandeurs, arqués en avant. Bord antérieur droit ; tout à fait sur ce bord, vis à vis l'épistome, deux très-petits points enfoncés ; front marqué de huit fossettes dont quatre antérieures un peu plus grandes disposées en arc transversal, et quatre un peu plus en arrière, un peu plus écartées, presque en ligne droite ; ruguleux entre ces fossettes et les côtés qui sont anguleux.

Epistome transversal, un peu plus large que le tiers antérieur de la tête.

Labre transversal aussi, d'un testacé jaunâtre comme l'épistome, cilié de soies dorées.

Mandibules courtes, médiocrement robustes, ne dépassant pas le labre, ferrugineuses avec l'extrémité plus foncée, plus lisse et plus luisante. Vues en dessus, elles sont échancrées à l'extrémité ; vues de côté, elles sont tronquées obliquement. Dessous de la tête formé presque entièrement par une plaque cornée, ferrugineuse, luisante, marquée de trois lignes longitudinales, une médiane blanchâtre par transparence, les deux autres d'un brun ferrugineux; subruguleuse entre ces dernières lignes et les côtés. Bord antérieur un peu échancré entre ces mêmes lignes.

C'est dans cet espace restreint que sont logés les autres organes de la bouche, c'est-à-dire les *mâchoires* avec leur lobe cilié et les *palpes maxillaires* de trois articles à peu près égaux, le *menton*, la *lèvre inférieure* surmontée de deux *palpes labiaux* de deux articles égaux. Tous ces organes sont ferrugineux, avec le menton, la lèvre inférieure et les articulations des palpes plus clairs. Ils sont aussi très-courts, cependant les palpes maxillaires débordent un peu les mandibules fermées.

Antennes insérées près des angles antérieurs de la tête à une certaine distance des mandibules, extrêmement courtes, presque entièrement logées dans la tête, et dans leur plus grande extension, même sur la larve vivante et faisant effort pour échapper aux doigts qui la serrent, ne montrant que trois articles dont les deux premiers presque moniliformes, le troisième grêle et accompagné d'un article supplémentaire placé dessous et à peine visible.

Sur chaque joue, très-près de la base de l'antenne, trois *ocelles* luisants, noirs ou d'un brun ferrugineux, en ligne très-oblique, le plus antérieur un peu plus petit. Ces ocelles sont saillants et lorsqu'on observe la larve verticalement en dessus ou en dessous, on les voit sous la forme de granules formant une sorte de crénelure près de l'angle antérieur de la tête. Sensiblement en arrière, on aperçoit deux autres granules moins saillants mais plus écartés, plus grands et testacés ; l'un est placé vis à vis le dernier de la série antérieure, l'autre plus vers le front. Il y aurait donc cinq ocelles de chaque côté.

Prothorax un peu plus large que la tête, pas guère plus long qu'elle, subanguleux latéralement et hérissé de quelques poils d'un testacé jaunâtre ; de la couleur du reste du corps avec une lisière antérieure et les côtés bruns ; égal et très-finement réticulé sur toute sa surface dorsale, sans aucune trace des plis en parenthèse que montrent les autres larves de Longicorne. En dessous, ce segment est lisse avec une très-fine réticulation près des côtés, et il est marqué d'un pli transversal assez profond près du bord postérieur.

Mésothorax et *métathorax* très-courts, pas aussi longs, pris ensemble, que le prothorax, très-finement et subruguleusement réticulés en dessus.

En dessous, ces deux segments sont marqués d'un pli transversal et presque entièrement couverts d'aspérités d'une excessive finesse. Le métasternum est muni en outre de deux séries transversales et interrompues au milieu de granules ovales contigus. Les côtés de ces mêmes segments saillissent anguleusement en un mamelon non rétractile surmonté de longs poils d'un testacé jaunâtre et d'autres plus courts.

Abdomen de neuf segments, les sept premiers très-finement réticulés en dessus et munis, sur ce qui constitue dans les autres larves les ampoules ambulatoires, mais qui ne mérite pas ici ce nom, parce que ces parties ne sont ni saillantes ni sensiblement dilatables, munis, disons-nous, de granules disposés en quatre séries transversales un peu confuses. Sur la face ventrale de ces segments les ampoules sont mieux marquées, elles sont couvertes de très-fines aspérités et portent en outre deux lignes transversales et interrompues de granules comme ceux du métasternum, mais sensiblement plus grands. Ils sont disposés sur chaque arceau ventral sous la forme de deux ovales très-allongés et transversaux. Les côtés de ces segments sont encore plus anguleux que les segments thoraciques et comme eux hérissés de poils longs et courts assez épais. Huitième segment sans granules, finement ridé, anguleux près des angles postérieurs. Neuvième ou dernier segment plus long que les autres, semi-elliptique avec une sinuosité de chaque côté près de l'extrémité, ruguleusement ridé, marqué de deux sillons depuis la base jusque vers le milieu et d'une fossette allongée près des côtés ; cilié de longs poils.

Mamelon anal trilobé, situé non à la suite de ce segment, mais dessous, assez près de l'extrémité.

Stigmates très-apparents, latéro-dorsaux, c'est-à-dire un peu visibles lorsqu'on regarde la larve perpendiculairement en dessus, à péritrème ferrugineux et circulaire, au nombre de neuf paires, la première, à peine plus grande et plus inférieure que les autres, très-près du bord antérieur du mésothorax, les autres au tiers antérieur des huit premiers segments abdominaux.

Pattes assez longues mais grêles, débordant très-sensiblement le corps, de cinq pièces comme à l'ordinaire. Hanches et trochanters blanchâtres et membraneux avec l'articulation testacée ; cuisses et tibias d'égale longueur, testacés, subcornés, terminés par deux poils assez fins ; ongles assez longs, acérés, ayant en dessous à la base une dilatation surmontée d'une petite soie.

La première fois que je trouvai cette larve, au commencement d'octobre 1872, je fus loin de me douter qu'elle appartînt à un Longicorne, car elle avait une forme, une couleur, des habitudes, une manière de vivre très-différentes de celles des larves de cette famille qui m'étaient connues. Cette première capture me donna le vif désir d'en faire d'autres, et mes recherches assidues me procurèrent plusieurs individus que je trouvai tous sous l'écorce à demi soulevée d'échalas de Châtaignier mis en place depuis deux ans au moins, et qui avaient déjà nourri diverses autres larves, notamment celles des *Callidium alni*, *Exocentrus adspersus* et *Leiopus nebulosus*. Je sciai quelques-uns des échalas sur lesquels j'avais constaté la présence d'une, quelquefois de deux et même de trois ou quatre de ces larves, et j'emportai les tronçons après avoir recommandé à mes vignerons de ne pas enlever, comme ils le font souvent pendant l'hiver, la peau des vieux échalas. J'espérais, en effet, si l'éducation que je me proposais de faire chez moi ne réussissait pas, trouver au printemps, sur les échalas restés dans les vignes, la nymphe ou l'insecte provenant de cette larve qui excitait si vivement mon intérêt.

J'installai mes tronçons d'échalas sur le toit d'une décharge de ma maison, pour qu'ils y passassent l'hiver dans des conditions normales. Au commencement d'avril 1873, quelques jours avant d'aller à ma campagne, je voulus les visiter ; je soulevai les écorces avec précaution, mais j'eus beau chercher, mes morceaux de bois n'avaient plus une seule larve ni sous l'écorce ni dans l'aubier. Cette déception me surprit et me contraria vivement. J'espérais me dédommager dans mes vignes, mais j'écorçai en vain des centaines d'échalas, je ne trouvai absolument rien de ce que je cherchais. Cet insuccès ne fit que m'intriguer davantage. Je pris bien, de çà de là, sur les vignes, sur les échalas, sur les fleurs, quelques *Acmæops collaris*, mais l'idée ne me vint même pas que cet insecte pouvait me donner la solution du problème.

Le mois de septembre venu, je me promis de consacrer bien des moments de ma villégiature à rechercher ou à préparer cette solution. Je commençai par m'approvisionner de quelques tronçons d'échalas dans les conditions voulues, puis je me mis en quête de larves. J'emprisonnais isolément dans des cornets de papier celles que je trouvais, et rentré chez moi, je les déposais une à une sur mes fragments d'échalas où elles ne tardaient pas à disparaître sous l'écorce. Je me mis ainsi en possession d'un certain nombre de ces bestioles.

Mais ce qui m'était arrivé le printemps précédent m'avait fait soupçonner que ces larves se transformaient sous terre. Pour m'en assurer, je plaçai mes tronçons d'échalas dans un grand vase à parois lisses, et presque tous les matins je visitai ce vase. Vers la mi-octobre je trouvai au fond une larve. Je la plaçai dans une boîte de fer-blanc à moitié pleine de terre, et tout aussitôt elle se mit à fouir avec la tête, si bien que, peu d'instants après, elle s'était enterrée. Ce fait, qui se renouvela plusieurs fois pendant mon séjour à la campagne, m'éloignait de plus en plus de l'idée d'une larve de Longicorne.

Lorsque, le 10 novembre 1873, je rentrai en ville, il restait encore des larves sous les écorces; j'emportai donc mon petit fagot, et dans le courant du mois il me rendit le reste de ses habitants que j'installai, comme les autres, dans des boîtes ou des verres à moitié remplis de terre que j'eus soin de maintenir légèrement humide. Les verres ayant été tenus à l'obscurité, je constatai que deux de mes larves s'étaient établies contre les parois, ce qui me faisait espérer de voir plus tard la nymphe. Cet espoir ne fut pas déçu; au commencement d'avril 1874, une nymphe m'apparut, et deux jours après une seconde. N'y tenant plus, je renversai le verre; quatre nymphes s'offrirent à mes yeux d'autant plus ébahis qu'elles appartenaient évidemment à un Longicorne, et ne pouvant les rapporter qu'à une *Pachyta*, j'en conclus que l'*Acmœops collaris* m'avait joué le mauvais tour de dérouter ma vieille expérience. C'est ce dont me convainquit, peu de jours après, l'éclosion de plusieurs individus de cette espèce.

Qu'il me soit permis maintenant de défendre jusqu'à un certain point mon honneur scientifique et d'expliquer pourquoi ce que j'ai appelé, sans prétention aucune, ma vieille expérience, a été mis en défaut.

La larve dont il s'agit, par la dépression de son corps et par sa couleur d'un brun terne et livide, s'éloigne de toutes les larves de Longicornes qui me sont connues. La tête, très aplatie et presque tranchante sur les côtés, a quelques rapports avec celle des larves de *Grammoptera* et surtout de *Rhagium indagator*, mais elle est encore plus plate et sensiblement plus saillante. On a vu, en outre, qu'elle est douée de dix ocelles. Le corps, dépourvu d'ampoules proprement dites, est dentelé le long des flancs par la dilatation latérale et conique de chaque segment, et les poils qui le revêtent sont longs et assez épais. Enfin, le mamelon anal, au lieu d'être à la suite du dernier segment, se trouve placé dessous. Tous ces caractères de conformation extérieure semblent repousser son classement dans la famille des Longicornes.

Ses allures et ses mœurs s'y opposent aussi. Grâce à la position du mamelon anal, secondé par les pattes et par les aspérités des ampoules ventrales, elle peut cheminer sur un plan vertical assez lisse, elle peu grimper le long d'une planche rabotée, d'une feuille de papier, d'un verre humide, ce que ne saurait faire aucune autre larve de la même famille. Sa démarche et ses mouvements sont très-lents, mais si on la met sur le dos, la souplesse de son corps lui permet de se relever avec une grande facilité. Sur les deux points d'appui de la tête et du dernier segment, elle se dresse en arc, retombe sur le flanc et en s'allongeant se remet sur ses pieds. Elle vit, il est vrai, sous les écorces, mais il lui faut des écorces déjà un peu soulevées par l'action du temps ou par celle d'autres larves qui l'ont précédée. Loin de ronger, pour se nourrir, ces écorces ou le bois, elle s'alimente des déjections des larves antérieures, ou même se contente de racler cette sorte de pellicule que le temps a formée à la surface de l'aubier, si bien qu'il est très-difficile de trouver les traces de ses érosions. Enfin, pour agir en tout autrement que les autres, après son complet développement qui exige une période d'environ six mois, elle quitte les lieux où elle a vécu pour se laisser tomber à terre, s'y enfoncer, y passer l'hiver et y subir ses métamorphoses au commencement du printemps suivant.

A toutes ces causes d'hésitation pour la détermination de cette larve est venue s'en joindre une autre. J'avais reçu dans le temps de mon ami M. Candèze, comme appartenant au *Thymalus limbatus*, deux individus d'une larve en tout semblable à celle dont je m'occupe et qui, restée dans mes souvenirs, se trouvait aussi dans ma collection. Cette larve différant sensiblement de la véritable larve du *Thymalus*, décrite et figurée par MM. Chapuis et Candèze dans leur Catalogue, j'écrivis à ce dernier savant pour avoir des explications que, vu le temps écoulé, il ne put me donner; mais le nom sous lequel il me l'avait envoyée avait fixé dans mon esprit l'opinion qu'elle pouvait bien appartenir à un genre du groupe des Peltides ou d'un groupe voisin, et l'on sait l'empire qu'exerce une idée préconçue.

J'ose espérer que toutes ces circonstances atténuantes me feront pardonner l'incertitude dans laquelle j'ai vécu plus de deux ans au sujet de la larve de l'*Acmæops;* et maintenant que je sais à quoi m'en tenir sur son compte, je dirai que, malgré les disparates qu'elle présente, la tribu des Longicornes n'a pas le droit de la repousser. La forme de ses mandibules et de tous les autres organes de la bouche, et surtout les granules symétriquement disposés qui couvrent la place ordinaire des ampoules ambulatoires, peuvent *a priori* motiver son admission dans cette tribu. Plusieurs caractères et notamment la saillie de la tête et la longueur des pattes la conduisent dans la famille des Lepturiens; mais si je ne me suis pas trompé dans la détermination de la larve de l'*Oxymirus cursor*, qui en diffère tant; si en outre les autres larves de Pachytates ressemblent à celle dont il s'agit ici, je serais disposé à les placer plutôt à côté de celles des Grammoptérates qu'à la suite de celles des Toxotates.

Je ne dois pas oublier de faire connaître la nymphe qu'on a bien le droit de s'étonner de voir sortir si épaisse et si dodue d'une larve si plate et si maigre.

NYMPHE

Des poils roussâtres sur le front et sur le vertex, arqués en avant, d'autres en forme de longs cils autour du prothorax et quelques-uns en série transversale sur le milieu ; des poils semblables dirigés en arrière et en série tranversale vers le tiers postérieur de chacun des segments de l'abdomen ; dernier segment inerme et simplement velu ; enfin quelques poils sur chaque genou et un sur le dernier article des tarses.

Par l'absence de toute spinule, cette nymphe se rapproche plus des nymphes de *Grammoptera* que de celles des autres Lepturiens.

Les Lepturaires ont deux rameaux, les Lepturates, avec les genres *Strangalia*, *Leptura*, *Vadonia* et *Anoplodera*, et les Grammoptérates, où figurent les genres *Pidonia*, *Cortodera* et *Grammoptera*.

Westwood, *Introd*. t. I, p. 369, a dit quelques mots et donné une figure de la *Strangalia elongata* Rossi qui doit être la *maculata* Poda, *armata* Herbst. Quoi qu'il en soit, MM. Chapuis et Candèze, dans leur Catalogue (p. 250, pl. VIII), ont donné le signalement et le portrait de cette dernière, dont les ampoules ambulatoires sont granulées et les antennes de quatre articles et non de trois.

J'ai publié, dans les *Annales des Sciences naturelles* (1840, p. 90), la larve et la nymphe de la *S. aurulenta* F., commune dans les vieilles souches d'Aulne et de Saule. Le prothorax est ruguleux postérieurement, les pattes sont assez longues, les ampoules supérieures ont cinq rangs de granules, sauf celles du septième segment qui, comme les inférieures, n'en ont que deux rangs. La nymphe est spinuleuse, mais moins que celle des *Rhagium*.

L'histoire des métamorphoses de la *Leptura testacea* L. figure dans mon travail sur les Insectes du Pin (*Soc. Ent.* 1856, p. 504). Elle ressemble entièrement à la précédente. La nymphe est également spinuleuse, mais les spinules sont très-petites.

M. Bond (*Entom. Mag.* 1838, p. 212), a fait connaître la larve et la nymphe de la *L. scutellata* F.

Les premiers états de la *Grammoptera ruficornis* F. ont fait l'objet d'une notice que j'ai publiée dans les *Annales de la Société entomologique* (1847, p. 551).

Je suis en mesure d'ajouter les espèces suivantes :

Strangalia (Leptura) attenuata L.

Fig. 556-562.

LARVE

Long. 14-15 millim. D'un blanc un peu couleur de chair, subtétraédrique, relativement peu épaisse antérieurement, peu densement revêtue de poils blanchâtres et pourvue de trois paires de pattes assez longues, étalées, dépassant un peu le corps et hérissées de quelques soies.

Tête saillante en dehors du prothorax d'une longueur égale aux deux cinquièmes de sa largeur, marquée de quelques points sur le front, s'élargissant en s'arrondissant d'avant en arrière, déprimée, lisse, rousse, avec le bord antérieur ferrugineux ; celui-ci droit avec une dépression vis-à-vis les mandibules et une échancrure pour loger les antennes.

Épistome transversal, d'une largeur égale au moins au tiers de la largeur antérieure de la tête, un peu arrondi au bord antérieur.

Labre semi-elliptique et frangé de petits poils roussâtres.

Mandibules assez longues, noires, avec la base un peu ferrugineuse ; vues en dessus, planes, pointues, à tranche interne concave ; vues de côté, très-obliquement tronquées à l'extrémité, à tranche supérieure subconvexe et tranche inférieure concave, et le dos obtusément subcaréné.

Mâchoires, lèvre inférieure et *palpes* comme dans les larves de Saperdaires. sauf que les mâchoires sont un petit peu inclinées en dedans.

Antennes rétractiles, ordinairement très-peu saillantes et formées de quatre articles très-courts, dont le dernier est surmonté de trois très-petites soies et accompagné d'un article supplémentaire presque invisible et tuberculiforme.

Sur chaque joue, près de la cavité antennaire, le plus souvent deux points noirs placés l'un sous l'autre sur une ligne un peu oblique et simulant des *ocelles*, mais plus exactement et constamment un tubercule lisse, transversalement et un peu obliquement ovale.

Prothorax aussi grand que les trois segments suivants réunis, antérieurement plus large que la tête, un peu plus étroit en arrière qu'en avant, lisse, sauf sur un assez grand espace postérieur transversalement triangulaire, qui est ruguleusement et finement subréticulé.

Mésothorax et *métathorax* munis, en dessous seulement, d'un pli transversal séparant deux rangs de tubercules, et en dessus ayant leur surface un peu plissée, en grande partie mate et comme alutacée, avec une dépression au milieu.

Abdomen de neuf segments plus le mamelon anal qui est relativement petit. Les sept premiers munis, tant sur le dos que sur la face ventrale, d'une ampoule ambulatoire, la supérieure transversalement elliptique, entourée d'une chaîne de petits granules enfermant deux séries parallèles et un peu arquées de granules semblables, sauf sur le septième segment qui n'a qu'une série interne ; l'inférieure en forme de bande transversale rétrécie au milieu, ayant deux séries de granules séparées par un pli. Les deux derniers segments pourvues d'un bourrelet latéral.

Mamelon anal trilobé.

Stigmates au nombre de neuf paires, la première, plus grande et plus inférieure que les autres, très-près du bord antérieur du mésothorax, les autres vers le milieu des huit premiers segments abdominaux.

Pattes comme il a été dit ci-dessus et de cinq pièces, ongle compris.

J'ai observé cette larve dans de vieux pieux de Châtaignier dépourvus d'écorce et dont le bois était altéré par la vétusté. Elle se développe dans l'intérieur des couches ligneuses où elle creuse une galerie longitudinale qu'elle dirige vers la surface aux approches de la métamorphose.

Je n'ai pas précisément constaté ses dernières évolutions, mais comme elle appartient, sans le moindre doute, à un Lepturien, et que le seul insecte de cette famille qui se trouve sur les échalas de Châtaignier est, indépendamment de l'*Acmæops collaris*, le *Strangalia attenuata*, je crois pouvoir en toute sécurité l'attribuer à cette espèce.

Leptura cincta Gyll.

Fig. 563-564.

LARVE

Long. 15-25 millim. Semblable à la précédente et hexapode comme elle.

Tête également saillante et de même couleur, s'élargissant aussi d'avant en arrière et marquée extérieurement de quelques points. Bord antérieur droit, avec une dépression et comme une échancrure vis à vis les mandibules, avant les antennes.

Largeur de l'*épistome* dépassant le tiers de la largeur antérieure de la tête.

Labre semi-elliptique, frangé de poils roux.

Mandibules assez longues, noires, pointues quand on les observe en dessus, avec le bord externe convexe et la tranche interne concave, et quand on les examine de côté, très-obliquement tronquées avec les tranches latérales sinueusement concaves, mais l'inférieure bien plus que l'autre ; bombées à leur partie antérieure, transversalement subdéprimées vers le tiers de leur longueur et dans cette dépression mates et très-finement striolées ; guillochées et caverneuses vers la base.

Mâchoires un peu obliques, languette charnue et velue, ne dépassant guère le premier article des palpes labiaux.

Antennes assez courtes, en très-grande partie rétractiles, de quatre articles dont le second visiblement plus court que le premier et le troisième ; article supplémentaire beaucoup plus grêle et de moitié moins long que le qnatrième qui est terminé par trois soies très-courtes.

Près de leur base et dans une sorte de fossette transversale, un tubercule elliptique très-lisse et de couleur testacée, ayant toutes les apparences d'un *ocelle.*

Prothorax marqué antérieurement de quelques gros points et postérieurement de rides très-sinueuses.

Mésothorax et *métathorax* ayant quelques plis en dessus, avec un espace transversal et mat, plissé aussi et chagriné.

Abdomen de neuf segments ; ampoules ambulatoires supérieures munies de granules formant deux ellipses concentriques, sauf sur le septième segment où elles n'en forment qu'une seule. Indépendamment de ces deux ellipses concentriques il y a, un peu en avant de l'ellipse la plus externe, un rang plus ou moins régulier de granules. Sur les ampoules inférieures les granules sont disposés aussi en ellipses, mais la ligne supérieure en a deux rangs de grandeur ordinairement inégale et un peu confus, à l'exception du mésosternum et du métasternum où l'ellipse est simple. Huitième et neuvième segments lisses avec un bourrelet latéral. Mamelon anal trilobé.

Stigmates comme dans la larve précédente.

Pattes de même.

La larve de la *L. cincta* ressemble beaucoup à celle de la *Strangalia attenuata* et plus encore, à cause de sa taille, à celle de la *Leptura testacea*. Cette dernière aime à vivre avec celles de l'*Ergates* et du *Criocephalus*, et aussi après elles, dans les souches et les troncs de Pins morts depuis un certain temps, et on les y rencontre même lorsque le bois est en partie décomposé et arrivé à l'état spongieux. J'ai trouvé celle dont il s'agit maintenant dans les Pyrénées, avec les larves des *Rhagium inquisitor* et *bifasciatum*, dans des troncs de Sapin dont la mort devait remonter à deux ou trois ans. Elle creuse dans l'épaisseur de l'aubier une galerie longitudinale qui, derrière elle, demeure encombrée de détritus assez grossiers et de déjections et qu'elle dirige obliquement jusque près de la surface avant de se transformer en nymphe.

Cette nymphe m'est inconnue.

Leptura rufipennis Muls.

LARVE

Long. 20-25 millim. Très-semblable à la précédente. Elle a sur le front des points plus forts et plus nombreux; le mésothorax et le métathorax sont en dessus irrégulièrement striés en long; les ampoules ambulatoires dorsales n'ont que quatre rangs de granules; quelquefois cependant on voit sur certaines deux ou quatre granules un peu en avant de la série antérieure.

Je tiens cette larve de M. Bauduer qui l'a trouvée dans du bois pourrissant de Chêne-liége.

Grammoptera (Leptura) ustulata SCHALLER, **præusta** FAB.

Fig. 565-573.

LARVE

Long. 9 millim. Subtétraédrique avec la partie postérieure visiblement déprimée, blanche, ayant des poils blanchâtres très-clair-semés, visibles principalement sur les côtés des segments, plus nombreux aux deux extrémités du corps, et pourvue de trois paires de pattes assez longues, étalées, débordant un peu le corps, hérissées de quelques poils et de cinq articles y compris un ongle roussâtre ; hanche épaisse, conique, trochanter court, cuisse environ deux fois aussi longue, tibia de la longueur des deux précédents articles réunis.

Tête plate, saillante d'une longueur égale à la moitié environ de sa largeur antérieure, très-mince sur les côtés qui sont arrondis, subcornée, rousse avec la moitié antérieure un peu plus foncée ; bord antérieur droit ou à peine échancré, un peu concave vis-à-vis les mandibules, marqué au milieu de deux petites fossettes arrondies et de deux autres oblongues plus en arrière en regard des mandibules.

Épistome très-largement transversal.

Labre semi-elliptique et cilié.

Mandibules assez longues, noires avec la base un peu ferrugineuse, conformées, ainsi que les *mâchoires*, la *lèvre inférieure* et les *palpes*, comme dans les autres larves de la famille, sauf que la languette est subtronquée à l'extrémité.

Antennes très courtes, ordinairement cachées presque en entier dans la tête, de quatre articles mais n'en laissant guère voir, dans leur plus grande extension, que trois dont le premier très-grêle et accompagné d'un article supplémentaire fort difficile à apercevoir.

Sur chaque joue, très-près de la cavité antennaire, deux et le plus souvent trois points noirs en arc transversal, placés sur autant de tubercules lisses et ocelliformes.

Prothorax pas tout à fait aussi grand que les trois segments suivants pris ensemble, lisse ou à peine ridé postérieurement, paraissant roussâtre en avant parce que la partie postérieure de la tête, qui est rousse, se montre à travers la transparence des tissus.

Mésothorax et *métathorax* plissés et partiellement alutacés en dessus, et en dessous marqués d'un pli transversal séparant deux séries de granules.

Adomen de neuf segments, plus le mamelon anal ordinaire; les sept premiers pourvus en dessus et en dessous d'une ampoule ambulatoire un peu déprimée au milieu; ampoules dorsales entourées d'une ellipse de granules très-petits et irréguliers, enfermant trois séries transversales de granules plus gros et arrondis ; ampoule du septième segment semblable aux précédentes; ampoules ventrales ornées de deux arcs de granules. Les deux derniers segments lisses, munis du bourrelet latéral ordinaire.

Mamelon anal trilobé.

Stigmates comme dans les deux larves précédentes.

Pattes comme il a été dit plus haut.

La larve de la *G. ustulata* vit dans les menues branches du Châtaignier et du Chêne. Contrairement à ce qu'on observe pour les larves de *Leptura* qui aiment les bois un peu vieux et qui plongent dès leur naissance dans les couches ligneuses, elle se trouve presque exclusivement dans les branches assez récemment mortes, et en outre la plus grande partie de son existence se passe sous l'écorce où elle creuse, en entamant un peu l'aubier, une galerie large, sinueuse, irrégulière qui demeure encombrée de déjections et de détritus. Aux approches de la métamorphose elle pénètre dans le bois pour préparer à la future nymphe un abri où elle puisse jouir du calme et de la sécurité, et qui consiste en une cellule oblique et un peu arquée.

NYMPHE

Elle se fait remarquer par des soies roussâtres, disposées assez symétriquement sur l'épistome, le front, le thorax ; celles de la tête et du bord postérieur du prothorax sont dirigées en avant ; on en voit aussi quelques-unes sur les pattes, sur les segments abdominaux, tant en dessus qu'en dessous, et près du bord postérieur existe une série de soies semblables et qui, en allant du milieu vers les côtés, sont uniques et doubles alternativement. Les deux derniers segments ont moins de ces soies, mais ils sont hérissés de poils longs et très-fins. Le dernier est terminé par deux pointes déliées, subcornées, roussâtres et un peu relevées en crochet.

L'insecte parfait naît en mai et juin.

Grammoptera (Leptura) analis Panz.

Sa larve vit dans les mêmes essences et dans les mêmes conditions que la précédente. Comme elle n'en diffère en rien et qu'il en est de même de la nymphe, je me borne à mentionner le fait.

Les auteurs que j'ai pu consulter ont placé les Rhagiens et les Lepturiens dans le même grand groupe ou dans des familles contiguës, et la structure des larves justifie cette réunion ou ce rapprochement. Saillie de la tête, longueur et forme des mandibules, brièveté et rétractilité des antennes, longueur des pattes, granules des ampoules ambulatoires, tout cela forme un ensemble assez homogène. Je m'abstiendrai de me prononcer sur le point de savoir si, comme l'admettent MM. Mulsant et Fairmaire, ce groupe doit être renvoyé tout à fait à la fin des Longicornes, ou si, comme le veut Lacordaire, on doit le placer beaucoup plus haut et dans la section B des Cérambycides ; je me borne à dire, laissant juges de la question les monographes et les classificateurs, que les larves paraissent se rapprocher plus de celles des Cérambycides que de celles des Saperdides.

Le groupe des Lepturides a été divisé par M. Mulsant, comme je l'ai dit plus haut, en deux familles, les Rhagiens et les Lepturiens. La configuration des larves confirme cette division. Celles des Rhagiens, en effet, se distinguent par un moindre nombre de granules sur les ampoules dorsales et par la forme du dernier segment, toutes réserves maintenues pour celle du *Rhagium indagator* qui a son dernier segment normal et la tête très-large et très-aplatie.

M. Mulsant a jugé à propos de diviser la branche des Lepturaires en deux rameaux, les Lepturates et les Grammoptérates. M. Fairmaire, tout en conservant le genre *Grammoptera*, l'a compris, avec les autres genres voisins, dans la famille des Lepturites, mais Lacordaire repousse les genres établis par ses devanciers comme démembrements de l'ancien genre *Leptura* de Linné, et n'accepte que ce dernier, sauf une exception qu'il fait pour la *Strangalia attenuata*. Je pense quant à moi que les larves connues de certaines espèces de *Strangalia* des auteurs et des catalogues commandent la réunion de ces espèces aux *Leptura*. Les larves des *Vadonia*, *Anoplodera* etc., lorsqu'elles auront été signalées, nous diront ce qu'il faut penser de la légitimité de ces genres, mais je ne puis me dispenser de réclamer en faveur des *Grammoptera*. Leurs larves sont très-reconnaissables à la dépression de leur corps et à l'aplatissement de leur tête, et se distinguent aussi, au point de vue biologique, par l'habitude qu'elles ont de vivre sous l'écorce avant de pénétrer dans les couches ligneuses. Elles paraissent en outre préférer le menu bois et des branches plus récemment mortes et bien moins avancées dans leur décomposition.

Les larves des Longicornes passent pour avoir une structure très-uniforme et l'on est convaincu qu'il ne faut que bien peu d'expérience pour distinguer une larve de cette tribu. Cela est vrai, sans doute, et quelques exceptions ne me feront pas renoncer à ce principe, car la généralité des faits lui donne ce caractère, à ce principe, dis-je, que généralement les larves d'une même famille sont entre elles comme les insectes parfaits ; mais pourtant la nature, qui se joue des formes, s'est permis une exception en ce qui concerne les larves d'*Agapanthia*, une autre plus frappante encore pour celles des *Vesperus* et une autre non moins étrange pour celle d'un *Acmæops*, sans compter les dérogations que ferait constater l'étude des larves exotiques.

C'est, du reste, ainsi que les choses se passent pour les familles même les plus naturelles dont plusieurs présentent non-seulement des causes d'indécision sur la limite qui sépare ces familles de leurs voisines, mais en outre des anomalies entre deux subdivisions contiguës, deux genres très-rapprochés, deux espèces d'un même genre. Les larves des *Dyschirius*, des *Bembidium*, des *Carabus* ne se ressemblent guère, et celles des *Dromius* s'éloignent bien peu de celles de certains Staphylinides. Dans les Staphylinides il y a des larves qu'on dirait être de Histérides ou de Nitidulaires. Celles des *Trachys* semblent n'avoir aucun rapport avec les autres larves de Buprestides ; celles de *Carida* jurent à côté de celles de *Hallomenus* ; celles d'*Anaspis* à la suite de celles de *Mordella*, et nous avons vu qu'une larve de *Mordellistena* diffère visiblement de ses congénères. On a de la peine à croire que les larves mineuses d'*Orchestes* et de *Ramphus* soient de Curculionides, et beaucoup de larves de cette tribu ne peuvent se distinguer de celles des Scolytides.

Quoi qu'il en soit, les larves des Longicornes, prises dans leur ensemble, sont charnues, épaisses, trapues, lourdes, finement velues, blanches ou d'un blanc jaunâtre, souvent un peu vineux avant leur complet développement ; elles sont antérieurement plus ou moins épaissies en pilon, et les mamelons dorsaux et ventraux leur donnent une forme prismatique ou tétraédrique qui n'est guère propre qu'à elles. Mais cette forme n'est pas celle des larves d'*Agapanthia* qui sont plus grêles, cylindriques, avec une dilatation sous le thorax, et dont le corps au lieu d'être droit, se voûte sur le thorax et se courbe en dessous à l'extrémité postérieure. Elle n'est pas non plus, comme on a pu le voir, celle des larves de *Vesperus* qui sont, pour ainsi dire, en coin très-épais.

Faisons maintenant une revue comparative des divers organes.

La tête ordinairement jaunâtre ou roussâtre, avec le bord antérieur beaucoup plus foncé, est large, profondément enchâssée dans le prothorax et à côtés arrondis dans les Cérambycides ; elle se rétrécit, devient un peu plus saillante et presque parallèle dans les larves des Lamiides et notamment dans celles des Lamiaires et des Astynomaires, plus saillante encore, plus étroite et presque aussi parallèle dans celles des Saperdins, pour s'arrondir un peu et ressortir plus encore dans celles des Lepturiens et en particulier des Rhagiaires et des Grammoptéraires ; mais elle est presque entièrement libre, subcornée et uniformément colorée dans les larves des Agapanthaires.

Le bord antérieur se montre très-épaissi, dentelé ou sinué dans les larves des Prioniens, puis il s'affaisse, se simplifie, et alors il est droit ou très-faiblement échancré d'une mandibule à l'autre, dilaté ensuite en une dent obtuse ou un simple tubercule, et de là déclive jusqu'à l'angle antérieur tantôt en ligne droite comme dans les dernières familles, tantôt en ligne courbe dessinant une échancrure plus ou moins profonde comme dans les familles intermédiaires.

Dans les larves des Prioniens, l'épistome présente une largeur égale au tiers de la largeur antérieure de la tête ; dans celles des Cérambycins, elle est à peine égale au cinquième, et ce caractère me paraît avoir une grande valeur de classification. Cette largeur augmente dans les autres familles et devient assez étendue dans les larves de *Grammoptera*. Le labre suit naturellement les dimensions de l'épistome ; quand celui-ci est large il est transversalement semi-ellipsoïdal ou un peu plus, et quand il est étroit il est ogival ou presque discoïdal. Il est toujours frangé antérieurement de poils roux ou roussâtres assez touffus. L'épistome est généralement lisse et de consistance membraneuse et il est plus pâle que le labre, lequel est plus ou moins ruguleux.

Les mandibules sont longues, robustes, pointues au sommet, taillées en biseau et tranchantes intérieurement, bosselées ou striées en dehors dans les larves des Prioniens, courtes, épaisses, lisses en dehors et très-arrondies à l'extrémité dans celles des Cérambycins. Elles deviennent ensuite plus longues, et leur sommet est tronqué plus ou moins obliquement dans celles des Lamiens et des Saperdins. Leur longueur augmente encore un peu dans celles des Rhagiens qui les ont pointues, sauf celle du *Rhagium indagator* où elles sont tronquées, et elle diminue à peine dans celles des Lepturiens qui les ont très-obliquement tronquées, à l'exception de celles des *Vesperus* où l'extrémité est arrondie.

Le bord antérieur de la tête, vu en dessous, est largement échancré ou en forme d'arc. Sur cet arc reposent trois pièces adossées, dont les latérales supportent les mâchoires et la médiane sert de base à la lèvre inférieure. Les mâchoires sont fortes, inclinées en dedans dans les premières familles, ce qui les fait paraître coudées, droites dans les autres, et sont munies d'un lobe assez épais, cilié comme le labre, ne dépassant jamais le second article des palpes maxillaires. En dehors, les mâchoires sont marquées d'un pli profond qui, par sa position et son étendue, fait croire à tort qu'il sert de limite basilaire au palpe maxillaire et que celui-ci, dès lors, est formé de quatre articles. Il n'en a, en réalité, que trois égaux à peu près en longueur. Il est un peu conique et légèrement arqué en dedans. La lèvre inférieure, déprimée au milieu et dilatée sur les côtés, paraît cordiforme, mais elle s'avance en un lobe épais, arrondi et cilié dans les larves des Prioniens, plus étroit, ou grêle ou très-peu apparent, mais toujours cilié dans celles des autres familles, et c'est à ce lobe que je donne le nom de languette, que certains auteurs ont attribué à la lèvre elle-même. A droite et à gauche de la languette s'élève un palpe labial de deux articles dont le second est ordinairement un peu plus long que le premier. Assez souvent cependant les palpes labiaux sont presque contigus à leur base et alors la languette se trouve en dessus, dans l'intérieur de la cavité buccale. Ces palpes sont souvent un petit peu arquées en dedans, et comme la lèvre est beaucoup plus courte que les mâchoires, leur sommet atteint rarement l'extrémité des lobes maxillaires. Tous ces organes ont une structure assez uniforme dans les larves des Longicornes, ils sont toujours roussâtres et conséquemment un peu plus foncés que le corps et il n'y a guère de différence que dans le plus ou moins grand nombre de poils qui les hérissent, dans l'inclinaison des mâchoires et dans la forme et les dimensions de la languette.

A chaque angle antérieur de la tête et habituellement dans l'épaisseur du bord antérieur existe une cavité où se loge une antenne. Celle-ci est longue, en cône allongé, ordinairement saillante, même après la mort, et médiocrement rétractile dans les larves des Prioniens et des Cérambycins; elle est très-courte, conique, entièrement rétractile dans celles des autres familles à l'exception des *Vesperus*, et souvent elle disparaît dans la cavité antennaire, ce qui a fait croire que certaines larves étaient dépourvues de cet organe; mais il est très-rare que l'article apical n'émerge pas un peu, ce qui le rend visible à un œil attentif, muni d'une bonne loupe, et en tout cas, en observant la tête dans une position favorable, on peut voir la cavité antennaire et dans son intérieur l'extrémité de l'antenne. Lorsque l'antenne est longue, sa composition est la suivante : le premier article est long, en cône tronqué, plus pâle que le reste et membraneux, et l'on devine que c'est sur lui que s'opère la rétraction. Cette rétraction a donné quelquefois lieu de penser que les antennes n'ont que trois articles. Le second est trois fois plus court que le précédent, le troisième deux fois au moins aussi long que le second, le quatrième est plus court que le troisième. A côté du quatrième, mais ordinairement dessous, sauf de rares exceptions, comme dans la larve du *Stenopterus rufus*, par exemple, se trouve un autre article plus petit et quelquefois très-petit, que j'ai appelé article supplémentaire. Je l'ai signalé dans beaucoup d'autres larves et ne l'ai jamais trouvé faisant défaut dans les larves des Longicornes; seulement il n'est pas toujours facile à voir. Il faut, pour s'assurer de son existence, regarder de côté, puisqu'il est placé en dessous. Lorsque l'antenne est courte, elle est plus franchement conique, ses quatre articles sont naturellement très-courts et ils sont presque toujours égaux ou peut s'en faut. Les dimensions de l'article supplémentaire s'en ressentent naturellement.

Quel est l'usage de cet article supplémentaire dont la constance indique qu'il a une importance réelle? Est-il le siége d'un sens, de l'odorat, par exemple? Qui pourrait le dire? Mais, à coup sûr, il a une fonction. Bien des larves cependant, et notamment celles de la grande tribu des Ténébrionides, paraissent en être privées.

Quelquefois, à côté des antennes, sur la tranche même du bord antérieur ou un peu en arrière, une forte loupe montre de un à trois ou même cinq tubercules plus ou moins convexes, lisses, de la couleur de la tête, ou bien un point noir ni saillant, ni enfoncé. Ce sont là, je le crois, des ocelles vrais ou rudimentaires. Beaucoup de larves en manquent, et dans une même famille, un même genre, certaines en sont douées et d'autres privées. On ne voit guère quel besoin d'ocelles ont des larves qui vivent dans les ténèbres et ne paraissent rien faire de plus que celles qui positivement en sont dépourvues.

Nous avons vu que, dans les larves d'Agapanthaires, les segments thoraciques ne sont pas beaucoup plus larges que la tête, qu'en dessous ils sont gonflés et munis d'une touffe de poils et qu'en dessus le prothorax est lisse, avec une plaque subcornée et colorée ; ce sont des particularités propres à ces larves. On trouve, à cet égard, dans les autres larves, une structure très-différente, mais aussi une grande uniformité de conformation. Le prothorax est presque toujours de une et demie à deux fois plus large que la tête, et il est ordinairement aussi long que les trois segments suivants pris ensemble. Enveloppant la partie postérieure de la tête, servant d'attache aux muscles puissants qui en font mouvoir les organes, il lui fallait des dimensions exceptionnelles, vu le genre de vie de la plupart de ces larves. Appelé en outre, par ses dimensions, à être le premier et même le seul en contact avec les obstacles et à rendre des services importants, il avait besoin d'une solidité toute spéciale ; aussi la nature l'a-t-elle doué d'une peau plus épaisse et plus coriace, fortifiée par des callosités ou par une sorte de carapace plus ou moins étendue, munie de stries, de rugosités, de granulations, de plis latéraux et inférieurs facilitant la dilatation des parties qu'ils circonscrivent, de sorte que ces surfaces ridées, rugueuses ou rapeuses s'appliquent aux parois de la galerie creusée par la larve, servent de solide point d'appui à sa tête et facilitent son action. Cette conformation du prothorax me paraît avoir eu principalement cela pour but.

On a pu voir par les descriptions qui précèdent qu'à part les larves d'*Agapanthia*, de *Vesperus*, et d'*Acmæops collaris*, environ la moitié postérieure du prothorax est diversement striée ou striolée ou ridée avec ou sans points intermédiaires, ou très-finement réticulée, ou couverte de granulations. Ce dernier caractère paraît propre aux larves des Saperdaires et des Phytœciaires.

Je ne dois pas omettre de dire que le prothorax a, près du bord postérieur, tant en dessus qu'en dessous, un pli transversal qui semble former un segment supplémentaire, mais qui s'arrête avant d'arriver aux côtés. Le pli supérieur n'est pas toujours visible, mais l'inférieur est constamment très-bien marqué. Les deux autres segments thoraciques sont relativement très-courts, égaux et presque aussi larges que le prothorax. Ce n'est guère qu'à partir de là que le corps diminue de diamètre.

C'est le moment de parler des pattes, puisque ce sont les segments thoraciques qui les portent. Quand elles existent, elles sont toujours au nombre de trois paires ; elles sont très-écartées, coniques, peu robustes, de quatre ou de cinq articles y compris un ongle subulé, hérissé de quelques poils. Elles sont situées, la première paire sous le prothorax, précisément sur ce faux petit segment dont j'ai parlé, la deuxième sous le mésothorax, la troisième sous le métathorax. Elles sont très-courtes dans les larves des Prioniens et des Cérambycins, sauf pourtant, jusqu'ici, les larves de *Leptidea* et de *Stenopterus* qui en sont dépourvues. On les retrouve extrêmement courtes dans le genre *Parmena*, le genre *Lamia*, le genre *Morimus*, puis elles disparaissent de nouveau dans les larves du genre *Monohammus*, des Astynomaires, des Pogonochéraires, des Saperdins, pour reparaître, cette fois, assez longues, dans celles des Rhagiens et des Lepturiens. Ces organes ne sont évidemment, dans les larves des Longicornes, que d'une importance très-secondaire, pour ne pas dire nulle, puisqu'ils manquent tout à fait ou à peu près dans le plus grand nombre, et que là où ils sont le plus développés, ils ne peuvent, à coup sûr, être d'une utilité bien grande. On ne voit pas, d'ailleurs, qu'ils soient bien nécessaires à des larves qui ont pour mission de creuser des galeries et pour obligation de s'y mouvoir, et l'on comprend que de longues pattes seraient plutôt pour elles un embarras. Elles existent, à la vérité, dans les larves en apparence lignivores de *Clerus*, d'*Opilus*, d'*Athous*, de *Malachius*, de *Dasytes*, et qui vivent souvent aux mêmes lieux que les larves de Longicornes ; c'est que celles-ci, qui sont carnassières et non xylophages, ne sont pas chargées de ronger le bois, elles doivent seulement rateler et déblayer les déjections et les détritus qui encombrent les galeries afin d'arriver jusqu'à la larve dont elles veulent faire leur proie; aussi leurs pattes ne sont pas seulement longues, elles sont de plus robustes, solidement articulées, subcornées et munies d'un ongle vigoureux et d'épines ou de soies qui en font de véritables rateaux.

Il est vrai aussi que les larves essentiellement lignivores ou phytophages, comme celles des Œdémérides, ont des pattes assez longues; mais il est à remarquer qu'elles vivent dans des milieux relativement peu résistants, tels que la moelle des végétaux herbacés ou les bois ramollis par une plus ou moins grande vétusté, c'est-à-dire là où elles peuvent sans effort donner à leur galerie la largeur que comporte l'usage des pattes. Il est possible aussi que ces organes leur soient utiles soit pour se mouvoir dans cette galerie dont les parois ont peu de résistance, soit pour déblayer le terrain de parcelles qui, vu l'altération de la masse alimentaire, sont devenues impropres à la nutrition. Ces hypothèses expliqueraient pourquoi les larves des Lepturiens et des Rhagiens, qui se développent dans les bois ramollis par le temps ou sous des écorces, ont aussi les pattes les plus longues. En tout cas, on ne saurait s'étonner de voir des pattes bien développées aux larves de *Vesperus* et d'*Acmæops* chargées de fouiller le sol comme celles de bien des Lamellicornes et tant d'autres.

Après tout, et généralement parlant, les larves des Longicornes, pourvues comme elles le sont de nombreux et puissants moyens de locomotion, pourraient se passer de pattes. Tous ceux qui ont observé ces larves ont remarqué ces dilatations médianes que présentent sur les deux faces les sept premiers segments de l'abdomen, et auxquels on a donné le nom assez impropre, je crois, de mamelons, que j'ai remplacé par celui d'ampoules ambulatoires. J'attendais d'avoir à en parler pour dire qu'elles n'existent pas seulement sur les segments abdominaux, on les voit aussi, sauf de très-rares exceptions, mais moins développées, sur la face inférieure du mésothorax, et dessus comme dessous le métathorax. Il n'en existe pas, paraît-il, sur le dos de ce dernier segment dans le groupe des Lepturides. Elles sont susceptibles de s'affaisser et de se dilater, et voici quel est leur usage : lorsque la larve veut se maintenir dans sa galerie et résister aux chocs ou à la traction qui tendraient à la déloger, elle gonfle ses seize ou dix-sept ampoules et s'accroche ainsi aux parois. Si elle veut aller en avant, elle dilate les parties dilatables du prothorax ainsi que les ampoules thoraciques, applique, si elle le peut, ses mandibules sur le plan de position, et ayant pris ces points d'appui, elle appelle en avant successivement les sept premiers segments de l'abdomen, qui, l'un après l'autre, affaissent leurs ampoules, se raccourcissent et puis dilatent leurs organes de locomotion, de sorte qu'elle accomplit une sorte de mouvement péristaltique de contraction longitudinale et de dilatation verticale. La larve n'attend pas que tous les segments abdominaux soient à leur nouvelle place pour recommencer le mouvement ; tantôt elle s'allonge de nouveau lorsque le cinquième ou le sixième segment vient de se fixer, tantôt, chaque segment poussant successivement celui qui le précède, elle chemine d'une manière continue. Si la larve veut aller en arrière, ce qu'elle fait avec facilité, les segments se contractent en ordre inverse et les ampoules agissent successivement en commençant par celles du septième segment de l'abdomen.

Les ampoules présentent, au point de vue de la distinction des groupes, des familles et quelquefois des espèces, des caractères ordinairement très-saisissables et souvent fort tranchés. Elles sont circonscrites et traversées par des plis divers mais toujours uniformes dans la même espèce de larve, et ces plis servent aux contractions et aux dilatations. Ils ne sont pas les mêmes à la face dorsale qu'à la face ventrale. Les ampoules sont habituellement plus ou moins déprimées longitudinalement au milieu, mais dans certains groupes cette dépression est peu sensible, dans d'autres elle est mieux marquée, dans d'autres encore elle est telle que les ampoules sont comme bilobées, et nous avons vu que, dans la larve du *Stenopterus*, elles sont divisées en deux gros mamelons charnus et lisses. Dans les larves de Prioniens qui me sont connues, elles sont lisses, ou leur surface finement ridée est semblable à celle du reste du corps; les larves des *Cerambyx* les ont élégamment ornées de granules; la plupart de celles des Callidiaires et des Clytaires les présentent finement réticulées ou chagrinées. Dans les rameaux ou genres suivants les granules reviennent ou disparaissent, comme on a pu le voir par les descriptions qui précèdent; mais tout semble indiquer que les larves des Saperdins ont les ampoules munies de granules ou couvertes de fines aspérités, sauf dans le genre *Phytœcia*, et les granules existent dans celles des Rhagiens, sauf les *Vesperus*, et des Lepturiens. On comprend sans peine qu'une larve ainsi secondée accomplisse avec facilité ses mouvements dans les galeries où elle est appelée à vivre, et on le concevra mieux encore si on ajoute aux ampoules les bourrelets dont sont pourvus latéralement les segments de l'abdomen et en particulier le huitième et le neuvième. Ceux-ci, en effet, n'ont pas d'ampoules, mais sur leurs côtés règne une sorte de cordon épais, visible surtout en dessous; ce cordon se retrouve aussi très-souvent sur le septième segment, quoiqu'il soit pourvu d'ampoules. Tous ces organes du mouvement dépendent de muscles énergiques, à tel point qu'on a grand'peine à tenir dans la main fermée une grosse larve d'*Ergates* ou de *Cerambyx* qui veut en sortir.

Après ce qui précède, je n'ai pas besoin de dire que le corps des larves des Longicornes est composé de douze segments. Il y a en outre un mamelon anal, plus ou moins développé, qui en a quelquefois imposé pour un treizième segment. Ce mamelon est marqué de trois plis convergents à l'intersection desquels se trouve l'anus. Je ne connais d'exception à cette structure que pour les larves de *Vesperus* qui ont le mamelon anal coupé en deux par un pli transversal.

Telle est l'organisation, telles sont les ressources ordinaires des larves des Longicornes ; mais après ce que j'ai déjà dit des larves d'Agapanthaires, il faut bien s'attendre pour elles à une exception. Elles possèdent, il est vrai, des ampoules qui sont pourvues d'une série elliptique de granules, mais ces ampoules n'existent qu'à la face dorsale, la face opposée en est dépourvue. Il en résulte que la progression se fait d'une manière toute différente et que j'ai indiquée à l'occasion de la larve de l'*Agapanthia asphodeli*.

Toutes les larves connues de Longicornes vivent de végétaux ; de là la conséquence que les femelles chargées de pondre les œufs doivent avoir, sauf celles de *Vesperus* et probablement aussi de *Dorcadion*, cet instinct botanique qui est quelquefois si développé et si admirable dans les insectes. Il en est qui ne sont pas assez exclusives dans leurs goûts pour se trouver embarrassées, puisque des arbres et des plantes même de familles diverses leur conviennent ; par exemple la *Niphona picticornis* qui accepte le Figuier, le Lentisque, le Chêne vert, l'Orme, le Chêne liége, le Sureau, les Genêts, et, d'après M. Lucas, le Grenadier et le Pin, et l'*Agapanthia angusticollis* qui s'accommode de l'*Aconitum napellus*, de l'*Heracleum sphondylium*, du *Senecio aquaticus*, du *Carduus nutans*, de l'*Eupatorium cannabinum*. Mais d'autres paraissent ne vouloir absolument qu'une espèce, comme l'*Exocentrus lusitanicus* le Tilleul, la *Saperda punctata* l'Orme, etc. Il en est qui recherchent les espèces d'un genre : l'*Ergates faber* les Pins, l'*Aromia moschata* les Saules, et il s'en trouve enfin qui ont assez de discernement pour reconnaître les affinités botaniques de deux ou trois espèces de genres très voisins, le Pin et le Sapin, par exemple (*Spondylis*, *Rhagium* etc.), le Chêne, le Hêtre, l'Aulne, (*Leptura scutellata*), et j'ai mentionné dans ce travail plusieurs espèces communes au Châtaignier et au Chêne. Au surplus, des faits du même genre sont fournis par les larves de plusieurs autres tribus. Quant aux larves de *Vesperus*, on a vu, par ce qui a été dit au sujet de ces insectes, qu'elles se nourrissent de racines vivantes, mais que tout leur est bon. Il en est sans doute de même pour celles de *Dorcadion*.

Ratzeburg, qui a consacré un court chapitre aux larves des Longicornes (*Die forst. ins.* t. I, p. 189) est porté à croire que les espèces de cette tribu ne pondent que sur les végétaux ligneux. Il a dû revenir de cette erreur lorsqu'il a connu les mœurs des *Agapanthia*, du *Calamobius*, des *Phytœcia* qui recherchent les plantes herbacées. Il conteste aussi, malgré le témoignage du M. Bechstein, qu'une même espèce vive sur un arbre feuillu et un arbre résineux. Or je trouve dans l'ouvrage de M. Mulsant que le *Criomorphus luridus* est parasite du Pin, du Sapin et, selon Panzer, du Chêne; le *Lamia tristis* du Figuier et du Cyprès; le *Morimus lugubris* du Sapin, du Saule etc.; la *Niphona picticornis* de diverses essences et du Pin; la *Leptura scutellata* du Chêne vert, etc., et du Pin maritime. De mon côté, je puis affirmer que j'ai recueilli dans une vieille souche de Châtaignier, très-éloigné de tout arbre résineux, une nymphe d'où est sorti un *Rhagium bifasciatum* qui figure dans ma collection.

Les femelles ne doivent pas seulement discerner les espèces, il faut qu'elles sachent aussi apprécier leur état. Les unes (*Cerambyx cerdo*, etc.) reconnaissent même les maladies locales et déposent à l'endroit altéré les germes de larves qui pénétreront dans l'aubier des Chênes vivants pour hâter leur ruine et gâter leur bois; les autres (*Callidium*, *Clytus*, *Astynomus*, etc., etc.) sont en quête des arbres et des branches malades ou récemment abattus; d'autres (*Stenopterus rufus*, *Rhagium bifasciatum*, *Strangalia aurulenta*, *Leptura testacea*) paraissent aimer les bois ramollis par le temps et en voie de décomposition; presque toutes exigent la présence de l'écorce, quelques-unes y semblent indifférentes. Il en est qui confient leurs œufs à des arbres ou arbustes vivants et même vigoureux (*Anærca carcharias* et *Compsidia populnea* pour les Peupliers, *Oberea oculata* pour les Saules, *O. pupillata* pour les Chèvrefeuilles) et, à ma connaissance, cette particularité est jusqu'ici concentrée dans la famille des Saperdins. Enfin, il en est comme les *Parmena*, les Agapanthaires et du moins certaines Phytœciaires, qui n'en veulent qu'aux plantes herbacées, et alors, comme une tige ne suffirait pas à plusieurs hôtes, la femelle, avant de pondre, recherche et constate si elle a été devancée, car on ne trouve jamais qu'une larve dans une même tige; à moins que, refusant à la pondeuse un aussi admirable discernement, on ne dise que, s'il y a eu concurrence de larves, l'une d'elles a fini par rester maîtresse de la place. Cela n'est guère admissible, car une fois ou une autre on aurait rencontré deux larves, on aurait été témoin de la lutte ou bien on en aurait vu les suites. Le rôle des larves qui vivent dans ces dernières conditions est assez simple. L'œuf ayant été pondu vers le haut de la tige, la larve qui en provient pénètre au centre puis chemine et se développe en descendant, et c'est presque toujours au collet ou dans le voisinage qu'entre deux tampons de déjections et de fibres elle subit ses métamorphoses.

Tout cela est fort rationnel. De cette façon, en effet, la larve naissante se trouve au milieu des tissus les plus tendres de la plante et là où le diamètre de celle-ci, quoique restreint, est suffisant néanmoins pour lui fournir des aliments et un abri. A mesure qu'elle grossit, elle parcourt des milieux plus consistants et plus étendus, et enfin lorsqu'il lui faut ce calme et cette sécurité qu'exigent les métamorphoses et l'hibernation, elle est parvenue et elle s'installe dans la partie de la plante presque toujours inférieure au niveau du sol, de manière à n'avoir pas à souffrir de la rupture à peu près inévitable de la tige desséchée. Ces manœuvres si simples et en même temps si logiques sont sans doute purement instinctives; mais ne dirait-on pas qu'elles sont l'œuvre de l'intelligence et du raisonnement?

Quant aux larves réellement lignivores, celles qui attaquent les arbres sains plongent immédiatement dans le bois; il en est de même de celles qui se nourrissent de bois déjà vieux et parfois privé d'écorce, et de quelques autres telles que celles de *Spondylis*, d'*Ergates*, de *Criocephalus* etc., qui naissent sur les troncs ou les souches récemment morts, et celles-là, avant la métamorphose, se rapprochent de l'extérieur, afin que l'insecte parfait ait moins de besogne pour conquérir sa liberté; mais le plus grand nombre plongent dans le bois après avoir vécu plus ou moins longtemps des couches inférieures de l'écorce à travers lesquelles elles creusent des galeries larges, sinueuses, très-irrégulières, qui entament l'aubier presque toujours un peu et quelquefois beaucoup. Les unes veulent seulement y pratiquer, pour la future nymphe, un abri plus sûr que ne peut l'être l'écorce seule. Ce travail accompli, elles se retournent dans la loge qu'elles ont creusée et en bouchent l'orifice avec de petites paillettes détachées des parois; les autres y creusent pour vivre, soit en montant, soit en descendant, car elles paraissent assez indifférentes à cet égard, des galeries quelquefois assez longues, droites et dans le sens des fibres, ou plus ou moins sinueuses ou paraboliques, sauf toujours à se rapprocher de la surface quand le besoin de la métamorphose se fait sentir. Dans ce cas, l'orifice d'entrée, en ellipse très-déprimée, est bouché par des déjections et trahit la présence de la larve. Quant à l'orifice de sortie, il est des larves qui laissent à l'insecte parfait le soin de l'ouvrir en rongeant d'abord la mince couche d'aubier qu'elles ont laissée intacte, puis l'écorce, et il en est d'autres qui, pour lui épargner la besogne quand l'écorce est épaisse, percent le bois, taraudent même en partie l'écorce, et en cas d'enlèvement de celle-ci, bouchent le trou avec quelques paillettes d'un facile déblai.

Certaines larves, comme celle du *Rhagium indagator*, passent toute leur vie sous l'écorce, toujours assez épaisse, qui les abrite et s'y transforment dans une niche elliptique artistement faite de paillettes entrelacées. Elles n'agissent jamais autrement, mais celles des *Astynomus*, par exemple, et elles ne sont pas les seules, montrent une intelligence digne de notre admiration. Lorsque le moment de la transformation approche, elles apprécient les chances de leur position, elles se rendent compte des conditions dans lesquelles elles se trouvent, ainsi que de leurs conséquences au point de vue de la sûreté de la nymphe. Si l'écorce est d'épaisseur moyenne, elles se bornent à la creuser assez pour que l'insecte parfait puisse, sans trop de peine, sortir de sa prison, puis elles se retirent entre l'écorce et le bois, refoulent autour d'elles les détritus et se métamorphosent dans l'espèce de niche qu'elles se sont formée. Si l'écorce est très-épaisse, elles pénètrent dans l'écorce elle-même et s'y pratiquent une cellule ellipsoïdale qui sera l'asile de la nymphe, de sorte qu'elles utilisent pour celle-ci le travail qu'elles auraient dû faire dans l'intérêt de l'insecte parfait. Si au contraire l'écorce a peu d'épaisseur, comme cela a lieu sur les branches ou vers l'extrémité de l'arbre, elles se gardent de l'entamer, elles évitent même prudemment de se transformer entre l'écorce et le bois, elles s'enfoncent dans l'aubier et y creusent une cellule dans laquelle elles se retournent ensuite pour que la nymphe se trouve la tête en dehors. Cette diversité de manœuvres, ces preuves d'un instinct d'autant plus remarquable qu'il se révèle dans des larves lourdes, presque inertes et aveugles, n'ont besoin que d'être énoncées pour exciter en nous ce sentiment qu'éveille l'étude des ingénieuses combinaisons de l'instinct des animaux pour la conservation des espèces.

A l'article relatif au *Callidium alni*, j'ai dit que la femelle profite, pour pondre ses œufs, de tous les accidents que présente l'écorce. La plupart des femelles des autres genres agissent sans doute de même. Elles doivent aussi, comme celle de l'*Ergates faber*, par exemple, utiliser les solutions de continuité de l'écorce et les trous de sortie des scolytides. Quant à celles qui pondent sur les bois dépourvus d'écorce, elles recherchent, pour y déposer leurs œufs, les petites crevasses qui font rarement défaut, ainsi que les orifices de sortie des *Apate*, des *Anobium*, des *Lyctus ;* mais il en est au moins une, celle du *Clytus quadripunctatus*, qui agit autrement. Elle colle tout simplement et isolément ses œufs sur la surface du bois, puis, pour les préserver de tout danger, elle les recouvre d'une coupole elliptique formée de très petites parcelles et de pellicules détachées du bois et fortement agglutinées par un liquide salivaire. On prendrait ces petits corps noirâtres de près de deux millimètres de longueur, pour des hypoxylées du genre *Sphæria* et je m'y suis trompé d'abord, mais la loupe fait bientôt cesser une pareille méprise. Si l'on détache un de ces corps peu de temps après sa formation, on voit dans son intérieur un œuf blanc, lisse et ellipsoïdal; si au contraire on fait cette opération quelques jours après, on trouve la coupole vide, avec les parois revêtues d'une couche nacrée qui n'est autre chose que la partie supérieure de la coque de l'œuf; mais sur le bois, au point où se trouvait cet œuf, on constate l'existence d'un tout petit trou, et si l'on creuse le bois en cet endroit, on rencontre la toute jeune larve qui, dès sa naissance, s'est mise à couvert.

Je termine ce qui est relatif à l'habitat des larves de cette tribu en ajoutant qu'on n'en connaît pas encore qui vivent de feuilles ou de fruits.

Après avoir aussi longtemps traité, sous le rapport purement scientifique, ce qui concerne les Longicornes, je ne puis pas ne pas les considérer au point de vue de la science appliquée.

Généralement et à part les habitudes exceptionnelles de l'*Anærea*, de la *Compsidia*, des *Oberea* et plus exceptionnelles encore des *Vesperus* et des *Dorcadion*, les Longicornes me paraissent ne pondre leurs œufs que sur les arbres décidément morts ou mourants, ou sur les parties mortes, malades ou altérées des arbres vivants et, dès lors, ils seraient moins dangereux que certains Buprestides, les *Pissodes*, les Scolytides, véritables fléaux des arbres malades qui deviennent inévitablement leurs victimes. Il est toutefois bien difficile de déterminer le degré de maladie que comporte l'invasion des Longicornes, et il est possible, pour ne pas dire très-probable que, dans bien des cas qui ne seraient pas désespérés, ils amènent un dénouement fatal. Je ne puis, au surplus, que leur appliquer les principes développés dans mon *Introduction* (p. 4 et suiv.).

Mais si les larves des Longicornes ne sont pas des plus redoutables pour les forêts, on ne peut en dire autant pour les bois en grume gisant sur le sol et pour les bois ouvrés. Plusieurs de ces larves vivent dans l'intérieur de ces bois, elles y creusent des galeries larges et profondes qui les font rebuter pour beaucoup d'usages, elles les minent en tous sens, rendent accessibles à l'humidité leurs couches internes, et en diminuent notablement la résistance et la durée. On conçoit, en effet, les ravages que peuvent exercer les larves volumineuses d'*Ægosoma*, de *Cerambyx*, d'*Ergates*, de *Lamia*, les larves innombrables de *Clytus*, de *Spondylis*, de *Crioce-*

phalus. Ce que j'ai dit plus haut permet d'apprécier les dommages que causent les larves de *Phymatodes melancholicus* et de *Gracilia*, et bien des gens savent à quel état de délabrement et de ruine celles des *Hylotrupes* réduisent les bois de charpente, les planchers et même des meubles. Il est cependant des moyens assez faciles d'éviter ces inconvénients ; ils consistent : 1° à dépouiller les arbres de leur écorce dès qu'ils sont abattus, si c'est dans la belle saison, aux approches du printemps si c'est en hiver ; 2° à ne pas laisser trop longtemps à terre les Pins, les Sapins, les Peupliers même décortiqués ; 3° à n'employer pour charpentes, pour planchers et pour meubles, que des bois dépourvus d'aubier, car c'est l'aubier seul que les larves détruisent.

Ces derniers mots me conduisent à parler d'une question qui a déjà probablement appelé l'attention de bien des personnes et qui a donné lieu, en février 1876, à un rapport de M. Maurice Girard à l'occasion d'une contestation judiciaire survenue entre un propriétaire parisien et des fournisseurs de frises de parquet qui, trois ans après leur pose, se trouvaient très-détériorées par les ravages des larves d'*Anobium*. M. Girard concluait à l'irresponsabilité du vendeur pour les motifs suivants :

« 1° Que les insectes spéciaux aux bois secs peuvent s'introduire partout, soit en pénétrant au vol par les ouvertures des maisons, soit au moyen de quelque poutre, planche, meuble ou objet en bois posé sur le parquet ;

« 2° Que les boiseries, les lambourdes peuvent en contenir et ceux-ci s'introduire ensuite entre les frises ;

« 3° Que si l'on se refuse à admettre, du reste sans aucune preuve expérimentale jusqu'à présent signalée par les auteurs, que ces insectes soient capables d'attaquer les bois ouvrés et mis en place, il est certain qu'il suffit d'un nombre primitif d'insectes extrêmement faible dans le bois du chantier, pour opérer une destruction plusieurs années après, en raison de leur multiplication naturelle. »

Ces hypothèses et ces principes sont vrais à mes yeux, sans que peut-être la conséquence que M. Maurice Girard en a déduite le soit au même degré. D'après mes observations, on ne peut pas se refuser à admettre la possibilité de l'invasion de bois ouvrés et mis en place par des insectes tels que les *Anobium*, les *Lyctus*, les *Hylotrupes bajulus*. Ils peuvent venir du dehors après coup, cela n'est pas douteux ; leurs germes peuvent aussi se trouver dans le bois mis en œuvre. La raison dit que ce dernier cas doit se produire si les arbres abattus n'ont pas été promptement écorcés, si les bois débités n'ont pas été conservés dans de bonnes conditions et s'ils sont restés longtemps en chantier. J'en ai d'ailleurs pour preuve le fait suivant : un de mes amis ayant fait confectionner un billard qui lui fut livré au mois de septembre, fut tout étonné, au mois de juin suivant, de voir le tapis se cribler de petits trous parfaitement ronds. Il me fit part de l'aventure, et m'étant rendu chez lui, je n'eus pas de peine à juger et à lui faire comprendre que le bois du plancher du billard devait contenir, lors de son emploi, des larves de Vrillettes et qu'après l'éclosion des insectes parfaits dont nous trouvâmes deux individus appartenant à l'*Anobium domesticum*, ceux-ci avaient troué le tapis pour prendre leur essor. J'ajoutai pour sa consolation que l'inconvénient ne se reproduirait plus, et ma prédiction s'est si bien réalisée que depuis plus de vingt-cinq ans que le billard existe, le tapis n'a pas eu un trou de plus.

Je m'arrête un instant sur ce résultat parce qu'il démontre, pour les Vrillettes du moins, que ces insectes, après leur dernière métamorphose, quittent leur berceau et ne s'accouplent et pondent qu'après avoir joui de la liberté. J'ai tout lieu de croire qu'il en est de même des autres insectes lignivores, et cependant j'ai remarqué parfois des tiges de vieux Pins, des pièces de plancher ou de charpente dévastées par de très-nombreuses larves d'*Ergates*, de *Hylotrupes*, de *Rhyncolus strangulatus*, qui ne présentaient que de très-rares trous de sortie, ou qui même avaient l'air de n'en pas présenter du tout, de sorte que l'idée venait naturellement que l'accouplement et la ponte se faisaient dans le berceau même. Cela serait fort grave, car enfin si ces rongeurs pondent sans déplacement, il n'y a pas de raison pour que, de proche en proche, la destruction ne se généralise, tandis que, s'ils sont obligés de sortir, ils peuvent changer de résidence, et il devient possible aussi, à l'aide de certains moyens ou d'une très-active surveillance, de les expulser ou de les détruire.

Pour m'assurer de la réalité de cette hypothèse, j'ai dépecé mainte pièce de bois, et n'y trouvant aucun cadavre de la génération précédente, j'en concluais tout naturellement que les insectes parfaits étaient sortis plusieurs par le même trou ou en soulevant la couche extérieure du bois, amincie quelquefois comme une pellicule et qui s'était refermée comme une soupape. Quand je trouvais des insectes vivants, il était évident pour moi que tantôt ils étaient engourdis, tantôt ils travaillaient à leur liberté, tantôt, comme les *Rhyncolus* dont c'est l'habitude, ils rongeaient le bois pour vivre jusqu'au moment de leur sortie pour l'accouplement et la ponte.

Nous pouvons donc être rassurés sur la crainte qu'une pièce de bois attaquée par les insectes soit fatalement vouée à une destruction complète ; mais il reste vrai cependant que des pontes et des larves peuvent se trouver, à l'insu de tous, dans le bois que l'on emploie pour parquets, charpentes ou meubles et que les insectes provenant de ces pontes peuvent se multiplier de manière à causer de sérieux dommages. Il n'est pas moins certain que des insectes peuvent venir du dehors pour attaquer des bois primitivement d'une sanité parfaite.

Reste à examiner dans quelles conditions ces ravages se produiront.

Nos charpentiers et nos paysans, comme ceux d'autres pays, sont convaincus que les bois abattus à telle phase de la lune sont plus exposés aux insectes que ceux qui l'ont été à telle autre phase. Il y a longtemps que je leur demande à ce sujet des faits bien observés, des expériences comparatives sérieusement faites, je n'ai pu rien obtenir. Il est facile de comprendre les difficultés de ces sortes d'expériences et ce qu'elles exigeraient de précautions et de temps. Par ailleurs, les quelques observations auxquelles j'ai pu me livrer relativement à l'influence des phases lunaires sur la végétation et sur les modifications que, d'après certaines idées reçues, elles apporteraient dans la constitution ou les propriétés des végétaux, m'ont conduit à des résultats nuls ou même contradictoires. Je considère dès lors l'opinion dont il s'agit comme un préjugé, sauf preuves du contraire, et je laisse la lune de côté.

Quoi qu'il en soit, il n'est pas contraire à la raison et il me paraît plus que possible qu'il y ait des essences, toutes choses égales d'ailleurs, plus disposées que d'autres à être attaquées ; qu'il y ait aussi des conditions qui rendent des bois de même essence plus ou moins accessibles aux atteintes des insectes. Il n'est pas indifférent, en effet, qu'un arbre soit jeune ou vieux, qu'il soit parfaitement sain ou que des plaies extérieures aient favorisé des infiltrations et provoqué de proche en proche des altérations plus ou moins apparentes ; qu'il ait été abattu en pleine séve ou dans la morte saison ; qu'il soit ou non atteint de gelivure ou de roulure ; qu'il ait vécu dans tel terrain ou dans tel autre. Il n'est pas indifférent non plus que les bois débités soient conservés dans les chantiers un temps quelconque et de quelque façon que ce soit, que mis en œuvre pour des parquets, par exemple, de la menuiserie et des meubles, ils se trouvent dans une maison non constamment habitée ou qu'ils reçoivent des soins insuffisants d'aération, de propreté, de frottage. Une foule de circonstances dont les effets inappréciables pour nous ne sauraient tromper l'instinctive sagacité des insectes et dérouter leur flair si sûr, peuvent faire varier les cnances et les rendre bonnes ou mauvaises ; mais dans ce dernier cas, je n'oserais pas dire qu'il n'y a de la responsabilité pour personne.

Je ne l'oserais pas, en effet, parce que toutes mes observations me conduisent à ce principe que les insectes attaquent seulement l'aubier et qu'ils respectent le bois proprement dit, ce qu'on appelle le cœur, soit parce qu'il est trop dur, soit parce qu'il ne contient pas ce qui convient le mieux à l'alimentation des larves. J'ai vu bien des morceaux de bois attaqués, bien des planchers, des boiseries, des charpentes vermoulues, j'ai fouillé dans bien des souches, dans bien des tronçons de Pin, de Chêne, de Peuplier, et toujours j'ai constaté que même quand l'aubier était détruit, le cœur était intact, et que lorsque tout était aubier, comme dans les bois très-jeunes, les insectes venaient à bout de tout.

Que faut-il donc pour se préserver d'eux ? Employer d'abord des bois sains et âgés, puis, comme je l'ai dit plus haut, laisser dans les bois de charpente le moins d'aubier possible, car il n'est pas praticable de n'en pas laisser du tout, et pour ceux qui doivent servir à des parquets, à la menuiserie, aux meubles, enlever rigoureusement tout l'aubier, ce que saura toujours faire un ouvrier qui connaît son état et qui est consciencieux. Voilà pourquoi dans les devis des travaux publics on exige les pièces de charpente à vive arête et les planches ou leurs dérivés tout sur cœur. C'est, j'ose le dire, neuf fois sur dix, car je ne veux pas être absolu, parce qu'on a négligé ces principes, que des causes de ruine pénètrent et se développent dans des maisons dont la construction a laissé beaucoup à désirer du côté de la surveillance et de la bonne foi.

Quelques savants, et en particulier Ratzeburg et surtout M. Goureau, sont disposés à donner à la vie des larves de Longicornes une durée assez longue. Pour les plus petites, M. Goureau fixe au moins à deux ans leur existence et il en compte trois pour la larve du *Cerambyx cerdo*. Dans mon *Histoire des insectes du Pin maritime*, j'ai posé cette question : Quelle est la durée de la vie des larves de Longicornes, et j'ai répondu ce qui suit :

« Je n'ai trouvé, à cet égard, aucun renseignement bien précis dans les auteurs que j'ai consultés, et je ne serais pas étonné de rencontrer, à propos de cette famille, cette disposition où l'on est généralement d'assigner aux larves une existence assez longue, disposition que les faits que j'ai signalés tendent à détruire. Cette fois encore je puis apporter des faits certains, plusieurs fois observés non dans un cabinet où les solutions sont souvent trompeuses parce que les conditions ne sont pas normales, mais à l'état de nature.

« Ainsi, j'ai constaté que des Pins abattus en septembre et durant l'hiver, et qui avaient pu recevoir les pontes des *Astynomus œdilis* à l'automne ou au printemps, ont donné les insectes parfaits aux mois d'août ou de septembre suivants, c'est-à-dire de sept à onze mois après ;

« Que des Pins morts ou abattus au printemps et attaqués dès le mois de juin ou de juillet, par des larves d'*Astynomus griseus* ou de *Monohammus*, ont produit les insectes au mois de mai, de juin ou de juillet de l'année suivante ;

« Que des Pins abattus en mars et appelés à nourrir des larves de *Rhagium indagator*, ont, durant l'hiver suivant, des larves adultes, des nymphes et beaucoup d'insectes parfaits attendant la belle saison pour prendre leur essor ;

« Que sur des Pins abattus en juin sont nés peu de temps après des larves de *Spondylis* et de *Criocephalus* qui avaient déjà atteint les deux tiers de leur développement au mois de mars de l'année suivante, et subi toutes les métamorphoses au mois de juillet ;

« Que des souches de Pins coupés vivants en hiver et au printemps, et sur lesquelles des *Ergates faber* avaient pu pondre leurs œufs aux mois de juillet et d'août suivants, m'ont donné, deux ans après, des nymphes et des insectes de la même espèce, parmi lesquels vivaient des larves nées sans doute un an après les premières, et qui, n'ayant atteint que la moitié de leur développement, ne se transformaient que l'année suivante.

« De tout cela je conclus que les larves de Longicornes parasites du Pin maritime ne vivent dans notre contrée qu'une année au plus, à l'exception de celles de l'*Ergates* dont l'existence est de deux ans ; faisant toujours abstraction, ainsi que je l'ai dit ailleurs, des circonstances particulières et exceptionnelles qui peuvent retarder, même de plusieurs années, la métamorphose de telle ou telle larve. »

Voilà ce que j'écrivais en 1856, et depuis lors mon opinion, loin de s'être modifiée, s'est corroborée au contraire de nombreuses observations que j'ai été à même de faire et dont voici quelques-unes d'après mes notes :

Un orme abattu à la fin de l'hiver 1860 m'a donné en grand nombre, durant l'été de 1861, des *Saperda punctata*, des *Exocentrus punctipennis*, des *Pœcilonota decipiens* et bien d'autres espèces ; le même fait s'est produit une autre fois chez M. Bauduer.

Un Peuplier mort sur pied dans l'été de 1862 m'a fourni en 1863 des *Acanthoderes varius* et des *Agrilus 6 guttatus*.

Un Noyer renversé par le vent au printemps de 1866 et dans lequel je constatai plus tard l'existence de larves, me pourvut en 1867, pour toute ma vie, de *Saperda scalaris*.

En juillet 1870, j'ai recueilli dans les Pyrénées, avec MM. de Bouvouloir et Abeille de Perrin, plus de quarante *Astynomus atomarius*, des larves adultes et beaucoup de nymphes sous l'écorce d'un Sapin évidemment abattu depuis un an au plus.

Des taillis de Chêne incendiés au printemps de 1870, et dont j'ai fait apporter chez moi quelques fagots, m'ont donné en mai 1871 des *Callidium alni*, des *Exocentrus adspersus*, des *Anæsthetis testacea*, des *Corœbus æneicollis* et des masses de *Xylopertha sinuata*.

Des branches de Tilleul et de Pin détachées au printemps de 1871 m'ont procuré en juin 1872, la première des *Exocentrus Lusitanicus*, la seconde des *Pogonocherus decoratus*.

Des tiges de l'année de *Melilotus macrorhiza*, d'*Aconitum napellus* et d'*Eupatorium cannabinum*, m'ont fourni l'année suivante des *Agapanthia cardui* et *angusticollis*.

Je pourrais citer beaucoup d'autres faits, mais voici une dernière observation qui à elle seule aurait suffi et qui pourra donner à chacun l'idée de faire, au sujet de la vie des larves de Longicornes, des constatations précises.

Le Chêne pédonculé et le Chêne tauzin sont très-usités comme bois de chauffage dans le département des Landes. Le premier est ordinairement refendu et le second employé en rondins. On les coupe en hiver, dans les trois ou même quatre premiers mois de l'année, on les met en pile et on les laisse dehors au moins jusqu'à la fin d'août, époque à laquelle les consommateurs commencent leur approvisionnement. Ces bûches sont habitées par un tel nombre de larves, surtout de Longicornes, et à la fin de l'été ou à l'automne leur développement est déjà si avancé, que si l'on s'arrête près d'une pile, on entend le bruit mille fois répété de leurs érosions, comme celui de la chute d'une petite pluie assez drue. Dès le mois de février de l'année suivante commence à paraître le précoce *Callidium sanguineum* qui envahit presque nos maisons, puis, et à partir du mois de mai, arrivent en foule les *Phymatodes variabilis*, les *Plagionotus detritus* et *arcuatus* et leur ennemi le *Clerus mutillarius*. Les larves de tous ces insectes n'ont pas mis un an à parcourir les diverses phases de leur existence.

Il faut donc reconnaître que la vie des larves de Longicornes n'est pas aussi longue que quelques-uns le pensent, et il faut admettre que, pour les petites et les moyennes, une année suffit à toutes leurs évolutions et que les plus grosses ont assez de deux années. Mais il y a, je l'ai déjà dit, des exceptions, elles sont même assez nombreuses, et ce sont ces exceptions qui ont causé l'erreur que je combats.

MM. Ratzeburg et Goureau sont excusables lorsqu'ils disent que les larves dont il s'agit passent au moins deux ans sous l'écorce ou dans le bois; ils ont observé, en effet, que, presque toujours, à côté de larves adultes et de nymphes, il y a des larves jeunes encore et plus ou moins éloignées de leur complet développement. Cela est parfaitement exact, et, d'un autre côté, il est tout naturel de penser que les petites larves n'ont pas le même âge que les grosses; or, comme il est admis et avéré que les pontes ne s'échelonnent pas du 1er janvier au 31 décembre, mais qu'au contraire elles s'effectuent habituellement à une époque déterminée et assez circonscrite de l'année, on n'est que logique en pensant que les petites larves ont un an de moins environ que les autres. Mais ce qui paraît logique peut ne l'être pas du tout, et comme expérience passe science, c'est à l'expérience, à des observations directes qu'il faut recourir. Cela n'est pas bien difficile, du moins pour les larves qui vivent, et c'est le plus grand nombre, dans les arbres morts et dans les plantes herbacées. Il suffit de faire couper des branches, de constater l'époque de la chute ou de l'abattage d'un arbre, d'attendre que ces bois soient habités, de les examiner de temps en temps sur place ou de les faire porter chez soi et, pour plus de précaution, de les laisser dehors, c'est-à-dire dans les conditions naturelles, jusqu'au mois d'avril. Ce soin est même inutile pour le bois de chauffage qu'on approvisionne en assez grande quantité pour qu'il donne des résultats. Il suffit aussi de recueillir à l'automne des plantes herbacées qui ont quelques mois à peine et de leur faire passer l'hiver en plein air. Que constatera-t-on plus tard? Que, moins d'un an après la coupe, les bois donnent des Longicornes, des Buprestes, etc.; qu'au printemps ou à l'été qui suit l'année où avaient poussé les plantes herbacées, elles livrent des insectes parfaits. Que conclura-t-on alors en usant cette fois de la logique qui aura tous les éléments pour juger? Nécessairement que la vie des larves qui habitaient ces bois et ces tiges est de moins d'une année, puisqu'il y a de moins le temps de l'incubation des œufs, celui de la nymphose, celui du raffermissement et de la mise en liberté de l'insecte parfait. Ce sont des observations et des expériences de cette nature que j'ai relatées plus haut, et j'en pourrais, je l'ai dit, citer cent autres.

Or si l'on soulève les écorces, si l'on ouvre les bois et les tiges lorsqu'il y a des nymphes et même des insectes parfaits, on y rencontre presque toujours, mais en petit nombre, il faut en convenir, des larves de diverses grandeurs, même jusqu'à l'apparence adulte, mais aussi de petites. Eh bien! qu'est-ce que cela prouve? Rien, à coup sûr, contre la thèse que je soutiens, puisque ces bois eux-mêmes l'ont confirmée par des preuves nombreuses, irréfragables, sur lesquelles il ne peut pas rester le moindre doute, et je pourrais m'en tenir là : mais puisqu'il y a un fait qui, sans importance désormais au point de vue de la question qui nous occupe, est cependant assez étrange et de nature à piquer la curiosité, il serait bon d'en avoir l'explication. Je ne puis, je l'avoue, la donner que par des hypothèses.

Je dirai donc que, dans mon opinion : 1° tous les œufs n'éclosent pas en même temps, l'exemple des vers à soie le prouve, et l'évolution de quelques-uns peut être contrariée par des causes diverses; 2° il y a des femelles retardataires qui ne pondent que tardivement, de telle sorte que les œufs n'éclosent qu'aux premières chaleurs de l'année suivante, ou que les larves, très-jeunes encore quand l'hiver est arrivé, se trouvent ultérieurement fort en arrière de leurs aînées. De ces retardataires il y en a, car il m'est né jusqu'en septembre des individus d'une espèce qui avait commencé à paraître chez moi en mai. 3° Il y a des femelles qui hivernent, car le nombre des insectes qui se trouvent dans ce cas est très-considérable. Il peut se faire qu'une de ces femelles, affranchie de sa torpeur par quelques beaux jours du premier printemps, soit venue déposer ses œufs sur un arbre déjà occupé ; mais je reconnais que ce fait, sans être impossible, est peu probable. 4° Il y a dans les larves, comme dans tous les animaux, des individus maladifs et qui subissent de plus ou moins longs arrêts de développement. Voici, par exemple, un fait que j'ai observé plusieurs fois et qui dépend peut-être des première, deuxième et quatrième causes que je viens de mentionner. Les *Anthrenus varius* se montrent chez nous en mai et juin; passé ce dernier mois je n'en vois plus sur mes vitres. Dès le mois d'août, on trouve dans les collections des larves déjà grandes et bien dodues et il m'est arrivé d'en recueillir bien plus tard et jusqu'en février de l'année suivante de tellement petites qu'elles semblaient âgées de quelques jours à peine. 5° Des conditions locales et pour ainsi dire individuelles, ou des phénomènes généraux peuvent et doivent contrarier le développement. La veine que suit une larve peut n'être pas aussi substantielle que l'ensemble; elle peut avoir été contrainte à un jeûne plus ou moins long par un accident ou par la concurrence d'une autre larve, que sais-je? Mais ce dont je suis certain, c'est que la sécheresse est une cause très-sérieuse de ralentissement dans la croissance des larves. Celles qui naissent tardivement peuvent être plus exposées que les autres à sa pernicieuse influence, surtout celles qui doivent vivre un certain temps sous l'écorce, parce qu'elles sont forcées d'y séjourner lorsqu'elles devraient être dans le bois. Mais toutes en souffrent plus ou moins, et il est d'observation que les bois qui renferment le plus de larves rabougries sont ceux qui ne se mouillent pas.

Mais ce que la sécheresse contrarie le plus c'est la transformation en nymphe. Celle-ci, en effet, qui n'absorbe plus de nourriture et qui pourtant a besoin d'une certaine dose de liquides pour le travail d'organisation qui doit s'opérer en elle, ne saurait les trouver que dans les approvisionnements faits par la larve, et cette dernière ne doit être disposée à effectuer sa métamorphose que lorsqu'elle sent en elle tout ce qui doit favoriser cette opération et en assurer le succès. Or une sécheresse prolongée peut avoir compromis ou rendu incomplets ces approvisionnements; un accident qui l'aura forcée de prolonger un an de plus sa vie de larve aura aggravé les conditions de son existence, puisque la substance qui la nourrit se dessèche de plus en plus et s'altère en vieillissant, de sorte qu'il n'y a plus de raison pour que sa transformation s'opère. La larve vit alors un temps plus ou moins long dans un état d'inertie et d'engourdissement dont la mort seule la délivrera, ou bien, si elle accomplit enfin l'acte préparatoire de l'insecte parfait, ce ne sera que lorsque ses organes auront été pourvus petit à petit de ce qui leur est nécessaire, ou qu'un événement, une réaction quelconque l'aura mise à même de remplir sa mission.

Et voilà pourquoi les tiges d'Aconit de 1869, qui auraient dû n'être plus habitées en 1870, contenaient encore en juillet tant de larves qui ne se sont transformées qu'un an après; pourquoi encore les bois divers que j'entasse dans mon dépôt spécial me donnent des insectes pendant plusieurs années; pourquoi aussi des bois morts peuvent, quoique restés dehors, avoir encore, après deux ou trois années, quelques rares habitants; pourquoi enfin on a pu citer des cas de longévité vraiment incroyables.

M. de Romand a parlé (*Soc. Ent.* 1846, p. XXXIII) d'un *Clytus 4 punctatus* sorti sous ses yeux d'un fauteuil qui avait plus de vingt ans.

M. Lucas a fait part à la Société entomologique, dans sa séance du 11 octobre 1848 (p. LXIII) du fait de l'éclosion de plusieurs *Hesperophanes griseus* sortis de bûches de *Cytisus spinosus* qu'il avait rapportées d'Algérie six ans avant et qui en renfermaient alors les larves.

MM. Boisduval et Laboulbène (*Soc. Ent.* 1853, p. LXIV) ont parlé le premier d'un Bupreste dont la larve avait vécu vingt ans au moins dans un meuble d'acajou, le second d'un *Hesperophanes* qui avait dû vivre plus de dix ans dans le bois d'une chaise.

MM. Guérin-Méneville et Laboulbène ont fait connaître (*Soc. ent.* 1870, p. LXXXVIII) le premier que des *Calamobius* élevés par lui ne sont éclos qu'après plusieurs années, le second qu'il possédait depuis deux ans des larves de *Ludius ferrugineus* qui ne s'étaient pas encore métamorphosées.

J'aurai fini, je crois, ce que j'avais à dire sur les larves de Longicornes en ajoutant qu'elles sont assujéties à des mues dont je ne saurais déterminer le nombre, mais dont j'affirme la réalité. Quand elles viennent de changer de peau, elles sont entièrement blanches, et leur tête est beaucoup moins enchâssée dans le prothorax.

Restent maintenant les nymphes, mais je ne puis guère en parler que pour rappeler que la larve prend les précautions les plus minutieuses et souvent les plus dignes d'intérêt pour leur installation et leur sûreté, et qu'elles sont presque toutes pourvues de poils ou de spinules, ou des deux ensemble. Ces spinules leur donnent la facilité de se mouvoir, de pirouetter dans leur cellule, mais j'avoue que je ne vois pas trop pourquoi, car elles sont ordinairement enfermées si à l'étroit, qu'elles ne sauraient ni éviter un danger ni fuir un ennemi. Il peut seulement leur convenir d'être couchées tantôt sur un côté tantôt sur un autre, et il est certain que les spinules leur donnent le moyen de satisfaire à cet égard leurs convenances. J'admets aussi que ces appendices servent à amortir des chocs qui, sans eux, pourraient avoir des inconvénients, mais ils doivent être plus spécialement utiles, surtout ceux de l'extrémité du corps, pour fournir des points d'appui ou de retenue qui aideront l'insecte parfait à se débarrasser de son maillot.

Celui-ci, après avoir dégagé ses membres, reste quelque temps dans une immobilité presque complète, puis, ses organes s'étant consolidés, il fait usage de ses mandibules pour préparer sa délivrance, en triturant, désagrégeant, taraudant le tampon de fibres ou la couche ligneuse qui le sépare de l'écorce, s'il y a de l'écorce, et en rongeant enfin l'écorce elle-même. Le trou de sortie qui résulte de ces érosions a deux formes déterminées et invariables ; il est ordinairement elliptique, mais certaines espèces, telles que les *Clytus verbasci* et *4 punctatus*, les *Monohammus*, les *Agapanthia*, la plupart des *Saperda* les pratiquent parfaitement ronds. Dans ce dernier cas, on n'a pas à se demander si ce trou est transversal ou longitudinal, mais dans l'autre cas, il est le plus souvent longitudinal, c'est-à-dire que le grand axe de l'ellipse est parallèle à la direction des fibres. Toutefois, lorsqu'on observe ce travail sur une pièce de bois qui a donné naissance à un certain nombre d'individus de la même espèce, on voit que si la plupart des trous de sortie sont longitudinaux, il s'en trouve aussi à divers degrés d'inclinaison par rapport aux fibres ligneuses.

Aucun coléoptère de la grande cohorte des Phytophages ne vit, à ma connaissance, sur le Châtaignier, et dès lors le plan que j'ai adopté l'exclut de ce travail que je termine par l'histoire d'un insecte de la cohorte des Érotyles.

ÉROTYLES

Tritoma bipustulata Fab.

Fig. 574-579.

LARVE

Long. 5-6 millim. Hexapode, en ellipsoïde très-allongé, assez convexe en dessus, moins en dessous, charnue mais subcoriace, d'un blanc jaunâtre ordinairement un peu sale, fasciée de brun roussâtre, parsemée de poils très-courts, peu nombreux, terminée par deux petits crochets.

Tête bien détachée, roussâtre, subcornée, luisante, un peu plus large que longue, s'élargissant d'avant en arrière, couverte de très-petites granulations avec des espaces lisses, marquée sur le front de deux fossettes oblongues assez profondes. Bord antérieur droit.

Épistome court, très-transversal.

Labre semi-elliptique, fovéolé.

Mandibules assez larges, testacées avec l'extrémité noire et peu profondément bifide.

Mâchoires très-obliques mais peu coudées, peu robustes, ne descendant pas tout à fait jusqu'à la base de la tête; leur lobe assez large mais peu allongé, cilié de petites spinules.

Palpes maxillaires assez courts, habituellement cependant débordant la tête, coniques, assez épais et de trois articles dont le dernier est à peine un peu plus long que chacun des deux autres et terminé par de très-petits cils visibles seulement au microscope.

Menton grand, transversal; *lèvre inférieure* assez grande aussi, transversale, prolongée au milieu en une languette arrondie.

Palpes labiaux de deux articles dont le second plus long que le premier.

Antennes assez courtes, coniques, de quatre articles, les deux premiers épais et égaux, en grande partie rétractiles, le troisième un peu plus long, le quatrième au moins aussi long que le précédent, grêle, accompagné d'un article supplémentaire moitié moins long que lui, implanté sur l'extrémité inférieure du troisième article et dès lors visible seulement quand on observe la larve de profil.

Sur chaque joue cinq *ocelles* noirs, trois autour de la cavité où se loge l'antenne, dont deux rapprochés et un très-écarté, et deux autres un peu en arrière, plus petits et un peu plus rapprochés.

Prothorax bien plus large que la tête, une fois et demie aussi long que chacun des deux autres segments thoraciques, lesquels sont un peu plus longs que les segments abdominaux, marqué d'une bande transversale brun roussâtre n'atteignant pas le bord antérieur, plus éloignée du bord postérieur, interrompue au milieu par un trait blanchâtre, couverte de petites granulations bien visibles à une forte loupe.

Mésothorax et *métathorax* ayant une bande tout à fait semblable, mais moins large et touchant presque le bord antérieur.

Abdomen de neuf segments, les huit premiers égaux, munis d'une bande comme celle des deux segments précédents, mais non interrompue et atteignant, surtout dans les segments postérieurs, le bord antérieur; dernier segment à peine brunâtre, couvert de granulations en dessus, postérieurement et sur les côtés, légèrement canaliculé en arrière, tronqué et muni de deux crochets courts, assez épais, relevés, arqués en avant, cornés et noirs avec la base roussâtre.

Mamelon anal situé en dessous au milieu du segment, divisé en deux lobes qui font l'office de pseudopodes.

La tête et le corps sont parsemés de poils courts et roussâtres, et, vu au microscope, tout le corps paraît couvert de très-petits cils spinuliformes dirigés en arrière et très-serrés.

Stigmates orbiculaires, au nombre de neuf paires, la première, plus grande et à peine plus inférieure que les autres, près du bord antérieur du mésothorax, les autres au tiers antérieur des huit premiers segments abdominaux.

Pattes de moyenne longueur, à peine susceptibles de déborder le corps, assez épaisses et de cinq pièces, ongle compris ; quelques soies sur la hanche, la cuisse et le tibia ; celui-ci plus court que la cuisse.

La larve du *Tritoma* ressemble beaucoup à celle du *Triplax Russica* L., *nigripennis* F., la seule de cette famille qui soit connue, dont M. Westwood a dit quelques mots (*Introd.*, t. I, p. 393) et a donné une figure très-insuffisante, et que Léon Dufour a publiée dans les *Annales de la Société entomologique*, 1842 (p. 191). Cette dernière a la forme de celle que je viens de décrire ; comme elle, elle se jette sur le flanc et se courbe en arc lorsqu'on la tourmente. Tous les organes de la tête sont conformés de même, elle a cinq ocelles de chaque côté et le corps fascié de brun, le dernier segment est muni de deux crochets semblables, et le mamelon anal a la même conformation ; mais elle offre deux caractères qui empêchent de la confondre avec celle du *Tritoma :* ainsi le dernier segment est visiblement échancré au lieu d'être tronqué, et les bandes brunes, indépendamment des granulations qui les couvrent, ont, du moins sur les segments abdominaux, deux lignes transversales et parallèles d'aspérités coniques, cornées et noires. Le dernier segment n'a qu'un rang de ces aspérités, mais on en voit un verticille autour de la base de chaque crochet. Ce sont là les seules différences, indépendamment de celle de la taille, que j'aie pu constater, d'où il suit que la description de Léon Dufour présente des inexactitudes. Ainsi, il ne donne à la larve du *Triplax* que onze segments, la tête non comprise, tandis qu'elle en a douze comme la généralité des larves de Coléoptères. Il ne compte que trois articles aux antennes qui en ont quatre, il n'a vu ni la forme de la lèvre inférieure ni les palpes labiaux, et enfin il place les stigmates sur la membrane intersegmentaire, ce qui ne serait applicable, tout au plus, qu'à la première paire.

La première fois, et il y a longtemps, que je trouvai la larve du *Tri-*

toma, c'était dans un bolet venu sur une souche de Châtaignier. Ne me doutant pas de ses habitudes, je conservai le champignon dehors, sur la terre, et quelque temps après, ayant voulu l'examiner, je n'y trouvai plus une seule larve. Je me méfiai de la cause de cette disparition et n'eus pas de paix que je n'eusse réparé ma déconvenue. L'année suivante, des souches de Peuplier sur lesquelles s'étaient développés des *Boletus unicolor* m'en fournirent les moyens. Au commencement du mois de septembre, je trouvai ces champignons habités par une nombreuse population de larves en tout semblables à celles que j'avais observées antérieurement, et qui paraissaient avancées dans leur développement. Je les déposai dans un vase profond et verni, et deux jours après je trouvai des larves au fond du vase ; le lendemain d'autres étaient venues s'y joindre. J'étais ainsi suffisamment averti du besoin qu'elles avaient de s'enfoncer dans la terre ; je mis donc de la terre dans le vase, et dès ce moment les choses se passèrent très-bien. Les larves, à peine tombées des champignons, travaillaient de la tête et des pattes à leur œuvre de mineur et ne tardaient pas à disparaître, admirablement secondées qu'elles étaient par leurs pattes assez robustes, par les granulations de la tête et des bandes transversales et surtout par les cils spiniformes qui couvrent tout le corps. Quelques-unes que j'installai dans des tubes me démontrèrent qu'elles se bornent à se pratiquer une cellule sous terre, sans en agglutiner les parois et par conséquent sans déterminer la formation d'une coque. Elles se tiennent courbées en arc pendant tout le travail préparatoire de la métamorphose qui s'accomplit au bout de sept à huit jours.

NYMPHE

Dufour, qui ne donne que la diagnose de la nymphe du *Triplax Russica*, s'exprime ainsi : *Nympha nuda, obvoluta, oblonga, postice attenuata, albida, oculis solis fuscis, parce villosa, segmentis abdominalibus utrinque triangularibus, ultimo in spinas duas graciles, subrectas diviso.* Cette nymphe méritait une description.

Ses antennes ont un verticille de spinules à chaque article et le dernier est très-spinuleux ; elle a des poils roussâtres et bulbeux clair-semés sur le front, serrés sur le pourtour du prothorax et même sur le disque, ainsi que sur les deux autres segments thoraciques et sur la face dorsale et les côtés des segments abdominaux ; il y en a aussi deux séries longitudinales sur deux intervalles au moins des stries des élytres, car elles sont franchement striées et presques cannelées. On voit également, à chacun des huit premiers segments de l'abdomen, une ligne transversale de spinules coniques, et sur chaque côté deux mamelons appartenant l'un à l'arceau ventral, l'autre à l'arceau dorsal, hérissés de spinules semblables, mais la plupart surmontées d'un long poil. Ce que cette nymphe présente de plus remarquable, c'est une série dorsale géminée de mamelons rangés par paires, à peine séparés par la ligne médiane et couverts de spinules plus courtes que les autres, mais rayonnantes, brillantes et comme dorées dans l'individu que j'ai sous les yeux. On voit une paire de ces petits hérissons au bord antérieur du prothorax, une autre au bord postérieur, une sur le mésothorax, une sur le métathorax et une sur chacun des huit premiers segments abdominaux. Le dernier segment, hérissé de poils longuement bulbeux, ou si l'on veut, de spinules piligères, est terminé par deux crochets assez longs, subulés, testacés et subcornés à l'extrémité, obliquement relevés et visiblement arqués en haut. Sous ces crochets on aperçoit deux papilles charnues, peut-être bi-articulées. Le dessous du corps est glabre, sauf l'abdomen qui a sur chaque segment une ligne transversale de spinules piligères, interrompue au milieu.

J'ai donné cette description de la nymphe du *Triplax Russica* d'abord pour la faire connaître, et puis parce qu'elle me dispense de donner le signalement de celle du *Tritoma*. Celle-ci, en effet, lui ressemble entièrement ; mais je constate pourtant quelques différences ; les appendices du dernier segment sont droits et non crochus, les deux papilles sont très-peu saillantes, quelquefois inappréciables, et il n'existe aucune trace de ces mamelons dorsaux en hérisson qui sont si remarquables sur la nymphe du *Triplax*.

Les larves qui s'étaient enfoncées en terre au commencement de septembre me donnèrent des insectes parfaits dès la mi-octobre.

SUPPLÉMENT

Dans mon *Introduction*, page 3, en parlant du petit nombre de chenilles de Microlépidoptères qui, comparativement au Chêne, vivent des feuilles du Châtaignier, j'ai cité, d'après M. Lafaury, celles d'une *Nepticula*, d'une *Lithocolletis* et d'un *Botys ?* J'ai su depuis de mon savant ami que cette dernière est celle non d'un *Botys*, mais d'une espèce d'un genre très-voisin, l'*Agrotera nemoralis* qui habite aussi le Charme, et que celle de *Nepticula* doit appartenir à la *N. castanella.*

Il faut ajouter aussi aux Lépidoptères ennemis du Châtaignier l'exécrable *Zeuzera æsculi* dont Lafaury et moi avons trouvé la chenille dans une branche de cet arbre en juillet 1877.

Gucujides. Il faut ajouter aux espèces dont les larves sont connues les deux suivantes :

Lœmophlœus monilis F. Larve décrite brièvement et figurée par M. Bellevoye *(Quatorzième Bull. de la Soc. d'hist. natur. de Metz*, 1876). Cette larve serait lignivore et se nourrirait de l'écorce et de l'aubier du Tilleul.

Lœmophlœus ferrugineus Steph. Larve décrite par M. Carpentier *(Bull.*

de la Soc. Linn. du nord de la France, avril 1877). Elle vit dans les conserves de fruits secs et dans les substances farineuses.

LAMELLICORNES. Il faut ajouter aux larves connues celle de l'*Anthypna abdominalis* F., publiée par Schreiber *(Berlin. Entom. Zeitsch.* 1870).

ANOBIIDES. J'ajoute à ce que j'ai dit sur le genre *Gastrallus* que j'ai obtenu d'assez nombreux individus du *Gastrallus lævigatus* et deux du *G. sericatus* de ramilles mortes de *Spartium junceum*, envoyées de Saint-Raphaël par M. Rey. La larve de cette dernière espèce vit aussi en Corse, dans les branches du Lentisque, d'après une lettre de M. Revelière.

MÉLANDRYIDES. Dans les généralités relatives aux Mélandryides, j'ai dit qu'on ne sait rien de la sixième famille, celle des Conopalpiens. Je ne veux pourtant pas avoir l'air d'ignorer que M. Erné a parlé du *Conopalpus testaceus* dans le *Bulletin de la Soc. Suisse d'entomol.* 1873, p. 143. Il dit que la larve vit dans le bois de Hêtre vermoulu et qu'elle se transforme à une faible profondeur dans les couches ligneuses ; mais comme il n'en donne aucune description, je ne puis savoir à laquelle des deux formes des larves de cette famille il faut la rapporter.

ŒDÉMÉRIDES. *Œdemera cœrulea* L. A l'occasion du *Deilus fugax* j'ai dit que, durant son séjour à Saint-Raphaël et à Hyères, M. Rey avait eu la bonté de m'envoyer des ramilles sèches de *Spartium junceum* habitées par des larves de ce Longicorne. D'autres larves s'y trouvaient aussi et parmi elles une qui, par sa taille et sa forme, avait attiré l'attention de mon ami. Je lui annonçai qu'elle appartenait à une *Œdemera*, et dans les premiers jours de mai une nymphe vint confirmer cette indication. Le 20 du même mois cette nymphe était devenue une vulgaire *Œdemera cœrulea* que, du reste, je n'avais pas encore obtenue d'éclosion.

La larve de cette espèce vit donc dans le Genêt et très-certainement ailleurs. Je viens de la comparer à celle de l'*Œ. flavipes* et de constater qu'elle lui ressemble en tous points. La description de celle-ci lui convient jusque dans les plus petits détails. La nymphe n'offre non plus rien de particulier.

En octobre 1877 j'ai observé plusieurs larves blanches d'une *Œdemera* dont je ne connais pas encore l'espèce, dans des tiges sèches de *Cirsium palustre* ayant déjà nourri la larve assez grosse d'un diptère de la tribu des Syrphides dont j'attends l'éclosion.

Curculionides. A l'article relatif aux mœurs des Curculionides j'ai dit du *Rhynchites cupreus*, pris en avril en battant des Pommiers et des Prunelliers, que probablement il dépose ses œufs dans les fruits. Cette présomption s'est depuis convertie en certitude.

Vers la fin de juin 1877, ayant remarqué beaucoup de fruits non encore mûrs, tombés de Pruniers de petite Mirabelle, et ayant observé dans leur pulpe des larves de Curculionide à divers degrés de développement, je m'approvisionnai de ces fruits, je recueillis bon nombre de ces larves lorsqu'elles quittaient leur berceau pour s'enfoncer dans la terre, et dès le 22 juillet suivant, j'obtins plusieurs *Rhynchites cupreus*. Mes explorations me permirent cependant de constater que quelques larves, quoique enfermées définitivement dans leur cellule souterraine, paraissaient peu disposées à se métamorphoser et semblaient devoir attendre une époque plus éloignée pour ne devenir nymphes ou du moins pour ne livrer l'insecte parfait qu'au printemps suivant. Ces larves vivent exclusivement de la pulpe et n'attaquent pas le noyau.

FIN

CORRIGENDA

1875, page 283, à l'alinéa qui concerne *Plegaderus*, au lieu de sillons du dessus de la tête, lisez : sillons du dessous de la tête.

Page 340, nymphe de la *Corticaria serrata*, au lieu de : *serrata*, lisez : *gibbosa*.

Page 347, antépénultième ligne, au lieu de : *Mycetophilides*, lisez : *Mycetophagides*.

1876, page 136, ligne 32, au lieu de : *Prionychus levis*, lisez : *Prionychus lœvis*.

Page 217, pénultième et antépénultième lignes, au lieu de : *Orizœ*, lisez : *Oryzœ*.

Page 223, 10ᵉ ligne, au lieu de : *Brachicerus*, lisez : *Brachycerus*.

TABLE ALPHABÉTIQUE

LYON. — IMPRIMERIE PITRAT AINÉ, RUE GENTIL, 4.

LARVES DE COLEOPTERES Pl. I

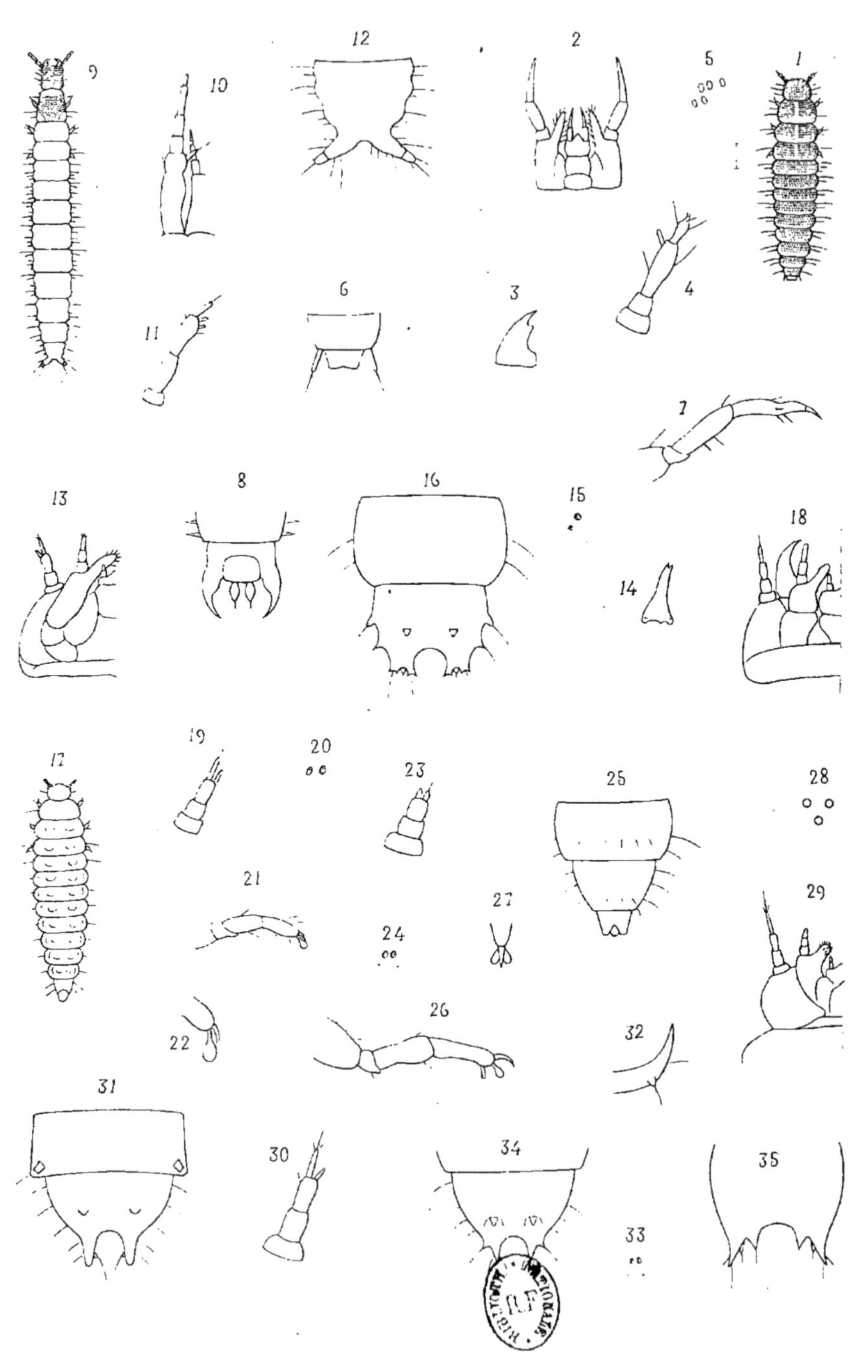

Ed Perris del Déchaud sc

Planche I

1. *Scaphisoma agaricinum*, larve très-grossie.
2. Mâchoire, lèvre inférieure, palpe maxillaire et palpe labial.
3. Mandibule gauche, vue en dessus.
4. Antenne droite.
5. Ocelles du côté droit.
6. Dernier segment et pseudopode anal.
7. Patte.
8. Dernier segment de la nymphe.
9. *Abræus globosus*, larve très-grossie.
10. Mâchoire, lèvre inférieure, palpe maxillaire et palpe labial.
11. Antenne droite.
12. Dernier segment.
13. *Rhizophagus nitidulus*, tête de la larve en dessous, pour montrer la forme des mâchoires et de leur lobe, de la lèvre inférieure, des palpes maxillaires et labiaux et des antennes.
14. Mandibule droite, vue de côté.
15. Ocelles du côté droit.
16. Dernier segment.
17. *Pria dulcamaræ*, larve très-grossie.
18. Organes de la tête vue en dessous.

ntenne droite, vue de côté.

20. Ocelles du côté gauche.
21. Patte.
22. Extrémité de la patte plus grossie pour mieux montrer l'ampoule membraneuse placée sous l'ongle.
23. *Brachypterus vestitus*. Antenne de la larve.
24. Ocelles du côté gauche.
25. Les deux derniers segments et le mamelon anal.
26. Patte.
27. *Cercus rufilabris*. Extrémité d'une patte de la larve, vue en dessus et très-grossie, pour montrer l'ongle et l'ampoule bilobée placée au-dessous.
28. *Meligethes viridescens*. Ocelles de la larve du côté droit.
29. *Ips quadripunctata*. Tête vue en dessous pour montrer les mâchoires et leur lobe, la lèvre inférieure, les palpes maxillaires et labiaux, et les antennes.
30. Antenne vue de côté.
31. Les deux derniers segments vus en dessus, l'avant-dernier montrant les deux stigmates tubuleux dont il est pourvu.
32. Un des deux crochets du dernier segment, vu de côté et sur sa face interne.
33. *Carpophilus hemipterus*. Ocelles de la larve du côté gauche.
34. Dernier segment vu en dessus.
35. *Rhizophagus dispar*. Dernier segment de la larve, vu en dessus.

LARVES DE COLEOPTERES

Pl. II

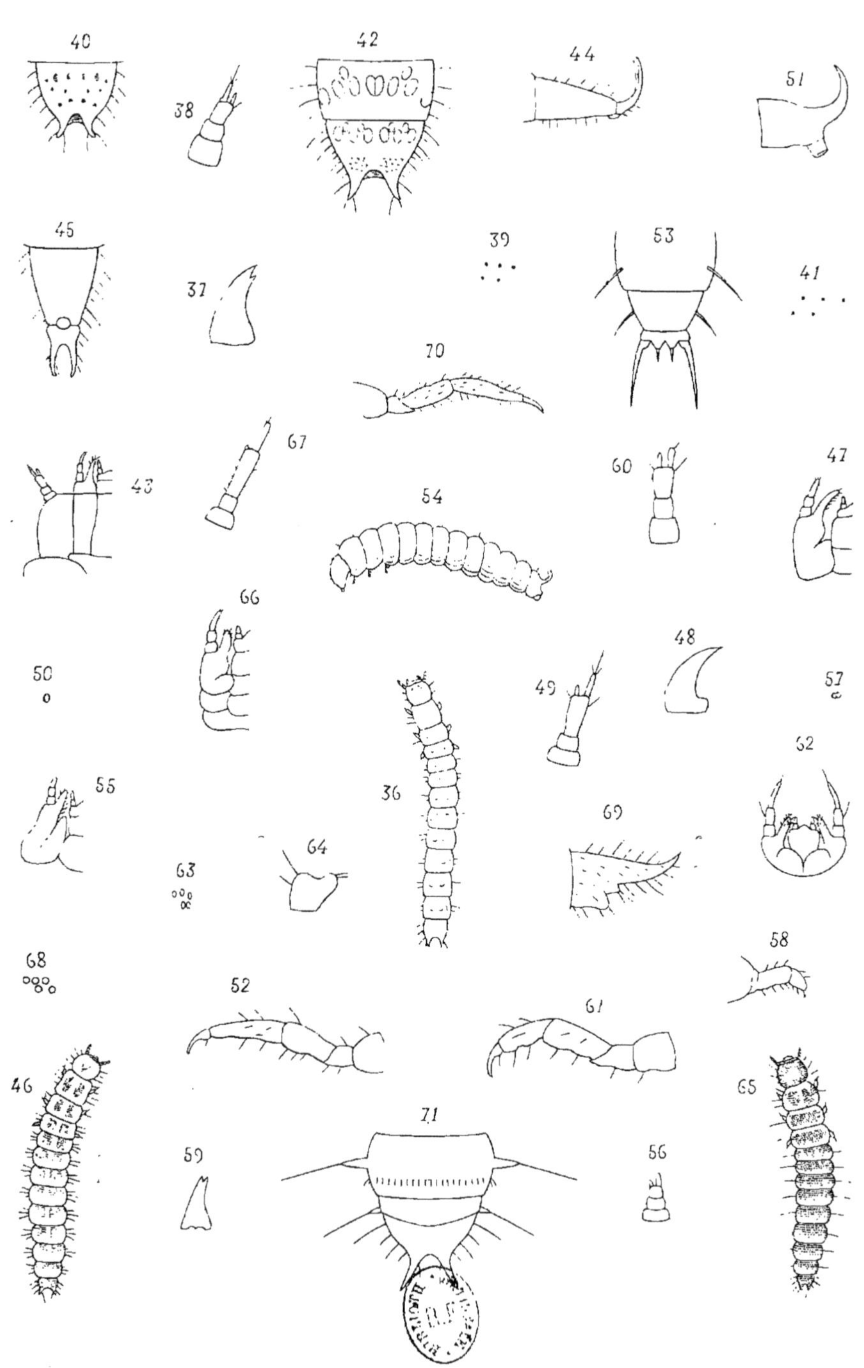

Ed. Perris del. Déchaud sc

Planche II

36. *Endophlœus spinosulus.* Larve très-grossie.
37. Mandibule gauche, vue en dessus.
38. Antenne.
39. Ocelles du côté gauche.
40. Dernier segment.
41. *Colobicus emarginatus.* Ocelles de la larve du côté gauche.
42. Dernier segment.
43. *Lœmophlœus testaceus* Tête de la larve vue en dessous, montrant la plaque hypocéphalique quadrisillonnée, les mâchoires et leur lobe, la lèvre inférieure, les palpes maxillaires et labiaux, et les antennes.
44. Les deux derniers segments de l'abdomen, vus de profil.
45. Les mêmes segments, vus en dessous, avec le petit mamelon anal.
46. *Lathropus sepicola.* Larve très-grossie.
47. Mâchoire et palpe maxillaire, menton et lèvre inférieure, et palpe labial.
48. Mandibule gauche, vue en dessus.
49. Antenne, vue de côté.
50. Ocelle.
51. Dernier segment, vu de profil.
52. Patte.
53. Derniers segments de la nymphe.
54. *Telmatophilus brevicollis.* Larve.
55. Mâchoire et son lobe, menton et lèvre inférieure, palpe maxillaire et palpe labial.
56. Antenne, vue de côté.
57. Ocelle.
58. Patte.
59. *Langelandia anophthalma.* Mandibule droite de la larve, vue de côté.
60. Antenne, vue de côté.
61. Patte.
62. *Corticaria gibbosa.* Mâchoires et leur lobe, lèvre inférieure, palpes maxillaires et palpes labiaux.
63. Mandibule gauche.
64. Ocelles du côté droit.
65. *Litargus bifasciatus.* Larve très-grossie.
66. Mâchoire et son lobe, menton et lèvre inférieure, palpe maxillaire et palpe labial.
67. Antenne gauche.
68. Ocelles du côté gauche.
69. Dernier segment, vu de profil.
70. Patte.
71. Derniers segments de la nymphe.

LARVES DE COLEOPTERES

Ed. Perris del.

Planche III

72. *Copris lunaris*. Labre de la larve.
73. Extrémité de la mâchoire, avec son lobe profondément bifide et le palpe maxillaire.
74. Menton, lèvre inférieure et palpes labiaux.
75. Mandibule droite, vue de côté.
76. Mandibule gauche, vue en dessous.
77. Antenne.
78. Un des segments de l'abdomen, vu en dessus.
79. Les deux derniers segments de l'abdomen, vus en dessus.
80. Patte.
81. Extrémité de cette patte, vue en dessus.
82. *Onthophagus nuchicornis*. Mâchoire et son lobe bifide, et palpe maxillaire.
83. Antenne.
84. Patte.
85. *Aphodius fossor*. Mâchoire et son lobe profondément bifide, et palpe maxillaire.
86. Mandibule gauche, vue en dessus.
87. Mandibule droite, vue de côté.
88. Antenne droite.
89. Un des segments de l'abdomen, vu en dessus.
90. Derniers segments de l'abdomen vus par derrière.
91. Patte.
92. Ongle grossi, pour montrer la dent inférieure.
93. *Trox hispidus*. Mâchoire et son lobe profondément bifide, et palpe maxillaire.
94. Mandibule gauche, vue en dessus.
95. Mandibule droite, vue de côté.
96. Antenne gauche.
97. Derniers segments, vus par derrière.
98. Patte.
99. *Oryctes grypus*. Labre de la larve.
100. Mandibule gauche, vue en dessus.
101. Mandibule droite, vue de côté.
102. Mâchoire et son lobe, et palpe maxillaire.
103. Antenne droite.
104. Un des premiers segments de l'abdomen.

LARVES DE COLEOPTERES

PL. IV

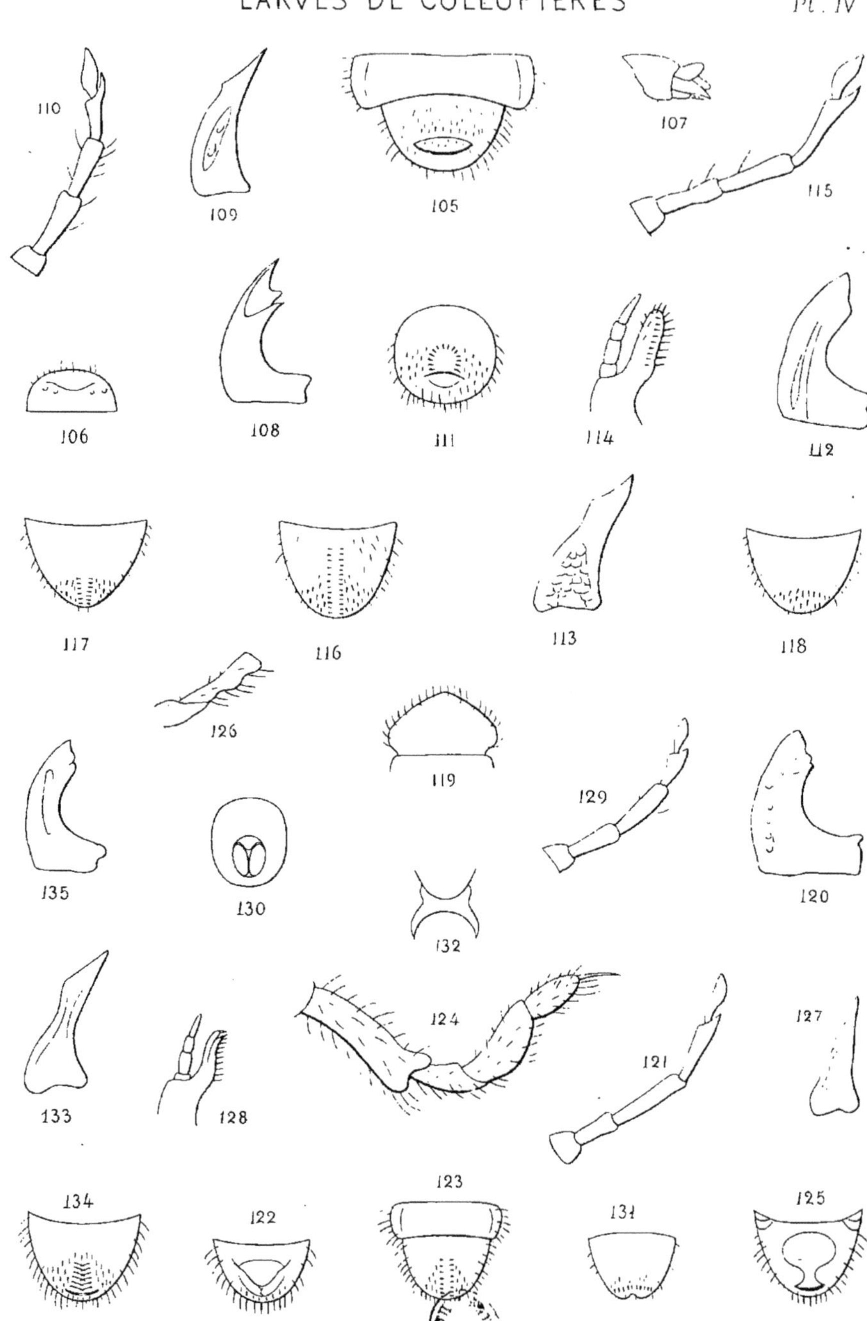

Ed. Perris del.

Planche IV

105. Dernier segment et mamelon anal, vus en dessus, de la larve d'*Oryctes grypus*.
106. *Pachypus candidæ*. Labre de la larve.
107. Tête vue de profil pour montrer l'intumescence de l'épistome.
108. Mandibule gauche, vue en dessus.
109. Mandibule droite, vue de côté.
110. Antenne droite.
111. Dernier segment, vu par derrière.
112. *Melolontha vulgaris*. Mandibule gauche de la larve, vue en dessus.
113. Mandibule droite, vue de côté.
114. Mâchoire et son lobe, et palpe maxillaire.
115. Antenne droite.
116. Dernier segment, vu en dessous.
117. *Polyphylla fullo*. Dernier segment, vu en dessous.
118. *Anoxia villosa*. Dernier segment, vu en dessous.
119. *Rhizotrogus rufescens*. Labre de la larve.
120. Mandibule gauche, vue en dessus.
121. Antenne droite.
123. Anus vu en dessus.
123. Derniers segments, vus en dessous.
124. Patte.
125. *Maladera holosoricea*. Dernier segment de la larve, vu en dessus.
126. Trochanter et tibia.
127. *Triodonta aquila*. Mandibule droite de la larve, vue de côté.
128. Mâchoire et son lobe, et palpe maxillaire.
129. Antenne droite.
130. Dernier segment et anus, vus par derrière.
131. Dernier segment, vu en dessous.
132. Dernier segment de la nymphe.
133. *Anomala vitis*. Mandibule droite de la larve, vue de côté.
134. Dernier segment, vu en dessous.
135. *Hoplia cœrulea*. Mandibule gauche de la larve, vue en dessus.

LARVES DE COLEOPTERES *Pl. V*

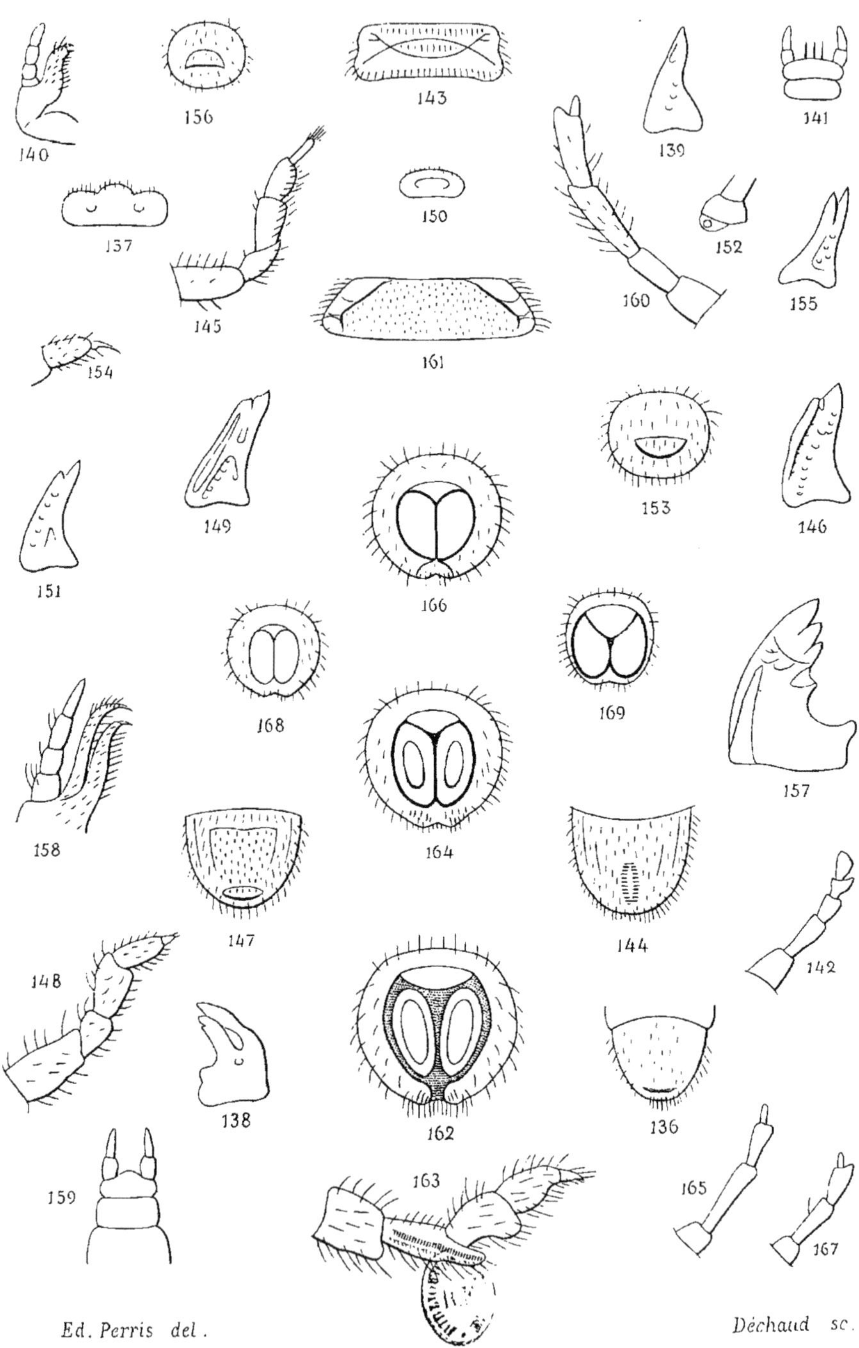

Planche V

136. Dernier segment, vu en dessus, de la larve de *Hoplia cœrulea*.
137. *Cetonia floricola*. Labre de la larve.
138. Mandibule droite, vue en dessus.
139. La même mandibule, vue de côté.
140. Mâchoire et son lobe, et palpe maxillaire.
141. Menton, lèvre inférieure et palpes labiaux.
142. Antenne droite.
143 Un des premiers segments de l'abdomen, vu en dessus.
144. Dernier segment, vu en dessous.
145. Patte.
146. *Osmoderma eremita*. Mandibule droite de la larve, vue de côté.
147. Dernier segment, vu en dessous.
148. Patte.
149. *Gnorimus variabilis*. Mandibule droite de la larve, vue de côté.
150. *Trichius abdominalis*. Labre de la larve.
151. Mandibule droite, vue de côté.
152. Base d'une antenne et ocelle.
153. Segment anal, vu par derrière.
154. Tibia et ongle.
155. *Valgus hemipterus*. Mandibule droite de la larve, vue de côté.
156. Segment anal, vu par derrière.
157. *Lucanus cervus*. Mandibule gauche de la larve, vue en dessus.
158. Mâchoire et son lobe profondément bifide, et palpe maxillaire.
159. Menton, lèvre inférieure et palpes labiaux.
160. Antenne droite.
161. Un des premiers segments de l'abdomen, vu en dessus.
162. Segment anal, vu par derrière.
163. Patte de la 3e paire, ayant sur le trochanter la crête cornée et finement crénelée, que M. Schiödte considère comme un organe de stridulation.
164. *Dorcus parallelepipedus*. Segment anal de la larve, vu par derrière.
165. *Ceruchus tarandus*. Antenne droite de la larve.
166. Segment anal, vu par derrière.
167. *Sinodendron cylindricum*. Antenne droite de la larve.
168. Segment anal, vu par derrière.
169. *Æsalus scarabæoides*. Segment anal de la larve, vu par derrière.

LARVES DE COLEOPTERES *Pl. VI*

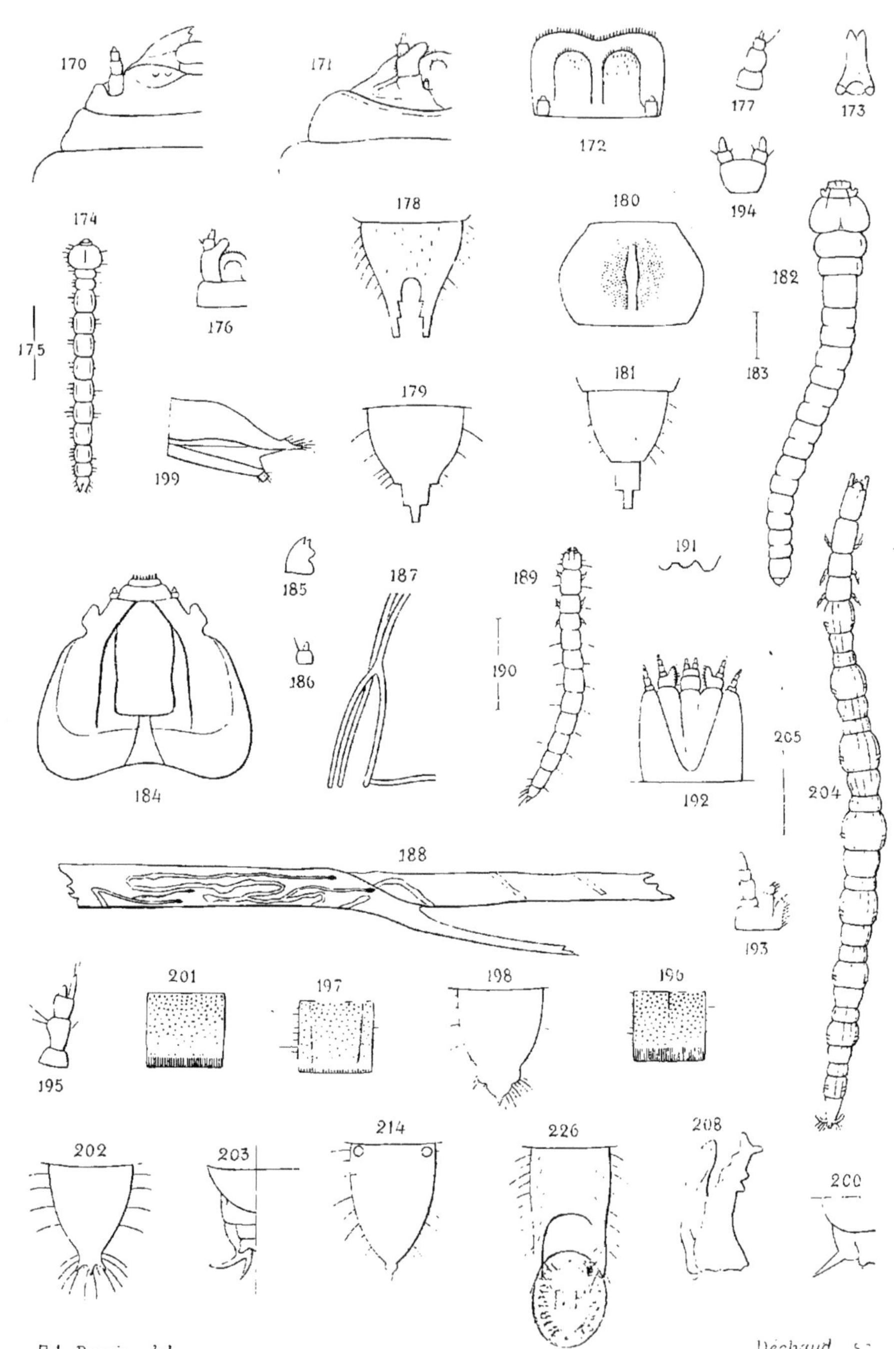

Ed. Perris del. *Déchaud sc.*

Planche VI

170. *Chrysobothris affinis.* Tête de la larve, vue en dessus, pour montrer la forme du bord antérieur, de l'épistome, du labre, des mandibules et des antennes.
171. Tête vue en dessous, pour montrer une mâchoire et son lobe, et un palpe maxillaire, le menton, la lèvre inférieure et un des deux tubercules basilaires simulant des palpes labiaux.
172. La lèvre inférieure beaucoup plus grossie, pour mieux montrer le renflement bilobé du disque et les deux organes basilaires représentant des palpes labiaux.
173. Mandibule droite, vue de côté.
174. *Agrilus angustulus.* Larve grossie.
175. Mesure de sa grandeur naturelle.
176. Mâchoire et palpe maxillaire, et lèvre inférieure.
177. Antenne droite.
178. Segment anal, vu en dessus.
179. Le même, vu de côté.
180. *Corœbus bifasciatus.* Prothorax de la larve, vu en dessus.
181. *Corœbus æneicollis.* Segment anal de la larve, vu de côté.
182. *Aphanisticus emarginatus.* Larve très-grossie.
183. Mesure de sa grandeur naturelle.
184. Tête vue en dessus.
185. Mandibule gauche, vue un peu de trois quarts.
186. Antenne gauche.
187. Filets cornés de la tête, servant d'attache à des muscles.
188. Fragment de tige de jonc portant les coques des œufs pondus et sillonné par des galeries de larves.
189. *Megapenthes tibialis.* Larve grossie.
190. Mesure de sa grandeur naturelle.
191. Moitié gauche du bord antérieur de la tête, pour en montrer les dentelures.
192. Tête vue en dessous, avec tous ses organes moins les mandibules.
193, Mâchoire avec son lobe et palpe maxillaire.
194. Lèvre inférieure et palpes labiaux.
195. Antenne gauche, vue un peu de côté.
196. Un des segments de l'abdomen, vu en dessus.
197. Le même, vu en dessous.
198. Dernier segment, vu en dessus.
199. Le même, vu de côté.
200. Derniers segments de la nymphe.
201. *Megapenthes lugens.* Un des segments de l'abdomen de la larve, vu dessus.

202. Dernier segment, vu en dessus.
203. *Adelocera fasciata*. Derniers segments de la nymphe.
204. *Cardiophorus rufipes*. Larve grossie.
205. Mesure de sa grandeur naturelle lorsqu'elle est allongée.
206. Moitié de la tête, vue en dessus.
207. Moitié de la tête, vue en dessous.
208. Mandibule.
209. *Corymbites latus*. Larve grossie (Pl. VII).
210. Mesure de sa grandeur naturelle (Pl. VII).
211. Moitié gauche du bord antérieur de la tête de la larve, pour montrer ses sinuosités (Pl. VII).
212. Dernier segment vu en dessous, avec le mamelon anal (Pl. VII).
213. *Athous mandibularis* ♂, *titanus* ♀. Moitié gauche du bord antérieur de la tête de la larve, pour montrer ses sinuosités (Pl, VII).
214. *Agriotes ustulatus*. Dernier segment de la larve, vu en dessus.

LARVES DE COLEOPTERES PL. VII

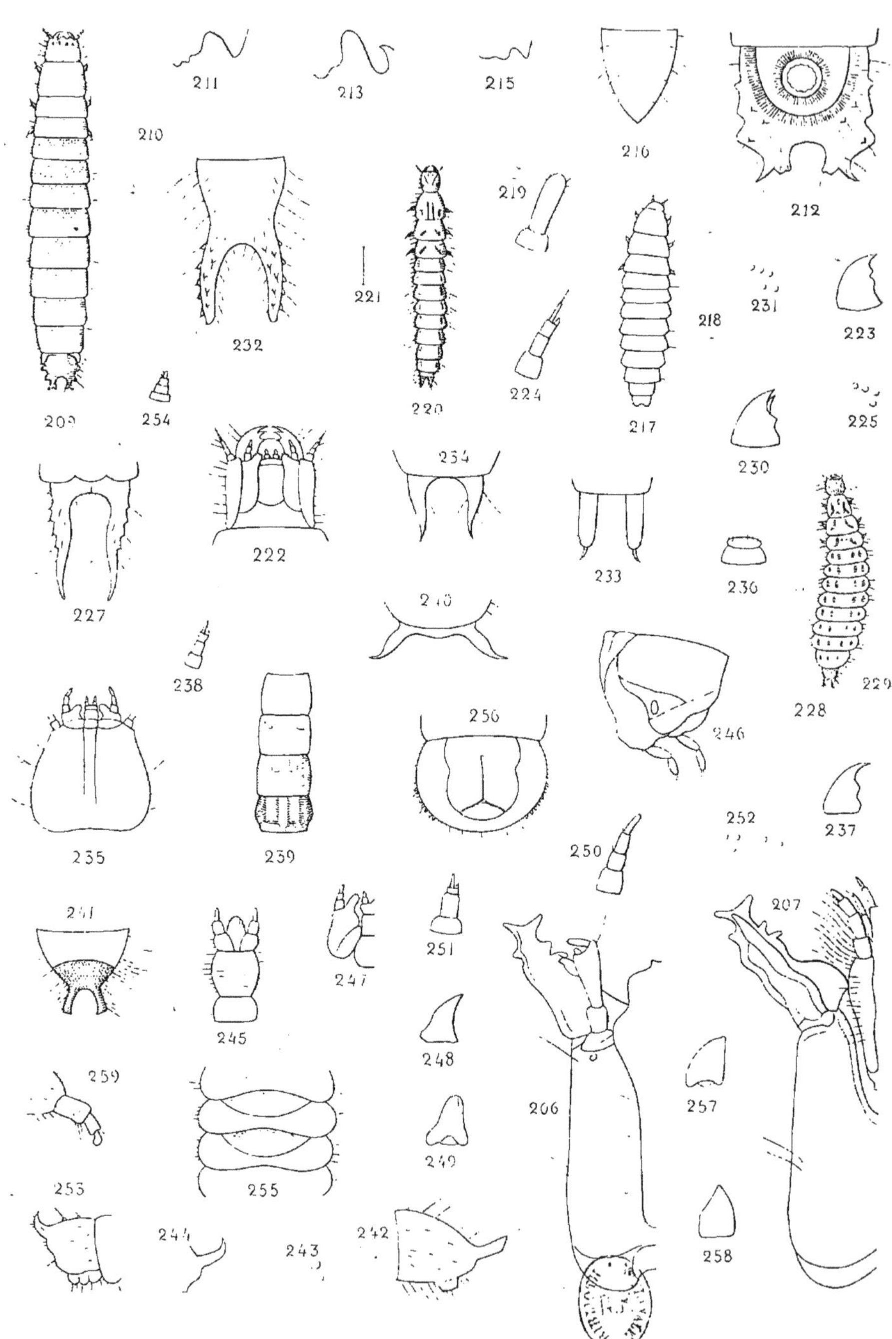

Ed. Perris del

Planche VII

215. *Drasterius bimaculatus.* Moitié gauche du bord antérieur de la tête de la larve, pour montrer ses sinuosités.
216. Dernier segment, vu en dessus.
217. *Eros rubens.* Larve grossie.
218. Mesure de sa grosseur naturelle.
219. Antenne droite.
220. *Axinotarsus pulicarius.* Larve grossie.
221. Mesure de sa grandeur naturelle.
222 Tête vue en dessous, avec tous ses organes.
223. Mandibule gauche, vue en dessus.
224. Antenne vue de côté, pour montrer l'article supplémentaire.
225. Ocelles du côté gauche.
226. Dernier segment vu en dessus (au bas de la pl. VI).
227. Dernier segment de la nymphe.
228. *Dasytes plumbeus.* Larve grossie.
229. Mesure de sa grandeur naturelle.
230. Mandibule gauche.
231. Ocelles du côté gauche.
232. Dernier segment, vu en dessus.
233. Extrémité postérieure de la nymphe.
234. *Psilothrix nobilis.* Dernier segment de la nymphe.
235. *Tillus elongatus.* Tête de la larve, vue en dessous.
236. Épistome et labre.
237. Mandibule gauche, vue en dessus.
238. Antenne droite.
239. Les trois segments du thorax et le 1er segment de l'abdomen, vus en dessus.
240. Dernier segment de la nymphe.
241. *Opilus pallidus.* Dernier segment de la larve, vu en dessus.
242. *Corynetes ruficornis.* Dernier segment de la larve, vu de profil.
243. *Corynetes ruficollis.* Ocelles de la larve, du côté gauche.
244. Un des crochets du dernier segment, vu de profil.
245. *Apate varia.* Menton, lèvre inférieure et sa languette, et palpes labiaux de la larve.
246. Les deux premiers segments du thorax, vus de profil, pour montrer la forme et la place de la première paire de stigmates.
248. *Lyctus canaliculatus.* Mâchoire et palpe maxillaire de la larve, menton, lèvre inférieure et palpe labial.
248. Mandibule gauche, vue en dessus.
249. Mandibule droite, vue de côté.
250. Antenne droite.

251. *Cis coluber*. Antenne droite de la larve, vue un peu de côté.
252. Ocelles du côté gauche.
253. Dernier segment, vu de profil.
254. *Anobium denticolle.* Antenne droite de la larve.
255. Deux des premiers segments de l'abdomen, vus en dessus.
256. Dernier segment, vu de face en dessous.
257. *Gastrallus lævigatus*. Mandibule droite de la larve, vue de côté.
258. La même mandibule, vue en dessus.
259. Patte.

LARVES DE COLEOPTERES

Pl. VIII

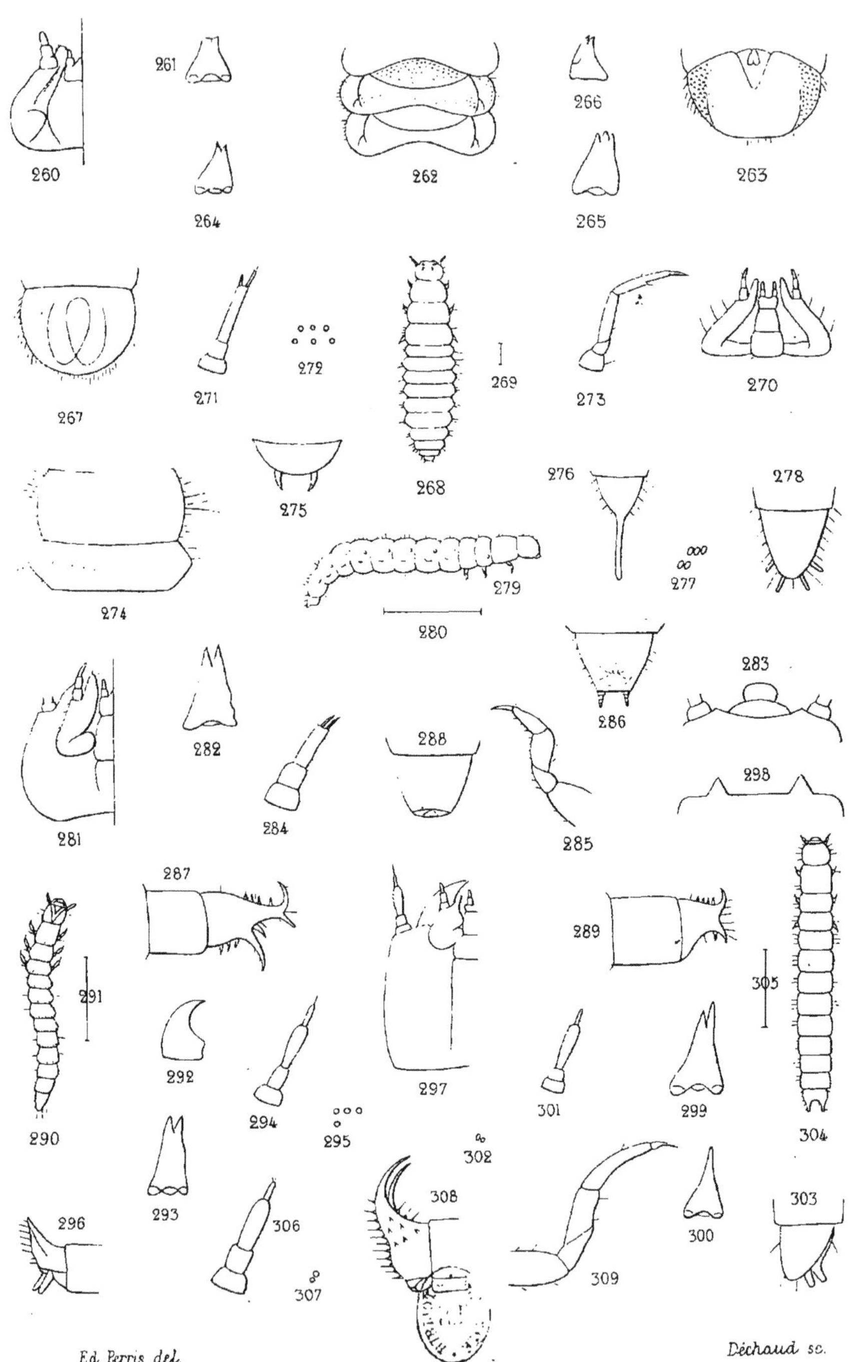

Ed. Perris del. *Déchaud sc.*

Planche VIII

260. *Ptilinus pectinicornis.* Mâchoire et palpe maxillaire de la larve, menton lèvre inférieure et palpe labial.
261. Mandibule gauche, vue de côté.
262. Deux des premiers segments de l'abdomen, vus en dessus.
263. Dernier segment, vu de face en dessous.
264. *Xyletinus oblongulus.* Mandibule gauche de la larve, vue de côté.
265. *Stagetus pellitus.* Mandibule droite de la larve, vue de côté.
266. Mandibule gauche, vue en dessus.
267. Dernier segment.
268. *Aspidiphorus orbiculatus.* Larve très-grossie.
269. Mesure de sa grandeur naturelle.
270. Mâchoires et palpes maxillaires, menton, lèvre inférieure et palpes labiaux.
271. Antenne droite, vue en dessus.
272. Ocelles du côté droit.
273. Patte.
274. Métathorax et premier segment de l'abdomen, vus en dessus.
275. Dernier segment de la nymphe.
276. *Sphindus dubius.* Dernier segment de la nymphe.
277. *Phaleria cadaverina.* Ocelles de la larve, du côté droit.
278. *Phaleria hemisphærica.* Dernier segment de la larve, vu en dessus.
279. *Bolitophagus reticulatus.* Larve grossie, vue de profil.
280. Mesure de sa grandeur naturelle.
281. Moitié de la tête vue en dessous, avec ses divers organes moins la mandibule.
282. Mandibule gauche, vue de côté.
283. Moitié du bord antérieur de la tête, de l'épistome et du labre.
284. Antenne droite, vue en dessus.
285. Patte.
286. Dernier segment, vu en dessous.
287. Moitié droite d'un des segments abdominaux de la nymphe.
288. *Bolitophagus armatus.* Dernier segment de la larve, vu en dessus.
289. Moitié droite d'un des segments abdominaux de la nymphe.
290. *Platydema violacea.* Larve grossie.
291. Mesure de sa grandeur naturelle.
292. Mandibule gauche, vue en dessus.
293. Mandibule droite, vue de côté.
294. Antenne droite.
295. Ocelles du côté droit.
296. Dernier segment, vu de profil.
297. *Oplocephala hæmorrhoidalis.* Moitié gauche de la tête de la larve, vue en dessous, avec tous ses organes.

298. Bord antérieur de la tête, en dessus.
299. Mandibule gauche, vue de côté.
300. *Pentaphyllus testaceus*. Mandibule de la larve, vue de côté.
301. Antenne droite.
302. Ocelles du côté droit.
303. Dernier segment, vu de profil.
304. *Lyphia ficicola*. Larve grossie.
305. Mesure de sa grandeur naturelle.
306. Antenne droite.
307. Ocelles du côté droit.
308. Dernier segment, vu de profil.
309. Patte.

LARVES DE COLEOPTERES

Pl. IX

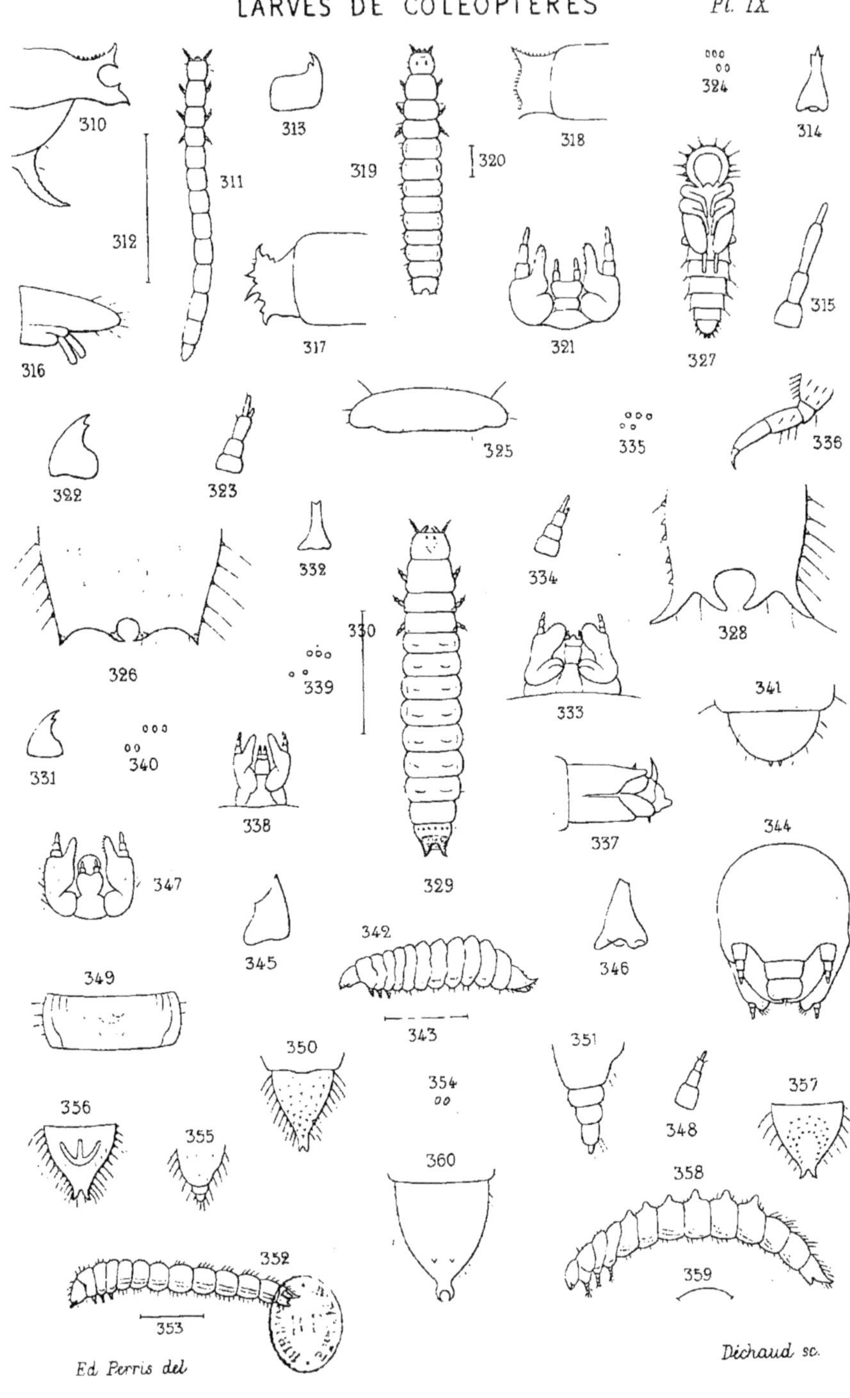

Ed. Perris del

Déchaud sc.

Planche IX

310. *Helops cœruleus.* Moitié droite des deux derniers segments de la nymphe.
311. *Mycetochares barbata.* Larve grossie.
312. Mesure de sa grandeur naturelle.
313. Mandibule gauche, vue en dessus.
314. La même mandibule, vue de côté.
315. Antenne droite.
316. Dernier segment, vu de profil.
317. Moitié gauche d'un des segments abdominaux de la nymphe.
318. *Allecula morio.* Moitié gauche d'un des segments abdominaux de la nymphe.
319. *Lissodema denticolle.* Larve très-grossie.
320. Mesure de sa grandeur naturelle.
321. Mâchoires et palpes maxillaires, menton, lèvre inférieure et palpes labiaux.
322. Mandibule gauche, vue en dessus.
323. Antenne vue un peu de côté.
324. Ocelles du côté gauche.
325. Coupe verticale d'un segment de l'abdomen, pour montrer sa forme et la disposition des poils.
326. Dernier segment très-grossi, vu en dessus.
327. Nymphe.
328. *Rhinosimus planirostris.* Dernier segment de la larve, vu en dessus.
329. *Phloiotrya Vaudoueri.* Larve grossie.
330. Mesure de sa grandeur naturelle.
331. Mandibule gauche, vue en dessus.
332. La même mandibule, vue de côté.
333. Mâchoires et palpes maxillaires, menton, lèvre inférieure et palpes labiaux.
334. Antenne droite, vue de côté.
335. Ocelles du côté droit.
336. Patte.
337. Dernier segment de la nymphe, vu de profil.
338. *Anisoxya fuscula.* Mâchoires et palpes maxillaires de la larve, menton, lèvre inférieure et palpes labiaux.
339. Ocelles du côté droit.
340. *Marolia variegata.* Ocelles de la larve, du côté droit.
341. *Zilora ferruginea.* Dernier segment de la larve, vu en dessus.
342. *Tomoxia bucephala.* Larve grossie, vue de profil.
343. Mesure de sa grandeur naturelle.
344. Tête inclinée, vue de face.
345. Mandibule droite, vue en dessus.
346. La même mandibule, vue de côté.

347. Mâchoires et palpes maxillaires, menton, lèvre inférieure et palpes labiaux.
348. Antenne droite.
349. Un des segments de l'abdomen, vu en dessus pour montrer ses plis.
350. Dernier segment, vu en dessus.
351. Patte.
352. *Mordellistena micans*. Larve grossie, vue de pro''.
353. Mesure de sa grandeur naturelle.
354. Ocelles du côté droit.
355. Patte.
356. Dernier segment, vu en dessous.
357. *Mordellistena inæqualis*. Dernier segment de la larve, vu en dessus
358. *Mordellistena pumila*. Larve très-grossie.
359. Mesure de sa grandeur naturelle.
360. Dernier segment, vu en dessus.

LARVES DE COLEOPTÈRES *Pl. X*

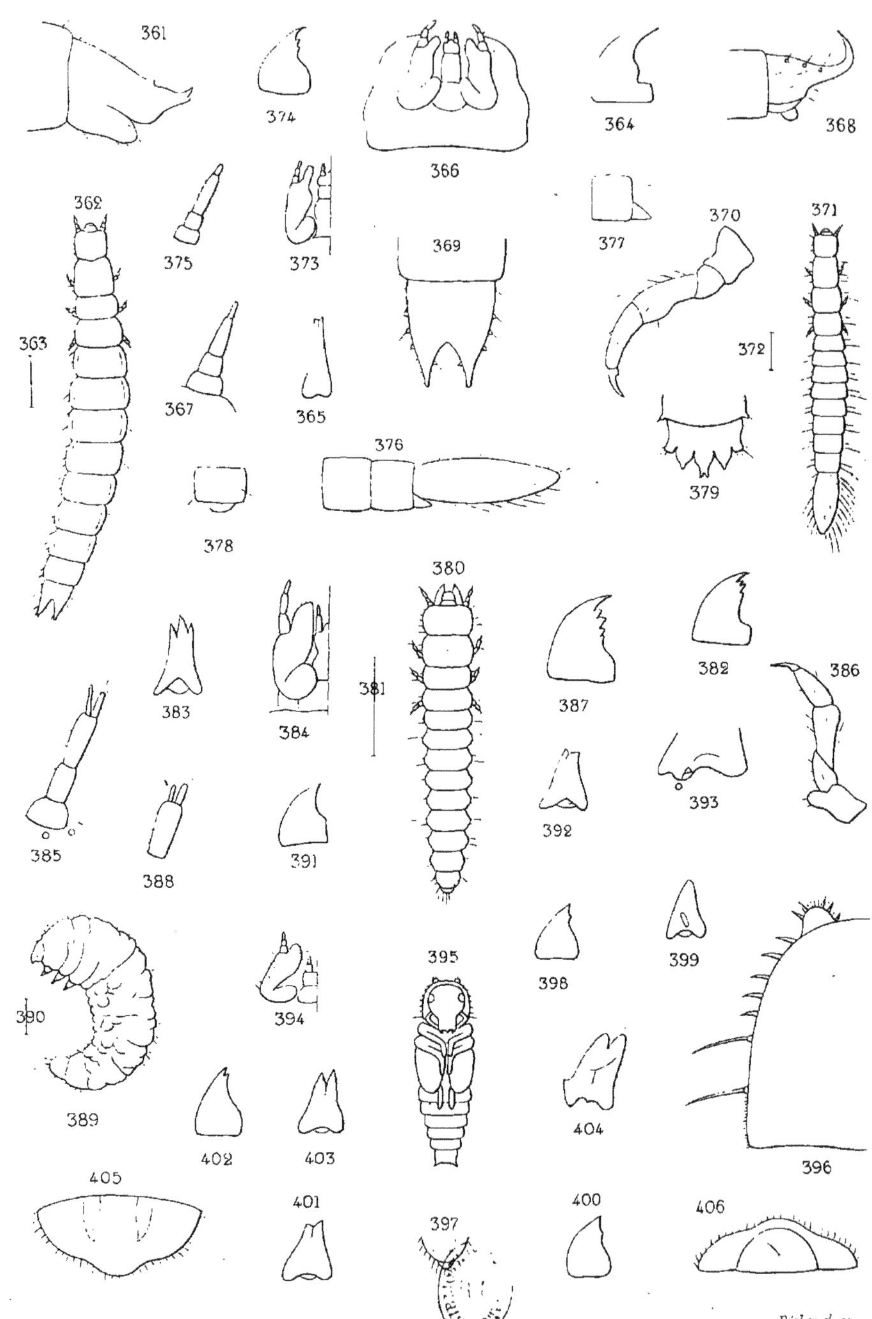

Ed Perris del. *Déchaud sc.*

Planche X

361. Dernier segment de la larve de *Mordellistena pumila*, vu de profil
362. *Anaspis flava*. Larve très-grossie.
363. Mesure de sa grandeur naturelle.
364. Mandibule gauche, vue en dessus.
365. La même mandibule, vue de côté.
366. Tête vue en dessous, pour montrer la position et la forme des mâchoires, de la lèvre inférieure et des palpes.
367. Antenne.
368. Dernier segment, vu de profil.
369. Le même segment, vu en dessus.
370. Patte.
371. *Scraptia minuta*. Larve très-grossie.
372. Mesure de sa grandeur naturelle.
373. Mâchoire et palpe maxillaire, menton, lèvre inférieure et palpe labial.
374. Mandibule droite, vue en dessous.
375. Antenne.
376. Les trois derniers segments de l'abdomen, vus de profil.
377. L'extrémité du corps, vu de profil, après la chute du dernier segment.
378. La même partie, vue en dessus.
379. Dernier segment de la nymphe.
380. *Œdemera flavipes*. Larve grossie.
381. Mesure de sa grandeur naturelle.
382. Mandibule gauche, vue en dessus.
383. La même mandibule, vue de côté.
384. Mâchoire et palpe maxillaire, menton, lèvre inférieure et palpe labial.
385. Antenne droite, vue de côté. (Près de sa base, on voit les deux ocelles).
386. Patte.
387. *Stenostoma rostrata*. Mandibule gauche de la larve, vue en dessus.
388. Les deux derniers articles d'une antenne, avec l'article supplémentaire, le tout vu de côté.
389. *Enedreytes oxyacanthae*. Larve très-grossie.
390. Mesure de sa grandeur naturelle.
391. Mandibule gauche, vue en dessus.
392. Mandibule droite, vue de côté.
393. Base de la mandibule gauche, vue de côté, pour montrer la place de l'antenne très-courte de deux articles, ainsi que de l'ocelle.
394. Mâchoire et palpe maxillaire, menton, lèvre inférieure et palpe labial.
395. Nymphe.
396. Moitié gauche du prothorax très-grossi de la nymphe, vu en dessus, pour mettre

en relief l'un des deux mamelons du sommet, les spinules et les poils latéraux.

397. *Choragus Sheppardi*. Un des pseudopodes de la larve.
398. *Tropideres albirostris*. Mandibule gauche de la larve, vue en dessus.
399. Mandibule droite, vue de côté.
400. *Tropideres sepicola*. Mandibule gauche de la larve, vue en dessus.
401. Mandibule droite, vue de côté.
402. *Tropideres niveirostris*. Mandibule gauche de la larve.
403. Mandibule droite, vue de côté.
404. *Anthribus albinus*. Mandibule droite de la larve, vue de côté.
405. Dernier segment, vu par derrière.
406. Le même segment, vu en dessous.

LARVES DE COLEOPTÈRES

Pl. XI

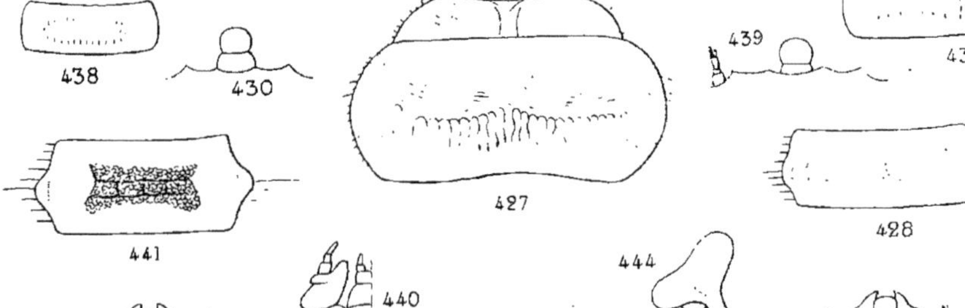

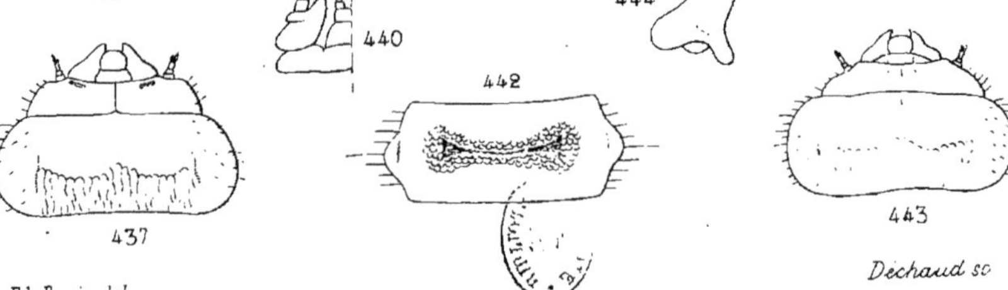

Ed. Perris del. *Déchaud sc*

Planche XI

407. *Ægosoma scabricorne.* Moitié droite de la tête, pour montrer sa forme, les sinuosités du bord antérieur, la forme de l'épistome, du labre et des antennes.
408. Mandibule gauche, vue de côté.
409. Aréole rayonnée existant de chaque côté des six premiers segments abdominaux. un peu au-dessous des stigmates.
410. Un des segments abdominaux, vu en dessus pour montrer l'ampoule ambulatoire et les plis.
411. *Tragosoma depsarium.* Larve, grandeur naturelle.
412. Moitié droite de la tête, pour montrer les sinuosités du bord antérieur, ainsi que la forme de l'épistome, du labre et des antennes.
413. Mandibule droite, vue de côté.
414. Mâchoire et palpe maxillaire, menton, lèvre inférieure et palpe labial.
415. Ocelles du côté gauche.
416. Nymphe, grandeur naturelle.
417. *Cerambyx Mirbecki.* Mandibule gauche de la larve, vue de côté.
418. Un segment de l'abdomen vu en dessus, avec son ampoule ambulatoire.
419. Le même segment vu en dessous, avec son ampoule.
420. Un segment abdominal de la nymphe, vu en dessus.
421. *Purpuricenus Kœhleri.* Tête et prothorax de la larve, vus en dessus.
422. Mandibule gauche, vue de côté.
423. Un segment de l'abdomen vu en dessus, avec son ampoule ambulatoire.
424. Le même segment vu en dessous, avec son ampoule.
425. Patte.
426. Les derniers segments de la nymphe.
427. *Aromia moschata.* Tête et prothorax de la larve, vus en dessus.
428. Un des segments de l'abdomen vu en dessus, avec son ampoule ambulatoire.
429. *Asemum striatum.* Mandibule droite de la larve, vue de côté.
430. *Phymatodes melancholicus.* Bord antérieur de la tête de la larve, avec l'épistome et le labre.
431. Mandibule gauche, vue en dessus.
432. La même mandibule, vue de côté.
433. Antenne droite, vue de côté en dedans.
434. Un des segments de l'abdomen vu en dessus, avec son ampoule ambulatoire.
435. Le même segment vu en dessous, avec son ampoule.
436. Un segment abdominal de la nymphe, vu en dessus.
437. *Phymatodes variabilis.* Tête et prothorax de la larve, vus en dessus.
438. Un segment abdominal de la nymphe, vu en dessus.
439. *Rhopalopus femoratus.* Moitié gauche du bord antérieur de la tête de la larve ainsi que de l'épistome et du labre.
440. Mâchoire et palpe maxillaire, menton, lèvre et palpe labial.
441. Un des segments de l'abdomen vu en dessus, avec son ampoule ambulatoire.
442. Le même segment vu en dessous, avec son ampoule.
443. *Callidium unifasciatum.* Tête et prothorax de la larve, vus en dessus.
444. Mandibule droite, vue de côté.

445 448 449 446

450 451 452 454

459 453 460 447

455 457 456

461 463 458 462

464 464 bis 464 ter 466

468 467 475 465

472 471 469

480 477 476

474 470

479 478 473

485 483 484 481 486 487

490 489 488 482

Ed. Perris del. Déchaud sc.

Planche XII

445. Un des segments de l'abdomen de la larve du *Callidium unifasciatum*, vu en dessous, avec son ampoule ambulatoire.

446. Le même segment vu en dessous, avec son ampoule.

447. Patte.

448. Un segment abdominal de la nymphe, vu en dessus.

449. *Callidium alni*. Un des segments de l'abdomen de la larve, vu en dessus, avec son ampoule ambulatoire.

450. *Stromatium unicolor*. Tête et prothorax de la larve, vus en dessus.

451. Un des segments de l'abdomen, vu en dessus, avec son ampoule ambulatoire.

452. Le même segment, vu en dessous, avec son ampoule.

453. Un segment abdominal de là nymphe, vu en dessus.

454. *Plagionotus detritus*. Tête et prothorax de la larve, vus en dessus.

455. Mandibule gauche, vue de côté.

456. Antenne droite, vue un peu de côté en dehors.

457. Un des segments de l'abdomen vu en dessus, avec son ampoule ambulatoire.

458. Le même segment vu en dessous, avec son ampoule.

459. Patte.

460. Derniers segments de la nymphe.

461. *Clytus verbasci*. Un des segments de l'abdomen de la larve, vu en dessus, avec son ampoule ambulatoire.

462. Le même segment vu en dessous, avec son ampoule.

463. *Clytus quadripunctatus*. Un des segments de l'abdomen de la larve, vu en dessus, avec son ampoule ambulatoire.

464. Le même segment vu en dessous, avec son ampoule.

464 bis. *Deilus fugax*. Un des segments de l'abdomen de la larve, vu en dessus, avec son ampoule ambulatoire.

464 ter. Le même segment vu en dessous, avec son ampoule.

465. *Icosium tomentosum*. Tête et prothorax de la larve, vus en dessus.

466. Un des segments de l'abdomen vu en dessus, avec son ampoule ambulatoire.

467. Le même segment vu en dessous, avec son ampoule.

468. *Gracilia pygmæa*. Tête et prothorox de la larve, vus en dessus.

469. Mandibule gauche, vue de côté.

470. Point ocelliforme.

471. Un des segments de l'abdomen vu en dessus, avec son ampoule ambulatoire.

472. Patte.

473. *Stenopterus rufus*. Tête et prothorax de la larve, vus en dessus.

474. Mandibule gauche, vue de côté.

475. Un des segments de l'abdomen, vu en dessus, avec son ampoule ambulatoire bilobée.

476. *Molorchus umbellatarum.* L. Un des segments de l'abdomen de la larve, vu en dessus, avec son ampoule ambulatoire.

477. *Lamia tristis.* Un des segments de l'abdomen de la larve, vu en dessus, avec son ampoule ambulatoire.

478. Le même segment vu en dessous, avec son ampoule.

479. *Astynomus atomarius.* Tête et prothorax de la larve, vus en dessus.

480. Un des segments de l'abdomen vu en dessus, avec son ampoule ambulatoire.

481. Le même segment vu en dessous, avec son ampoule.

482. Segment abdominal de la nymphe, vu en dessous.

483. *Astynomus ædilis.* Un des segments de l'abdomen de la larve, vu en dessus, avec son ampoule ambulatoire.

484. *Leiopus nebulosus.* Larve grossie.

485. Bord antérieur de la tête, avec l'épistome et le labre.

486. Mandibule gauche, vue en dessus.

487. La même mandibule, vue de côté.

488. Un des segments de l'abdomen vu en dessus, avec son ampoule ambulatoire.

489. Segment abdominal de la nymphe, vu en dessus.

490. Dernier segment de la nymphe, vu en dessus.

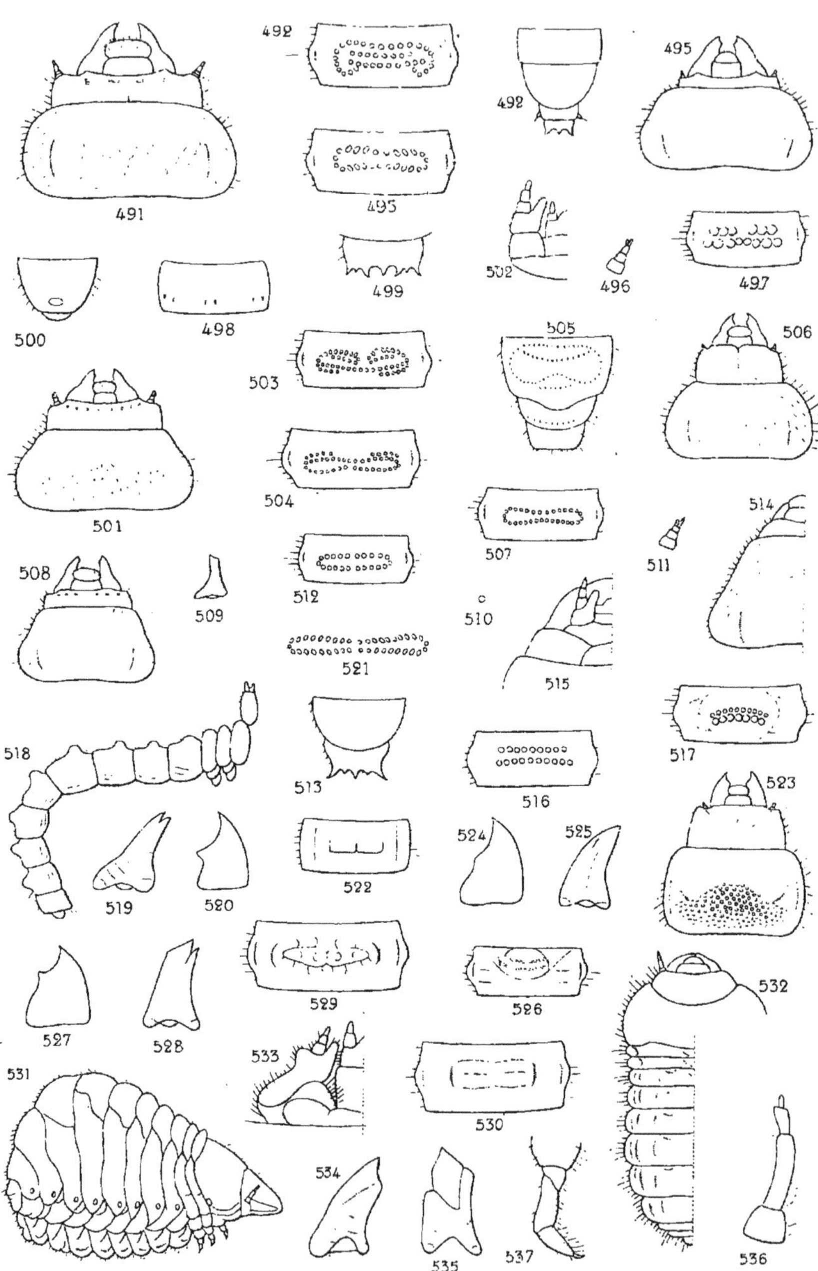

Ed. Perris del. Déchaud sc.

Planche XIII

491. *Acanthoderes varius.* Tête et prothorax de la larve, vus en dessus.
492. Un des segments de l'abdomen vu en dessus, avec son ampoule ambulatoire.
493. Le même segment vu en dessous, avec son ampoule.
494. Derniers segments de la nymphe, vus en dessus.
495. *Exocentrus adspersus.* Tête et prothorax de la larve, vus en dessus.
496. Antenne droite, vue de côté en dedans.
497. Un des segments de l'abdomen vu en dessus, avec son ampoule ambulatoire.
498. Segment abdominal de la nymphe, vu en dessus.
499. Dernier segment de la nymphe, vu en dessus.
500. *Pogonocherus dentatus.* Dernier segment et mamelon anal de la larve, vu en dessus pour montrer la petite plaque cornée de ce dernier segment.
501. *Mesosa nubila.* Tête et prothorax de la larve, vus en dessus.
502. Mâchoire et palpe maxillaire, menton, lèvre inférieure et palpe labial.
503. Un des segments de l'abdomen vu en dessus, avec son ampoule ambulatoire.
504. Le même segment vu en dessous, avec son ampoule.
505. *Niphona picticornis.* Derniers segments de la nymphe.
506. *Albana* M *griseum.* Tête et prothorax de la larve, vus en dessus.
507. Un des segments de l'abdomen, vu en dessus, avec son ampoule ambulatoire.
508. *Anœsthetis testacea.* Tête et prothorax de la larve, vus en dessus.
509. Mandibule gauche, vue de côté.
510. Point ocelliforme.
511. Antenne droite, vue de côté en dedans.
512. Un des segments de l'abdomen vu en dessus, avec son ampoule ambulatoire.
513. Les deux derniers segments de la nymphe, vu en dessus.
514. *Polyopsia prœusta.* Moitié gauche de la tête et du prothorax de la larve, vus en dessus.
515. Moitié gauche de la tête, vue en dessous.
516. Un des segments de l'abdomen vu en dessus, avec son ampoule ambulatoire.
517. Le même segment, vu en dessous.
518. *Agapanthia asphodeli.* Larve vue de profil.
519. Mandibule droite, vue de côté.
520. La même mandibule, vue de dessus.
521. Granules de l'ampoule ambulatoire d'un des segments de l'abdomen, vu en dessus.
522. Le même segment vu en dessous, avec son ampoule non granulée.
523. *Oberea oculata.* Tête et prothorax de la larve, vus en dessus.
524. Mandibule droite, vue en dessus.
525. La même mandibule, vue de côté.
526. Un des segments de l'abdomen, vu en dessus, avec son ampoule ambulatoire.

527. *Phytœcia lineola.* Mandibule droite de la larve, vue en dessus.
528. La même mandibule, vue de côté.
529. Un des segments de l'abdomen vu en dessus, avec son ampoule ambulatoire.
530. Le même segment vu en dessous, avec son ampoule.
531. *Vesperus luridus.* Larve un peu grossie, vue de profil.
532. Moitié gauche de la même larve, vue en dessus.
533. Mâchoire et palpe maxillaire, menton, lèvre inférieure et palpe labial.
534. Mandibule gauche, vue en dessus.
535. La même mandibule, vue de côté.
536. Antenne droite.
537. Patte.

LARVES DE COLEOPTERES

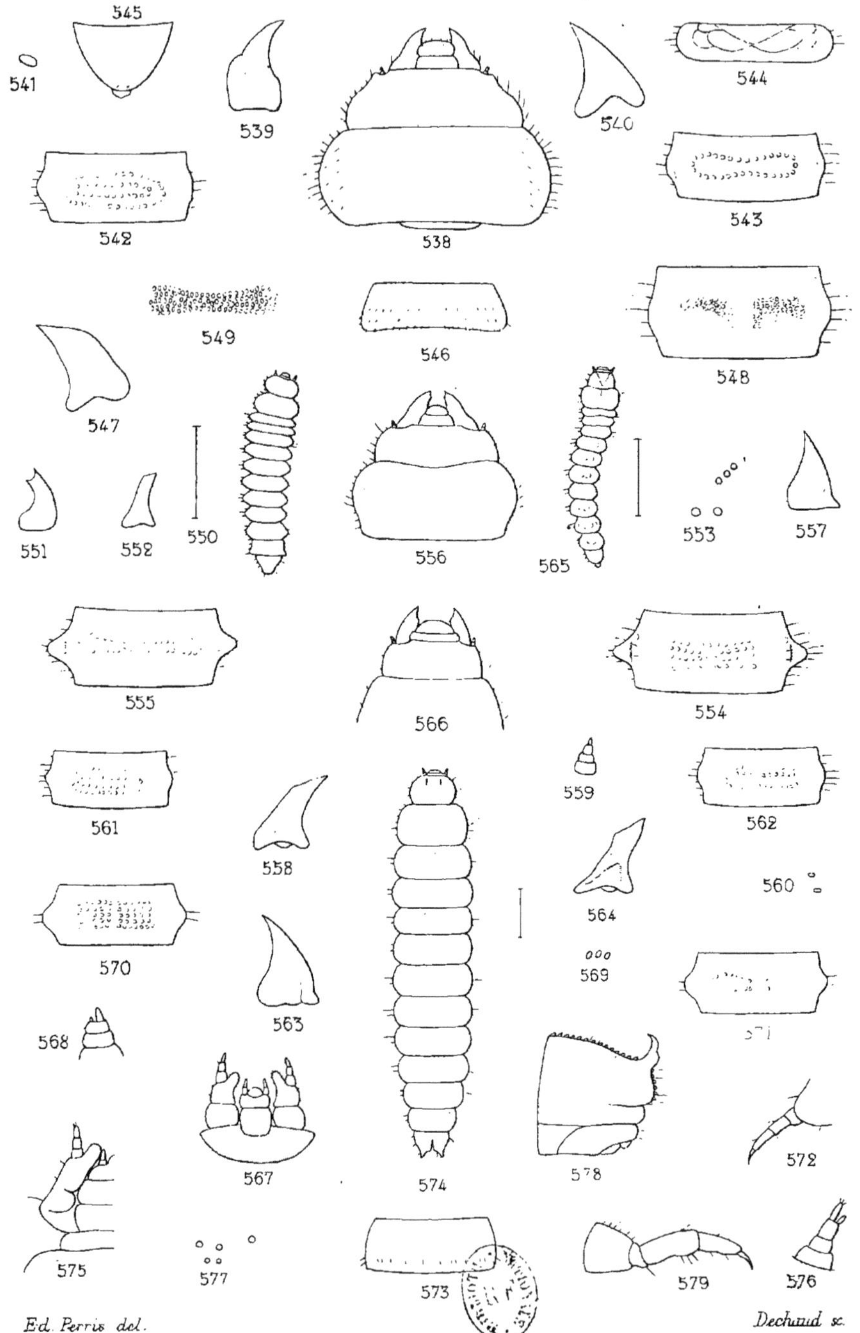

Ed. Perris del.

Dechaud sc.

Planche XIV

538. *Rhagium bifasciatum.* Tête et prothorax de la larve, vus en dessus.
539. Mandibule gauche, vue en dessus.
540. La même mandibule, vue de côté.
541. Tubercule gauche ovoïde, lisse, placé sur chaque joue très-près de l'antenne et ayant toutes les apparences d'un ocelle.
542. Un des segments de l'abdomen vu en dessous, avec son ampoule ambulatoire.
543. Le même segment vu en dessous, avec son ampoule.
544. Mésothorax vu en dessus et sembla
545. Dernier segment vu en dessus, p
avant le mamelon anal.
546. Segment abdominal de la nymphe.
547. *Oxymirus cursor.* Mandibule ga
548. Un des segments de l'abdomen vu
549. Le même segment vu en dessous,
550. *Acmæops collaris.* Larve vue en
551. Mandibule droite, vue en dessus.
552. La même mandibule, vue de côté.
553. Ocelles du côté droit.
554. Un des segments de l'abdomen vu
555. Le même segment vu en dessous, a
556. *Strangalia attenuata.* Tête et p
557. Mandibule droite, vue en dessus.
558. La même mandibule, vue de côté.
559. Antenne.
560. Ocelles du côté gauche.
561. Un des derniers segments de l'abdomen vu en dessus, avec son ampoule ambulatoire.
562. Le même segment vu en dessus, avec son ampoule.
563. *Leptura cincta.* Mandibule droite de la larve, vue en dessus.
564. La même mandibule, vue de côté.
565. *Grammoptera ustulata.* Larve vue en dessus.
566. Tête et partie du prothorax très-grossis et vus en dessus.
567. Mâchoires et palpes maxillaires, menton, lèvre inférieure et palpes labiaux.
568. Antenne droite, vue de côté en dedans.
569. Ocelles du côté droit.
570. Un des segments de l'abdomen vu en dessus, avec son ampoule ambulatoire.
571. Le même segment vu en dessous, avec son ampoule.
572. Patte.
573. Segment abdominal de la nymphe.

574. Larve très-grossie, vue en dessus.
575. Mâchoire et palpe maxillaire, menton, lèvre inférieure et palpe labial.
576. Antenne droite, vue de côté en dehors.
577. Ocelles du côté droit.
578. Dernier segment très-grossi, vu de profil.
579. Patte.

HISTOIRE NATURELLE

DES

OISEAUX-MOUCHES

OU

COLIBRIS

CONSTITUANT LA FAMILLE DES TROCHILIDÉS

PAR

E. MULSANT ET FEU ED. VERREAUX

OUVRAGE PUBLIÉ PAR LA SOCIÉTÉ LINNÉENNE DE LYON

Cet ouvrage, imprimé sur très-beau papier fabriqué exprès par MM. FILLIAT FRÈRES, de Rives, et avec des caractères neufs, forme quatre volumes grand in-4 raisin, de 300 à 320 pages chacun, accompagnés de planches dessinées d'après nature par d'excellents artistes et coloriées au pinceau avec soin.

Chaque volume a été publié en quatre livraisons de dix feuilles environ, et de quatre planches par livraison, pour offrir un représentant des principaux genres, ou les deux sèxes des espèces, quand il est nécessaire.

Il paraît une livraison par trimestre.

LYON

GEORG, LIBRAIRE, 65, RUE DE LYON

PARIS

DEYROLLE, 23, RUE DE LA MONNAIE

Prix : 200 fr.

www.ingramcontent.com/pod-product-compliance
Ingram Content Group UK Ltd.
Pitfield, Milton Keynes, MK11 3LW, UK
UKHW021053270726
13967UKWH00012B/933